Mergers & Acquisitions Management

Bernd W. Wirtz

Mergers & Acquisitions Management

Strategie und Organisation von Unternehmenszusammenschlüssen

4., aktualisierte und überarbeitete Auflage

Springer Gabler

Bernd W. Wirtz
Deutsche Universität für Verwaltungswissenschaften
Speyer, Deutschland

ISBN 978-3-658-15697-8
ISBN 978-3-658-15698-5 (eBook)
DOI 10.1007/978-3-658-15698-5

Die Deutsche Nationalbibliothek verzeichnet diese Publikation in der Deutschen Nationalbibliografie; detaillierte bibliografische Daten sind im Internet über http://dnb.d-nb.de abrufbar.

Springer Gabler

Lektorat: Susanne Kramer

Gedruckt auf säurefreiem und chlorfrei gebleichtem Papier

Springer Gabler ist Teil von Springer Nature
Die eingetragene Gesellschaft ist Springer Fachmedien Wiesbaden GmbH
Die Anschrift der Gesellschaft ist: Abraham-Lincoln-Str. 46, 65189 Wiesbaden, Germany

Vorwort

Die zunehmende Globalisierung und die ansteigende Wettbewerbsintensität haben zu einem erheblichen Bedeutungszuwachs des Marktes für Unternehmenskäufe und -verkäufe geführt. Die hohe weltwirtschaftliche Bedeutung von Unternehmensübernahmen und -fusionen sowie die damit verbundenen Risiken und Probleme erfordern, eine stärkere konzeptionelle Durchdringung des Themengebiets, um auf dieser Basis hilfreiche Erkenntnisse und Handlungsanleitungen für die Praxis ableiten zu können.

Mergers & Acquisitions haben bisher in zahlreichen wirtschafts- und rechtswissenschaftlichen, organisationstheoretischen und finanzwissenschaftlichen sowie kartell- und steuerrechtlichen Publikationen Beachtung gefunden. Aufgrund der Tatsache, dass Fusionen und Akquisitionen vornehmlich ein Instrument zur Gestaltung der Unternehmens- beziehungsweise Konzernstruktur sind, sollten M&A-Aktivitäten als Kernaufgabe des strategischen Management und daher auch schwerpunktmäßig unter strategischen Gesichtspunkten betrachtet werden.

Die bisherigen betriebswirtschaftlichen M&A-Veröffentlichungen messen dem strategischen Moment allerdings nur eine untergeordnete Bedeutung bei. Vor diesem Hintergrund soll hier ein differenzierter und möglichst umfassender Überblick über die wichtigsten Aspekte von Mergers & Acquisitions gegeben werden, wobei sowohl das strategische Akquisitionsmanagement als auch das Post-Merger-Integrations- und Demerger-Management ausführlich betrachtet werden. Das vorliegende Lehrbuch richtet sich in erster Linie an Studenten. Gleichermaßen würde ich mich freuen, wenn das Buch ebenfalls Wissenschaftler und Praktiker anspricht.

Bei der Überarbeitung dieses Lehrbuchs erhielt ich vielfältige konzeptionelle und inhaltliche Unterstützung. Mein besonderer Dank gilt den vorherigen Mitarbeitern und Doktoranden des Lehrstuhls sowie den aktuellen Mitarbeitern Herrn Peter Daiser, MBE, und Herrn Daniel Schmitt, MPA. Schließlich gilt mein Dank dem Springer Gabler Verlag für die gute Zusammenarbeit bei der Drucklegung des Buchs.

Die wissenschaftliche Entwicklung eines Themenbereichs lebt wesentlich von der kritischen Auseinandersetzung und Diskussion der Konzepte und Inhalte. Vor diesem Hintergrund wäre ich für Verbesserungsvorschläge außerordentlich dankbar.

Speyer, Dezember 2016

Ihr Bernd W. Wirtz

Inhaltsübersicht

Inhaltsverzeichnis

Teil A:

Grundlagen des M&A-Management

1 Einführung

Globale Weltwirtschaft, dynamische Märkte, deregulierter Wettbewerb, verkürzte Produktlebenszyklen, steigende Erwartungen des Kapitalmarktes sowie nachhaltiges Wirtschaften sind vielzitierte Tendenzen und Kräfte, die heute auf ein Unternehmen einwirken.[1] Unternehmen, die sich im globalen Wettbewerb behaupten wollen, müssen bestrebt sein, sich diesen stetig wechselnden Bedingungen bestmöglich anzupassen. Eine Konsequenz dieses Bestrebens zeigt sich in den gewählten Unternehmensstrategien und dem notwendigen Wandel der Organisationsstrukturen.

Expansion, Diversifikation, Downsizing, Outsourcing und Kooperation stellen strategische Optionen dar, auf diese Veränderungen zu reagieren. Grundsätzlich sind damit zwei organisatorische Tendenzen verbunden. Einerseits gibt es immer größere und komplexere multinationale Unternehmensnetzwerke und Konzerne, andererseits gibt es viele Unternehmen, die sich auf ihre eigentlichen Kernkompetenzen konzentrieren und sich von bisherigen Nebenaktivitäten trennen.

Eine häufig genutzte Möglichkeit zur Umsetzung dieser Strategien sind Mergers & Acquisitions (M&A). Diese stellen eine Form des externen Unternehmenswachstums dar. Während internes Wachstum das Ergebnis der originären Kombination von Produktionsfaktoren ist, werden beim externen Wachstum bereits bestehende Faktorkombinationen, also Unternehmen beziehungsweise Unternehmensteile, erworben. Externes Wachstum kann einen sprunghaften Anstieg des Leistungspotenzials bewirken und damit vor allem Zeitersparnis im Entwicklungsprozess des Unternehmens zur Folge haben.[2]

Im Idealfall werden durch den M&A-Prozess ein erprobtes Leistungsprogramm und neues Know-how erworben, neue Märkte erschlossen, die Machtposition ausgebaut beziehungsweise Marktanteile gewonnen sowie Synergie- und Skaleneffekte erzielt. Der Verkäufer hingegen verfolgt im Rahmen von Mergers & Acquisitions vornehmlich die Motive Konzentration auf das Kerngeschäft, Abstoßung nicht wertschaffender Bereiche oder Verbesserung der Liquiditätssituation. Während nachfolgend die Bedeutung von Mergers & Acquisitions in der heutigen Wettbewerbslandschaft herausgearbeitet werden soll, um dadurch unter anderem die Notwendigkeit stärkerer theoretischer Fundierung einerseits und praktischer Handlungsanleitung andererseits für diesen Themenkomplex zu begründen, wird in Abschnitt 1.2 die weitere Struktur des Lehrbuches aufgezeigt.

1 Vgl. Wirtz (2016a), S. 17 ff.
2 Vgl. Wittig (2008), S. 54.

1.1 Bedeutung von Mergers & Acquisitions

Die zunehmende Globalisierung und die ansteigende Wettbewerbsintensität sorgten für einen erheblichen Bedeutungszuwachs des Marktes für Unternehmenskäufe und -verkäufe. Die Liberalisierung der Fusionskontrollregelungen und der Deregulierungspolitik sowie die Weiterentwicklung der Finanzmärkte haben diesen Trend noch verstärkt. In der Vergangenheit traten Mergers & Acquisitions als zyklische Phänomene auf. Rückblickend können insgesamt sechs Merger-Wellen identifiziert werden.[1]

Die bisher größte Merger-Welle mit Blick auf die Anzahl und das Volumen der Transaktionen war die Sechste, die 2008, kurze Zeit nach dem Einsetzen der Suprime-Krise, endete. Konsolidierte Bilanzen und ein Akquisitionsstau begünstigten deren Entstehung.[2] Die bisherige Höchstmarke von 2007 – mit einem Volumen von rund 4,3 Billionen US-Dollar – wurde in 2015 übertroffen. Nach einem massiven Anstieg in Höhe von 43% von 2014 auf 2015 erhöhte sich das weltweite Transaktionsvolumen auf ein neues Allzeithoch von 4,5 Billionen US-Dollar.[3] Die wertmäßig größte Einzeltransaktion bleibt jedoch weiterhin die Übernahme von Mannesmann durch Vodafone im Jahr 2000 mit einem Volumen von 202,8 Milliarden US-Dollar.[4]

Die globale Entwicklung der M&A-Märkte spiegelt sich grundsätzlich auch in Deutschland wider.[5] Jedoch traf dies nicht für 2015 zu. Die Anzahl der angekündigten Deals mit einem deutschen Zielunternehmen nahm gegenüber dem Vorjahr von 1.503 auf 1.342 ab. Das zugehörige Transaktionsvolumen sank um 3% auf 102,6 Milliarden US-Dollar.[6] Die fünf wertmäßig größten Transaktionen mit Beteiligung deutscher Unternehmen waren neben der Transaktion von Mannesmann und Vodafone die Übernahme von Orange durch Mannesmann (32,6 Milliarden US-Dollar), von VoiceStream Wireless durch die Deutsche Telekom (29,4 Milliarden US-Dollar), von Hoechst AG durch Rhone-Poulenc (21,9 Milliarden US-Dollar) und von Schering durch Bayer (21,4 Milliarden US-Dollar).[7]

Die aktuelle M&A-Phase ist zum einen durch eine fortschreitende Globaliserung geprägt, die insbesondere die so genannten BRIC-Länder sowie Länder des Nahen Ostens beziehungsweise Südostasiens erfasst.[8] Zum anderen ist die zunehmende Beteiligung von Private-Equity-Investoren am deutschen M&A-Markt ein Treiber der Entwicklung. Darüber hinaus wurden durch die Finanzkrise wesentliche Veränderungen des deutschen M&A-Marktes initiiert.

---

1 Vgl. Müller-Stewens (2016), S. 24 ff.
2 Vgl. Jansen (2016), S. 81.
3 Vgl. Köhler/Landgraf (2016).
4 Vgl. Jansen (2016), S. 96.
5 Vgl. Kunisch (2010), S. 48.
6 Vgl. Düsterhoff/Wolffson (2016), S. 23.
7 Vgl. Jansen (2016), S. 96.
8 Vgl. Kunisch (2010), S. 60.

Eine hohe Schuldenlast auf vielen Unternehmen, die durch eigene Akquisitionen oder durch Finanzinvestoren entstanden waren, führte dazu, dass Kreditauflagen zum Teil nicht eingehalten werden konnten. Daher mussten Übernahmen auch aus finanziellen Notsituationen heraus durchgeführt werden. Darüber hinaus musste die Private-Equity-Branche ihre Geschäftsmodelle nach der Finanzkrise 2008 anpassen und beispielsweise höhere Eigenkapitalanteile bei M&A-Transaktionen vorweisen.[1] Auch wenn in den letzten Jahren folglich ein Rückgang der M&A-Euphorie festzustellen ist, sind die weltweiten Transaktionsvolumina immer noch von erheblichem Ausmaß. Die damit verbundenen Risiken dürfen jedoch auf keinen Fall unterschätzt werden. Untersuchungen haben ergeben, dass die Erfolgsquote von Unternehmenszusammenschlüssen bei lediglich 56% liegt.[2]

Hieraus folgt, dass mit der hohen Zahl an Unternehmenstransaktionen regelmäßig eine Vernichtung großer Vermögen durch fehlgeschlagene M&A-Aktivitäten einhergeht. Ein Beispiel hierfür ist die Übernahme von Rover durch BMW im Jahre 1994, die BMW 2,1 Milliarden Euro kostete. In den darauffolgenden vier Jahren investierte BMW weitere 4 Milliarden Euro. Dennoch gelang es nicht, mit Rover einen Gewinn zu erwirtschaften. Daraufhin stieß BMW im Jahr 2000 Rover wieder ab.[3] Die Gründe für solche Misserfolge sind vielfältig und von Fall zu Fall unterschiedlich. Unsystematische und inkonsistente Akquisitionsstrategien sowie Integrationsprobleme beziehungsweise mangelnde Stringenz bei der Durchführung von Demerger-Aktivitäten sind dabei die wesentlichsten und komplexesten Problembereiche.

1.2 Aufbau des Lehrbuches

Vor dem Hintergrund der großen weltwirtschaftlichen Bedeutung von M&A-Transaktionen einerseits und der mit diesem Thema verbundenen Risiken und Probleme andererseits wird die Notwendigkeit einer konzeptionellen Fundierung dieses Themengebietes deutlich. Mergers & Acquisitions haben bisher in zahlreichen wirtschafts- und rechtswissenschaftlichen, organisationstheoretischen und finanzwissenschaftlichen sowie kartell- und steuerrechtlichen Publikationen Beachtung gefunden.

Aufgrund der Tatsache, dass Mergers & Acquisitions vornehmlich ein Instrument zur Gestaltung der Unternehmens- beziehungsweise Konzernstruktur sind, sollten M&A-Aktivitäten als Kernaufgabe des strategischen Management und daher auch schwerpunktmäßig unter strategischen Gesichtspunkten betrachtet werden. Die bisherigen betriebswirtschaftlichen M&A-Veröffentlichungen messen dem strategischen Moment aber nur eine untergeordnete Bedeutung zu. Darüber hinaus finden Post-Merger-Integrations- und insbesondere Demerger-Konzepte ebenfalls nicht die notwendige

1 Vgl. Lichtner (2009), S. 14.
2 Vgl. Schoenberg (2006), S. 362.
3 Vgl. Bartoszewski (2006), S. 12.

Beachtung. Daher zielt das Lehrbuch darauf ab, einen differenzierten, detaillierten und möglichst umfassenden Überblick über die wichtigsten Aspekte von Mergers & Acquisitions zu geben, wobei sowohl das strategische Akquisitionsmanagement als auch das Post-Merger-Integrations- und Demerger-Management ausführlich betrachtet werden. Das Lehrbuch gliedert sich auf der ersten Ebene in vier Teile: Grundlagen des M&A-Management, Akquisitionsmanagement, Post-Merger-Integrationsmanagement und Demerger-Management. Abbildung 1-1 stellt den Aufbau und den Zusammenhang zwischen den betrachteten Aspekten grafisch dar.

Abbildung 1-1: *Inhalte des Lehrbuches*

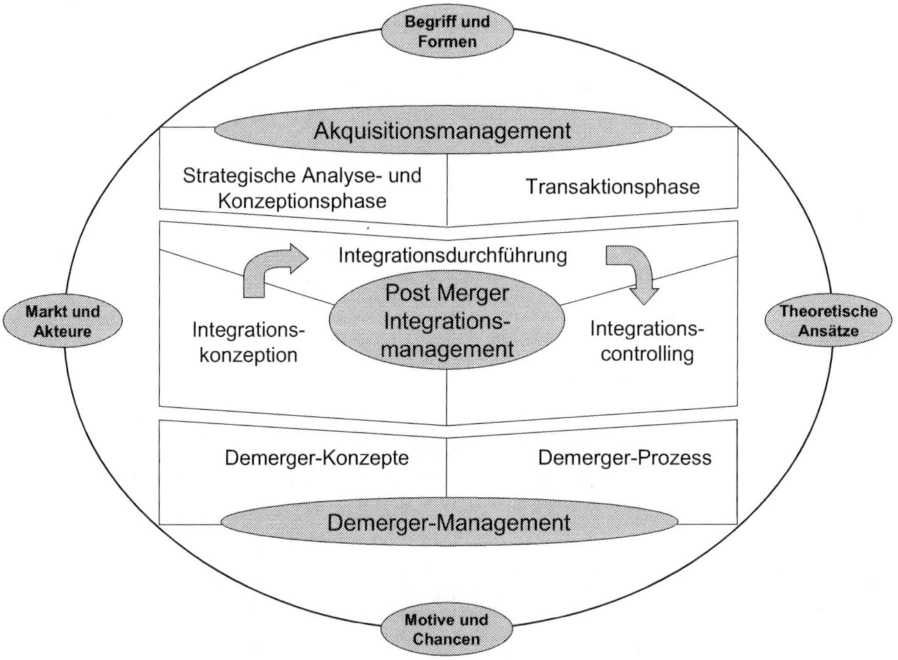

Der Teil A „Grundlagen des M&A-Management" widmet sich den begrifflichen, konzeptionellen und inhaltlichen Grundlagen von Unternehmenszusammenschlüssen im Allgemeinen und Mergers & Acquisitions im Speziellen. Der zentrale Begriff dieses Buches, Mergers & Acquisitions, wird zunächst definiert und gegenüber anderen deutschen und angloamerikanischen Begriffen abgegrenzt. Anschließend werden Formen und Ausprägungen von Mergers & Acquisitions vorgestellt, bevor im nächsten Schritt relevante theoretische Ansätze für M&A-Aktivitäten sowie Motive und Zielsetzungen aus der unternehmensinternen Käufer- und Verkäufersicht dargelegt werden. Im Rahmen der unternehmensexternen Betrachtung wird auf relevante Entwicklungen von Märkten und Rahmenbedingungen eingegangen. Abschließend werden in Teil A die Akteure und der Prozess des M&A-Management dargestellt.

Der Teil B „Akquisitionsmanagement" setzt sich aus der strategischen Analyse- und Konzeptionsphase und der operativen Transaktionsphase des M&A-Prozesses zusammen. In der strategischen Analyse- und Konzeptionsphase steht die Entwicklung der Akquisitionsstrategie sowie die Organisation und Steuerung des Akquisitionsprozesses im Vordergrund, während im zweiten Kapitel die einzelnen Transaktionsphasen von Screening bis Vertragsabschluss im Detail betrachtet werden.

Im Teil C „Post-Merger-Integrationsmanagement" wird zunächst die Notwendigkeit und die besondere Relevanz der Post-Merger-Phase verdeutlicht. Es werden Konzepte für eine Post-Merger-Integration entworfen und daran anschließend die wesentlichen Themenstellungen bei der Post-Merger-Integrationsdurchführung aufgezeigt. Von zentraler Bedeutung sind dabei insbesondere organisationsorientierte (Aufbau- und Ablauforganisation, Harmonisierung der Unternehmenskultur und Personalmanagement), informationsorientierte (Integration der Informations- und Kommunikationstechnologie beziehungsweise -politik sowie Wissensmanagement) sowie marktorientierte Aspekte (Marken- und Kundenmanagement). Abschließend werden in Teil C mögliche Ansätze eines Integrationscontrolling sowie Konzepte für die Kontrolle des Gesamterfolges der M&A-Transaktion vorgestellt.

In Teil D „Demerger-Management" erfolgt ein Perspektivenwechsel: Die bisher vornehmlich verfolgte Käuferperspektive bei M&A-Aktivitäten wird zugunsten der Verkäuferperspektive verlassen. Hier werden die mit einer M&A-Transaktion möglicherweise einhergehenden Desinvestitions- und Desintegrationsaktivitäten betrachtet. Dazu werden verschiedene Demerger-Instrumente, wie zum Beispiel Sell-off, Spin-off oder Split-off aufgezeigt, die einzelnen Prozessphasen erläutert sowie auf ein Demerger-Controlling eingegangen. Der letzte Abschnitt von Teil D widmet sich einem Fallbeispiel, an dem der gesamte M&A-Prozess veranschaulicht wird.

2 Begriff, Formen und Ausprägungen von Mergers & Acquisitions

Im einschlägigen Schrifttum werden Begriff, Form und Ausprägung von Mergers & Acquisitions nicht einheitlich und konsistent definiert beziehungsweise voneinander abgegrenzt. Des Weiteren existiert eine Vielzahl an Begriffen, wie zum Beispiel Kartelle, strategische Allianzen, Joint Ventures und Fusionen, die verschiedene Arten von Unternehmenszusammenschlüssen beschreiben. Dies erfordert eine frühzeitige Klärung der Begrifflichkeiten des Themenkreises M&A, um zunächst eine Arbeitsgrundlage zu schaffen.

Im ersten Teil dieses Abschnitts wird daher der M&A-Begriff konkretisiert. Darüber hinaus werden in diesem Zusammenhang mit Unternehmenskooperationen und Unternehmensverknüpfungen zwei zentrale Formen von Unternehmenszusammenschlüssen diskutiert. Im Anschluss werden verschiedene Differenzierungskriterien von M&A-Aktivitäten vorgestellt und charakterisiert

2.1 Der M&A-Begriff

Das angloamerikanische Begriffspaar Mergers und Acquisitions findet seit etwa Ende des 19. Jahrhunderts im Rahmen der ersten Übernahmewelle (1895-1904) in den USA Anwendung.[1] In der deutschen wissenschaftlichen Forschung wurde das Thema M&A erst zu Beginn der 80er Jahre intensiver bearbeitet. Für Mergers & Acquisitions hat sich im Schrifttum bislang keine allgemeingültige Definition durchgesetzt. Darüber hinaus wird der Begriff in Wissenschaft und Praxis zumeist mit einer Vielzahl anderer Termini synonym verwendet. So wird in einem Atemzug von Unternehmensakquisition, Übernahme, Merger, Konzentration, Fusion, Takeover, Zusammenschluss und strategischer Allianz gesprochen.[2]

Selbst im angloamerikanischen Schrifttum findet man keine konsistente Begriffsverwendung. Einige Autoren verstehen die Termini „Merger" und „Acquisition" synonym,[3] andere trennen sie und schreiben ihnen unterschiedliche Inhalte zu.[4] Im letzteren Fall wird die Abgrenzung zwischen Merger und Acquisition zumeist anhand des

1 Vgl. Abschnitt 5.2 in Teil A.
2 Vgl. Müller-Stewens (2010b), S. 4.
3 Vgl. Gildemeister (2008), S. 4.
4 Vgl. Reed/Lajoux/Nesvold (2007), S. 3 f.; DePamphilis (2015), S. 18 ff.

Kriteriums Grad des Eingriffs in die rechtliche Selbstständigkeit der Beteiligten vorgenommen.[1]

Dabei wird Merger als Fusion verstanden, bei der die zuvor rechtlich selbstständigen Unternehmen zu einer rechtlichen Einheit verschmelzen, während Acquisition als Unternehmenserwerb im Sinne einer Eingliederung in den Unternehmensverbund ohne rechtliche Verschmelzung angesehen wird.[2] Eine Auswahl an Definitionen des M&A-Begriffes einschlägiger deutscher Autoren ist in Tabelle 2-1 aufgeführt.

Tabelle 2-1: *Definitionen des M&A-Begriffs*

Autor	Definition
Willers/Siegert (1988)	„Unter M&A wird jede Form von externem Wachstum verstanden, wobei die Integrationsvarianten von Joint Ventures/strategischen Allianzen über Beteiligungsmodelle bis zum 100%-igen Kauf eines Unternehmens reichen können."
Behrens/Merkel (1990)	„Mergers und Acquisitions (M&A) sind Fusionen und Übernahmen von Unternehmen beziehungsweise deren Teilbereichen oder Tochtergesellschaften."
Achleitner (2002)	„Der Begriff Mergers & Acquisitions (M&A) bezeichnet zunächst Transaktionen auf dem Markt für Unternehmen, Unternehmensteile und Beteiligungen. Nach allgemeiner Auffassung beschränkt sich M&A allerdings auf den Erwerb und die Veräußerung von Unternehmen, Unternehmensteilen und Beteiligungen und die Eingliederung in den Unternehmensverbund des Erwerbers ggf. als Tochtergesellschaft (Acquisition) und die Verschmelzung (Fusion) zweier Unternehmen mit oder ohne vorherigen Anteilserwerb (Merger). [...] Üblicherweise nicht im Bereich M&A anzusiedeln sind [...] der Erwerb von Anteilen, die keine Leitungs- und Kontrollbefugnis gewähren (zum Beispiel stimmrechtslose Vorzugsaktien). Der Erwerb selbst größerer Beteiligungen, die ausschließlich der passiven Finanzlage dienen, wird ebenfalls nicht unter dem Begriff M&A subsumiert."
Vogel (2002)	„Der Begriff Mergers & Acquisitions schließt alle Transaktionen einschließlich der zugehörigen Dienstleistungen ein, welche die Übertragung strategisch induzierter und aktiv wahrzunehmender Kontroll- und Leitungsbefugnisse an Unternehmen beziehungsweise entsprechender Rechte und Pflichten bei vertraglichen Kooperationen zum Inhalt haben."
Achleitner/Wirtz/Wecker (2004)	„Das M&A-Management umfasst den Prozess und das Ergebnis des strategisch motivierten Kaufs beziehungsweise Zusammenschlusses von Unternehmen oder Unternehmensteilen und deren anschließender Integration oder Weiterveräußerung. Damit verbunden ist eine Übertragung der Leitungs-, Kontroll- und Verfügungsbefugnisse."

1 Vgl. Jansen (2016), S. 128 f.

2 Vgl. Kapitel 2.2.2 in Teil A für eine Differenzierung der beiden Begrifflichkeiten.

Binder (2006)	„Mergers and Acquisitions (abgekürzt: M&A) ist der englische, im deutschen Sprachraum übernommene Begriff für Fusionen und den Erwerb von Unternehmen."
Jansen (2008)	„Die Unterscheidung zwischen Merger (Fusion) und Acquisition (Übernahme, Erwerb, Kauf als hundertprozentiger Erwerb der Anteile) wird nicht einheitlich verwendet. Eine Ursache kann in der fehlenden Definition des Unternehmensbegriffes im deutschen Recht liegen (...). Häufig wird ein Unterscheidungskriterium bezüglich der rechtlichen Selbstständigkeit der beteiligten Akteure vorgeschlagen."
Müller-Stewens (2010b)	„Der aus dem US-amerikanischen Investmentbanking stammende Begriff Mergers & Acquisitions (M&A) umschreibt den Handel (Kauf/Verkauf) mit Unternehmen, Unternehmensteilen und Unternehmensbeteiligungen und wird mit Fusionen und Unternehmensübernahmen übersetzt. In einer weiten Fassung umfasst er auch Kooperationen (Joint Venture, Allianzen etc.)."

Bei einem Vergleich der unterschiedlichen Definitionsansätze fällt die fast durchgängige Übereinstimmung einiger weniger, jedoch zentraler Charakteristika auf. Nahezu alle Definitionen sehen in dem Transaktionsprozess eine zentrale Bedeutung, wodurch auf instrumentelle Gesichtspunkte im Sinne einer gestaltungsorientierten Wirkung Bezug genommen wird. Die meisten Definitionen weisen ebenfalls Teile einer teleologischen Perspektive auf, indem sie sich insbesondere auf den Transfer von Eigentumsrechten und die Übertragung von Weisungs- und Kontrollbefugnissen beziehen.

Explikative Aussagen finden sich dagegen ebenso wenig wie institutionelle oder integrierte Perspektiven. Einigen Definitionsansätzen liegt das Verständnis zu Grunde, dass mit M&A-Aktivitäten vorrangig strategische Absichten verfolgt werden, d. h. reine Finanzinvestitionen im Rahmen einer Kapitalanlage werden nach diesem Verständnis vom M&A-Begriff nicht abgedeckt.

Während in einer eher weiten Auslegung sämtliche Dienstleistungsaktivitäten unter dem M&A-Begriff subsumiert werden und damit die Berater- und Bankenperspektive mit eingeschlossen wird, betrachtet eine eher engere Definition Mergers & Acquisitions primär aus der Unternehmensperspektive, d. h. aus Käufer- und Verkäufersicht.

Eine letzte Abgrenzung erfährt der M&A-Begriff über die Einbeziehung unterschiedlicher Kooperationsformen wie strategische Allianzen oder Joint Ventures beziehungsweise die Beschränkung auf Unternehmensverknüpfungen im Sinne von Akquisitionen und Fusionen. Daraus soll zusammenfassend die folgende Definition für das M&A-Management abgeleitet werden:

Definition M&A-Management

Das M&A-Management umfasst den Prozess und das Ergebnis des strategisch motivierten Kaufs beziehungsweise Zusammenschlusses von Unternehmen oder Unternehmensteilen und deren anschließender Integration oder Weiterveräußerung. Damit verbunden ist eine Übertragung der Leitungs-, Kontroll- und Verfügungsbefugnisse.

In dieser Definition wird der strategischen Ausrichtung über den gesamten M&A-Prozess ein besonderer Stellenwert eingeräumt, ohne die operative Umsetzungsproblematik aus den Augen zu verlieren. Neben den Kernbestandteilen des Akquisitions- beziehungsweise Post-Merger-Integrationsmanagement umfasst der M&A-Prozess nach dem hier vorliegenden Verständnis optional auch das Demerger-Management, wenn Unternehmensteile unmittelbar nach Abschluss der Akquisitions- beziehungsweise Fusionsverhandlungen wieder weiterveräußert und nicht in den Unternehmensverbund integriert werden.

Darüber hinaus liegt dieser Definition die eher enge Begriffsfassung der Käufer- beziehungsweise Verkäuferperspektive sowie die Beschränkung auf Unternehmenszusammenschlüsse in Form von Akquisitionen und Fusionen zugrunde. Da die Abgrenzung unterschiedlicher Formen von Unternehmenszusammenschlüssen bisher keineswegs immer trennscharf erfolgte, soll diese Thematik im Folgenden näher betrachtet und weiter detailliert werden.

2.2 Formen von Mergers & Acquisitions

Vor dem Hintergrund der uneinheitlichen Auffassungen innerhalb des Schrifttums erscheint es sinnvoll, näher auf die grundsätzlichen Formen von Unternehmenszusammenschlüssen einzugehen. Insbesondere unter wirtschaftlichen und rechtlichen Gesichtspunkten bietet sich dabei eine Unterscheidung in Unternehmenskooperationen und Unternehmensverknüpfungen an, wie sie in Abbildung 2-1 skizziert ist. Auch wenn hier unter dem M&A-Begriff lediglich Unternehmensverknüpfungen und damit Unternehmenszusammenschlüsse im engen Sinn subsumiert werden, greifen die beiden nachfolgenden Abschnitte beide Formen des Zusammenschlusses, also Unternehmenskooperationen und Unternehmensverknüpfungen, auf.[1]

1 Vgl. Achleitner/Wirtz/Wecker (2004c), S. 476 ff.

Abbildung 2-1: *Formen von Unternehmenszusammenschlüssen*[1]

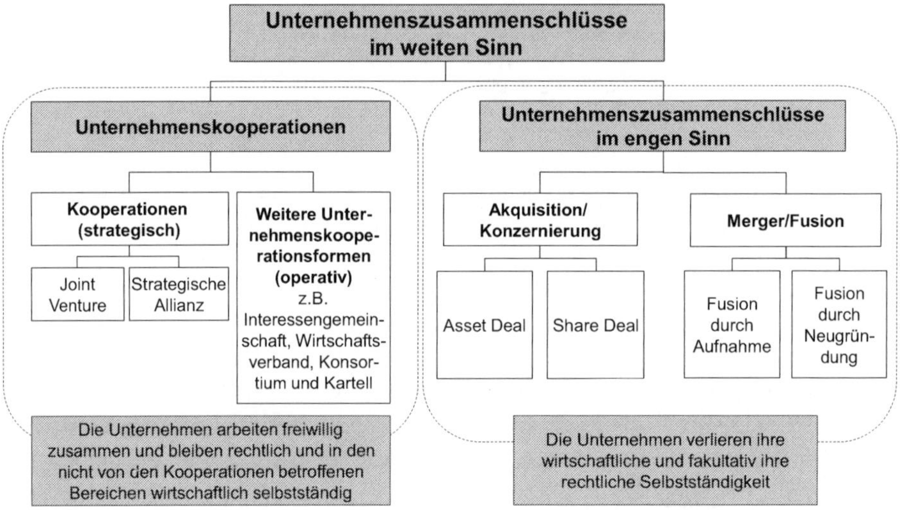

2.2.1 Unternehmenskooperationen

Von einigen Autoren werden unter einem erweiterten M&A-Begriff auch verschiedene Arten von Unternehmenskooperationen gefasst.[2] Gekennzeichnet sind solche Kooperationsformen durch wirtschaftlich und rechtlich selbstständige Partner, die zweckgebunden in bestimmten Bereichen zusammenarbeiten. Mittlerweile hat sich eine große Vielfalt unterschiedlich institutionalisierter Kooperationsformen entwickelt, wie die gängigen Begriffe Joint Venture, strategische Allianz, Interessengemeinschaft, Wirtschaftsverband, Konsortium und Kartell zeigen. Diese Kooperationsformen werden weiter in operative und strategische Kooperationen differenziert.

Unter den operativen Kooperationen lassen sich Kartelle, Konsortien, Wirtschaftsverbände und Interessengemeinschaften subsumieren. Strategische Allianzen und Joint Ventures werden hingegen den strategischen Kooperationsformen zugeordnet.[3] Die einzelnen Begriffe sollen nachfolgend kurz erläutert werden. Da die strategische Ausrichtung auch zentrales Merkmal von Mergers & Acquisitions ist, sind dabei insbesondere die Zusammenschlussformen Joint Venture und strategische Allianz von Interesse. Kartelle sind Unternehmenszusammenschlüsse und Absprachen mit dem

1 In Anlehnung an Bieg/Kußmaul (2006), S. 345 ff.
2 Müller-Stewens (2010b), S. 3.
3 Vgl. Becker (2005), S. 56.

Zweck, den Markt durch Wettbewerbsbeschränkungen zu beeinflussen. Je nach Gegenstand der Absprache können Preis-, Konditionen-, Produktions- sowie Absatz- und Beschaffungskartelle unterschieden werden.

Konsortien oder auch Arbeitsgemeinschaften werden dagegen gebildet, um zeitlich befristete Aufgaben gemeinschaftlich zu lösen. Häufig anzutreffen sind solche Arbeitsgemeinschaften im Baugewerbe, zumeist in Form einer Gesellschaft bürgerlichen Rechts. Kompetenzen und Risiken großer Bauvorhaben können so geteilt werden. Wirtschaftsverbände und Interessengemeinschaften entstehen aus dem Zusammenschluss mehrerer Unternehmen zur Wahrnehmung und Verfolgung gemeinsamer Interessen. Die Zusammenarbeit erstreckt sich zumeist über einen längeren Zeithorizont und ist inhaltlich weit gefasst.[1]

Ein Joint Venture oder auch Gemeinschaftsunternehmen ist eine institutionalisierte Form der Interessengemeinschaft.[2] Es entsteht durch Kooperation zweier oder mehrerer voneinander unabhängiger Unternehmen in Form des Erwerbs oder der Gründung eines rechtlich selbstständigen Unternehmens, an dem die Kooperierenden gemeinsam beteiligt sind und gemeinsam die Leitungsmacht ausüben. Die originären Partnerunternehmen werden dabei in ihrer wirtschaftlichen Selbstständigkeit nicht eingeschränkt, die Zusammenarbeit bezieht sich lediglich auf das gemeinsam gegründete Unternehmen.[3]

Unter kartellrechtliche Zusammenschlusskontrollen fallen Joint Ventures, die zwischen Wettbewerbern abgeschlossen werden und vollfunktionsfähige Unternehmen darstellen, d. h. Gemeinschaftsunternehmen, die alle betriebswirtschaftlichen Funktionen abdecken. Gemeinschaftsunternehmen zwischen Nichtwettbewerbern hingegen sind kartellrechtlich unproblematisch. Beispiele für Gemeinschaftsunternehmen sind die BSH Bosch und Siemens Haushaltgeräte GmbH, gegründet 1967 als Joint Venture der Robert-Bosch GmbH und der Siemens AG, sowie der Business-to-Business-Marktplatz Avendra LLC, gegründet von den rivalisierenden Hotelketten Marriott, Hyatt, ClubCorp USA, Bass Hotels & Resorts und Fairmont Hotels & Resorts.

Seit Mitte der 1980er Jahre erleben strategische Allianzen, die vermehrt von Unternehmen der Branchen Elektronik, Luftfahrt, Telekommunikation und Stromerzeugung eingegangen werden, einen wahren Boom. Ein Beispiel ist die 2016 vereinbarte Zusammenarbeit zwischen Vivendi und Mediaset. Das Ziel dieser strategischen Allianz, die lediglich noch auf die Zustimmung der Kartellbehörden wartet, liegt in gemeinsamen Initiativen zur Herstellung von Medieninhalten, die über eine gemeinsame Online-Plattform vertrieben werden sollen.[4] Auch der Trend in der Automobilindust-

1 Vgl. Wöhe/Döring (2013), S. 242 ff.
2 Vgl. Glaum/Hutzschenreuter (2010), S. 305.
3 Vgl. Süddeutsche Zeitung (2016a).
4 Vgl. Jones/Bouncken (2008), S. 157.

rie, Zulieferer zu festen Systempartnern zu entwickeln, lässt sich dem Phänomen der strategischen Allianz zuordnen.

Gleichwohl ist der Begriff der strategischen Allianz nicht eindeutig. Letztere unterscheidet sich von einem Joint Venture dahingehend, dass sie eine Kooperationsform ist, bei der die Neugründung nicht im Vordergrund steht, sondern rechtlich und wirtschaftlich unabhängige Organisationen auf der Grundlage vertraglicher Vereinbarungen kooperieren. In bestimmten Geschäftsfeldern werden mit Hilfe von Gremien gemeinsam Entscheidungen getroffen, Aktivitäten koordiniert und komplementäre sowie gleichartige Ressourcen gebündelt, um so langfristige Wettbewerbsvorteile erzielen zu können.[1] In einer Unternehmensbefragung konnte gezeigt werden, dass spezifische Fähigkeiten innerhalb eines Unternehmens für den Erfolg einer strategischen Allianz bestehen müssen.[2]

Trotz des Merkmals der rechtlichen und wirtschaftlichen Selbstständigkeit der Partner werden strategische Allianzen häufig durch gegenseitige Minderheitsbeteiligungen untermauert. Die Strategische Allianz zeichnet sich weiterhin dadurch aus, dass sie längerfristig angelegt, aber relativ leicht wieder auflösbar ist. Nach dem hier vorliegenden Verständnis sind die genannten Unternehmenskooperationen nicht Bestandteil von Mergers & Acquisitions.

2.2.2 Unternehmensverknüpfungen

Als Unternehmensverknüpfungen werden Unternehmenszusammenschlüsse bezeichnet, bei denen mindestens eines der beteiligten Unternehmen wenigstens die wirtschaftliche Selbstständigkeit aufgibt.[3] Unter wirtschaftlichen und rechtlichen Kriterien sind zwei Formen zu unterscheiden, die konzernmäßige Akquisition und die Fusion. Als Konzern versteht man gemäß § 18 AktG den Zusammenschluss mehrerer rechtlich selbstständiger Unternehmen unter einheitlicher wirtschaftlicher Leitung. Der Erwerb eines gesamten Unternehmens oder von Unternehmensteilen, bei dem das gekaufte Unternehmen seine rechtliche Selbstständigkeit erhält, kann folglich als konzernmäßige Akquisition bezeichnet werden. Bei dem übernommenen Unternehmen verändert sich somit lediglich die Eigentümerstruktur und die wirtschaftliche Selbstständigkeit wird eingeschränkt oder aufgegeben.

Im Rahmen der Konzernierung kann ein Unternehmen durch einen Asset Deal oder einen Share Deal erworben werden. Der Asset Deal (Vermögenserwerb) stellt eine Übernahme von Einzelwirtschaftsgütern in das Betriebsvermögen des Erwerbers dar. Beim Asset Deal werden alle Aktiva und Passiva des erworbenen Unternehmens in der Bilanz des Käufers bilanziert. Damit ist diese Variante des Unternehmenskaufs ein Sachkauf gemäß § 433 I Satz 1 BGB, bei dem nicht nur der vollständige Besitz, sondern

1 Vgl. Jansen (2016), S. 237 ff.
2 Vgl. Wirtz/Schilke (2008), S. 479 ff.
3 Vgl. Becker (2005), S. 55.

auch das komplette Eigentum erworben wird.[1] Der Asset Deal ist sowohl bei Kapital- als auch bei Personengesellschaften möglich. Relevant ist der Asset Deal aber insbesondere dann, wenn der Träger des Akquisitionsobjektes eine natürliche Person ist oder wenn das Akquisitionsobjekt ein rechtlich unselbstständiger Teil eines Unternehmens ist.

Die mehrheitliche Übernahme von Gesellschaftskapitalanteilen durch einen Erwerber stellt einen Share Deal (Beteiligungserwerb) dar.[2] Dieser Anteilserwerb ist insbesondere dann von Relevanz, wenn es sich bei dem akquirierten Unternehmen um eine Kapitalgesellschaft oder um eine handelsrechtliche Personengesellschaft handelt. Der Share Deal stellt einen Rechtskauf im Sinne von § 453 BGB dar. Die Anwendung der §§ 433 ff. BGB über Sach- und Beschaffenheitsmängel des Unternehmens finden unabhängig von der Beteiligungsgröße Anwendung. Hieraus folgt, dass das gängige Definitionsmerkmal der einfachen Mehrheitsbeteiligung für das Vorliegen einer Akquisition im betriebswirtschaftlichen Sinne für die Rechtsprechung nicht maßgeblich ist.

Die Fusion stellt neben der Akquisition die zweite Ausprägung der Unternehmensverknüpfung dar. Eine Fusion beziehungsweise ein Merger ist die engste Form des Unternehmenszusammenschlusses. In diesem Fall werden zwei Unternehmen beziehungsweise Gesellschaften wirtschaftlich und rechtlich vereinigt, d. h. es existiert nach dem Zusammenschluss nur noch eine rechtliche Einheit. Handelsrechtlich ist eine Fusion als eine Vermögensübertragung im Wege der Gesamtrechtsnachfolge ohne Liquidation gegen Gewährung von Gesellschaftsrechten zu verstehen.[3] Nach dem deutschen Umwandlungsrecht sind neben Kapitalgesellschaften auch Personengesellschaften fusionsfähig.

Der betriebswirtschaftliche Fusionsbegriff ist weiter gefasst und unabhängig von der Rechtsform der beteiligten Unternehmen sowie der Art des Vermögensübergangs (Einzel- oder Gesamtrechtsnachfolge) und der Entschädigungsleistung (Barzahlung oder Gewährung von Gesellschaftsrechten).[4] Bei der Fusion können im Wesentlichen zwei Ausprägungsarten unterschieden werden: Die Fusion durch Aufnahme und die Fusion durch Neugründung. Bei der Fusion durch Aufnahme nimmt eines der beteiligten Unternehmen das Vermögen einschließlich der Verbindlichkeiten des anderen Unternehmens auf.

---

1 Vgl. Sommerlatte et al. (2008), S. 287.
2 Vgl. Sommerlatte et al. (2008), S. 287.
3 Vgl. Beisel/Klumpp/Beisel (2016), S. 174; Glaum/Hutzschenreuter (2010), S. 17 ff
4 Vgl. Müller-Stewens (2010b), S. 4.

Das aufnehmende Unternehmen bleibt erhalten, das aufgenommene Unternehmen verliert seine Existenz. Ein Beispiel aus der Praxis ist die Fusion zwischen American Airlines und US Airways. Mit der Zusammenführung entsteht die weltweit größte Fluglinie. Darüber hinaus versprechen sich beide Firmen Einsparungen in Milliardenhöhe. Am 16. Oktober 2015 startete der letzte Flug der US Airways, die als Folge der im Jahr 2012 angekündigten Fusion komplett in American Airlines aufgeht.[1]

Bei der Fusion durch Neugründung werden die beteiligten Unternehmen zu einem neu gegründeten Unternehmen zusammengefasst.[2] Mit der Handelsregistereintragung der neuen Gesellschaft erlöschen alle an der Fusion beteiligten Unternehmen und gehen in der neuen Gesellschaft auf. Im Jahr 1998 fusionierten die Thyssen AG und die Friedrich Krupp AG im Rahmen einer Neugründung zur ThyssenKrupp AG. Ein weiteres Beispiel für eine Fusion durch Neugründung ist der Zusammenschluss der Daimler Benz AG und der Chrysler Corporation zur DaimlerChrysler AG.

Wie in Abbildung 2 angedeutet, werden die dargestellten Formen der Unternehmensverknüpfung, Asset/Share-Deal-Acquisition sowie Fusion durch Aufnahme und Neugründung, im Folgenden unter dem Begriff Merger & Acquisition beziehungsweise Unternehmenszusammenschluss (im engen Sinne) subsumiert. Nach der hier vorgenommenen Definition unterscheiden sich die Begrifflichkeiten selbst, d. h. Merger & Acquisition beziehungsweise Fusion und Akquisition, damit zum einen nach der Art der Übernahme und zum anderen nach dem Erhalt der rechtlichen Selbstständigkeit im Zuge der Integrationsphase.

Der Tatsache, dass dem Übernahmeprozess tendenziell bei Akquisitionen stärkere Bedeutung zukommt, dem Integrationsprozess jedoch bei Fusionen, wird hier insofern Rechnung getragen, als Teil B „Akquisitionsmanagement" stärker auf Akquisitionen fokussiert, während Teil C „Post-Merger-Integrationsmanagement" den Fusionsprozess in den Vordergrund stellt. Ansonsten wird im Weiteren jedoch keine bewusste Differenzierung zwischen Merger & Acquisition beziehungsweise Fusion und Akquisition vorgenommen.

1 Vgl. Die Welt (2013); AeroTelegraph (2015).
2 Vgl. Keuper/Oecking (2008), S. 122.

2.3 Ausprägungen von Mergers & Acquisitions

Im Schrifttum werden M&A-Aktivitäten anhand einer Vielzahl von Kriterien differenziert und charakterisiert. Häufig zitierte Differenzierungsmerkmale sind beispielsweise der leistungswirtschaftliche Zusammenhang, der Grad der Zustimmung beziehungsweise des Widerstands der Beteiligten, die Zahl der ernsthaften Erwerbsinteressenten, die Finanzierungs-, Erwerbsform und Übernahmetechnik, die steuerlichen Auswirkungen sowie die Wettbewerbswirkungen.[1] An dieser Stelle sollen nur die zentralen Ausprägungen von M&A-Aktivitäten Beachtung finden. Damit werden zum Beispiel steuerliche und wettbewerbsrechtliche Wirkungen nicht näher fokussiert, da sie lediglich eine Folge der gewählten M&A-Form sind. Von untergeordneter Bedeutung für den gesamten M&A-Prozess ist ebenfalls die Zahl der Erwerbsinteressenten. Sie ist lediglich für die Phase der Kaufpreisermittlung und den Vertragsabschluss bedeutsam. Von zentraler strategischer Bedeutung hingegen sind der leistungswirtschaftliche Zusammenhang der Beteiligten, die Finanzierung und Übernahmetechnik sowie die Zustimmung beziehungsweise der Widerstand der Unternehmensleitung des Zielunternehmens. Anhand dieser drei Kriterien sollen M&A-Aktivitäten im Folgenden untersucht werden.

2.3.1 Leistungswirtschaftlicher Zusammenhang

Nach der strategischen Ausrichtung beziehungsweise den Zielen und Motiven von M&A-Aktivitäten können horizontale, vertikale und konglomerate Zusammenschlüsse unterschieden werden. Die Ähnlichkeit beziehungsweise Verschiedenartigkeit der von den beteiligten Unternehmen bearbeiteten Produkt-Marktfelder ist von großer Bedeutung für eine Vielzahl von Fragestellungen. Beispielsweise determinieren sie Bedarf und Ausmaß notwendiger Aktivitäten für eine erfolgreiche Integration.[2]

Darüber hinaus stehen sie in direktem Zusammenhang mit kartellrechtlichen Fragen. Unter einem horizontalen Zusammenschluss ist eine Verbindung von Unternehmen derselben Branche auf gleicher Produktionsstufe zu verstehen. Das Bundeskartellamt unterscheidet in seinen Tätigkeitsberichten horizontale Zusammenschlüsse mit und ohne Produktausweitung.[3] Ein horizontaler Zusammenschluss ohne Produktausweitung liegt vor, wenn die Produktionsbreite beziehungsweise das Produktprogramm nicht erweitert wird.

Ein horizontaler Zusammenschluss mit Produktausweitung liegt dagegen vor, wenn die Unternehmen bei gleicher Produktionstechnologie auf benachbarten Marktsegmenten des gleichen Wirtschaftsbereichs tätig sind. Vorrangige Ziele von horizontalen Unternehmenszusammenschlüssen sind die Erlangung einer höheren Marktmacht

---

1 Vgl. Reed/Lajoux/Nesvold (2007), S. 3 ff.; Jansen (2016), S. 131 ff.
2 Vgl. Gerds/Schewe (2014), S. 93 ff.
3 Vgl. im Folgenden Settnik (2006), S. 35 f.

und die Erzielung von Synergieeffekten in Form von Economies of Scale und Scope. Als vertikale Mergers & Acquisitions werden Zusammenschlüsse von Unternehmen unterschiedlicher Produktionsstufen bezeichnet.[1] In diesem Fall schließt sich ein Unternehmen mit einem anderen Unternehmen auf einer vor- oder nachgelagerten Leistungsstufe zusammen. In der Regel handelt es sich dabei um einen Erwerb von Lieferanten (Rückwärtsintegration/Upstream-M&A) oder Abnehmern (Vorwärtsintegration/Downstream-M&A).

Primär verfolgte Ziele solcher Unternehmensverknüpfungen sind die Gestaltung des Absatzes durch den Produzenten (bei einer Vorwärtsintegration) beziehungsweise die Sicherung einer planmäßigen Belieferung mit wichtigen Gütern (bei einer Rückwärtsintegration), Kosten und Planungsvorteile einer Verbundproduktion und effizientere Forschung und Entwicklung.

Eine heterogene, diagonale oder auch konglomerate Unternehmensverknüpfung liegt vor, wenn die Akquisition zu einer Expansion in neue Produkt-Markt-Felder führt. Dabei sind die entsprechenden Unternehmen in unterschiedlichen Geschäftsfeldern tätig und bilden nach dem Zusammenschluss einen Konglomeratkonzern[2], wie beispielsweise bei der Oetker-Gruppe. Die Motive für heterogene Unternehmenszusammenschlüsse sind dabei primär Diversifikations- und Expansionsstrategien.[3] Ein Überblick über die leistungswirtschaftliche Ausrichtung von Unternehmenszusammenschlüssen im engen Sinn ist in Abbildung 2-2 dargestellt.

1 Vgl. Jung (2006), S. 130.
2 Vgl. Jung (2006), S. 130.
3 Vgl. Kapitel 4 in Teil A.

Abbildung 2-2: *Leistungswirtschaftliche Ausrichtung von Unternehmenszusammenschlüssen im engen Sinn*

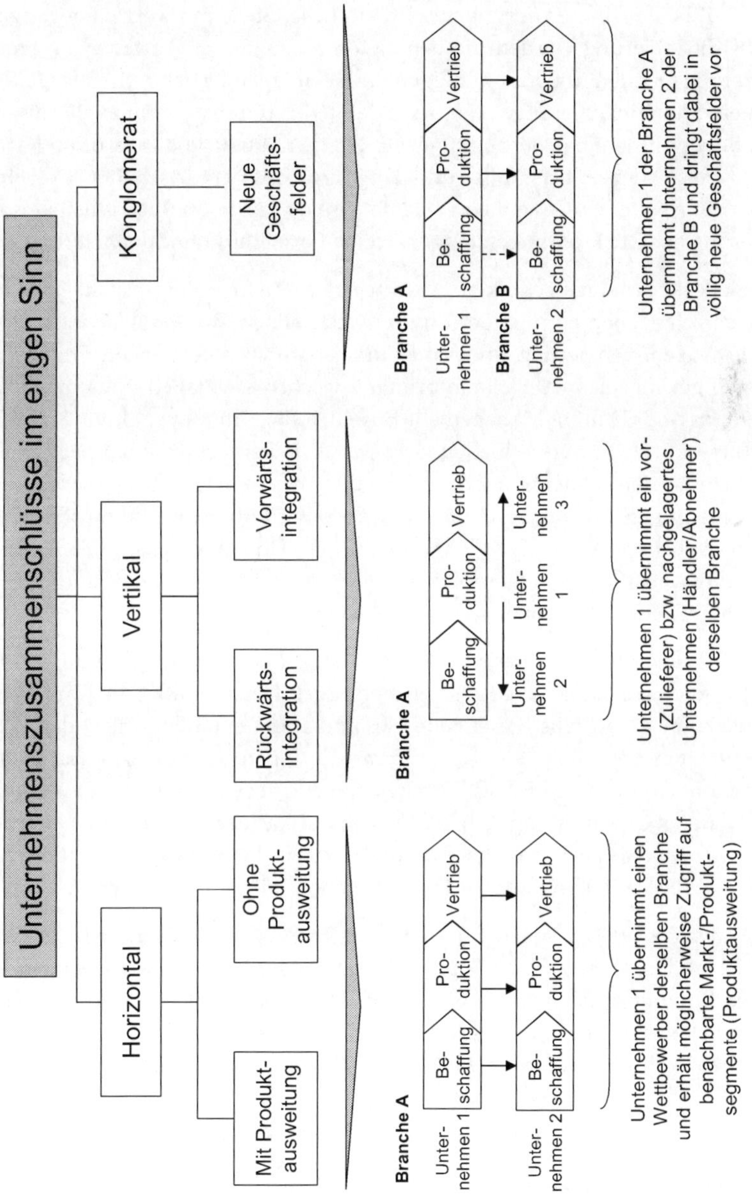

2.3.2 Finanzierung und Übernahmetechnik

Grundsätzlich kann bei der Finanzierung eines Unternehmenserwerbs zwischen Außen- und Innenfinanzierung sowie Eigen- und Fremdfinanzierung unterschieden werden. Auf beide Differenzierungen wird an dieser Stelle nur kurz eingegangen.[1] Bei der Außenfinanzierung werden die benötigten Finanzmittel entweder aus unternehmensexternen Quellen in Form von Eigenkapitaleinlagen beziehungsweise Beteiligungen (Eigenkapitalfinanzierung) oder aus Krediten (Fremdkapitalfinanzierung) bereitgestellt. Bei der Innenfinanzierung hingegen werden die für die Investition benötigten Mittel im betrieblichen Leistungs- und Umsatzprozess erwirtschaftet. Die Finanzierung aus einbehaltenen Gewinnen stellt dabei eine Form der Eigenfinanzierung, die Finanzierung aus Rückstellungen hingegen eine Form der Fremdfinanzierung dar.

Als spezielle Übernahmetechniken, die auch den Finanzierungsaspekt beeinflussen, sind die verschiedenen Formen der Buy-outs zu nennen. Buy-outs fallen in der Regel unter die Außenfinanzierung und sind zumeist durch einen hohen Fremdfinanzierungsanteil gekennzeichnet. Es kann primär zwischen Leveraged Buy-out (LBO), Management Buy-out (MBO), Management Buy-in (MBI), Employee Buy-out (EBO) und Owner Buy-out (OBO) unterschieden werden. Als Leveraged Buy-out bezeichnet man die Übernahme eines Unternehmens durch eine Gruppe externer Investoren, wie zum Beispiel eine private Gesellschaft[2]. Der Kaufpreis wird überwiegend mit Fremdkapital finanziert, wobei die Aktien des zu akquirierenden Unternehmens im Falle einer Börsennotierung dabei als Sicherheit dienen. Die Folge ist eine Konzentration des zuvor meist breit gestreuten Aktienbesitzes in einer kleinen Eigentümergruppe.[3]

Der Begriffsbestandteil „Leveraged" deutet dabei auf ein primär spekulatives Moment hin. Ziel ist die Erreichung eines zusätzlichen Ergebnishebels über die Kapitalstruktur der Transaktion. Denn falls die erzielte Gesamtkapitalrentabilität über dem Zinssatz des eingesetzten Fremdkapitals liegt, nimmt die Eigenkapitalrendite mit steigender Verschuldung zu (Leverage-Effekt). Ein Beispiel aus der Praxis ist der Leveraged Buy-out der Douglas Group im Jahr 2015. CVC Capital Partners erwarb das Unternehmen für rund 3,0 Milliarden Euro. Der Kaufpreis wurde bei dieser Transaktion zu zwei Dritteln aus Übernahmekrediten und Unternehmensanleihen finanziert.[4]

Während der Begriff Leveraged Buy-out vorwiegend auf die Form der Finanzierung Bezug nimmt, beziehen sich die Begriffe Management Buy-out, Management Buy-in, Employee Buy-out und Owner Buy-out auf den Stakeholder und werden häufig in Form des Leveraged Buy-out abgewickelt. Beim Management Buy-out wird das Zielunternehmen von eigenen, beim Management Buy-in von externen Managern übernommen.

---

1 Das Finanzierungskonzept wird im Abschnitt 3.5.3 in Teil B behandelt.
2 Vgl. Jansen (2016), S. 142.
3 Vgl. Jansen (2016), S. 129.
4 Vgl. Reuters (2015).

Von einem Employee Buy-out spricht man, wenn mehr als die Hälfte der Kapitalanteile von der Belegschaft aufgekauft werden. Um einen Owner Buy-out handelt es sich, wenn ein einzelner Anteilseigner das Unternehmen durch einen Leveraged Buy-out übernimmt oder ein einzelner Erbe eines Familienunternehmens die Erbengemeinschaft oder einzelne Stämme auszahlt.[1]

2.3.3 Friendly und unfriendly Takeover

Ein zentrales Kennzeichen von Kapitalgesellschaften ist der Umstand, dass Eigentümer- und Managerfunktionen unterschiedlich ausgestaltet sind. Damit ist grundsätzlich auch ein Interessenskonflikt zwischen Eigentümern und Management möglich. Im Falle eines Merger oder einer Akquisition kann dies bedeuten, dass die Transaktion zwar im Einvernehmen mit den Eigentümern abgewickelt wird, aber gegen den Willen des Management beziehungsweise des Vorstandes, des Aufsichtsrates und der Belegschaft erfolgt. In einem solchen Fall wird von einer unfreundlichen oder feindlichen Übernahme beziehungsweise einem unfriendly oder hostile Takeover gesprochen. Stimmt hingegen auch das Management der Zielgesellschaft dem Zusammenschluss beziehungsweise der Übernahme zu, so liegt eine freundliche Übernahme beziehungsweise ein friendly Takeover vor.[2]

Bei einem friendly Takeover verhandelt der Interessent zunächst mit dem Management des Akquisitionsobjektes, um das weitere Vorgehen abzustimmen. Bei einem Hostile Takeover hingegen wendet sich der Interessent direkt an die Aktionäre der Zielgesellschaft. Gewöhnlich tritt der Käufer, sobald er über die Börse genügend Aktien des Übernahmeobjektes gekauft hat, offen auf und macht den übrigen Aktionären ein zeitlich befristetes Angebot für den Erwerb der Aktienmehrheit (Tender Offer).[3] Um die Offerte attraktiv zu gestalten, muss dabei häufig eine hohe Prämie auf den aktuellen Marktwert des Eigenkapitals gezahlt werden. Zielobjekt einer feindlichen Übernahme sind damit zumeist Gesellschaften, die durch einen niedrigen Aktienkurs am Kapitalmarkt vermeintlich unterbewertet sind, so dass sich die Übernahme trotz eines entsprechenden Aufpreises noch lohnt. In den USA ist die Transaktionsart des Hostile Takeover seit 1974 begrifflich etabliert und erlebte ihre Boomphase in den USA in den 1980ern.[4]

1 Vgl. Mittendorfer (2007), S. 103.
2 Vgl. DePamphilis (2015), S. 26.
3 Vgl. Dombret (2006), S. 55.
4 Vgl. Polinsky/Shavell (2007), S. 879.

Grundsätzlich spielen feindliche Übernahmen im Gesamtmarkt für Unternehmenszusammenschlüsse eine untergeordnete Rolle. Beispielsweise lag die Anzahl feindlicher Übernahmen, die zwischen 1990 und 1998 in den USA getätigt wurden, bei nur 4%.[1] Im Durchschnitt machen diese rund 10% der Transaktionsvolumina aus. Mit einigen Ausnahmen – 1995 (57 Milliarden US-Dollar), 1999 (263 Milliarden US-Dollar), 2004 (71 Milliarden US-Dollar), 2007 (103 Milliarden US-Dollar) und 2007 (103 Milliarden US-Dollar) – lag der Wert feindlicher Übernahmeangebote in jedem Jahr seit 1990 bei unter 50 Milliarden US-Dollar (berücksichtigt sind hierbei Übernahmeangebote für Zielunternehmen mit einem Unternehmenswert von über 100 Millionen US-Dollar).[2]

Trotzdem wird feindlichen Übernahmen oft große Aufmerksamkeit geschenkt. Dies liegt im Wesentlichen daran, dass es sich bei feindlichen Übernahmen in den vergangenen Jahren häufig um sehr große, bedeutende Unternehmen gehandelt hat. Zum Beispiel im Jahr 1999 die Übernahme von Mannesmann durch Vodafone sowie von Elf durch Total, im Jahr 2005 das Übernahmeangebot von Gas Natural and Endesa und im Jahr 2008 die Übernahme von Continental durch Schaeffler oder Genentech durch Roche.[3] Darüber hinaus liegt es bei einer feindlichen Übernahme in der Natur der Sache, dass diese Situation mit einer höheren Unsicherheit hinsichtlich der weiteren Entwicklung und künftigen Ausrichtung des Zielunternehmens verbunden ist, als bei einem geplanten, gemeinsamen Zusammenschluss. Das verleiht dieser Art von Transaktion zusätzliches Gewicht in der öffentlichen Wahrnehmung.

Mit der Übernahme des Konzeptes der feindlichen Übernahme aus dem angloamerikanischen Raum, das insbesondere mit der Megatranskation Vodafone/Mannesmann gezeigt hat, wie schnell ein großes, international agierendes Traditionsunternehmen aufgekauft und filetiert werden kann, wurden in der internationalen Praxis eine ganze Reihe von Abwehrtechniken mit dem Ziel entwickelt, eine feindliche Übernahme unattraktiv oder gar unmöglich zu machen.

Gängige Abwehrmaßnahmen sind:[4]

- Rückkauf eigener Aktien durch die Zielgesellschaft: Eine beliebte Verteidigungsmaßnahme ist der Rückkauf eigener Aktien durch die Zielgesellschaft. Damit soll der Aktienkurs des Zielunternehmens gestützt und so die Übernahme erschwert werden. Der Rückkauf eigener Aktien ist in Deutschland seit Inkrafttreten des Gesetzes zur Kontrolle und Transparenz im Unternehmensbereich (KonTraG) am 1. Mai 1998 grundsätzlich, wenn auch mit gewissen Einschränkungen, möglich.
- Vinkulierte Namensaktien: Durch die Schaffung vinkulierter Namensaktien kann die freie Übertragung von Wertpapieren gemäß § 68 AktG eingeschränkt werden.

1 Vgl. Polinsky/Shavell (2007), S. 879.
2 Vgl. Tschöke/Mailänder (2016), S. 58.
3 Vgl. Tschöke/Mailänder (2016), S. 58 f.
4 Vgl. Jansen (2016), S. 155 f.

Sieht die AG-Satzung eine solche Vinkulierung allerdings nicht bereits vor, bedarf die Einführung der Zustimmung aller Aktionäre.

- Poison Pills: Unter Poison Pills können Abwehrmaßnahmen gefasst werden, die als bedingte Rechtsgeschäfte in der Unternehmenssatzung vorgesehen werden. Dabei kann es sich zum Beispiel um die Ausgabe preisgünstiger Wandelschuldverschreibungen oder um Kapitalerhöhungen zu niedrigen Bezugskursen handeln.
- Crown Jewel Defense: Eine wichtige Rolle bei den Abwehrmaßnahmen spielen Umstrukturierungsmaßnahmen. In diesem Fall werden für den Interessenten wertvolle Gegenstände beziehungsweise Unternehmensbereiche verkauft.
- Golden Parachutes: Auch durch die Zusage sehr hoher Abfindungen an den Vorstand wird versucht, die Übernahme unattraktiver zu machen. Der Bieter soll von hohen Folgekosten aus Personalentscheidungen abgeschreckt werden.
- White Knight: Im Rahmen dieser Maßnahme versucht das Zielunternehmen, ein befreundetes Unternehmen als konkurrierenden Bieter zu gewinnen. Auf diese Art und Weise soll der Aktienkurs derart in die Höhe getrieben werden, dass das Zielunternehmen für den Interessenten unattraktiv wird.

Die Frage der Zulässigkeit der Ergreifung dieser Maßnahmen wird durch die „Richtlinie 2004/25/EG des Europäischen Parlaments und Rates" vom 21. April 2004 geregelt, die entsprechend von den Mitgliedsstaaten in der jeweiligen nationalen Gesetzgebung verankert sein muss.[1] Für Deutschland gilt seit dem 1. Januar 2002 das deutsche Übernahmegesetz (WpÜG). Dieses musste allerdings nach Einführung der EU-Richtlinie angepasst werden.[2]

1 Vgl. Maul/Muffat-Jeandet (2004), S. 221 ff.
2 Vgl. Mülbert (2004), S. 633 ff.

3 Relevante theoretische Erklärungsansätze für Mergers & Acquisitions

Nachdem in den beiden vorherigen Kapiteln die Relevanz des Themas herausgestellt, die Begrifflichkeiten abgegrenzt sowie Formen und Ausprägungen von Mergers & Acquisitions aufgezeigt wurden, werden in diesem Kapitel ökonomische Theorien dargestellt, die in Bezug auf Unternehmenszusammenschlüsse von Bedeutung sind. Im Folgenden werden daher drei relevante theoretische Erklärungsansätze für Mergers & Acquisitions erläutert, verglichen und bewertet.

3.1 Erklärungsansätze der Neuen Institutionenökonomik

In der Realität sind eine Vielzahl verschiedener Organisationsformen (Institutionen) zu beobachten, deren Existenz nicht mit der neoklassischen Theorie vereinbar ist. Die neoklassische Theorie postuliert vollkommene und friktionslose Märkte, welche dadurch gekennzeichnet sind, dass zu ihrer Nutzung weder Informationskosten benötigt werden noch Tauschkosten anfallen. Weiterhin sind die gehandelten Rechte beliebig teilbar. Auf vollkommenen Märkten besteht das Ziel der Akteure in der individuellen Nutzenmaximierung, wobei für alle Akteure ein identischer Marktzugang besteht.[1]

Die verschiedenen Ansätze der Neuen Institutionenökonomik versuchen zu erklären, warum Institutionen, wie zum Beispiel Unternehmen, bestehen und welchem Hauptzweck die unterschiedlichen ökonomischen Organisationsformen dienen. Eine Institution wird dabei definiert als „ein auf ein bestimmtes Zielbündel abgestelltes System von formalen und informellen Regeln (Normen) einschließlich ihrer Garantieinstrumente mit dem Zweck, das individuelle Verhalten in eine bestimmte Richtung zu lenken."[2] Unter dem Begriff Organisation werden im Folgenden Mehr-Personen-Zusammenschlüsse verstanden, die auf ein solches System von Regeln aufbauen.[3]

Aufgrund der Tatsache, dass in der Realität Institutionen feststellbar sind, müssen bestimmte Annahmen des neoklassischen Erklärungsansatzes verletzt sein. Insbesondere die Annahmen, dass keine Kosten bei der Benutzung von Märkten anfallen be-

1 Vgl. Maier/Tödtling/Trippl (2005), S. 71 ff.
2 Blum et al. (2005), S. 43.
3 Vgl. Musil (2005), S. 33.

ziehungsweise die Märkte selbst keine Funktionsschwächen aufweisen, lassen sich in der Praxis kaum aufrechterhalten.

Die Neue Institutionenökonomik versucht, durch die explizite Betrachtung verschiedener Marktunvollkommenheiten zu erläutern, warum Märkte durch Institutionen und Organisationen umgangen werden und inwiefern Institutionen und Organisationen als Kompensationsmechanismus für Märkte angesehen werden können. Die Neue Institutionenökonomik umfasst drei grundlegende Erklärungsansätze, die jeweils durch die Auflösung verschiedener Prämissen der Neoklassik unterschiedliche Marktunvollkommenheiten analysieren:

- Transaktionskostenansatz,
- Prinzipal-Agent-Ansatz (Agency-Theorie),
- Property-Rights-Ansatz (Theorie der Verfügungsrechte).[1]

Wichtige Implikationen für Mergers and Acquisitions liefern von diesen Erklärungsansätzen lediglich der Transaktionskosten- und der Prinzipal-Agent-Ansatz. Diese werden daher nachfolgend näher erläutert.

3.1.1 Transaktionskostenansatz

Der Transaktionskostenansatz, der auf die grundlegenden ökonomischen Beiträge von Commons und Coase zurückgeht und von Williamson erweitert wurde, beschäftigt sich mit den Kosten, die bei der Abwicklung von Tauschbeziehungen anfallen. Diese werden auch als so genannte Transaktionskosten bezeichnet.[2] Hierbei kann zwischen externen Transaktionskosten, die bei der Inanspruchnahme des Marktes für die Abwicklung der Tauschbeziehungen auftreten, und internen Transaktionskosten unterschieden werden, die bei der Koordination durch Hierarchie, also durch die Organisation eines Unternehmens, entstehen (Organisationskosten).[3] Externe Transaktionskosten können wie folgt klassifiziert werden:

- Anbahnungskosten beziehungsweise Informationskosten: Die Kosten für die Identifikation des Transaktionspartners und dessen Konditionen,
- Vereinbarungskosten: Die Opportunitätskosten der Zeit für die Verhandlung, Einigung und Formulierung von Vertragsinhalten,
- Kontrollkosten: Die Kosten der Überwachung der Einhaltung der vertraglich vereinbarten Qualität, Menge, des Preises und des Liefertermins,
- Durchsetzungskosten: Die Kosten für die Realisierung von impliziten und expliziten Vertragsansprüchen (zum Beispiel vor Gericht),

---

1 Vgl. Meffert/Bruhn (2006), S. 84 f.
2 Vgl. Rudolph (2006), S. 127 f.
3 Vgl. Hartweg (2007), S. 155.

- Anpassungskosten: Die Kosten für nachvertragliche Anpassung von Vertragsinhalten (zum Beispiel bei langfristig variablen Vertragsparametern).[1]

Die Höhe der Reibungsverluste, die bei einer Transaktion anfallen, wird durch die Eigenschaften der Transaktion selbst als auch durch die der beteiligten Transaktionspartner beeinflusst. Nach Williamson sind die entscheidenden Charakteristika von Transaktionen die Häufigkeit („Frequency"), mit der sie durchgeführt werden, der Grad der Spezifität der zur Durchführung der Transaktion notwendigen Investition („degree to which the expenses incurred are transaction-specific") und die Unsicherheit bezüglich der für die Transaktion relevanten Umweltsituation („Uncertainty").[2]

Besonders relevante Eigenschaften beziehungsweise Verhaltensannahmen der Transaktionspartner, die sich ebenfalls auf die Höhe der Transaktionskosten auswirken, sind nach Williamson die begrenzte Rationalität und der potenzielle Opportunismus der Transaktionspartner. Die neoklassische Annahme, dass die an der Transaktion beteiligten Akteure vollkommen rational handeln, wird zugunsten der Annahme von begrenzt rational agierenden Akteuren aufgegeben. Begrenzte Rationalität bedeutet in diesem Zusammenhang, dass die Akteure zwar versuchen, rational zu handeln, aber aufgrund von individuellen Restriktionen bei der Informationsgewinnung und -verarbeitung nicht vollkommen informiert sind und demnach nicht vollkommen rational agieren können.

Die Verhaltensannahme des Opportunismus stellt eine Verschärfung des Konzepts der individuellen Nutzenmaximierung dar. Ein Transaktionspartner verhält sich dann opportunistisch, wenn er, um sich einen individuellen Vorteil zu verschaffen, akzeptiert, dass durch sein Handeln gegebenenfalls andere Akteure einen Schaden oder Nachteile erleiden.[3] Nach dieser kurzen Einführung zu den Arten und Eigenschaften von Transaktionskosten sowie den Charakteristika der Transaktionspartner sollen im Folgenden die beiden transaktionskostentheoretischen Erklärungansätze von Coase und von Williamson für die Existenz von Organisationen betrachtet werden.

3.1.1.1 Der Erklärungsansatz von Coase

Coase veröffentlichte 1937 in seinem Aufsatz „The Nature of the Firm" eine erste Erklärung für die Existenz von Organisationen (Unternehmen).[4] Danach kann die Gründung einer Organisation bereits dann sinnvoll sein, wenn die Annahme der Neoklassik aufgehoben wird, dass bei der Nutzung des Marktmechanismus keine Transaktionskosten entstehen. Selbst wenn keine Funktionsschwäche der Märkte vorliegt, dominiert die organisationsinterne Abwicklung die Abwicklung über den Marktme-

---

1 Vgl. Kräkel (2007), S. 7.
2 Vgl. Kaib (2008), S. 218 f.
3 Vgl. Fließ (2011), S. 77.
4 Vgl.Coase (1937); Kräkel (2007), S. 15.

chanismus ceteris paribus (unter sonst gleichen Bedingungen) immer dann, wenn die internen Transaktionskosten geringer sind als die externen.

Demzufolge werden Unternehmen die Transaktionen solange selbst übernehmen, bis die internen Koordinationskosten für die Einbeziehung einer weiteren Transaktion diejenigen Kosten übersteigen, die bei der Abwicklung dieser Transaktion über den Markt anfallen würden. Hinsichtlich der Transaktionskosten ist ceteris paribus genau an diesem Punkt die optimale Unternehmensgröße erreicht. Durch den Vergleich von internen und externen Transaktionskosten können demnach auch Make-or-buy-Entscheidungen getroffen werden.[1]

Bezogen auf den M&A-Kontext bedeutet dies, dass Unternehmenszusammenschlüsse genau dann sinnvoll sind, wenn hierdurch die Transaktionskosten im Vergleich zur Abwicklung über den Markt reduziert werden können. Im Zeitverlauf kann es allerdings dazu kommen, dass die Kosten der Internalisierung gegenüber der Abwicklung über den Markt relativ ansteigen. Sobald die Lösung über den Marktmechanismus die günstigere ist, sollten demnach die aus Transaktionskosten-Sicht ineffizientesten Unternehmensbereiche wieder veräußert werden. Im Fall der Übernahme eines Unternehmens sind zudem sofort nach der Übernahme diejenigen Unternehmensbereiche weiter zu veräußern, die keine Transaktionskostenersparnisse im Vergleich zum Markt ermöglichen.[2]

Folgendes Beispiel soll zur Veranschaulichung des Erklärungsansatzes von Coase dienen: Angenommen, Unternehmen A produziert Motoren, die Unternehmen B bei der Herstellung von Autos einsetzt. Würden beide Unternehmen zu einem Unternehmen fusionieren oder würde ein Unternehmen das andere übernehmen, so könnten Transaktionskosten gespart werden, wenn B beispielsweise die Qualität der Arbeit von A während der gemeinsamen Arbeit im neu entstandenen Unternehmen beobachten könnte und somit ceteris paribus geringere Kontrollkosten entstünden.[3]

3.1.1.2 Der Erklärungsansatz von Williamson

Williamson entwickelte einen weiteren Erklärungsansatz für die Gründung beziehungsweise Existenz von Unternehmen und anderen Organisationen. Ausgehend von den Annahmen, dass in der Realität nur unvollständige Verträge geschlossen werden und sich Akteure beschränkt rational und mithin opportunistisch verhalten, sind Situationen denkbar, in denen es sinnvoll ist, den Markt zu umgehen. Die Annahme, dass Verträge in der Realität unvollständig sind, wird dabei wie folgt begründet:[4]

1 Vgl. Kräkel (2007), S. 8 f.
2 Vgl. Teil D.
3 Vgl. Kräkel (2007), S. 8 f.
4 Vgl. Kräkel (2007), S. 9 f.

- Prohibitiv hohe Vereinbarungskosten: Aufgrund der Höhe der Opportunitätskosten, die bei einer Einbeziehung sämtlicher überhaupt denkbarer zukünftiger Umweltkonstellationen in einen Vertrag entstehen würden, dürften die Parteien in der Realität kein Interesse daran haben, vollständige Verträge zu schließen.
- Da die Akteure aufgrund ihrer begrenzten Rationalität nicht alle potenziell in der Zukunft eintretenden Umweltzustände antizipieren können, werden Vertragslücken auftreten, wenn es zu einer Ex-post-Überraschung kommt, d. h. also zum Eintritt eines Zustandes, dessen Eintreten bei Vertragsschluss nicht abzusehen war.
- Weiterhin besteht die Möglichkeit, dass Verträge beabsichtigt unvollständig belassen werden, weil die Erfüllung der Vertragsbedingungen, auch wenn sie durch die Akteure selbst kontrolliert werden könnte, aufgrund prohibitiv hoher Durchsetzungskosten nicht von einer dritten Partei (Kontrollinstanz, zum Beispiel Gericht) überprüfbar ist.

Geht man also davon aus, dass Verträge in der Regel unvollständig sind, wird gerade in Situationen, in denen eine Partei für die Abwicklung der Transaktion eine hohe spezifische Investition tätigt, tendenziell die Abwicklung in der Organisation günstiger sein als die über den Markt. Eine Investition wird dabei als transaktionsspezifisch angesehen, wenn sie außerhalb der vereinbarten Transaktion einen geringeren Wert besitzt.[1] Der Grad der Spezifität der Transaktion wird dabei als Quasi-Rente bezeichnet und berechnet sich als Differenz des Wertes der Investition in der vereinbarten Transaktion und der nächstbesten Verwendung außerhalb dieser Transaktion. Je höher der Spezifitätsgrad einer Transaktion, desto höher ist der Wertverlust, der entsteht, wenn die zur Aufgabenerfüllung erforderlichen Ressourcen nicht der angestrebten, sondern ihrer zweitbesten Verwendung zugeführt werden müssen.[2]

Bei unvollständigen Verträgen nimmt die Gefahr opportunistischen Verhaltens jenes Akteurs, der nicht die transaktionsspezifische Investition unternommen hat, mit der Höhe der transaktionsspezifischen Investition zu. Derjenige Vertragspartner, der die transaktionsspezifische Investition tätigt, ist nach Durchführung dieser Investition nämlich in (maximal) der Höhe der Quasi-Rente durch den anderen Akteur erpressbar. Diese Situation wird als Hold-up-Problematik bezeichnet, da der Vertragspartner, der die transaktionsspezifische Investition eingegangen ist, als (begrenzt) rationaler Akteur so lange von der Transaktion nicht zurücktreten wird, bis die Einbußen die Höhe der Quasi-Rente übersteigen.[3]

Da derjenige Akteur, der die transaktionsspezifische Investition durchführen müsste, die Hold-up-Problematik antizipiert, wird er sich ex ante nicht dazu bereit erklären, die transaktionsspezifische Investition einzugehen. Daher dürfte es der Theorie zufolge bei Nutzung des Marktmechanismus in solchen Situationen stets zu Unterinvestiti-

1 Vgl. Kräkel (2007), S. 10 f.
2 Vgl. Maass (2009), S. 96.
3 Vgl. Wipprich (2008), S. 11.

onen kommen. Unter den zuvor genannten Prämissen kann daher in Fällen, in denen transaktionsspezifische Investitionen getätigt werden müssen, die organisationsinterne Lösung von Vorteil für beide Parteien sein. Indem sich die beiden Akteure in einem gemeinsamen Unternehmen zusammenschließen, kann das Unterinvestitionsrisiko verhindert werden, wodurch beide Parteien insgesamt besser gestellt sind. In der Realität sind solche Internalisierungen von Transaktionen häufig durch vertikale Integration zu beobachten, d. h. durch die Integration zweier benachbarter beziehungsweise aufeinander folgender Wertschöpfungsstufen in ein Unternehmen.[1]

Die Internalisierung ist aber nicht die einzige Alternative, durch die die Hold-up-Problematik überwunden werden kann. Da die Höhe der Quasi-Rente bei symmetrisch verteilten Informationen für beide Parteien quantifizierbar sein müsste, könnte vertraglich vereinbart werden, dass jede Partei die Hälfte der Quasi-Rente übernimmt, damit die optimale Investitionshöhe getätigt werden kann. Jedoch wäre die in Abhängigkeit von der Transaktionshäufigkeit (mehrfache) Bezifferung der Höhe der Quasi-Rente selbst wieder mit Kosten verbunden, die bei einer Internalisierung nicht anfallen würden. Daher sollte tendenziell gerade bei häufig wiederkehrenden Transaktionen zwischen Unternehmen die Internalisierung gewählt werden, um Unterinvestitions- oder Hold-up-Probleme zu vermeiden.

3.1.2 Prinzipal-Agent-Ansatz

Ein weiterer Ansatz aus der Neuen Institutionenökonomik, der zur Erklärung von Mergers & Acquisitions herangezogen werden kann, ist der Prinzipal-Agent-Ansatz. Dieser wurde wesentlich durch Ross, Jensen und Meckling sowie Pratt und Zeckhauser geprägt. Mithilfe des Prinzipal-Agent-Ansatzes lassen sich ökonomische Beziehungen (Agency-Beziehungen) zwischen verschiedenen Parteien analysieren, die durch asymmetrische Informationsverteilung sowie Unsicherheit über das Eintreten bestimmter Umweltzustände und die jeweiligen Verhaltensweisen der Parteien gekennzeichnet sind.[2]

Die Partei mit einem Informationsvorsprung wird in der Regel als Agent, die schlechter informierte Partei als Prinzipal bezeichnet. Von besonderer Relevanz in Bezug auf Akquisitionen und Fusionen sind die drei verschiedenen Agency-Beziehungen zwischen Käufer und Verkäufer, den Fusionspartnern sowie Eigentümern und Management. Abbildung 3-1 stellt die relevanten Agency-Beziehungen und Optimierungsprobleme bei Mergers & Acquisitions dar.

1 Vgl. Kräkel (2007), S. 12.
2 Vgl. Camphausen (2007), S. 26.

Abbildung 3-1: Relevante Agency-Beziehungen und Optimierungsprobleme bei Mergers & Acquisitions

Agency-Perspektiven \ Agency-Beziehungen		Prinzipal	Agent	Optimierungsproblem
Unternehmensübergreifend	Akquisition	Käufer	Verkäufer	Kaufvertrag
	Fusion	Beide Unternehmen		Fusionsvertrag
Unternehmensintern		Eigentümer	Management	Arbeitsvertrag

Im Vorfeld der Übernahme eines Unternehmens ist davon auszugehen, dass das Ziel-Unternehmen (Agent) gegenüber dem potenziellen Käufer über einen wesentlichen Informationsvorsprung bezüglich der eigenen Situation verfügt. Bei Fusionen existieren sogar beiderseitige Agency-Beziehungen, da beide Unternehmen jeweils besser über die eigenen Verhältnisse informiert sind als die andere Partei.

Eine weitere Agency-Situation, die ebenfalls von Relevanz für Mergers & Acquisitions ist, besteht nur in dem Fall, dass Eigentümer oder Aktionäre eines Unternehmens ein Management-Team mit der Leitung des Unternehmens beauftragen und daher Unternehmensführung und Eigentum auseinanderfallen.

Zentraler Untersuchungsgegenstand des Prinzipal-Agent-Ansatzes ist die Entwicklung von optimalen Verträgen bei bestehender Informationsasymmetrie zwischen Prinzipal und Agent. Diese Vertragsgestaltung wird als das eigentliche Prinzipal-Agent-Problem bezeichnet.[1] Bezogen auf die zuvor dargestellten Agency-Beziehungen ergeben sich im M&A-Kontext die Optimierungsprobleme Gestaltung von Kaufverträgen bei Akquisitionen, Gestaltung von Fusionsverträgen bei Unternehmenszusammenschlüssen sowie Gestaltung von Arbeitsverträgen zwischen Eigentümer(n) und Geschäftsführung.

Damit ein optimaler Vertrag geschlossen werden kann, müssen zwei Nebenbedingungen erfüllt sein. Einerseits ist sicherzustellen, dass der Agent den Vertrag überhaupt annimmt. Dazu muss der Prinzipal gewährleisten, dass der für den Agenten zu erwartende Nutzen aus der Vertragsbeziehung mindestens so groß ist wie der Nutzen, den der Agent in einer alternativen Vertragsbeziehung erzielen könnte. Diese Restriktion wird üblicherweise als Partizipationsbedingung bezeichnet.[2] Beispielsweise müssen bei Akquisitionen die Eigentümer des Ziel-Unternehmens (dem so genannten Target)

1 Vgl. Stock-Homburg (2008), S. 43.

2 Vgl. Dahlhaus (2008), S. 199 f.

dem Verkauf zustimmen. Analog erklären bei Fusionen beide Parteien ihr Einverständnis zu dem Tauschverhältnis.

Andererseits muss bei optimalen Verträgen auch die Anreizkompatibilitätsbedingung erfüllt sein. Diese verlangt, dass der Vertrag derart zu gestalten ist, dass sich der Agent nach Vertragsabschluss im Sinne des Prinzipals verhält.[1] Bezogen auf Unternehmensübernahmen ist beispielsweise zu gewährleisten, dass das Target-Unternehmen nach Vertragsschluss nicht entgegen der Vereinbarung Know-how entwendet oder den Unternehmenswert auf andere Weise mindert. Gleichsam muss der Arbeitsvertrag eines Geschäftsführers diesen dazu bewegen, das Unternehmen so zu führen, dass der Nutzen der Anteilseigner maximiert wird.

Die Anreizkompatibilitätsbedingung wird benötigt, da neben der asymmetrischen Informationsverteilung die Existenz eines Interessenkonflikts bei gleichzeitig nicht vollständigem Vertrauen zwischen Prinzipal und Agent eine elementare Annahme des Prinzipal-Agent-Ansatzes ist. Diese Annahme ist deshalb grundlegend, weil ohne sie das Problem der effizienten Vertragsgestaltung auch bei asymmetrischer Informationsverteilung möglich wäre: Bei Fehlen eines Interessenkonfliktes könnte der Prinzipal davon ausgehen, dass der Agent aus eigenem Antrieb die Vertragsbedingungen bestmöglich erfüllt; ein Vertrag wäre somit überflüssig.

Im Falle des vollständigen Vertrauens könnte der Vertrag sogar durch eine mündliche und damit nicht überprüf- und einklagbare Vereinbarung ersetzt werden. In der Praxis ist jedoch davon auszugehen, dass eine mit einem Informationsvorsprung ausgestattete Partei versuchen wird, diesen opportunistisch auszunutzen. Im Folgenden werden zwei grundsätzliche Typen von Situationen mit asymmetrisch verteilten Infomationen sowie potenzielle Folgeprobleme näher betrachtet.

3.1.2.1 Informationsasymmetrien vor Vertragsschluss

Von Informationsasymmetrien vor Vertragsschluss (Hidden Information) wird gesprochen, wenn der Prinzipal vor Abschluss des Vertrages eine oder mehrere Eigenschaften beziehungsweise Fähigkeiten (Characteristics) des Agenten oder der von ihm offerierten Leistungen nicht kennt.[2] Beispielsweise ist bei Fusionen keines der beteiligten Unternehmen über die genauen Charakteristika des jeweils anderen informiert. Gleiches gilt auch bei Unternehmensübernahmen, da der wirkliche Wert des Targets dem Käufer nicht bekannt ist. Ebenso verfügen die Eigentümer eines Unternehmens bei der Einstellung eines Geschäftsführers nicht über vollständige Informationen hinsichtlich dessen Qualität. Der Prinzipal kann in diesen Situationen weder beurteilen, ob und wie gut der Agent zur Erfüllung der ihm übertragenen Aufgaben oder der Zielsetzung des Prinzipals qualifiziert ist, noch den entsprechenden Wert für den Agent beziffern.

---

1 Vgl. Dahlhaus (2008), S. 200.

2 Vgl. Jäger/Rödl/Campos Nave (2009), S. 292.

Aus der vor Vertragsabschluss bestehenden Informationsasymmetrie kann im Extremfall eine systematische Selektion schlechter Qualitäten durch den Prinzipal resultieren.[1] Diese so genannte Adverse-Selection-Gefahr soll anhand des Gebrauchtwagenmarktbeispiels von Akerlof illustriert werden. Angenommen, die Verkäufer (Agenten) von Gebrauchtwagen kennen jeweils die Qualität ihres Automobils aufgrund des Eigentums und der Nutzung. Dagegen können die potenziellen Käufer (Prinzipale) nicht unterscheiden, ob es sich bei einem spezifischen Gebrauchtwagen um gute oder schlechte Qualität handelt und werden daher nur bereit sein, den Preis für einen durchschnittlichen Wagen zu bezahlen.

Die Verkäufer, deren Gebrauchtwagenqualität über dem Durchschnitt liegt und die demzufolge einen höheren Preis als den Durchschnittspreis erzielen möchten, werden nicht bereit sein, ihren Wagen zum Durchschnittspreis zu verkaufen. Sie werden sich vielmehr vom Markt zurückziehen, wodurch es zu einer umgekehrten (adversen) Selektion kommt, da die guten Qualitäten den Markt verlassen, während die schlechten zurückbleiben.[2] Auf diese Weise sinkt wiederum die Qualität der auf dem Markt verfügbaren Gebrauchtwagen. Die potenziellen Käufer antizipieren dies ebenfalls und sind nur noch bereit, einen niedrigeren Durchschnittspreis zu bezahlen. Dieses Szenario ließe sich solange fortsetzen, bis nur noch schlechte Qualitäten („Lemons") verfügbar sind und der Markt letztendlich zusammenbricht.

Unter der Annahme, dass es sowohl einen Markt für Manager als auch für Unternehmen gibt, lässt sich das Gebrauchtwagenbeispiel auf die oben genannten relevanten Agency-Beziehungen bei Akquisitionen und Fusionen übertragen. Bei Hidden Information haben sowohl die Prinzipale als auch diejenigen Agenten, welche über eine überdurchschnittliche Qualität verfügen, ein Interesse daran, die Informationsasymmetrie zu reduzieren. Akquirierende Unternehmen wollen verhindern, ein Lemon-Unternehmen zu übernehmen, während die Unternehmen mit überdurchschnittlicher Qualität die Möglichkeit auf einen überdurchschnittlichen Übernahmepreis wahren wollen.[3]

Nach der Prinzipal-Agent-Theorie bieten sich zur Lösung der Adverse-Selection-Gefahr bei Hidden Information zwei grundsätzliche Möglichkeiten an. Maßnahmen, welche die besser informierte Marktseite nutzen kann, werden allgemein unter dem Begriff „Signaling" zusammengefasst, während die Handlungen, die der Prinzipal als schlechter informierte Marktseite unternehmen kann, unter „Screening" subsumiert werden.[4] Hierbei bringt die schlechter informierte Partei die besser informierte dazu, in ihrem eigenen Interesse die verdeckte Information offen zu legen. Agenten haben beispielsweise die Chance, durch eine authentische Vermittlung von Qualitätsstandards glaubhafte Signale über ihre qualitativen Eigenschaften auszusenden. Bei den

1 Vgl. Mathissen (2009), S. 32.
2 Vgl. Mathissen (2009), S. 32.
3 Vgl. Kräkel (2007), S. 28.
4 Vgl. Kräkel (2007), S. 29.

zuvor angesprochenen Agency-Beziehungen bestehen beispielsweise folgende Signalisierungsmöglichkeiten für Agenten:

- Manager oder Geschäftsführer können ihre Qualität über Bildungszertifikate, Arbeitszeugnisse, ihre Reputation in der Wirtschaft oder durch die Bereitschaft zu einer stark erfolgsabhängigen Entlohnung signalisieren,[1]
- Unternehmen haben die Möglichkeit, ihre Qualität durch den Erwerb von Zertifikaten zu vermitteln, die die Erfüllung von genau definierten Qualitätsstandards bestätigen (zum Beispiel ISO 9000, Malcolm Baldrige National Quality Award, Deming Prize). Zudem können sie auch Unternehmensbewertungen von angesehenen Ratingagenturen wie Moody's oder Standard & Poor's einsetzen. Darüber hinaus kann ein Unternehmen der Gegenpartei seine Qualität durch das Angebot einer uneingeschränkten Due Diligence (Sorgfältigkeitsprüfung) oder die Akzeptanz vertraglich fixierter Sanktionsmaßnahmen bei Minderleistung signalisieren.

Den Prinzipalen stehen hingegen zur Minderung der Informationsasymmetrie folgende Screening-Maßnahmen zur Verfügung[2]:

- Für Eigentümer von Unternehmen stellen Einstellungstest ein Mittel dar, um die Qualität von Managern beziehungsweise Geschäftsführern zu prüfen. Daneben können Arbeitszeugnisse sowie Self-Selection-Situationen eingesetzt werden. Dabei handelt es sich um die Konstruktion von Entscheidungssituationen, bei denen aus der Entscheidung des Agenten Rückschlüsse auf dessen Qualität gezogen werden können. Angenommen, einem Manager werden mehrere Entlohungskontrakte angeboten, die sich hinsichtlich des garantierten und des erfolgsabhängigen Gehaltsanteils unterscheiden. In diesem Fall können aus der Entscheidung des Managers für einen der Verträge Erkenntnisse bezüglich seiner Präferenzen und Risikobereitschaft gewonnen werden.
- Unternehmen können den Informationsvorsprung des anderen Unternehmens bei Fusionen oder Akquisitionen beispielsweise dadurch reduzieren, dass sie Informationen von Auskunfteien einholen oder im Bundesanzeiger gerichtliche Bekanntmachungen, Hinterlegungsbekanntmachungen oder Jahresabschlüsse recherchieren. Weiterhin können sie externe Ratings heranziehen, sofern diese für das gewünschte Unternehmen existieren. Das bedeutendste Instrument, das Unternehmen zur Erweiterung ihrer Informationsbasis zur Verfügung steht, stellt jedoch die Prüfung der Vermögens-, Finanz- und Ertragslage des Target-Unternehmens im Rahmen der Due Diligence dar.

1 Vgl. Zentes/Swoboda/Morschett (2005), S. 152.
2 Vgl. Zentes/Swoboda/Morschett (2005), S. 152.

3.1.2.2 Informationsasymmetrien nach Vertragsschluss

Es ist davon auszugehen, dass in der Regel auch nach erfolgter Partnerwahl Informationsasymmetrien bestehen. Beispielsweise dürften die Kosten für die vollständige Beobachtung eines Managers prohibitiv hoch sein, so dass diese nicht in Frage kommt. Ebenso wie bei vorvertraglichen Informationsasymmetrien existiert bei nachvertraglichen die Gefahr, dass der Manager die resultierenden Handlungsspielräume (Hidden Action) opportunistisch ausnutzt und damit den Interessen des Prinzipals zuwider handelt.[1]

Der Prinzipal kann bei unvollständiger Beobachtung des Agenten keine genauen Rückschlüsse auf dessen Verhalten ziehen, weil das Ergebnis auch durch exogene Faktoren beeinflusst wird. Aus diesem Grund kann der Agent stets behaupten, dass ein schlechtes Ergebnis nicht auf sein Fehlverhalten, sondern auf exogene Einflüsse zurückzuführen ist. Das Risiko, dass der Agent sich ihm bietende Handlungsalternativen opportunistisch ausnutzt, wird im Schrifttum als Moral Hazard bezeichnet.[2]

Ein unternehmensinternes Beispiel für Moral Hazard im M&A-Kontext stellen Handlungen des Management dar, die den Interessen der Eigentümer zuwider laufen. So wurde Time Warner im Jahre 2005 von seinen Auktionären stark kritisiert, weil die vom Management getätigten Unternehmensakquisitionen, zum Beispiel AOL, nicht die gewünschten Erfolge erbrachten.[3] Unternehmensübergreifend sind zudem Situationen denkbar, in denen nach Abschluss der Übernahme- beziehungsweise Fusionsverhandlungen versucht wird, unbemerkt wichtige materielle oder immaterielle Assets aus dem Unternehmen zu entfernen.

Ebenso wie im Falle von verdeckten Informationen die Gefahr der adversen Selektion durch Screening und Signaling-Aktivitäten gemindert werden kann, existieren im Falle von Hidden Action Möglichkeiten zur Reduktion des Spielraums für moralisches Fehlverhalten. Da der Agent allerdings nachvertraglich ohne entsprechenden Anreiz kein Interesse besitzen dürfte, seinen Informationsvorsprung gegenüber dem Prinzipal zu verringern, beschränken sich die Maßnahmen zum Abbau des Informationsvorsprungs auf Aktivitäten des Prinzipals. Die Prinzipal-Agent-Theorie empfiehlt die Einrichtung von Informations- und Kontrollsystemen zur Beobachtung („Monitoring") des Agenten oder die Herstellung von Zielkonvergenz zwischen Prinzipal und Agent durch entsprechende Anreizsysteme.[4]

Bezogen auf die vorherigen Beispiele könnte der Manager im unternehmensinternen Fall durch eine am langfristigen Unternehmensgewinn orientierte Vergütung und hinreichende Kontrolle durch Gremien, wie zum Beispiel den Aufsichtsrat, diszipliniert werden. Zur Vermeidung von nachvertraglichem Fehlverhalten bei Akquisitio-

1 Vgl. Lück (2009), S. 148.
2 Vgl. Kräkel (2007), S. 22.
3 Vgl. Jones/Bouncken (2008), S. 105.
4 Vgl. Wirtz (2013b), S. 112 f.

nen kann beispielsweise eine verhaltens- beziehungsweise ergebnisabhängige, gestaffelte Zahlung des Kaufpreises vereinbart werden. Analog sollten Sanktionen zur Bestrafung von nachvertraglich opportunistischem Verhalten vertraglich fixiert werden.

Es ist davon auszugehen, dass bei Mergers & Acquisitions sowohl vor- als auch nachvertragliche Informationsasymmetrien aufgrund von Prinzipal-Agent-Konstellationen bestehen. Angesichts der Annahme der Prinzipal-Agent-Theorie, dass der Agent seinen Informationsvorsprung opportunistisch nutzt, werden für jede Situation, in der dem Prinzipal keine vollständige Information vorliegt, damit in Verbindung stehende Ineffizienzen erwartet. Diese daraus resultierenden Kosten, die als Agency Costs bezeichnet werden, beziffern die Wohlfahrtsverluste, die aufgrund der Informationsasymmetrie und den sich daraus ergebenden Probleme entstehen.[1] Die Agency-Kosten setzen sich nach Jensen und Meckling aus den Kosten des Prinzipals für seine Monitoring- und Screening-Aktivitäten, den Signaling-Kosten des Agenten und einem verbleibenden Residualverlust zusammen. Sie können als der Wert perfekter Information interpretiert werden und bilden eine Obergrenze für die Überwachungs- und Kontrollaufwendungen des Prinzipals.[2]

Der Prinzipal-Agent-Ansatz ist in Bezug auf Mergers and Acquisitions von besonderer Relevanz, da er eine Erklärung dafür liefert wie durch Informationsasymmetrien Unternehmenszusammenschlüsse verursacht werden können und auf potenzielle Problemstellungen aufmerksam macht, die Unternehmen und Unternehmenseigentümer bei Akquisitionen und Fusionen beachten sollten. Darüber hinaus werden konkrete Lösungsvorschläge unterbreitet, wie Informationsasymmetrien zwischen den unterschiedlichen Akteuren reduziert werden können, um den Grundstein für erfolgreiche M&A-Transaktionen zu legen.

3.2 Erklärungsansätze der Strategieforschung

Seit jeher versuchen Ökonomen, die theoretischen Ursachen dafür zu entdecken, warum einzelne Unternehmen über viele Jahre überdurchschnittliche Ergebnisse erzielen, während die Konkurrenten gerade ihre Kapitalkosten decken können oder sich vom Markt zurückziehen müssen. Im Rahmen des strategischen Management sind verschiedene Ansätze entwickelt worden, um die langfristigen Erfolgsunterschiede zwischen Unternehmen zu erklären und Faktoren zur Generierung dauerhafter, strategiebedingter Renten zu identifizieren.

1 Vgl. Metten (2009), S. 45.
2 Vgl. Jensen/Meckling (1976), S. 308 ff.

Vor dem Hintergrund der M&A-Thematik sollen hier jedoch ausschließlich zwei neuere Strategieansätze näher betrachtet werden. Dabei handelt es sich um den marktorientierten (Market-based View) und um den ressourcenorientierten Erklärungsansatz (Resource-based View).[1] Im Rahmen der Betrachtung des Resource-based View wird zusätzlich auf den fähigkeitsorientierten (Capability-based View) und den wissensorientierten Erklärungsansatz (Knowledge-based View) eingegangen. Nachfolgend soll jedoch zuerst der marktorientierte Ansatz im Mittelpunkt der Betrachtung stehen.

3.2.1 Der marktorientierte Ansatz (Market-based View)

Der marktorientierte Ansatz (Market-based View) wurde wesentlich von Porters bahnbrechenden Arbeiten in den 80er Jahren geprägt.[2] Wichtiges Kennzeichen des Market-based View ist die Betrachtung von externen Einflüssen zur Erklärung von nachhaltigen, überdurchschnittlichen Unternehmensergebnissen (Outside-in-Perspektive).[3] Den historischen Ausgangpunkt des marktorientierten Ansatzes bildet das Structure-Conduct-Performance-Paradigma nach Mason und nach Bain aus der Industrieökonomik. Danach wird der dauerhafte, strategiebedingte Erfolg eines Unternehmens (Performance) einerseits durch die Struktur der Branche, in der das Unternehmen tätig ist (Structure) und andererseits durch das strategische Verhalten des Unternehmens in der Branche (Conduct) bestimmt. Demnach besteht die Herausforderung für das Management darin, das Unternehmen möglichst gut in einer attraktiven Branche beziehungsweise in attraktiven Marktsegmenten zu positionieren, um so die Basis für eine dauerhaft hohe Rendite zu schaffen.[4]

Zur Beurteilung der Attraktivität beziehungsweise der Wettbewerbsintensität einer Branche kann das Konzept der fünf Wettbewerbskräfte von Porter herangezogen werden.[5] Danach wird die Branchenattraktivität durch die Verhandlungsstärke der Lieferanten und der Abnehmer, die Bedrohung durch neue Wettbewerber oder Substitutionsprodukte und die Rivalität unter den etablierten Wettbewerbern bestimmt. Insbesondere für den Fall hoher Markteintrittsbarrieren besteht für Unternehmen im Rahmen von Mergers & Acquisitions die Möglichkeit, durch Fusion oder Akquisition eines Unternehmens schnell Zugang zu einer attraktiven Branche zu erhalten.

Ist der Eintritt in eine attraktive Branche gelungen, gibt es nach Porter mit der Kostenführerschaft beziehungsweise Differenzierung zwei generische Grundstrategien, um eine nachhaltig verteidigungsfähige Position sowie überdurchschnittliche Erfolge in dieser Branche zu erlangen.[6] Aufbauend auf dieser Logik schlussfolgert Meyer: „[...]

1 Vgl. Bea/Haas (2015), S. 29.
2 Vgl. Porter (1980); Porter (1989); Lienhard (2008), S. 158.
3 Vgl. Bea/Haas (2015), S. 29 f.
4 Vgl. Jansen (2006), S. 19.
5 Vgl. Kupke (2009), S. 95; sowie den Abschnitt 2.1.2.1 in Teil B.
6 Vgl. Porter (1980), S. 34 ff.

superior profitability can only logically arise from commanding a higher price than rivals or enjoying lower costs."[1]

- Die Strategie der Kostenführerschaft: Das Unternehmen versucht durch das kontinuierliche Bemühen um Kostensenkung, seine Produkte zu geringeren Stückkosten als die Wettbewerber zu produzieren und sich als Kostenführer zu etablieren. Falls dies gelingt und das Unternehmen zudem die Produkte zum gleichen Preis wie die Konkurrenz am Markt absetzt, kann das Unternehmen eine dauerhafte, strategiebedingte Rente abschöpfen. Kostensenkungspotenziale können dabei beispielsweise über Erfahrungskurven- oder Skaleneffekte realisiert werden. Im Rahmen von Mergers & Acquisitions bieten sich Zusammenschlüsse auf horizontaler Ebene und Übernahmen von Unternehmen, welche die gleichen Güter produzieren, zur Verfolgung der Strategie der Kostenführerschaft an: Hierduch können zum einen durch Erweiterung der Produktionskapazitäten die notwendigen Größenvorteile generiert werden, zum anderen lässt sich durch die Konsolidierung die Wettbewerbsintensität verringern.
- Die Strategie der Differenzierung: Das Unternehmen bietet ein im Vergleich zur Konkurrenz einzigartiges Produkt an. Dieses Produkt ist aus Kundensicht einzigartig und stiftet einen besonderen Nutzen, so dass der Kunde bereit ist, eine Preisprämie zu bezahlen. Unter der Voraussetzung, dass die Stückdifferenzierungskosten geringer als die Preisprämie sind, kann das Unternehmen in dieser Situation ebenfalls eine dauerhafte, strategiebedingte Rente abschöpfen. Entlang aller Produktdimensionen bieten sich vielfältige Möglichkeiten zur Produktdifferenzierung. Zudem kann auch die Interaktionsbeziehung zwischen Unternehmen und Kunden zur Angebotsdifferenzierung eingesetzt werden. Im Rahmen von Mergers & Acquisitions besteht für Unternehmen die Chance, durch Akquisition oder Fusion mit einem profitablen, differenzierten Unternehmen die Strategie der Differenzierung umzusetzen.

Die Aussagen des marktorientierten Ansatzes resultieren größtenteils aus der Annahme unvollständiger Märkte beziehungsweise Wettbewerbssituationen. Aus Sicht des Market-based View kann eine dauerhafte, strategiebedingte Rente erzielt werden, wenn ein Unternehmen in attraktiven Branchen durch Kostenführerschaft oder Differenzierung eine nachhaltig verteidigungsfähige Position einnimmt. Damit rückt der marktorientierte Ansatz die Branchen- und Strategiewahl als entscheidende Determinante des Unternehmenserfolgs in den Vordergrund.[2] Falls ein Unternehmen gegenwärtig keine oder nur geringe strategiebedingten Renten bezieht, stellen Fusionen und Akquisitionen ein geeignetes Instrument dar, um durch schnelle Erweiterung der eigenen Kapazitäten (Kostenführerschaft) oder durch neu erworbene, einzigartige Produkte (Differenzierung) strategiebedingte Renten zu erzielen.

---

1 Meyer (2010), S. 485.
2 Vgl. Lienhard (2008), S. 158.

Ein grundsätzlicher Kritikpunkt am marktorientierten Ansatz setzt an der einseitigen Ausrichtung auf den Absatzmarkt an.[1] Interne Faktoren werden als Ursache von strategiebedingten Renten gar nicht in Betracht gezogen. Es ist allerdings davon auszugehen, dass in der Realität auch interne Faktoren, wie die Strukturen und Prozesse im Unternehmen oder die im Rahmen der Leistungserstellung eingesetzten Ressourcen, einen Einfluss auf die Höhe der erzielbaren Rente haben. Aus diesen Überlegungen heraus entwickelte sich das Gedankengut des Resource-based View, auf das im folgenden Abschnitt eingegangen wird.

3.2.2 Der ressourcenorientierte Ansatz (Resource-based View)

Seinen Ursprung findet der ressourcenorientierte Ansatz (Resource-based View) in den theoretischen Arbeiten von Penrose über das Wachstum von Unternehmen[2]. In diesen konzeptualisiert sie die Unternehmung nicht als administrative Einheit, sondern als System produktiver Ressourcen. Verglichen mit dem Market-based View nimmt der ressourcenorientierte Ansatz damit einen Perspektivenwechsel vor. Ausgangspunkt ist hier eine Inside-out-Sichtweise, da nach dem ressourcenorientierten Verständnis, der dauerhafte Erfolg eines Unternehmens – insbesondere auf die Unternehmensressourcen und deren Kombinationen – zurückzuführen ist.[3]

Im Vergleich zum marktorientierten Ansatz wird der Fokus der Betrachtung somit auf die Entwicklung und das Management von Ressourcen verlagert und eine Gegenposition zum marktorientierten Ansatz aufgebaut. In der Praxis zeigt sich jedoch, dass der ressourcen-orientierte nicht als strikte Gegenposition zum marktorientierten Ansatz interpretiert werden sollte. Beide Ansätze sollten vielmehr gemeinsam genutzt werden, um nachhaltige Wettbewerbsvorteile zu identifizieren und zu erklären.[4] Schwerpunkt des ressourcenorientierten Ansatzes sind Argumentationslogiken, die auf der Ebene der Firma ansetzen und von dort aus versuchen, die dauerhafte Generierung überdurchschnittlicher Erträge zu erklären. Die Vertreter des Resource-based View verkehren das Structure-Conduct-Performance Paradigma des marktorientierten Ansatzes in eine Resource-Conduct-Performance-Wirkungskette (vgl. Abbildung 3-2).[5]

1 Vgl. Stolper (2008), S. 66.
2 Vgl. Bea/Haas (2015), S. 30.
3 Vgl. Bea/Haas (2015), S. 30.
4 Vgl. Trumpfheller (2006), S. 22.
5 Vgl. Kruse (2008), S. 70.

Abbildung 3-2: *Marktorientierter versus ressourcenorientierter Ansatz*[1]

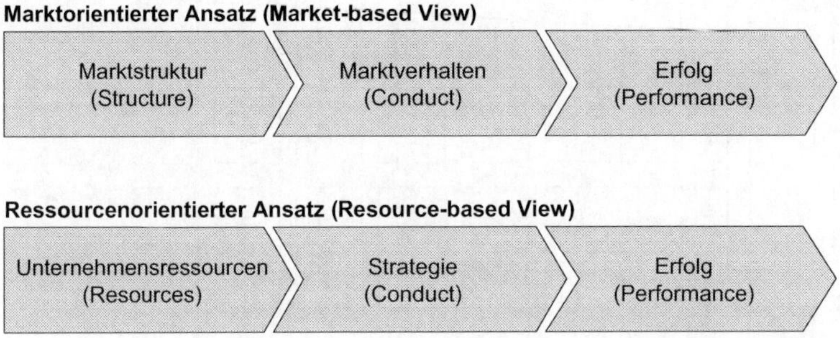

Die überdurchschnittlichen Erträge, welche diejenigen Unternehmen nach dem ressourcenorientierten Ansatz erzielen können, die sich rechtzeitig einen ausreichenden Anteil an den begrenzten Ressourcen gesichert haben oder bei denen die Ressource als „Gift of Nature" besteht, werden als Ricardo-Renten bezeichnet.[2] Nach Barney werden unter Unternehmensressourcen dabei „[...] all assets, capabilities, organizational processes, firm attributes, information, knowledge, etc. controlled by a firm that enable the firm to conceive of and implement their strategies"[3] verstanden.

Im Schrifttum existieren verschiedene Ansätze, Ressourcen weitergehend zu klassifizieren. Ebenso wie Welge und Al-Laham wird hier der Einteilung von Knaese gefolgt, die auf der Metaebene materielle (tangible, visible) und immaterielle (intangible, invisible) Ressourcen unterscheidet.[4] Aus Sichtweise des Resource-based View stehen besonders schwer imitierbare, immaterielle Aktiva im Vordergrund. Diese lassen sich in personengebundene und personenunabhängige Ressourcen differenzieren und können, wie aus Abbildung 3-3 hervorgeht, weiter unterteilt werden.

Damit ein Unternehmen dauerhaft strategiebedingte Renten erzielen kann, müssen nach dem ressourcenorientierten Ansatz insbesondere zwei Prämissen erfüllt sein: unvollkommene beziehungsweise nicht existente Faktormärkte und Ressourcenheterogenität.[5] Dabei handelt es sich aber lediglich um notwendige, jedoch nicht hinreichende Bedingungen.[6]

1 In Anlehnung an Corsten (1998), S. 17.
2 Vgl. Rühli (1994), S. 33.
3 Barney (1991), S. 101.
4 Vgl. Knaese (1996), S. 17, Welge/Al-Laham (2012), S. 380; Bea/Haas (2015), S. 31.
5 Vgl. Matzler et al. (2006), S. 401.
6 Vgl. Wrase (2009), S. 62.

Abbildung 3-3: *Taxonomie unternehmensspezifischer Ressourcen*[1]

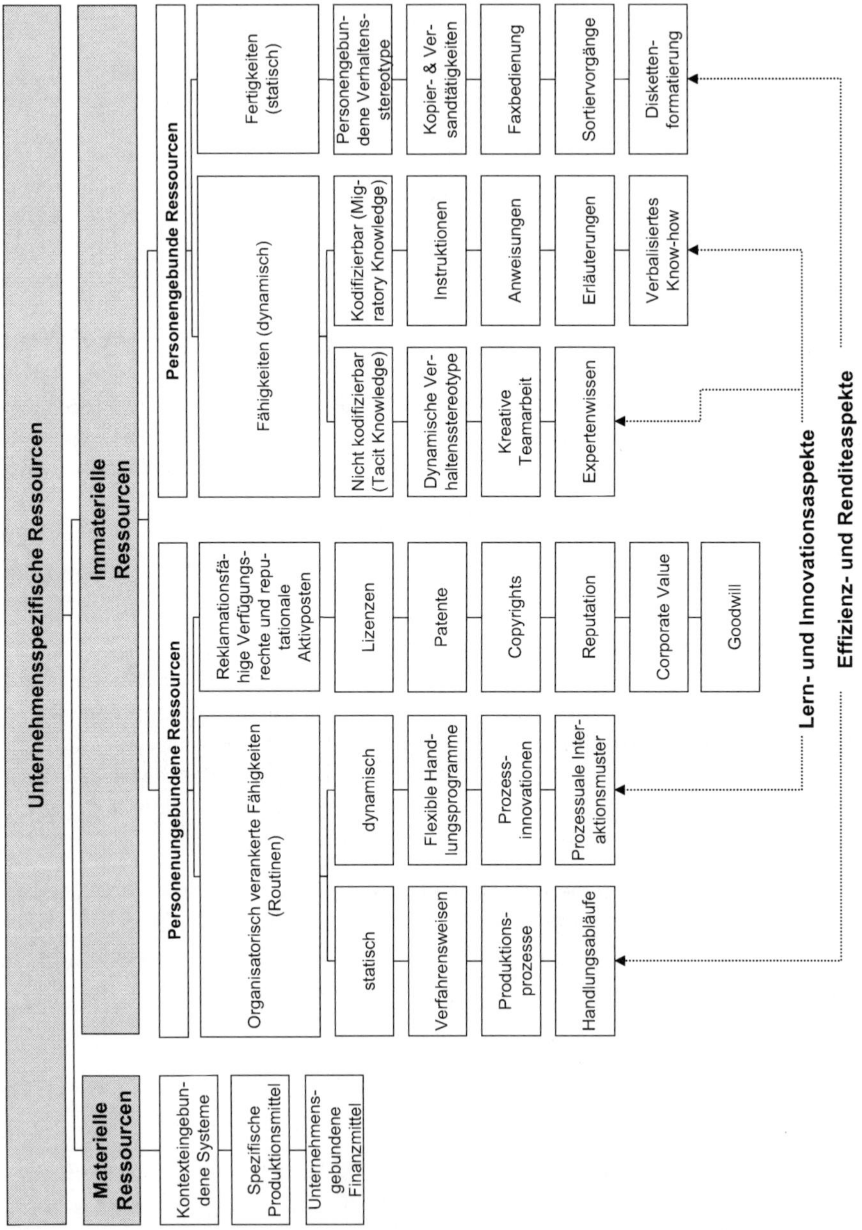

1 In Anlehnung an Knaese (1996), S. 17.

- Unvollkommene beziehungsweise nicht existente Faktormärkte

Da auf vollkommenen Faktormärkten der Preis einer Ressource exakt ihren künftig erwarteten Erträgen entspricht, wäre auf vollkommenen Faktormärkten eine Erzielung von dauerhaften, überdurchschnittlichen Renten nicht möglich. Dies bedeutet im Umkehrschluss, dass von der Annahme unvollständiger oder nicht effizienter Faktormärkte ausgegangen werden muss, damit langfristige, ressourcenbasierte Wettbewerbsvorteile überhaupt entstehen können. Weiterhin ist davon auszugehen, dass für hochgradig unternehmensspezifische Ressourcen gar keine entsprechenden Faktormärkte bestehen, da die Ressource in der nächstbesseren Verwendung einen wesentlich geringeren oder im Extremfall überhaupt keinen Wert mehr besitzt. Aus diesem Grund kann von einer eingeschränkten Transferierbarkeit dieser Ressourcen ausgegangen werden.[1]

- Ressourcenheterogenität

Ausgehend von unvollkommenen Faktormärkten für Ressourcen wird die Annahme getroffen, dass im Zeitverlauf eine asymmetrische Ressourcenausstattung der Unternehmen aus der eingeschränkten oder nicht existenten Möglichkeit zum Transfer von unternehmensspezifischen Ressourcen resultiert. Diese Ressourcenheterogenität ermöglicht es den Unternehmen, welche die Verfügungsmacht über diese spezifischen Ressourcen besitzen, überdurchschnittliche Renten zu erzielen.[2]

Die beiden Prämissen, die der ressourcenorientierte Ansatz trifft, implizieren, dass Unternehmensressourcen bestimmten Anforderungen genügen müssen, damit durch sie überdurchschnittliche Gewinne generiert werden können. Um die Basis für dauerhafte Wettbewerbsvorteile zu bilden, muss eine Ressource aufgrund ihres Eigenschaftenprofils Faktormarktinsuffizienzen auslösen. Bei Betrachtung des bestehenden Schrifttums zum Resource-based View lassen sich folgende vier Eigenschaften identifizieren, die eine strategisch relevante, dauerhaft erfolgsgenerierende Unternehmensressource aufweisen muss, um sich von herkömmlichen Ressourcen zu unterscheiden.

- Nicht-Imitierbarkeit

Je einfacher eine Ressource vor der Imitation durch Konkurrenten geschützt werden kann, desto höher ist ihr strategisches Potenzial für das Unternehmen. Der Grad der Imitierbarkeit einer Ressource stellt mithin ein wesentliches Kriterium im Rahmen der Beurteilung des potenziellen Erfolgsbeitrages einer Ressource dar. Dieser wird dabei hauptsächlich durch die individuelle Vergangenheitsentwicklung des Unternehmens und die Ressourceninterdependenz beeinflusst:[3]

---

1 Vgl. Rasche/Wolfrum (1994), S. 503 ff.; Welge/Al-Laham (2012), S. 381 ff.
2 Vgl. Rasche/Wolfrum (1994), S. 503; Welge/Al-Laham (2012), S. 381.
3 Vgl. Klein (2010), S. 50.

- Individuelle Vergangenheitsentwicklung des Unternehmens: Da die historischen Gegebenheiten in jedem Unternehmen einzigartig sind, kann die Ressourcenbasis eines Unternehmens von anderen Unternehmen nur schwer reproduziert oder imitiert werden. Selbst bei gleicher Zielsetzung können in verschiedenen Unternehmen unterschiedliche Ressourcen entstehen. Ein Unternehmen müsste demnach exakt die gleiche historische Entwicklung durchlaufen und über dieselben individuellen Merkmale verfügen wie das Unternehmen, dessen Ressourcenbasis es imitieren möchte. Dies ist allerdings üblicherweise zu dem Zeitpunkt, in dem der Imitationswunsch auftritt, nicht mehr möglich. Aufgrund der historischen Entwicklung befindet sich ein Unternehmen auf seinem individuellen Pfad, den es aufgrund der in der Vergangenheit getroffenen Investitionsentscheidungen in die Ressourcenbasis nicht ohne die Realisierung von Sunk und Switching Costs verlassen kann (Pfadabhängigkeit).[1]
- Unklarheit über die Ressourceninterdependenz: Oftmals generieren die einzelnen Ressourcen eines Unternehmens isoliert überhaupt keine Rente, sondern der Wettbewerbsvorteil wird erst durch das Zusammenspiel der Ressourcen generiert. In dieser Situation ist es für ein außenstehendes Unternehmen sowohl schwierig, die Erfolgskomponenten an sich als auch deren erfolgsversprechende Kombination zu identifizieren. In der Realität basiert der Erfolg häufig auf der Synthese von materiellen und immateriellen Ressourcen. Dabei bilden insbesondere die immateriellen Faktoren (zum Beispiel Kultur des Unternehmens) eine Imitationshürde, da ihre genaue Zusammensetzung häufig dem Unternehmen selbst nicht bekannt ist und so von Außenstehenden weder identifiziert noch imitiert werden kann.[2]
- Unternehmensspezifität

Die zweite Eigenschaft, die eine Ressource für die Erzielung von dauerhaft überdurchschnittlichen Gewinnen besitzen muss, ist die Unternehmensspezifität. Diese bemisst sich nach dem Grad der organisatorischen Einbindung der Ressource in das Unternehmen. Unternehmensspezifische Ressourcen kennzeichnen, dass sie im nächstbesten Unternehmen einen geringeren Wert besitzen als im gegebenen Unternehmen. Deshalb steigen mit zunehmender organisatorischer Einbindung der Ressource in das Unternehmen die Sunk Costs, die bei einem Transfer in ein anderes Unternehmen realisiert werden müssen. Hieraus folgt, dass mit zunehmender Unternehmensspezifität einer Ressource deren Transferierbarkeit sinkt. Da sich die Ressource also nicht problemlos auf einem Markt handeln lässt, kann das im Besitz der Ressource befindliche Unternehmen diese zur Erzielung von Wettbewerbsvorteilen einsetzen.

1 Vgl. Klaus (2009), S. 257 f.
2 Vgl. Lorenz-Meyer (2004), S. 140.

Gerade intangible Ressourcen, die auf subtilen Verhaltensschemata und verfestigten Routinen beruhen, erweisen sich in der Regel als hochgradig unternehmensspezifisch.[1] Beispielsweise entfalten viele Grundlagenforscher ihr größtes Leistungspotenzial in Zusammenarbeit mit vertrauten Kollegen, die sie zu kreativen Forschungsprojekten inspirieren und als ständige Diskussionspartner fungieren. Aufgrund dieser Überlegung entstehen viele Forschungszentren, weil hier räumlich konzentriert das Wissen vieler Know-how-Träger synergetisch zu komplexen und schwer kodifizierbaren Erfolgspotenzialen vereint werden kann.

Ohne das kollegiale Umfeld wäre die Leistung der Forscher allerdings geringer. Deshalb wäre ein Unternehmen, das an einem Forscher interessiert ist, diesen Tatbestand jedoch antizipiert, auch nur bereit, einen niedrigeren Preis für den einzelnen Forscher zu zahlen, als dessen Wert im Forschungszentrum entspricht. Somit ist davon auszugehen, dass ein Abwerbeversuch keinen Erfolg haben dürfte und der Forscher weiter am Forschungszentrum verbliebe.

Auch wenn Ressourcen mit einem hohen Grad an Unternehmensspezifität die Erzielung von dauerhaften, überdurchschnittlichen Renditen ermöglichen können, muss darauf hingewiesen werden, dass die Eigentümer der spezifischen Ressourcen dem Risiko ausgesetzt sind, in Höhe der Quasi-Rente erpresst zu werden. Opportunismusgefahr droht dabei insbesondere von Abnehmerseite. Da diese antizipieren können, dass das Unternehmen bei Verkauf der Ressource Werteinbußen hinnehmen müsste, könnten sie Preisnachlässe maximal in Höhe der Quasi-Rente durchsetzen, solange dies ihrer Reputation am Markt nicht zu starken Schaden zufügen würde.[2]

- Nicht-Substituierbarkeit

Die Nicht-Substituierbarkeit ist das dritte Merkmal, das eine Ressource aufweisen muss, damit sie als Basis für einen anhaltenden Wettbewerbsvorteil dienen kann. Dabei ist das strategische Potenzial der Ressource umso höher, je effektiver der Schutz der Ressource vor Substituten ist. Ressourcen sind über zwei alternative Mechanismen der Substitutionsgefahr ausgesetzt. Wettbewerber können einerseits versuchen, die erfolgskritische Ressource auf dem gleichen Wege zu erstellen.

Vor dieser Gefahr kann die Ressource durch Rechtsvorschriften geschützt werden (zum Beispiel Patentschutz). Andererseits kann die Konkurrenz versuchen, durch eine völlig andersartige Faktorkombination ein Substitut für die wettbewerbsrelevante Ressource zu konfigurieren und dabei auf Ressourcen oder Verfahren zurückgreifen, die nicht geschützt sind. Aufgrund des technologischen Fortschritts ist anzunehmen, dass die Nicht-Substituierbarkeit einer Ressource permanent gefährdet ist.[3]

---

1 Vgl. Greiling/Muszynski (2008), S. 65.
2 Vgl. Welge/Al-Laham (2012), S. 383.
3 Vgl. Rasche/Wolfrum (1994), S. 506.

- Nutzengenerierung für Marktteilnehmer

Neben den zuvor betrachteten Merkmalen muss die Ressource noch über einen wertstiftenden Charakter verfügen, damit sie einen überdurchschnittlichen Erfolg erzeugen kann. Die Ressource muss in bedeutendem Maße dazu beitragen, dass die Endleistung der Unternehmung am Absatzmarkt einen für den Kunden einzigartigen Zusatznutzen bietet. Dies ist deshalb wichtig, da ansonsten die Gefahr besteht, dass den Kundenwünschen zu wenig Beachtung geschenkt wird und Ressourcen akkumuliert werden, die zwar einzigartig, nicht imitierbar und nicht substituierbar sind, aber keinen Beitrag zur Verbesserung der Marktposition liefern.[1]

Zusammenfassend kann festgehalten werden, dass aus der Sicht des ressourcenorientierten Ansatzes dauerhafte Wettbewerbsvorteile bei Ressourcenheterogenität und unvollständigen Faktormärkten durch Ressourcenpotenziale begründet werden können. Voraussetzung hierfür ist, dass die Ressourcen der Bedrohung durch Imitation und Substitution standhalten, dem Kunden einen Mehrwert im Vergleich zu alternativen Angeboten bieten und eine gewisse Unternehmensspezifität aufweisen.

Aus ressourcenorientierter Sicht lautet daher die Empfehlung im Rahmen von Mergers & Acquisitions für Unternehmen, die überdurchschnittliche Renditen erzielen wollen, jedoch nicht über die notwendigen Ressourcen verfügen, Unternehmen mit entsprechender Ressourcenbasis zu übernehmen beziehungsweise mit diesen zu fusionieren. Diese Empfehlung lässt sich auch empirisch bestätigen, da der Erwerb von attraktiven Ressourcen tatsächlich für Unternehmen eines der wesentlichen Motive für M&A-Aktivitäten darstellt.[2]

Im Schrifttum wird die Perspektivenerweiterung des ressourcenorientierten Ansatzes positiv beurteilt. Die beim marktorientierten Ansatz vernachlässigten internen Potenziale finden beim Resource-based View Beachtung, da versucht wird, die Blackbox des Unternehmens zu erhellen.[3] Zudem stellt die Fokussierung auf heterogene Ressourcen im Vergleich zu anderen existierenden Erklärungsansätzen mit wesentlich restriktiveren Annahmen einen deutlichen Fortschritt da. Dennoch ist zu bemängeln, dass die dem ressourcenorientierten Ansatz zugrunde liegende Argumentationskette, die den Unternehmenserfolg den Strategien, die auf der Ressourcenausstattung von Unternehmen basieren, zuschreibt zu undifferenziert ist.

So kann in der Realität davon ausgegangen werden, dass wechselseitige Interdependenzen zwischen Ressourcen, Strategien und dem Unternehmenserfolg bestehen. Üblicherweise werden bei der Strategieentwicklung zwar Aufbau und Verwendungsmöglichkeiten der Ressourcen berücksichtigt, jedoch ergibt sich die Strategie nicht unmittelbar aus der Ressourcenbasis (sonst wären beispielsweise keine strategischen Neuausrichtungen möglich). Außerdem hat die Ressourcenausstattung eines Unter-

1 Vgl. Welge/Al-Laham (2012), S. 384 f.
2 Vgl. Kapitel 4 in Teil A.
3 Vgl. Keuper et al. (2009), S. 199.

nehmens auch direkte Auswirkungen auf den Erfolg, ebenso wie sich sowohl die Strategie als auch der Erfolg wiederum auf die Ressourcenausstattung auswirken.

Der Resource-based View sollte nicht als Gegenposition zum Market-based View betrachtet werden, vielmehr sind Outside-in und Inside-Out-Perspektive als komplementäre Sichtweisen zu kombinieren.[1] Dennoch ist positiv anzuführen, dass der ressourcenorientierte Ansatz mit der Betonung der unternehmensspezifischen Ressourcenbasis einen Faktor herausstellt, der für den langfristigen Unternehmenserfolg sicherlich von herausragender Bedeutung ist.

Auf der Basis des ressourcenorientierten Ansatzes entstanden zwei weitere Ansätze, die als Weiterentwicklungen beziehungsweise fokussierte Vertiefungen des Erklärungsansatzes betrachtet werden können und ebenfalls Relevanz für Mergers & Acquisitions besitzen. Diese beiden Theorien, der fähigkeitsorientierte und der wissensorientierte Ansatz, werden in den nächsten beiden Abschnitten kurz dargestellt.

3.2.2.1 Der fähigkeitsorientierte Ansatz (Capability-based View)

Der fähigkeitsorientierte Ansatz stellt eine gedankliche Fortführung des Resource-based View dar. Wie bereits beim Resource-based View ist auch beim fähigkeitsorientierten Ansatz (Capability-based View) die Annahme der Heterogenität von Unternehmen Voraussetzung für die Erzielung langfristiger Wettbewerbsvorteile. Allerdings begründet der fähigkeitsorientierte Ansatz die dauerhaften Erfolgsdifferenzen von Unternehmen nicht durch ihre unterschiedliche Ressourcenbasis, sondern über die firmenspezifischen Fähigkeiten, die zu Effizienzunterschieden beim Ressourceneinsatz führen. Renten werden demnach durch den koordinierten Einsatz der Ressourcen des Unternehmens, also durch die Kombination oder Bündelung aus materiellen Aktiva, personenbezogenen Fähigkeiten und organisatorischen Routinen geschaffen: Erst der geschickte Einsatz und die Kombination der Ressourcen durch die firmenspezifischen Capabilities können eine langfristige Rente begründen.[2]

Schon Penrose stellte die Bedeutung der Fähigkeiten der Unternehmen zu Ressourcenkombination heraus: „A firm may achieve rents not because it has better resources, but rather the firm's distinctive competence involves making better use of its resources."[3] Ausgelöst durch die Diskussion des ressourenorientierten Ansatzes wurde dieser Gedanke von Prahalad/Hamel in ihrer Arbeit „The Core Competence of Organization" aufgegriffen, die als Grundstein des Capability-based View-Schrifttums bezeichnet werden kann.

Die ersten Arbeiten zum Capability-based View stellten zunächst die Bedeutung technischer Fähigkeiten in den Vordergrund: „In the long run, competitiveness derives

1 Vgl. Trumpfheller (2006), S. 22.
2 Vgl. Wirtz (2016b), S. 77 f.
3 Penrose (1959), S. 54.

from an ability to build, at lower cost and more speedily than competitors, the core competencies that spawn unanticipated products. The real sources of advantage are to be found in management's ability to consolidate corporatewide technologies and production skills into competencies that empower individual businesses to adapt quickly to changing opportunities."[1]

Dabei bezeichnen Kernkompetenzen (Core Competencies) die unternehmensspezifischen Fähigkeiten zur Ressourcenkombination, die dauerhafte Renten ermöglichen und sich durch schwierige Erzeugbarkeit, Imitierbarkeit und Substituierbarkeit auszeichnen.[2] Da die unternehmensspezifischen Kernkompetenzen nach Ansicht der Vertreter des fähigkeitsorientierten Ansatzes die Basis für den langfristigen Erfolg bilden, werden im Schrifttum die Begriffe „fähigkeitsorientierter Ansatz" und „Konzept der Kernkompetenzen" häufig synonym verwendet.

Im Zeitverlauf hat sich ein weiter gefasster Fähigkeitsbegriff durchgesetzt, der nicht mehr auf technische Fähigkeiten abstellt. Fähigkeiten werden demnach als komplexe und dynamische Interaktions-, Koordinations- und Problemlösungsmuster einer Organisation definiert.[3] Denkbare unternehmensspezifische Fähigkeiten, die langfristige Wettbewerbsvorteile begründen können, sind zum Beispiel:

- In der Organisation verankerte Routinen, die spezielle Probleme durch internalisierte, koordinierte Handlungen (wiederholbare prozessuale Interaktionsmuster) von Individuen und Gruppen erfolgreich lösen
- Kognitive Strukturen auf individueller und kollektiver Ebene und die Unternehmenskultur als Ausdruck von Werten, Normen und Weltbildern der Organisation

Fähigkeiten, die Renten ermöglichen, sind oft dadurch gekennzeichnet, dass sie gar nicht gezielt aufgebaut werden, sondern auf „Trial and Error"-Basis entstehen und häufig erst ex post bei Evaluationen oder internen Analysen als solche beziehungsweise als Capabilities erkannt werden.

Aufgrund begrenzter Rationalität der Manager ist davon auszugehen, dass zumeist keine optimalen, sondern subjektive Ermessensentscheidungen getroffen werden. Aus diesem Grund können sich im Zeitablauf firmenspezifische Capabilities auf Basis des Pfades der subjektiven Managerentscheidungen entwickeln.[4] Die Entstehung von Fähigkeiten, aus denen langfristige Wettbewerbsvorteile resultieren, ist damit ein fortlaufender dynamischer Prozess. Capabilities beziehungsweise Kernkompetenzen, wie unternehmensspezifische Verfahrensweisen und Interpretationsmuster oder Elemente der Unternehmenskultur, entstehen erst aus dem Zusammenspiel materieller und immaterieller Ressourcen mit den unterstützenden Strukturen, Prozessen und

1 Prahalad/Hamel (1990), S. 81.
2 Vgl. Wirtz (2016b), S. 78.
3 Vgl. Müller-Stewens/Lechner (2005), S. 215.
4 Vgl. Amit/Shoemaker (1993), S. 522 f.

Systemen der Unternehmung und verändern sich durch Lern- und Innovationsprozesse im Zeitablauf.[1]

Aufgrund der komplexen Zusammensetzung ist der Transfer oder die Imitation der Fähigkeiten häufig nicht möglich. Um Zugriff auf die unternehmensspezifischen Fähigkeiten beziehungsweise die Kernkompetenzen eines Unternehmens zu erlangen, bleibt für ein Unternehmen oftmals nur der Weg, ein anderes Unternehmen zu übernehmen oder mit diesem zu fusionieren. Bei der Übernahme von Fähigkeiten sollte deren Wert danach bemessen werden, wie schwierig sie zu erzeugen, durch andere Unternehmen zu imitieren oder zu substituieren sind. Allerdings ist eine reibungslose Übertragung der Fähigkeiten im Zuge einer Fusion oder Übernahme nie gewährleistet. Vielmehr ist davon auszugehen, dass die Fähigkeitendiffusion ein schwieriger Prozess ist, der regelmäßig viel Zeit in Anspruch nimmt.

Zusammenfassend ist festzuhalten, dass der Capability-based View die Existenz langfristiger Wettbewerbsvorteile von Unternehmen auf ihre spezifischen Fähigkeiten bei der Konfiguration und Kombination ihrer Ressourcen zurückführt.[2] Im Vergleich zum Resource-based View, bei dem Unternehmen lediglich Renten aus Effizienzunterschieden aufgrund der Immobilität der Ressourcen erzielen, können Unternehmen nach Sicht des fähigkeitsorientierten Ansatzes zusätzlich Renten über die innovative Konfiguration und Kombination der Ressourcen in Routinen und Prozessen abschöpfen. Positiv anzumerken ist, dass der Capability-based View die statische Sichtweise des Resource-based View dynamisiert und die Bedeutung der Akkumulation von spezifischen Fähigkeiten zur Generierung langfristiger Wettbewerbsvorteile herausstellt. Zudem werden Gedanken aus der Organisationstheorie, wie Lernen und Kognitionen, aufgenommen. Allerdings ist die Unterscheidung des fähigkeitsorientierten Ansatzes zwischen Ressourcen und Fähigkeiten nicht sehr trennscharf. Zu hinterfragen ist, ob Fähigkeiten nicht selbst Ressourcen darstellen.

Daher sollte der Capability-based View nicht als eigenständiger Ansatz, sondern als Strömung innerhalb des Resource-based View betrachtet werden. Weiterhin bleibt kritisch anzumerken, dass der Capability-based View keine Implikationen im Hinblick darauf liefert, wie Unternehmen ihre Ressourcen kombinieren sollten, um gezielt strategische Fähigkeiten aufzubauen. Zudem ist der Capability-based View dem Tautologievorwurf ausgesetzt, da er nicht erklärt, weshalb Fähigkeiten wertvoll sind, sondern postuliert, dass wertvolle Fähigkeiten beziehungsweise Kernkompetenzen diejenigen sind, welche wertvoll sind.

1 Vgl. Welge/Al-Laham (2012), S. 385 ff.
2 Vgl. Bea/Haas (2015), S. 31 f.

3.2.2.2 Der wissensorientierte Ansatz (Knowledge-based View)

Nach Ansicht der Vertreter des wissensorientierten Ansatzes, wie zum Beispiel Polanyi, Grant sowie Nonaka/Takeuchi, ist die Heterogenität der Unternehmen in Bezug auf ihren langfristigen Erfolg auf Wissensdifferenzen zurückzuführen. In einer dynamischen Umwelt ist Wissen die entscheidende und beständige Quelle für Wettbewerbsvorteile und nach Arbeit, Boden und Kapital der vierte Produktionsfaktor, der die anderen Faktoren immer mehr ablöst.[1]

„Fundamental to a knowledge-based theory of the firm is the assumption that the critical input in production and primary source of value is knowledge. Indeed, if we were to resurrect a single-factor theory of value in the tradition of the classical economists' labor theory of value or the French Physiocrats land-based theory of value, then the only defensible approach would be a knowledge-based theory of value, on the grounds that all human productivity is knowledge dependent, and machines are simply embodiments of knowledge."[2]

Ausgehend von einer heterogenen Wissensausstattung der Unternehmen wird die dauerhafte Existenz von Wettbewerbsvorteilen von Unternehmen gegenüber ihren Konkurrenten mit den Hürden erklärt, die in Bezug auf den Transfer und die Imitation von bestimmten Typen von Wissen bestehen. Um die Argumentationslogik des Knowledge-based View zu erläutern, sind zwei grundlegende Wissenskategorien und deren Implikationen im Hinblick auf die Transferierbarkeit von Wissen zu unterscheiden (vgl. Abbildung 3-4):[3]

- Explizites Wissen (Migratory Knowledge) bezeichnet Wissen, über das sich dessen Träger (das Individuum oder die Organisation beziehungsweise das Kollektiv von Individuen) bewusst ist und das kodifizierbar, reproduzierbar und zwischen Wissensträgern transferierbar ist. Explizites Wissen ist also durch irgendeine Kommunikationsform (zum Beispiel Sprache, Schrift, Skizzen) übertrag- und veräußerbar.
- Unter implizitem Wissen (Tacit Knowledge) wird Wissen verstanden, über das sich dessen Träger nicht bewusst ist und das häufig langfristig durch eigene Erfahrungen aufgebaut wurde. Dabei wird davon ausgegangen, dass Individuen oft mehr wissen, als sie ausdrücken können oder im jeweiligen Kontext als relevant erachten beziehungsweise überhaupt als Wissen wahrnehmen. Beispiele für Tacit Knowledge sind Suchregeln oder Heuristiken, die zur Identifizierung von Problemen oder von wichtigen Aspekten zur Problemlösung angewendet werden.

Aus den genannten Gründen ist implizites Wissen nicht kodifizierbar, da es nicht aggregiert beziehungsweise festgehalten werden kann. Dies verhindert, dass implizites Wissen vollständig und realitätsgetreu von einem Wissensträger auf andere über-

1 Vgl. Wirtz (2016b), S. 84 f.
2 Grant (1996), S. 112.
3 Vgl. Wirtz (2016b), S. 84 ff.

tragen werden kann.[1] Zwar wäre es denkbar, einen Teil des impliziten Wissens durch Beobachtung des Wissensträgers zu transferieren. Dieser Ansatz erscheint aber wenig erfolgversprechend, da Problemlösungsprozesse zumeist kaum beobachtbar sind. Daher soll für die anschließenden Überlegungen davon ausgegangen werden, dass implizites Wissen nicht transferierbar ist.

Abbildung 3-4: *Kodifizierbarkeit und Transferierbarkeit von explizitem und implizitem Wissen*[2]

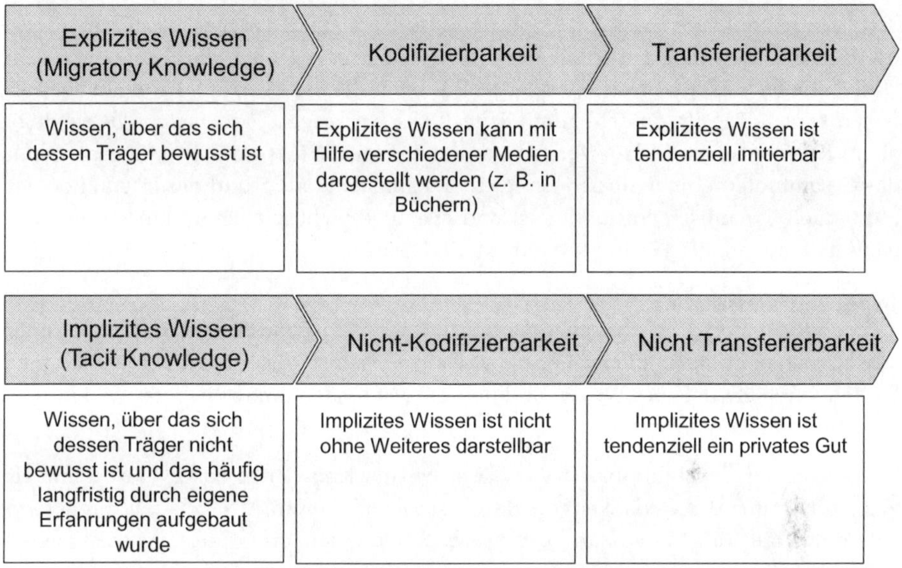

Weiterhin ist zwischen „Wissen der Organisation" und individuellem Wissen zu unterscheiden. Individuelles Wissen bezeichnet das explizite und implizite Wissen, über das ein Individuum ohne Zuhilfenahme anderer Individuen verfügt. Unter dem Ausdruck „Wissen der Organisation" („Organizational Knowledge") wird das implizite Wissen verstanden, das zum Beispiel in Form von kollektiven Problemlösungsverfahren oder gemeinschaftlichen Entscheidungsfindungsprozessen (Wissenskombination) in einer Organisation besteht. Nonaka definiert das Wissen der Organisation als „the knowledge shared by individuals, albeit transformed and amplified."[3]

1 Vgl. Welge/Al-Laham (2012), S. 385 f.
2 In Anlehnung an Grant (1996); Wirtz (2016b), S. 84 ff.
3 Nonaka (1994), S. 14.

Organisationen werden als komplexe Gemeinschaften betrachtet, die in Hinsicht darauf variieren, wie sie Expertise und Ressourcen kombinieren. Nach March speichern Organisationen Wissen in ihren Prozessen und Verfahrensweisen, Regeln und der Firmenkultur. Dabei handelt es sich um einen dynamischen Lernprozess, da sich die Individuen im Unternehmen entwickeln und sich die Zusammensetzung der Individuenbasis kontinuierlich ändert. Unternehmen können daher als „Body of Knowledge" betrachtet werden, dessen Wissens-Mix sich im Zeitverlauf ändert.[1]

Unter der Annahme, dass explizites Wissen transferierbar ist, können Renten langfristig nur aufgrund von Unterschieden von Firmen in Bezug auf ihr organisationales Wissen ermöglicht werden. Dieses kollektive Wissen, das fest im Unternehmen verankert ist, kann aufgrund seiner Komplexität und Nicht-Kodifizierbarkeit nämlich nicht transferiert oder imitiert werden.[2] Durch die Übernahme oder die Fusion mit dem Unternehmen, das über wertvolles, organisationales Wissen verfügt, kann ein anderes Unternehmen Zugriff auf dessen implizites Wissen erlangen. Jedoch ist zu bezweifeln, ob im Rahmen eines solchen Versuchs das „überlegene" Wissen der Organisation auf das Gesamtunternehmen übertragen werden kann, da es aufgrund der Interaktion der Individuen dynamisch entstanden ist und eventuell nicht analog auf eine andere Organisation mit anderen Individuen transferierbar ist.

Zusammenfassend lässt sich festhalten, dass nach dem Knowledge-based View Unternehmen Renten erzielen können, da aufgrund der Nicht-Transferierbarkeit von implizitem Wissen Effizienzunterschiede zwischen Firmen auftreten. Außerdem können Renten durch überlegenes Wissen und darauf basierenden innovativen Entwicklungen erwirtschaftet werden.[3]

Ebenso wie der Capability-based View lässt sich der Knowledge-based View damit als eine Fortsetzung des Gedankenguts des ressourcenbasierten Ansatzes interpretieren.[4] Allerdings fällt die Abgrenzung des wissensorientierten Erklärungsansatzes sowohl gegenüber dem ressourcenorientierten als auch gegenüber dem fähigkeitsorientierten Erklärungsansatz nicht leicht, da Wissen sowohl als Ressource als auch als Fähigkeit betrachtet werden kann.

Aus diesem Grund sollte der Knowledge-based View nicht als eigenständiger Ansatz, sondern als Variante des Resource-based View angesehen werden. Leider liefert der wissensorientierte Ansatz ebenfalls keine Anhaltspunkte dafür, wie das Management Wissen in der Organisation aufbauen und die Wissensressourcen kombinieren sollte, um das Niveau in den gewünschten Bereichen so aufzubauen, dass daraus ein dauerhafter Wettbewerbsvorteil resultiert. Damit muss sich auch der Knowledge-based View dem Tautologievorwurf stellen, weil er keine Erklärung dafür liefert, was wert-

1 Vgl. March (1991), S. 74; Spender (1996), S. 45.
2 Vgl. Schreyögg/Conrad (2006), S. 205.
3 Vgl. Spender (1996), S. 52.
4 Vgl. Welge/Al-Laham (2012), S. 384 f.

volles Wissen ist oder wie dieses aufgebaut werden kann. Dennoch ist als positiv herauszustellen, dass der Knowledge-based View Wissen als Ressource beziehungsweise Fähigkeit als Basis für einen langfristigen überdurchschnittlichen Unternehmenserfolg betont, die eine große Bedeutung für die Wettbewerbsfähigkeit von Unternehmen besitzt und häufig ein wichtiges Motiv für Mergers & Acquisitions darstellt.

3.3 Erklärungsansätze der Portfoliotheorie

Nachdem in den vorangegangenen Abschnitten die Neue Institutionenökonomik und die Strategieforschung als theoretische Erklärungsansätze für Mergers & Acquisitions herangezogen wurden, soll abschließend noch auf die Portfoliotheorie eingegangen werden. Die grundlegende Aussage der Portfoliotheorie ist, dass das Risiko eines Anlagenportfolios durch die Anlagenstreuung auf mehrere Investitionen mit nicht positiv korrelierten beziehungsweise unkorrelierten Risiken gesenkt werden kann.

Dabei muss grundsätzlich zwischen zwei Risikoarten unterschieden werden. Das Risiko, welches sich über eine Diversifizierung des Investitionsportfolios auf mehrere Anlagen potenziell beseitigen lässt, wird als unsystematisches, spezifisches, oder diversifizierbares Risiko bezeichnet. Es kann durch Diversifikation gesenkt werden, da es auf Einflüssen beruht, die nur diese spezifische Anlage betreffen und sich nicht auf andere Anlagen auswirken. Dieses unsystematische Risiko lässt sich durch Diversifizierung im Portfolio umso stärker senken, je geringer die Korrelation zwischen den verschiedenen Anlagen im Portfolio ist. Neben dem unsystematischen Risiko besteht bei Anlagen aber noch ein weiteres Risiko, das sich hingegen nicht über Diversifizierung reduzieren lässt, das so genannte Marktrisiko (systematisches Risiko).

Als Marktrisiko wird jenes Risiko bezeichnet, das die wirtschaftsweiten Gefahren widerspiegelt und alle Unternehmen im Markt betrifft, so dass sich Investoren diesem Risiko nicht entziehen können.[1] Der Risikoreduzierungseffekt, der durch die Eliminierung von anlagenspezifischem Risiko durch Diversifikation erzielt werden kann, nimmt dabei mit der Anzahl der unterschiedlichen Investitionen ab (vgl. Abbildung 3-5). Unternehmen, die diversifizieren, werden also mit steigender Anzahl der unterschiedlichen Investitionen mit einer abnehmenden Grenzreduzierung des unsystematischen Risikos konfrontiert. Demzufolge ist Diversifizierung umso attraktiver, je weniger Anlagen im Portfolio bestehen.[2]

---

1 Vgl. Brealey/Myers (2000), S. 167 ff.
2 Vgl. Lehner (2010), S. 69.

Abbildung 3-5: *Risikoausprägungen in Abhängigkeit von der Anzahl unterschiedlicher Investitionen*[1]

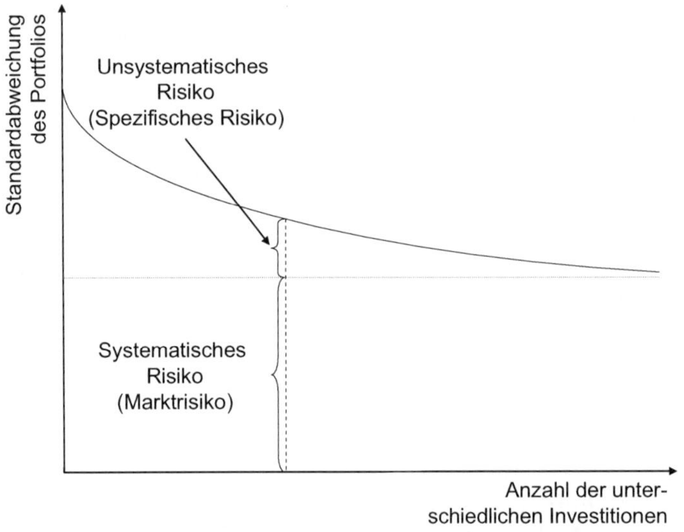

Aus statistischer Sicht ist die Risikoreduktion darauf zurückzuführen, dass die Volatilität der zusammengesetzten Portfolios bei negativ korrelierten Einzelrisiken niedriger ist, als das arithmetische Mittel der Volatilitäten der darin enthaltenen Einzelwerte (d. h. die Portfoliovarianz entspricht nicht dem Durchschnitt der Varianzen der einzelnen Investitionen). Die negative Korrelation der unsystematischen Einzelrisiken führt zu einem kompensierenden Effekt.

Für den Fall, dass ein unsystematisches Risiko eintritt, das sich auf eine Anlage negativ auswirkt, kommt es zu einem positiven Effekt bei der anderen Anlage, die negativ mit der ersten korreliert ist. Die Risikoreduzierung und die optimale Verteilung der Gesamtinvestition auf die unterschiedlichen Anlagen im Portfolio lassen sich berechnen und werden im Folgenden exemplarisch für den Zwei-Investitionen-Fall hergeleitet. Angenommen es wird ausschließlich in Anlage 1 und Anlage 2 investiert und die beiden Anlagen besitzen unterschiedliche Risiken. Der Ertrag (Rendite) von Investition 1 werde mit X bezeichnet und der von Investition 2 mit Y. Die Gesamtinvestition teilt sich auf die beiden Anlagen im Portfolio im Verhältnis a und $b=1-a$ auf. Dann beträgt die Rendite des Portfolios $R_P = aX + bY$. Der Erwartungswert des Portfolio ergibt sich entsprechend als:

1 Vgl. Lehner (2010), S. 69.

$$E[R_P] = a \cdot E[X] + (1-a) \cdot E[Y].$$

Geht man davon aus, dass unterschiedliche unsystematische Risiken auf die beiden Anlagen wirken (d. h. die Varianzen der beiden Investitionen weichen voneinander ab, $\sigma_x^2 \neq \sigma_y^2$), resultiert als Summe der Varianzen der beiden Anlagen und der Kovarianzen zwischen den beiden Anlagen die Portfoliovarianz

$$\sigma_{R_P}^2 = a^2\sigma_x^2 + (1-a)^2\sigma_y^2 + \underbrace{2a(1-a)\left(\rho_{xy}\sigma_x\sigma_y\right)}_{<0 \text{ für } \rho_{xy}<0}.$$

Wenn der Korrelationskoeffizient ρ_{xy} zwischen den beiden Anlagen negativ ist, kommt es zu dem ausgleichenden Effekt und durch die Streuung auf 2 Anlagen kann das Risiko des Portfolios gegenüber der Investition in nur eine Anlage verringert werden, wenn der Zuwachs des Risikos durch die hinzugenommene Anlage den kompensierenden Effekt durch die negative Korrelation der Einzelrisiken nicht übersteigt. Abbildung 3-6 stellt die Varianzen und Kovarianzen der Erträge der beiden Investitionen dar.

Abbildung 3-6: *Varianzen und Kovarianzen der Erträge der beiden Investitionen*[1]

	Investition 1	Investition 2
Investition 1	$a^2\sigma_x^2$	$a(1-a)\sigma_{xy} = a(1-a)\rho_{xy}\sigma_x\sigma_y$
Investition 2	$a(1-a)\sigma_{xy} = a(1-a)\rho_{xy}\sigma_x\sigma_y$	$(1-a)^2\sigma_y^2$

Übertragen auf Mergers & Acquisitions kann es für Unternehmen mit unterschiedlichen unsystematischen Risiken aus Sicht der Portfoliotheorie sinnvoll sein, zu fusionieren, um ihr gemeinsames unsystematisches Risiko zu reduzieren. Analog kann das gleiche Ziel auch durch die Übernahme eines anderen Unternehmens mit stark abweichenden unsystematischen Risiken erreicht werden.[2]

1 In Anlehnung an Jansen (2016), S. 180.

2 Zur Kritik an Diversifikation auf Unternehmensebene vgl. Abschnitt 4.1.1.3 in Teil A.

Durch Ableitung der Portfoliovarianz nach a kann zudem die risikominierende Aufteilung der Investitionen zwischen den beiden Anlagen berechnet werden.

$$\frac{\mathrm{d}\sigma}{\mathrm{d}\,a} \overset{!}{=} 0 \quad \Leftrightarrow \quad a^* = \frac{\sigma_y^2 - \rho_{xy}\sigma_x\sigma_y}{\sigma_x^2 + \sigma_y^2 - 2\rho_{xy}\sigma_x\sigma_y}$$

Vorausgesetzt, dass die unsystematischen Risiken der Unternehmen bekannt sind, kann die Formel zur Berechnung der risikominimierenden Aufteilung in Bezug auf Fusionen eine Implikation dafür liefern, wie die Größenverhältnisse der Unternehmen nach ihrem Marktwert sein sollten, wenn das Hauptmotiv der Fusion die Risikominimierung darstellt.

Ebenso kann auch hinsichtlich Unternehmensübernahmen eine Aussage bezüglich des Marktwertes des zu übernehmenden Unternehmens gemacht werden. In der Portfoliotheorie wird zudem eine Messgröße eingeführt, mit deren Hilfe bestimmt werden kann, wie stark das Risiko einer Anlage auf Marktveränderungen reagiert. Dieses Sensivitätsmaß wird β genannt und berechnet sich nach folgender Formel:[1]

$$\beta_i = \frac{\sigma_{im}}{\sigma_m^2} = \frac{\text{Kovarianz zwischen der Rendite der Anlage } i \text{ und der Marktrendite } m}{\text{Varianz der Marktrendite}}$$

Wenn β gleich 1 ist, bedeutet dies, dass das Risiko der Anlage dem Marktrisiko entspricht. β größer 1 impliziert, dass die Anlage überproportional, β kleiner 1 unterproportional auf Marktveränderungen reagiert. Anlagen mit $\beta < 1$ weisen also eine geringere Volatilität in Bezug auf Marktrisiken als der Durchschnitt aller Anlagen (also die Volatilität des Marktes) auf. Durch die Investitionen in Anlagen mit $\beta < 1$ kann ein Unternehmen die Volatilität seines Einkommensflusses gegenüber dem Marktdurchschnitt glätten. Demzufolge kann die Akquisition eines Unternehmens mit $\beta < 1$ für ein Unternehmen mit vergleichsweise hoher Volatilität sinnvoll sein, um einen gleichmäßigeren Einkommensfluss zu erhalten. Bei einem solchen Vorgehen sollte zudem geprüft werden, wie die unsystematischen Risiken der Unternehmen korrelieren, da sich bei stark negativ korrelierten Einzelrisiken $\beta \longrightarrow -1$ ein zusätzlicher Glättungseffekt durch die Eliminierung von unsystematischem Risiko erzielen lässt.

Vor dem Hintergrund von Mergers & Acquisitions lässt sich aus der Portfoliotheorie eine Diversifikationsstrategie für risikoaverse Wirtschaftssubjekte ableiten, die das Risiko ihres Anlagenportfolios minimieren wollen. Allerdings darf diese Empfehlung nicht unhinterfragt bleiben. Zum einen ist zu kritisieren, dass in der Unternehmenspraxis nicht für alle Anlagemöglichkeiten aktuelle, individuelle Anlagerisikodaten verfügbar sind (zum Beispiel für nicht öffentlich gelistete Unternehmen). Zum ande-

1 Vgl. Jansen (2016), S. 180.

ren, und dieser Kritikpunkt wiegt deutlich schwerer, zielt die Portfoliotheorie lediglich auf das Motiv der Risikoreduzierung ab, ohne weitere wichtige Aspekte der Unternehmensführung zu berücksichtigen.

Diese Kritik spiegelt sich auch in der aktuellen M&A-Praxis wider: Nach dem Scheitern zahlreicher Diversifikationsbemühungen Anfang der 90er Jahre (als Beispiel sei die Vision des integrierten Technologiekonzerns von Edzard Reuter genannt), besinnt man sich heute eher wieder auf die „Core Competencies" und versucht, durch Übernahmen oder Fusionen gezielt das Kerngeschäft zu stärken.

Auch von den Analysten werden diversifizierte Unternehmen regelmäßig mit einem so genannten „Conglomerate Discount" abgestraft. Eine schillernde Ausnahme war lange Zeit lediglich General Electric.[1] Abschließend sollen die dargestellten theoretischen Erklärungsansätze und ihre jeweiligen Bezugspunkte zu Fragestellungen im Rahmen von Mergers & Acquisitions nochmals verglichen und bewertet werden.

3.4 Vergleich und Bewertung der theoretischen Erklärungsansätze

Bei allen vorgestellten Theorien lassen sich Bezugspunkte beziehungsweise Erklärungsansätze zu M&A-Fragestellungen identifizieren, die sich zum Teil grundlegend unterscheiden. Bei dem Versuch einer Klassifizierung bietet sich eine Einteilung in entscheidungs- beziehungsweise ausgestaltungsorientierte Erklärungsansätze an. Diese Unterteilung dient bei der nachfolgenden Diskussion als Strukturierungsraster.

- Entscheidungsorientierte Erklärungsansätze

Als eher entscheidungsorientierte Erklärungsansätze lassen sich die Transaktionskostentheorie, der Market-based View, der Resource-, Capability- und Knowledge-based View sowie die Portfoliotheorie verstehen. Im Rahmen der Transaktionskostentheorie kann eine klare Entscheidungsunterstützung für die Durchführung von M&A-Transaktionen abgeleitet werden: Akquisitionen oder Fusionen sind dann empfehlenswert, wenn hierdurch Transaktionskosten im Vergleich zur Abwicklung über den Markt reduziert werden können.

Eine weitere Detaillierung ist dem Ansatz von Williamson zu entnehmen. Nach diesem können Unternehmenszusammenschlüsse unter der Annahme unvollständiger Verträge sowie beschränkt rational und opportunistisch handelnder Akteure gerade bei häufig wiederkehrenden und spezifischen Transaktionen sowie hoher Unsicherheit ein geeignetes Mittel darstellen, Unterinvestitionen und Hold-up-Probleme zu vermeiden. Da es sich bei den betrachteten Transaktionen tendenziell um in der Wertschöpfungskette vor- beziehungsweise nachgelagerte Beschaffungs- beziehungsweise

1 Vgl. Jansen (2016), S. 185; Abschnitt 5.2 in Teil A.

Verkaufsprozesse handelt, werden im Rahmen der Transaktionskostentheorie schwerpunktmäßig vertikal ausgerichtete M&A-Transaktionen thematisiert.

Nach dem Market-based View basiert der Erfolg eines Unternehmens auf der Branchenattraktivität und dem strategischen Verhalten des Unternehmens in dieser Branche. Mergers & Acquisitions können daher zum einen genutzt werden, um schnell Zugang zu einer attraktiven Branche zu erhalten. Zum anderen, und das erscheint die wichtigere Erkenntnis zu sein, können M&A-Aktivitäten das strategische Verhalten des Unternehmens in der gewählten Branche beeinflussen, indem sie zur Umsetzung der beiden grundsätzlich empfohlenen strategischen Stoßrichtungen Kostenführerschaft und Differenzierung beitragen.

So ermöglichen Akquisitionen und Fusionen auf horizontaler Ebene die Realisierung von Größenvorteilen und sind damit ein wichtiges Mittel zur Erlangung der Kostenführerschaft in der Branche. Verfolgt die Unternehmensführung hingegen eine Differenzierungsstrategie, sind eher lateral ausgerichtete Zusammenschlüsse mit differenziert aufgestellten Unternehmen innerhalb der Branche zielführend. Darüber hinaus senken jegliche Konsolidierungsbestrebungen die Rivalität der Wettbewerber in der Branche, wodurch die Branchenattraktivität insgesamt steigt. Damit lassen sich die Aussagen des Market-based View primär als Hilfe verstehen, welche Ausrichtung im Rahmen von Mergers & Acquisitions zu wählen ist, um die gewählte strategische Stoßrichtung (schneller) umzusetzen.

Ebenso ist aus den ressourcen-, fähigkeits- beziehungsweise wissensorientierten Ansätzen die Notwendigkeit zur Durchführung von M&A-Transaktionen erkennbar. Da einzigartige Ressourcen, Fähigkeiten und Wissen nur schwer transferiert beziehungsweise imitiert werden können, bleibt Unternehmen oftmals nur der Weg, andere Unternehmen zu akquirieren beziehungsweise mit diesen zu fusionieren, wollen sie Zugriff auf deren Ressourcen-, Fähigkeits- beziehungsweise Wissensbasis erhalten. Damit sind nach diesen theoretischen Ansätzen Unternehmensübernahmen und -fusionen für Unternehmen, die selbst nicht über eine einzigartige Ressourcen- beziehungsweise Fähigkeits- oder Wissensausstattung verfügen sogar die einzige Möglichkeit, durchgängig überdurchschnittliche Renditen zu erzielen. Allerdings lassen sich hier keine Aussagen über die Richtung der M&A-Aktivitäten machen, da das Hinzugewinnen von Ressourcen, Fähigkeiten oder Wissen gleichermaßen genutzt werden kann, das eigene Kerngeschäft zu verstärken beziehungsweise sich in vor-/nachgelagerten oder völlig neuen Wertschöpfungsprozessen zu etablieren.

Die grundlegende Aussage der Portfoliotheorie ist, dass das Risiko eines Anlagenportfolios durch die Anlagenstreuung auf mehrere Investitionen mit nicht positiv korrelierten beziehungsweise unkorrelierten Risiken gesenkt werden kann. Damit lässt sich aus der Portfoliotheorie die Empfehlung ableiten, dass risikoaverse Unternehmen sich mit anderen Unternehmen fusionieren beziehungsweise diese übernehmen sollten, sofern sie ein stark abweichendes unsystematisches Risiko aufweisen. Damit ist, wenn auch reduziert auf das Motiv der Risikoreduktion, der Portfoliotheorie zu entnehmen, für welche Unternehmen (hohe Risikoaversität) welche Art der M&A-Tätigkeit (konglomerate Ausrichtung) zielführend erscheint.

- Ausgestaltungsorientierte Erklärungsansätze

Während die eben genannten Ansätze tendenziell Empfehlungen abgeben, ob beziehungsweise wann oder in welcher Ausrichtung M&A-Transaktionen sinnvoll erscheinen, thematisieren die hier vorliegenden Ansätze eher, wie Akquisitionen oder Fusionen sinnvoller Weise ausgestaltet werden sollten. Hierzu zählt insbesondere die Prinzipal-Agent-Theorie. Um die Gefahr der systematischen Auswahl schlechter M&A-Partner (Adverse-Selection) aufgrund von Informationsasymmetrien vor Vertragsschluss zu verringern, empfielt die Prinzipal-Agent-Theorie Signaling- beziehungsweise Screening-Maßnahmen für die besser beziehungsweise schlechter informierte Partei. Darunter fallen beispielsweise der Nachweis des Einhaltens offizieller Qualitätsstandards, Unternehmensbewertungen durch angesehene Ratingagenturen, die Durchführung einer uneingeschränkten Due Diligence oder die vertragliche Fixierung von Sanktionsmaßnahmen bei Minderleistung.

Zur Lösung des Moral-Hazard-Problems im Falle von Informationsasymmetrien nach Vertragsschluss (Versuch des Management der übernommenen Gesellschaft, unbemerkt wichtige materielle oder immaterielle Assets aus dem Unternehmen zu entfernen) wird hingegen die Einrichtung von Informations- und Kontrollsystemen zur Beobachtung der besser informierten Partei und die Schaffung von Zielkonvergenz zwischen den Parteien durch entsprechende Anreizsysteme empfohlen. Tabelle 3-1 stellt alle theoretischen Erklärungsansätze und ihre Bezugspunkte zu Mergers & Acquisistions nochmals im Überblick dar.

Tabelle 3-1: Theoretische Erklärungsansätze für Mergers & Acquisitions im Überblick

Theoretischer Erklärungsansatz	Bezugspunkte zu M&A-Fragestellungen
Transaktions-kostentheorie	▪ Der Transaktionskostenansatz beschäftigt sich mit den Kosten, die bei Tauschbeziehungen anfallen. Hierunter fallen interne (Koordinationskosten) und externe Transaktionskosten (Anbahnungs- und Informations-, Vereinbarungs-, Kontroll-, Durchsetzungs- und Anpassungskosten) ▪ Entscheidende Determinanten von Transaktionen sind deren Häufigkeit, der Grad der Spezifität und die Unsicherheit ▪ Der Zusammenschluss mit oder die Übernahme von Unternehmen ist dann als sinnvoll anzusehen, wenn dadurch die Transaktionskosten im Vergleich zur Abwicklung über den Markt reduziert werden können. Nach der Fusion oder Übernahme sollten jedoch jene Unternehmensteile wieder veräußert werden, die keine Transaktionskostenersparnisse im Vergleich zum Markt ermöglichen ▪ Bei unvollständigen Verträgen sowie beschränkt rationalen und opportunistisch handelnden Akteuren kann gerade bei häufig wiederkehrenden und spezifischen Transaktionen sowie hoher Unsicherheit die Internalisierung der Transaktionen durch Akquisition oder Fusion sinnvoll sein, um Unterinvestitions- und Hold-up-Probleme (opportunistisches Verhalten des Akteurs, der nicht die transaktionsspezifische Investition getätigt hat) zu vermeiden.
Prinzipal-Agent-Theorie (Informations-asymmetrien vor Vertragsschluss)	▪ Im Vorfeld von Übernahmen kennt der Käufer weder die genauen Eigenschaften noch den genauen Wert des zu übernehmenden Unternehmens. Ebenso sind bei Fusionen den beteiligten Unternehmen die exakten Charakteristika des beziehungsweise der anderen beteiligten Unternehmen nicht bekannt ▪ Es besteht die Gefahr der Adverse-Selection, also der systematischen Auswahl schlechter M&A-Partner ▪ Zur Lösung der Adverse-Selection-Gefahr bieten sich Signaling-Maßnahmen für die besser informierte Partei und Screening-Maßnahmen für die schlechter informierte Partei an ▪ Je nachdem, von welcher Partei die Maßnahmen initiiert werden, lassen sich unter Signaling beziehungsweise Screening beispielsweise der Nachweis/das Einfordern offizieller Qualitätsstandards wie ISO 9000, Unternehmensbewertungen durch angesehene Ratingagenturen (Moody´s), die Erlaubnis/Forderung zur Durchführung einer uneingeschränkten Due Diligence oder die Forderung/Akzeptanz vertraglich fixierter Sanktionsmaßnahmen bei Minderleistung verstehen

Prinzipal-Agent-Theorie (Informations-asymmetrien nach Vertragsschluss)	- Auch nach Vertragsabschluss ist keine vollständige Beobachtung des Partnerunternehmens möglich, woraus Handlungsspielräume (Hidden Actions) für die besser informierte Partei entstehen, die diese opportunistisch ausnutzen kann (Moral Hazard) - So besteht insbesondere bei Akquisitionen die Gefahr, dass das Management des Zielunternehmens nach Abschluss der Vertragsverhandlungen versucht, unbemerkt wichtige materielle oder immaterielle Assets aus dem Unternehmen zu entfernen - Zur Lösung des Moral-Hazard-Problems wird die Einrichtung von Informations- und Kontrollsystemen zur Beobachtung (Monitoring) der besser informierten Partei und die Schaffung von Zielkonvergenz zwischen den Parteien durch entsprechende Anreizsysteme empfohlen - Gängige Praxis ist die Vereinbarung einer ergebnisabhängigen, gestaffelten Zahlung des Kaufpreises bei Akquisitionen oder die vertragliche Fixierung von Sanktionen bei nachvertraglichem Fehlverhalten eines Fusionspartners
Market-based View	- Nach dem Market-based View ist der Erfolg eines Unternehmens von der Branchenstruktur und dem strategischen Verhalten des Unternehmens abhängig - Ist der Eintritt in eine attraktive Branche gelungen, sollte das Unternehmen die Strategie der Kostenführerschaft beziehungsweise Differenzierung verfolgen, um eine nachhaltig verteidigungsfähige Position sowie überdurchschnittliche Erfolge zu erzielen - Zusammenschlüsse und Übernahmen auf horizontaler Ebene ermöglichen über Erfahrungskurven- und Skaleneffekte die Realisierung von Größenvorteilen und damit die Umsetzung der Strategie der Kostenführerschaft - Akquisitionen von und Fusionen mit profitablen, differenziert aufgestellten Unternehmen bieten die Chance, die Strategie der Differenzierung zu verfolgen und hohe Gewinne durch die Abschöpfung von Preisprämien zu erzielen
Resource-based View	- Nach dem Resource-based View bestimmt die einzigartige Ressourcenbasis die Strategie und den Erfolg der Unternehmen - Einzigartige Ressourcen zeichnen sich dabei durch Nicht-Imitierbarkeit, Unternehmensspezifität, Nicht-Substituierbarkeit und hohe Nutzengenerierung aus - Unternehmen, die überdurchschnittliche Renditen erzielen wollen, jedoch nicht über die notwendigen Ressourcen verfügen, sollten Unternehmen mit entsprechend einzigartiger Ressourcenbasis übernehmen beziehungsweise mit diesen fusionieren

Capability-based View	▪ Der fähigkeitsorientierte Ansatz (Capability-based View) stellt eine gedankliche Fortführung des Resource-based View dar ▪ Wesentliche Annahme ist, dass Unternehmen aufgrund ihrer firmenspezifischen Fähigkeiten und deren innovativer Konfiguration und Kombination einen Wettbewerbsvorteil erzielen können ▪ Da aufgrund der komplexen Zusammensetzung der Transfer oder die Imitation unternehmensspezifischer Fähigkeiten häufig nicht möglich ist, bleibt Unternehmen oftmals nur der Weg, Unternehmen zu übernehmen beziehungsweise mit diesen zu fusionieren, um Zugriff auf deren einzigartige Fähigkeiten beziehungsweise Kompetenzen zu erhalten ▪ Allerdings ist in den meisten Fällen davon auszugehen, dass die Übertragung unternehmensspezifischer Fähigkeiten einen schwierigen, langwierigen Prozess darstellt
Knowledge-based View	▪ Der wissensorientierte Ansatz (Knowledge-based View) stellt ebenfalls eine Variante des Resource-based View dar ▪ Wesentliche Annahme ist, dass Unternehmen aufgrund ihrer organisationalen Wissensausstattung und dessen innovativer Weiterentwicklung einen Wettbewerbsvorteil erzielen können ▪ Da das organisationale Wissen fest im Unternehmen verankert ist und aufgrund seiner Komplexität und Nicht-Kodifizierbarkeit kaum transferiert oder imitiert werden kann, sind Übernahmen oder Fusionen mit Unternehmen, die über wertvolles Wissen verfügen, oft der einzige Weg, hierauf zugreifen zu können ▪ Insbesondere bei organisationalem, impliziten Wissen ist jedoch mit Schwierigkeiten bei der Diffusion innerhalb des Unternehmens zu rechnen
Portfoliotheorie	▪ Die grundlegende Aussage der Portfoliotheorie ist, dass das Risiko eines Anlagenportfolios durch die Anlagenstreuung auf mehrere Investitionen mit nicht positiv korrelierten beziehungsweise unkorrelierten Risiken gesenkt werden kann ▪ Zur Reduzierung des unsystematischen Risikos kann eine Fusion von Unternehmen mit unterschiedlichen unsystematischen Risiken oder die Übernahme eines anderen Unternehmens mit abweichendem unsystematischen Risiko eine sinnvolle strategische Maßnahme sein ▪ Kritisch anzumerken ist jedoch, dass nicht für alle Anlagemöglichkeiten aktuelle Anlagerisikodaten verfügbar sind und die Portfoliotheorie lediglich das Motiv der Risikoreduktion fokussiert, ohne weitere wesentliche Aspekte der Unternehmensführung zu berücksichtigen

4 Motive und Zielsetzungen von Mergers & Acquisitions

Fusionen und Übernahmen können als Form der strategischen Unternehmensentwicklung betrachtet werden, mit der Unternehmen beispielsweise auf veränderte wirtschaftliche Rahmenbedingungen reagieren. Grundsätzlich ist jede Fusion beziehungsweise Übernahme aus Sicht der beteiligten Parteien mit Chancen und Risiken behaftet. Die Motive für eine M&A-Transaktion sind die erwarteten Chancen, die die beteiligten Parteien durch den Zusammenschluss realisieren möchten.

Diese Beweggründe dienen meist der Erreichung einer übergeordneten Zielsetzung, wie beispielsweise der Optimierung des Unternehmenserfolges unter Rendite- und Risikogesichtspunkten. In der betriebswirtschaftlichen Praxis existiert eine Vielzahl unterschiedlicher Motive und Zielsetzungen, die Unternehmen zu Mergers & Acquisitions bewegen. Die wichtigsten sollen im Rahmen dieses Kapitels erläutert werden, wobei eine Unterscheidung aus Käufer- und Verkäufersicht vorgenommen wird.[1]

4.1 Motive und Zielsetzungen aus Käufersicht

Aus Käuferperspektive bieten sich vielfältige Motive für einen externen Zusammenschluss durch Fusion oder Übernahme an. Im Sinne einer überschaubaren Zusammenfassung der wesentlichen Motive erscheint daher eine Kategorisierung nach strategisch, finanziell und persönlich motivierten Beweggründen sinnvoll. Abbildung 4-1 stellt diese Auswahl möglicher Motive des Käufers für M&A-Entscheidungen dar, auf die nachfolgend eingegangen wird.

1 Dabei wird im Folgenden stärker auf den Begriff des „Motivs" Bezug genommen, ohne jeweils auf mögliche übergeordnete Zielsetzungen einzugehen.

Abbildung 4-1: *Motive des Käufers für M&A-Entscheidungen*

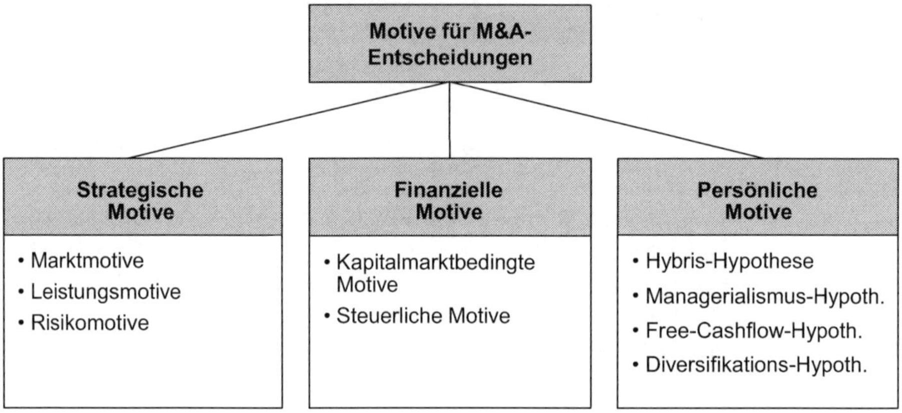

4.1.1 Strategische Motive

Strategische Mergers & Acquisitions beschreiben Zusammenschlüsse, die Ausdruck der Unternehmensstrategie sind beziehungsweise diese umsetzen. Dabei beziehen sich strategische Motive von Unternehmenszusammenschlüssen insbesondere auf die Realisierung von Synergieeffekten. Unter Synergien wird im M&A-Kontext verstanden, dass sich mit der wirtschaftlichen Vereinigung zweier Unternehmen ein Wertzuwachs einstellt.[1] Dabei sind Synergien im Allgemeinen immer dann gegeben, wenn der Nutzen des Zusammenwirkens einzelner Faktoren ungleich beziehungsweise größer als die Summe der Nutzen der einzelnen Faktoren für sich genommenen ist. In den Termini der Kapitalwertmethode spricht man von Synergien, wenn für zwei unterschiedliche Investitionsobjekte A und B gilt:

$$\sum_{t=0}^{T} A_t + \sum_{t=0}^{T} B_t \neq \sum_{t=0}^{T} (A+B)_t$$

Dabei bezeichnen A_t und B_t den Rückfluss aus dem jeweiligen Investitionsobjekt zum Zeitpunkt t, während $(A+B)_t$ den Rückfluss aus der Summe der beiden Investitionsobjekte A und B zum Zeitpunkt t beschreibt. Dabei können Synergien sowohl positiver als auch negativer Art sein, wobei im Folgenden lediglich auf die positiven Synergieeffekte eingegangen werden soll.

Bei den Synergieeffekten kann zwischen quantitativen (zum Beispiel Economies of Scale und Scope) und qualitativen Einflüssen (zum Beispiel Zeit- oder Qualitätseffek-

1 Vgl. Wilplinger (2007), S. 7.

te) unterschieden werden. Skaleneffekte bezeichnen Synergien, bei denen beispielsweise durch eine erhöhte Ausbringungsmenge die langfristigen Durchschnittskosten pro Stück sinken, da die Fixkosten der Produktion auf eine größere Stückzahl verteilt werden.[1] Analog kann eine Fixkostendegression auch durch eine Zusammenlegung von Produktionsanlagen unter Beibehaltung der Ausbringungsmenge erzielt werden.

Demgegenüber werden Economies of Scope realisiert, indem Inputfaktoren zur Herstellung verschiedener Produkte so weit wie möglich zusammengefasst und somit ebenfalls Produktionskosten reduziert werden.[2] Beispielhaft für Maßnahmen zur Realisierung von Economies of Scope seien Produktbündelung sowie Familienmarken genannt. Zeiteffekte beschreiben Synergien, bei denen durch die Zusammenfassung von Aktivitäten bestimmte Produkte oder Dienstleistungen schneller hergestellt beziehungsweise angeboten werden können als bei Einzelerstellung.[3] Qualitätseffekte beziehen sich auf Synergien, bei denen durch die Zusammenlegung von Aktivitäten eine höhere Produktvollkommenheit erzielt werden kann. Aus der subjektiven Perspektive des Käuferunternehmens lassen sich folgende Synergietypen unterscheiden:[4]

- Universelle Synergien: Derartige Synergien lassen sich durch jeden Käufer realisieren. Zumeist treten diese leicht erzielbaren Synergien in Standardfunktionsbereichen des Unternehmens auf, wie etwa in der Verwaltung.

- Endemische Synergien: Diese Synergien können nur von einem Teil der Käufer erzielt werden. Sie beziehen sich regelmäßig auf Doppelarbeiten, die als Folge des Zusammenschlusses beseitigt werden können.

- Einzigartige Synergien: Nur ein einziger Käufer verfügt über die Fähigkeit, diese Synergien zu realisieren.

Daneben lassen sich Synergien in teleologischer Hinsicht danach differenzieren, ob das Käuferunternehmen durch die Transaktion seine Marktposition stärken, die interne Leistungserbringung effizienter gestalten oder sein Risikopotenzial verringern möchte. Marktsynergien entstehen dabei aus Marktmacht- oder Markterweiterungseffekten, die sich in Folge einer Fusion oder Übernahme einstellen. Dagegen resultieren Leistungssynergien aus der gemeinsamen Nutzung von Ressourcen oder Fähigkeiten. Risikosynergien kommen durch Diversifikationseffekte bei Unternehmenszusammenschlüssen zu Stande. Auf diese unterschiedlichen Synergietypen soll im Rahmen der Motivdarstellung nachfolgend näher eingegangen werden.

---

1 Vgl. Hinne (2008), S. 40.
2 Vgl. Wöginger (2004), S. 56.
3 Vgl. Jansen (2016), S. 173 f.
4 Vgl. Pursche (1989), S. 23.

4.1.1.1 Marktmotive

Im Zuge der Internationalisierung und Branchenkonvergenz stehen viele Unternehmen aus sämtlichen Branchen völlig neuen Dimensionen des Wettbewerbs gegenüber. Konkurrenten aus anderen Industriezweigen und Nationen treten mit etablierten Unternehmen einer Branche in den Wettbewerb, was zu einer Gefährdung der Marktposition führt. Akquisitionen beziehungsweise Fusionen können hier zur Absicherung und zum Ausbau der Marktmacht, der Markterweiterung sowie zur Beschränkung der Konkurrenz beitragen. In diesem Zusammenhang manifestieren sich die Auswirkungen von Mergers & Acquisitions regelmäßig auf dem Beschaffungs- und Absatzmarkt des Unternehmens.

- Beschaffungsmarkt

Wesentliche Motive im Beschaffungsbereich bestehen in der Vermeidung von Engpässen sowie der Gewährleistung einer ausreichend hohen Qualität.[1] Auch die Stärkung der Verhandlungsmacht durch Beschaffung höherer Volumina wird häufig als Ziel eines Zusammenschlusses zweier Unternehmen genannt. Auf diese Weise lassen sich bessere Einkaufskonditionen, zum Beispiel günstigere Preise und ein besserer Lieferservice, erzielen.

Ein weiteres Motiv besteht in der Rationalisierung der Lagerhaltung beispielsweise durch stärkere oder vollständige Zentralisierung. Grundsätzlich kann im Beschaffungsbereich dabei zwischen dem materiellen und immateriellen Ressourcenzugang unterschieden werden. In den Bereich der materiellen Ressourcen fallen natürliche Rohstoffquellen sowie Vor- und Zwischenprodukte, deren nachhaltige Sicherung häufig einen wichtigen Grund für einen Unternehmenszusammenschluss darstellt.

Als Beispiel hierfür kann die Übernahme der Wintershall durch die BASF in den 60er Jahren herangezogen werden, als die chemische Produktion der BASF in verstärktem Maße von Rohstoffen wie Erdöl, Kohle und Koks abhing. Die Wintershall stellte damals einen wichtigen Lieferanten im Bereich petrochemischer Ausgangsstoffe für den Ludwigshafener Konzern dar. Um in Krisenzeiten einen ungestörten Ablauf der Produktion sicherzustellen, war BASF bestrebt, über die notwendigen Ressourcen zumindest in begrenztem Maße selbst zu verfügen, was einen wesentlichen Grund für die Übernahme der Wintershall darstellte.[2]

Im Bereich der immateriellen Ressourcen sind einerseits Rechte und Patente, andererseits aber auch das im Zielunternehmen vorhandene explizite und implizite Wissen Ausgangspunkt für M&A-Aktivitäten.[3] Explizites Wissen besitzt die Eigenschaft der Kodifizierbarkeit und kann daher in Form von Büchern oder Datenbanken erfasst sowie grundsätzlich auch imitiert und transferiert werden. Implizites Wissen hingegen

---

1 Vgl. Neumann (1994), S. 92 f; Wirtz/Elsäßer (2016), S. 299 f.

2 Vgl. Poeche (1972), S. 40 f.

3 Vgl. Abschnitt 3.2.2.2 in Teil A.

ist nicht kodifizierbar und besteht im Wesentlichen aus den individuellen Erfahrungen und Fähigkeiten der Mitarbeiter eines Unternehmens.[1] Soll also explizites Wissen beispielsweise in Form einer umfangreichen Kundendatenbank erworben werden, so kann dies ein treibendes Moment für einen Unternehmenszusammenschluss darstellen. Demgegenüber ist das implizite Wissen einer Unternehmung an deren Mitarbeiter gebunden und vermag nur über diese genutzt und übertragen zu werden. So sind beispielsweise Bestrebungen zum Aufbau eines leistungsfähigen Management oder der Bedarf an qualifiziertem Fachpersonal weitere Gründe für Mergers & Acquisitions.

Beispiele für den Erwerb expliziten Wissens als Kaufmotiv sind die Übernahme der Google-Mobilfunktochter Motorola durch Lenovo, die Anteilsübernahme des Gabelstaplerherstellers Kion durch Weichai und die Übernahme des Solarmodulentwicklers Conergy. Diese Übernahmen waren primär wissens- und technologiegetrieben beziehungsweise dienten der Übernahme von Patenten.[2]

- Absatzmarkt

Die Förderung des Absatzes stellt das zweite wichtige Marktmotiv für Fusionen und Übernahmen dar. So können durch Zusammenlegung von Absatzaktivitäten vormals getrennter Unternehmen neben Synergien auch Wettbewerbsvorteile erzielt werden.[3] Als Beispiel hierfür lassen sich die Integrationsstrategien von Unternehmen auf den Medien- und Kommunikationsmärkten anführen. Im Zuge der auf diesen Märkten zu beobachtenden Branchenkonvergenz brechen alte Wertschöpfungsstrukturen auf und fügen sich zu einer neuen multimedialen Wertschöpfungskette zusammen.[4]

Ein wesentlicher Treiber dieser Entwicklung ist die verstärkte Nachfrage der Kunden nach integrierten systemischen Komplettangeboten sowie individuellen Kundenbeziehungen. Eine mögliche Reaktion auf diese Entwicklung besteht in der Akquisition von Unternehmen auf vor- oder nachgelagerten Wertschöpfungsstufen, wodurch die Kunden auf den verschiedenen Stufen der Wertkette an das Unternehmen gebunden werden können.

Einen weiteren absatzmarktorientierten Akquisitionsgrund stellt die Steigerung der Marktmacht gegenüber Konkurrenten und Kunden dar.[5] In Hinblick auf die Kundenbeziehung äußert sich diese in einer stärkeren Einflussnahme auf den Absatzpreis, während durch erhöhte Ausbringungsmengen der Konkurrenz die gesteigerte Marktmacht demonstriert wird. Im Extremfall kann die erlangte Marktposition sogar zur Verdrängung unliebsamer Wettbewerber führen.[6] Schließlich können auch Imagegründe als absatzgerichtetes Kaufmotiv angeführt werden.

---

1 Vgl. Wirtz (2000), S. 102 f.
2 Vgl. Die Welt (2014b).
3 Vgl. Buxmann/Diefenbach/Hess (2015), S. 82.
4 Vgl. Wirtz (2013a), S. 9.
5 Vgl. Kirchner (1991), S. 175 ff.; Brasic (2010), S. 18.
6 Vgl. Buxmann/Diefenbach/Hess (2015), S. 82.

Ein Beispiel hierfür ist die Übernahme der Brauerei Beck & Co. durch die belgische Interbrew. Interbrew ist eine weltweit aktive Brauereigesellschaft mit einem geringen Bekanntheitsgrad. Deren Konkurrenten, wie zum Beispiel Heineken oder Carlsberg, die ebenfalls weltweit aktiv sind, sind in der Konsumentenwahrnehmung wesentlich präsenter. Um international an Bekanntheit zu gewinnen und den Absatz zu steigern, war die Führung von Interbrew bestrebt, eine renommierte Biermarke zu erwerben. In der Marke Beck's wurde das Potenzial zur Realisierung der genannten Ziele gesehen, was schließlich ausschlaggebend für die Akquisition war.

Zum Abschluss der Darstellung absatzbedingter Motive für Unternehmenszusammenschlüsse sei noch eine empirische Untersuchung von Möller erwähnt.[1] Dabei wurden insgesamt 100 Unternehmen des produzierenden Gewerbes mit Firmensitz in Deutschland, die zwischen 1970 und 1979 entweder an Fusionen oder Übernahmen beteiligt waren, nach ihren Akquisitionszielen befragt. Dem Ergebnis der Studie zufolge konnten allein drei der fünf am häufigsten genannten M&A-Ziele dem Absatzbereich zugeordnet werden. Dazu zählten die Vervollständigung von Produktlinien, Vergrößerung des Marktanteils und Erschließung neuer Absatzgebiete. Daraus folgert Möller, dass Unternehmenszusammenschlüsse überwiegend vor dem Hintergrund absatzbedingter Motive durchgeführt werden.

4.1.1.2 Leistungsmotive

Synergien im betrieblichen Leistungsbereich entstehen, wenn sich funktionale Einheiten entlang der Wertschöpfungskette zusammenführen lassen. Im M&A-Kontext kommen Leistungssynergien in der Regel aufgrund gemeinsamer Nutzung von Ressourcen und Fähigkeiten durch die Partnerunternehmen zustande. Ein Leistungsmotiv liegt demzufolge vor, wenn im Zuge des Zusammenschlusses Synergien in primären Wertschöpfungsaktivitäten wie zum Beispiel Forschung und Entwicklung, Beschaffung, Produktion und Vertrieb oder sekundären Aktivitäten, wie der Verwaltung, realisiert werden sollen.

An dieser Stelle soll exemplarisch kurz auf mögliche Synergieeffekte im Produktionsbereich eingegangen werden. Dort setzt der Einsatz hocheffizienter Maschinen und Anlagen mit höherem Automatisierungsgrad aus Wirtschaftlichkeitsgründen regelmäßig bestimmte Mindestausbringungsmengen voraus, die durch Zusammenlegung der Produktionskapazitäten erreicht werden können. Von größerer Bedeutung sind jedoch die Nutzung von Vorteilen des technischen Verbundes. So können beispielsweise bei der Produktion von Erzeugnissen verwertbare Nebenprodukte entstehen, unter anderem Teer und Öle bei der Reinigung und Veredlung von Rohöl.

Dies ist oftmals die Folge chemisch-physikalischer Reaktionen oder technischer Gegebenheiten und wird als „verbundene Produktion" beziehungsweise „Kuppelproduk-

1 Vgl. Möller (1983), S. 167 f.

tion“ bezeichnet[1]. Fehlt im eigenen Unternehmen für die Weiterverarbeitung der Nebenprodukte das Know-how beziehungsweise die Produktionskapazität, kann durch Übernahme eines geeigneten Partners dieses komplementäre Verwertungspotenzial nutzbar gemacht werden.

Abbildung 4-2: *Systematische Analyse von Synergiepotenzialen in der betrieblichen Wertschöpfung*

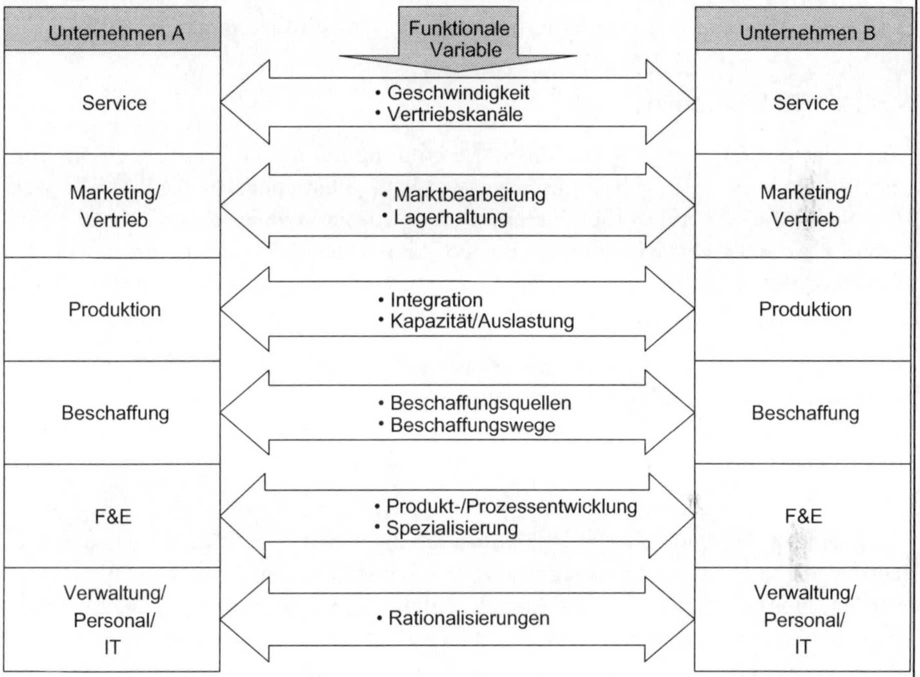

Neben den Vorteilen des technischen Verbundes kann ein Zusammenschluss auch dazu beitragen, die bestehenden Produktionskapazitäten besser auszulasten. Im Produktionsprozess wird die Ausbringungsmenge mitunter durch die Anlage beziehungsweise Maschine mit der kleinsten Kapazität begrenzt. Ein Zukauf von Unternehmen mit verwandten oder ähnlichen Produktionsanlagen kann helfen, nicht genutzte Überkapazitäten der anderen Anlagen beziehungsweise Maschinen besser auszulasten und Leerkosten zu minimieren.

1 Vgl. Mumm (2015), S. 209.

Als weiterer produktionsrelevanter Aspekt sei hier die Zusammenlegung der so genannten regiebetrieblichen Funktionen zu nennen, bei denen eine Akquisition beziehungsweise Fusion zu einer rationelleren Auslastung führen kann. Darunter fallen beispielsweise Fuhrpark, Reparaturwerkstätten oder Systemadministration. Auch in anderen Funktionsbereichen existieren Ansatzpunkte für potenzielle Synergieeffekte, die durch Unternehmenszusammenschlüsse erzielt werden können.

Abbildung 4-2 stellt die funktionalen Variablen der betrieblichen Unternehmensbereiche dar, die ursächlich für die Entstehung von relevanten Wettbewerbsvorteilen sind. Die integrationsbedingte Restrukturierung dieser wettbewerbsrelevanten Faktoren stellt dabei den Ausgangspunkt für die Erzielung von Leistungssynergien dar.

4.1.1.3 Risikomotive

Ein weiteres strategisches Motiv, das in Verbindung mit Mergers & Acquisitions eine zentrale Rolle spielt, besteht im Management von Unternehmensrisiken. Mit Verweis auf die Portfoliotheorie werden insbesondere solche Zusammenschlüsse, die zur Umsetzung externer Diversifikationsstrategien dienen, häufig mit dem Argument der Risikoreduktion begründet.[1] Je nach ihrer zeitlichen Wirkung lassen sich dabei kurz- und langfristige Risiken unterscheiden.

Kurzfristige Risiken sind durch die Abhängigkeit eines Unternehmens von einem bestimmten Produkt oder von der Entwicklung einer bestimmten Branche gekennzeichnet. Diese Risiken können reduziert werden, indem das Unternehmen seine Produkt- beziehungsweise Dienstleistungspalette erweitert oder versucht, sich in neuen Branchen zu etablieren.

Akquisitions- beziehungsweise Fusionsbestrebungen vor dem Hintergrund der Risikostreuung können es hier ermöglichen, unterschiedliche wirtschaftliche Entwicklungen einzelner Wirtschaftszweige oder Produkte unter Umständen so auszugleichen, dass es zu einer kontinuierlichen und stabilen Ertragsentwicklung kommt. Es werden dabei insbesondere solche Unternehmen zum Kauf in Betracht gezogen, deren Einkommensstrom negativ mit dem des Käuferunternehmens korreliert ist.[2]

Ein Beispiel hierfür wäre, dass sich eine Ölgesellschaft und eine Airline zusammenschließen. Steigt der Ölpreis, so hat dies positive Auswirkungen auf den Cashflow der Ölgesellschaft und negative auf den der Airline, für die Öl ein Input-Faktor ist. Durch den Merger käme es somit zu einer Glättung der Zahlungsströme und damit zu einer gewissen Unabhängigkeit vom Risikofaktor Ölpreis. Im Bereich der langfristigen Risikobewältigung ist das Vordringen in neue Wachstumsmärkte zu nennen, womit eine Reduktion der Abhängigkeit von stagnierenden oder wettbewerbsintensiven Märkten

---

1 Vgl. Löbler (1988), S. 25 f.; Jansen (2016), S. 210 f. sowie Abschnitt 3.3 in Teil A.
2 Vgl. Gaughan (2015), S. 153.

angestrebt wird. Eine dementsprechend ausgerichtete M&A-Strategie kann so die langfristige Überlebensfähigkeit des Unternehmens sichern.

Im Zusammenhang mit der Frage, wessen Risiken reduziert werden sollen, ist auf eine Beobachtung von Zwahlen hinzuweisen. Dieser analysierte verschiedene empirische Studien mit dem Ergebnis, dass Risikoreduktion durch Diversifikation zwar keinen positiven Vermögenseffekt mit sich bringt, aber das Beschäftigungsrisiko für die Mitarbeiter – insbesondere für das Management – und das Kreditausfallrisiko für Fremdkapitalgeber reduzieren.[1]

Grundsätzliche Kritik an Unternehmensakquisitionen mit dem Ziel der Risikoreduktion wird im Finance-Schrifttum geübt, die sich in der Regel auf das Kapitalmarktmodell und die dahinter stehenden Annahmen stützt.[2] Das hauptsächliche Argument gegen Diversifikation auf Unternehmensebene ist, dass eine Diversifikation auf Ebene des Aktienportfolios schneller und kostengünstiger als mit einem Merger, der erhebliche Transaktionskosten verursacht, erzielt werden kann.

Neben dem Transaktionskostenargument spricht gegen eine Diversifikation des Unternehmens, dass das Management beschränkte Fähigkeiten und Kenntnisse besitzt. Die Expertise, ein Unternehmen in der einen Branche erfolgreich zu führen, ist nicht ohne weiteres auf andere Branchen übertragbar. Das Management einer Ölgesellschaft stellt beispielsweise völlig andere Ansprüche an die Unternehmensführung als das einer Airline.

Trotz dieser Argumente gegen Diversifikation hat die Praxis gezeigt, dass einige Unternehmen sehr erfolgreich mit ihrer Diversifikationsstrategie waren. Eines dieser Unternehmen ist General Electric, das durch zahlreiche Akquisitionen von einem Elektronikunternehmen zu einem weltweit operierenden Kongolmerat mit diversen Geschäftsfeldern, wie zum Beispiel Energietechnik Öl und Gas, Medizintechnik und Finanzdienstleistungen, geworden ist.[3]

4.1.2 Finanzielle Motive

Neben den bisher dargestellten strategischen Motiven können auch rein finanzielle Beweggründe den Anstoß zu Fusionen und Übernahmen geben. Im Gegensatz zu den strategischen Motiven erfolgen finanziell begründete Unternehmenszusammenschlüsse weitgehend unabhängig von langfristigen Wertschöpfungs- und Marktpositionierungsüberlegungen. Das übergeordnete Motiv besteht dagegen regelmäßig in der Steigerung der Rentabilität durch Erzielung kurz- bis mittelfristiger Gewinne oder Ausnutzung steuerlicher Verlustvorträge. Ansatzpunkte ergeben sich aus kapital-

1 Vgl. Zwahlen (1994), S. 84.
2 Vgl. Bach/Buchholz/Eichler (2003), S. 51.
3 Vgl. Weiss (2009), S. 1.

marktbedingten sowie aus bilanzpolitischen und steuerlichen Überlegungen. Diese sollen im Folgenden näher betrachtet werden.

4.1.2.1 Kapitalmarktbedingte Motive

Bei den kapitalmarktbedingten Motiven für Mergers & Acquisitions lassen sich zwei wesentliche Ausprägungen unterscheiden. Zum einen kann als Übernahmemotiv ein verbesserter Zugang zu Kapitalressourcen angeführt werden. Zum anderen gibt es Beweggründe, die in der Kapitalmarktbewertung des Übernahmeobjektes liegen. Während letzteres Motiv vor allem für Finanzinvestoren ausschlaggebend ist, spielt der erstgenannte Grund hauptsächlich für Unternehmen eine Rolle, die ihre Finanzierungsposition verbessern und gleichzeitig unternehmerischen Einfluss nehmen wollen. Beide Aspekte werden nachfolgend dargestellt.

- Kapitalmarktzugang

Durch einen Zusammenschluss zweier Unternehmen verbessert sich in der Regel der Zugang beziehungsweise die Beschaffung von Kapital. Dieser Effekt wird im Schrifttum auch als Erweiterung der Kredit- und Kapitalbasis bezeichnet und resultiert aus der Überschreitung einer aus der Finanzierungsperspektive betrachteten kritischen Größenordnung.[1] Dieses Phänomen bezieht sich sowohl auf die Fremd- wie auch die Eigenkapitalbeschaffung über die Kapitalmärkte. Die direkte Fremdmittelbeschaffung über den Kapitalmarkt kann etwa durch Begebung von Unternehmensanleihen oder Wandelschuldverschreibungen erfolgen.

In beiden Fällen ergeben sich für den Emittenten gewisse Mindestvolumina unterhalb derer eine solche Transaktion nicht wirtschaftlich und zudem keine ausreichende Handelsliquidität gewährleistet wäre. In diesem Fall kann ein Unternehmenszusammenschluss, durch den die erwähnte kritische Masse erreicht wird, die Voraussetzung für die Erschließung nationaler oder gar internationaler Kapitalquellen sein. Letztere gewinnen insbesondere in solchen Fällen an Bedeutung, bei denen Unternehmen erst aufgrund einer Fusion oder Akquisition multinational tätig werden.

Auch im Bereich der Eigenkapitalbeschaffung lassen sich durch Fusionen neue Investorenkreise ansprechen. Denn oftmals werden analog der Fremdkapitalbeschaffung erst durch Zusammenschluss zweier Unternehmen die Größenvoraussetzungen für eine Börsennotierung erreicht. In der Regel erfolgt die Fusionierung der beiden Gesellschaften vor dem Börsengang.

---

1 Vgl. Brasic (2010), S. 47.

Davon zu unterscheiden ist die so genannte Going Public-Fusion, bei der die bisherigen Anteilseigner auf die Ausübung ihrer Bezugsrechte verzichten und gleichzeitig mit der Fusion eine Publikumsöffnung stattfindet. Insbesondere letztere Variante führt regelmäßig zu einem sprunghaften Anstieg des Investorenkreises.[1]

- Unterbewertung und Umstrukturierung

Ein bewertungsmotivierter Unternehmenskauf liegt vor, wenn der Käufer eines Unternehmens dieses aufgrund einer subjektiv wahrgenommenen Unterbewertung mit dem Ziel erwirbt, kurzfristige Gewinne zu realisieren, ohne dabei eine langfristige strategische Einflussnahme anzustreben.[2] Als theoretischer Erklärungsansatz für eine Unterbewertung eines Unternehmens am Markt kann auf eine Situation asymmetrischer Informationsverteilung im Rahmen des Prinzipal-Agent-Ansatzes verwiesen werden.[3]

Ausgangspunkt für eine vermeintliche oder tatsächliche Unterbewertung ist die subjektive Einschätzung eines Investors im Hinblick auf eine Wertdifferenz zwischen dem Wert und dem erwarteten Marktpreis einer Gesellschaft. Diese Einschätzung kann aus einem Ungleichgewicht von Angebot und Nachfrage einer betroffenen Aktie, aus Informationsvorsprüngen oder schlicht aus subjektiv-irrationalen Überzeugungen herrühren.[4] Die wahrgenommene Wertdifferenz kann sich sowohl auf börsennotierte Gesellschaften, deren Kurswert deutlich unter der Einschätzung des Käufers liegt, als auch auf nicht gelistete Unternehmen beziehen, die etwa mangels Nachfolgeregelung günstig zum Kauf angeboten werden.[5]

Die Übernahme der Gesellschaft erfolgt dabei stets mit der Zielsetzung, diese kurzfristig wieder gewinnbringend zu veräußern und auf diese Weise von der Unterbewertung zu profitieren. Unter Umständen wird vor der Veräußerung eine Reihe von kurzfristig wirksamen Restrukturierungsmaßnahmen durchgeführt. Ein Rahmenkonzept zur Beurteilung derartiger Umstrukturierungsmaßnahmen ist das Pentagon-Konzept von Copeland, Koller und Murrin.

---

1 Vgl. Brasic (2010), S. 47.

2 Zahlreiche Definitionen des M&A-Begriffes verlangen eine strategische Einflussnahme des Käufers, die bei bewertungsmotivierten Käufen eine sekundäre Rolle spielt. Zu den Definitionen von Mergers & Acquisitions vgl. Abschnitt 2.1 in Teil A.

3 Vgl. hierzu ausführlich Abschnitt 3.1.2 in Teil A.

4 Vgl. Vogel (2002), S. 40.

5 Vgl. Achleitner (2002), S. 144.

Abbildung 4-3: Pentagon-Konzept zur Abschätzung des maximalen Wertsteigerungspotenzials durch Restrukturierung[1]

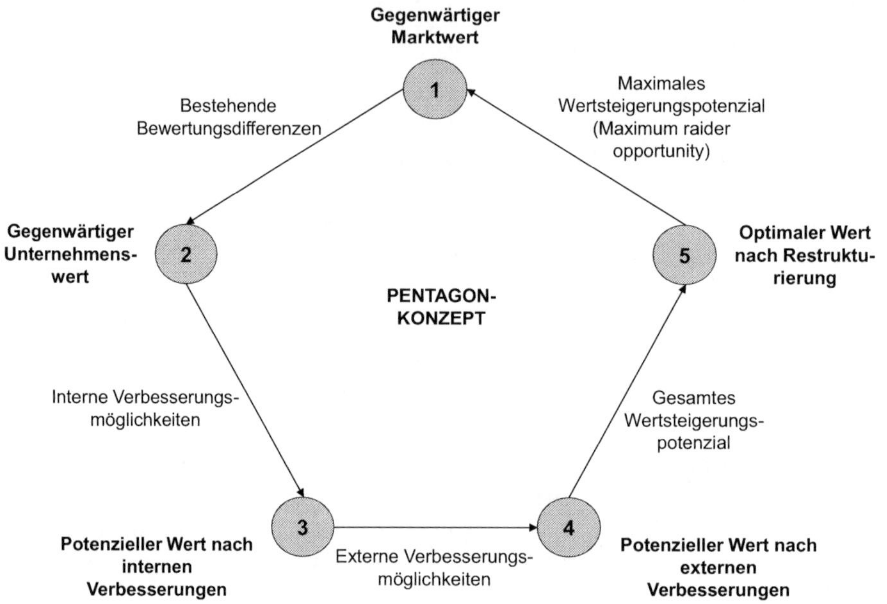

Zunächst erfolgt eine Ermittlung des gegenwärtigen Marktwertes des Unternehmens. Bei börsennotierten Aktiengesellschaften entspricht dieser beispielsweise der Marktkapitalisierung des Unternehmens. Daraufhin wird der Unternehmenswert mit Hilfe gängiger Bewertungsverfahren ermittelt. Ein gängiges Verfahren ist zum Beispiel die DCF-Methode, bei der der Wert des Unternehmens auf Grundlage der subjektiven Erwartungen des Bewerters zu dessen zukünftiger Entwicklung berechnet wird. Ein etwaiger Unterschied zwischen diesen beiden Werten resultiert aus den bereits erwähnten Informations- und Erwartungsasymmetrien und ist als bestehende Bewertungsdifferenz zu interpretieren.

Eine Art zur kurzfristigen Wertgenerierung sind interne Verbesserungen, die vorgenommen werden sollten, falls die Kosten der Verbesserungsmaßnahmen geringer sind als die dadurch resultierende erzielbare Verkaufsprämie. Beispiele für derartige Verbesserungen sind Verringerungen der Kapitalintensität, Erhöhungen der Gewinnspanne sowie Umsatzwachstum. Darüber hinaus eröffnen sich externe Verbesserungsmöglichkeiten in Form von Ver- und Zukauf einzelner Geschäftseinheiten.

1 In Anlehnung an Copeland/Koller/Murrin (1998), S. 68.

Letztlich geht es um die Bestimmung des optimierten Wertes des Unternehmens nach Berücksichtigung der Verbesserungsmöglichkeiten. Die Differenz zwischen diesem Wert und dem gegenwärtigen Marktwert entspricht dem maximalen Wertsteigerungspotenzial für Investoren beziehungsweise Aufkäufer und wird als „Maximum Raider Opportunity" bezeichnet.[1]

4.1.2.2 Bilanzpolitische und steuerliche Motive

Unternehmenszusammenschlüsse wirken sich regelmäßig sowohl handelsrechtlich in den Einzelbilanzen und der Konzernbilanz der beteiligten Unternehmen als auch steuerlich auf den Unternehmenserfolg aus. Diesen Umstand machen sich Käufer im Rahmen von M&A-Transaktionen häufig zu Nutze, indem sie bestehende Wahlrechte für eine gezielte Bilanzpolitik und Steueroptimierung ausnutzen. Auf beide Aspekte soll im Folgenden kurz eingegangen werden.

- Bilanzpolitik

Nur wenige betriebswirtschaftliche Vorgänge haben eine derart gravierende und nachhaltige Auswirkung auf die Bilanz wie eine Unternehmensakquisition beziehungsweise -fusion. Dabei sind die Folgen einer Akquisition für den externen Bilanzanalysten mangels Transparenz regelmäßig nur in begrenztem Maße nachvollziehbar. So ergibt sich, je nachdem, ob die erworbenen Vermögensgegenstände übernommen und auf die bestehenden Bilanzpositionen verteilt werden (Asset Deal) oder ob ein Anteilskauf im Wege des Share Deal unter der Beteiligungsposition verbucht wird, ein vollkommen unterschiedliches Bilanzbild.[2]

Die oben erwähnte Intransparenz führt zu individuellen bilanzpolitischen Gestaltungsspielräumen, durch deren gezielte Ausnutzung, etwa bei der Erwerbsart oder bei der Konsolidierung in der Konzernbilanz, sich eine Akquisition handelsrechtlich vorteilhaft darstellen lässt. Dabei kann die bewusste Beeinflussung horizontaler und vertikaler Bilanzrelationen sowie von Kennzahlen zur Ertragsbeurteilung mitunter zur Senkung der Kapitalkosten beitragen. Eng damit verbunden ist die Stärkung der Kreditwürdigkeit und auch bei der Transaktionsfinanzierung gibt es Ansatzpunkte zur Optimierung von Bilanzrelationen.[3] So können beispielsweise zu hohe Bar- oder Wertpapierbestände zur Akquisition verwendet werden. Derartige Maßnahmen bieten sich vor allem bei liquiden Konzernen an, um feindlichen Übernahmeversuchen vorzubeugen. In bilanzieller Hinsicht führen solche Handlungen zu Umschichtungen im Umlauf- und gegebenenfalls auch im Anlagevermögen.

---

1 Vgl. Grant (2016), S. 371.

2 Vgl. zu den einzelnen Erwerbsarten Abschnitt 2.3.2 in Teil A.

3 Vgl. Zwahlen (1994), S. 69.

- Steueroptimierung

Ebenfalls in den Bereich der finanziellen Motive fallen die mit einer M&A-Transaktion regelmäßig verbundenen steuerlichen Vorteile. Dabei sind im Wesentlichen zwei Aspekte anzuführen. Zum einen ermöglicht die Führung vormals getrennter Unternehmen als steuerliche Einheit die Erschließung steuerlicher Potenziale, indem Gewinne beziehungsweise Verluste der einzelnen Unternehmen unter Wahrung der fiskalischen Nutzbarmachung saldiert werden.[1] Zum anderen kann die Strukturierung der M&A-Transaktion derart gestaltet werden, dass die Finanzierungskosten der Transaktion als abzugsfähige Betriebskosten die Steuerlast reduzieren.

4.1.3 Persönliche Motive

Die bisher erläuterten Motive weisen einen ökonomischen Charakter auf, da sie langfristig auf die Steigerung des Unternehmenswertes abzielen. Tatsächlich existieren in der Praxis weitere, vor allem psychologische Anreize für Unternehmenszusammenschlüsse. So können persönliche Motive des Management zur Maximierung des eigenen Nutzens im Kontext von Mergers & Acquisitions nicht von der Hand gewiesen werden. Damit wird gleichzeitig ein bedeutendes Problemfeld im Zusammenhang mit Unternehmensfusionen und -übernahmen angesprochen, als dessen genereller theoretischer Erklärungsansatz die Prinzipal-Agent-Theorie gilt.[2] Wesentliche Erklärungsbeiträge, die auf dieser Theorie basieren, sind die Hybris-Hypothese, die Managerialismus-Hypothese, die Free-Cashflow-Hypothese sowie die Diversifikations-Hypothese. Die Grundgedanken dieser Hypothesen werden nachfolgend dargelegt.

4.1.3.1 Hybris-Hypothese

Im Zusammenhang mit persönlichen Motiven beim Unternehmenskauf spielt die Hybris-Hypothese eine bedeutende Rolle. Diese geht davon aus, dass Selbstüberschätzung des Management zu Unternehmenskäufen führt.[3] Dabei wird die Theorie effizienter Märkte zu Grunde gelegt. Im Rahmen dieser Theorie werden drei Formen von Kapitalmarkteffizienz unterschieden. Die schwache Kapitalmarkteffizienz unterstellt, dass sämtliche in den historischen Kursen eines Wertpapiers enthaltenen Informationen im aktuellen Kurs verarbeitet sind. Die halbstrenge Kapitalmarkteffizienz bedeutet, dass neben den historischen Kursen auch alle weiteren öffentlich zugänglichen bewertungsrelevanten Informationen bereits im aktuellen Kurs enthalten sind. Und schließlich wird bei der strengen Kapitalmarkteffizienz angenommen, dass nicht nur öffentlich zugängliche Informationen, sondern darüber hinaus auch diejenigen bewertungsrelevanten Informationen, die nicht öffentlich zugänglich sind, im aktuellen Kurs mit berücksichtigt sind.

---

1 Vgl. Achleitner (2002), S. 145.
2 Vgl. hierzu ausführlich Abschnitt 3.1.2 in Teil A.
3 Vgl. Blaha (2008), S. 25 f.

Die Hybris-Hypothese basiert auf der Annahme der strengen Kapitalmarkteffizienz.[1] Will ein Unternehmen ein anderes übernehmen, so wird es zunächst eine Unternehmensbewertung durchführen. Unter den Bedingungen der strengen Kapitalmarkteffizienz kann gezeigt werden, dass der aus der Unternehmensbewertung resultierende Unternehmenswert des Zielunternehmens identisch mit dem Marktpreis sein muss. Sollte das akquirierende Management zur Zahlung einer Prämie auf den Marktpreis bereit sein, so gibt es vor, über eine bessere Einschätzung zu verfügen als der Markt. Angesichts der strengen Effizienz der Märkte kann ein solches Vorgehen nur auf einer Selbstüberschätzung (Hybris) beruhen.[2] Problematisch an dieser Hypothese ist die umstrittene Annahme einer strengen Kapitalmarkteffizienz.

4.1.3.2 Managerialismus-Hypothese

Nach der Managerialismus-Hypothese können Mergers & Acquisitions auch das Ergebnis ineffizienter Anreiz- und Entlohnungssysteme sein. Die Managerialismus-Hypothese basiert im Wesentlichen auf Mueller, der feststellte, dass „the prestige and power which managers can derive from their occupation are directly related to the size and growth of the company and not to its profitability".[3] Im Falle ineffizienter Entlohnungssysteme sind nach dieser Annahme die Manager bestrebt, das Wachstum der Unternehmung zu forcieren, falls notwendig auch zu Lasten der Profitabilität. Die Akquisition anderer Unternehmen stellt hierbei eine bedeutende Möglichkeit dar, weil dadurch unternehmerisches Wachstum besonders schnell erlangt werden kann. Empirisch konnte die Managerialismus-Hypothese jedoch nicht gestützt werden. So wurde beispielsweise festgestellt, dass die Managemententlohnung von der Profitabilität und nicht von Größenindikatoren abhängt.[4]

4.1.3.3 Free-Cashflow-Hypothese

Eng verbunden mit der Managerialismus-Hypothese ist die auf Jensen zurückgehende Free-Cashflow-Hypothese.[5] Die Hypothese basiert auf der Annahme, dass durch Vermehrung der Ressourcen die Macht der Manager erhöht und neue Beförderungspotenziale für das mittlere Management geschaffen werden. Demzufolge ist das Management an einer Einbehaltung und Reinvestition des freien Zahlungsüberschusses zur Förderung des Unternehmenswachstums interessiert.[6] Die Unternehmensakquisition stellt hierfür ein geeignetes Mittel dar, durch das, analog zur Managerialismus-Hypothese, Wachstum besonders schnell erfolgen kann. Die Eigentümer hingegen sind an einer möglichst effizienten Reallokation der überschüssigen Mittel interessiert.

---

1 Vgl. Blaha (2008), S. 25.
2 Vgl. Blaha (2008), S. 26.
3 Mueller (1969), S. 644.
4 Vgl. Lewellen/Huntsman (1970), S. 710 f.
5 Vgl. Jensen (1986), S. 323 f.
6 Vgl. Funke (2006), S. 64.

Unter der Annahme, dass die Allokationseffizienz des Kapitalmarktes höher ist als die der Manager, folgt, dass die Eigentümer eine Ausschüttung der Mittel bevorzugen, um diese dem Kapitalmarkt zugänglich zu machen.

Obwohl eng mit der Managerialismus-Hypothese verwandt, unterscheidet sich die Free-Cashflow-Hypothese von dieser in der Herkunft der zur Unternehmensakquisition verwandten Mittel, über die in der Managerialismus-Hypothese nichts ausgesagt wird. Damit ist auch denkbar, dass das Management sich am Kapitalmarkt mit neuen Finanzmitteln zur Durchführung der Akquisition versorgt, während bei der Free-Cashflow-Hypothese die Mittel ausschließlich aus dem im Unternehmen erwirtschafteten freien Cashflow stammen.

4.1.3.4 Diversifikations-Hypothese

Der Grundgedanke der Diversifikations-Hypothese von Jensen und Meckling ist, dass es Managern nicht möglich ist, ihr Humankapital in dem Maße zu diversifizieren, wie Anteilseigner ihr persönliches Aktienportfolio aus verschiedenen Werten bilden können. Manager sind vielmehr mit ihrem wertvollsten Vermögensgegenstand Humankapital an ein einzelnes Unternehmen gebunden. Damit ist zumeist auch ihr Einkommensstrom im starken Maße von der Performance des Arbeitgebers abhängig. Aufgrund der anzunehmenden Risikoaversität und der Ergebnisse der Portfoliotheorie liegt es daher im Interesse des Management, einen möglichst hohen Diversifikationsgrad auf Unternehmensebene zu erreichen. Dadurch werden die Cashflows des Unternehmens und damit auch indirekt das Einkommen aus Humankapital geglättet.[1]

Insbesondere liegt es im Interesse des Management, die Bankrottwahrscheinlichkeit des Unternehmens zu verringern, da Managern im Falle eines Bankrotts Arbeitslosigkeit drohen könnte. Demnach ist auch in der Diversifikations-Hypothese ein Erklärungsansatz für Unternehmenszusammenschlüsse aufgrund persönlicher Motive zu sehen.

Insgesamt ist festzuhalten, dass Mergers & Acquisitions nicht immer für alle Stakeholder von Vorteil sein müssen. Handelt das Management beispielsweise ausschließlich seinen eigenen Zielen entsprechend, können auch von vorneherein ökonomisch nachteilige und insbesondere für die Eigentümer unvorteilhafte Unternehmenszusammenschlüsse zustande kommen.

1 Vgl. Jensen/Meckling (1976).

4.2 Motive und Zielsetzungen aus Verkäufersicht

Während im Schrifttum die Beweggründe für Unternehmenskäufe mittlerweile in einer Vielzahl von Publikationen dargestellt und diskutiert wurden, stellen Arbeiten, die auch die Motive für Verkaufsentscheidungen nennen, bislang eher die Ausnahme dar.[1] Dies überrascht vor dem Hintergrund, dass die Motivation für einen Unternehmensverkauf als ein wichtiger Hinweis auf die Qualität des zu verkaufenden Unternehmens angesehen wird. Hinzu kommt, dass eine genaue Kenntnis der Motive des Unternehmensverkaufs einen wichtigen Faktor in der Verhandlungsphase und im Integrationsprozess darstellt.[2] Den Motiven und Zielsetzungen für Unternehmensverkäufe wird daher ein eigener Abschnitt gewidmet.

Folgt man der bei den Ursachen für Unternehmenskäufe gewählten Einteilung in strategische, finanzielle und persönliche Motive, so ist zunächst festzustellen, dass diese ebenso auch zu einem Unternehmensverkauf führen können, da sowohl Käufer als auch Verkäufer unter den gleichen Rahmenbedingungen agieren. Sie unterscheiden sich lediglich in ihrer unternehmensindividuellen Reaktion. Von daher wird auf eine erneute Klassifizierung verzichtet und der Fokus auf die unternehmensindividuellen Motive und Zielsetzungen für Verkaufsentscheidungen beschränkt.

Bei den Motiven für Verkaufsentscheidungen lassen sich zwei Klassen unterscheiden. Zum einen gibt es eigentümerspezifische Desinvestitionsmotive. Hierunter sind individuelle Verkaufsgründe subsumiert, welche ihren Kern nicht in der wirtschaftlichen Lage des Unternehmens, sondern in der privaten Situation des oder der Eigentümer haben. Davon zu trennen sind unternehmensspezifische Motive, worunter alle Verkaufsgründe zusammengefasst werden, die aus der wirtschaftlichen Situation eines Unternehmens resultieren. Eine Übersicht gibt Abbildung 4-4.

---

1 Vgl. Weihe (2003), S. 1.

2 Vgl. Zwahlen (1994), S. 92.

Abbildung 4-4: *Systematisierung der Motive für Unternehmensverkäufe*

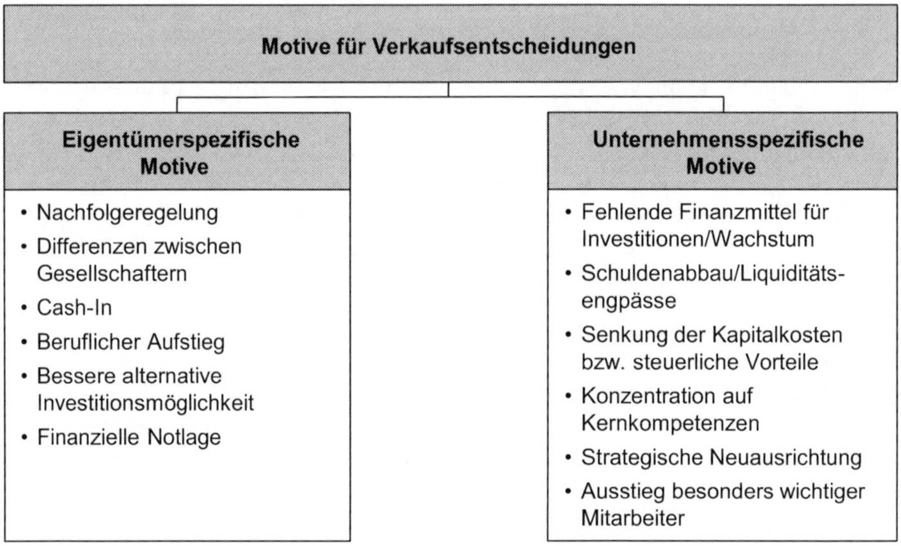

4.2.1 Eigentümerspezifische Verkaufsmotive

Auf Seiten der Eigentümer lassen sich verschiedene Beweggründe für Unternehmensverkäufe anführen, welche größtenteils auf kleinere oder mittlere Unternehmen zutreffen. So ist ein wesentlicher Unternehmensverkaufsgrund aus Eigentümerperspektive eng mit der Regelung der Unternehmensnachfolge verbunden. Gerade bei kleineren Familienbetrieben, bei denen Eigentümer und Manager von einem identischen Personenkreis gebildet werden, kommt es oft zu Unternehmensverkäufen, wenn der oder die Eigentümer und Manager sich aus Altersgründen aus dem Unternehmen zurückziehen wollen, der eigene familiäre Nachwuchs aber nicht geeignet oder gewillt ist, das Unternehmen fortzuführen.[1] Um nun den Fortbestand des Unternehmens zu sichern, ist ein Verkauf oft die einzige Alternative.

Ein weiteres Motiv für den Unternehmensverkauf können auch Differenzen zwischen den einzelnen Gesellschaftern sein. Insbesondere in Folge von Erbschaften kommen mitunter neue Eigentümer in den Gesellschafterkreis, was das Potenzial für Auseinandersetzungen erhöht. Auch in diesem Fall ist ein Unternehmensverkauf eine häufig gewählte Option.[2] Dabei erfolgt die Unternehmensveräußerung in der Regel jedoch

1 Vgl. Wilplinger (2007), S. 8 f.
2 Vgl. Möller (1983), S. 179; Ott (1990), S. 34; Wilplinger (2007), S. 8 f.

nicht an externe Käufer, sondern an bestehende Mitinhaber. Die finanzielle Sicherheit der Eigentümer beziehungsweise das so genannte Cash-In stellt ebenfalls eine wichtige Ursache für Unternehmensverkäufe dar. Gerade Kapitalwagnisgesellschaften verkaufen ihre Beteiligungen oftmals nach einer gewissen Zeit – zum Beispiel wenn das Unternehmen eine bestimmte wirtschaftliche Entwicklung durchlaufen und abgeschlossen hat – und realisieren auf diese Weise aufgelaufene Gewinne beziehungsweise Verluste.[1] Der Rückzug von Kapitalwagnisgesellschaften kann auch mit einem Börsengang des Unternehmens verknüpft sein. In diesem Fall platziert die Venture Capital Gesellschaft ihre Beteiligung öffentlich.

Neben den bereits genannten finden sich im Schrifttum noch eine Reihe weiterer eigentümerspezifischer Motive. So kann ein Gesellschafter eines kleineren Unternehmens dieses auch vor einem karrieristischen Hintergrund an ein größeres Unternehmen verkaufen. Dabei spekuliert er darauf, dort eine leitende Position einnehmen und somit seinen Einflussbereich zu erweitern. Das Verkaufsmotiv des Alteigentümers wäre in diesem Fall also der eigene berufliche Aufstieg.

Ein Verkaufsgrund könnte für den Alteigentümer auch darin bestehen, dass ihm eine bessere Investitionsmöglichkeit zur Verfügung steht.[2] In diesem Falle wird der Gesellschafter bestrebt sein, sein Engagement zügig zu beenden und mit dem Verkaufserlös den bisher geschaffenen Wert zu realisieren. Durch die Verwertung des Geschäftes fließen dem Eigentümer frische Mittel zu, die für alternative Investitionsprojekte zur Verfügung stehen. Auch finanzielle Engpässe der Altgesellschafter können zum Verkauf des Unternehmens führen.[3] In solchen Situationen ist der für Handlungen zur Verfügung stehende Zeitraum meist zu eng, um die bevorstehende Desinvestition effektiv und umfassend zu planen. Stattdessen erfolgt die Trennung vom Unternehmen häufig durch einen Notverkauf, bei dem der Verkäufer oftmals nur niedrige Preise für das Unternehmen erzielen kann.[4]

4.2.2 Unternehmensspezifische Verkaufsmotive

Neben der Eigentümerperspektive lassen sich auch aus der Perspektive des Unternehmens eine Vielzahl von Verkaufsmotiven identifizieren. So können Veränderungen der Rahmenbedingungen, beispielsweise die technologische Entwicklung, Investitionen erfordern, welche die finanzielle Kraft eines Unternehmens mitunter übersteigen. Durch einen Unternehmensverkauf an einen finanzstarken Investor könnten in diesem Fall die notwendigen Mittel bereitgestellt werden. Auch für eventuelle Wachstumsbestrebungen benötigte finanzielle Mittel lassen sich auf diese Weise aufbringen. In diesem Zusammenhang ist ein weiterer finanzieller Aspekt von Interesse. So können ein

1 Vgl. Bruppacher (1990), S. 271; Wilplinger (2007), S. 8 f.
2 Vgl. Niemann (1995), S. 21; Wilplinger (2007), S. 8 f.
3 Vgl. Niemann (1995), S. 21.
4 Vgl. Rechsteiner (1994), S. 47.

Schuldenabbau oder kritische Liquiditätsengpässe den Verkauf des Unternehmens beziehungsweise von Unternehmensteilen notwendig machen, um die Überlebensfähigkeit zu sichern. Darüber hinaus sind durch den Verkauf eines nicht-börsennotierten Unternehmens an eine gelistete Gesellschaft eine Senkung der Kapitalkosten und die Erzielung steuerlicher Vorteile möglich. Durch den Zugang zum anonymen Kapitalmarkt verfügen börsennotierte Unternehmen über wesentlich bessere Finanzierungsmöglichkeiten, die in der Regel auch zu günstigeren Finanzierungskonditionen führen, welche sich ein nicht notiertes Unternehmen durch einen Zusammenschluss mit einem börsengelisteten Partner nutzbar machen kann.[1]

Ein wichtiges unternehmensspezifisches Verkaufsmotiv liegt auch in Um- beziehungsweise Restrukturierungsmaßnahmen im Rahmen einer strategischen Neuausrichtung von Konzernen. So kann beispielsweise die strategische Positionierung in neuen Geschäftsfeldern zur Aufgabe von bisherigen Geschäftsfeldern führen, was den Verkauf der entsprechenden Unternehmen oder Unternehmensteile zur Folge haben kann. Dabei werden notwendige Reorganisationsmaßnahmen beziehungsweise Marktaustrittstrategien meist durch marktliche Veränderungen eingeleitet, wie zum Beispiel ruinösen Preiskampf, generelle Marktstagnation beziehungsweise Schrumpfung oder regulierungsbedingte Neuauflagen, die zu einer Veränderung der gegenwärtigen Situation führen.

Ein Beispiel für eine derartige strategische Neuausrichtung stellt der Wandel der Preussag zur TUI AG dar. Der grundstofforientierte Preussag-Konzern, dem Unternehmen wie die Preussag Stahl AG oder die Preussag Wasser- und Rohrtechnik GmbH angehörten, wandelte sich seit 1998 hin zu einem Reise- und Touristikkonzern. Diese Entwicklung wurde im Jahr 2002 mit der Umfirmierung in die TUI AG abgeschlossen. Im Zuge dieser strategischen Neuausrichtung wurden zum Konzern gehörige Unternehmen wie die bereits genannte Preussag Stahl AG, die Preussag Energie GmbH oder die Preussag Noell GmbH an andere Unternehmen veräußert.[2]

Angelehnt an die strategische Neuausrichtung ist die Konzentration auf Kernkompetenzen ein mögliches Verkaufsmotiv. Seit den 80er Jahren erfährt diese Rückbesinnung auf die eigenen unternehmerischen Ursprünge eine zunehmende Bedeutung. Im angloamerikanischen Schrifttum wird dieses Phänomen unter verschiedenen Begriffen wie etwa „De-Conglomerating“, „De-Diversifying“ oder „Refocusing“ analysiert.[3]

Diese Entwicklung folgt dem Gedankengang, dass die unternehmensinternen Ressourcen optimalerweise in solchen Bereichen zu bündeln sind, in denen sich das Unternehmen aufgrund spezifischen Wissens bereits Markt- und Wettbewerbsvorteile erarbeiten konnte. Sämtliche nicht zum Kerngeschäft gehörige Unternehmensteilbereiche mit oftmals unterkritischer Größe sind demnach zu veräußern. Durch die Kon-

---

1 Vgl. Schallenberg (1995), S. 66; Wilplinger (2007), S. 8 f.
2 Vgl. TUI AG (2002).
3 Vgl. Schultze (1998), S. 108.

zentration auf Kerngeschäfte sollen die erzielten strategischen Wettbewerbsvorteile nachhaltig gesichert werden.

Abschließend können im Rahmen der unternehmensspezifischen Verkaufsgründe neben finanziellen und Restrukturierungsaspekten auch Motive genannt werden, die in Personen und Mitarbeiter begründet liegen. So kann ein Unternehmen nicht nur durch den Ausstieg der Alteigentümer, sondern auch durch den Abgang wesentlicher Mitarbeiter in eine kritische Lage geraten, in der ein Verkauf angebracht erscheint.[1] Ein solcher personeller Aderlass gilt insbesondere in Dienstleistungs- und High-Tech-Branchen als prekär, da die Unternehmen dort in besonderem Maße von den Fähigkeiten ihres Personals abhängig sind.

---

1 Vgl. Krallinger (1997), S. 59.

5 Rahmenbedingungen und Marktentwicklung von Mergers & Acquisitions

Wenngleich der Ablauf eines M&A-Projektes maßgeblich auf der unternehmensinternen Ebene stattfindet, so darf dennoch der von externen Faktoren ausgehende Einfluss darauf nicht vernachlässigt werden. Betrachtet man Unternehmen im systemtheoretischen Sinne als offene, soziale Systeme, die Inputs aus der Umwelt beziehen und in Outputs transferieren, so wird die maßgebliche Bedeutung der Umwelt für die Unternehmensstrategie und damit auch für die M&A-Aktivitäten deutlich. Gerade im Hinblick auf die globalen Rahmenbedingungen haben zahlreiche Veränderungen des politischen, technologischen und gesamtwirtschaftlichen Kontextes stattgefunden, die oftmals den Ausgangspunkt für Unternehmenszusammenschlüsse bildeten und bereits in der Planung von M&A-Aktivitäten berücksichtigt werden sollten. Auch lassen sich aus der historischen Marktentwicklung aktuelle Trends ableiten. Daher richtet der folgende Abschnitt sein Augenmerk auf die ökonomischen Rahmenbedingungen von Mergers & Acquisitions, während im Anschluss auf die historische und aktuelle Marktentwicklung eingegangen wird.

5.1 Ökonomische Rahmenbedingungen

Die Untersuchung der Unternehmensumwelt beinhaltet eine Analyse ökonomischer Rahmenbedingungen beziehungsweise externer Einflussfaktoren, die ein Unternehmen während des gesamten M&A-Prozesses zu berücksichtigen hat, um einen optimalen Transaktionsverlauf zu realisieren. Dabei lässt sich zwischen einer globalen Umwelt (Makroumwelt) sowie einer unternehmensspezifischen Aufgabenumwelt (Mikroumwelt) unterscheiden.[1] Während die Makroumwelt über die globalen ökonomischen, sozio-kulturellen, politisch-rechtlichen, technologischen und natürlichen Rahmenbedingungen keinen direkten Bezug zur Unternehmensaufgabe besitzt, wirkt die Mikroumwelt über die direkten Transaktionspartner auf den Absatz- und Beschaffungsmärkten unmittelbar auf das Handlungsfeld der Unternehmung ein. Es sei darauf hingewiesen, dass zwischen den einzelnen Formen der Umwelt keine klaren Grenzen und real erfassbaren Schranken bestehen, sondern dass die Einteilung lediglich zur Strukturierung der Unternehmensumwelt dient.

1 Vgl. Hofbauer et al. (2008), S. 83.

5.1.1 Faktoren der Makroumwelt

Die Makroumwelt umfasst die Menge der allgemeingültigen Bedingungen, die für eine größere Zahl von Organisationen gelten und vorwiegend indirekten Einfluss auf den Handlungsspielraum des Unternehmens besitzen.[1] Während traditionell nur die Interaktion zwischen der Organisation und ihrer Mikroumwelt im Fokus der Umweltanalyse stand, sind im Rahmen einer immer stärkeren Verflechtung der nationalen und internationalen Märkte und einer zunehmend globalen Ausrichtung von Wirtschaft und Politik auch globale Umweltfaktoren von immer größerer Bedeutung für die Situations- und Entwicklungsanalyse von Unternehmen geworden.

Im Folgenden soll zunächst ein Überblick über die Segmente der Makroumwelt gegeben werden, bevor auf deren Veränderungen und die daraus resultierenden Implikationen für Mergers & Acquisitions eingegangen wird. Farmer und Richman haben als erste die Bedeutung der globalen Umwelt für Unternehmensentscheidungen untersucht und die Makroumwelt in ökonomische, sozio-kulturelle, politisch-rechtliche und technologische Faktoren unterteilt.[2] Im Zuge zunehmenden ökologischen Bewusstseins wird von den Unternehmen immer stärker auch eine Übernahme ökologischer Verantwortung gefordert, so dass die Makroumwelt im Laufe der Zeit um eine fünfte Dimension natürlicher Faktoren ergänzt wurde.[3]

- Ökonomische Umwelt

Unter das Segment ökonomische Umwelt ist die Entwicklung gesamtwirtschaftlicher Einflussfaktoren zu fassen. Hier sind insbesondere die Entwicklung des Bruttosozialproduktes und der Arbeitslosenquote sowie Konjunkturprognosen zu nennen. Allgemeine Rezessionen, Wechselkursschwankungen, Zinssatz- und Faktorpreisentwicklungen können enormen Einfluss auf das Geschäftsfeld besitzen, wie beispielsweise die beiden so genannten Ölkrisen verdeutlicht haben.

- Soziokulturelle Umwelt

Unter diesen Punkt werden Variablen wie beispielsweise kulturelle Normen und gesellschaftliche Werte und Einstellungen subsumiert. Von besonderer Relevanz für das Verständnis der soziokulturellen Umwelt sind demographische Merkmale und vorherrschende Wertemuster. Anhand ihrer lassen sich u. a. Prognosen bezüglich eines Wertewandels ableiten. Unter Wertewandel werden beispielsweise veränderte Einstellungen gegenüber Produkten und Dienstleistungen gefasst.

- Politisch-rechtliche Umwelt

Die politisch-rechtliche Umwelt beinhaltet politische Entscheidungen, die Einfluss auf die Entwicklung der Märkte und damit auf die Unternehmensstrategie haben. Insbe-

---

1 Vgl. Thommen/Achleitner/Bassen (2006), S. 923.
2 Vgl. Thommen/Achleitner/Bassen (2006), S. 923 f.
3 Vgl. Camphausen (2007), S. 33.

sondere sind hier gesetzliche Regelungen und Verordnungen wie Zölle, Zulassungsbestimmungen für Produkte und die arbeitsrechtliche Gesetzgebung zu nennen. Weiterhin können beispielsweise außenpolitische Strukturen den Spielraum für Managemententscheidungen erheblich beeinflussen.

- Technologische Umwelt

War die technologische Umwelt zunächst nur für High-Tech-Unternehmen relevant, ist die Ausnutzung technischer Möglichkeiten längst für nahezu jede Organisation essenziell geworden. Unter der technologischen Umwelt sind in jüngster Zeit vor allem Entwicklungen in der Mikroelektronik und Biotechnik sowie im Bereich der so genannten neuen Werkstoffe zu fassen.

- Natürliche Umwelt

Die natürliche Umwelt dient einerseits als Lieferant von Rohstoffen und Energie und nimmt andererseits Emissionen und Abfälle der Unternehmen auf.[1] Wurde die Relevanz der natürlichen Umwelt von den Unternehmen lange Zeit nicht erkannt, hatte sie seit Mitte der 80er Jahre stark an Bedeutung gewonnen aufgrund ökologischer Veränderungen (Luftverschmutzung, Klimaänderung) und der daraus resultierenden Sensibilität der Bevölkerung in Bezug auf umweltpolitische Fragen. Somit sind bei der Umweltanalyse ebenfalls Entwicklungen der natürlichen Umwelt einzubeziehen, um die Absorptions-, Regenerations- und Trägerfunktion der Natur langfristig sicherzustellen.[2]

Ziel der Analyse der globalen Umwelt ist es, Veränderungen in den entsprechenden Segmenten zu identifizieren und die Konsequenzen für die Unternehmung aufzuzeigen. Mit der Globalisierung sowie ökonomischen, soziokulturellen, politisch-rechtlichen und technologischen Veränderungen sollen nachfolgend die wichtigsten Entwicklungen herausgegriffen, erläutert und deren Einfluss auf Mergers & Acquisitions untersucht werden.

- Globalisierung

Bei der Globalisierung handelt es sich um ein Phänomen, das gleichzeitig mehrere Segmente der Makroumwelt berührt. Das heutige Zeitalter ist durch das zunehmende Zusammenwachsen der internationalen Beschaffungs- und Absatzmärkte gekennzeichnet. Hierfür sind verschiedene Gründe ursächlich. Zu nennen ist zunächst eine Konvergenz technischer Normen, Bedürfnisstrukturen und Konsumentengewohnheiten. Diese ermöglicht den Unternehmen eine weitgehend standardisierte Massenproduktion und eine weltweit einheitliche Vermarktung von Gütern und Dienstleistungen.

---

1 Vgl. Gelbmann et al. (2007), S. 97.
2 Vgl. Staehle (1999), S. 624 ff.

Gerade bei der Massenproduktion spielen Economies of Scale eine herausragende Rolle, wenn über eine Steigerung des Output und damit eine Verteilung der fixen Kosten auf eine höhere Stückzahl eine Reduktion der Stückkosten erreicht werden kann, so dass Unternehmen mit hoher Ausbringungsmenge eine günstigere Kostenposition gegenüber kleineren Konkurrenten erzielen können. Mithin ist hier ein Grund für die Entstehung zunehmend großer, multinationaler Unternehmen zu sehen.

Zudem werden insbesondere auf Betreiben der World Trade Organization (WTO) Handelsbarrieren zunehmend abgebaut. Hieraus ergibt sich eine Erosion traditioneller Eintrittsbarrieren in bisher national geschützte Märkte. Damit drängen verstärkt ausländische Wettbewerber auf heimische Märkte und gefährden die Marktposition der angestammten Wettbewerber. Hierdurch kommt es zu einer Steigerung der Wettbewerbsintensität auf den nationalen Märkten, welche einen erhöhten Konsolidierungsdruck zur Folge hat.[1]

Auch in einer gestiegenen Transportproduktivität kann eine Ursache für die stärker global orientierte Ausrichtung der Unternehmen gesehen werden. Durch kostengünstige Transportmöglichkeiten auch über längere Strecken entfällt eine weitere Eintrittsbarriere neuer Anbieter in lokale Märkte, wodurch der Globalisierung weiter Vorschub geleistet wird. Trotz aller Globalisierungstendenzen und einer weitgehenden Standardisierung ist es für Unternehmungen jedoch vielfach unverzichtbar, eine regionale Marktpräsenz aufzubauen. Nur auf diese Weise lässt sich eine Anpassung an lokale Gegebenheiten erzielen, welche vielfach aufgrund wirtschaftlich, rechtlich-politisch oder kulturell unterschiedlicher Rahmenbedingungen erforderlich ist.

Ob die zunehmend global ausgerichteten M&A-Transaktionen Folgen oder Ursachen der skizzierten politischen, technologischen und rechtlichen Veränderungen darstellen, lässt sich nicht eindeutig beantworten. Fest steht, dass sich zwischen 1990 und 1999 das Volumen der grenzüberschreitenden Transaktionen von ca. 160 Milliarden US US-Dollar auf etwa 800 Milliarden US-Dollar verfünffachte und die Auslandsinvestitionen der Unternehmen in 2000 nach dem 10. World-Investment-Report der UNCTAD erstmals die 1.000 Milliarden US-Dollar Grenze überschritten. Dabei waren grenzüberschreitende Unternehmenszusammenschlüsse und -übernahmen mit mehr als 85% aller Direktinvestitionen stärker als je zuvor Motor der Globalisierung.[2]

Danach folgte ein massiver Einbruch – die Anzahl der weltweilten Transaktionen mit einem Unternehmenswert von über 100 Millionen US-Dollar nahm von 3.319 in 2000 auf 2.092 in 2001 ab – und es dauerte sechs Jahre bis die Größenordnung von 2000 wieder erreicht wurde. Ausgelöst von der Weltwirtschaftskrise waren die M&A-Aktivitäten in den Jahren nach 2007 wieder vergleichsweise eingeschränkt und das Dealvolumen rückläufig. An das Rekordjahr 2007 mit insgesamt 4.155 Transaktionen

1 Vgl. Meckl (2001), S. 15 f.
2 Vgl. Unctad (2000).

konnten die Folgejahre nicht mehr anknüpfen. In 2014 lag die Zahl bei 3.968.[1] Dieser Rückgang wird maßgeblich der weltweiten Konjunkturschwäche, der politischen und wirtschaftlichen Unsicherheit von Finanzinvestoren und gestiegenen geopolitischer Risiken zugeschrieben.[2]

- Ökonomische Veränderungen

Insbesondere makroökonomische Veränderungen haben historisch einen großen Einfluss auf das Niveau der M&A-Aktivitäten. In Zeiten überdurchschnittlicher Konjunktur finden auch überdurchschnittlich viele Unternehmenskäufe und -verkäufe statt. Die Unternehmen erwirtschaften bei einem allgemeinen wirtschaftlichen Aufschwung höhere Cashflows und Renditen. Damit stehen ihnen tendenziell mehr freie Mittel zur Verfügung, die zur Ausschüttung oder Thesaurierung verwendet werden können. Zwar sind nach dem Prinzip der residualen Dividende alle Mittel, die auf Unternehmensebene nicht vorteilhaft verwendet werden können, an die Anteilseigner auszuschütten, doch steigt generell der Anreiz zur Investition in externes Wachstum mit wachsenden Cashflows.[3]

So ist aufgrund größerer Mengen zur Verfügung stehender Mittel eine gute Konjunktur als Faktor anzusehen, der für ein erhöhtes Auftreten von Mergers & Acquisitions spricht. Andererseits ist jedoch auch zu beobachten, dass in Zeiten wirtschaftlichen Booms die Aktienkurse und damit die Preise für Unternehmen steigen und damit ein Argument liefern, welches gegen Unternehmenskäufe in Phasen des Aufschwungs spricht. Daher wäre es auch denkbar, die M&A-Strategie antizyklisch auszurichten, d.h. in Zeiten guter Konjunktur auf Akquisitionen zu verzichten und stattdessen Rücklagen zu bilden, um Käufe verstärkt in Rezessionszeiten vorzunehmen. So konstatiert auch eine Studie der Unternehmensberatung The Boston Consulting Group, dass Unternehmenszusammenschlüsse in Abschwungphasen höhere Erfolgsaussichten besitzen als in Boomzeiten. Als Hauptgründe werden dabei vor allem niedrigere Bewertungen und damit günstigere Preise sowie insgesamt geringerer Zeitdruck und weniger Widerstand während der Integration gesehen.[4]

- Soziokulturelle Veränderungen

Spätestens seit dem Börsengang der Telekom sind Aktienkäufe auch für den deutschen Bürger fast zur Alltäglichkeit geworden. Es hat eine grundsätzliche Änderung der Einstellung zum Produkt „Aktie" stattgefunden, so dass es Ende der 90er Jahre zu einem Börsenhype gekommen ist. Dabei wurden oftmals Aktienkäufe durchgeführt, die jeglicher ökonomischer Fundierung entbehrten und bei denen die Käufer keinerlei

---

1 Vgl. Tschöke/Mailänder (2016), S. 55.

2 Vgl. Unctad (2015).

3 Vgl. Jensen (1986), S. 323 ff. zu den so genannten Agency Cost of free Cash Flow, die auftreten, wenn das Management aufgrund hoher Cashflows und eines bestehenden Prinzipal-Agent-Konfliktes auch in unvorteilhafte Investitionsobjekte investiert.

4 Vgl. The Boston Consulting Group (2003), S. 1 f.

Kenntnisse über das entsprechende Unternehmen vorweisen konnten. Die starke Nachfrage führte zu extrem hohen Kursen, wodurch Aktien zur idealen Akquisitionswährung wurden, mit der ein großer Teil der Unternehmenszusammenschlüsse finanziert werden konnte.

- Politisch-rechtliche Veränderungen

Ein weiterer, nicht unerheblicher Einfluss geht von Veränderungen in der Politik aus. Hier haben insbesondere die marktwirtschaftliche Ausrichtung der osteuropäischen Nachbarstaaten seit den achtziger Jahren, die Schaffung des europäischen Binnenmarktes und die EU-(Ost-)Erweiterung sowie die Öffnung des chinesischen Marktes für ausländische Investoren und Unternehmen zu steigenden M&A-Tätigkeiten geführt. Insbesondere Deutschland ist durch diese Entwicklungen sowie seiner geostrategischen Lage zu einem interessanten Markt für ausländische Käufer geworden.

Vielen Staaten ist es auch nicht mehr möglich, ihre nationale Wirtschaftspolitik dem globalen Einfluss der steigenden Zahl von Unternehmensübernahmen zu entziehen. So kann zum einen im Hinblick auf die landesbezogenen M&A-Aktivitäten eine zunehmende „politische Duldung von vermehrter nationaler Konzentration" beobachtet werden, wobei das „Trade-off-Kalkül zwischen nationaler Konzentration einerseits und internationaler Wettbewerbsfähigkeit andererseits den Ausgangspunkt bildet."[1]

Zum anderen sind zahlreiche Privatisierungen ehemals staatlicher Unternehmen sowie die zunehmende Deregulierung und Liberalisierung vieler Märkte als Ursachen für ein höheres Level an M&A-Aktivitäten zu sehen. Vor allem im Transport-, Energie- und Telekommunikationsbereich ist es nach Privatisierungsbestrebungen zahlreicher Länder zu einer hohen Anzahl von Unternehmenskäufen und -verkäufen ehemals staatlicher Unternehmen gekommen. Auch heute noch wirken sich die Deregulierungen und Privatisierungen der 80er und 90er Jahre stark auf den M&A-Markt aus. So hat sich gegen den allgemeinen M&A-Trend in letzter Zeit das Transaktionsvolumen in den Branchen Transport und Logistik sowie Ver- und Entsorgung sehr positiv entwickelt.[2] Darüber hinaus ermöglicht die Deregulierung des internationalen Kapitalmarktes eine größere Verfügbarkeit und zunehmende Mobilität von Beteiligungskapital für den Eintritt in rentable Märkte.

- Technologische Veränderungen

Der rasante technologische Wandel der vergangenen Jahre bildet einen weiteren Einflussfaktor auf die zunehmende Anzahl an Unternehmenstransaktionen. So kann der technologische Fortschritt einerseits zu Effizienzsteigerungen im Unternehmen führen und sogar vollkommen neue Beschäftigungsfelder eröffnen, wie beispielsweise am Markt regenerativer Energien beobachtbar ist.[3] Andererseits ist es gerade im Bereich

---

1 Vgl. Jansen (2016), S. 12 f.
2 Vgl. Financial Times (2002).
3 Vgl. Hungenberg/Wulf (2015), S. 155 ff.

technologisch hochwertiger Produkte zu einer deutlichen Zunahme des Forschungs- und Entwicklungsaufwandes gekommen, der durch eine signifikante Verkürzung der Produktlebenszyklen infolge sich rasch verändernder Nachfragerbedürfnisse zusätzlich verstärkt wird.[1]

Neben dem Aufbau des notwendigen technologischen Know-how ist damit die Vorhaltung moderner Produktionsanlagen mit einer flexiblen Kapazitätsplanung erforderlich. Beide Trends bewirken in ihrem Zusammenspiel die Notwendigkeit eines schnellen Marktzutritts, möglichst parallel in mehreren Märkten mit jeweils hohem Absatzpotenzial, um so die hohe Fixkostenbelastung zu amortisieren und die kurzen Produktlebenszyklen auszugleichen.[2] Gerade wenn die Zeit zum entscheidenden Engpassfaktor wird, bieten sich hier Akquisitionen und Fusionen als adäquate Lösungsstrategien an. Durch den Zusammenschluss von Unternehmen, die in den jeweils relevanten Märkten aktiv und gut positioniert sind, lässt sich der Markteintritt vergleichsweise kurzfristig realisieren, ohne langfristig in den Aufbau neuer Produktionskapazitäten investieren zu müssen. Zudem kann auf diese Weise ein vereinfachter Zugang zu Wissen und technologischen Ressourcen gewonnen werden.

Schließlich ist durch die internationale Expansion über die Ausnutzung von Zeitzonen eine globale Arbeitsteilung möglich. Dies erlaubt eine deutliche Verringerung der Entwicklungszeiten und damit eine Reaktion auf die verkürzten Produktlebenszyklen. So weisen gerade Branchen, die einem starken technologischen Wandel unterliegen, die größte M&A-Aktivität auf. Nach den Ergebnissen des Word Investment Reports der UNCTAD betrifft dies insbesondere die Sektoren Finanzdienstleistungen, chemische Erzeugnisse, Informations- und Kommunikationsindustrie und Unternehmensdienstleistungen.[3] Exemplarisch lassen sich hierfür auch die Großfusionen von Travelers (Citigroup)/Citicorp, AOL/Time Warner, Mannesmann/Vodafone oder MCI Worldcom/Sprint anführen.

Alle fünf Segmente der Makroumwelt (ökonomische, soziokulturelle, politisch-rechtliche, technologische sowie natürliche Umwelt) sind nach herrschender Ansicht von Wissenschaft und Praxis in den letzten Jahrzehnten zunehmend unsicherer, komplexer und dynamischer geworden. Auch die Mikroumwelt blieb von diesen Änderungen auf Makroebene nicht unbeeinflusst, da die Makro- und Mikroumwelt in wechselseitigem Verhältnis zu einander stehen.[4] So sind auch die Faktoren der Mikroumwelt, die nachfolgend erläutert werden, stets vor dem Hintergrund des Einflusses globaler Veränderungen zu sehen.

1 Vgl. Baum (1999), S. 15.
2 Vgl. Lucks/Meckl (2002), S. 7.
3 Vgl. UNCTAD (2015), S. A14.
4 Vgl. Meffert/Burmann/Kirchgeorg (2015), S. 64 f.

5.1.2 Faktoren der Mikroumwelt

Die Mikroumwelt (häufig auch Aufgaben- oder lokale Umwelt genannt) prägt das unmittelbare Handlungsfeld des Unternehmens. Sie setzt sich aus den Stakeholdern im engeren Sinne, d. h. aus Kunden, Händlern, Lieferanten, Geldgebern, Konkurrenten, Substitutoren, öffentlichen Institutionen und dem Staat, zusammen.[1] Besondere Verbreitung hat im Rahmen der Analyse der Mikroumwelt das Rahmenkonzept der „Five Forces" von Porter gefunden, das sich insbesondere mit der Wettbewerbsumwelt auseinandersetzt und dem marktorientierten Ansatz (Market-based View) zuzuordnen ist.[2] Es untersucht fünf Faktoren, welche die Wettbewerbsintensität und damit das Gewinnpotenzial einer Branche determinieren.[3]

- Eintritt neuer Anbieter

Für den Fall, dass neue Anbieter in eine Branche eintreten, erhöht sich die Kapazität dieser Branche. Dies führt zu einem Preisverfall und damit zu einer abnehmenden Branchenrentabilität. M&A-Aktivitäten etablierter Unternehmen können jedoch die Markteintrittsbarrieren für neue Anbieter erheblich steigern. So kann eine horizontale Unternehmensvergrößerung durch externes Wachstum beispielsweise dazu führen, dass eine große, loyale Kundenbasis aufgebaut wird, die Vertriebskanäle bereits durch etablierte Anbieter besetzt sind und Kostenvorteile aufgrund von Economies of Scale and Scope beziehungsweise Lernkurveneffekten gegenüber neu eintretenden Unternehmen bestehen.

- Verhandlungsstärke der Abnehmer

Die Verhandlungsstärke der Abnehmer hat insofern Einfluss auf die Wettbewerbsintensität und die Branchenrentabilität, da sie die Möglichkeit der Abnehmer zur Forderung nach niedrigeren Preisen, höherer Qualität und besserem Service determiniert. Eine Möglichkeit, dieser Gefahr zu begegnen, ist die Strategie der Vorwärtsintegration. So ist beispielsweise im rückläufigen Biermarkt Deutschlands die Beherrschung der Distributionskanäle zu einem entscheidenden Wettbewerbsfaktor geworden, weshalb immer mehr Getränkehersteller versuchen, den Getränkefachgroßhandel zu dominieren. Veltins ist beispielsweise dazu übergegangen, Vorwärtsintegrationen vorzunehmen, um auf diese Weise die Produkte besser vermarkten zu können.[4]

- Verhandlungsstärke der Lieferanten

Im Gegenzug zu den Abnehmern versuchen die Lieferanten, höhere Preise, eine niedrigere Qualität und minderwertigeren Service durchzusetzen. Analog zum Vorgehen bei den Abnehmern ist es möglich, hierauf mit Rückwärtsintegration zu reagieren. Gerade bei hoher Spezifität und großer Bedeutung der Hold-up-Problematik sind

1 Vgl. Meffert/Burmann/Kirchgeorg (2015), S. 43 f.
2 Vgl. Abschnitt 3.2.1 in Teil A.
3 Vgl. Porter (1980); Andler (2009), S. 192; sowie Abschnitt 2.1.2.1 in Teil B.
4 Vgl. Eimke/Jung (2002), S. 1.

derartige Akquisitionen häufig vorzufinden.[1] Beispielhaft sei hier die vertikale Integration einer Kohlemine durch ein Elektrizitätswerk zu nennen.[2]

- Gefahr durch Substitute

Substitute sind Produkte, welche die gleiche beziehungsweise eine sehr ähnliche Funktion erfüllen wie das Branchenprodukt. Ein klassisches Beispiel ist Margarine als Substitut für Butter. Ein Unternehmen kann die Gefahr durch Substitute beispielsweise eliminieren, indem es einen Produzenten dieses Substitutes kauft. Durch einen solchen Kauf ist das Unternehmen zum einen breiter auf zwei sehr ähnlichen Märkten aufgestellt, zum anderen können Synergien realisiert werden.

- Rivalität innerhalb der Branche

Die Rivalität innerhalb einer Branche findet ihren Ausdruck in Form aggressiver Taktiken, wie zum Beispiel Werbeschlachten, Preiskämpfen und Einführung modifizierter Produkte. Der Grad der Rivalität hängt dabei von zahlreichen Einflussfaktoren ab, wobei einige davon, wie zum Beispiel die Anzahl und Konzentration der Wettbewerber, sich durch Mergers & Acquisitions verändern lassen. So führt beispielsweise der Kauf eines starken Konkurrenten zu einer Verringerung der Branchenrivalität. In den letzten Jahren haben sich im Aufgabenumfeld der Unternehmen einige beachtliche Änderungen ergeben. Hierbei ist insbesondere eine Intensivierung des Wettbewerbs zu beobachten, die auf einem zunehmenden Virtualisierungs- und Komplexitätsgrad sowie einem veränderten Kundenverhalten basiert.[3]

- Zunahme des Virtualisierungsgrades

Die Zunahme des Virtualisierungsgrades bezieht sich sowohl auf die Produkt- als auch auf die Organisationsebene. Ersteres wird insbesondere anhand der physischen Dimension von Produkten deutlich. Durch die steigende Bedeutung elektronischer Netze haben immaterielle Güter, wie zum Beispiel downloadfähige Software und Musik, stark an Gewicht gewonnen, da diese über die neuen Netze ohne Zeitverzögerung übertragbar und überall verfügbar sind. Dies hat direkten Einfluss auf die Organisationsebene, für die sich neue Anforderungen und Möglichkeiten ergeben. Speziell im Bereich der Produktion und Distribution gilt es, organisationale Strukturen den neuen Produkten anzupassen.

Darüber hinaus ergeben sich insbesondere durch die neuen Informations- und Kommunikationstechnologien neue Möglichkeiten der Koordination und Spezialisierung. Regionale Grenzen spielen aufgrund von Kommunikations- und Transporterleichterungen eine geringere Rolle, Kapazitätsgrenzen können dank einer flexiblen Involvierung der erforderlichen Ressourcen überwunden werden, Wissensgrenzen lassen sich

1 Vgl. Abschnitt 3.1.1.2 in Teil A zur Hold-up-Problematik.
2 Vgl. Göbel (2002), S. 196.
3 Vgl. Wirtz (2016a), S. 7 ff.

aufgrund des vereinfachten Zugriffs auf Informationen erweitern[1] und Spezialisierungsgrenzen durch neue Bündelungs- und Vernetzungsmöglichkeiten von Personen und Prozessen überwinden.[2]

Die wettbewerbsrelevanten Folgen der neuartigen Produkte und Organisationsstrukturen sind insbesondere in einer Abnahme von Markteintrittsbarrieren sowie einer zunehmenden Disintermediation zu sehen. So hat vor allem Electronic Business die technologischen und finanziellen Hürden des Markteintritts deutlich reduziert. Die Nutzung der neuen Netze ermöglicht den Zugang zu bisher schwer erreichbaren oder verschlossenen Märkten. Auch kleine, zuvor nur lokale Anbieter erhalten somit Zugriff auf globale Absatz- und Faktormärkte.

Daneben spielt auch die Disintermediation, d. h. die Ausschaltung von Zwischenhändlern beziehungsweise Intermediären wie Groß- und Einzelhändlern, im Rahmen der Wettbewerbsintensivierung eine entscheidende Rolle.[3] Mit Hilfe von Informationsnetzwerken wie dem Internet kann der Hersteller einen direkten Zugang zum Kunden aufbauen und in Konkurrenz zum traditionellen Handel treten. Ein klassisches Beispiel für Potenziale dieses Trends kommt aus dem Bereich der Textilindustrie.[4] Dieses Beispiel verdeutlicht, dass durch Ausschaltung des Großhandels eine Preisreduktion von mehr als 25%, durch zusätzliches Umgehen des Einzelhandels sogar von über 50% realistisch ist.

- Zunahme der Komplexität

Die vielfach zu beobachtende Komplexitätssteigerung ist nicht zuletzt auf eine Zunahme der Innovationsgeschwindigkeit und eine gestiegene Fragmentierung der Märkte zurückzuführen. Die Dynamik der Veränderungen im Unternehmensumfeld verlangt den Unternehmen eine hohe Anpassungsfähigkeit ab. Technologiesprünge finden in immer kürzeren Abständen statt, was auch zu einer deutlichen Verkürzung der Produktlebenszyklen führt. Den Unternehmen bleibt damit immer weniger Zeit, getätigte Investitionen für Forschung und Entwicklung durch den Absatz der Produkte und Dienstleistungen zu amortisieren.

Neben technologischen Neuerungen ist es ebenfalls zu gesellschaftlichen Änderungen gekommen, die eine Zunahme der Komplexität für die Unternehmen speziell im Bereich Marketing und Produktion zur Folge haben. Dabei ist im Besonderen die Fragmentierung der Märkte von Bedeutung. Hierunter werden die zunehmende Zersplitterung der Gesellschaft und die damit einhergehende Individualisierung der Marktteilnehmer und ihrer Bedürfnisse verstanden.

---

1 Vgl. Wirtz (2016a), S. 14 ff.
2 Vgl. Picot/Reichwald/Wiegand (2009), S. 5 ff.
3 Vgl. Wigand/Crowston (1999), S. 37 ff.; Adolphs (2004), S. 16 ff.; Tietz (2007), S. 62 ff.
4 Vgl. Benjamin/Wigand (1995), S. 67.

Mergers & Acquisitions stellen eine mögliche Strategie dar, mit einer zunehmend komplexen und dynamischen Umwelt umzugehen. In einem durch ständige Technologieänderungen getriebenen Markt besitzen die Unternehmen oft nicht die entsprechenden Ressourcen und die nötige Flexibilität, um intern kontinuierlich Entwicklungen auf dem neuesten Stand der Technik hervorzubringen. Daher wurde zum Teil dazu übergegangen, State-of-the-art-Technolgie in Form einer Akquisition eines kleineren, innovativen Unternehmens hinzuzukaufen, um auf diese Weise völlig neue Entwicklungen zu erwerben oder vorhandene interne Entwicklungen zu komplementieren.

Das IT-Unternehmen Cisco Systems, das ein führender Anbieter von Telekommunikationslösungen ist, hat in den letzten zwei Jahrzehnten konsequent auf diese Strategie zurückgegriffen und kleine wachsende High-Tech-Unternehmen gekauft. Im Zeitraum von 1994 bis 2015 akquirierte Cisco Systems insgesamt 165 Unternehmen und konnte damit sein Produktportfolio erheblich erweitern sowie seine Stellung zum Weltmarktführer ausbauen.[1]

- Veränderungen im Kundenverhalten

Im Kundenbereich sind in jüngster Zeit zwei wesentliche Änderungen zu beobachten. Einerseits ist es zu einer Zunahme der Marktmacht der Nachfrager und andererseits zu einer Abnahme der Kundenloyalität gekommen. Die Macht der Konsumenten hat insbesondere aufgrund des gestiegenen Informationsniveaus der Kunden sowie verbesserter Kooperations- und Koordinationsmechanismen einen Zuwachs erfahren.

Durch die modernen Informations- und Kommunikationstechnologien ist es den Nachfragern möglich, sich mit relativ geringem Aufwand Kenntnis über produktbezogene Eigenschaften und Preise zu verschaffen. Es kommt zu einer Reduzierung des Informationsvorsprunges der Verkäufer und damit zu einer Verringerung der Möglichkeit, durch Preisdifferenzierung die unterschiedlichen Zahlungsbereitschaften der Käufer auszunutzen und auf diese Weise deren Konsumentenrente abzuschöpfen. Der Wettbewerber ist sozusagen ständig „just one mouseclick away".[2]

Insgesamt unterstützte die zunehmende Informationsdiffusion den Wandel von einem Verkäufer- zu einem Käufermarkt. Einen wichtigen Beitrag zu dieser Entwicklung leisten Virtual Communities. Dies sind Gruppen, die Teilnehmer über Onlinekommunikation, wie zum Beispiel E-Mail oder Social Media verbinden und die durch kollektives Feedback erheblichen Einfluss auf Angebotskonzepte und Marktbearbeitungsstrategien nehmen können.[3] Darüber hinaus führen Aspekte wie Homogenisierung des Produktangebots, bessere Vergleichbarkeit von Produkten und verstärkte Anonymität des Kunden-/Anbieterverhältnisses im Internetzeitalter zu einem Rückgang der Kundenloyalität.

---

1 Vgl. Cisco (2016).
2 Vgl. Picot/Reichwald/Wiegand (2009), S. 373.
3 Vgl. Songpanya (2003); Popp (2011), S. 20.

Zudem ermöglichen verbesserte Informationskanäle und eine effektivere Verbreitung von Wissen über das Internet dem Kunden, Lock-in-Situationen frühzeitig zu erkennen beziehungsweise sich an neue Systeme schneller und kostengünstiger anzupassen. Lock-In beschreibt in diesem Fall den Sachverhalt, dass Kunden, die in die Integration eines Gutes investiert haben, an das zugehörige System gebunden sind.[1]

Aufgrund niedrigerer Wechselkosten und gesunkener Kundenloyalität ist der Kunde zu einem der kritischsten intangiblen Assets für Unternehmen geworden. Neben den klassischen Maßnahmen des Customer-Relationship-Management zur Kundengewinnung und -pflege wird daher auch gezielt durch M&A-Aktivitäten der Kundenstamm anderer Unternehmen erworben.

Insbesondere bei Systemen, in denen Netzwerkeffekte eine Rolle spielen und der Nutzen für den einzelnen Kunden von der Anzahl der teilnehmenden Kunden abhängt, sind Unternehmenszusammenschlüsse aus der Motivation der Erweiterung des Kundenstamms häufig anzutreffen. So akquirierte das Online-Auktionshaus Ebay kontinuierlich weitere Auktionshäuser, wie zum Beispiel Alando oder Auction, um den bestehenden Kundenstamm zu vergrößern, in neue Märkte einzutreten und die Attraktivität des Angebots zu erhöhen.[2]

Auch wenn die genannten Veränderungen natürlich nur als allgemeine Tendenzen verstanden werden dürfen, die nicht auf alle Unternehmen und Branchen gleichermaßen übertragbar sind, so zeigt sich doch als Folge der Veränderungen in der Makroumwelt auch ein Wandel des unmittelbaren Handlungsfeldes der Unternehmung. Als probates Mittel, diesem Wandel zu begegnen, haben sich dabei, wie mehrfach betont, Akquisitionen und Übernahmen erwiesen, wobei es immer die unternehmensspezifische Ausgangssituation und die Kompatibilität zur gesamtstrategischen Ausrichtung zu berücksichtigen gilt.[3] In Abbildung 5-1 sind die auf die Unternehmen und ihr Handlungsfeld einwirkende Makro- und Mikroumwelt nochmals zusammenfassend dargestellt.

Nach diesen Ausführungen zu den Einflüssen der ökonomischen Rahmenbedingungen auf das unternehmerische Handeln soll im Folgenden auf die historischen und aktuellen Entwicklungen des Marktes für Mergers & Acquisitions eingegangen werden.

---

1 Vgl. Peters (2010), S. 50.

2 Vgl. Kaczmarek, J. (2011); The Korea Herald (2011).

3 Vgl. Abschnitt 2.2 in Teil B.

Abbildung 5-1: *Faktoren der Mikro- und Makroumwelt für M&A*[1]

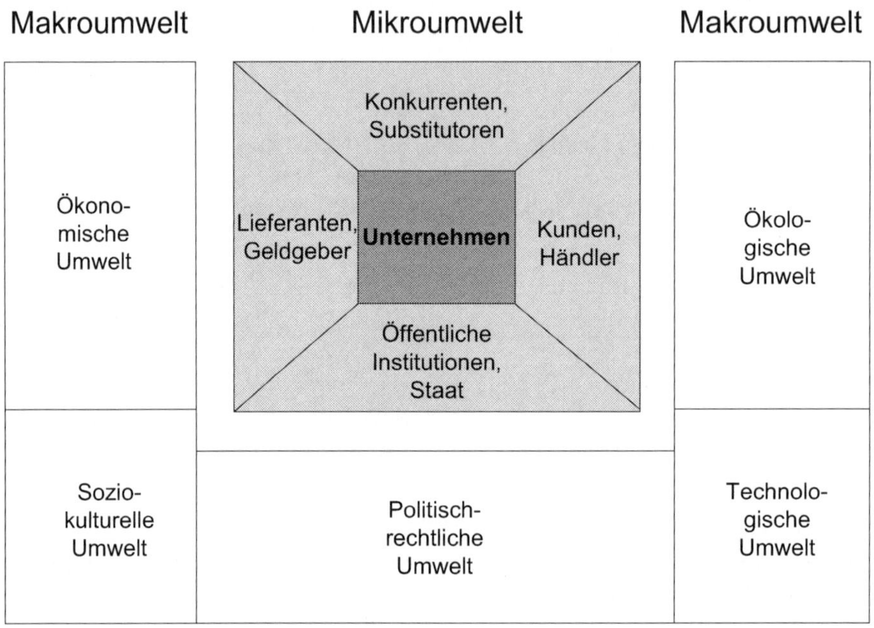

5.2 Entwicklung des M&A-Marktes

Wenngleich Unternehmensübernahmen in letzter Zeit ein erhebliches öffentliches Aufsehen erregt haben, so ist der Markt für Mergers & Acquisitions kein Novum, sondern lässt sich bis zum Ende des 19. Jahrhunderts zurückverfolgen. Dabei können aus der Analyse der historischen Entwicklung wertvolle Hinweise über Zyklen, Motive und Ziele abgeleitet werden, die auch eine bessere Einschätzung der aktuellen Situation ermöglichen. Im Folgenden soll daher zunächst die historische Entwicklung des M&A-Marktes dargestellt werden, bevor anschließend Bezug auf die gegenwärtige Lage genommen wird.

1 In Anlehnung an Schreyögg (1999), S. 311.

5.2.1 Historische Entwicklung

Seit Beginn des zwanzigsten Jahrhundert lassen sich sechs zyklische Merger-Wellen erkennen, die jeweils von technologischen Fortschritten, politischen Veränderungen oder Managementtrends getrieben wurden. Im Schrifttum gibt es jedoch auch vereinzelt Stimmen, die von einer siebten Welle sprechen.[1] Hintergrund hierzu ist im Wesentlichen der Einbruch des M&A-Marktes aufgrund der Suprime-Krise, die zu einer weltweiten Wirtschaftskrise führte. Indikatoren für eine siebte Welle können in der Niedrigzinspolitik, hohen Liquiditätsbeständen von Unternehmen sowie hohen Aktienkursen gesehen werden. Darüber hinaus hat sich der M&A-Markt nach dem durch die Suprime-Krise induzierten Einbruch in den letzen Jahren wieder erholt. Jedoch folgen wir der Auffassung, dass es sich hierbei zwar um eine Wende, jedoch keine neue Welle handelt. Es fehlt das systemische Momentum dieser Entwicklung sowie eine neue marktübergreifende Logik, die den positiven Trend seit der Suprime-Krise nachhaltig erklären kann.[2]

Darüber hinaus herrscht ebenfalls keine Einstimmigkeit über den genauen Beginn und das Ende der einzelnen M&A-Wellen. Das liegt unter anderem daran, dass unterschiedliche Autoren verschiedene Erhebungskriterien verwenden und dass vor dem Jahre 1965 die Verfügbarkeit von Daten bezüglich M&A-Aktivitäten eingeschränkt war.[3] In diesem Abschnitt werden deshalb die wichtigsten Fakten zu den einzelnen M&A-Wellen von verschiedenen Autoren zusammengeführt.

- Erste Welle

Die erste Merger-Welle ereignete sich während der Jahre 1897 bis 1904 und fand vor allem in den USA statt. Als Einflussfaktoren lassen sich die industrielle Revolution, Überkapazitäten sowie damit einhergehende Preissenkungen ausmachen. In der Folge entstanden vorwiegend horizontale Zusammenschlüsse, die dem Preisverfall entgegenwirkten, zu einer weitreichenden Konsolidierung des Marktes führten und monopolistische Strukturen herausbildeten. Die Aktivitäten der Unternehmenszusammenschlüsse waren so umfangreich, dass davon ca. 15 Prozent aller Angestellten und Fabriken in der Industrie betroffen waren.[4] Mit dem Börsencrash 1904 endete diese erste Welle. Als Folge kam es zu einer hohen Konzentration von Unternehmen in der verarbeitenden Schwerindustrie.

- Zweite Welle

Innerhalb der zweiten Welle von 1916 bis 1929 hatten viele Unternehmen die Zielsetzung, eine marktbeherrschende Stellung durch ein rasches externes Wachstum zu erreichen. Ausgangspunkt innerhalb der „Roaring Twenties" bildeten wiederum ein

1 Vgl. Jansen (2016), S. 86.
2 Vgl. Düsterhoff (2015), S. 73; Düsterhoff/Wolffson (2016), S. 21.
3 Vgl. Reed/Reed Layoux (1999), S. 903.
4 Vgl. Achleitner (2001), S. 114.

wirtschaftlicher Aufschwung sowie technologische Weiterentwicklungen. Bedingt durch die Verabschiedung neuer Antitrust-Gesetze dominierten besonders vertikale Integrationen durch Übernahme von in der Wertkettschöpfungskette vor- oder nachgelagerten Unternehmen das M&A-Geschehen. Aktive beziehungsweise betroffene Branchen waren vorwiegend Banken, Versorger, Nahrungsmittel, Chemie und Bergbau.[1] Die zweite Fusionswelle fand ihr Ende in der Weltwirtschaftskrise.

- Dritte Welle

Von 1965 bis 1969 fand die dritte Fusionswelle statt, wenngleich unter verschärften kartellrechtlichen Rahmenbedingungen. Als Folge davon sowie dem Versuch, mit Portfolioerweiterungen und Diversifikation die negativen Auswirkungen von Konjunkturzyklen zu umgehen, entstanden breit aufgestellte Konglomerate. Motiviert wurden diese Zusammenschlüsse insbesondere durch den Versuch vieler Unternehmen, sich in neuen und wachsenden Geschäftsfeldern zu positionieren sowie Synergieeffekte zu nutzen. Als Beispiele dafür gelten unter anderem Siemens, Veba und Viag.[2] Die Transaktionen wurden während dieser dritten Phase überwiegend durch Aktientausch abgewickelt. Der Einbruch am Aktienmarkt verbunden mit Steuerreformen führte zum Ende dieser Welle.

- Vierte Welle

Von 1984 bis 1989 ereignete sich die vierte Welle von Unternehmenszusammenschlüssen, die so genannte „Merger Mania", die sich vor allem in den USA ereignete. Auslöser von politischer Seite waren die Liberalisierung der Monopolgesetze sowie liberalere Steuergesetze, wodurch Unternehmenskäufe attraktiv beziehungsweise Unternehmensübernahmen innerhalb der eigenen Branche erst wieder möglich wurden. Zusätzliche Unterstützung fanden die M&A-Aktivitäten von den positiven wirtschaftlichen Zukunftsaussichten und einem steigenden Aktienmarkt.

Auf Seite der Unternehmen fand eine Rückbesinnung auf Kernkompetenzen sowie ein Streben nach Synergiepotenzialen statt, weshalb primär horizontale Zusammenschlüsse erfolgten. Erstmalig fanden feindliche und stark fremdfinanzierte Unternehmenskäufe statt, die durch neuartige Finanzinstrumente ermöglicht wurden.[3] So genannte Corporate Raiders kauften dabei in der Regel besonders breit diversifizierte Industrieunternehmen auf, die bislang aufgrund des „Conglomerate Discount" an der Börse unterbewertet waren, und verkauften die einzelnen Unternehmensteile anschließend gewinnbringend weiter.[4] Die Rezession in den Jahren 1989 und 1990 beendete diese Übernahmephase.

1 Vgl. Achleitner (2001), S. 116.
2 Vgl. Voigt (2008), S. 295.
3 Vgl. Achleitner (2001), S. 129.
4 Vgl. Becker (2005), S. 5.

- Fünfte Welle

Die fünfte Welle fand von 1993 bis 2000 statt. Besonderes Merkmal dieser letzten Phase waren die (transnationalen) Mega-Deals, wie beispielsweise der Zusammenschluss von Daimler Benz und Chrysler, die ein bis zu dreimal so hohes Übernahmevolumen erreichten wie die größten Zusammenschlüsse der vierten Welle. Begünstigende Einflussfaktoren dieser Merger-Welle waren insbesondere die zunehmende Globalisierung, ökonomische, sozio-kulturelle, politisch-rechtliche und technologische Änderungen sowie eine stärkere Shareholder-Value-Orientierung.

Mit dem Rückgang der so genannten New Economy ab Mitte 2000 wurde die fünfte Welle jedoch rapide gebremst. Als Ursache lassen sich die Abschwächung der internationalen Konjunktur, eine anhaltende Baisse auf den Aktienmärkten und nicht zuletzt die Attentate vom 11. September 2001 anführen.[1] Darüber hinaus konnte insbesondere in der Telekommunikationsindustrie, die als eine der aktivsten M&A-Industrien gilt, eine Beruhigung der Konzentrationstendenz beobachtet werden.

Zudem war eine rückläufige Anzahl feindlicher Übernahmen, insbesondere in den USA, zu verfolgen. Ursächlich hierfür war einerseits die zunehmende Ausgereiftheit von Abwehrstrategien, andererseits aber auch die besonderen Probleme dieser Art der Unternehmensübernahme. Hervorzuheben sind hier vor allem die mangelnden Informationsmöglichkeiten im Vorfeld einer Transaktion, aber auch die durch das Sieger/Besiegten-Verhältnis auftretenden Schwierigkeiten bei der Integration und späteren Führung des Unternehmens.

- Sechste Welle und Ausblick

Seit 2002 befinden wir uns in der sechsten Welle von Unternehmenszusammenschlüssen, die mitunter geprägt ist durch globale M&A-Strategien aufgrund deregulierter Welt- und Finanzmärkte.[2] Durch diese Deregulierung werden international vormals isolierte Märkte frei zugänglich, sodass Marktanteile infolge von M&A-Aktivitäten neu aufgeteilt werden. Vor allem institutionelle Investoren, zum Beispiel in Form von Private Equity Gesellschaften und Hedgefonds, spielen in dieser M&A-Welle eine entscheidende Rolle, da sie einen Großteil der weltweiten Transaktionen finanzieren.[3] Darüber hinaus gelten der anhaltende Trend zur Globalisierung, die Liberalisierung beziehungsweise Deregulierung der Märkte, der Einfluss neuer Technologien und Wertschöpfungsstrukturen sowie die steigende Anzahl stagnierender Märkte als Treiber für diese sechste M&A-Welle.[4]

Das wesentliche initiale M&A-Wachstum in dieser Welle fand ab 2005 statt. Im Vergleich zum Vorjahr hatte sich das weltweite Transaktionsvolumen von Fusionen und

---

1 Vgl. Herden/Mbonimana (2002), S. 144.
2 Vgl. Tröger (2003), S. 227.
3 Vgl. Jansen (2016), S. 75.
4 Vgl. Voigt (2008), S. 295 f.

Übernahmen von 900 Milliarden US-Dollar auf 2,9 Billionen US-Dollar erhöht.[1] Mit Einsetzen der Suprime-Krise reduzierte sich die Anzahl und das Volumen der weltweiten M&A-Transaktionen, gemessen an Transaktionen mit einem Unternehmenswert von über 100 Millionen US-Dollar, drastisch. Zwischen 2007 und 2009 sank beispielsweise die Anzahl an M&A-Transaktionen um fast 30% und das Volumen um mehr als 50%.[2] Mit Blick auf die Anzahl und das Volumen der Transaktionen war die sechste M&A-Welle die bisher Größte. Ab 2013 folgte eine Erholung des weltweiten M&A-Marktes und die bisherige Höchstmarke von 2007 – mit einem Volumen von rund 4,3 Billionen US-Dollar – konnte in 2015 sogar übertroffen werden.[3]

Insgesamt sieht die Branche die Zukunft positiv, da die Pipeline für neue M&A-Transaktionen bereits gut gefüllt sei. Jedoch gibt es eine Reihe von Unsicherheitsbeziehungsweise Risikofaktoren, die die erhoffte Entwicklung negativ belasten können. Dazu zählen die steigende Gefahr durch Terroranschläge, Risiken im Markt für Hochzinsanleihen, der weiterhin niedrige Ölpreis, die Flüchtlingskrise sowie aktuelle Entwicklungen in der EU. [4]

5.2.2 Aktuelle Situation

Nach diesem Überblick über die historische Entwicklung der verschiedenen M&A-Phasen wird im Folgenden die aktuelle Situation aus deutscher und weltweiter Sicht nochmals detaillierter betrachtet.

- Deutschland

Laut einer aktuellen Studie blieb der deutsche Markt für Unternehmenstransaktionen hinter der globalen M&A-Entwicklung zurück. Die Anzahl an Transaktionen ist zwar von 2013 auf 2014 um 16,8% gestiegen, jedoch hat der deutsche M&A-Markt in 2015 wieder an Boden verloren.[5] Die Anzahl der angekündigten Deals mit einem deutschen Zielunternehmen nahm gegenüber dem Vorjahr von 1.503 auf 1.342 ab. Das zugehörige Transaktionsvolumen sank um 3% auf 102,6 Milliarden US-Dollar. Positiv ist jedoch, dass die 100 Milliarden US-Dollar-Marke erneut geknackt werden konnte.[6]

Die bedeutendste angekündigte M&A-Transaktion war die geplante feindliche Übernahme von Deutsche Wohnen durch Vonovia, mit einem erwarteten Transaktionsvolumen in Höhe von 14 Milliarden Euro.[7] Jedoch ist dieser Übernahmekampf, in dem

1 Vgl. Voigt (2008), S. 295.
2 Vgl. Tschöke/Mailänder (2016), S. 55.
3 Vgl. IMAA (2016).
4 Vgl. Köhler/Landgraf (2016).
5 Vgl. Düsterhoff (2015); Köhler/Landgraf (2016).
6 Vgl. Düsterhoff/Wolffson (2016), S. 21 ff.
7 Vgl. Düsterhoff/Wolffson (2016), S. 23.

der größte deutsche Wohnungsvermieter (Vonovia) den kleineren Wettbewerber (Deutsche Wohnen) kaufen wollte, letzten Endes missglückt.[1]

Die M&A DATABASE der Universität St. Gallen für abgeschlossene M&A-Deals zeigen jedoch einen Aufwärtstrend gegenüber dem Vorjahr. Demnach lag die Anzahl der unter deutscher Beteiligung abgeschlossenen Transaktionen in 2015 rund 6% über dem Niveau von 2014. Während 2014 noch 897 Deals registriert wurden, waren es im Folgejahr 950 Transaktionen. Das durchschnittliche Transaktionsvolumen der abgeschlossen Deals nahm jedoch im Jahresverlauf ab. Allerdings gilt es hier zu bedenken, dass die Informationsgrundlage dieser Auswertungen nur begrenzt vorliegt, da in der Regel lediglich für rund ein Drittel aller Transaktionen die exakten Dealgrößen vorliegen.[2] In Abbildung 5-2 sind die Anzahl der Transaktionen mit deutscher Beteiligung im Zeitraum 2009 bis 2015 dargestellt.

Abbildung 5-2: *Unternehmenstransaktionen mit deutscher Beteiligung 2009 bis 2015*[3]

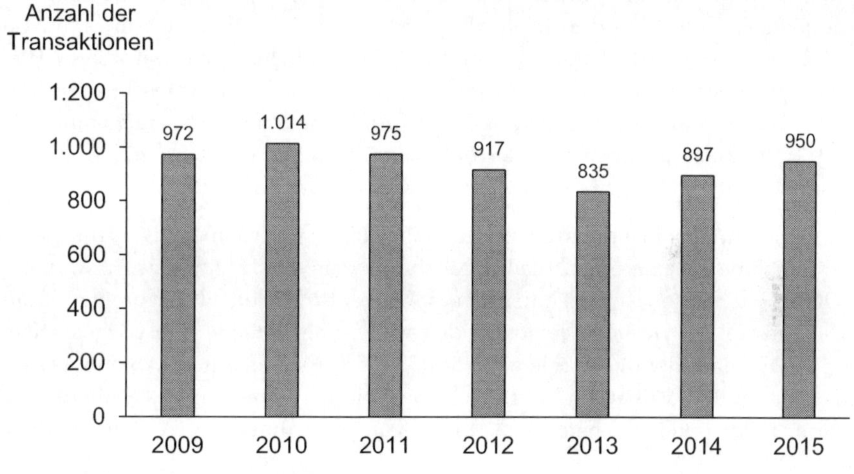

Im internationalen Vergleich belegte Deutschland im Jahr 2013 den vierten Platz und rutschte 2014 auf den Fünften.[4] Insgesamt kann der deutsche M&A-Markt zwar als solide, jedoch nüchtern bezeichnet werden. Auch wenn es einige positive Indikatoren gibt, so scheinen sich die deutschen Unternehmen von der internationalen M&A-

1 Vgl. reichel (2016).
2 Vgl. Düsterhoff/Wolffson (2016), S. 23 f.
3 In Anlehnung an Düsterhoff/Wolffson (2016), S. 24.
4 Vgl. Düsterhoff (2015), S. 75.

Trendwende, noch nicht so richtig anstecken zu lassen. Ein Plus des deutschen M&A-Marktes ist dessen stabiles Mittelfeld, das auch in einem Jahr ohne großen Mega-Deals ein ordentliches Transaktionsvolumen generiert.[1]

Die fünf größten Deals mit deutscher Beteiligung, gemessen auf Basis der Transaktionsvolumina, waren die Übernahme von Italcementi durch HeidelbergCement (Bau-/Baustoffindustrie, Transaktionswert 6,7 Milliarden Euro), die Übernahme der Elster Group durch Honeywell International (Maschinenbau-/Feinmechanik, Transaktionswert 5,9 Milliarden Euro), die Übernahme der Tank & Rast durch die Allianz mit ADIA, OMERS und MEAG (Dienstleistungen; Transaktionswert 3,8 Milliarden Euro), die Übernahme von Galeria Kaufhof durch Hudson's Bay (Handel, Transaktionswert 2,9 Milliarden Euro) und die Übernahme von Douglas durch CVC Capital Partners (Handel, Transaktionswert 2,8 Milliarden Euro).

■ Globale Entwicklung

Auch wenn die globale Entwicklung des M&A-Marktes weiterhin von diversen Risiken und Unsicherheitsfaktoren, wie zum Beispiel der steigenden Terrorgefahr, Risiken im Markt für Hochzinsanleihen, der weiterhin niedrige Ölpreis, die Flüchtlingskrise sowie aktuelle Entwicklungen in der EU, umgeben ist, zeichnet sich in Summe ein positives Bild.[2] Seit 2013 kann von einer massiven Erholung des weltweiten M&A-Marktes gesprochen werden. Die Anzahl der weltweiten M&A-Transaktionen haben von 2013 auf 2014 um 10,8% und von 2014 auf 2015 erneut um 7,4% zugenommen. Mit einem Transaktionsvolumen von 4,5 Billionen US-Dollar wurde somit in 2015 der höchste Gesamtwert in der Geschichte des M&A-Marktes erreicht.[3]

Dieses Wachstum ist insbesondere einigen Megadeals zu verdanken, wie zum Beispiel der Übernahme des Pharmazeutikaherstellers Allergan durch Pfizer für 160 Milliarden US-Dollar. Aus dieser Unternehmensübernahme entsteht derzeit der größte Pharmakonzern der Welt.[4] Darüber hinaus fanden weitere bedeutende M&A-Transaktionen statt, die für eine deutliche Belebung des M&A-Marktes sorgten: AB InBev kaufte SABMiller für 120 Milliarden US-Dollar, Shell die BG Group für 81 Milliarden US-Dollar und Dell unterzeichnete einen Vertrag zur Übernahme von EMC für 66 Milliarden US-Dollar.

Zudem gab es einige Merger großer internationaler Unternehmen, wie zum Beispiel Charter und Time Warner Cable (Wert: 78 Milliarden US-Dollar), Dow Chemical und DuPont (Wert: 68 Milliarden US-Dollar) sowie Heinz und Kraft Foods (Wert: 55 Milliarden US-Dollar). Aus einer globalen Perspektive haben die M&A-Transaktionen in 2015 eine ganze Reihe neuer Rekorde eingestellt. Nie zuvor gab es ein Jahr mit einem größeren Transaktionsvolumen an sogenannten Mega-Deals. Von Mega-Deals wird

1 Vgl. Düsterhoff/Wolffson (2016), S. 28.
2 Vgl. Köhler/Landgraf (2016).
3 Vgl. Köhler/Landgraf (2016).
4 Vgl. Müller-Stewens (2015).

gesprochen, wenn das Volumen einer Transaktion bei über 10 Milliarden US-Dollar liegt. Auch wenn 2015 einige bedeutsame Deals hervor brachte, so bleibt die wertmäßig größte Einzeltransaktion jedoch weiterhin die Übernahme von Mannesmann durch Vodafone im Jahr 2000 mit einem Volumen von 202,8 Milliarden US-Dollar.[1]

Aus regionaler Sicht sind weiterhin die USA das Zentrum des globalen M&A-Marktes: rund 60% des weltweiten Transaktionsvolumens und etwa 50% der Transaktionen entfallen auf die USA. Dies gilt auch für die sogenannten Mega-Deals. Sieben der zehn größten M&A-Deals in 2015 wurden von amerikanischen Unternehmen durchgeführt.[2] In Abbildung 5-3 sind die Anzahl der weltweiten M&A-Transaktionenvon 2009 bis 2015 dargestellt.

Abbildung 5-3: *Weltweite Unternehmenstransaktionen von 2009 bis 2015*[3]

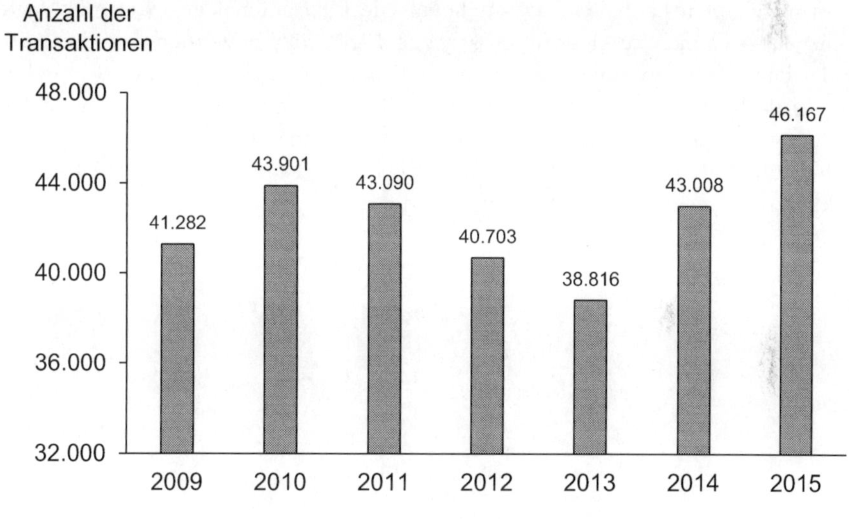

Insgesamt werden die Aussichten für die nahe Zukunft von Spezialisten positiv bewertet.[4] Begünstigend für den M&A-Markt wirken vor allem die gefallenen Bewertungen, ein hoher Konsolidierungsdruck in vielen Branchen sowie das extrem niedrige Zinsniveau. Darüber hinaus treten verstärkt Finanzkäufer auf, die nicht mehr die gewinnbringende Zerschlagung eines Unternehmens zum Ziel haben, sondern versu-

1 Vgl. Jansen (2016), S. 96.
2 Vgl. Düsterhoff/Wolffson (2016), S. 23.
3 In Anlehnung an IMAA (2016).
4 Vgl. Deloitte (2011).

chen, schlecht geführte Unternehmen günstig zu erwerben, um sie dann unter einem neuen Management wieder ertragsstark zu machen und gewinnbringend zu veräußern.[1] In Europa werden auch trotz der Finanzkrise weiterhin positive Entwicklungen gesehen, da die betroffenen Länder im europäischen Vergleich bereits vor der Krise eine untergeordnete Rolle einnahmen, insbesondere Griechenland und Portugal.[2]

Als Vorraussetzungen für eine künftige Steigerung des Transaktionsvolumens in Europa sehen die Experten zum einen im Bestehen eines stabilen europäischen Bankensektors und zum anderen im anhaltenden Wirtschaftswachstum der BRIC- und CEE-Länder, die für Europas Exportwirtschaft die wesentlichen Emerging-Märkte darstellen. In Deutschland steht darüber hinaus in vielen mittelständischen Unternehmen ein Generationenwechsel bevor. Fehlen entsprechende Nachfolger innerhalb der Familie oder in der bisherigen Führung des Unternehmens, so bleibt der Verkauf an einen externen Dritten die einzige Möglichkeit. Entsprechende Nachfolgeregelungen wurden aber bereits von vielen Unternehmen getroffen.[3]

Insgesamt bleibt festzuhalten, dass national wie international Fusionen und Unternehmensübernahmen zu einer festen strategischen Größe geworden sind. Dies führt auf der einen Seite zu einer zunehmenden Konzentrationstendenz, auf der anderen Seite verflechten sich die verschiedenen Volkswirtschaften dadurch zunehmends. Getragen von Deregulierungs- und Restrukturierungsmaßnahmen sowie der steigenden Bedeutung des Faktors Zeit ist auch für die Zukunft eine positive Entwicklung des Marktes für Mergers & Acquisitions zu erwarten.[4]

---

1 Vgl. Achleitner (2001), S. 150; Köhler/Landgraf (2016).
2 Vgl. Deloitte (2011).
3 Vgl. Financial Yearbook for your Business (2011).
4 Vgl. Lucks/Meckl (2002), S. 5; Tröger (2003), S. 227.

6 Akteure und Prozess des M&A-Management

Die Ausführungen zu der historischen Marktentwicklung und der aktuellen Situation von M&A-Aktivitäten im vorangegangenen Kapitel haben bereits den hohen Stellenwert und die zunehmend professionelle Abwicklung von Unternehmenszusammenschlüssen innerhalb des Wirtschaftsgeschehens aufgezeigt. Daher verwundert es nicht, dass sich in diesem attraktiven Markt neben Käufern und Verkäufern weitere Akteure etabliert haben, die in den einzelnen Phasen des M&A-Prozesses als Dienstleister auftreten. Somit hat das vorliegende Kapitel zwei Zielsetzungen: Zum einen werden die verschiedenen Akteure auf dem Markt für Mergers und Acquisitions vorgestellt, zum anderen die einzelnen Phasen und Aktivitäten des gesamten M&A-Prozesses. Während Abschnitt 6.1 mit der Beschreibung der Marktakteure unmittelbar an das vorausgehende Kapitel der Marktentwicklung anknüpft, beschreibt Abschnitt 6.2 den idealtypischen Verlauf des M&A-Management.

6.1 Akteure des M&A-Management

Unternehmen versuchen, durch eine Akquisition oder Fusion ihre materiellen beziehungsweise immateriellen Ressourcen zu transformieren und zu transferieren, um daraus Wettbewerbs-, Synergie- und somit Erfolgspotenziale zu generieren.[1] Der Ressourcentransfer beziehungsweise die Ressourcentransformation können sich dabei beispielsweise auf die Bereiche Forschung und Entwicklung, Logistik, Marketing oder Produktion beziehen und berühren zwangsläufig die Ziele und Interessen einer Vielzahl von internen und externen Anspruchsgruppen.

Diese internen und externen Anspruchsgruppen werden auch als so genannte Akteure beziehungsweise Stakeholder des M&A-Management bezeichnet und verkörpern Personen oder Institutionen, deren Interessen durch den Zusammenschluss berührt werden und die einen aktiven Einfluss auf die beteiligten Unternehmen ausüben können.[2] Sie treten einerseits als Anspruchsnehmer gegenüber der Unternehmung auf, andererseits erhebt die Unternehmung aber auch Ansprüche an ihre Stakeholder.[3]

---

1 Vgl. Schewe/Gerds (2001), S. 83; Gildemeister (2008), S. 3 ff.

2 Vgl. Trzicky (1998), S. 37; Hinne (2008), S. 19 ff.

3 Vgl. Achleitner/Wirtz/Wecker (2004b), S. 1381 ff.

Die Beziehung zwischen Stakeholder und Unternehmung ist somit durch ein wechselseitiges Verantwortungsverhältnis geprägt:[1] „Grundsätzlich und aus langfristiger Sichtweise hat jedes Unternehmen ein gesundes Interesse, zu möglichst vielen der Stakeholder, insbesondere zu den internen, ein positives und konstruktives Verhältnis zu haben beziehungsweise aufzubauen, in dem auch negative Stimmen im Sinne konstruktiver Kritik Platz haben sollen."[2] Es entsteht hieraus der Anspruch an ein bewusstes, situationsadäquates Stakeholder-Management im Rahmen von Unternehmenszusammenschlüssen. Abbildung 6-1 stellt relevante Stakeholder des M&A-Prozesses dar.

Abbildung 6-1: *Stakeholder des M&A-Prozesses*[3]

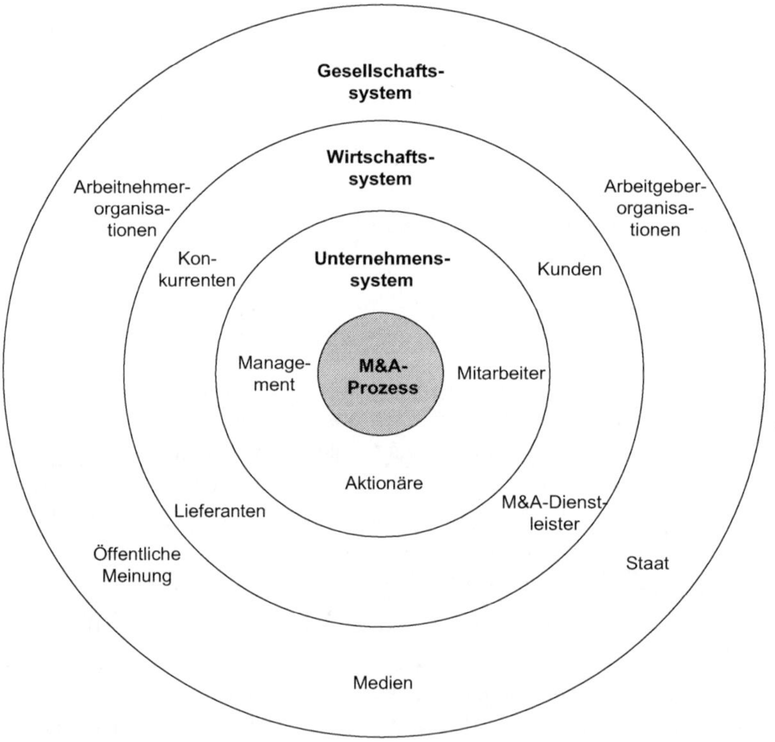

Prinzipiell kann zwischen unternehmensinternen und -externen Stakeholdern einer Akquisition beziehungsweise Fusion unterschieden werden. Die internen Stakeholder

1 Vgl. Moser (2009), S. 39.
2 Trzicky (1998), S. 41.
3 In Anlehnung an Sauter-Sachs (1992), S. 193.

finden sich im Unternehmenssystem. Dabei handelt es sich um das Management, die Aktionäre und die Mitarbeiter der Unternehmung. Die externen Stakeholder entstammen dem Wirtschafts- beziehungsweise Gesellschaftssystem. Im Rahmen des Wirtschaftssystems treten vorwiegend Kunden, Lieferanten, konkurrierende Unternehmen sowie professionelle M&A-Dienstleister als Stakeholder in Erscheinung. Dabei stellt sich für die Akteure des Wirtschaftssystems insbesondere die Frage, in welcher Weise bestehende oder mögliche Transaktionen beziehungsweise Interaktionen durch den Zusammenschluss berührt werden. So ist zum Beispiel für die Konkurrenten der Fusionspartner eine Verschärfung des Wettbewerbs denkbar.

Dem Gesellschaftssystem entstammen die Stakeholdergruppen Medien, Staat (insbesondere in Form der Kartellbehörde), öffentliche Meinung sowie Arbeitgeber- und Arbeitnehmerorganisationen. Aus dieser Perspektive kann die Akquisition beziehungsweise Fusion ebenfalls als Chance oder Gefahr gesehen werden. So obliegt es beispielsweise dem Staat, durch die Transaktion ausgelöste wettbewerbsbeschränkende Tendenzen durch die Aussprache von Fusionsverboten zu unterbinden, während Arbeitnehmerorganisationen im Integrationsprozess in der Regel mit dem Verlust von Arbeitsplätzen rechnen müssen, gleichzeitig aber die Möglichkeit besitzen, sich bei der Neugestaltung und Reorganisation des fusionierten Unternehmens einzubringen.[1]

Die Ziele und Interessen der Stakeholder können durch M&A-Transaktionen in positiver und negativer Weise beeinflusst werden, wobei die einzelnen Stakeholdergruppen absolut gesehen und in Bezug auf die einzelnen Phasen des Akquisitions-, Integrations- beziehungsweise Demerger-Prozesses von unterschiedlicher Relevanz sind. Während die Ziele einiger Gruppen, wie beispielsweise der Aktionäre, des Management, der Mitarbeiter und der Kunden, in Bezug auf die Effizienz, die Effektivität und den allgemeinen Fortbestand der Unternehmung insgesamt von sehr hoher Wichtigkeit sind, steht beispielsweise die Bedeutsamkeit der Ziele der Konkurrenten und Lieferanten sowie des Gesellschaftssystems dahinter zurück. In den unterschiedlichen Phasen des M&A-Prozesses ist dabei zum Beispiel im Rahmen der Strategiefestlegung insbesondere der Rückhalt des Management bedeutsam, während in der Post-Merger-Integrationsphase eher die Interessen der Mitarbeiter im Vordergrund stehen. Der Demerger-Prozess hingegen wird oftmals aufgrund der Renditeforderungen von Aktionären beziehungsweise Eigentümern und Analysten initiiert.

Vor diesem Hintergrund ist die Identifikation der wesentlichen Stakeholdergruppen eine wichtige Aufgabe, die bereits zu Beginn des M&A-Prozesses erfolgen muss.[2] Die Stakeholdergruppen sollten dabei insbesondere hinsichtlich ihrer Ziele, Strategien und Mittel sowie hinsichtlich ihres Informationsstandes untersucht werden. Die Herausforderung für das Management des Käufers besteht somit in der Ausbalancierung der Ziele aller relevanten Stakeholder. Penzel bezeichnet die „Fähigkeit, die Ziele aller Stakeholder, und nicht nur die finanziellen Ziele der Aktionäre, permanent im Auge

1 Vgl. Macharzina/Wolf (2010), S. 730.
2 Vgl. Grechenig et al. (2009), S. 184.

zu behalten und mit allen Stakeholdern regelmäßig zu kommunizieren"[1] als einen wesentlichen Erfolgsfaktor eines Mergers.

Während in der Vergangenheit noch primär persönliche Kontakte und eher informelle Beziehungen für die erfolgreiche Planung und Durchführung von Unternehmenskäufen und -verkäufen ausreichend waren, so werden inzwischen die meisten Fusionsbeziehungsweise Akquisitionsvorhaben größeren Umfangs von professionellen M&A-Beratungen betreut, die als externe Intermediäre zwischen Käufer und Verkäufer treten. Daher sollen nachfolgend neben den internen Akteuren des Unternehmenssystems die professionellen M&A-Dienstleister als wesentliche externe Akteure herausgegriffen und einer genaueren Betrachtung unterzogen werden

6.1.1 Käufer und Verkäufer: Klassische interne Akteure

Wie jeder andere Markt gliedert sich auch der Markt für Mergers & Acquisitions in Anbieter und Nachfrager. Anbieter sind dabei oftmals Konzerne oder Beteiligungsgesellschaften, die in eigener Regie oder für fremde Auftraggeber Unternehmen oder einzelne Unternehmensteile verkaufen. Zusätzlich sollten Unternehmen, die Objekte (un)freundlicher Übernahmen darstellen, der Anbieterseite zugeordnet werden, auch wenn sie eigentlich keine Verkaufsabsichten hegen und gegen ihren Willen übernommen werden. Die Nachfrageseite verkörpern ebenfalls Konzerne, Unternehmen, Beteiligungsgesellschaften oder Privatpersonen, die Interesse an geeigneten Kaufobjekten zeigen.

Wie in Kapitel 4 bereits dargestellt existiert eine Vielzahl unterschiedlicher Motive auf Käufer- und Verkäuferseite, die sich – mit Ausnahme persönlicher Motive – unter die übergeordnete Zielsetzung der Shareholder Value- beziehungsweise Renditeorientierung subsumieren lassen. Darüber hinaus sind, bedingt durch die reine Anzahl und Unterschiedlichkeit der Aufgaben bei der Durchführung einer M&A-Transaktion, weitere interne Gruppen und Einzelpersonen beteiligt, deren Interessen und Motive es zu berücksichtigen gilt.[2]

Wie zuvor in Abbildung 6-1 gezeigt sind dies im Unternehmenssystem die Mitarbeiter, das Management und die Aktionäre. Die Mitarbeiter stehen dem Zusammenschluss oft ambivalent gegenüber, da sich in der Integrationsphase zum einen Möglichkeiten eines hierarchischen Aufstiegs ergeben können, anderseits jedoch die Gefahr eines Arbeitsplatzverlustes durch Streichung redundanter Stellen im fusionierten Unternehmen besteht.[3] Neben den Mitarbeitern sind aufgrund ihres Einflusses insbesondere die Aktionäre beziehungsweise Eigentümer und das Top-Management hervorzuheben. Ziel der Aktionäre ist primär eine Steigerung der Rendite, während eine Vernich-

1 Penzel (2000), S. 26.
2 Vgl. Wirtz/Salzer (2004), S. 102 f.
3 Vgl. Sodeik (2009), S. 128.

tung von Unternehmenswert dagegen nicht toleriert und zumeist mit Sanktionen belegt wird.

Obwohl beide Gruppen, Aktionäre beziehungsweise Eigentümer und Top-Management beziehungsweise Vorstand, grundsätzlich ein hohes Interesse an einer erfolgreichen M&A-Transaktion haben sollten, können gerade bedeutende Transaktionsvorhaben persönliche Motive des Top-Management verstärken, wie zum Beispiel Anerkennung und Machtdenken.[1] Problematisch und zu einer typischen Prinzipal-Agent-Situation wird dies insbesondere dann, wenn die Zielsetzungen von Top-Management und Aktionären beziehungsweise Eigentümern zueinander im Widerspruch stehen und das Top-Management seinen Informationsvorsprung gezielt zum eigenen Vorteil einsetzt.[2]

6.1.2 M&A-Dienstleister: Externe Akteure

Die Durchführung von M&A-Transaktionen erfordert die Bewältigung eines sehr breiten und in Detailfragen höchst anspruchsvollen Aufgabenspektrums, insbesondere wenn man darunter das gesamte Akquisitions-, Integrations- und Demerger-Management fasst. Hinzu kommt, dass der M&A-Markt aufgrund der globalen Ausrichtung heutzutage durch eine hohe Intransparenz gekennzeichnet ist.

Daher haben sich neben den Käufern und Verkäufern als klassischen internen Akteuren des M&A-Marktes so genannte externe M&A-Dienstleister oder Intermediäre etablieren können, die eine vermittelnde, beratende und prüfende Rolle einnehmen und inzwischen nicht mehr aus dem Markt für Unternehmenskäufe und -verkäufe wegzudenken sind.

Bei diesen so genannten M&A-Dienstleistern handelt es sich vorwiegend um Universal-, Investment-, Merchant- und Commercial Banken, Wirtschaftsprüfer und Steuerberater, Rechtsanwälte, Strategieberater, Unternehmensmakler und Beteiligungsgesellschaften. Neben einer generellen Risikoreduktionsfunktion lässt sich der Einsatz von Beratern aus übergeordneter Perspektive dabei mit der Erfüllung der nachfolgenden Aufgaben begründen:[3]

- Verkürzung der gesamten Prozesslaufzeit durch optimierte Aufgabenverteilung und Schnittstellensteuerung,
- Vermeidung strategischer, steuerlicher, rechtlicher oder finanzieller Nachteile durch gezielten Einsatz von Sachkompetenz und Spezialisten-Know-how,
- Erhöhung von Markttransparenz und Time to Market durch schnelle, detaillierte, zuverlässige und zielgruppengerecht aufbereitete Informationsbeschaffung,

1 Vgl. Lorenz (2006), S. 29 ff.
2 Vgl. Lucks/Meckl (2002), S. 29 ff.; Lorenz (2006), S. 29 f.
3 Vgl. Achleitner (2001), S. 152 ff.; Pfirsching (2007), S. 15 ff.; Hinne (2008), S. 115 ff.

- Objektivierung und kritische Überprüfung interner Ideen und Sichtweisen,
- flexibler Ausgleich personeller Kapazitätsengpässe und
- „Blitzableiterfunktion" bei Vertretung durch Berater in kritischen Verhandlungsphasen.

Zur Bewältigung der genannten Aufgaben sollten die eingesetzten Berater primär Anforderungen aus drei Kategorien gerecht werden. Neben substanziellem Wissen (Knowledge) hinsichtlich ökonomischer, rechtlich-politischer und sozio-kultureller Verhältnisse im M&A-Markt benötigen sie ausgeprägte analytische und soziale Fähigkeiten.

Darüber hinaus sollten sie sich durch bestimmte Einstellungen wie beispielsweise eine grundsätzliche Offenheit gegenüber Veränderungen auszeichnen.[1] Die externen Dienstleister im M&A-Geschäft können sich dabei, in Abhängigkeit von ihrer Leistungsbreite und -tiefe, entweder auf einen Teilbereich des Unternehmenszusammenschlusses spezialisieren oder den Auftraggeber durchgehend über den gesamten Prozess betreuen.

Während sich die Leistungsbreite auf den Anteil an dem Aufgabenspektrum der gesamten Transaktion bezieht, gibt die Leistungstiefe die Intensität der Bearbeitung der jeweiligen Aufgabenstellung an. Die Intensität kann dabei von einer umfassenden Bearbeitung eines Teilbereiches bis hin zu einer punktuellen Mitwirkung an einer Teilaufgabe gestaffelt sein.[2] So sind beispielsweise Rechtsanwälte und Steuerberater aufgrund ihrer Spezialisierung überwiegend im Bereich der rechtlichen Fragestellungen, der Unternehmensbewertung und der Steuerstrukturierung tätig.

Da eine durchgängige Betreuung über den gesamten M&A-Prozesses durch einen Dienstleister in der Praxis nach wie vor eher untypisch ist und die Beratungsleistung zwischen konzeptioneller Strategieentwicklung und operativer Integrationsbetreuung starke Unterschiede aufweist, verlangen die einzelnen Phasen des M&A-Prozesses jeweils ein spezielles Kompetenzprofil der M&A-Berater. Abbildung 6-2 stellt diesen Zusammenhang grafisch dar. Die spezifische Expertise und bevorzugten Einsatzbereiche der einzelnen M&A-Berater im Rahmen des M&A-Management sollen nachfolgend kurz skizziert werden.

1 Vgl. Storck (1993), S. 103; Sodeik (2009), S. 373.
2 Vgl. Storck (1993), S. 109; Hinne (2008), S. 115.

Abbildung 6-2: *Einsatzbereich und Leistungsspektrum von Beratern im Rahmen des M&A-Management*

	Akquisitionsmanagement		Post Merger Integrationsmanagement			Demerger-Management		
	Strategische Analyse- und Konzeptionsphase	**Transaktions-phase**	**Post Merger Integrations-konzeption**	**Post Merger Integrations-durchführung**	**Post Merger Integrations-controlling**	**Demerger-Analyse und Konzeption**	**Demerger-Durchführung**	**Demerger-Controlling**
Leistungsspektrum	• Strategieentwick-lung • Festlegung der Akquisitionsstra-tegie • Organisation und Steuerung des Akquisitionspro-zesses	• Screening/Se-lektion der Ver-tragspartner • Betreuung der vorvertraglichen Phase • Unternehmens-bewertung und Kaufpreiser-mittlung • Kartellrechtliche Prüfung • Vertragsschluss	• Definition der Integrationszie-le • Festlegung und Priorisierung der Integra-tionsmaßnah-men • Bestimmung des Integra-tionsgrades und der Integra-tionsgeschwin-digkeit • Steuerung des Integrations-teams	• Festlegung der Aufbau- und Ab-lauforganisation • Integration der Informations-technologie • Organisation der internen und externen Kommunikation • Sicherstellung des Wissens-transfers • Harmonisierung der Unterneh-menskultur • Steuerung des Marken- und Kunden-management	• Prämissen-, Durchführungs- und Fortschritts-kontrolle • Controlling des Inegrations-teams • Controlling des Integrations-klimas • Erfolgskontrolle	• Strategische und finanzielle Detailanalysen • Erarbeitung der Demerger-Konzeption	• Erstellung eines Informations-memorandums • Unterstützung der Investoren-suche • Durchführung von Aufwertungs-maßnahmen • Begleitung des Transaktions-abschlusses • Festlegung der Kommunika-tionspolitik	• Prämissenkon-trolle • Durchführungs-kontrolle und Steuerung • Fortschrittskon-trolle und Steuerung • Ergebniskon-trolle
M&A-Beratungen	• Strategieberater • Wirtschaftsprüfer	• Universal-, Investment-, Merchant- und Commercial Banken • Wirtschafts-prüfer • Rechtsanwälte • Steuerberater • Unternehmens-makler • Strategiebera-ter	• Strategiebera-ter • Investment-banken	• Strategiebera-ter • Wirtschafts-prüfer	• Strategiebera-ter • Wirtschafts-prüfer	• Strategiebera-ter • Investment-banken	• Investment-banken • Wirtschafts-prüfer • Rechtsanwälte • Steuerberater • Unternehmens-makler	• Strategiebera-ter • Wirtschafts-prüfer

6.1.2.1 Universal-, Investment-, Merchant- und Commercial Banken

Die Akteure im Bankensektor lassen sich in die vier Gruppen Universal-, Investment-, Merchant- und Commercial Banken aufteilen, wobei die wichtigsten Akteure die großen angloamerikanischen Investmentbanken sowie die M&A-Ressorts der bekannten deutschen Universalbanken sind. Traditionell werden die Banken dabei, von eher selektiven Einsätzen im Rahmen der Demerger-Durchführung abgesehen, schwerpunktmäßig in der Transaktionsphase einer Akquisition beziehungsweise Fusion eingesetzt, d. h. vom Erstkontakt bis zur Vertragsgestaltung, wobei meist für beide Seiten Exklusivität vereinbart wird.

In Deutschland sind die Universalbanken nach wie vor stark vertreten, die uneingeschränkt zur Ausübung aller Bankgeschäfte autorisiert sind und sich teilweise auf bestimmte Leistungsbereiche spezialisiert haben, wie beispielsweise die KfW Mittelstandsbank (Gründungsfinanzierung) oder die Industriekreditbank (Unternehmensfinanzierung). Die Universalbanken bieten mittlerweile auch umfassende M&A-Dienstleistungen an, wobei sie vor allem auf ihre Kundenkenntnis, schnellen Informationsfluss, Diskretion, internationale Beziehungen und ein breites Leistungsspektrum zurückgreifen können, um ihren Auftraggebern ein professionelles Angebot zu unterbreiten.[1]

Investmentbanken und Merchant Banken unterscheiden sich von den Universalbanken vor allem hinsichtlich ihres Leistungsangebotes, das durch das Bankenrecht beschränkt ist. Investmentbanken sind traditionell Wertpapierbanken, bei denen aber die Betreuung von M&A-Transaktionen häufig das zweitgrößte Geschäftsfeld ausmacht. Vor allem in transnationalen Transaktionen sind Investmentbanken aufgrund ihres durch jahrelange Erfahrung im englischen Sprachraum aufgebauten internationalen Netzwerks anzutreffen, allerdings konzentriert sich das Geschäft auf einige wenige, große Anbieter.[2]

Frühere Schwächen von Investmentbanken, beispielsweise die fehlende Kundennähe aufgrund fehlender lokaler Niederlassungen und die Limitierung auf Aktivitäten nur bis Vertragsschluss, wurden mittlerweile auch beseitigt. So kann beispielsweise die Restrukturierung nach Vertragsabschluss als Sonderleistung ein Bestandteil der Aufgaben der Investmentbank sein.[3] Die folgende Tabelle 6-1 zeigt die Rangliste der weltweit zehn größten Investmentbanken nach betreuten Transaktionsvolumen für das erste Halbjahr 2013.[4]

1 Vgl. Storck (1993); Beier (2009), S. 54 f. und S. 111.
2 Vgl. Beier (2009), S. 54.
3 Vgl. Kollmann (2009), S. 288.
4 Vgl. Statista (2013).

Tabelle 6-1: *Rangliste der zehn größten Investmentbanken per Oktober 2015*[1]

Rang	Investmentbank	Bilanzsumme in Milliarden US-Dollar
1	JPMorgan Chase & Co	4.683
2	Goldman Sachs	4.291
3	Bank of America Merrill Lynch	3.592
4	Morgan Stanley	3.501
5	Citigroup	2.926
6	Deutsche Bank	2.711
7	Barclays Capital	2.413
8	Credit Suisse Group	2.330
9	UBS Group	1.459
10	Wells Fargo	1.356

Merchant Banks ähneln vom Leistungsspektrum her den Investmentbanken[2], konzentrieren sich jedoch eher auf eine langfristige Kundenbeziehung, während den Investmentbanken vorwiegend eine Risiko-, Transaktions- und Projektorientierung nachgesagt wird. Die Commercial Banks schließlich nehmen alle Grundfunktionen in einem Finanzsystem wahr, d. h. die Transformationsleistung und -abwicklung sowie die Informationsverarbeitung und -umsetzung.

Während die M&A-Dienstleistungen ursprünglich kostenlos angeboten wurden, ist mittlerweile allerdings die Zahlung von Provisionen üblich. Da auch die Commercial Banks häufig in die Finanzierung von Unternehmensübernahmen involviert sind, besteht ein originäres Interesse, dass es zu keinen Wertberichtigungen kommt. Sorgfältige Analysen im Vorfeld der Transaktion sind daher auch im Eigeninteresse der Banken höchst willkommen.

1 Vgl. Gevestor Financial Publishing Group (2016).
2 Vgl. Gurusamy (2009), S. 1 ff.

6.1.2.2 Wirtschaftsprüfer und Steuerberater

Den Tätigkeitsschwerpunkt der Wirtschaftsprüfer bildet die Prüfung und gutachterliche Bewertung des Kaufs- beziehungsweise Verkaufsobjektes, die Durchführung der Due Diligence sowie die Aufbereitung des internen in ein aussagekräftiges, externes Rechnungswesen.[1] Darüber hinaus sind Überlegungen hinsichtlich der Plausibilität der Planungsrechnung durchzuführen sowie der Due-Diligence-Report zu erstellen. Die Tätigkeit für das Zielunternehmen besteht hingegen im Wesentlichen in der Zusammenstellung der Due-Diligence-Unterlagen im so genannten „Data Room".[2]

Steuerberater werden dabei primär zu Steuerfragen der Financial Due Diligence und für die steuerlich optimale Gestaltung des Kaufvertrages hinzugezogen. Insgesamt ist eine zunehmende Verschmelzung von Steuerberatung und Wirtschaftsprüfung innerhalb international tätiger Wirtschaftsprüfungs- und Steuerberatungsgesellschaften zu beobachten.[3] Tabelle 6-2 zeigt deren Top 10 in Deutschland nach Umsatz.

Tabelle 6-2: *Top 10 Wirtschaftsprüfungsgesellschaften nach Umsatz in Deutschland*[4]

Rang	Wirtschaftsprüfungsgesellschaft	Umsatz in Millionen Euro
1	PwC AG	1.636,0
2	Ernst & Young GmbH	1.531,0
3	KPMG AG	1.506,0
4	Deloitte GmbH	789,6
5	BDO AG	212,2
6	Rödl & Partner GbR	183,1
7	Ebner Stolz PG mbB	167,8
8	Baker Tilly Roelfs AG	137,5
9	Roever Broenner Susat Mazars GmbH & Co. KG	114,0
10	Warth & Klein Grant Thornton AG	85,9

1 Vgl.Müller-Stewens/Spickers/Deiss (1999), S. 56 f.; Balz/Arlinghaus (2014), S. 99.
2 Vgl. Burger/Ulbrich/Ahlemeyer (2010), S. 149.
3 Vgl. Beier (2009), S. 59.
4 Vgl. Lünendonk (2016b).

Zudem haben die größten Wirtschaftsprüfungsunternehmen, ihr Leistungsspektrum über den gesamten M&A-Prozess erweitert, so dass sie häufig auch der eigentlichen Transaktion vor- und nachgelagerte Phasen begleiten. Dabei hat man sich in den letzten Jahren verstärkt auf das Segment der kleinen und mittleren Unternehmen fokussiert, das zahlenmäßig die meisten Transaktionen, nach Volumen jedoch nur einen Bruchteil des M&A-Marktes abdeckt.

6.1.2.3 Rechtsanwälte

Das Tätigkeitsfeld der Rechtsanwälte hat vor allem die Durchführung juristischer Aufgaben innerhalb der M&A-Transaktion sowie die Beurteilung der juristischen Konsequenzen zum Gegenstand. Dazu zählen im Einzelnen die Durchführung der Legal Due Diligence, die Formulierung des Letter of Intent, die Beratung bei den Vertragsverhandlungen, die Ausarbeitung des Vertrages sowie die Vorbereitung der notariellen Beurkundung.[1] Eine Ausnahme bilden freundliche Unternehmensübernahmen, bei denen die Rolle des Rechtsanwaltes weitestgehend auf die Vertragsverhandlung beschränkt ist.

Insgesamt steigt die Bedeutung von Rechtsanwälten mit der zunehmenden Regulierung des Umfeldes an und hat gerade bei grenzüberschreitenden Zusammenschlüssen mit unterschiedlichen Rechtssystemen eine besondere Stellung. Auch wenn Rechtsanwälte aufgrund ihrer Vertrauensposition oftmals die erste Anlaufstelle im Rahmen von M&A-Vorhaben sind, werden sie normalerweise nicht für betriebswirtschaftliche Beratungstätigkeiten eingesetzt.

6.1.2.4 Strategieberater

Das Kerngeschäft der Strategieberater liegt in der Entwicklung von Unternehmens- beziehungsweise M&A-Strategien, der Ausarbeitung von Suchprofilen beziehungsweise Verkaufsofferten sowie der Integrationsgestaltung.[2] Einige Berater wickeln darüber hinaus auch die finanzielle Transaktion vollständig ab, wobei hierfür zumeist wiederum externe Experten herangezogen werden.

Die Full-Service-M&A-Beratung durch einen Strategieberater bleibt nach wie vor die Ausnahme. Meist werden Strategieberatungen in die der Transaktion vorgelagerten und nachgelagerten Aktivitäten eingebunden, aber weniger in die Transaktion selbst.[3] Dabei bringen die strategischen Unternehmensberatungen neben dem Methoden-Know-how oft langjährige Erfahrungen, Fachkompetenz sowie wertvolle Kontakte über alle Branchen hinweg in die Fusionsprojekte ein. Die Rangliste der Top 10 Management-Beratungen 2015 gemessen am Umsatz zeigt Tabelle 6-3.

1 Vgl. Beier (2009), S. 59 f.
2 Vgl. Müller-Stewens/Spickers/Deiss (1999), S. 58; Reineke/Bock (2007), S. 145 ff.
3 Vgl. Hagemann (1996), S. 80; Hinne (2008), S. 109.

Tabelle 6-3: *Top 10 Managementberatungen nach Umsatz*[1]

Rang	Managementberatung	Umsatz in Milliarden Euro
1	Accenture	14,6
2	McKinsey & Company	7,4
3	The Boston Consulting Group	4,5
4	Aon Hewitt	3,9
5	Mercer	3,9
6	Willis Towers Watson	3,3
7	Capgemini Consulting	2,6
8	Bain & Company	2,3
9	Oliver Wyman	1,6
10	A.T. Kearney	1,2

6.1.2.5 Unternehmensmakler

Die Aufgaben eines Maklers im Rahmen von Mergers & Acquisitions lassen sich mit der Entgegennahme von Kauf- und Verkaufsbekundungen beziehungsweise der Suche nach Kaufobjekten sowie der Kontaktanbahnung und Parteienzusammenführung beschreiben. Zimmerer nennt als Aufgaben eines Maklers darüber hinaus die allgemeine Strategieberatung, die Markterkundung, die Identifikation des Partners und die Unterstützung bei Verhandlung und Abschluss.[2]

Selbst wenn damit auch der Unternehmensmakler versucht, sein Leistungsspektrum hin zu einem Full-Service-Anbieter weiterzuentwickeln, so bleibt doch seine angestammte Aufgabe, Angebot und Nachfrage am M&A-Markt zusammenzuführen. Er ist dabei in der Regel als Vermittler zwischen Käufer und Verkäufer tätig und wird meist erfolgsabhängig bezahlt.

Mitunter erfolgt die Provision auch auf Basis eines Zeithonorars oder als Kombination beider Vergütungsmethoden. Oft wird auch die „Lehman-Scale" verwendet, die eine Vergütung in Abhängigkeit des Transaktionsvolumens vorsieht.[3] Für die erste Million

1 Vgl. Lünendonk (2016a).
2 Vgl. Zimmerer (1991), S. 14.
3 Vgl. Cohausz et al. (2011), S. 19.

werden 5% Provision bezahlt, für die zweite Million 4%, für die dritte Million 3%, für die vierte Million 2% und für die fünfte Million ein Prozent. Ab der fünften Million beträgt die Provision konstant 1%.

6.1.2.6 Beteiligungsgesellschaften

Unternehmensbeteiligungsgesellschaften stellen vor allem kleinen und mittelständischen Unternehmen Eigenkapital zur Verfügung, die nicht börsennotiert sind und somit keine Möglichkeit haben, über den Aktienmarkt Geld für etwaige Unternehmenskäufe oder -beteiligungen aufzunehmen. Diese Art der Kapitalbeteiligung wird auch als Private Equity bezeichnet, wobei dieser Begriff allerdings noch keiner einheitlichen Verwendung unterliegt.[1]

In Europa wird Private Equity oft mit Venture Capital gleichgesetzt. Während die Finanzmittel aus Private Equity allerdings primär in reiferen Unternehmen für die Entwicklung von Produkten und Technologien, einen Bilanzausgleich oder auch zu Unternehmenskäufen eingesetzt werden, dient Venture Capital eher als Eigenkapital zur Unternehmensgründung beziehungsweise Unterstützung in der Startphase oder für die ersten Expansionspläne. Darüber hinaus stellen Venture-Capital-Firmen neben finanziellen Mitteln häufig auch weitere Hilfen in Form von Management-Know-how und Industriekontakten her.

Die Bedeutung von Kapitalbeteiligungen ist seit dem Beginn der achtziger Jahre stark gestiegen. Aufgrund der Weltwirtschaftskrise kam es allerdings in den letzten Jahren zu einem Beteiligungsrückgang von Private Equity Gesellschaften an M&A-Transaktionen. Laut einer aktuellen Studie ist dieser negative Trend allerdings vorerst gestoppt. So tätigten Private Equity Gesellschaften im ersten Halbjahr 2011 Investitionen in Höhe von 135 Milliarden US-Dollar, der höchste Wert seit dem Jahr 2008, und konnten damit ihren Anteil am Transaktionsvolumen von 9,8% auf 11,7% steigern.[2]

Auch wenn die Berater wesentliche Funktionen im Ablauf einer M&A-Transaktion wahrnehmen können, so sind inzwischen zahlreiche Unternehmen mit hoher Fusions- beziehungsweise Akquisitionsintensität dazu übergegangen, spezialisierte M&A-Abteilungen zu schaffen, die einen Großteil des Aufgabenspektrums intern abwickeln.[3] Trotzdem haben sich die Berater als Akteure im Markt für Mergers & Acquisitions fest institutionalisieren können. Bevor wir die erste Aufgabe im Rahmen eines M&A-Projektes, die strategische Analyse- und Konzeptionsphase, detailliert erläutern, wird im Folgenden ein Gesamtüberblick über den idealtypischen Verlauf einer Akquisition beziehungsweise Fusion gegeben.

1 Vgl. Kollmann (2008), S. 42 ff.
2 Vgl. Deloitte (2011).
3 Vgl. Abschnitt 2.3 in Teil B.

6.2 Prozess des M&A-Management

Im M&A-Schrifttum findet sich eine Vielzahl unterschiedlicher Darstellungen zum Ablauf des M&A-Management. Allen gemein ist jedoch, dass sie sich in eine übergeordnete Gliederungslogik einfügen, die zwischen den Phasen Pre-Merger, Transaktion und Post-Merger unterscheidet. Dieser Gliederungslogik folgt auch der hier dargestellte idealtypische Verlauf des M&A-Management, bei dem allerdings Pre-Merger- und Transaktionsphase unter dem Begriff Akquisitionsmanagement subsumiert werden, während die Post-Merger-Phase den Integrationsprozess und die Demerger-Phase eine mögliche Wiederveräußerung umfasst.[1]

Auf der nächsten Seite ist in Abbildung 6-3 ein Überblick über die definierten Haupt- und Teilphasen sowie die Haupt- und Teilaktivitäten des M&A-Management, die in den nachfolgenden Abschnitten aufgegriffen und vertieft werden, dargestellt.

6.2.1 Akquisitionsmanagement

Unter Akquisitionsmanagement werden hier alle Tätigkeiten verstanden, die zum einen der Vorbereitung der Akquisition dienen oder zum anderen direkt der eigentlichen Transaktion zuzuordnen sind. Es erscheint daher sinnvoll, das Akquisitionsmanagement selbst nochmals in die zwei Teilphasen „Strategische Analyse und Konzeptionsphase" sowie „Transaktionsphase" zu untergliedern. Die beiden Teilphasen werden nachfolgend skizziert.[2]

6.2.1.1 Strategische Analyse- und Konzeptionsphase

Die strategische Analyse- und Konzeptionsphase lässt sich selbst wiederum in die drei Hauptaktivitäten Strategieentwicklung, Festlegung der Akquisitionsstrategie sowie Organisation und Steuerung des Akquisitionsprozesses unterteilen.

1 Vgl. Achleitner/Wirtz/Wecker (2004a), S. 1504 ff.

2 Obwohl beide Teilphasen gleichermaßen für Fusionen wie Akquisitionen gelten, wird hier lediglich auf Akquisitionen Bezug genommen (siehe hierzu auch die Definition des Akquisitionsmanagement in Abschnitt 1.1 von Teil B).

Abbildung 6-3: *Idealtypischer Prozess des M&A-Management*

Hauptphasen	Akquisitionsmanagement		Post Merger Integrationsmanagement			Demerger-Management		
Teilphasen	Strategische Analyse- und Konzeptionsphase	Transaktionsphase	Post Merger Integrations-konzeption	Post Merger Integrations-durchführung	Post Merger Integrations-controlling	Demerger-Analyse und Konzeption	Demerger-Durchführung	Demerger-Controlling
Hauptaktivitäten	• Strategieentwicklung • Festlegung der Akquisitionsstrategie • Organisation und Steuerung des Akquisitionsprozesses	• Screening/Selektion der Vertragspartner • Gestaltung der vorvertraglichen Phase • Unternehmensbewertung und Kaufpreisermittlung • Kartellrechtliche Prüfung • Vertragsschluss	• Definition der Integrationsziele und Erfolgsfaktoren • Festlegung des Integrationsablaufs • Aufbau und Einsatz des Integrationsteams	• Organisationsorientierte Integration (Aufbau- und Ablauforganisation, Personal, Kultur) • Informationsorientierte Integration (IuK-Technologie und -politik, Wissensmanagement) • Marktorientierte Integration (Marken- und Kundenmanagement)	• Entwicklung und Einsatz eines Integrationscontrolling • Post Merger Audit und Erfolgskontrolle	• Prozessinitiierung • Objektanalyse • Entscheidungs- und Konzeptfindung	• Gestaltung der Transaktionskommunikation • Steuerung der Transaktionsumsetzung	• Prozessbegleitendes Controlling • Erfolgskontrolle des Demerger-Projektes
Teilaktivitäten	• Bestimmung der Unternehmensziele • Unternehmens-, Markt- und Wettbewerbsanalyse • Festlegung der Akquisitionsstrategie • Verabschiedung der Aufbau- und Ablauforganisation des Akquisitionsprozesses	• Erstellung eines Anforderungsprofils, Reduktion der Long list auf die Short list • Non Disclosure Agreement, Letter of Intent, Due Dilligence und Memorandum of Understanding • Unternehmensbewertung • Preisfindung, Finanzierungskonzept und Kaufvertrag • Kartellrechtliche Prüfung und Deal Closing	• Festlegung und Priorisierung der Integrationsmaßnahmen • Bestimmung des Integrationsgrades und der Integrationsgeschwindigkeit • Festlegung der Zusammensetzung und Kompetenzen, Aktivitäten und Aufgaben sowie Instrumente und Steuerungstools des Integrationsteams	• Festlegung der Aufbau- und Ablauforganisation • Integration der Informationstechnologie • Entwicklung eines Personalkonzeptes • Organisation der internen und externen Kommunikation • Sicherstellung des Wissenstransfers • Erarbeitung von Change Management Ansätzen zur Harmonisierung der Unternehmenskultur • Management der Markenführung und Kundenorientierung	• Prämissenkontrolle • Überprüfung des wirtschaftlichen und strategischen Zielerreichungsgrades • Messung des Integrationsklimas und -erfolgs	• Identifikation eines Misfit • Strategische und finanzielle Detailanalysen • Erarbeitung der Demerger-Konzeption	• Festlegung eines Kommunikationskonzeptes • Sachliche und personelle Abgrenzung • Durchführung von Aufwertungsmaßnahmen • Erstellung eines Informationsmemorandums • Investorensuche • Transaktionsabschluss	• Steuerung und Kontrolle des Demerger-Prozesses unter Berücksichtigung der Strategie-, Finanz-, Käufer- und Mitarbeiterperspektive • Erfolgskontrolle der abgeschlossenen Transaktion

- Strategieentwicklung

Eine wesentliche Aufgabe der Strategieentwicklung ist die Identifikation und Formulierung der Unternehmensstrategie, die am erfolgversprechendsten zur Erreichung der übergeordneten strategischen Ziele des Unternehmens angesehen wird. Voraussetzung hierfür ist einerseits eine detaillierte Umfeld-, Branchen- und Marktanalyse sowie andererseits die Untersuchung des eigenen Unternehmens sowie der direkten Wettbewerber. Basierend auf den Analyseergebnissen hat ein Abgleich der marktseitigen Chancen und Risiken mit dem unternehmensspezifischen Stärken-/Schwächen-Profil zu erfolgen. Werden so genannte strategische Lücken gegenüber den ursprünglich festgelegten Unternehmenszielen identifiziert, müssen diese durch geeignete Strategien geschlossen werden.

- Festlegung der Akquisitionsstrategie

Die Festlegung einer Akquisitionsstrategie stellt nur eine mögliche Alternative zur Behebung strategischer Lücken dar. Sie ist insbesondere dann zu wählen, wenn der Aufbau eigener Kompetenzen zu zeitaufwendig ist, für das Akquisitionsobjekt kein unangemessen hoher Aufpreis bezahlt werden muss und das Integrationsrisiko aufgrund möglicher kultureller Differenzen nicht allzu hoch eingeschätzt wird.

- Organisation und Steuerung des Akquisitionsprozesses

Zur Organisation und Steuerung des Akquisitionsprozesses, der die strategische Analyse- und Konzeptionsphase sowie die Transaktionsphase umfasst und von dem Integrationsprozess abgelöst wird beziehungsweise in diesen übergeht, ist eine geeignete Aufbau- und Ablauforganisation festzulegen. Bei der Aufbauorganisation ist insbesondere zwischen den Vor- und Nachteilen des Akquisitionsmanagement durch eine Projektorganisation, Fachabteilungen, operative Bereiche oder eine eigenständige M&A-Abteilung abzuwägen. Zur Sicherstellung einer reibungslosen Ablauforganisation während des Akquisitionsprozesses ist zusätzlich über den Einsatz externer Dienstleister, die interne und externe Kommunikationspolitik sowie die Ausgestaltung des Akquisitionscontrolling zu entscheiden.

Um einen nahtlosen Übergang zur nächsten Teilphase, der Transaktionsphase, zu ermöglichen, sollte nach Abschluss der strategischen Analyse- und Konzeptionsphase eine klar ausformulierte Akquisitionsstrategie mit entsprechendem Management-Commitment vorliegen. Darüber hinaus ist es sinnvoll, die wesentlichen Elemente zur Organisation und Führung des Akquisitionsprozesses festzulegen.

6.2.1.2 Transaktionsphase

Die Transaktionsphase beschreibt das eigentliche „Deal Making" vom Erstkontakt bis zum Vertragsschluss. Dabei sind im Wesentlichen fünf Hauptaktivitäten notwendig: Screening/Selektion der Vertragspartner, Gestaltung der vorvertragliche Phase, Unternehmensbewertung und Kaufpreisermittlung sowie kartellrechtliche Prüfung und Vertragsschluss.

- Screening/Selektion der Vertragspartner

Ausgangspunkt des Screening-Prozesses ist die Erstellung der so genannten Long List, auf der alle potenziellen Akquisitionskandidaten aufzuführen sind, die zur Erreichung der gesteckten Akquisitionsziele geeignet erscheinen. Im Rahmen eines ersten Filterprozesses ist daraufhin die Long List anhand von marktgängigen Informationen und eines groben Anforderungsprofils zu einer Short List zu verkürzen. Die Unternehmen der Short List werden dann, in einem weiteren Auswahlschritt, einer genaueren Prüfung unterzogen, um einen spezifischen Kreis favorisierter Akquisitionskandidaten zu ermitteln.

- Gestaltung der vorvertraglichen Phase

Die vorvertragliche Verhandlungsphase dient den Vertragsparteien zur Informationsgewinnung und zum Abbau ihrer Interessensdivergenzen. Gleichzeitig werden unter anderem Kaufpreisvorstellungen sondiert und mögliche Gewährleistungsansprüche festgelegt. Der vorvertragliche Ablauf des Akquisitionsprozesses lässt sich in die Einzelschritte Non Disclosure-Agreement und Letter of Intent, Due Diligence und Memorandum of Understanding sowie Optionen und Vorverträge untergliedern. Während mit der Vertraulichkeitserklärung (dem so genannten „Statement of Non-Disclosure“) eine vertragliche Geheimhaltungs- und Unterlassungsvereinbarung unterzeichnet wird, bekunden die Verhandlungspartner durch die Formulierung eines so genannten „Letter of Intent“ (LoI) ihr Interesse an detaillierten Vorverhandlungen.

Nächster Schritt im Rahmen der vorvertraglichen Phase ist die Due Diligence, unter der die sorgfältige Analyse und „Inspektion“ des zu übernehmenden Unternehmens aus mehreren Perspektiven (zum Beispiel finanziell, marktorientiert, personell oder auch kulturell) zu verstehen ist. Im anschließenden Memorandum of Understanding werden die wichtigen Punkte des angestrebten Unternehmenskaufs konkretisiert, wobei zwischen Punkten unterschieden wird, über die bereits eine Einigung erzielt wurde und die noch einer weiteren Klärung bedürfen. Darüber hinaus wird meist der Ablauf der nächsten Schritte detailliert festgelegt. Zudem werden im Rahmen der vorvertraglichen Phase zur Sicherung der Exklusivität oft Optionen auf den Unternehmenserwerb vereinbart, die sich vom Letter of Intent durch eine feste vertragliche Vereinbarung unterscheiden, welche über eine reine Absichtserklärung hinausgeht.

- Unternehmensbewertung und Kaufpreisermittlung

Nach dem Selektionsprozess und der vorvertraglichen Phase erfolgt die Unternehmensbewertung und Kaufpreisermittlung. Diese Phase hat zum Ziel, auf der Basis einer realistischen Unternehmensbewertung einen angemessenen beziehungsweise fairen Kaufpreis festzulegen. Zur Ermittlung des Unternehmenswertes steht eine Reihe von Methoden zur Verfügung, die zum Teil auch parallel eingesetzt werden kön nen. Neben der klassischen Substanz- und Liquidationswertmethode haben sich insbesondere Multiplikator- und Diskontierungsverfahren durchgesetzt, wobei dem Discounted-Cashflow-Ansatz in der Praxis eine hervorgehobene Stellung zukommt.

- Kartellrechtliche Prüfung und Vertragsschluss

Nach der Prüfung eventueller kartellrechtlicher Auflagen stellen die abschließenden Vertragsverhandlungen den letzten Schritt innerhalb der Transaktionsphase dar, wobei der in der Bewertungsphase ermittelte Unternehmenswert die Grundlage für den bevorstehenden Vertragsabschluss beider Parteien bildet.

Dabei gilt es, einen Preis zu finden, der sowohl den Vorstellungen des Käufer- wie auch des Verkäuferunternehmens entspricht. Im Anschluss müssen die Modalitäten der Transaktion und die konkrete Ausgestaltung des Kaufvertrages gegebenenfalls unter Berücksichtigung der zuvor ermittelten kartellrechtlichen Auflagen geregelt werden. Nach der Vertragsunterzeichnung kommt es zum Deal Closing, dem Übergangsstichtag von Leistungsgewalt und unternehmerischer Verantwortung zum Käuferunternehmen.

Mit dem Deal Closing ist die Transaktionsphase im M&A-Prozess zwar abgeschlossen, meist beginnen die eigentlichen Herausforderungen jedoch erst zu diesem Zeitpunkt – wenn die beiden Unternehmen zu einer gemeinsamen Einheit verschmolzen werden. Diese Thematik ist Kernbestandteil der so genannten Post-Merger-Integrationsphase, deren idealtypischer Ablauf nachfolgend beschrieben wird.

6.2.2 Post-Merger-Integrationsmanagement

Auch das Post-Merger-Integrationsmanagement gilt gleichermaßen für Fusionen und Akquisitionen. Da die Integrationsphase in der Regel stärker mit einer Verschmelzung beziehungsweise Fusion in Verbindung gebracht wird, steht im Folgenden insbesondere der Merger im Fokus.[1] Wie das Akquisitionsmanagement, so lässt sich auch das Post-Merger-Integrationsmanagement grundsätzlich in eine konzeptionelle und eine umsetzungsorientierte Teilphase unterteilen.

Darüber hinaus erscheint es sinnvoll, gegen Ende der Integrationsphase eine Erfolgskontrolle über den Zielerreichungsgrad durchzuführen. Damit ergeben sich innerhalb des Post-Merger-Integrationsmanage-ments drei abgrenzbare Teilphasen: Post-Merger-Integrationskonzeption, Post-Merger-Integrationsdurchführung und Post-Merger-Integrationscontrolling. Die Hauptaktivitäten dieser drei Teilphasen werden im Folgenden kurz beschrieben.

---

1 Siehe auch die Definition des Post-Merger Integrationsmanagement in Abschnitt 1.1 von Teil C sowie Grimpe (2005), S. 16.

6.2.2.1 Post-Merger-Integrationskonzeption

Die Konzeption der Post-Merger-Integration besitzt eine fundamentale Bedeutung für die Erreichung der mit der Integration verfolgten Ziele. Zudem lassen sich durch eine adäquate Integrationskonzeption Probleme und Schwierigkeiten reduzieren, die während der Integration auftreten können. Die Post-Merger-Integrationsphase gliedert sich in drei Hauptaktivitäten: Definition der Integrationsziele und Erfolgsfaktoren, Festlegung des Integrationsablaufes sowie Aufbau und Einsatz des Integrationsteams.

- Definition der Integrationsziele und Erfolgsfaktoren

Der Erfolg von Tätigkeiten und Prozessen wird vielfach an deren Beitrag zur Erreichung der Unternehmensziele gemessen. Gleichermaßen gilt eine Post-Merger-Integration als erfolgreich, wenn nach deren Abschluss die übergeordneten Ziele des Mergers realisiert werden konnten. Daher gehört es zu den Kernaufgaben der Integrationskonzeption, die spezifisch mit der Integrationsphase verbundenen Zielsetzungen und die Erfolgsfaktoren zur Zielerreichung herauszuarbeiten und als Orientierungsraster für die Durchführung der Integration vorzugeben.

- Festlegung des Integrationsablaufs

Ein wesentlicher Bestandteil der Integrationskonzeption und damit wichtiger Erfolgsfaktor für eine reibungslose Durchführung der Post-Merger-Phase ist eine detaillierte Planung des Integrationsablaufs. Diese Planung sollte möglichst alle Maßnahmen hinsichtlich der strategischen und operativen Integration enthalten, den Zeitrahmen für die Durchführung vorgeben sowie die Aufgabenverteilung und Verantwortlichkeiten definieren. Dabei sind zur Festlegung und Priorisierung der Integrationsmaßnahmen der Integrationsgrad und die Integrationsgeschwindigkeit zu berücksichtigen.

- Aufbau und Einsatz des Integrationsteams

Zur Planung, Steuerung und Kontrolle der Umsetzung der Integrationsphase ist ein Integrationsteam einzusetzen, das paritätisch aus beiden Unternehmen besetzt werden sollte. Im Falle einer vorausgegangenen Akquisition stammt das Akquisitionsteam in der Regel aus dem Akquisitionsteam des Käufers, das um entsprechende Mitarbeiter des übernommenen Unternehmens ergänzt wird. Da es sich bei der Post-Merger-Integration um eine komplexe Aufgabe handelt, die innerhalb eines vordefinierten Zeitraumes abzuwickeln ist und in der Regel in einem interdisziplinären Kontext steht, hat sich zur Realisierung in der Unternehmenspraxis und in der wissenschaftlichen Diskussion der Projektmanagementansatz als tragfähig erwiesen.

Dabei umfasst das Projektmanagement drei Dimensionen: eine institutionale, eine funktionale sowie eine instrumentale. Während sich die institutionale Dimension des Projektmanagement mit den am Projekt beteiligten Personengruppen und ihren Rollen befasst, beschreibt die funktionale Dimension das im Projekt wahrzunehmende Tätigkeitsspektrum. Die instrumentale Dimension schließlich beinhaltet das bei der Projektrealisierung zur Anwendung kommende Instrumentarium.

6.2.2.2 Post-Merger-Integrationsdurchführung

Für eine erfolgreiche Durchführung der Post-Merger-Integration hat das Management im Wesentlichen Aspekte der Organisation (Aufbau- und Ablauforganisation, Unternehmenskultur und Personalmanagement), der Information (Informations-/Kommunikationstechnologie und -politik, Wissensmanagement) sowie der Marktorientierung (Marken- und Kundenmanagement) zu berücksichtigen. Die genannten Aspekte sollen im Folgenden kurz erläutert werden.

- Organisationsorientierte Integration

Eine hervorgehobene Position im Rahmen der Post-Merger-Phase kommt der organisatorischen Integration zu, in der neben strukturellen Veränderungen der Aufbau- und Ablauforganisation auch die Harmonisierung der Unternehmenskultur und des Personalmanagement vorangetrieben werden müssen. Dabei sind bei der Aufbau- und Ablauforganisation eher harte organisatorische Faktoren, wie beispielsweise Stellen- und Prozessbeschreibungen, Organigramme und Planungsabläufe zu thematisieren, um eine möglichst reibungslose Übergangsperiode sowie ein schnelles Erreichen des intendierten Zielzustandes zu erreichen.

Dagegen stehen bei der kulturellen und personellen Assimilierung insbesondere weiche Faktoren im Vordergrund, wie sie vor allem in den Zielen und Interessen der von dem Zusammenschluss betroffenen Mitarbeiter begründet liegen. So ist im Rahmen des Personalmanagement eine besonders sensible Vorgehensweise nötig, da Fusionen oft zu Veränderungen des Verhaltens- und Wertesystems führen. Als Folge können psychische Probleme entstehen, wie zum Beispiel Unsicherheit, Angst vor Autonomie- und Identitätsverlust sowie Orientierungslosigkeit.

- Informationsorientierte Integration

Neben der Informations- und Kommunikationstechnologie umfasst die informationsorientierte Perspektive auch die Informations- und Kommunikationspolitik sowie das Wissensmanagement. Da es sich bei diesen Faktoren heutzutage um essentielle Aspekte bei der unternehmerischen Tätigkeit handelt, kommt der informations- und kommunikationstechnologischen Integration bei Mergers & Acquisitions eine herausragende Bedeutung zu. Dabei ist es von großer Bedeutung, den inhärenten Zielkonflikt zwischen einer möglichst schnellen Schaffung einer einheitlichen Datenbasis als Grundlage gemeinsamer Entscheidungen bei gleichzeitiger Beherrschung der Komplexität und der Sicherstellung eines Höchstmaßes an Verfügbarkeit und Zuverlässigkeit der Daten zu lösen.

Zu den wesentlichen Erfolgsfaktoren bei Unternehmenszusammenschlüssen zählt darüber hinaus eine professionelle Informations- und Kommunikationspolitik, deren Aufgabe insbesondere darin liegt, die so genannten „Soft Facts", wie zum Beispiel Motivation, Vertrauen und Commitment der Mitarbeiter, zu stärken. Dabei nimmt der Stellenwert der Informations- und Kommunikationspolitik im Verlauf von Fusionen und Akquisitionen in überdurchschnittlichem Maße zu und hat gerade in der Post-Merger-Integrationsphase entscheidenden Einfluss auf Erfolg oder Scheitern des Unternehmenszusammenschlusses. Auch das Wissensmanagement nimmt in der Phase der Post-Merger-Integration eine zentrale Rolle ein, da der Wissenstransfer als ein Hauptmotiv für M&A-Transaktionen gilt und ein substantieller Wissenverlust die mit dem Merger verfolgten Ziele beeinträchtigen kann.

- Marktorientierte Integration

Unter marktorientierter Integration wird hier das Marken- und Kundenmanagement im Rahmen des M&A-Prozesses verstanden. Ein Erfolgsfaktor, dem sowohl im Schrifttum als auch in der Praxis häufig nicht genügend Beachtung geschenkt wird, ist das Markenmanagement bei Mergers & Acquisitions. Da die Marke den Auftritt des Unternehmens nach außen verkörpert, muss das Markenmanagement neben strategischen und finanziellen Gesichtspunkten zu den obersten Prioritäten der Post-Merger-Integrationsphase zählen. Dabei ist ein hohes Maß an Professionalität und Fingerspitzengefühl erforderlich, um die Erwartungen und Vorstellungen der unterschiedlichen Zielgruppen an den neuen Marktauftritt zu erfüllen und gleichzeitig das Markenportfolio unter Rentabilitätsgesichtspunkten optimal zu steuern.

Neben dem Markenmanagement nimmt das Kundenmanagement eine wichtige Rolle im Zuge der marktorientierten Integration ein. Da ein Unternehmenszusammenschluss nicht nur für die Mitarbeiter der beteiligten Unternehmen, sondern auch für die Kunden mit zahlreichen Unsicherheiten behaftet ist, ist es besonders erfolgskritisch, die Kunden frühzeitig in den M&A-Prozess zu integrieren und ihre Bedürfnisse und Wünsche bereits bei der Integrationsplanung zu berücksichtigen. Wichtig ist in diesem Zusammenhang auch die Neuorganisation der Kundenansprache, d. h zu entscheiden, welche Markteinheiten für welche Kundengruppen verantwortlich sind und mit welchen Systemen die Kunden zukünftig betreut werden sollen. Dies setzt eine detaillierte Kundenanalyse und die Festlegung der technischen Migration der Kundendaten voraus.

Der Analyse des wirtschaftlichen und strategischen Zielerreichungsgrades des Post-Merger-Integrationsmanagement dient der Aufbau eines Integrationscontrolling beziehungsweise einer Erfolgskontrolle. Diese dritte und letzte Teilphase innerhalb der Post-Merger-Integration wird abschließend dargestellt.

6.2.2.3 Post-Merger-Integrationscontrolling

Die Teilphase Post-Merger-Integrationscontrolling setzt sich aus den beiden Komponenten Integrationscontrolling und Erfolgskontrolle (Post-Merger-Audit) zusammen. Diese werden nachfolgend kurz erläutert.

- Integrationscontrolling

Dem Integrationscontrolling wird allgemein eine hohe Bedeutung für den M&A-Erfolg zugeschrieben. Dabei steht die Aufgabe der fortlaufenden Kontrolle des Integrationsprozesses im Vordergrund. Zunächst sind die Voraussetzungen für eine prozessnahe Beobachtung der bereits durchgeführten Integrationsaktivitäten zu schaffen, bevor die Überprüfung im Mittelpunkt steht, ob der Integrationsprozess im Rahmen der gemachten Vorgaben verläuft.

Dies betrifft neben der Einhaltung der zeitlichen Vorgaben auch eine Bewertung des Erfolgs der Integrationsmaßnahmen. Eine weitere Aufgabe des Integrationscontrolling besteht in der Ausarbeitung von Ansätzen zur Verbesserung des laufenden Integrationsprozesses, insbesondere dann, wenn Planabweichungen festgestellt wurden. Schließlich dient das Integrationscontrolling auch einer kritischen Reflexion der bisherigen Annahmen im Unternehmen hinsichtlich der Kausalitätsbeziehungen zwischen Integrationsmaßnahmen und dem Verlauf beziehungsweise dem Erfolg des Integrationsprozesses.

- Erfolgskontrolle

Die Erfolgskontrolle geht der Frage nach, inwieweit der Zusammenschluss als Ganzes als erfolgreich anzusehen ist. Zur Beantwortung dieser Frage können verschiedene Methoden und Ansätze herangezogen werden, die sich in Erfolgskonzepte, Erfolgsdimensionen, Zeitpunkt und -raum sowie weitere Maßstäbe unterscheiden lassen. Diese verschiedenen Methoden und Ansätze sind dabei im Sinne eines umfassenden M&A-Controlling zu einem aussagefähigen Kennzahlensystem zusammenzuführen, das einen hohen Erklärungsgehalt bezüglich des M&A-Erfolges aufweisen sollte.

Bereits vor oder während der Integrationsphase konnten möglicherweise Geschäftsbereiche oder Unternehmensanteile identifiziert werden, die den Renditeerwartungen des Management oder der Eigentümer nicht genügen beziehungsweise nicht mehr in die langfristige Unternehmensstrategie passen. Die Trennung beziehungsweise die Veräußerung dieser Geschäftsfelder während oder im Anschluss an die Post-Merger-Integration wird hier als Demerger-Management verstanden, dessen Hauptaktivitäten nachfolgend ebenfalls kurz skizziert werden.

6.2.3 Demerger-Management

Analog zur Vorgehensweise bei der Post-Merger-Integration lässt sich der Ablauf der Demerger-Phase in eine primär konzeptionelle, eine umsetzungsorientierte und eine Phase der Erfolgskontrolle untergliedern. Damit können im Rahmen des Demerger-Management drei abgrenzbare Teilphasen identifiziert werden: Demerger-Analyse und Konzeption, Demerger-Durchführung sowie Demerger-Controlling. Auf die wesentlichen Aspekte innerhalb dieser Phasen wird im Folgenden kurz eingegangen.

6.2.3.1 Demerger-Analyse und Konzeption

Die Analyse- und Konzeptionsphase wird häufig durch ein konkretes Ereignis beziehungsweise das Erkennen eines kritischen Zustandes bei einem oder mehreren Unternehmensbereichen ausgelöst (Prozessinitiierung). Daraufhin werden die betroffenen Teilbereiche in der Regel einer kritischen und detaillierten Analyse unterzogen (Objektanalyse). Auf Basis dieser Detailanalysen wird die Entscheidung für oder gegen einen Demerger getroffen und ein Umsetzungskonzept ausgewählt (Entscheidungs- und Konzeptfindung). Die einzelnen Aspekte werden im Folgenden skizziert.

- Prozessinitiierung

Der Demerger-Prozess wird häufig durch einen so genannten Misfit initiiert. Ein solcher liegt vor, wenn die Konzerngesellschaft erkennt, dass ein bestimmter Geschäftsbereich seinen Zweck im Portfolio nicht mehr erfüllt und folglich auch nicht mehr ausreichend zur Erreichung der Geschäftsziele beiträgt. Quellen für aufgedeckte Misfits sind in der Regel strategischer oder finanzieller Natur. Als Beispiele können eine strategische Neuausrichtung der Konzerngesellschaft, eine fehlende strategische Übereinstimmung nach einer Akquisition oder Verluste des entsprechenden Unternehmensteilbereichs angeführt werden. Im Rahmen einer so genannten Trigger-Analyse wird schließlich geprüft, ob der Demerger des betroffenen Unternehmensteils ein grundsätzlich problemadäquates Lösungsmittel ist oder ob andere Maßnahmen als geeigneter einzustufen sind.

- Objektanalyse

Gegenstand der Objektanalyse ist die Sammlung, Aufbereitung und Auswertung von Informationen zu dem potenziellen Demerger-Objekt. Je nachdem, welcher Natur der aufgedeckte Misfit ist, kommt die Objektanalyse mit unterschiedlichen Schwerpunkten zum Einsatz. Dabei werden regelmäßig sowohl strategische als auch finanzielle Aspekte im Rahmen von Detailanalysen umfassend untersucht. Die Strategic-Fit-Detailanalyse konzentriert sich im Wesentlichen auf den Abgleich der marktseitigen Chancen und Risiken der betrachteten Unternehmenseinheit mit deren spezifischem Stärken-/Schwächen-Profil. Von Interesse ist dabei, wie ausgeprägt die Diskrepanz zwischen identifizierten Chancen und Risiken und vorhandenen Stärken und Schwächen ist. Daraus lassen sich erste Hinweise ableiten, ob eine Weiterführung innerhalb des Konzerns angezeigt ist.

Das Ziel der finanziellen Detailanalyse besteht darin, auf Basis quantitativer Bewertungen eine Aussage über die Vorteilhaftigkeit der Fortführung des potenziellen Demerger-Objektes zu machen. Hierfür wird in der Regel der kalkulierte Barwert bei Weiterführung mit dem Barwert einer Verkaufs- oder Stilllegungsalternative verglichen. Die Bewertung erfolgt mittels unterschiedlicher finanzmathematischer Investitionsrechenverfahren. Dabei ist auf theoretische und praktische Restriktionen der einzelnen Verfahren zu achten.

■ Entscheidungs- und Konzeptfindung

Nachdem die Konzerngesellschaft das betroffene Objekt einer umfassenden Analyse unterzogen hat, gilt es festzulegen, ob der betroffene Unternehmensteilbereich weitergeführt oder durch einen Demerger abgespalten wird. Erst daraufhin werden mögliche Lösungsvorschläge im Sinne einer Prüfung in Frage kommender Demerger-Konzepte entwickelt. Im Rahmen der Konzeptfindung soll, unter Berücksichtigung der mit der Abstoßung des Unternehmensbereichs verfolgten Zielsetzung sowie möglicher Nebenbedingungen, das optimale Demerger-Konzept bestimmt werden. Die zur Beurteilung des Demerger-Konzeptes notwendigen Bewertungskriterien leiten sich dabei unmittelbar aus der Zielsetzung und den Nebenbedingungen ab.

6.2.3.2 Demerger-Durchführung

Im Rahmen der Durchführungsphase werden die konkreten Einzelmaßnahmen der Demerger-Transaktion umgesetzt. Zu Beginn dieser Phase wird in der Praxis häufig ein Kommunikationskonzept entwickelt, bevor die ersten Einzelmaßnahmen auf den Weg gebracht werden. Zu den wesentlichen Maßnahmen im Rahmen der Demerger-Durchführung gehören in der Regel die personelle und sachliche Abgrenzung des Objektes, dessen Aufwertung, die Suche nach potenziellen Investoren, die Erstellung eines Informationsmemorandums sowie die abschließenden Verhandlungen. Die eizelnen Aspekte werden im Folgenden kurz erläutert.

■ Personelle und sachliche Abgrenzung

Im Zuge der personellen und sachlichen Abgrenzung wird geregelt, welche Human- und Kapitalressourcen dem Demerger-Objekt zugehörig sind. Auf diese Weise wird die Ablösung vom Konzernverbund vorbereitet. Indem der Teilbereich aus dem Konzernverbund herausgelöst wird, soll dessen „Stand-Alone"-Fähigkeit gewährleistet werden. Das Kernziel der Abgrenzung ist es, den abzulösenden Teilbereich so zu gestalten, dass die organisatorischen und rechtlichen Voraussetzungen für den bevorstehenden Demerger erfüllt werden.

■ Aufwertungsmaßnahmen

Durch mögliche Aufwertungsmaßnahmen soll die Attraktivität des betroffenen Objekts gesteigert werden. Ausgangspunkt objektwertsteigernder Maßnahmen sind regelmäßig Veränderungen auf der Aktiv- oder der Passivseite der Bilanz. Beipiele hierfür sind die Ein- oder Ausgliederung von Posten des Anlagevermögens sowie Umgliederung, Erhöhung oder Reduzierung des Eigenkapitals, der Rückstellungen oder der Verbindlichkeiten. Das Ziel besteht darin, das zu veräußernde Objekt für die potentiellen Käufer attraktiver zu machen. Dabei verfolgt die Konzerngesellschaft stets eigene Interessen, indem sie beispielsweise versucht, ihre Verhandlungsposition zu stärken und den Veräußerungserlös zu maximieren.

■ Suche nach potenziellen Investoren

Falls die Anteile des Demerger-Objektes teilweise oder vollständig verkauft werden sollen und bislang noch kein konkretes Angebot vorliegt, gilt es, im Anschluss an die Abgrenzungs- und Aufwertungsmaßnahmen potenzielle Investoren ausfindig zu machen. Beim Unternehmensverkauf kann danach differenziert werden, ob das Objekt über den Kapitalmarkt oder an einen Einzelkäufer beziehungsweise ein Käuferkonsortium veräußert werden soll. Je nachdem, wie sich das Management in dieser Frage entschieden hat, stellen sich unterschiedliche Herausforderungen im Hinblick auf die Suche nach möglichen Interessenten.

■ Erstellung eines Informationsmemorandums

Nachdem eine ausreichende Anzahl an potenziellen Investoren identifiziert wurde, sollte das Demerger-Objekt diesen gegenüber möglichst attraktiv dargestellt werden, um das vorhandene Interesse zu steigern. Hierfür bietet sich das Informationsmemorandum an, dessen Aufgabe neben der Werbung für das Demerger-Objekt auch darin besteht, ein möglichst akkurates Bild über den angebotenen Unternehmensbereich und insbesondere dessen Profil und Markt sowie Geschäftsplanung und Geschäftsmöglichkeiten zu zeichnen. Da das Informationsmemorandum in der Regel bereits sehr vertrauliche Informationen enthält, sollte der Verkäufer mit dem Interessenten eine Vertraulichkeitserklärung schließen.

■ Abschließende Verhandlungen

Zu Beginn der Vertragsverhandlungen entscheidet der Verkäufer zunächst, ob mit den verbliebenen Interessenten parallel oder exklusiv nach einer bestimmten Reihenfolge verhandelt werden soll. Daraufhin verhandeln die Gesprächspartner beider Parteien über die Einzelheiten des Vertrages. Können sich die Verhandlungsführer am Ende des Verhandlungsprozesses auf ein gemeinsames Ergebnis einigen, so kommt die Transaktion in rechtlich bindender Weise mit Vertragsunterzeichnung zustande.

6.2.3.3 Demerger-Controlling

Dem Demerger-Controlling kommen im Wesentlichen zwei Aufgaben zu. Zum einen soll die Transaktion prozessnah gesteuert und kontrolliert werden, zum anderen geht es darum, die Gesamtzielerreichung des Projekts zu bewerten. Beide Aspekte werden nachfolgend kurz dargestellt.

■ Prozessbegleitendes Controlling

Aufgabe des Demerger-Controlling ist es, die mit der Transaktion verbundene Zielsetzung der Konzerngesellschaft sicherzustellen. Inhaltlich berücksichtigt ein modernes Controlling im Kontext des Demerger neben einer rein finanziellen auch eine Strategie-, Investoren- und Personalperspektive. Die genannten Sichtweisen lassen sich mittels einer Balanced Scorecard zu einem umfassenden Demerger-Controlling-

System verknüpfen, über welches die Konzerngesellschaft den laufenden Projektstand überwachen und gegebenenfalls notwendige Maßnahmen zum Eingriff in den Gesamtprozess ableiten kann. Als grundsätzliches Controllinginstrument bietet sich ein fortlaufender Vergleich zwischen den angestrebten Soll-Größen und den bislang realisierten Ist-Größen an.

Derartige Kontrollvergleiche beziehen sich regelmäßig auf die im Zusammenhang mit dem Demerger erfolgten Einzelmaßnahmen. Es werden die getroffenen Annahmen, die konkrete Durchführung, der bislang erzielte Fortschritt sowie der Grad der Zielerreichung nach Beendigung einer Einzelmaßnahme kontrolliert. Bei kritischen Abweichungen gilt es, Gegenmaßnahmen zu ergreifen, um den Projekterfolg zu sichern.

- Erfolgskontrolle des Demerger-Projektes

Ebenso wie sämtliche Einzelmaßnahmen des Demerger-Projektes sollte auch das Gesamtprojekt einer Ergebnis- beziehungsweise Erfolgskontrolle unterliegen. Dabei muss sich die Konzerngesellschaft darüber im Klaren sein, wie der Demerger-Erfolg gemessen werden soll. So können inhaltlich unterschiedliche Aspekte, etwa marktstrategische oder finanzielle, unterschieden werden. Die Analyse kann dabei auf quantitativ-objektiven Grundlagen, wie zum Beispiel Jahresabschlusszahlen und Kapitalmarktdaten, oder auf subjektiven Erfolgswahrnehmungen, wie etwa der Einschätzung des Management,beruhen.

Daneben ist entscheidend, ob für die Erfolgsmessung ein Zeitpunkt oder ein Zeitraum herangezogen wird. Schließlich sollte die Konzerngesellschaft zur Beurteilung des Demerger-Erfolgs auch auf bestimmte Maßstäbe zurückgreifen, um das Ergebnis vergleichbar zu machen. Bei der Wahl geeigneter Maßstäbe kommen beispielsweise Zielvorgaben des Management oder unternehmensexterne Benchmarkings in Frage.

Teil B:

Akquisitionsmanagement

1 Einführung

Da die breite Öffentlichkeit in der Regel erst kurz vor dem Deal Closing, d. h. der rechtlichen Wirksamkeit des Zusammenschlusses, von den Akquisitions- beziehungsweise Fusionsplänen der Unternehmen erfährt, bleibt häufig verborgen, dass der M&A-Prozess bereits viel früher einsetzt und zu einem Großteil unter Ausschluss der Öffentlichkeit stattfindet. Die professionelle Durchführung eines solch komplexen Unterfangens wie einer M&A-Transaktion erfordert eine detaillierte Analyse- und Konzeptionsphase, wenn man die Zweckmäßigkeit der M&A-Strategie zur Erreichung der Unternehmensziele unter Rendite- und Risikogesichtspunkten sicherstellen und ein unstrukturiertes Vorgehen über den gesamten M&A-Prozess vermeiden will.

Darüber hinaus sind bis zum Vertragsschluss wichtige Verfahrensweisen zu berücksichtigen beziehungsweise Prozessschritte zu vollziehen, die oftmals das Hinzuziehen sachverständiger Dritter erfordern. Bevor nun jedoch auf diese hier unter Akquisitionsmanagement subsumierten Phasen der strategischen Analyse und Konzeption beziehungsweise Transaktion eingegangen wird, werden einige zentrale Begriffe zunächst definiert und abgegrenzt sowie der weitere Aufbau des Teils B erläutert.

1.1 Begriffsdefinition und -abgrenzung

Wie oben bereits angedeutet umfasst der Begriff des Akquisitionsmanagement hier die strategische Analyse und Konzeptionsphase sowie die Transaktionsphase. Daher erscheint es sinnvoll, kurz auf den Begriff der Strategie beziehungsweise Transaktion einzugehen, bevor das Akquisitionsmanagement selbst definiert wird.

■ Strategie: Begriff und Verständnis

Der Begriff „Strategie" stammt ursprünglich aus dem Griechischen und lässt sich im militärischen Kontext als die Führung eines Heeres bis zur ersten Feindberührung verstehen. In der modernen Unternehmensführung ist dieses militärisch geprägte Strategieverständnis nur rudimentär enthalten: Unter Strategie versteht man heute vielmehr die Schaffung und Nutzung dauerhafter und somit verteidigungsfähiger komparativer Wettbewerbsvorteile, um eine nachhaltige, strategiebedingte Rente zu erwirtschaften. „Strategy can be viewed as a continuing search for rent."[1]

Dabei kann die Entwicklung von Strategien für unterschiedliche Planungsebenen im Unternehmen vorgenommen werden. So sind Strategien für die Unternehmens-, die

1 Mahoney/Pandian (1992), S. 364.

Geschäftsbereichs- sowie die Funktionsbereichsebene (Corporate Strategy, Business Strategy, Functional Strategy) zu entwickeln.[1]

Die Unternehmensstrategie beschäftigt sich mit der Frage, in welchen Bereichen (Industrien und Märkte) das Untenehmen tätig wird. Auf dieser Ebene werden Entscheidungen über Diversifikation, vertikale Integration, Verteilung der Ressourcen zwischen den Unternehmensbereichen sowie Desinvestitionen getroffen. Strategien auf Geschäftsbereichsebene beschäftigen sich mit der Frage, wie sich das Unternehmen in einer speziellen Industrie oder auf einem bestimmten Markt verhalten soll, d. h. wie der Wettbewerb zu bestreiten ist.

Funktionale Strategien thematisieren die Umsetzung der Geschäftsbereichsstrategie in den verschiedenen Funktionsbereichen. Diese Unterscheidung ermöglicht es, M&A-Aktivitäten hinsichtlich ihres Ziel- und Wirkungsbezuges einzuordnen.[2] So sind strategische Zusammenschlüsse sowohl auf Unternehmensebene als auch auf Geschäftsbereichsebene möglich. Wichtig für das Strategieverständnis ist darüber hinaus, dass die strategische Unternehmensführung gegenwärtig wesentlich durch die Verknüpfung des Resource-based View und des Market-based View geprägt ist, d. h. neben ressourcenorientierten Kompetenzen werden auch marktstrukturelle Faktoren bei der Formulierung von Unternehmensstrategien berücksichtigt. Dieser integrative Ansatz ist gerade für die Entwicklung von Akquisitionsstrategien von Bedeutung.

Einerseits können Ausgangspunkte für die Entwicklung von Akquisitionsstrategien interne Umstände, wie der Auf- und Ausbau, Schutz sowie die Nutzung eigener Ressourcen sein. Andererseits können auch externe Anforderungen, wie die Notwendigkeit zu einer weiter ausdifferenzierten Produktpalette, der Zugang zu neuen Märkten oder die Schaffung von Kostenvorteilen durch Economies of Scale, den Startschuss für Akquisitions- beziehungsweise Fusionsüberlegungen bilden.

Neben dem „Entweder-oder" beziehungsweise „Sowohl-als auch" von Outside-in- und Inside-out-View ist die Art und Weise, wie sich Strategien herausbilden und formuliert werden, eine der ältesten und am heftigsten geführten Kontroversen des strategischen Management-Schrifttums.[3] Hier stehen sich zwei Schulen gegenüber: Die historisch ältere „Design School" verfolgt einen normativen Ansatz, während die zweite, die Schule des Inkrementalismus, einen positiven Ansatz der Strategieformulierung vertritt.

Die Design School, als der heute dominierende Ansatz, ist präskriptiv, da sie Gestaltungsempfehlungen für den Prozess der Strategieentwicklung gibt. Sie sieht die Entwicklung von Strategien als einen logischen Prozess, in dem ausgehend von einer rationalen Analyse der Ausgangslage eine Strategie formuliert, im Unternehmen kommuniziert und implementiert wird.

1 Vgl. Welge/Al-Laham (2003), S. 326 ff.
2 Vgl. Gomez/Weber (1989), S. 18; Kirchner (1991), S. 77 f.
3 Vgl. Mintzberg (1990); Ansoff (1991).

Empirische Studien strategischer Entscheidungsprozesse ergaben jedoch, dass ein Unterschied zwischen der intendierten und der realisierten Strategie besteht. Die letztlich realisierte Strategie (Realized Strategy) war dabei nicht so sehr Ergebnis der intendierten, rational geplanten Strategie (Intended Strategy), sondern der sich entwickelnden Strategie (Emergent Strategy).[1] Diese sich entwickelnden Strategien stellen Verhaltensmuster in Entscheidungen und Handlungen dar, die sich aus der Reaktion von Managern auf sich ändernde Umstände und aus der Interpretation der intendierten Strategie ergeben. Gemäß der Schule der Inkrementalisten entstehen deshalb auch strategische Initiativen dezentral in den Divisionen und Funktionsbereichen. Dies geschieht unregelmäßig und nicht nach einem festen Muster. Das Top-Management hat dabei lediglich die Aufgabe, die Vorschläge zu steuern und zu konkretisieren.

■ Transaktion: Begriff und Verständnis

Der Begriff Transaktion lässt sich etymologisch auf die spätlateinische transactio (Vollendung, Abschluss, Übereinkunft) beziehungsweise auf transactum (Perfekt zu transigere: ein Geschäft durchführen) zurückführen und bezeichnet generell eine größere (riskante) finanzielle Unternehmung beziehungsweise ein über die üblichen Gepflogenheiten hinausgehendes Geldgeschäft oder einfach den Übergang eines Gutes (beziehungsweise einer Dienstleistung) oder einer Forderung von einem Wirtschaftssubjekt (Haushalt, Unternehmen, Staat) auf ein anderes.[2] Im vorliegenden Zusammenhang wird unter der Transaktion der rechtskräftige Kauf oder Verkauf eines Unternehmens beziehungsweise der Zusammenschluss zweier Unternehmen verstanden, der mit der Unterzeichnung des Kauf- beziehungsweise Fusionsvertrages besiegelt wird.

Der Transaktionsprozess, der idealerweise unmittelbar an die Strategische Analyse- und Konzeptionsphase anknüpft, umfasst dagegen alle hierzu notwendigen Aktivitäten, von der Selektion möglicher Partner, der vorvertraglichen Phase, der Unternehmensbewertung, der kartellrechtlichen Prüfung und dem Kaufvertrag bis hin zum Vertragsschluss. Voraussetzung hierfür ist allerdings eine ernsthafte Verhandlungsbereitschaft der beteiligten Parteien.

■ Akquisitionsmanagement: Definition

Nach dem hier vorliegenden M&A-Begriffsverständnis umfasst ein Unternehmenszusammenschluss die drei Hauptphasen Akquisitions-, Post-Merger-Integrations- und Demerger-Management, wobei sich das Akquisitionsmanagement wiederum in die Teilphasen Strategische Analyse- und Konzeptionsphase sowie Transaktionsphase unterteilen lässt.[3] Damit wird bereits deutlich, dass das Akquisitionsmanagement aus einer Prozessperspektive den Zeitraum von Beginn der ersten Akquisitions- beziehungsweise Fusionsüberlegungen bis zur Unterzeichnung des Kaufvertrages umfasst.

1 Vgl. Mintzberg (1978); Mintzberg (1985); Mintzberg (1988).
2 Vgl. Duden (2016), Gabler Wirtschaftslexikon (2016).
3 Vgl. Abschnitt 2.1 beziehungsweise 6.2 im Teil A.

Aus einer inhaltlichen Perspektive soll das Akquisitionsmanagement die Strategische Analyse und Konzeptionsphase beziehungsweise Transaktionsphase sowohl von Akquisitionen als auch von Fusionen abdecken, auch wenn lediglich die Sicht des Käufers beziehungsweise Akquisiteurs eingenommen wird. Obwohl die Dominanz des Erwerbers im Falle einer Akquisition einem eher partnerschaftlichen Ansatz bei Fusionen gegenübersteht und sich insbesondere der Transaktionsprozess zwischen Akquisition und Fusion an manchen Stellen deutlich unterscheidet, lässt sich dieses Vorgehen rechtfertigen.

Die wirtschaftliche Zielsetzung bei Fusionen und Akquisitionen ist vom Grundsatz her nicht verschieden und mit der Akquisition kann derjenige Prozess durchgängig betrachtet werden, der von der Begrifflichkeit her stärker mit dem Übernahme- beziehungsweise Transaktionsprozess in Zusammenhang gebracht wird. Damit lässt sich das Akquisitionsmanagement folgendermaßen definieren:

Definition Akquisitionsmanagement

Das Akquisitionsmanagement umfasst im Rahmen des M&A-Management den Prozess der Strategieentwicklung bis zur rechtskräftigen Unterzeichnung des Kaufvertrages mit der Zielsetzung, den Unternehmenserfolg unter Rendite- und Risikogesichtspunkten zu optimieren.

1.2 Aufbau des Akquisitionsmanagement

Wie oben bereits erwähnt stellt das Akquisitionsmanagement die erste Hauptphase im Rahmen des gesamten M&A-Prozesses dar. Der Aufbau von Teil B gliedert sich dabei in drei Kapitel. Nachdem im ersten Kapitel eine Bestimmung und Abgrenzung des Strategie- und Transaktionsbegriffes sowie eine Definition des Akquisitionsmanagement erfolgt ist, widmet sich Kapitel 2 der strategischen Analyse und Konzeptionsphase. Dabei soll zuerst der allgemeine Prozess der Strategieentwicklung erläutert werden, bevor auf die Besonderheiten bei der Bestimmung von Akquisitionsstrategien sowie die Organisation und Führung des Akquisitionsprozesses eingegangen wird.

Kapitel 3 befasst sich anschließend mit der Transaktionsphase. Dabei werden die einzelnen Schritte von der Selektion der Vertragspartner, vorvertraglicher Phase, Unternehmensbewertung und Kaufpreisermittlung sowie kartellrechtlicher Prüfung bis zum Vertragsschluss einzeln aufgegriffen und detailliert beschrieben. Abbildung 1-1 stellt die Einbindung des Akquisitionsmanagement in den Gesamtzusammenhang sowie die Untergliederung der strategischen Analyse- und Konzeptionsphase beziehungsweise Transaktionsphase grafisch dar.

Abbildung 1-1: *Akquisitionsmanagement im Rahmen des M&A-Prozesses*

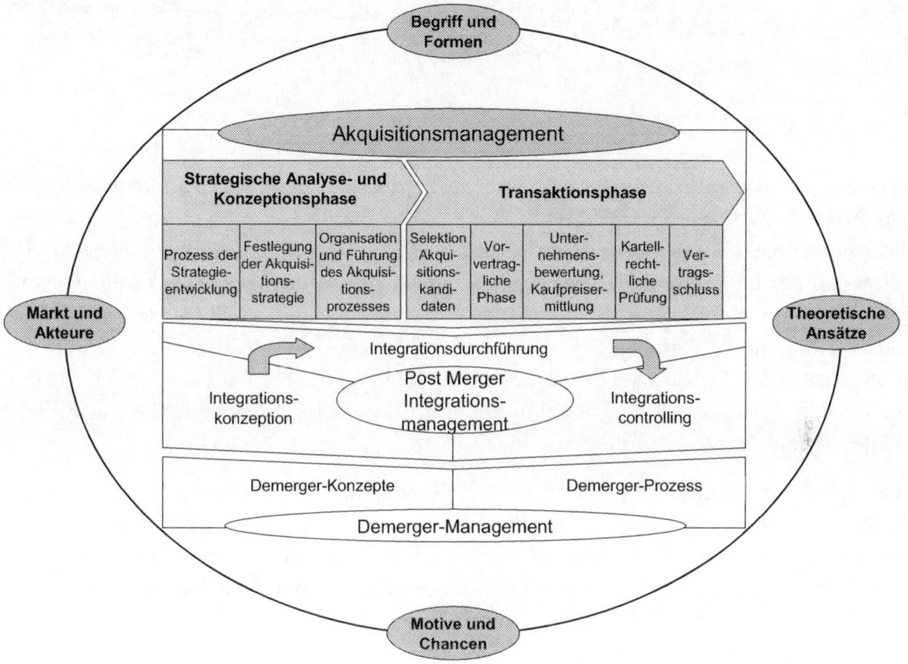

2 Strategische Analyse- und Konzeptionsphase

In der strategischen Analyse- und Konzeptionsphase werden die Grundlagen für eine Akquisition und deren spätere Integration geschaffen. Dabei gilt es primär zu klären, welche generelle strategische Stoßrichtung das Unternehmen verfolgen sollte, welche Strategie am besten geeignet ist, die gesetzten Unternehmensziele zu erreichen und wie die Implementierung der gewählten Strategie sichergestellt werden kann. Die Gliederung dieses Kapitels orientiert sich an diesen Fragestellungen: Abschnitt 2.1 thematisiert den Prozess der Strategieentwicklung, der die Basis für die Festlegung der generellen strategischen Stoßrichtung bildet und an dessen Ende eine klar formulierte Unternehmensstrategie vorliegen sollte.

Unter der Annahme, dass sich das Management für eine Akquisitionsstrategie als erfolgversprechendste Option zur Erreichung der strategischen Unternehmensziele entschieden hat, detailliert und konkretisiert Abschnitt 2.2 die Akquisitionsstrategie im Speziellen. Darüber hinaus sind bereits in der strategischen Analyse- und Konzeptionsphase erste Maßnahmen einzuleiten, die direkten Umsetzungsbezug aufweisen. Diesen Punkt greift Abschnitt 2.3 mit der Organisation und Führung des Akquisitionsprozesses auf, der mögliche Gestaltungsvariablen der Aufbau- und Ablauforganisation zur Steuerung des Akquisitionsprozesses darstellt.

2.1 Prozess der Strategieentwicklung

In der Unternehmenspraxis werden Akquisitionen oftmals als nicht planbar bezeichnet, da sich vielfach unerwartete Kaufoptionen bieten, die ein schnelles Handeln erfordern. Daraus aber auf die Überflüssigkeit der Entwicklung von Akquisitionsstrategien rückzuschließen, erscheint wenig sinnvoll: Die fehlende Planung und Vorbereitung solcher Akquisitionsprojekte birgt oft erhebliche Risiken in sich und führt häufig zu deren Scheitern.[1] Daher ist es vielmehr notwendig, auch dem spontanen Handeln bei einer überraschenden Opportunität einen geeigneten, zielführenden Rahmen vorzugeben. Eine sorgfältige Vorbereitung von Unternehmenskäufen erhöht die „Trefferquote" signifikant und dient gleichzeitig als Basis für die nachfolgende Transaktions- und Integrationsphase.[2]

1 Vgl. Marquardt (1998), S. 63, nach dem ungeplante Akquisitionen häufiger zum Scheitern verurteilt sind als geplante.

2 Vgl. Vogel (2002), S. 147 ff.; Berens/Brauner/Strauch (2005), S. 355 ff.

Damit ist auch für die Akquisitionsstrategie als Spezialfall beziehungsweise Teilstrategie der übergeordneten Gesamtstrategie zunächst eine „Nabelschau" der Aktivitäten des Unternehmens notwendig, um die eigenen Stärken und Schwächen zu erkennen. Vor dem Hintergrund der Unternehmensziele und der sich aus der Umwelt für das Unternehmen ergebenden Chancen und Risiken ist sodann die geeignete Strategie zur Zielerreichung abzuleiten.

Neben den selbstdefinierten Zielen der Unternehmung muss somit bei der Strategieentwicklung und -formulierung die gesamte Unternehmenssituation, d. h. der interne und externe Kontext, miteinbezogen werden. Als letzter Schritt der Strategieentwicklung und gleichzeitig erster Schritt der Strategieimplementierung ist eine entsprechende Zuordnung von Ressourcen auf die gewählte(n) Handlungsalternative(n) sicherzustellen. Der Prozess der Strategieentwicklung wird in Abbildung 2-1 veranschaulicht.

Abbildung 2-1: *Prozess der Strategieentwicklung*[1]

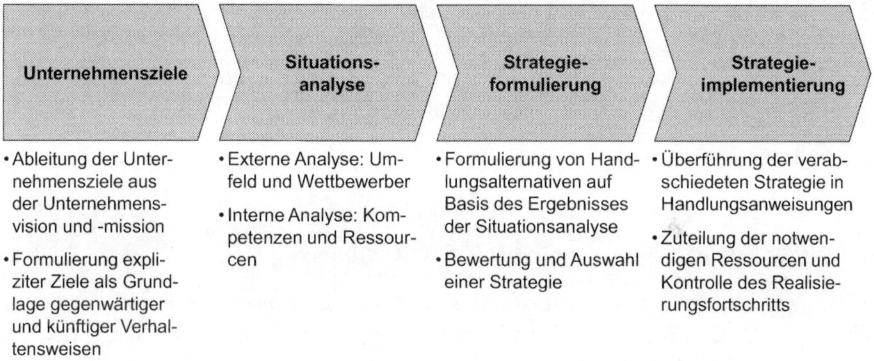

Aufgrund der Bedeutung der Situationsanalyse für die Strategieentwicklung und insbesondere für die Entwicklung von Akquisitionsstrategien wird nach der Darstellung der Unternehmensziele auf diese näher eingegangen. Mit der Strategieformulierung endet schließlich der Prozess der Strategieentwicklung, während notwendige Maßnahmen zur Einleitung der Strategieimplementierung abschließend nur kurz erläutert werden sollen.

Dabei wird der Strategieentwicklungsprozess bewusst allgemein gehalten, um zu verdeutlichen, dass eine Akquisitionsstrategie nur eine von vielen möglichen Strategieoptionen darstellt.

1 In Anlehnung an Wirtz (2016a), S. 214.

2.1.1 Definition der Unternehmensziele

Die strategischen Ziele des Unternehmens sind nicht nur der zentrale Gegenstand der Unternehmensplanung, sie sollten auch den Handlungsrahmen der Unternehmensleitung für wesentliche Entscheidungen des Alltagsgeschäftes bilden. Damit stellt ihre Definition einen Kernbestandteil jeglicher strategischer Überlegungen dar. So auch bei Überlegungen zur Formulierung von Akquisitionsstrategien, die, wie jedes unternehmerische Handeln, der Erreichung der Unternehmensziele dienen sollten. In diesem Kontext werden nur gewinnorientierte, erwerbswirtschaftliche Unternehmen und deren Ziele betrachtet und nicht Non-Profit-Organisationen, die eher die Bedarfsdeckung in den Vordergrund rücken und sich gemeinwirtschaftlich verhalten.[1]

Allerdings darf die Vision als generelle Leitidee, die das Unternehmen verfolgt, bei der Festlegung der strategischen Unternehmensziele nicht unberücksichtigt bleiben, da sie den Ausgangspunkt der unternehmerischen Tätigkeit und der Strategieentwicklung bildet. Die Vision verkörpert dabei eine Vorstellung von der zukünftigen Entwicklung des Unternehmens.[2]

Die Vision muss einerseits realisierbar, andererseits gleichsam herausfordernd sein, um Begeisterung im Unternehmen zu wecken. Um eine entsprechende Umsetzung der Vision sicherzustellen, muss diese im Unternehmen klar kommuniziert werden und jeden Mitarbeiter rational und emotional ansprechen. Für die Formulierung der Vision sollte sich das Unternehmen folgende Fragen stellen:[3]

- Was ist unser Geschäft?
- Wer ist unser Kunde und wie sieht er unser Geschäft?
- Welches Geschäft sollten wir in der Zukunft betreiben?

Viele Unternehmen versuchen die Schärfe und Aussagekraft ihrer Vision zu stärken, indem sie diese auf einen prägnanten Satz reduzieren. Da dieses Vorgehen aber zwangsläufig Fragen aufwirft, erscheint es oftmals sinnvoller, die Vision in eine möglichst einfache, ausführliche Beschreibung der geplanten zukünftigen Entwicklung zu fassen.[4] Die Mission oder das Leitbild einer Unternehmung beschreibt im Gegensatz zur Vision, was die Organisation darstellt und was ihr Tätigkeitsfeld ist. Sie macht eine Aussage über den Grund der Unternehmensexistenz und nicht über die Richtung, die das Unternehmen verfolgt.

Eine Mission beziehungsweise ein Unternehmensauftrag beinhaltet Aussagen über das Geschäft, welches das Unternehmen betreibt, die Vorstellungen, wie dieses Geschäft zu betreiben ist, die Märkte und die Kunden, die das Unternehmen bedient sowie den

1 Vgl. Bea/Haas (2015), S. 91 ff.
2 Vgl. Bea/Haas (2015), S. 74.
3 Vgl. Drucker (1974), S. 74.
4 Vgl. Levin (2000), S. 92 f..

spezifischen Unternehmensbeitrag zum gesellschaftlichen Nutzen.[1] Dabei umfasst eine Mission in der Regel folgende Komponenten:[2]

- Kunden
- Mitarbeiter
- Produkte und Dienstleistungen
- Märkte
- Technologien
- Überleben, Wachstum und Profitabilität
- Philosophie
- Eigenbild
- Berücksichtigung des Images in der Öffentlichkeit

Die Mission eines Unternehmens sollte im Zeitablauf stabil sein und sich nur ändern, wenn sich der Fokus des Unternehmens oder sogar der gesamten Branche verändert. Aus der Mission (was will das Unternehmen in der Gegenwart erreichen) und der Vision (was kann das Unternehmen in der Zukunft darstellen) lassen sich spezifische Ziele durch eine Anpassung an die verschiedenen Hierarchiestufen ableiten.

Die Strategien zur Umsetzung der Ziele markieren dabei den Weg zur Erfüllung der Mission und zur Verwirklichung der Vision. Schließlich müssen Maßnahmen und Aktionen angestoßen werden, um die gewählten Strategien umzusetzen. Abbildung 2-2 verdeutlicht die skizzierten Zusammenhänge.

Eine erste Stufe der Konkretisierung der oftmals abstrakten Vision und eher grundsätzlich ausgerichteten Mission bilden die Unternehmensziele. Sie gelten im gesamten Unternehmen. Aus den strategischen Unternehmenszielen werden dann für die einzelnen Geschäftsbereiche Vorgaben in Form von Geschäftsbereichszielen abgeleitet. Durch weitere deduktive Zielauflösung werden im Anschluss Funktionsbereichsziele definiert. Als ein Mittel zur deduktiven Zielauflösung kommen dabei Kennzahlensysteme, wie zum Beispiel das Du-Pont-Kennzahlensystem, zur Anwendung.[3]

Aus klassischer betriebswirtschaftlicher Perspektive besteht das oberste Unternehmensziel darin, angemessene Gewinne zu erwirtschaften, um durch in die Zukunft gerichtete Investitionen die Profitabilität des Unternehmens sicherzustellen. Diese Aufgabe obliegt gewöhnlich dem Management. Ergänzend lassen sich als strategische Ziele von Unternehmen aber zum Beispiel auch Wettbewerbsfähigkeit, Erhaltung der

1 Vgl. Levin (2000), S. 93.
2 Vgl. David (1989), S. 92.
3 Vgl. Bea/Haas (2015), S. 77 f.

Unabhängigkeit oder Steigerung des Shareholder Value anführen.[1] Der Fokus lag dabei in jüngster Vergangenheit verstärkt auf dem Shareholder-Value-Gedanken. Dieser betont die Interessen der Eigenkapitalgeber und fordert als oberstes Unternehmensziel eine konsequente Wertsteigerung.[2]

Abbildung 2-2: *Verankerung der Unternehmensziele im Rahmen des hierarchischen strategischen Managementprozesses*[3]

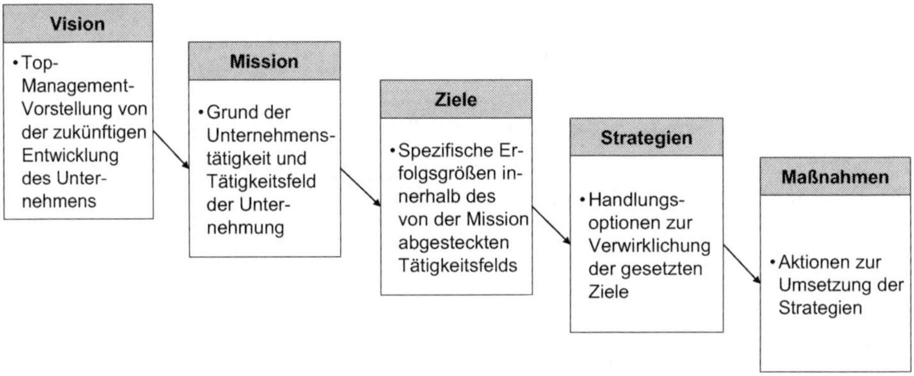

Den weiteren Ausführungen liegt daher die Annahme zugrunde, dass Unternehmen bei der Entwicklung von Akquisitionsstrategien im Interesse ihrer Eigner handeln und versuchen, kontinuierlich den Unternehmenswert zu steigern. Aus diesem Grund ist bei der Entscheidung für und wider eine Akquisition primär die Frage zu beantworten, ob sich identifizierte Wertsteigerungspotenziale eher durch Eigenentwicklung (Make) oder durch Zukauf (Buy) erschließen lassen.[4]

Zusammenfassend lässt sich festhalten, dass die strategischen Ziele, die ein Unternehmen verfolgt, aus der Vision beziehungsweise Mission des Unternehmens abgeleitet werden müssen. Aus diesen sind dann wiederum konkretere Ziele zu spezifizieren, die beispielsweise über eine Akquisitionsstrategie erreicht werden können. Bevor jedoch Strategien tatsächlich bewertet und formuliert werden können, sind sämtliche Chancen und Risiken, die sich aus dem Marktumfeld ergeben, mit den Stärken und Schwächen des Unternehmens abzugleichen.[5] Dieser Prozess wird im nächsten Abschnitt dargestellt.

1 Vgl. Welge/Al-Laham (2003), S.121; Macharzina/Wolf (2010), S. 227.
2 Vgl. Rappaport (1998), S. 55 ff..
3 In Anlehnung an Barney (2002), S. 13.
4 Vgl. Macharzina/Wolf (2010), S. 288 f.; Vogel (2002), S. 301 f.
5 Vgl. Wirtz/Mathieu/Schilke (2007), S 298 f.

2.1.2 Analyse der Ausgangssituation

Die Situationsanalyse erfolgt grundsätzlich aus einer externen und einer internen Perspektive. Die externe Analyse umfasst dabei die Umfeldanalyse, die Branchen- und Marktanalyse sowie die Wettbewerbsanalyse. Die interne Analyse ist auf die eigenen Kompetenzen und Ressourcen gerichtet und wird im Anschluss an die externe Analyse behandelt.

Die Wettbewerbsanalyse sowie die Analyse der eigenen Kompetenzen und Ressourcen sind dann zu einem Stärken-/Schwächen-Profil zu verdichten, während die Umfeldanalyse sowie die Branchen- und Marktanalyse zu einer Chancen-/Risiken-Analyse zusammengeführt werden.

Abbildung 2-3: *Phasen der Situationsanalyse*[1]

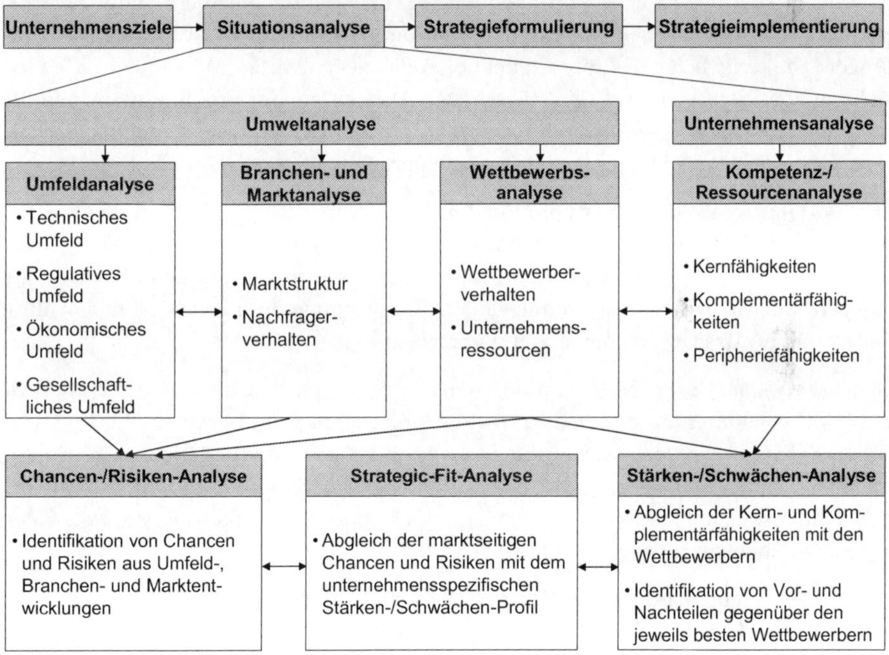

Aus dem Abgleich von Stärken/Schwächen und Chancen/Risiken wird die Eignung zur Akquisition beziehungsweise zur Zusammenführung aus strategischer Perspektive (Strategic Fit) ermittelt. In Kombination mit den vorher definierten Unternehmens-

1 In Anlehnung an Wirtz (2016a), S. 221.

zielen ergibt sich schließlich aus den Analyseergebnissen die Möglichkeit zur Formulierung einer Strategie, die es im Untenehmen zu implementieren gilt. Abbildung 2-3 verdeutlicht nochmals die Vorgehensweise.

2.1.2.1 Analyse der Umwelt

Die elementarste Form der Situationsanalyse und oftmals erster Analyseschritt ist die Umweltanalyse. Das Ziel dieser Analyse ist die Identifikation und Prognose relevanter Rahmenbedingungen, unter denen das Unternehmen agiert. Die Umweltanalyse lässt sich wiederum in eine Umfeld-, Branchen- und Markt- sowie Wettbewerbsanalyse untergliedern, die nachfolgend behandelt werden sollen.[1]

- Umfeldanalyse

Die Umfeldanalyse bezieht sich primär auf solche Rahmenbedingungen, die sich weitgehend dem Einfluss des Unternehmens (zumindest kurzfristig) entziehen. Dabei handelt es sich um jegliche Form regulativer, ökonomischer, gesellschaftlicher und technischer Gegebenheiten, welche den Handlungsspielraum des Unternehmens bedingen. Die technischen Faktoren reflektieren das gegenwärtige Wissen über die Herstellung von Produkten und Dienstleistungen. Das System der Produktion und Verteilung des Wohlstandes wird durch ökonomische Faktoren dargestellt. Regulative Faktoren beinhalten Aspekte des Rechts- und Regierungssystems.

Die Einstellungen, Werte, Normen, Vorstellungen, Verhalten eines Landes sowie dessen demografische Entwicklung werden durch die gesellschaftlichen Faktoren beschrieben. Die Analyse dieser eher globalen Unternehmensumwelt ist dabei breit anzulegen, um einen Großteil der relevanten Entwicklungen zu erfassen und in ihrer Bedeutung für das Unternehmen zu untersuchen.

Gleichsam ist auf die besondere Situation des Unternehmens Rücksicht zu nehmen, da diese Makrofaktoren unterschiedlich für die Unternehmen und deren zukünftige Entwicklung zu gewichten sind. Um die dafür notwendigen Informationen zu gewinnen, müssen systematisch interne und externe Quellen ausgewertet werden. Als interne Informationsquelle bieten sich zum Beispiel Befragungen der Führungskräfte zu den jeweiligen Themenstellungen an.

Besonders ergiebig sind externe Quellen. So erstellen Wirtschaftsforschungsinstitute, Unternehmensberatungen, Marktforschungsinstitute, Wirtschaftsverbände unter anderem Umfeldanalysen und publizieren regelmäßig deren Ergebnisse. Erfahrungsgemäß ist es dabei sinnvoll, das Vorgehen in vier Schritte zu unterteilen:[2]

---

1 Vgl. ergänzend Welge/Al-Laham (2003), S. 187 ff., die bei ihrer Konzeption der Umweltanalyse u. a. zwischen globaler Umwelt, Wettbewerbsstruktur und -dynamik unterscheiden.

2 Vgl. Steinmann/Schreyögg (2005), S. 185.

Der erste Schritt beinhaltet die Identifikation der Schlüsselgrößen in den Umweltbereichen und Prognose ihrer Entwicklung. Darauf folgt die Analyse der Kausalzusammenhänge zwischen den Einflussgrößen. Der dritte Schritt beinhaltet die Entwicklung und Bewertung alternativer Szenarien, bevor zuletzt die Prämissen des weiteren Planungsprozesses bestimmt werden.

- Branchen- und Marktanalyse

Im Anschluss an die eher globale Umfeldanalyse liegt das Augenmerk der Branchen- und Marktanalyse auf der aufgabenspezifischen Unternehmensumwelt, d. h. der eigentlichen Wettbewerbsumwelt des Unternehmens. Im Gegensatz zu der in der Umfeldanalyse betrachteten eher generellen Umwelt, die für alle Unternehmen einer Volkswirtschaft weitgehend gleich ist, werden jetzt Faktoren des engeren ökonomischen Umfeldes untersucht, die sich für jedes Unternehmen unterschiedlich darstellen.

Es stehen diejenigen Rahmenbedingungen im Mittelpunkt, auf die das Unternehmen einen direkten oder zumindest indirekten Einfluss hat. Dabei werden die Strukturen aller für das betrachtete Unternehmen relevanten Märkte, wie die Faktormärkte (Beschaffungsmarkt, Geld- und Kapitalmarkt sowie Arbeitsmarkt) und der Absatzmarkt analysiert.

Besonders relevant sind hier die auf diesen Märkten zu beobachtenden Angebots- und Nachfragemuster. Weitere wesentliche Elemente der aufgabenspezifischen Unternehmensumwelt stellen die gegenwärtigen als auch potenziellen Wettbewerber sowie die Anbieter von Substitutionsprodukten dar. Abbildung 2-4 verdeutlicht die Abgrenzung zwischen der globalen und der engeren, aufgabenspezifischen Umwelt sowie deren Analysebereichen.

Branchen- und Marktanalysen sind dabei miteinander verbunden und lassen sich am ehesten durch die stärkere Absatzorientierung der Marktanalyse voneinander abgrenzen. So werden bei einer Analyse des Marktes Branchendaten herangezogen, während bei einer Branchenanalyse auch der Markt Untersuchungsgegenstand ist. Das übergeordnete Ziel ist ein genaues Verständnis von Markt, Branche und Wettbewerb zu erlangen, um Ansatzpunkte zur Verbesserung der eigenen Wettbewerbsposition zu identifizieren. Eine Branche oder Industrie lässt sich dabei als eine Gruppe von Unternehmen definieren, die einen Markt beliefern.[1] Voraussetzung zur Durchführung einer Branchen- und Marktanalyse ist daher die Abgrenzung des relevanten Marktes.

---

1 Vgl. Grant (2016), S. 80.

Abbildung 2-4: *Umwelt des Unternehmens und deren Analysebereiche*

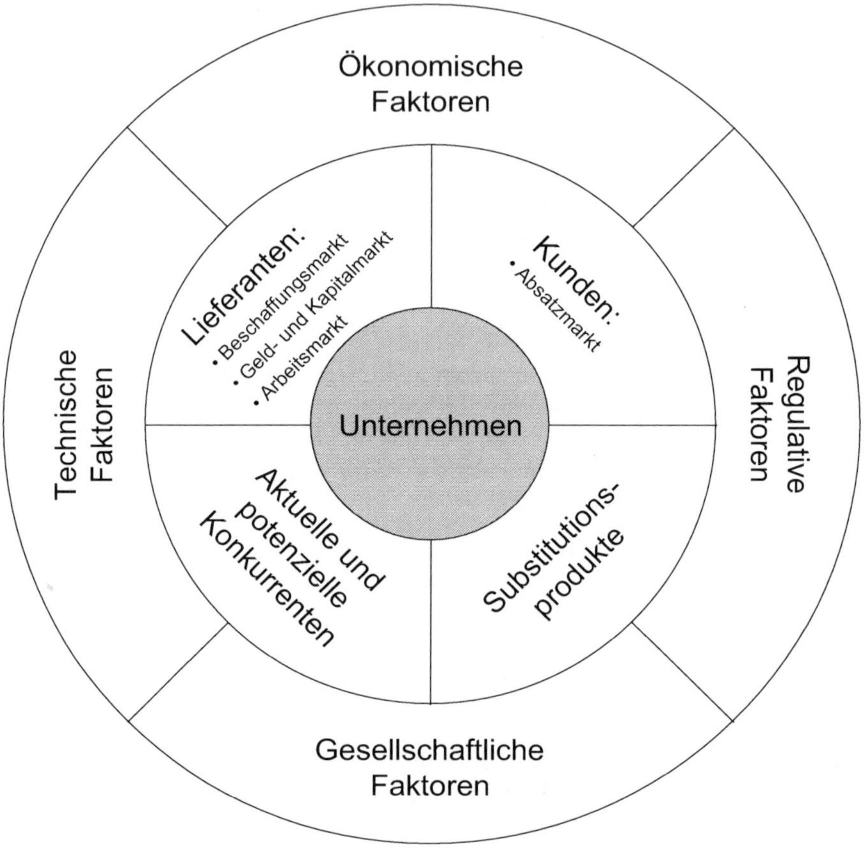

Unter einem Markt wird hier die Gesamtheit der wirtschaftlichen Beziehungen zwischen Anbietern und Nachfragern eines bestimmten Gutes beziehungsweise bestimmter Gütergruppen verstanden.[1] Grundsätzlich lassen sich zur Marktabgrenzung räumliche, zeitliche und sachliche Kriterien heranziehen, wobei in der Volkswirtschaftslehre die fehlende Substituierbarkeit zwischen den Produkten („Substitutionslücke") als Abgrenzungskriterium herangezogen wird.[2] Gleichwohl wird eine exakte Marktabgrenzung durch die Tatsache erschwert, dass letztlich alle Produkte und Dienstleistungen zumindest in generischer Konkurrenz zueinander stehen.

1 Vgl. Bea/Haas (2015), S. 100 ff.
2 Vgl. Runia et al. (2007), S. 17 f.

Letztendlich bleibt die Abgrenzung des relevanten Marktes damit immer eine Frage der eigenen Beurteilung und sollte sich nach dem Zweck der Analyse richten.[1] Ein weiterer Aspekt, den es zu beachten gilt, ist die Marktdynamik, die Märkte verändert, entstehen und vergehen lässt. Die Betrachtung der Marktdynamik ist deshalb von so großer Bedeutung, da die Analysen und die darauf aufbauenden Prognosen langfristig ausgerichtet sind.

Die Branchenanalyse selbst hat nun zum Ziel, die Struktur, die Wettbewerbssituation und die Eintrittshemmnisse für neue Konkurrenten zu untersuchen, um so die Attraktivität der Branche einschätzen zu können. Es werden Informationen über den Wirtschaftssektor und die in ihm wirkenden Kräfte bereitgestellt, in dem das Unternehmen tätig ist beziehungsweise in Zukunft operieren möchte. Ein hilfreiches und sehr verbreitetes Instrument ist dabei das Portersche Konzept der fünf Wettbewerbskräfte (vgl. Abbildung 2-5). Sein Konzept ermöglicht es, die Faktoren zu klassifizieren und zu analysieren, welche die Attraktivität einer Branche bedingen.

Porter unterscheidet fünf Kräfte, welche die Attraktivität einer Branche beeinflussen: Potenzielle Konkurrenten, Kunden, Lieferanten, Substitutionsprodukte und Wettbewerber.[2] Die Wahrscheinlichkeit, dass potenzielle Konkurrenten neu in die Branche eintreten und damit deren Attraktivität verringern, ist, so Porter, vor allem von den Eintrittsbarrieren abhängig.

Dies begründet er mit Untersuchungen, die zeigen, dass Industrien mit hohen Eintrittsschranken eine höhere Profitabilität aufweisen als Industrien mit niedrigen. Zu unterscheiden sind hierbei Eintrittshemmnisse aufgrund von Economies of Scale, absoluten Kostenvorteilen, Kapitalanforderungen, Zugang zu den Vertriebskanälen, Produktdifferenzierungen, Vergeltungsmaßnahmen etablierter Anbieter und staatlichen Eingriffen.

Darüber hinaus sieht Porter die Branchenattraktivität durch eine zunehmende Verhandlungsmacht der Abnehmer gefährdet. Die Verhandlungsmacht ist dabei hoch, wenn die Abnehmer im Vergleich zu ihren Lieferanten groß und stark konzentriert sind. Weitere Determinanten sind die Kosten eines Lieferantenwechsels, die Transparenz der Branche und die Fähigkeit der Abnehmer zur Rückwärtsintegration.

Die dritte Einflussgröße, die Verhandlungsmacht der Lieferanten, hat denselben Einfluss auf die Branchenattraktivität wie die Verhandlungsmacht der Abnehmer, verhält sich zu dieser allerdings spiegelbildlich. Je größer die Bedrohung durch Substitutionsprodukte, desto geringer die Attraktivität der Branche. Diese Bedrohung lässt sich unmittelbar an der Käuferneigung zu Substitutionsprodukten festmachen, welche über die Kreuzpreiselastizität bestimmt werden kann.

---

1 Vgl. Grant (2016), S. 78 ff.; Meffert/Burmann/Kirchgeorg (2015), S. 49 f.

2 Vgl. Im Folgenden Porter (1989), S. 22 f.

Abbildung 2-5: *Fünf-Kräfte-Modell von Porter*[1]

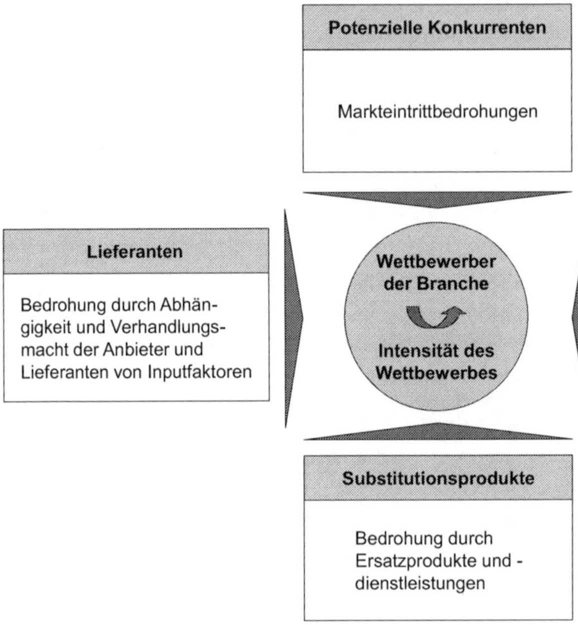

Fünfter und damit letzter Einflussfaktor ist die Rivalität der Wettbewerber in einer Branche, deren Ausprägung negativ mit der Attraktivität der Branche korreliert. Die Rivalität der Wettbewerber wird dabei durch eine Reihe von Determinanten bestimmt, deren wichtigste der Konzentrationsgrad der Branche, die Vielfalt der Wettbewerber, die Produktdifferenzierung beziehungsweise -homogenität, eventuelle Überkapazitäten und bestehende Austrittsbarrieren sowie die vorherrschenden Kostenstrukturen und -bedingungen sind.

Die zur Analyse einer Branche notwendigen Daten und Informationen stammen wiederum vorwiegend aus internen Quellen und sollten durch externe, objektive Daten ergänzt und überprüft werden. Wie auch bei der Umfeldanalyse können von Wirtschaftsforschungsinstituten, Investmentbanken oder Unternehmensberatungen veröffentlichte Analysen hilfreich sein. Über die Analyse der Branchenstruktur sind auch Vorhersagen über die zukünftige Profitabilität der Branche möglich.

Weiterhin kann man Ansatzpunkte identifizieren, um auf die Branchenstruktur aktiv einzuwirken. Im Unterschied zur Branchenanalyse rückt bei der Marktanalyse das Absatzpotenzial in den Mittelpunkt der Betrachtung. Die Analyse erfolgt mit dem

1 In Anlehnung an Porter (1980), S. 4.

Ziel, die Marktattraktivität einzuschätzen sowie Verfahren und Wege zu identifizieren, die eigene Position auf dem Markt zu verbessern. Dabei sollten sowohl quantitative als auch qualitative Marktdaten erhoben werden Tabelle 2-1 stellt diese in einer Checkliste zur Marktanalyse gegenüber.

Tabelle 2-1: *Checkliste zur Marktanalyse*[1]

Übersicht quantitativer und qualitativer Marktdaten	
Quantitative Marktdaten:	Qualitative Marktdaten:
■ Marktvolumen	■ Bedürfnisstruktur der Konsumenten
■ Marktwachstum	■ Kaufmotive
■ Marktanteile	■ Informationsverhalten/Kaufprozesse
■ Stabilität des Bedarfs	■ Marktmacht der Konkurrenten
■ Stellung des Marktes im Lebenszyklus	
■ Marktsättigung	

■ Wettbewerbsanalyse

Im letzten Schritt der Umweltanalyse wird eine sorgfältige Analyse der Wettbewerber vorgenommen. Auf diese Weise soll die Wettbewerbssituation sowie deren Auswirkung auf das eigene Unternehmen erfasst werden. Hierzu muss zunächst die Menge aller tatsächlichen und potenziellen Wettbewerber bestimmt werden. Daran schließt sich eine systematische Sammlung und Auswertung von Informationen an, die über die jeweiligen Unternehmen verfügbar gemacht werden können.

Als Orientierungshilfe bei der Analyse der Wettbewerber bieten sich dabei die Aspekte Zielmärkte, Marketingaktivitäten, Umsatz, Vertriebsformen und -kanäle, Fertigungstechnologien und -stätten, Ausbildung und Qualifikation des Personals, Professionalität der Einkaufsorganisation, Leistungsfähigkeit der Forschung und Entwicklung, Finanz- und Kostenstruktur sowie Produktprogramm an. Abbildung 2-6 fasst diese Ansatzpunkte der Wettbewerbsstrategie zusammen.

Die Informationsbeschaffung kann sich mitunter als sehr schwierig erweisen. Daher beauftragen Unternehmen beispielsweise Berater, stellen ehemalige Mitarbeiter der Konkurrenz ein oder befragen Kunden des Wettbewerbs, um eine möglichst fundierte Einschätzung zu erhalten, welche Strategien die einzelnen Wettbewerber in Zukunft verfolgen werden und wie sie auf die eigenen strategischen Initiativen reagieren.[2]

1 In Anlehnung an Pümpin (1980), S. 22 f.
2 Vgl. Grant (2016), S. 100 f.

Abbildung 2-6: *Ansatzpunkte der Wettbewerbsstrategie*[1]

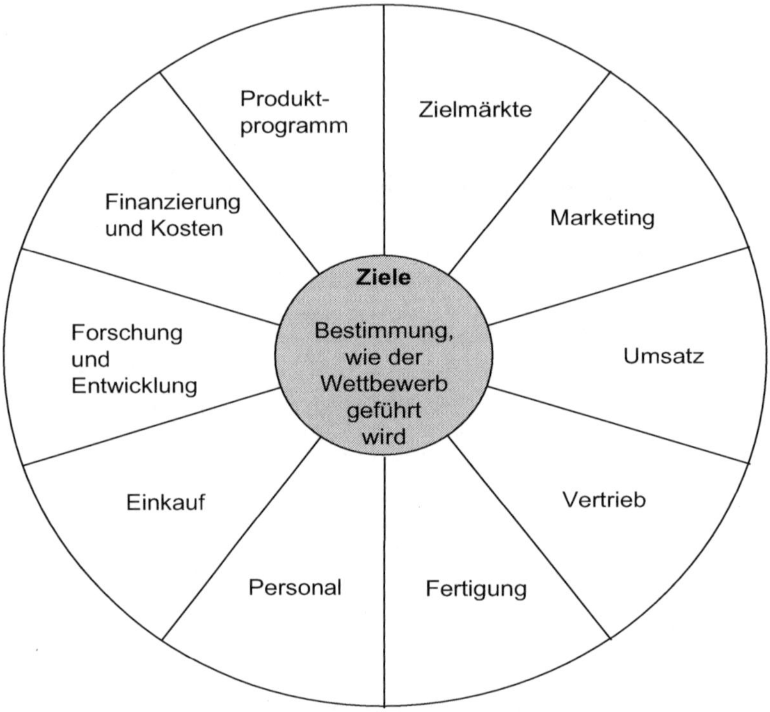

Als Ergebnis sollten die genannten Informationsquellen das Unternehmen in die Lage versetzen zu beantworten,

- welche Ziele und Zielsetzungen die Wettbewerber verfolgen,
- welche Strategie die Wettbewerber verfolgen,
- welche Annahmen die Wettbewerber ihren Planungen unterstellen und
- welche Ressourcen und Fähigkeiten sie zur Marktbearbeitung besitzen.[2]

Zur Dokumentation der Umfeld-, Branchen- und Marktanalyse sowie der Analyse der Wettbewerber fließen die Ergebnisse oftmals in ein so genanntes Umweltattraktivitäts- oder Chancen-/Risiken-Profil ein, das die Resultate der durchgeführten Analysen in komprimierter Form und entscheidungsgerecht aufbereitet (siehe Abbildung 2-7).

1 In Anlehnung an Porter (1980), S. XVII.
2 Vgl. Grant (2016), S. 101 ff.

Abbildung 2-7: Umweltattraktivitäts- beziehungsweise Chancen-/Risiken-Profil[1]

Umweltattraktivität	- -	-	o	+	++
• Marktgröße				•	
• Marktwachstum		•			
• Branchenrentabilität				•	
• Innovationspotenzial der Branche			•		
• Wettbewerbsintensität			•		
• Konjunkturanfälligkeit		•			
• Substitutionsgefahr		•			
• Kundentreue				•	
• Versorgungssicherheit (Rohstoffe)			•		
• Rechtliche Risiken				•	
Gesamtbeurteilung der Umweltattraktivität			•		

Zur weiteren Analyse werden die Ergebnisse gewöhnlich in übersichtlichen Portfoliodarstellungen aufbereitet, aus denen erste normative Strategieempfehlungen abgeleitet werden können.[2] Die Formulierung differenzierterer Strategien erfordert allerdings eine stärkere Einbeziehung unternehmensspezifischer Stärken und Schwächen. Voraussetzung hierfür ist eine eingehende Analyse des Unternehmens selbst, auf die im Folgenden eingegangen wird.

2.1.2.2 Analyse des Unternehmens

Das Ziel der Unternehmensanalyse ist die Identifikation der Schlüsselfaktoren des Unternehmenserfolgs. Diese interne Analyse ist auf die eigenen Kompetenzen und Ressourcen gerichtet. Aufgrund der besseren Verfügbarkeit dieser Informationen kann dieser Analyseschritt umfangreicher und tiefgehender gestaltet werden als die vorhergehende Analyse der Wettbewerber. Ziel der Betrachtungen ist es, die eigenen Kern-, Komplementär- und Peripheriefähigkeiten zu identifizieren und voneinander abzugrenzen.[3]

Als Kernfähigkeiten werden in diesem Zusammenhang jene Ressourcen bezeichnet, ohne die eine Leistungserstellung der Unternehmung nicht möglich wäre und die deshalb im Unternehmen zwingend vorhanden sein müssen. Bei Komplementärfähigkeiten handelt es sich zwar um ebenso für den Leistungserstellungsprozess notwendi-

1 In Anlehnung an Pümpin (1980), S. 36.
2 Vgl. Welge/Al-Laham (2003), S. 340 ff.
3 Vgl. Wirtz (2016a), S. 247 ff.

ge Ressourcen, jedoch können diese auch durch Zugriff auf Kooperationspartner erbracht werden. Peripheriefähigkeiten stellen dagegen keinen zwingend notwendigen Ressourcenbesitz dar und sind deshalb auch vom Markt zu beziehen.

In die Analyse der Unternehmenstätigkeiten sollten dabei grundsätzlich sämtliche Unternehmensaspekte miteinbezogen werden. Eine sinnvolle Vorgehensweise ist die Einnahme von zwei Sichtweisen: von innen nach außen (unternehmensspezifische Ressourcen und Fähigkeiten im Vergleich zum Wettbewerb) und von außen nach innen (Beurteilung der Stärken und Schwächen des Unternehmens durch die Kundenbasis). Als geeignetes Werkzeug zur generellen Untersuchung der Unternehmenstätigkeit hat sich hier die von Porter entwickelte Wertschöpfungskette erwiesen, die in Abbildung 2-8 veranschaulicht ist.

Abbildung 2-8: *Wertkette und Wertaktivitäten*[1]

Ausgangspunkt der Analyse der Wertschöpfungskette ist die Frage, wie sich ein Unternehmen dauerhaft Wettbewerbsvorteile verschaffen kann. Es erscheint naheliegend, zur Identifikation entsprechender Potenziale den Leistungserstellungsprozess auf die einzelnen Tätigkeiten des Unternehmens herunterzubrechen. Die Funktionen und Prozesse des Unternehmens werden dabei in so genannte Wertaktivitäten gegliedert, die aneinandergereiht die Wertkette bilden. Aus Kundensicht ergibt sich der Gesamtwert der Unternehmensleistung dann aus den Kosten der einzelnen Wertaktivitäten zuzüglich der Gewinnspanne.

1 In Anlehnung an Porter (1989), S. 68.

Die Wertaktivitäten selbst sind nach dem physischen Durchlaufprinzip angeordnet, wobei primäre Aktivitäten (Eingangslogistik, Operationen, Ausgangslogistik, Marketing & Vertrieb und Kundendienst) sowie unterstützende Aktivitäten (Unternehmensinfrastruktur, Personalwirtschaft, Technologieentwicklung und Beschaffung) unterschieden werden. Auch wenn das Wertkettenmodell lediglich ein einfaches Strukturierungsraster darstellt, das gegebenenfalls weiter detailliert werden muss, so lassen sich anhand dieser Methodik zumindest die strategisch relevanten, wertschaffenden Aktivitäten des Unternehmens identifizieren. Kenntnisse darüber nützen dem Unternehmen beim Aufbau von Wettbewerbsvorteilen am Markt.[1]

Wettbewerbsvorteile resultieren dabei nach Porter entweder aus einer besseren Kostenstruktur oder einer ausgeprägteren Differenzierung als der Wettbewerb. Im Zuge der intensivierten Zusammenarbeit mit Lieferanten und Kunden ist allerdings zu berücksichtigen, dass Wettbewerbsvorteile nicht mehr nur allein aus der unternehmensinternen Optimierung entstehen, sondern vermehrt über die Verbesserung unternehmensübergreifender Prozesse und Funktionen realisiert werden können. Für die Diagnose der Kostenschwerpunkte sind dabei insbesondere die Kostentreiber je Wertaktivität heranzuziehen, während für die Ermittlung von Differenzierungsmöglichkeiten eher auf die Kundenbasis und -zufriedenheit Bezug genommen wird.

Im Rahmen des strategischen Akquisitionsmanagement kann das Wertkettenmodell als Analyse- und Planungsinstrument gezielt eingesetzt werden, um den Deckungsgrad im gesamten Leistungserstellungsprozess von akquirierendem und akquiriertem Unternehmen zu identifizieren.

Darüber hinaus bietet die von Pümpin entwickelte Checkliste eine Hilfestellung bei der Unternehmensanalyse, in der auf die klassischen Funktionsbereiche Marketing, Produktion, Forschung und Entwicklung, Finanzen, Personal sowie Führung und Organisation zurückgegriffen wird. Diese eher allgemein gehaltene Checkliste muss jedoch auf die spezifischen Kontextbedingungen eines jeden Unternehmens abgestimmt werden, um echten Mehrwert zu leisten Tabelle 2-2 stellt die Checkliste zur Unternehmensanalyse dar.

1 Vgl. Lucht/Amshoff (2009), S. 97 f.

Tabelle 2-2: *Checkliste zur Unternehmensanalyse*[1]

Funktionsbereich	Inhalte
Marketing	Marktleistung, Preis, Produkt, Standort, Werbung, Marktbearbeitung, Distribution
Produktion	Produktionsprogramm, vertikale Integration, Produktionstechnologie, Produktionskapazitäten, Produktivität, Produktionskosten, Einkaufs- und Versorgungssicherheit
Forschung und Entwicklung	Forschungs- und Entwicklungsaktivitäten, Leistungsfähigkeit der Forschung, Forschungs- und Entwicklungs-Know-how, Patente und Lizenzen
Finanzen	Kapitalvolumen, Kapitalstruktur, stille Reserven, Finanzierungspotenzial, Working Capital, Liquidität, Kapitalumschlag, Investitionsintensität
Personal	Qualitative Leistungsfähigkeit der Mitarbeiter, Arbeitseinsatz, Sozialleistungen, Betriebsklima, Lohnpolitik
Führung und Organisation	Stand der Planung, Geschwindigkeit der Entscheidungsprozesse, Kontrolle, Qualität und Leistungsfähigkeit der Führungskräfte, Zweckmäßigkeit der Organisationsstruktur, innerbetriebliche Informationen

Speziell zur Analyse bestehender Kernkompetenzen und zur Festlegung von spezifischen Zielen für deren Akquisition und Einsatz haben Prahalad/Hamel eine sogenannte Kompetenz-Produkt-Matrix entwickelt, die als weiterer hilfreicher Analyserahmen eingesetzt werden kann (vgl. Abbildung 2-9). Dabei wird insbesondere den Fragestellungen nachgegangen,

- welche neuen Märkte durch den kreativen Einsatz bestehender Kernkompetenzen erschlossen werden können,
- welche neuen Kernkompetenzen aufgebaut werden müssen, um die Stellung in den derzeitigen Märkten zu halten beziehungsweise auszubauen und
- welche neuen Kernkompetenzen notwendig sind, um in den interessantesten neuen Märkten partizipieren zu können.

1 In Anlehnung an Pümpin (1980), S. 22 f.

Abbildung 2-9: *Kompetenz-Produkt-Matrix*[1]

Kernkompetenz			
	Neu	**Herausragende Position:** Welche Kernkompetenzen müssen aufgebaut werden, damit die Position in den bestehenden Märkten gehalten und ausgebaut werden kann?	**Mega-Chancen:** Welche neuen Kompetenzen müssen aufgebaut werden, um an den interessantesten, neuen Märkten teilnehmen zu können?
	Bestehend	**Lücken füllen:** Wie kann die bestehende Position am Markt durch Nutzung der bestehenden Kernkompetenzen verbessert werden?	**Weiße Flecken:** Welche neuen Produkte und Dienstleistungen können entwickelt werden, indem die bestehenden Kernkompetenzen neu eingesetzt und kombiniert werden?
		Bestehend	Neu
		Markt	

Darüber hinaus sollten Aspekte wie die Unternehmenskultur und die damit verbundenen Wertvorstellungen des Management in die Analyse integriert werden, weil sie deutlich auf Verhalten und Leistung im Unternehmen einwirken und mithin einen erheblichen Einfluss auf die Entwicklung von Strategien im Unternehmen haben. Die Unternehmenskultur lässt sich dabei als ein System von allen im Unternehmen geteilten Werten, Annahmen, Vorstellungen und Normen verstehen, die eine explizite oder implizite Übereinkunft beschreibt, wie Aufgaben erledigt werden.[2]

Zur Analyse der Grundhaltung der Mitarbeiter im Unternehmen bieten sich beispielsweise Befragungen über Fragebögen oder Einzelgespräche an. Aus ihnen lässt sich auf die Kunden-, Mitarbeiter-, Technologie-, Innovations-, Kosten- und Ergebnisorientierung der Mitarbeiter schließen. Das Verständnis der Unternehmenskultur ist ein wichtiger Aspekt der Strategieformulierung und deren späterer Umsetzung.

Sie erhält besondere Bedeutung bei der Entwicklung von Akquisitionsstrategien und der Auswahl des späteren Akquisitionskandidaten, da sich aus dem Vergleich der Unter-

1 In Anlehnung an Prahalad/Hamel (1994), S. 227.
2 Vgl. Franken (2010), S. 206.

nehmenskulturen von Käufer und Verkäufer wesentliche Schlussfolgerungen für das notwendige Change Management innerhalb der Post-Merger-Integrationsphase ziehen lassen. Abbildung 2-10 zeigt eine mögliche Gegenüberstellung der Unternehmenskulturen von Akquisiteur und Akquisitionskandidat.

Abbildung 2-10: *Netzdarstellung der Unternehmenskultur*[1]

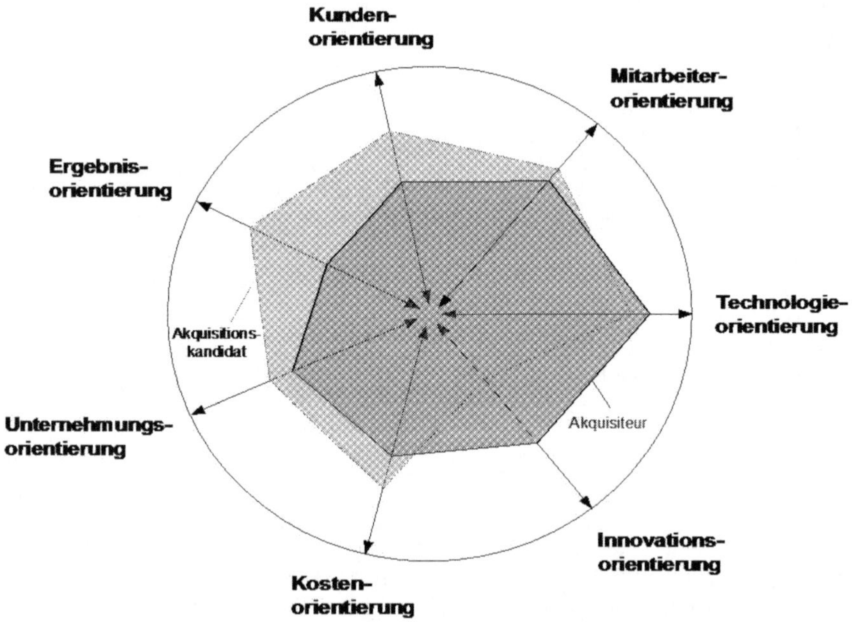

Als Ergebnis der Unternehmensanalyse sollten die strategisch relevanten Aktivitäten eindeutig identifiziert und bewertet sowie die Kernfähigkeiten von den Komplementär- und Peripheriefähigkeiten deutlich abgegrenzt sein. Darüber hinaus ist es hilfreich, die Wesenszüge der Unternehmenskultur zu untersuchen und zu verstehen.

Vergleichbar dem Umweltattraktivitäts- beziehungsweise Chancen-/Risiken-Profil, das im Rahmen der Umweltanalyse vorgestellt wurde, wird in der Praxis häufig ein so genanntes Stärken-/Schwächen-Profil des Unternehmens durch Abgleich der eigenen Fähigkeiten mit denen der wichtigsten Wettbewerber gebildet. Vordergründige Zielsetzung ist hierbei, die im Vergleich zu den Wettbewerbern bestehenden Vor- und Nachteile zu identifizieren und zu bewerten, um Handlungsspielräume offensiver und

1 In Anlehnung an Clarke (1987), S. 16 ff.

defensiver Art abzuleiten. Ein beispielhaftes Stärken-/Schwächen-Profil ist in Abbildung 2-11 dargestellt.

Abbildung 2-11: *Beispielhaftes Stärken-/Schwächen-Profil*[1]

Ressourcen-potenziale	Beurteilung			
	Entwicklung der letzten 5 Jahre	Vergleich zum Wettbewerb	Vergleich zur Marktentwick-lung	**Gesamt**
Marketing	-	- -	-	**-**
Forschung & Entwicklung	+	++	++	**++**
Produktion	++	+	++	**++**
Standort	-	0	0	**0**
Finanz-situation	- -	-	- -	**- -**
Kosten-situation	+	+	+	**+**
Technisches Potenzial	+	+	+ +	**+**
Führungs-kräftepot.	+	-	-	**-**
Personelles Potenzial	0	-	0	**0**
Führungs-system	0	0	+	**0**
...				

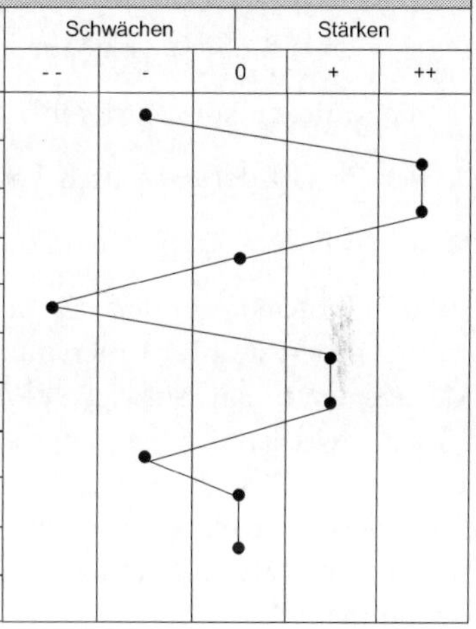

Aus der Zusammenführung des Chancen-/Risiken-Profils mit dem oben dargestellten Stärken-/Schwächen-Profil resultiert die so genannte Strategic-Fit-Analyse. Welge/Al-Laham sprechen bei diesem Vergleich von der Chancen-/Gefahren-Analyse.[2] Kirchner hingegen überträgt den Begriff auf den Akquisitionszusammenhang und versteht unter Strategic-Fit die Eignung der Akquisition zur Erreichung der strategischen Ziele des Unternehmens.[3] Dabei lassen sich aus der Gegenüberstellung der marktseitigen beziehungsweise externen Situation und der unternehmensspezifischen beziehungsweise internen Ausgangslage strategische Handlungsoptionen ableiten: Trifft eine chancenreiche Umweltentwicklung auf eine identifizierte Stärke, so stellt dies für das Unternehmen eine strategische Option dar, die es zu nutzen gilt.

Die Unternehmung kann die neue Entwicklung anders als die Konkurrenz besser ausnutzen, da seine Voraussetzungen relativ günstiger sind. Trifft eine risikobehaftete Umweltentwicklung allerdings auf eine Schwäche, so kann die sich daraus ergebende Gefahr frühzeitig erkannt werden. Es gilt dann, das erhöhte Risiko für das Unternehmen auszugleichen oder sich aus dem entsprechenden Geschäftsfeld zurückzuziehen.

1 In Anlehnung an Welge/Al-Laham (2003), S. 290.
2 Welge/Al-Laham (2003), S. 291.
3 Vgl. Kirchner (1991), S. 205 ff.

2.1.3 Strategieformulierung, -bewertung und -auswahl

Mit der Strategic-Fit-Analyse ist auch der zweite wichtige Schritt im Rahmen des Prozesses der Strategieentwicklung, die Situationsanalyse, abgeschlossen. Im Rahmen der Strategieformulierung sind nun, basierend auf einem Abgleich der Ergebnisse der Situationsanalyse mit den Unternehmenszielen, strategische Stoßrichtungen abzuleiten, um die langfristigen Ziele des Unternehmens bestmöglich erreichen zu können. Unabhängig vom Strategieinhalt sollte sich der Prozess orientieren an: [1]

- Stärken auf- oder auszubauen und Schwächen auszugleichen oder zu vermeiden,
- die Kräfte zu konzentrieren,
- den Einsatz der Ressourcenbasis zu optimieren und
- mögliche Synergiepotenziale auszuschöpfen.

Da die Strategieformulierung den Kernbereich des strategischen Management darstellt, wurden zu ihrer Unterstützung zahlreiche Instrumente in der Wissenschaft und Managementpraxis entwickelt.[2] Klassisches Instrument zur Identifikation möglicher Lücken zwischen der Ausgangslage beziehungsweise den Ergebnissen der Situationsanalyse und den strategischen Zielen des Unternehmens ist die sogenannte Gap-Analyse, in der eine Gegenüberstellung der Zielwerte (zum Beispiel Gewinn, ROI, Shareholder Value Added) mit den extrapolierten Vergangenheitswerten erfolgt (siehe Abbildung 2-12).

Der Gap-Analyse liegt der Gedanke zugrunde, dass es im Planungszeitraum zu Abweichungen zwischen den anvisierten Zielen des Unternehmens und deren Erreichungsgrad kommen kann. Unterschieden wird dabei eine operative und strategische Lücke. Während zur Schließung der operativen Lücke die angestammten Produkte und Märkte beibehalten werden können, sind zur Deckung der strategischen Lücke Produktneuerungen und Markterschließungsmaßnahmen notwendig.

Die direkte Ableitung von strategischen Handlungsoptionen allein aus der Gap-Analyse ist jedoch als kritisch zu betrachten, da sie dazu verleiten kann, strategische Überlegungen nur auf das zugrunde liegende Geschäftssegment anstatt vielmehr auf das Gesamtunternehmen zu beziehen. Darüber hinaus ist die Prognosevalidität von Vergangenheitswerten mit Vorsicht zu genießen. Ergänzend sollte daher im Rahmen der strategischen Planung die Portfoliomethode herangezogen werden, um die Frage der zieloptimalen Kombination von strategischen Geschäftseinheiten (SGE) beziehungsweise Produkten/Produktgruppen beantworten zu können.[3]

---

1 Vgl. Welge/Al-Laham (2003), S. 317.
2 Für einen Überblick siehe beispielsweise Welge/Al-Laham (2003), S. 293 ff. und S. 326 ff.
3 Vgl. Vogel (2002), S. 127 ff.; Fuchs/Unger (2007), S. 57 ff.

Abbildung 2-12: *Gap-Analyse*[1]

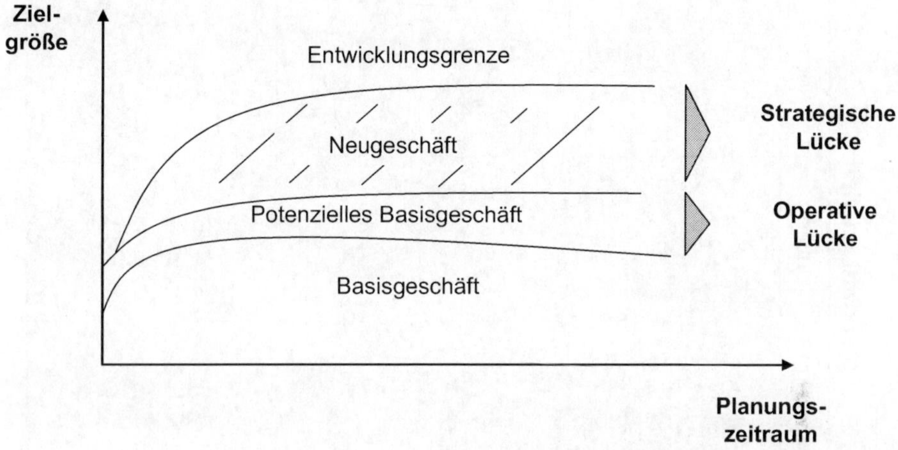

Ein Portfolio spannt dabei typischerweise eine zweidimensionale Matrix auf. Eine Achse bildet hierbei die externe beziehungsweise Markt-/Umfeld-Sicht und die andere Achse die interne beziehungsweise Unternehmenssicht ab. Neuere Darstellungen wirken insofern dynamisch, als sie gleichzeitig die Ist-Ausprägung und die Zielvorstellung für die jeweiligen strategischen Geschäftseinheiten zeigen. Die Bedeutung dieser SGE wird dann meist anhand von Gewinn, Umsatz oder Wertbeitrag gemessen und über die Größe der Kreisabbildung veranschaulicht. So lassen sich aus dem in Abbildung 2-13 gezeigten beispielhaften Portfolio nach McKinsey & Company die strategischen Handlungsoptionen Investition/Wachstum, Abschöpfung/Desinvestition sowie selektive Strategien ableiten.

Speziell Akquisitionen sind eine Möglichkeit zur Verbesserung der Positionierung strategischer Geschäftseinheiten und zur Erhöhung der Ausgewogenheit des Unternehmensportfolios.[2] Besonders hilfreich ist dabei eine vernetzte Analyse von Produkt-, Ressourcen-, Kunden- und Technologieportfolios, um direkte und indirekte Abhängigkeiten transparent zu machen, synergetische Potenziale zu erschließen und eine mehrdimensionale Beurteilung des strategischen Erfolgsbeitrags von Akquisitionen zu ermöglichen.

1 In Anlehnung an Kreikebaum (1997), S. 134.
2 Vgl. Körber (2000), S. 15 ff.

Abbildung 2-13: Beispielhaftes Portfolio nach McKinsey & Company[1]

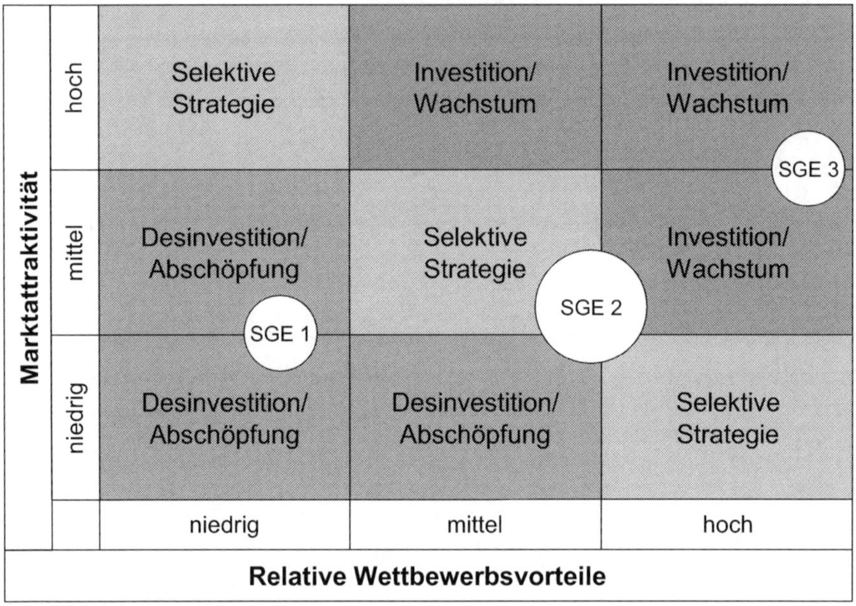

Gleichzeitig wird die Fokussierung auf rein finanzielle Bewertungen relativiert sowie das strategische Denken und die Kommunizierbarkeit von Strategien gefördert.[2] Eine übersichtliche Gegenüberstellung des Stärken-/Schwächen-Profils und der abgeleiteten strategischen Handlungsoptionen liefert die so genannte strategische Bilanz, wie beispielhaft in Abbildung 2-14 gezeigt.[3] Auf der Aktivseite werden die relativen Wettbewerbsvorteile zum Beispiel bezüglich der Faktoren Kapital, Material, Personal und Absatz gebucht, auf der Passivseite die entsprechenden Wettbewerbsnachteile.

Zum „Bilanzausgleich" und damit zur Schließung der strategischen Lücken sind prinzipiell mehrere Handlungsalternativen denkbar, wie zum Beispiel Maßnahmen der Diversifikation, Expansion, Desinvestition, Eigenentwicklung oder Erhöhung beziehungsweise Verminderung der Wertschöpfungstiefe. Damit wird nochmals deutlich, dass die gewünschte Entwicklung des Unternehmens über unterschiedliche Wege erreicht werden kann und Akquisitionen lediglich eine, wenn auch äußerst wirksame, Alternative darstellen.

1 In Anlehung an Hinterhuber et al. (2000), S. 109; Müller-Stewens/Lechner (2005), S. 303.
2 Vgl. Kirchner (1991), S. 210 ff.
3 Vgl. Jansen (2016), S. 297 ff.

Abbildung 2-14: *Beispielhafte strategische Bilanz*[1]

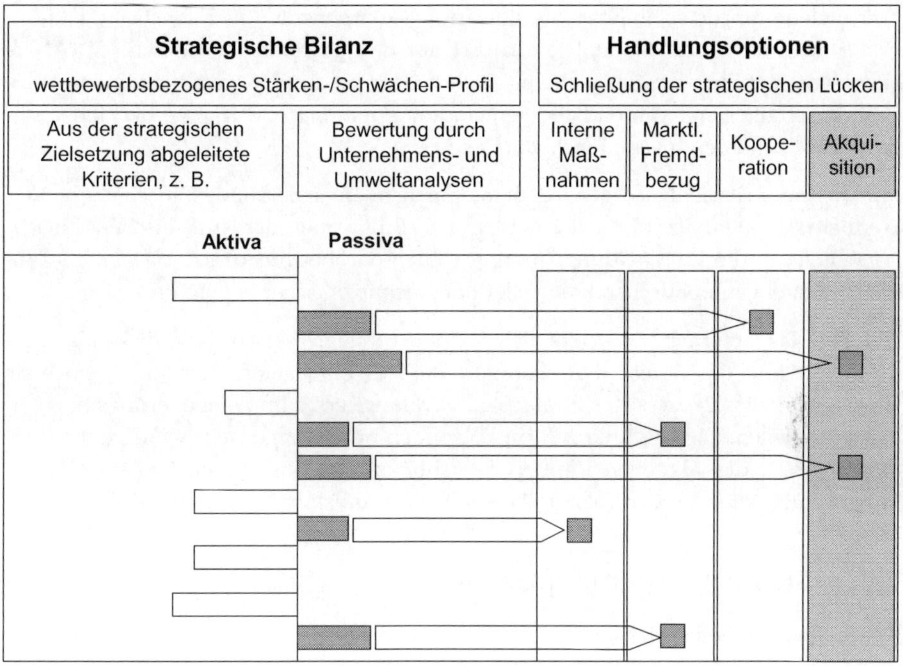

Eine Bewertung und Auswahl der formulierten Maßnahmen erfolgt gewöhnlich anhand ihres Zielerreichungsgrades bezüglich der gesetzten strategischen Ziele, die sich grundsätzlich an dem dominierenden Unternehmensziel auszurichten haben. Dabei sind verschiedene Bewertungsverfahren und -methoden entwickelt worden, um eine möglichst umfassende Beurteilung der quantitativen und qualitativen Auswirkungen der jeweiligen Strategiealternativen zu ermöglichen.[2]

Da im vorliegenden Fall die Steigerung des Shareholder Value beziehungsweise Unternehmenswertes als das höchste Unternehmensziel angesehen wird, hat sich die Beurteilung an dem potenziellen Wertbeitrag jeder einzelnen strategischen Handlungsoption auszurichten. Als Bewertungsraster bieten sich dafür zum Beispiel die in dem Shareholder-Value-Netzwerk von Rappaport definierten Werttreiber Dauer der

1 In Anlehnung an Jansen (2016), S. 298.

2 Ein Überblick findet sich beispielsweise in Welge/Al-Laham (2003), S. 192 ff.; Steinmann/Schreyögg (2005), S. 314 ff.

Wertsteigerung, Umsatzwachstum, betriebliche Gewinnmarge, Gewinnsteuersatz, Investitionen ins Umlauf- und Anlagevermögen sowie Kapitalkosten an.[1]

Diese wiederum determinieren die Bewertungskomponenten betrieblicher Cashflow, Diskontsatz und Fremdkapital, die direkt auf den geschaffenen Shareholder Value einwirken. So führt zum Beispiel eine Risikoreduktion durch Diversifikation zu geringeren Kapitalkosten, während die gemeinsame Nutzung von Know-how den Cashflow erhöht und den Investitionsbedarf senkt.[2]

Mit diesem Kriterienkatalog wird dem Management eine solide Einschätzung des Wertbeitrags identifizierter Alternativen zur Schließung der strategischen Lücken ermöglicht. In die Entscheidungsfindung sollten darüber hinaus jedoch weitere Rahmenbedingungen politischer, kultureller oder technologischer Art einfließen.

Hat sich das Unternehmen schließlich für eine Strategie entschieden, diese klar ausformuliert und das notwendige Commitment des Management eingeholt, sind, als letzter Schritt im Prozess der Strategieentwicklung, erste Implementierungsmaßnahmen einzuleiten. Dieser Punkt soll im Folgenden nur kurz gestreift werden, da er im Abschnitt 2.3 des aktuellen Kapitels beziehungsweise ausführlich im Teil C Post-Merger-Integration für den spezifischen Fall der Akquisition dargestellt wird.

2.1.4 Strategieimplementierung

Die Strategieimplementierung hat zum Ziel, die verabschiedete strategische Planung in strategiegeleitetes Handeln zu überführen. Ihr kommt damit ein hoher Stellenwert innerhalb des strategischen Managementprozesses zu, da jegliche strategische Überlegungen zwecklos bleiben, wenn es nicht gelingt, die verabschiedeten Strategien effektiv zu implementieren.[3] Nach Auffassung von Thompson/Strickland lassen sich bei der Strategieimplementierung acht implementierungsbezogene Aufgabenbereiche unterscheiden:[4]

- Strategieorientierte Budgetierung und Ressourcenallokation,
- Verabschiedung strategieorientierter Richtlinien und Policies,
- Sicherstellung eines kontinuierlichen Verbesserungsprozesses,
- Einsatz strategischer Managementinformationssysteme,
- Verknüpfung von Anreizen/Incentives und strategischem Zielerreichungsgrad,
- Anpassung der Unternehmenskultur an die strategische Ausrichtung,

1 Vgl. Rappaport (1999), S. 68.
2 Vgl. Kirchner (1991), S. 210.
3 Vgl. im Folgenden Welge/Al-Laham (2003), S. 531 ff.
4 Vgl. Thompson/Strickland (1998), S. 271; Hammer (2008), S. 163.

- Aufbau strategischer Führungskompetenz und
- Sicherstellung einer leistungsfähigen Organisationsstruktur.

Rekurriert man eher auf den Prozess der Strategieimplementierung, lassen sich die drei Phasen Implementierungsplanung, -realisation und -kontrolle unterscheiden.[1] Bei der Implementierungsplanung sind, nach Prüfung der Operationalisierbarkeit und Widerspruchsfreiheit der umzusetzenden Strategie, konkrete Implementierungsziele zu definieren sowie die notwendigen Implementierungsmaßnahmen hinreichend genau zu detaillieren. Im Rahmen der Implementierungsrealisation sind zunächst die geplanten Maßnahmen zu kommunizieren, bevor mit Einsetzung der operativen Projektteams die eigentliche Umsetzungsphase beginnt. Aufgabe der Implementierungskontrolle ist die Überprüfung des Zielerreichungsgrades und die Durchführung von Abweichungsanalysen.

Die Ausführungen zur Strategieimplementierung sind zum Abschluss der eher allgemeingültigen Darstellung des Prozesses der Strategieentwicklung bewusst kurz gehalten, da die Implementierung in den späteren Abschnitten für den speziellen Fall der Akquisitionsstrategie wieder aufgegriffen wird. Vorab soll jedoch die Akquisitionsstrategie selbst nochmals näher detailliert und beschrieben werden.

1 Vgl. Kolks (1990), S. 256.

2.2 Festlegung der Akquisitionsstrategie

Versucht man den Begriff der Akquisitionsstrategie vor dem Hintergrund der allgemeinen Strategiediskussion näher einzugrenzen, erweist sich als Ausgangspunkt der Bezugsrahmen von Welge/Al-Laham als hilfreich.[1] Danach lassen sich Akquisitionsstrategien nach dem Differenzierungsmerkmal der Entwicklungsrichtung eindeutig der (externen) Wachstumsorientierung und nach dem Differenzierungsmerkmal des organisatorischen Geltungsbereichs der Unternehmensgesamt- beziehungsweise der Geschäftsbereichsebene zuordnen.

Darüber hinaus werden im Schrifttum jedoch weitere Aspekte unter dem Begriff der Akquisitionsstrategie subsumiert. Beispiele sind die Ausrichtung der Akquisition (horizontal, vertikal oder konglomerat), Art (freundlich oder feindlich), Form (Share/Asset Deal) und Technik (verschiedene Formen des Buy-out) der Übernahme sowie oftmals auch der gesamte M&A-Prozess von der Analyse der strategischen Ausgangssituation bis zur Integration des Akquisitionskandidaten. Eine derart weite thematische Fassung des Begriffs Akquisitionsstrategie wird an dieser Stelle jedoch bewusst vermieden. Daher wird nachfolgend lediglich auf die spezifische Vorgehensweise im Rahmen des Entwicklungsprozesses von Akquisitionsstrategien Bezug genommen. Zuvor sollen allerdings wesentliche Klassifikationsansätze von Akquisitionsstrategien dargestellt werden.

2.2.1 Klassifikation von Akquisitionsstrategien

Die erfolgreiche Durchführung einer Akquisition erfordert vielfältige Fähigkeiten und Qualifikationen des Management. Wesentlich ist in diesem Kontext die Spezifikation der generellen strategischen Stoßrichtung von M&A-Aktivitäten. Eine mögliche Hilfestellung hierbei bieten methodische Klassifikationsschemata für Akquisitionsstrategien, bei denen die vom Unternehmen verfolgten Strategien inhaltlich gruppiert und systematisch eingeteilt werden. Dies erleichtert eine eindeutige Abgrenzbarkeit der einzelnen Strategiealternativen.

Die wohl bekannteste Typologisierung ist die Gruppierung nach der wirtschaftlichen Verbundenheit der beteiligten Unternehmen. Ein weiterer Ansatz differenziert nach den Erfolgsquellen, die man sich durch eine Akquisition erhofft. Somit werden letztendlich die mit einer Akquisition verbundenen Ziele zur Unterscheidung von Akquisitionsstrategien herangezogen.[2] Beide Ansätze werden nachfolgend dargestellt.

---

1 Vgl. im Folgenden Welge/Al-Laham (2003), S. 326 ff. und 457 ff.

2 Vgl. Kirchner (1991), S. 42.

2.2.1.1 Klassifikation nach wirtschaftlicher Verbundenheit

Die wichtigsten Klassifikationen von Akquisitionsstrategien setzen bei der Beziehung der Tätigkeitsfelder zwischen den beteiligten Unternehmen an.[1] Die bekannteste darunter ist sicherlich die von Ansoff eingeführte und später von Kitching aufgegriffene Einordnung. Sie unterscheidet zwischen horizontalen, vertikalen, konzentrischen und konglomeraten Zusammenschlüssen (vgl. Abbildung 2-15).[2]

Abbildung 2-15: *Akquisitionsstrategien nach Ansoff*[3]

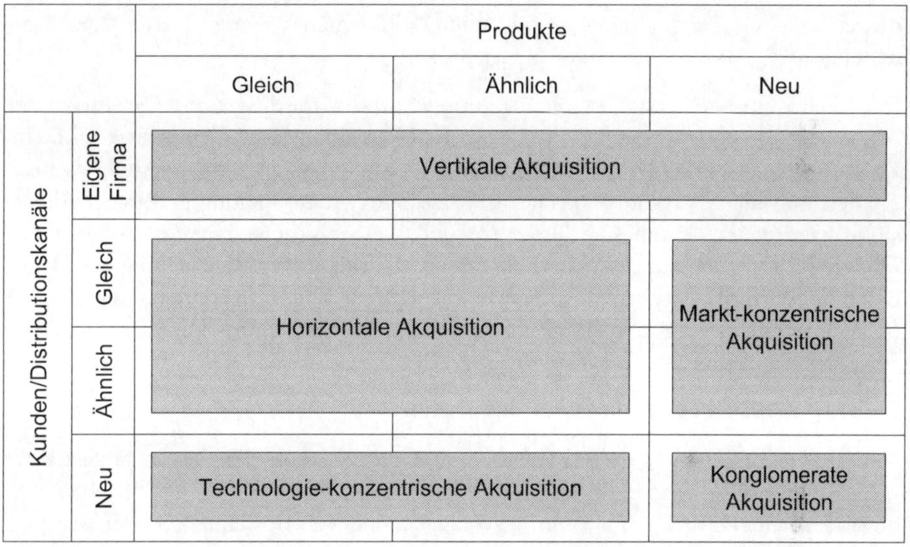

Bei horizontalen Akquisitionen werden durch das akquirierende Unternehmen Gesellschaften aus derselben Branche mit ähnlicher Produkt-, Kunden- und Zuliefererstruktur übernommen. Bei vertikalen Zukäufen werden Unternehmen entlang der Wertschöpfungskette akquiriert, wobei zwischen den Unternehmen zumindest potenziell ein Lieferanten-/Abnehmerverhältnis besteht.[4] Dies ermöglicht eine Vorwärts- beziehungsweise Rückwärtsintegration innerhalb der Wertschöpfungskette, je nachdem, ob ein Abnehmer oder ein Zulieferer übernommen wird. Konzentrische Akquisitionen

1 Vgl. Müller-Stewens (1988), S. 234; Kirchner (1991), S. 45.
2 Vgl. Sautter (1989), S. 7 ff.
3 In Anlehnung an Reineke (2001), S. 20.
4 Vgl. Kirchner (1991), S. 44.

weisen als Charakteristikum eine leistungswirtschaftliche Nähe in Teilbereichen des Angebotsspektrums auf.

Darüber hinaus kann man weiter unterscheiden, ob mit neuen Technologien gleiche oder ähnliche Kundengruppen (markt-konzentrische Akquisitionsstrategien) oder mit der gleichen oder ähnlichen Technologie neue Kundengruppen (technologiekonzentrische Akquisitionsstrategien) angesprochen werden. Unter konglomeraten Akquisitionen lassen sich all jene Akquisitionen einordnen, die sich nicht den zuvor genannten Akquisitionsstrategien zuordnen lassen.

Die beiden Unternehmen weisen also weder im Produktions- noch Absatzbereich signifikante Überschneidungen auf. Vertikale und konglomerate Zusammenschlüsse dienen dabei der Diversifizierung, die anderen Strategien der intensiveren Marktbearbeitung durch das akquirierende Unternehmen.[1]

Der Nachteil dieser Art der Typologisierung ist, dass nicht das gesamte Spektrum der möglichen strategischen Stoßrichtungen von Akquisitionsstrategien erfasst wird. Im Prinzip wird ausschließlich auf eine Phase im Akquisitionsprozess abgestellt, nämlich die Bestimmung der Akquisitionsart als Vorstufe der Identifikation geeigneter Akquisitionskandidaten.[2] Zweifel an dieser Art und Weise, Akquisitionen zu systematisieren, erwuchsen auch aus der pauschalen Be- beziehungsweise Verurteilung der identifizierten Akquisitionstypen. Insbesondere konglomerate Akquisitionen wurden oft ohne Berücksichtigung fallspezifischer Rahmenbedingungen pauschal behandelt.[3]

2.2.1.2 Klassifikation nach Erfolgsquellen

Neuere Klassifikationen der Akquisitionsstrategien rücken die Quelle angestrebter Akquisitionserfolge in den Blickpunkt und verweisen damit auf die angestrebten Akquisitionsziele. Diese Typologisierungsversuche sind von der zunehmenden Wertorientierung im Zielsystem der Unternehmen geprägt.[4] Der bekannteste Typisierungsversuch stammt dabei von Porter, der vier Akquisitionsrichtungen anhand einer empirischen Untersuchung identifiziert: Portfoliomanagement, Restrukturierung, Wissenstransfer und Aufgabenzentralisierung.[5]

Diese Strategien schließen sich gegenseitig nicht aus, differieren aber in der Art und Weise, wie durch die Akquisition Wertsteigerungspotenziale geschaffen werden. Beim Portfoliomanagement werden unterbewertete Unternehmen erworben, die keinen direkten Bezug zum angestammten Geschäft des Käufers aufweisen müssen und nach Übernahme weitestgehend Autonomie genießen. Eine Wertsteigerung wird durch konzerninternen Risiko- und Finanzausgleich sowie ausgeprägte Führung über Ziel-

1 Vgl. Bühner (1990), S. 5.
2 Vgl. Müller-Stewens (1988), S. 236.
3 Vgl. Kirchner (1991), S. 43.
4 Vgl. Kirchner (1991), S. 46 ff.
5 Vgl. Porter (1987b); Porter (1987a).

vorgaben angestrebt. Vor dem Hintergrund sich immer weiter entwickelnder Kapitalmärkte und ihrer zunehmenden Vollkommenheit verliert die Strategie des Portfoliomanagement allerdings zunehmend an Bedeutung.

Ziel der Restrukturierungsstrategie ist es, sanierungsbedürftige Unternehmen zu akquirieren, um Wertsteigerungseffekte durch eine gewinnbringende Veräußerung zu erzielen. Das erworbene Unternehmen wird dabei als autonome Einheit weitergeführt, wobei eine erfolgreiche Restrukturierung durch effizienzsteigernde Maßnahmen wie zum Beispiel Auswechslung des Management, neue Strategien oder zusätzliche Ressourcen realisiert werden soll.

Die beiden anderen von Porter identifizierten Strategien zielen auf die Nutzung von Synergien zwischen akquiriertem und akquirierendem Unternehmen ab. Intention der Strategie des Wissenstransfers ist die Schaffung von Mehrwert durch einmaligen oder ständigen Wissens- und Erfahrungsaustausch in wettbewerbsrelevanten Funktionsbereichen. Bei der Strategie der Aufgabenzentralisierung erhofft man sich Synergieeffekte durch Zusammenlegung erfolgskritischer Wertschöpfungsaktivitäten.

Die vorgestellten Klassifikationsschemata für Akquisitionsstrategien sind als methodisches Hilfsmittel zur Bestimmung der generellen strategischen Stoßrichtung zu verstehen. Sie sollen dem Management Klarheit über Ausrichtung, organisatorischen Geltungsbereich und grundsätzliche Zielsetzung des Akquistionsvorhabens verschaffen, ohne den Anspruch auf reale Strategiealternativen zu erheben. Dafür sind immer die konkreten Umfeldbedingungen und die spezifische Unternehmenssituation zu berücksichtigen, die nachfolgend bei der Vorgehensweise und Zielsetzung im Rahmen der Entwicklung von Akquisitionsstrategien erläutert werden.

2.2.2 Entwicklung von Akquisitionsstrategien

Wie im Rahmen der generellen Strategieentwicklung skizziert, kann die Entscheidung zu einer Akquisition entweder aus einer mehr oder weniger detaillierten Strategie heraus gefällt werden oder auf einem überraschenden Angebot beruhen. Bevor die endgültige Entscheidung für eine Akquisitionsstrategie (Buy-Strategie) gefällt wird, sollte in beiden Fällen jedoch geprüft werden, ob eine Make-Strategie oder Kooperationsstrategie nicht die gleichen Resultate liefern kann.

Ansonsten orientieren sich die Vorgehensweise und Zielsetzung der Akquisitionsstrategie an dem dargestellten Prozess der allgemeinen Strategieentwicklung. Daher werden im Anschluss an die Überprüfung von Make- oder Buy-Strategie beziehungsweise möglicher Kooperationsoptionen die wesentlichen Spezifika der Entwicklung von Akquisitionsstrategien zur Untersuchung des Akquisitionsumfeldes und der Erstellung eines Anforderungsprofils herausgearbeitet.

2.2.2.1 Kritische Überprüfung von Make- oder Buy- beziehungsweise Kooperationsoptionen

Sieht die Unternehmensführung in einer Akquisitionsstrategie die erfolgversprechendste Variante zur Erreichung der strategischen Unternehmensziele, hat sie sich gleichzeitig für eine äußerst anspruchsvolle und risikobehaftete Strategie entschieden. Daher erscheint es durchaus sinnvoll, unter Beibehaltung der grundsätzlichen Wachstumsorientierung die einzelnen Alternativen des internen beziehungsweise externen Wachstums sowie des Wachstums über Kooperationen nochmals einer kritischen Prüfung zu unterziehen.

Die prinzipielle Entscheidung zu „Make", d. h. der Beschränkung auf und der Entwicklung von intern im Unternehmen vorhandenen Fähigkeiten und Kapazitäten oder „Buy", d. h. der Beschaffung der notwendigen Ressourcen und Fähigkeiten durch Kauf eines bereits bestehenden Unternehmens, ist letztlich Ergebnis der Abwägung der drei Kriterien Zeit, Kosten und Organisationsrisiko.[1]

Bei dem eigenen Aufbau neuer Geschäftsfelder ist die Zeit meistens der kritische Engpassfaktor. Bis beispielsweise der Forschungs- und Entwicklungsbereich neu organisiert ist, geeignete Bezugsquellen ausfindig gemacht wurden sowie Produktionskapazitäten und Vertriebskanäle zur Verfügung stehen, vergehen oft mehrere Jahre. Sind die Eintrittsbarrieren dann überwunden und ist das Produkt auf dem Markt, reagiert die Konkurrenz oftmals gezielt mit feindlich gesinnten Aktionen wie Preissenkungen oder verstärkten Marketing- und Investitionstätigkeiten. Dieser Prozess lässt sich zwar durch Zukäufe signifikant verkürzen, allerdings sind speziell Akquisitionen, wie bereits mehrfach beschrieben, kostspielig. Darüber hinaus beinhalten sie in der Regel ein hohes Risiko.

Ein weiteres Kriterium bei der Wahl zwischen niedrigeren Kosten der Eigenentwicklung und resultierendem Zeitverlust bildet vielfach das Organisationsrisiko. Während bei der Eigenentwicklung das angestammte Geschäft als Ausgangsbasis dient und sich Integrationsprobleme organisch lösen lassen, sind primär Inkompatibilitäten der Unternehmenskulturen Ursache für die hohe Misserfolgsquote von Akquisitionen.

Einen Mittelweg stellen Kooperationen in Form von Joint Ventures oder strategischen Allianzen dar, da dort meist zumindest ein Partner mit dem Geschäft vertraut ist und das Risiko auf mehrere Schultern verteilt werden kann. Nach einer Untersuchung von Porter bei insgesamt 3.800 Unternehmen beschreiten in der Praxis die meisten Unternehmen (70%) den Weg der Akquisition, während die Option Eigenentwicklung wesentlich seltener gewählt wird.

---

1 Vgl. im Folgenden Gomez/Weber (1989), S. 15.

Untersucht man aber die Erfolgsaussichten, so waren in oben genannter Studie immerhin 58% mit der Strategie des internen Wachstums erfolgreich, während dies nur für 35% der Unternehmen gilt, die eine Strategie des externen Wachstums verfolgten.[1] Gerade in der jüngeren Vergangenheit erhalten die hybriden Strategien beziehungsweise Zwischenlösungen der Kooperation in Form von Lizenzen, Joint Ventures oder strategischen Allianzen zunehmende Bedeutung.

Ihre Erfolgsquote lag in besagter Untersuchung bei 50%.[2] Letztendlich lässt sich die Entscheidung für eine Make-or-Buy-Strategie nicht allgemeingültig fällen, sondern muss immer vor dem Hintergrund der aktuellen Unternehmenssituation und der spezifischen Motive und Zielsetzungen erfolgen.[3] Wichtig ist allerdings, dass sich ein Unternehmen mit Expansionsplänen dieser Problemstellung bewusst ist und die Strategie klar an den übergeordneten Unternehmenszielen ausrichtet, d. h. im vorliegenden Fall an der Wertsteigerung.[4]

Hierdurch wird nochmals Folgendes deutlich: Unternehmensakquisitionen sind zum einen lediglich Mittel zur Erreichung strategischer Ziele. „Kauf und Verkauf von Unternehmen sind nicht Selbstzweck, sondern Instrument der Realisierung strategischer Unternehmensziele."[5] Zum anderen wird klar, dass Akquisitionen in der Regel nicht die einzige Handlungsalternative zur Zielverfolgung sind: „Acquisition is *a* way to achieve corporate objectives, but there are always many other possible methods".[6]

In Abbildung 2-16 sind zusammenfassend die Möglichkeiten der Unternehmensentwicklung dargestellt. Die nachfolgenden Ausführungen zur weiteren Vorgehensweise bei Akquisitionsstrategien beziehen sich allerdings lediglich auf den spezifischen Fall des externen Wachstums durch Akquisition. Dabei unterscheidet sich das weitere Vorgehen zur Entwicklung von Akquisitionsstrategien methodisch kaum von dem Prozess der allgemeinen Strategieentwicklung, es stellt lediglich stärker auf die Schließung der ermittelten Lücken durch M&A-Transaktionen ab. Eine Analyse des Akquisitionsumfeldes ist dabei ebenso erforderlich wie ein aus den eigenen Stärken und Schwächen abgeleitetes Anforderungsprofil der Zielkandidaten. Auf diese beiden Aspekte wird nachfolgend kurz eingegangen.

---

1 Vgl. Porter (1987a), S. 43 ff.
2 Vgl. Steinmann/Schreyögg (2005), S. 236 ff.
3 Vgl. Hutzschenreuter, T. (2015), S. 222 f.
4 Vgl. Hutzschenreuter, T. (2015), S. 222 f.
5 Dornis (1982), S. 43.
6 Mace/Montgomery (1962), S. 9.

Abbildung 2-16: *Möglichkeiten der Unternehmensentwicklung*[1]

	Expansion (Angestammte Produkte/Märkte)	Diversifikation (Neue Produkte/ Märkte)
Internes Wachstum	• Marktdurchdringung	• Produktentwicklung • Marktentwicklung
Externes Wachstum	• Franchise • Allianz • Joint Venture • Akquisition	• Lizenzen • Beteiligung • Allianz • Joint Venture • Akquisition

2.2.2.2 Untersuchung des Akquisitionsumfeldes

Zur Untersuchung des Akquisitionsumfeldes eignen sich drei Analyseebenen:[2]

- Die länderorientierte Analyse untersucht die politischen und wirtschaftlichen Rahmenbedingungen und hat die regionale Eingrenzung von Akquisitionskandidaten zum Ziel. Kriterien sind neben Gesetzgebung und Infrastruktur insbesondere politische Stabilität, Wirtschaftsordnung und Kulturkreis.
- Die marktorientierte Analyse ergänzt das Anforderungsprofil um eine detaillierte Untersuchung des Marktes. Sie umfasst den Aktien- und Kapitalmarkt, Finanzierungsformen und -möglichkeiten, eine Verkäufer- beziehungsweise Käuferanalyse, die Steuer- und Rechtsgesetzgebung sowie weitere ökonomische Tatbestände.
- Die geschäftsfeldorientierte Analyse untersucht die Merkmale der für die Akquisition relevanten Geschäftsfelder unter anderem anhand der Merkmale Erfolgshistorie, Struktur und Investitionsvolumen der Branche. Aus den Ergebnissen der Untersuchung des Akquisitionsumfeldes, dem eigenen Stärken-/Schwächen-Profil und den spezifischen Motiven und Zielsetzungen des akquirierenden Unternehmens sollte im Anschluss das Anforderungsprofil der Zielkandidaten entwickelt werden.

1 In Anlehnung an Gomez/Weber (1989), S. 15.
2 Vgl. Steinöcker (1998), S. 34 ff.

2.2.2.3 Erstellung eines Anforderungsprofils

Während das Screening von Kandidaten und deren spätere Auswahl hier bereits als Bestandteil der Transaktionsphase angesehen und dort näher behandelt werden, fällt die Erstellung eines Anforderungsprofils noch in die Phase des Strategieentwicklungsprozesses.[1] Als wichtige Inhalte des Anforderungsprofils werden dabei zum Beispiel Sitz der Gesellschaft, Eigentumsverhältnisse, Produkte, Distributionssystem, Stand der Technik, Marktanteil, Mitarbeiterzahl, erwarteter Mindest- und Höchstumsatz, Rechtsform, Qualität und Alter des Management oder Kurs-/Gewinn-Verhältnis genannt.[2] Zur Veranschaulichung eignen sich so genannte Radardiagramme, in denen ein potenzieller Akquisitionskandidat anhand der Zielvorgaben des Anforderungsprofils beurteilt werden kann. Ein Beispiel ist in Abbildung 2-17 dargestellt.

Abbildung 2-17: *Radardiagramm zur Überprüfung eines potenziellen Akquisitionskandidaten anhand des Anforderungsprofils*

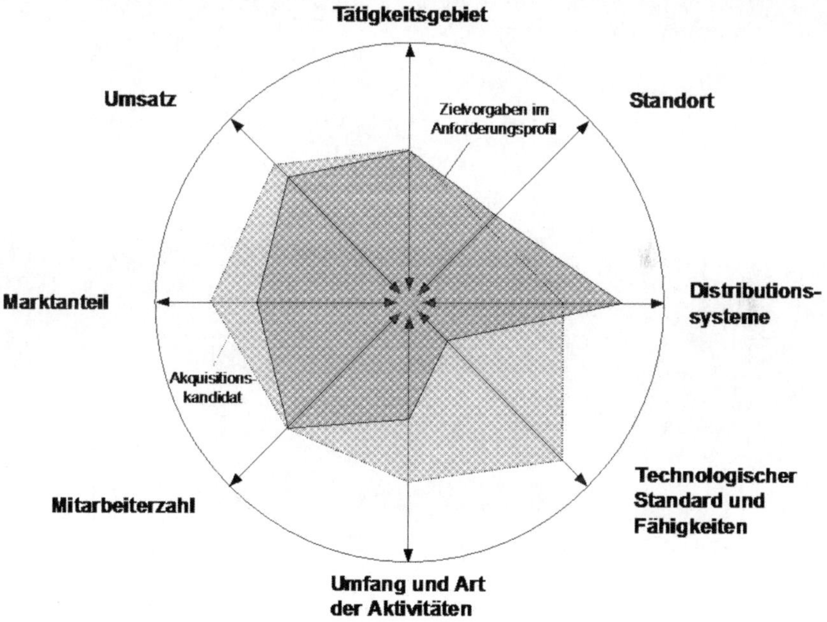

1 Vgl. Abschnitt 3.1 in Teil B sowie Petri (1992), S. 85.

2 Vgl. Gomez/Weber (1989), S. 44 ff.; Jung (1993), S. 53 f.; Hase (2002), S. 45; Vogel (2002), S. 152.

Nach Fertigstellung des Anforderungsprofils sollte im Rahmen einer systematischen Such- beziehungsweise Identifikationsstrategie anhand der definierten Kriterien eine möglichst hohe Übereinstimmung zwischen dem Unternehmensprofil des oder der Zielkandidaten und dem Anforderungsprofil des akquirierenden Unternehmens erzielt werden. Auch wenn kein Akquisitionsvorhaben vorliegt, ist es hilfreich, regelmäßig ein Anforderungsprofil zu erstellen und zu überarbeiten, um für überraschende Kaufoptionen vorbereitet zu sein.[1]

Zum Abschluss der Strategieentwicklung sollte eine ausformulierte Akquisitionsstrategie vorliegen und das Commitment des Top-Management eingeholt sein, in die Transaktionsphase einzutreten und den Prozess der Kandidatenauswahl zu beginnen. Wesentliche Voraussetzung zur Erzielung der genannten Ergebnisse und wichtiger Erfolgsfaktor für eine reibungslose Durchführung der bevorstehenden Transaktionsphase ist dabei eine professionelle Organisation und Steuerung des Akquisitionsprozesses. Hierauf wird nachfolgend eingegangen, bevor mit der Transaktionsphase die tatsächliche Implementierung der Akquisitionsstrategie beschrieben wird.

1 Vgl. Marquardt (1998), S. 67.

2.3 Organisation und Steuerung des Akquisitionsprozesses

Bereits zu Beginn des Akquisitionsvorhabens sind für den gesamten Akquisitionsprozess, d. h. für die wesentlichen Aktivitäten der Strategischen Analyse- und Konzeptionsphase sowie der Transaktionsphase, Dauer, Personalstärke und Budgetrahmen genau festzulegen. Möglichst zeitgleich sollte der Aufbau eines Akquisitionsteams mit klarer Aufgaben- und Kompetenzzuteilung erfolgen und über den Einsatz externer Dienstleister, wie Investmentbanken, Beratungsunternehmen oder Wirtschaftsprüfungsgesellschaften, entschieden werden.

Zusätzlich ist die Informations- und Kommunikationspolitik festzulegen, während durch das Akquisitionscontrolling nachzuhaltende Meilensteine zu definieren sind.[1] Insgesamt hat ein professionelles Akquisitionsmanagement eine wirksame Aufbau- und Ablauforganisation für den Akquisitionsprozess sicherzustellen. Dies wird in den beiden nachfolgenden Abschnitten aufgegriffen und detailliert dargelegt.[2]

2.3.1 Aufbauorganisation des Akquisitionsprozesses

Akquisitionen sind bezüglich ihrer Ausgangssituation, Zielsetzung und Umsetzung äußerst komplexe Projekte. Eine erfolgreiche Durchführung erfordert in allen Einzelphasen Spezialistenwissen, das oftmals kurzfristig zur Verfügung zu stellen ist. Im Verlauf des Akquisitionsprozesses sind insbesondere die Erwartungen der kritischen Stakeholder zu berücksichtigen, die generelle Führungspolitik in Bezug auf das Akquisitionsobjekt festzulegen sowie die Schnittstellen zwischen akquirierendem und akquiriertem Unternehmen zu gestalten.[3]

Zur Überwachung und Steuerung des Gesamtprozesses ist daher eine leistungsfähige und flexible Organisation erforderlich. Je nach Bedeutung und Häufigkeit von Akquisitionen sowie der Größe des Kaufinteressenten ist die Verantwortung unterschiedlichen Hierarchiestufen zu übertragen. Gängig ist dabei die Steuerung von M&A-Transaktionen durch eine Projektorganisation, die Unternehmensleitung, Fachabteilungen, operative Bereiche und spezielle M&A-Abteilungen.[4] Die unterschiedlichen Steuerungsmöglichkeiten werden nachfolgend kurz erläutert.

1 Vgl. Jansen (2016), S. 305.
2 Vgl. Sieben/Sielaff (1989), S. 21 ff.; Hagemann (1996), S. 119 ff.; Kübler (1996), S. 121 ff.
3 Vgl. Kirchner (1991), S. 265 ff.
4 Vgl. Vogel (2002), S. 103 ff.

■ Akquisitionsmanagement durch eine Projektorganisation

Im Gegensatz zu Stabsstellen oder Abteilungen der Linienorganisation ist die Projektorganisation nur temporärer Natur, d. h. sie wird in der Vorfeldphase etabliert und nach Beendigung der Transaktionsphase entweder aufgelöst oder in das gemeinsame Integrationsteam beziehungsweise in eine neue Unternehmensform integriert.[1] Bei der Bildung einer Projektorganisation zur Abwicklung von M&A-Transaktionen sind grundsätzlich Führungs-, Know-how- und Organisationsaspekte zu berücksichtigen.[2]

Ein erfolgreiches M&A-Projektteam sollte sich primär aus Führungskräften rekrutieren, die das Potenzial aufweisen, in dem zu akquirierenden Unternehmen später auch selbst Führungsaufgaben wahrzunehmen. Idealerweise verfügen die Teammitglieder dabei zusätzlich bereits über nützliche Beziehungen zu potenziellen Übernahmekandidaten sowie Vermittlern. Um eine vollständige Konzentration auf das mit der Akquisition verbundene Aufgabenspektrum zu ermöglichen, erscheint die Entlastung der Projektmitglieder vom Tagesgeschäft sinnvoll.

Bezüglich des Know-how ist sicherzustellen, dass alle relevanten Fachthemen durch Experten abgedeckt sind und die Kernbereiche der Unternehmung, d. h. Geschäftsführung (Leitung), Unternehmensentwicklung, Marketing/Vertrieb, Produktion/Technik, Finanzen/Steuern/Recht und Controlling ausreichend repräsentiert werden. Darüber hinaus sollten die Teammitglieder ausgeprägte analytische und instrumentelle Fähigkeiten aufweisen und im strategischen Denken geschult sein.

Zentral ist weiterhin die Beherrschung der klassischen Ansätze der Unternehmensbewertung sowie Erfahrung in der Verhandlungsführung. Aus organisatorischer Sicht ist ein weitgehend unabhängiges Handeln der Projektorganisation zu empfehlen, ohne den Zugriff auf die Linie für spezifische Anfragen zu verlieren.

Darüber hinaus sollte das Akquisitionsteam über einen eigenen Budgetrahmen sowie ungehinderten Zutritt zur obersten Führungsebene verfügen. Tabelle 2-3 fasst die Anforderungen an die Projektorganisation nochmals zusammen.

1 Vgl. Lucks/Meckl (2002), S. 285.
2 Vgl. im Folgenden Gomez/Weber (1989), S. 46 f.

Tabelle 2-3: *Checkliste Anforderungen an die Projektorganisation*[1]

Bereich	Anforderungen	Erfüllt	Nicht erfüllt
Führung	Vom Tagesgeschäft entbundene Führungskräfte		
	Potenzial zur späteren Leitung des Geschäfts		
	Beziehungen zu möglichen Übernahmekandidaten		
Know-how	Analytische/instrumentelle Fähigkeiten		
	Strategische Denkweise		
	Bewertungs-Know-how		
	Verhandlungsgeschick		
Organisation	Zutritt zur obersten Führungsebene		
	Weitgehende Autonomie		
	Eigene Budgetverantwortung		
	Zugriff auf Linienorganisation		

■ Akquisitionsmanagement durch die Unternehmensführung

Sind die geplanten Akquisitionsmaßnahmen erfolgskritisch für Bestand und Weiterentwicklung des Unternehmens, schaltet sich die Unternehmensleitung regelmäßig aktiv in die Steuerung der Akquisitionstätigkeiten ein. Mit der Übernahme der direkten Leitung der M&A-Aktivitäten durch die Unternehmensspitze geht zwangsläufig eine deutliche Zentralisierung der Prozesssteuerung einher. Da das Top-Management nur bedingt Arbeitszeit zur Verfügung stellen und nicht alle fachspezifischen Themen abdecken kann, werden verstärkt Stabsstellen und gegebenenfalls externe Berater zur Vorbereitung und Koordination des Akquisitionsprozesses hinzugezogen.[2]

Das oberste Führungsgremium ist selbst meist nur in den Prozess der Strategieformulierung involviert, trägt aber die Gesamtverantwortung für alle Phasen des Akquisitionsprozesses. Die Deckungsgleichheit von Entscheidungskompetenz und Verantwortung bei einem Akquisitionsmanagement durch die Unternehmensleitung wirkt klar prozessbeschleunigend und hat, unternehmensintern wie extern, eine positive Signalwirkung zur Folge.

1 In Anlehnung an Gomez/Weber (1989), S. 47.
2 Vgl. Sauermann (2000), S. 31 ff.; Vogel (2002), S. 105 ff.; Hinne (2008), S. 97 ff.

- Akquisitionsmanagement durch Fachabteilungen

Insbesondere bei Transaktionen mittleren und kleineren Umfangs steuern oftmals Fachabteilungen der Bereiche Unternehmensentwicklung, Finanz- und Rechnungswesen, Controlling oder Personal/Recht/Steuern den Akquisitionsprozess. Während hinsichtlich ihrer Komplexität und Risikobehaftung überschaubare Akquisitionen von einer einzelnen Fachabteilung geleitet werden können, erfordert die Abwicklung größerer Projekte ein fachabteilungsübergreifendes Lenkungsgremium, das die jeweiligen Abteilungen gezielt nach ihren Kompetenzen in den unterschiedlichen Transaktionsphasen einsetzt. Voraussetzung einer erfolgreichen Akquisitionssteuerung durch die Fachabteilungen sind die Abdeckung des notwendigen Qualifikationsprofils sowie entsprechende Entscheidungsvollmachten gegenüber Linienverantwortlichen, externen Dienstleistern und Verhandlungspartnern.

- Akquisitionsmanagement durch operative Bereiche

Ist das Ziel der Akquisitionsstrategie die gezielte Verstärkung einzelner Bereiche, Tochtergesellschaften oder strategischer Geschäftseinheiten, bietet sich eine durchgängige Steuerung des Akquisitionsprozesses durch die jeweils betroffenen operativen Organisationseinheiten an. Gängige Praxis ist dabei eine Zusammenarbeit zwischen der Bereichsleitung und den involvierten Fachabteilungen des eigenen Bereichs und der Muttergesellschaft beziehungsweise Zentrale. Vorteilhaft wirkt sich in dieser Organisationsform aus, dass derjenige Bereich, der die Auswirkungen der geplanten Maßnahmen zu tragen hat, auch selbst die Verantwortung innehält. Nachteilig ist allerdings, dass Interessenskonflikte beim Kauf beziehungsweise Verkauf von Zielobjekten zwischen Unternehmens- und Bereichsleitung zu erheblichen Schwierigkeiten führen können.

- Akquisitionsmanagement durch eine eigenständige M&A-Abteilung

Die Einrichtung einer eigenen Abteilung für Mergers & Acquisitions erscheint nur für größere Unternehmen sinnvoll, die sich in einem starken Wachstumsmarkt befinden oder erheblichem Restrukturierungsaufwand ausgesetzt sind. Wie bei der (temporären) Projektorganisation ist zu empfehlen, die Mitarbeiter nicht einer Doppelbelastung aus Akquisitionsmanagement und Tagesgeschäft auszusetzen, sondern ihnen vielmehr weitere, inhaltsnahe Aufgaben, wie zum Beispiel das Beteiligungscontrolling, zu übertragen. Eine eigenständige M&A-Abteilung kann prinzipiell als Stabsstelle, Zentralbereich oder ausgegründeter Geschäftsbereich organisiert werden und sollte, geeignete Ausstattung vorausgesetzt, in der Lage sein, den gesamten Akquisitionsprozess eigenständig zu steuern.

In der Praxis tauchen die vorgestellten Organisationsformen meist nicht in Reinform auf. Oftmals sind unternehmens- und situationsspezifische Mischformen zu beobachten, die zum einen klare Verantwortlichkeiten für den Akquisitionsprozess, zum anderen aber auch eine notwendige Delegation von Fachthemen anstreben. Unabhängig von der gewählten Organisationsform ist die Benennung eines M&A-Verantwortlichen

als Anlauf- und Koordinationsstelle ratsam. Diesem ist auch die Prozesssteuerung und damit die Ablauforganisation des Akquisitionsprozesses zu übertragen, die im Folgenden beschrieben wird.

2.3.2 Ablauforganisation des Akquisitionsprozesses

Die Ablauforganisation beziehungsweise Steuerung des Akquisitionsprozesses erstreckt sich als Querschnittsfunktion über die Phasen der Konzeption beziehungsweise Transaktion einer Akquisition. Wichtige Fragestellungen ergeben sich dabei insbesondere bezüglich Ausmaß beziehungsweise Art und Weise des Einsatzes externer Dienstleister, Gestaltung der internen und externen Kommunikationspolitik sowie Ausprägung des Akquisitionscontrolling.

Alle drei Stellhebel werden jeweils dort vertiefend behandelt, wo sie thematisch primär verankert sind: Die Zuhilfenahme externer Berater im Kapitel 6 „Akteure und Prozess des M&A-Management" von Teil A und die Kommunikationspolitik beziehungsweise der Controlling-Prozess im Rahmen der Post-Merger-Integrationsphase in Kapitel 3 beziehungsweise 4 von Teil C. Daher sollen nachfolgend nur die wesentlichen Punkte herausgegriffen und erläutert werden.

2.3.2.1 Einsatz externer Dienstleister

Der Einsatz spezialisierter Berater kann einen wesentlichen Erfolgsfaktor bei der Abwicklung von Akquisitionsprojekten darstellen, insbesondere wenn personelle Kapazitätsengpässe oder mangelndes Spezialwissen vorliegen und externe Objektivität verlangt wird.[1] Dabei wird von den Beratern primär Fach-, Methoden-, System- und Sozialkompetenz erwartet sowie ein aussagekräftiger „Track Record" erfolgreich durchgeführter Referenzprojekte.[2]

Das Ausmaß externer Unterstützung im Rahmen des Akquisitionsprozesses ist dabei von dem im Unternehmen vorhandenen Know-how, dem Transaktionsvolumen und der geografischen Ausrichtung abhängig. Grundsätzlich sollte jedoch die Gesamtsteuerung nicht vollständig in die Hände externer Berater gegeben werden, da sich ansonsten eine unerwünschte Eigendynamik entwickeln kann.[3] Den für das Akquisitionsmanagement relevanten Beratermarkt bilden primär Investmentbanken, Wirtschaftsprüfer, Steuerberater, Rechtsanwälte, Strategieberater und Unternehmensmakler, die jeweils unterschiedliche Beratungsschwerpunkte verfolgen. Diese Betätigungsfelder werden in Abbildung 2-18 dargestellt.

---

1 Vgl. Müller-Stewens/Spickers/Deiss (1999), S. 44 f. und S. 206 ff.

2 Vgl. Vogel (2002), S. 109.

3 Vgl. Gomez/Weber (1989)S. 47 f.

Abbildung 2-18: *Betätigungsfelder verschiedener M&A-Berater im Rahmen des Akquisitionsprozesses*[1]

Berater \ Betätigungsfeld	Strategieentwicklung	Profilerstellung	Suche	Kontaktaufnahme	Bewertung	Verhandlung	Vertragsgestaltung	Finanzierung
Investmentbanken	Randgeschäft	Randgeschäft	Kerngeschäft	Kerngeschäft	Kerngeschäft	Kerngeschäft	Kerngeschäft	Kerngeschäft
Wirtschaftsprüfer	Expansionsbestrebungen	Expansionsbestrebungen	Expansionsbestrebungen	Expansionsbestrebungen	Kerngeschäft	Randgeschäft	Expansionsbestrebungen	
Steuerberater			Randgeschäft	Randgeschäft			Kerngeschäft	
Rechtsanwälte			Randgeschäft	Randgeschäft	Expansionsbestrebungen	Kerngeschäft	Kerngeschäft	
Strategieberater	Kerngeschäft	Kerngeschäft	Randgeschäft	Randgeschäft	Expansionsbestrebungen	Expansionsbestrebungen	Expansionsbestrebungen	
Unternehmensmakler			Kerngeschäft	Kerngeschäft	Randgeschäft	Randgeschäft	Randgeschäft	

Legende: Randgeschäft (hell), Expansionsbestrebungen (mittel), Kerngeschäft (dunkel)

Während Investmentbanken regelmäßig die gesamte Transaktion von der Kontaktaufnahme bis zur Vertragsgestaltung betreuen, liegt die Kernkompetenz der Wirtschaftsprüfer und Steuerberater in der finanziellen Due Diligence beziehungsweise der steuerlich optimalen Gestaltung des Kaufvertrages. Aufgabenschwerpunkt der Rechtsanwälte ist die Sicherstellung der Einhaltung börsen-, gesellschafts- und kartellrechtlicher Auflagen, die legale Due Diligence sowie die Erarbeitung der notwendigen Vertragsunterlagen. Zusätzlich vertreten Rechtsanwälte ihre Auftraggeber regelmäßig in wichtigen Vertragsverhandlungen.

Strategieberater werden im Rahmen des Akquisitionsprozesses hauptsächlich für die Strategieentwicklung und die Erstellung des Anforderungsprofils eingesetzt. Die stark fokussierte Dienstleistung der Unternehmensmakler beschränkt sich lediglich auf den Abgleich von Angebot und Nachfrage auf dem M&A-Markt.[2] Die vorgenommene Abgrenzung der jeweiligen Beratungsschwerpunkte darf allerdings nicht darüber hinwegtäuschen, dass die Trennschärfe durch die Ausweitung des Dienstleistungsspektrums im M&A-Beratungsmarkt aufgrund des intensiven Wettbewerbs um Kunden und Mandate zunehmend aufgehoben wird.

1 In Anlehnung an Achleitner (2001), S. 156.
2 Vgl. Achleitner (2001), S. 155 ff.; Lucks/Meckl (2002), S. 40 ff.

2.3.2.2 Gestaltung der internen und externen Kommunikationspolitik

Eine entsprechend gestaltete Kommunikationspolitik begleitet den gesamten Akquisitionsprozess nach innen und außen mit dem Ziel, einen möglichst reibungslosen Ablauf zu gewährleisten und auftretende Probleme oder Konflikte mittels kommunikativer Mittel zu beseitigen beziehungsweise bereits deren Entstehung zu verhindern.

Eine Trennung zwischen externer und interner Kommunikation erscheint dabei aufgrund der starken Überschneidungen bei M&A-Transaktionen eher theoretischer Natur und hat sich in der Praxis nicht bewährt. Generell gilt es, alle Stakeholder, wie beispielsweise Mitarbeiter, Kunden, Lieferanten, externe Berater oder Politiker, in die Kommunikationsstrategie zu integrieren und mit dem Zweck sowie Auswirkungen und Vorteilen der Akquisition vertraut zu machen.[1] Wesentliche Aspekte hierbei sind:[2]

- eine mögliche Verunsicherung von Mitarbeitern und Kunden zu verhindern beziehungsweise zu reduzieren,
- unrealistische Erwartungshaltungen positiver wie negativer Art zu dämpfen,
- die Entstehung und Verbreitung von Gerüchten zu vermeiden,
- die Prozesssteuerung über zusätzliche Informationen zu verbessern und
- die neuen Visionen und Ziele des fusionierten Unternehmens dem sozioökonomischen Umfeld zu vermitteln.

Wichtige Erfolgsfaktoren der Kommunikationsstrategie sind dabei die Bestimmung der relevanten Inhalte, das richtige Timing, die frühzeitige Festlegung der Medien sowie die selektive Auswahl geeigneter Partner bei der Planung und Durchführung von Kommunikationsmaßnahmen für die unterschiedlichen Interessengruppen.[3]

2.3.2.3 Einrichtung eines Akquisitionscontrolling

Gerade bei großen und komplexen Akquisitionsprojekten kommt dem Akquisitionscontrolling eine hohe Bedeutung zu. Zielsetzung ist dabei, durch die laufende Überwachung der Analyse-, Konzeptions- und Transaktionsphase sicherzustellen, dass der finale Akquisitionskandidat den erwarteten Beitrag zum Unternehmenserfolg unter Rendite- und Risikogesichtspunkten liefert.

Neben der Erfassung, Aufbereitung und Auswertung rein finanzieller Erfolgsindikatoren sollten zusätzlich die Kernprozesse Strategie, Struktur und personalwirtschaftliche Fragen über geeignete Kennzahlen nachgehalten werden, um aufschlussreiche Rückschlüsse über die Wertschaffung zu ermöglichen.

---

1 Vgl. Lucks/Meckl (2002), S. 196 f.; Vogel (2002), S. 191 ff.; Zimmermann (2008), S. 534 ff.
2 Vgl. Gerpott (1993), S. 142; Salecker (1995), S. 10.
3 Vgl. Lucks/Meckl (2002), S. 207 f.

Organisatorisch ist das Akquisitionscontrolling oftmals als Stabsstelle bei dem für das Projekt verantwortlichen Mitglied der Geschäftsführung aufgehängt, um zu gewährleisten, dass projektspezifische Handlungsempfehlungen des Controlling zur Beseitigung von Abweichungen nicht ohne dessen Kenntnisnahme umgesetzt werden. Neben einem hohen Qualifikationsniveau der Controller ist insbesondere eine frühzeitige Involvierung in den Akquisitionsprozess ein zentraler Erfolgsfaktor, um von Beginn an durch kontinuierliche Soll-/Ist-Abgleiche Fehlentwicklungen frühzeitig zu erkennen und rechtzeitig geeignete Gegenmaßnahmen einleiten zu können.[1] Einen wesentlichen Bestandteil des Akquisitionscontrolling bildet eine laufende Evaluierung und Überprüfung der Strategie im Sinne eines umfassenden Strategiecontrolling, wie es auch im Schrifttum zum strategischen Management gefordert wird.[2] Daher wird dieser Bestandteil des Akquisitionscontrolling nachfolgend ausführlicher erläutert.

■ Strategiecontrolling im Rahmen von Akquisitionsprojekten

Im Rahmen von Akquisitionsprojekten kann neben Umweltveränderungen auch der ex ante recht geringe Kenntnisstand über das Akquisitionsobjekt Strategieanpassungen erforderlich machen, insbesondere wenn sich die Kenntnis über Attribute, Stärken und Schwächen des Akquisitionsobjektes erst im Zeitablauf konkretisiert. Das Strategiecontrolling erstreckt sich dabei auf die Gültigkeit der zugrunde liegenden Prämissen sowie die Kontrolle der Konsistenz und Machbarkeit der Strategie.[3]

Die Prämissenkontrolle als erstes Element eines Strategiecontrolling dient der Evaluation der Strategie zugrunde liegender Annahmen.[4] Hierfür ist zunächst eine explizite Formulierung der Prämissen erforderlich, um diese bewusst zu machen.[5] Da es in der Regel wirtschaftlich nicht möglich sein wird, sämtliche Prämissen zu explizieren und auf ihre Richtigkeit zu überprüfen, sollte zunächst eine Priorisierung der Prämissen hinsichtlich ihres Stellenwertes für das Zustandekommen und die Korrektheit der gewählten Strategie vorgenommen werden.

Ein praktisches Instrument bildet dabei das Prämissenportfolio von Winterhalter, in dem Prämissen anhand der beiden Dimensionen „Strategierelevanz der Prämissenabweichung“ und „Abweichungswahrscheinlichkeit der Prämisse“ in eine Vier-Felder-Matrix eingeordnet werden, wie Abbildung 2-19 zeigt.[6] Für die Prioritäteneinteilung wird diese Matrix wiederum durch drei Felder überlagert, so dass sich drei unterschiedliche Prioritätsgrade ergeben.

1 Vgl. Weismüller (2000), S. 195 ff.; Lucks/Meckl (2002), S. 209 ff.
2 Vgl. Rumelt (1995), S. 92.
3 Vgl. Hungenberg/Wulf (2015), S. 377 ff.
4 Vgl. Schreyögg/Steinmann (1985), S. 401; Weber (1994), S. 325.
5 Vgl. Refäuter (1990), S. 177.
6 Vgl. Winterhalter (1981), S. 258 ff.

Abbildung 2-19: Prämissenportfolio[1]

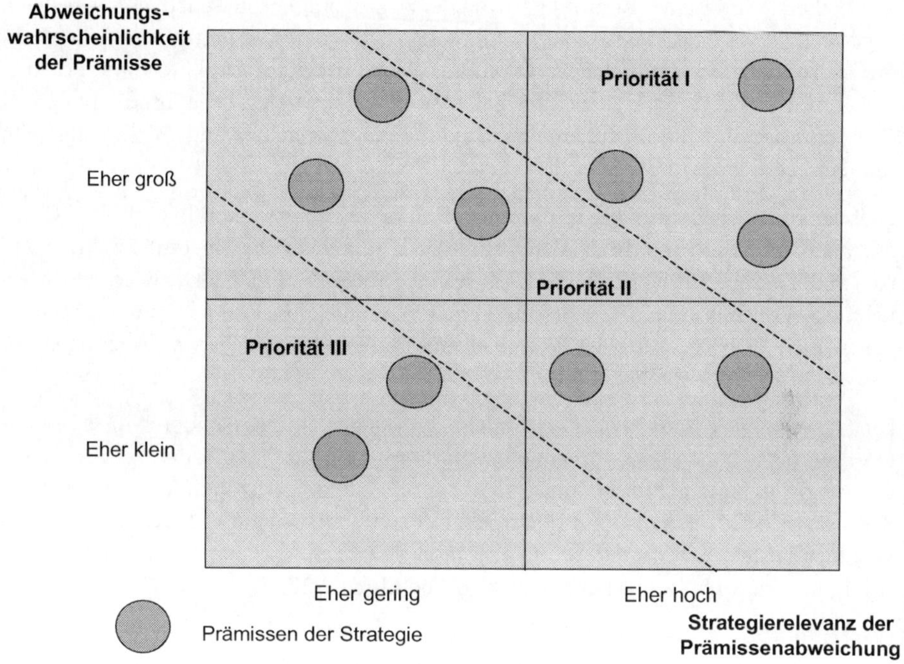

Prämissen mit einer hohen Priorität (Prioritätsgrad I) bedürfen einer besonderen Aufmerksamkeit bei der Prämissenkontrolle. Ihre Gültigkeit sollte laufend überwacht werden. Dabei führen festgestellte Veränderungen der Prämissen zu einer Überprüfung sowie gegebenenfalls Abänderung der Strategie. Prämissen mit geringerer Priorität (Prioritätsgrade II und III) hingegen erfordern eine deutlich weniger intensive Kontrolle. Hier reichen in der Regel periodische oder gar unregelmäßige, stichprobenartige Überprüfungen aus.

Die Konsistenzprüfung der Strategie dient der Feststellung, inwieweit die Akquisitionsstrategie in Übereinstimmung mit Zielen des Unternehmens und seiner Stakeholder steht. Dabei kann auf der Unternehmensebene zwischen horizontaler und vertikaler Konsistenz unterschieden werden.[2] Die horizontale Konsistenz beschreibt das Ausmaß, in dem die Strategie der von der Akquisition betroffenen Unternehmensbereiche mit den Zielsetzungen anderer Unternehmensbereiche vereinbar ist. Die verti-

1 In Anlehnung an Winterhalter (1981), S. 259.
2 Vgl. Merli (1995), S. 22 ff.

kale Konsistenz hingegen beinhaltet die Übereinstimmung zwischen strategischen Maßnahmen und Zielsetzungen verschiedener hierarchischer Ebenen.

Die Sicherstellung und Kontrolle sowohl der horizontalen als auch der vertikalen Konsistenz setzt eine intensive Kommunikation zwischen den betroffenen Unternehmensbereichen und Hierarchieebenen voraus. Dem Strategiecontrolling kommt hierbei insbesondere die Aufgabe eines Informationsmittlers zu, welcher die Informationen zu Zielsetzungen und Maßnahmen von Unternehmensbereichen und Hierarchiestufen sammelt, verdichtet und abgleicht.

Hierdurch ist das Controlling in der Lage, Ziel- und Interessenkonflikte rechtzeitig zu erkennen und die Bereiche beziehungsweise Hierarchiestufen hierauf hinzuweisen. Neben der Überprüfung der Vereinbarkeit von Strategien und Zielen zwischen Unternehmensbereichen und Hierarchiestufen beinhaltet die Konsistenzprüfung der Strategie auch eine Überprüfung der Übereinstimmung der strategischen Zielsetzungen mit den Ansprüchen der Stakeholder.

Die Sicherstellung dieser Form der Strategiekonsistenz ist insbesondere vor dem Hintergrund einer hohen Bedeutung der Zustimmung und damit auch der aktiven Unterstützung der Strategieumsetzung durch die Stakeholder wichtig.[1] Einen wertvollen Beitrag zur Aufdeckung möglicher strategischer Widersprüche in Bezug auf die Stakeholder leistet eine Visualisierung der Inkonsistenzen, die den Grad der Übereinstimmung der Zielsetzungen aufzeigt (vgl. Abbildung 2-20).

Werden auf diese Weise, insbesondere bei bedeutenden Stakeholdern, große Zielinkonsistenzen festgestellt, so bieten sich grundsätzlich zwei Möglichkeiten der Reaktion an. Zum einen kann versucht werden, die Ansprüche der jeweiligen Stakeholdergruppen besser in der Strategie zu berücksichtigen.[2]

Dies ist gleichbedeutend mit einer zumindest partiellen Revision der bisherigen Strategie. Eine Alternative, bei der an der bisherigen Strategie festgehalten werden kann, bildet der Versuch, die Akzeptanz für die Strategie bei den relevanten Gruppen zu erhöhen. Dies kann beispielsweise durch gezielte Kommunikationsmaßnahmen erreicht werden.[3]

Die Machbarkeitskontrolle bildet ein weiteres wesentliches Element des Strategiecontrolling im Rahmen von Akquisitionsprojekten. Hierbei wird zunächst auf die Ressourcensituation des Unternehmens verwiesen, wobei schwerpunktmäßig die finanziellen sowie die Humanressourcen zu überprüfen sind. Ein wichtiges Instrument zur Kontrolle der Machbarkeit hinsichtlich der finanziellen Ressourcen bildet die Funds-flow-Analyse. Dabei werden die über den Planungshorizont für die Durchführung der

1 Vgl. Beckhard/Harris (1987), S. 93 ff.
2 Vgl. Schäfer (2001), S. 194; Schaltegger (2004), S. 181.
3 Vgl. Salecker (1995), S. 141.

strategischen Maßnahmen voraussichtlich benötigten finanziellen Mittel möglichen internen und externen Finanzierungsquellen gegenübergestellt.[1]

Abbildung 2-20: *Visualisierung strategischer Inkonsistenzen in Bezug auf die Stakeholder*[2]

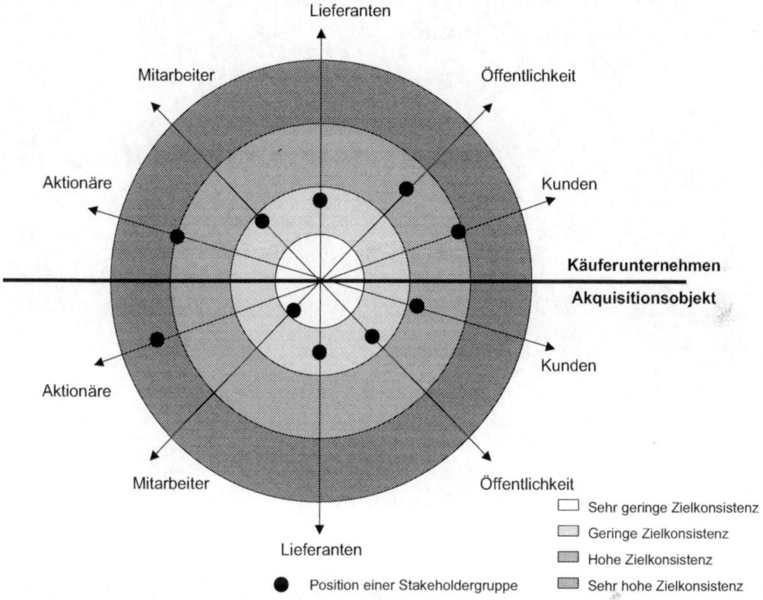

Drohende finanzielle Engpässe können auf diese Weise frühzeitig erkannt und Gegenmaßnahmen ergriffen werden. Neben den finanziellen Ressourcen bedarf auch die Verfügbarkeit von Humankapital einer besonderen Beachtung. Hier ist insbesondere die Verfügbarkeit einer ausreichenden Anzahl qualifizierter Mitarbeiter für die jeweiligen Aufgaben sicherzustellen.[3] Ausgehend von dem für die Durchführung der Maßnahmen vorgesehenen Zeitrahmen und Ressourcenbedarf ist es dabei Aufgabe des Controlling, die für die Zielerreichung erforderliche Anzahl an Mitarbeitern zu bestimmen. In einem weiteren Schritt sind die Fähigkeiten und Kenntnisse der verfügbaren Mitarbeiter mit den Anforderungen des Akquisitionsprojektes abzugleichen.

1 Vgl. Johnson/Scholes (2008), S. 380 ff.

2 In Anlehnung an Müller-Stewens/Salecker (1991), S. 108; Salecker (1995), S. 141; Schäfer (2001) , S. 193.

3 Vgl. Schäfer (2001), S. 195.

Insbesondere im Falle eventuell parallel laufender weiterer Projekte dient ein solcher Abgleich dem Erkennen und der Vermeidung von Engpässen bezüglich bestimmter Fähigkeiten und Kenntnisse. Mit diesen kurzen Ausführungen zur Organisation und Steuerung des Akquisitionsprozesses wird die strategische Analyse- und Konzeptionsphase abgeschlossen. Nach Verabschiedung einer wertschaffenden Akquisitionsstrategie und Etablierung einer geeigneten Aufbau- und Ablauforganisation des Akquisitionsprozesses gilt es nun, die Transaktion tatsächlich durchzuführen. Damit setzt sich das nachfolgende Kapitel auseinander.

3 Transaktionsphase

Die Transaktionsphase umfasst grundsätzlich fünf Schritte: die Auswahl eines geeigneten Akquisitionsobjektes (Screening), vorvertragliche Verhandlungen, Durchführung der Unternehmensbewertung, kartellrechtliche Prüfung und abschließende Verhandlungen mit der Fixierung der Geschäfts. Insgesamt sollte die Transaktionsphase im Akquisitionsprozess einen Zeitraum von neun Monaten bis zum Deal Closing nicht überschreiten, da andernfalls eine erneute Überarbeitung der dann bereits veralteten Datenbasis erforderlich wäre. Die Dauer der kaum beeinflussbaren Phase einer kartellrechtlichen Prüfung ist hiervon ausgenommen. Abbildung 3-1 stellt nochmals beispielhaft die Einzelschritte und deren typische Dauer bis zur Vertragsschließung dar.

Abbildung 3-1: *Vorgehensweise und Dauer der Transaktionsphase*[1]

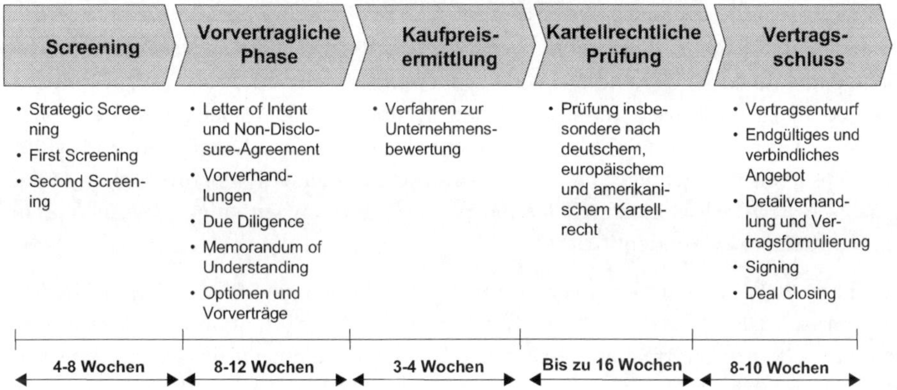

Die nachfolgenden Kapitel orientieren sich an den einzelnen Transaktionsphasen und vertiefen die jeweiligen Fragestellungen. So wird zuerst der Screening-Prozess aufgegriffen und die Vorgehensweise beziehungsweise Methodik zur Selektion geeigneter Akquisitionskandidaten beschrieben. Haben sich die Vertragspartner im Rahmen der vorvertraglichen Phase über einen Letter of Intent und ein Non-Disclosure-Agreement auf weitere (exklusive) Verhandlungen verständigt und die Informationslage im Rahmen einer Due Diligence, d. h. „Inspektion" der wesentlichen Unternehmensbereiche,

1 In Anlehnung an Nefiodow (1999), S. 3.

verbessert, folgt gewöhnlich die Ermittlung eines angemessenen Kaufpreises des Zielobjektes. Hierzu werden in diesem Kapitel gängige Methoden vorgestellt.

Bevor es bei größeren Akquisitionsvorhaben zum eigentlichen Vertragsschluss und Deal Closing kommen kann, sind meist noch kartellrechtliche Bedenken auszuräumen. Die Entstehung des Wertpapierübernahmegesetzes sowie die kartellrechtliche Prüfung nach deutschem, europäischem und amerikanischem Recht ist daher Gegenstand eines eigenen Abschnitts. Als erster Schritt im Rahmen der Transaktionsphase wird nachfolgend der Screening-Prozess betrachtet.

3.1 Screening: Selektion der Akquisitionskandidaten

Im Rahmen der Transaktionsphase ist unter dem Begriff Screening, die systematische Suche und Auswahl potenzieller Akquisitionskandidaten in Abhängigkeit von den unternehmensspezifischen Anforderungen zu verstehen. Dabei wird in den nachfolgenden Ausführungen unterstellt, dass der Käufer nicht bereits die Akquisition eines konkreten Objekts geplant hat, wie es oft bei horizontalen Zusammenschlüssen der Fall ist.

Vielmehr soll lediglich der Entschluss gefasst worden sein, ein Unternehmen zu übernehmen, ohne dass der Kandidat von vornherein feststeht.[1] In Wissenschaft und Praxis sind eine Vielzahl verwandter Systematiken und Methoden meist unter dem Oberbegriff der strategischen Suchfeldanalyse entwickelt worden, denen allen ein trichterförmiges Vorgehen gemeinsam ist. Dabei werden, ausgehend von einem eher groben Analyseraster, die Kriterien im Selektionsprozess sukzessiv verfeinert, um einen präferierten Kandidaten zu identifizieren.[2]

An dieser Stelle soll eine Vorgehensweise in drei Schritten gewählt werden. Bei dem so genannten Strategic Screening werden in einem ersten Schritt aus verschiedenen internen und externen Informationsquellen eine Grundmenge potenzieller Akquisitionskandidaten ermittelt und in einer so genannten Long List möglicher Partner verdichtet. Anhand weniger, grober Filterkriterien sind daraufhin, im Rahmen des First Screening, ungeeignete Kandidaten frühzeitig zu eliminieren, um die verbleibenden Unternehmen der so genannten Short List genauer analysieren zu können.

1 Vgl. Petri (1992), S. 85.
2 Vgl. Welge/Al-Laham (2003), S. 448.

Im dritten und letzten Schritt, dem Second Screening, wird die Identifikation von ein oder zwei Verhandlungspartnern aus der Menge der verbleibenden Unternehmen anhand detaillierterer Selektionskriterien vollzogen. Diese Vorgehensweise wird in Abbildung 3-2 verdeutlicht.[1]

Abbildung 3-2: *Vorgehensweise bei der Selektion von Akquisitionskandidaten*

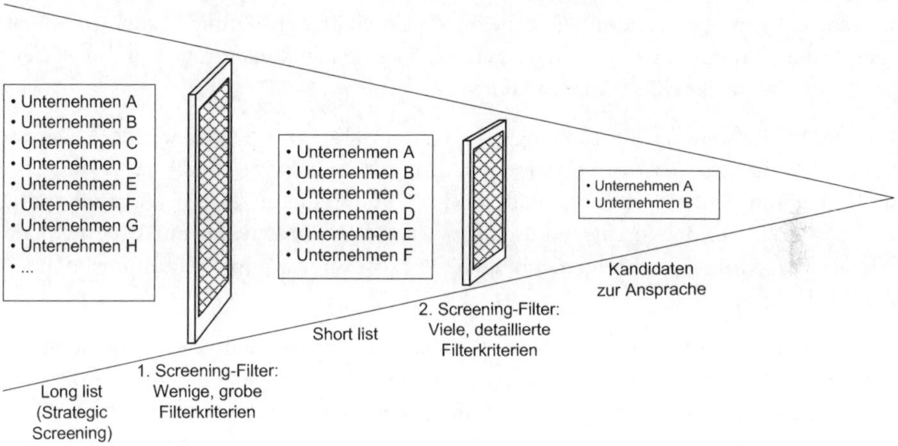

3.1.1 Strategic Screening

Da die Auswahl geeigneter Akquisitionspartner in einem mehrstufigen Selektionsprozess vollzogen werden soll, ist es zunächst erforderlich, im Rahmen einer ersten Suchphase eine Long List potenzieller Kandidaten zusammenzustellen. In dieser Phase des Akquisitionsprozesses ist es wünschenswert, eine möglichst große Anzahl geeigneter Kandidaten zu identifizieren. Es wäre nicht sinnvoll aufgrund einer eingeschränkten Suche, geeignete Kandidaten von Vornherein außer Acht zu lassen.

Zum einen sinkt auf diese Weise die Qualität der Akquisition, denn jede „Akquisition ist so gut, wie die beste bekannte Alternative."[2] Zum anderen kann das Akquisitionsvorhaben insgesamt bei einer zu frühzeitigen Fokussierung auf einen oder wenige Kandidaten scheitern und zur Folge haben, dass der Selektionsprozess von Neuem begonnen werden muss.[3] Gleichzeitig sollte man sich allerdings eine angemessene

1 Vgl. Hagemann (1996), S. 92 ff.
2 Gomez/Weber (1989), S. 54.
3 Vgl. Jung (1993), S. 62.

Obergrenze von etwa 15-25 Kandidaten setzen, um die Suche nicht ausufern zu lassen und so unnötig Ressourcen zu binden.

Um alle adäquaten Akquisitionsobjekte ausfindig zu machen, sollte die Vorgehensweise möglichst breit angelegt sein und die Suche nach geeigneten Kandidaten für die Long List kreativ und offen angegangen werden.[1] Ausgangspunkt dieser Liste bilden häufig Unternehmen, die selbst mit Verkaufsangeboten an den Akquisiteur oder den Markt herangetreten sind. Allerdings sollte berücksichtigt werden, dass einige dieser Angebote nur Marktwerttests dieser Unternehmen darstellen. Zu diesen Unternehmen sind sowohl dem Akquisiteur bereits bekannte Geschäftspartner und Wettbewerber als auch andere Unternehmen hinzuzufügen, die über Datenbankanfragen und weitergehende Studien recherchiert werden können.

Darüber hinaus kann es zweckmäßig sein, sich der Hilfe professioneller M&A-Dienstleister zu bedienen. Gerade in Kontinentaleuropa mit seinen im Verhältnis zu den USA noch eher unterentwickelten Kapitalmärkten kommt diesen externen Parteien eine wichtige Rolle zu, da sie eine Vertrauensposition einnehmen und mit Unternehmen oftmals Fragen wie Nachfolgeregelungen, Risikostreuung oder Wachstumsfinanzierung diskutieren.[2]

Sie sind dadurch in der Lage, Informationsbarrieren in den teilweise stark fragmentierten Märkten zu überwinden. Häufig wird deshalb im gesamten Screening-Prozess die professionelle Unterstützung von Strategieberatungen und Unternehmensmaklern sowie, in dieser frühen Phase des Transaktionsprozesses allerdings eher selten, von Investmentbanken in Anspruch genommen. Diese können durch ihr breites Informationsnetzwerk und zusätzliche personelle Ressourcen den Auswahlprozess erheblich beschleunigen.

Gerade bei vertikalen oder konglomeraten Zusammenschlüssen ist der Akquisiteur auf diese Unterstützung angewiesen, da hier das Problem der fehlenden Markttransparenz besonders kritisch ist. Bei Käufen innerhalb der eigenen Branche ist fremde Hilfe jedoch seltener aus Gründen der Informationsbeschaffung erforderlich, vielmehr werden Mittler vor allem eingesetzt, um eine anonyme Ansprache des Akquisitionsobjekts im späteren Verlauf vornehmen zu können.

Neben der Schaffung von Markttransparenz ist die Zielsetzung des Strategic Screening insbesondere, mit der Long List bereits eine erste Vorauswahl zu treffen, um die eingesetzten Ressourcen im weiteren Verlauf des Ausleseprozesses konzentrieren zu können. Daher sind im Rahmen des Strategic-Screening-Prozesses vor allem die für die weiteren Selektionsschritte notwendigen Informationen zu erfassen. Hohe Relevanz

---

1 Vgl. Sandler (1991), S. 186.
2 Vgl. Gomez/Weber (1989), S. 54 f.

weisen dabei insbesondere die folgenden Bereiche auf, die gleichzeitig Ausschlusskriterien für ungeeignete Akquisitionspartner darstellen:[1]

- Tätigkeitsfeld des Zielunternehmens,
- Finanzkenngrößen (Umsatz, Ergebnis, Kostenstruktur, Verschuldungsgrad etc.),
- Anteilseignerstruktur sowie Grad der Kontrolle,
- Marktanteile und wesentliche Wettbewerber,
- Mitarbeiterzahl und -profil,
- Produkt- und Kundenportfolio,
- Produktionsstandorte und Vertriebsnetz sowie
- Synergieeffekte.

Bei der Informationssuche ist eine vorzeitige Preisgabe der Akquisitionsabsichten unbedingt zu vermeiden, da dies den Kaufpreis steigern beziehungsweise Wettbewerbern wichtige Informationen über die Geschäftsstrategie des Käufers offenbaren würde. Zudem könnten im Falle einer feindlichen Übernahme gezielte Maßnahmen des Akquisitionsobjektes eine Übernahme vereiteln. Um ein Bekanntwerden des Kaufinteresses zu verhindern ist das akquirierende Unternehmen daher bei der Informationsrecherche auf eigene oder öffentlich zugängliche Informationen beschränkt beziehungsweise auf die Hilfe externer Dienstleister angewiesen.

Bei der Recherche über externe Datenbanken können die gesuchten Informationen zwar über bestimmte Suchkriterien wie Unternehmensgröße oder Zielmärkte eingegrenzt werden, allerdings wird die Datenbanksuche als Ergebnis häufig nur lückenhafte oder teilweise kaum vergleichbare Informationen liefern. Darüber hinaus kann sich die Informationsbeschaffung als problematisch erweisen, falls – zum Beispiel aufgrund der Rechtsform, Unternehmensgröße oder Gesellschafterstruktur – über manche Akquisitionskandidaten kaum Informationen verfügbar sind.

So sind von Familienunternehmen, im Gegensatz zu börsennotierten Unternehmen, Informationsquellen wie Geschäftsberichte, Pressemitteilungen und Pressekonferenzen kaum verfügbar.[2] Zusätzlich zu den genannten Informationsquellen und weiteren allgemein zugänglichen Informationen zum Beispiel aus Branchenanalysen oder von Messen beziehungsweise Verbänden sind dann gegebenenfalls eher informelle Quellen, wie Lieferanten, Kunden, Banken oder sogar Mitarbeiter und Konkurrenten des Akquisitionskandidaten, in Betracht zu ziehen. Auf Grundlage der im Rahmen des Strategic Screening gesammelten Informationen wird im weiteren Verlauf des Selektionsprozesses, dem so genannten First Screening, die eigentliche Vorauswahl getroffen. Mit diesem Prozess setzt sich der nachfolgende Abschnitt thematisch auseinander.

---

1 Vgl. Jung (1993), S. 53 f.; Hase (2002), S. 45.
2 Vgl. Marquardt (1998), S. 74.

3.1.2 First Screening

Zielsetzung des First-Screening-Prozesses ist die Reduktion der Long List auf eine Short List durch die Elimination von Akquisitionskandidaten, die aufgrund der verbesserten Informationslage und der intensiveren Prüfung an Attraktivität verlieren und nicht mehr als Akquisitionsziele in Frage kommen. Damit irrelevante Akquisitionsobjekte der Long List schnell von relevanten Kandidaten unterschieden werden können, sind klare Anforderungskriterien zu definieren, die als Ausschlusskriterien herangezogen werden können.

Die Anforderungskriterien sollten dabei aus der Ist-Situation des Käuferunternehmens sowie den übergeordneten Zielen der Akquisitionsstrategie abgeleitet und nach ihrer jeweiligen Bedeutung gewichtet werden.[1] Die Zielvorgaben in den wesentlichen Unternehmensbereichen sind daraufhin in ein Anforderungsprofil des Akquisiteurs zu verdichten, anhand dessen die Unternehmen der Long List zu bewerten sind.

Das Anforderungsprofil sollte, wie oben angedeutet, die für die Zielerreichung der Akquisition kritischen Elemente reflektieren und kann neben positiven durchaus auch negative Kriterien enthalten; also Eigenschaften, die das zu akquirierende Unternehmen auf keinen Fall aufweisen darf.[2] Weiterhin kann zwischen Muss- und Sollkriterien unterschieden werden.[3] Allerdings ist eine unnötig detaillierte Spezifikation der erwarteten Eigenschaften und Dimensionen des zu akquirierenden Unternehmens in diesem Stadium zu vermeiden, da ansonsten die Zahl der potenziellen Kandidaten gegebenenfalls zu früh eingegrenzt würde.

Die Visualisierung eines solchen Anforderungsprofils erfolgt gewöhnlich mit Hilfe so genannter Radardiagrammen oder auch entlang der Wertschöpfungskette. Eine exemplarische Darstellung eines Anforderungsprofils, in Form einer Gegenüberstellung des Stärken-/Schwächen-Profils von Akquisiteur und Akquisitionskandidat entlang der Wertschöpfungskette, ist in Abbildung 3-3 dargestellt.

Die Selektion von Unternehmen der Long List anhand des Anforderungsprofils findet insbesondere über die Abschätzung des strategischen und organisatorischen Fit statt. Im Rahmen der Akquisitionsstrategie generiert der strategische Fit Aussagen darüber, wie gut das zu akquirierende Unternehmen in die strategische Ausrichtung des Erwerbers passt, d. h. inwiefern es die identifizierten Schwächen des Käufers auszugleichen beziehungsweise dessen Stärken auszubauen vermag.

Dagegen stellt der organisatorische Fit darauf ab, inwieweit die Organisationsstrukturen und -kulturen der beiden Unternehmen zueinander kompatibel sind.[4] Je größer das Maß an Übereinstimmung in beiden Bereichen, desto wahrscheinlicher ist auch

1 Vgl. Gomez/Weber (1989), S. 44 ff.; Hase (2002), S. 45.
2 Vgl. Gomez/Weber (1990), S. 199.
3 Vgl. Marquardt (1998), S. 66.
4 Vgl. Jemison/Sitkin (1986), S. 145 ff.; Buss (2010), S. 49 ff.

der spätere Erfolg des Zusammenschlusses. Als Resultat des Abgleichs von strategischem beziehungsweise organisationalem Fit der beiden Unternehmen lässt sich die ursprüngliche Long List auf eine so genannte Short List verkürzen, die idealer Weise ca. fünf bis zehn Unternehmen aufweisen sollte. Die Unternehmen der Short List werden in einem weiteren Auswahlschritt einer genaueren Prüfung unterzogen, um möglichst einen bevorzugten Akquisitionskandidaten zu ermitteln. Dieser Prozess wird nachfolgend näher erläutert.

Abbildung 3-3: *Darstellung eines Anforderungsprofils anhand der Wertschöpfungskette*[1]

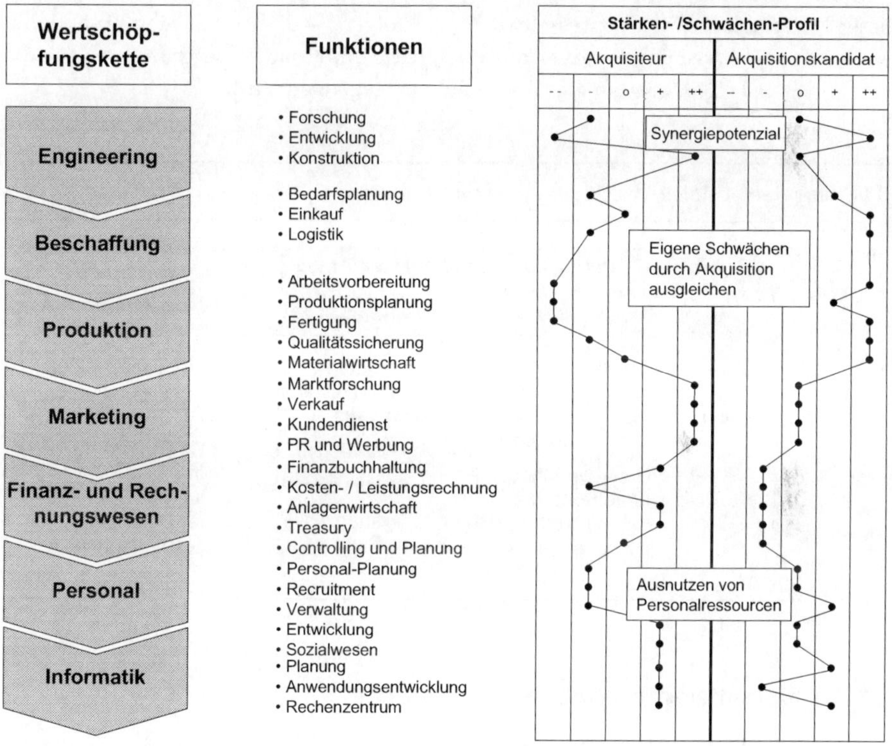

3.1.3 Second Screening

Um eine weitere Reduktion der Short List auf möglichst wenige Akquisitionskandidaten oder nur ein favorisiertes Unternehmen zu ermöglichen, ist es im Rahmen des

1 In Anlehnung an Clever (1993b), S. 61.

Second Screening notwendig, detaillierte Informationen zu den verbliebenen Unternehmen einzuholen. Dies geschieht, um verbesserte Selektionskriterien beziehungsweise ein Feinanforderungsprofil herausarbeiten zu können. Am Ende dieses Prozesses sollten in jedem Falle mehrere geeignete Kandidaten identifiziert sein, mit denen in vorvertragliche Verhandlungen eingetreten werden kann. Damit wird auch deutlich, dass die in diesem Stadium vorgenommenen Untersuchungen keinesfalls die in der Vorvertraglichen Phase durchzuführende Due Diligence ersetzen können oder sollen.

Daher werden im Rahmen des Screening-Prozesses keine Prüfungshandlungen oder detaillierte Analysen von Konten der Finanzbuchhaltung vorgenommen. Die an dieser Stelle der Transaktionsphase durchgeführten Voruntersuchungen dienen lediglich der Selektion relevanter Verhandlungspartner.[1] Abbildung 3-4 verdeutlich nochmals die in dieser Phase ablaufenden Prozesse, wobei nachfolgend lediglich auf die Kernaktivitäten im Second-Screening-Prozess, die detaillierte Informationsbeschaffung und die Erstellung des Feinanforderungsprofils, näher eingegangen wird.

Abbildung 3-4: *Ablauf des Second-Screening-Prozesses*

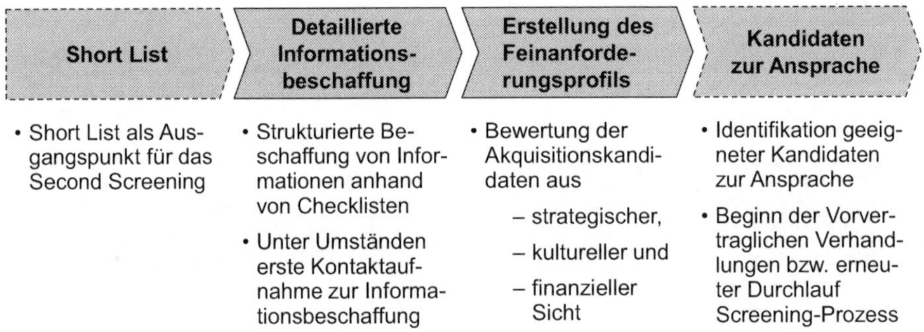

3.1.3.1 Detaillierte Informationsbeschaffung

Für eine detaillierte und strukturierte Informationsbeschaffung werden häufig Checklisten als Hilfestellung verwendet, bei deren Erarbeitung Vertreter aller wesentlichen Funktionalbereiche wie Einkauf, Produktion, Vertrieb, Marketing, Controlling/ Rechnungswesen sowie Unternehmensentwicklung mitwirken sollten. Ein Beispiel für eine Checkliste ist in Abbildung 3-5 dargestellt.

[1] Vgl. Jung (1993), S. 91.

Abbildung 3-5: Beispiel für eine Checkliste zur strukturierten Informationsbeschaffung[1]

Produkte und Märkte
- Marketing
- Produktion
- Innovation
- Forschung und Entwicklung

Finanzen
- Liquidität
- Kapitalvolumen und -struktur
- Kapitalumschlag
- Investitionsintensität

Soziales
- Personal
- Lohnpolitik und Sozialleistungen
- Unternehmenskultur
- Gesellschaftliche Verpflichtungen

Führung
- Führungskräfte
- Führungssysteme
- Organisation
- Information

Konkurrenz
- Gegenwärtige Stellung am Markt
- Strategische Erfolgspositionen und Strategien
- Stärken und Schwächen

Branche
- Sicherheit
- Distribution
- Erfolgsfaktoren
- Wettbewerbssituation
- Struktur

Absatz- und Beschaffungsmarkt
- Beschaffungskriterien
- Beschaffungssektoren
- Kundenbedürfnisse und -motive
- Marktvolumen, -wachstum und -anteile

Allgemeines Umfeld
- Ökologische Rahmenbedingungen
- Politik und Recht
- Demographie
- Technologie
- Wirtschaft

So sind im Rahmen der detaillierten Informationsbeschaffung neben den allgemeinen Unternehmensdaten wie zum Beispiel Jahresabschlüsse, Quartalsberichte, Planungsrechnungen und Steuererklärungen insbesondere Informationen zu Produkten, Konkurrenten, Stand der Technologie, Produktionsverfahren, Personal- und Führungsstruktur sowie Umweltschutzauflagen von Bedeutung. Besondere Beachtung sollte der Analyse der Organisationsstruktur und damit unter anderem der Alterstruktur, Führungsspanne, Qualifikationsniveau, Bezahlung, Arbeitsverträgen, sowie Personalführungsinstrumenten zukommen. Dabei sollten folgende Fragen beantwortet werden:[2]

- Hat das Management in der Vergangenheit den Wert des Unternehmens steigern können?
- Sind Einzelpersonen für den Unternehmenserfolg verantwortlich oder wird das Unternehmen kooperativ geführt?
- Welche Auswirkungen hätte das Ausscheiden von Schlüsselpersonen?
- Sind die relevanten Abteilungen mit qualifizierten Mitarbeitern besetzt?
- Werden die Mitarbeiter marktorientiert aus- und weitergebildet?

1 In Anlehnung an Pümpin/Geilinger (1988), S. 58 f.
2 Vgl. im Folgenden Behrens (1993), S. 167 f.

- Ist die Personalstärke angemessen und gibt es Transfermöglichkeiten für überschüssiges Personal in andere Bereiche?

Um die notwendigen Informationen zu erhalten, werden in dieser Phase teilweise auch weiterführende Informationsquellen genutzt. So kann der Akquisiteur beispielsweise Abwerbungs- und Einstellungsgespräche mit Mitarbeitern des Akquisitionsobjektes führen, um Informationen über die Kultur und die Organisation des Unternehmens zu erhalten.[1] Auch Wettbewerber können als Informationsquelle herangezogen werden. Unter Umständen ist es erforderlich, dass eine autorisierte Person Kontakt mit den untersuchten Unternehmen aufnimmt, um genauere Angaben über die Gesellschaft zu bekommen.

Die im Verlauf solcher Kontakte gewonnenen Informationen stellen oftmals Insiderwissen dar und sind daher besonders hilfreich für die Entscheidung, ob das Unternehmen dem Anforderungsprofil entspricht und auf der Liste der potenziellen Kandidaten bestehen bleiben soll. Vor einer Ansprache ist es aber wichtig, so viele extern erhältliche Daten wie möglich zu sammeln und diese strukturiert abzulegen und jederzeit zur Verfügung zu haben.[2]

Die Form der Kontaktaufnahme hängt dabei primär von der Anzahl der Akquisitionsobjekte und deren Eigentümerstruktur ab. Unterschieden werden eine mittelbare und eine unmittelbare Vorgehensweise. Die mittelbare Ansprache erfolgt in der Regel über eine Anzeige. Dies ist besonders dann hilfreich, wenn eine vergleichsweise große Anzahl von Unternehmen auf der Short List verblieben sind. Ein weiterer Vorteil neben der schnelleren Ansprache besteht in der erhöhten Reichweite der Anzeige, so dass auch bislang nicht identifizierte Kandidaten reagieren können. Weiterhin kann die mittelbare Ansprache über transaktionserfahrene Dritte erfolgen.

Neben der Möglichkeit der anonymen Ansprache hat dies den Vorteil, dass Akquisiteure, die bisher wenig Erfahrung mit der Ansprache von Akquisitionskandidaten haben, professionelle Unterstützung bei der Erstansprache erhalten können. Die unmittelbare Vorgehensweise wird weiter in direkte (echte) und indirekte (unechte) Ansprache der Eigentümer unterteilt. Ursächlich für diese Unterscheidung ist die unternehmerische Trennung von Leitung und Eigentum. Während die direkte Ansprache an die Anteilseigner erfolgt, ist die Geschäftsleitung des Akquisitionskandidaten Ziel der indirekten Ansprache.[3]

Die Form der unmittelbaren Kontaktaufnahme verändert sich zudem mit der Zahl der Ansprechpartner. Mit abnehmender Anzahl der potenziellen Partnerunternehmen bieten sich schriftliche Anfragen, telefonische Kontaktaufnahmen oder ein persönlicher Besuch des Akquisitionsziels an.

---

1 Vgl. Sandler (1991), S. 187.
2 Vgl. Jung (1993), S. 65.
3 Vgl. Jansen (2016), S. 309 f.

Generell empfiehlt sich die persönliche Kontaktaufnahme, um Vertrauen aufzubauen und gegebenenfalls sogar eine vorläufige Preisvorstellung des Verkäufers und die zukünftige Geschäftsstrategie sowie deren Auswirkungen auf die Finanzlage des Unternehmens zu diskutieren. Abbildung 3-6 fasst die unterschiedlichen Formen der Kontaktsuche und -aufnahme nochmals zusammen.

Abbildung 3-6: *Formen der Kontaktsuche und -aufnahme*[1]

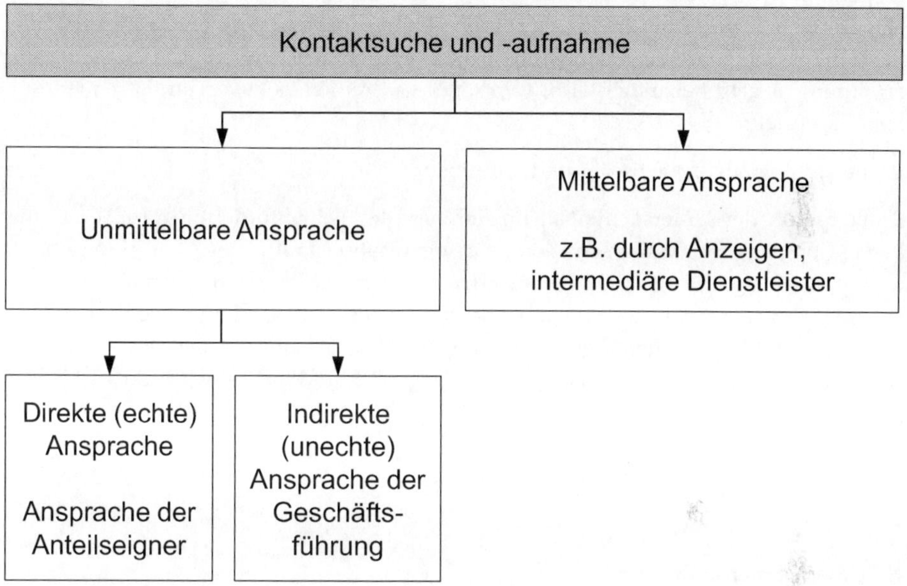

1 In Anlehnung an Jansen (2016), S. 309.

3.1.3.2 Erstellung eines Feinanforderungsprofils

Auf Basis der detaillierten und strukturierten Informationsbeschaffung über die Akquisitionsobjekte wird bei der Erstellung des Feinanforderungsprofils die verbesserte Informationslage genutzt, um die im ersten, eher groben Anforderungsprofil überprüften Perspektiven des strategischen beziehungsweise organisatorischen Fit vertiefen und inhaltlich anreichern zu können Darüber hinaus erscheint es sinnvoll, im Rahmen des Feinanforderungsprofils, diese primär qualitative Bewertung um eine stärker quantitativ ausgerichtete finanzielle Dimension zu erweitern. Da auf die strategische und kulturelle Analyse im Rahmen der Situationsanalyse bereits detailliert eingegangen wurde und die finanzielle Bewertung insbesondere im Rahmen der Financial Due Diligence beziehungsweise der Unternehmensbewertung und Kaufpreisermittlung vertieft behandelt wird, werden diese drei Perspektiven im Folgenden nur kurz dargestellt.

- Bewertung aus strategischer und kultureller Sicht

Schwerpunkt der Untersuchungen im Rahmen des Feinanforderungsprofils ist eine Bewertung der strategischen Position und Organisationskultur des Akquisitionsobjektes mittels einer Umwelt- und Wettbewerbsanalyse sowie einer Unternehmensanalyse. Während bei der Analyse des Akquisitionsumfeldes insbesondere auf eine Länder-, Markt- und Geschäftsfeldorientierung abgestellt wird, sollten bei der Unternehmensanalyse des Akquisitionsobjektes die folgenden fünf Punkte abgedeckt werden:[1]

- Tätigkeitsgebiet,
- Fähigkeiten im Vergleich zur Konkurrenz,
- bisherige Strategie,
- Unternehmenskultur und
- Kostenstruktur.

Im Rahmen der Evaluierung sollten die einzelnen Punkte, sofern es die Datengrundlage erlaubt, detailliert analysiert werden. So ist zum Beispiel beim Tätigkeitsgebiet darauf einzugehen, welche Produkte und Dienstleistungen das Unternehmen anbietet, wer die Abnehmer sind, welchen Nutzen sie hieraus erzielen und welche Verfahren, Technologien und Methoden zur Herstellung verwendet werden.[2]

Besonders präzise sollte die Analyse der Unternehmenskultur durchgeführt werden, da sie äußerst erfolgskritisch für die mögliche spätere Integration des akquirierten Unternehmens ist. Ihre Analyse gibt Aufschluss über die Werte, Normen und Grundannahmen in Bezug auf die Kunden-, Mitarbeiter-, Unternehmungs-, Technologie-,

---

1 Vgl. Pümpin/Geilinger (1988), S. 16; Abschnitt 2.1.2.2 in Teil B.

2 Vgl. Gomez/Weber (1989), S. 59.

Innovations-, Kosten- und Ergebnisorientierung des Akquisitionskandidaten.[1] Zur Erstellung eines Profils der verschiedenen Unternehmenskulturen bieten sich die folgenden Kriterien an, deren jeweilige Ausprägung es kritisch zu überprüfen gilt:[2]

- Mission, Tradition und Geschichte des Unternehmens,
- Motivation und Qualifikation der Mitarbeiter,
- Führungsstil und Statussymbole,
- Entscheidungsfindung und Art der Kommunikation,
- Verantwortungs- und Qualitätsbewusstsein sowie
- Arbeitsbedingungen und Grad der Flexibilität.

Die strategische Position der Unternehmung wird schließlich dadurch bestimmt, dass man die ermittelten marktseitigen Chancen und Risiken den unternehmensspezifischen Stärken und Schwächen gegenüberstellt.[3] Im Rahmen des verfeinerten Selektionsprozesses sollte die aus der strategischen und kulturellen Bewertung ermittelte strategische Position der auf der Short List verbliebenen Unternehmen zusätzlich zu dem Vergleich mit dem Anforderungsprofil des Käufers auch im Vergleich zu den Wettbewerbern des Unternehmens evaluiert werden. Aus diesen Analysen und Gegenüberstellungen lassen sich dann Überschneidungen und Ergänzungen beider Unternehmen herausfiltern, wodurch verborgene Werte der Akquisitionskandidaten erkannt und eventuell neue Gelegenheiten für wertschöpfende Kombinationen beider Untenehmen aufgezeigt werden können.

- Bewertung aus finanzieller Sicht

Im Anschluss an die strategische und kulturelle Bewertung erfolgt die finanzielle Analyse der Akquisitionskandidaten. Zielsetzung hierbei ist es, den Wert der Unternehmen zumindest näherungsweise auf Basis der Bestandteile des Jahresabschlusses, d. h. Gewinn- und Verlustrechnung, Kapitalflussrechnung und Bilanz, zu ermitteln sowie eventuelle stille Reserven und verdeckte Lasten zu identifizieren. Einen guten Ansatzpunkt für eine weitgehend realistische Einschätzung der Kapitalbindungs- und Kapitalfreisetzungsprozesse sowie der Kosten- und Erlössituation ermöglichen die im Rahmen des Screening-Prozesses durchgeführten Analysen und Gespräche. Am Ende der Finanzanalyse sollte der Akquisiteur, in Abhängigkeit von der Informationslage, Kenntnis über

- den Stand-Alone-Wert, den maximalen Preis sowie den Marktwert,
- die Risiken in der Finanzstruktur,

1 Vgl. Bleicher (1986).
2 Vgl. Frank (1993), S. 138 f.
3 Vgl. Abbildung 2-11 des Abschnitts 2.1.2.2 in Teil B.

- die Einflüsse der Akquisition auf die Rechnungslegung sowie
- die Finanzierungsmöglichkeiten der Akquisition erlangt haben.[1]

Die detaillierte und strukturierte Informationsbeschaffung und die darauf aufbauenden verfeinerten Analysen aus strategischer, kultureller und finanzieller Sicht sollten den Käufer in die Lage versetzen, eine weitere, fundierte Selektion der Akquisitionskandidaten treffen zu können. Die verbleibenden Akquisitionskandidaten müssen einen so hohen Fit zu den mit der Akquisition verfolgten Zielen aufweisen, dass es sich aus Sicht des Akquisiteurs lohnt, in die nächste Phase der Transaktion, die so genannte Vorvertragliche Phase, einzutreten.

Hat die Auslese jedoch ergeben, dass keiner der Kandidaten dem Anforderungsprofil entspricht, ist mit dem Prozess der Identifizierung und Selektion von Neuem zu beginnen. Vorausgehend sind wichtige Parameter des Screening-Prozesses, wie zum Beispiel regionale Einschränkungen, neu zu definieren, da ohne eine Anpassung, natürlich mit dem gleichen Ergebnis zu rechnen ist. Der nachfolgende Abschnitt basiert auf der Annahme eines positiven Ergebnisses im Rahmen des Selektionsprozesses und widmet sich der Thematik der vorvertraglichen Phase.

3.2 Vorvertragliche Phase

Die vorvertragliche Verhandlungsphase ist von einem hohen Maß an unvollkommener Information und Misstrauen geprägt. Die Unvollkommenheit der Information resultiert dabei zum einen aus der Informationsasymmetrie zwischen den Vertragsparteien und zum anderen aus der allgemeinen Unsicherheit über das zukünftige Eintreten von Umweltzuständen.[2] Das Misstrauen basiert dagegen auf den unterschiedlichen Zielen und Interessen zwischen Verkäufer und Käufer. Die Vorvertragliche Verhandlungsphase dient den Vertragsparteien zur Informationsgewinnung und zum Abbau ihrer Interessensdivergenzen. Gleichzeitig werden unter anderem Kaufpreisvorstellungen sondiert und Gewährleistungsansprüche festgelegt.[3]

Aus Sicht des Käufers ist es erforderlich, die Ernsthaftigkeit des Angebots zu klären. Damit die Interessen des Verkäufers gewahrt bleiben, werden diese Informationen nur an Interessenten herausgegeben, mit denen eine realistische Chance zum Vertragsschluss besteht. Regelmäßig sind jedoch beide Seiten daran interessiert, sich in der vorvertraglichen Verhandlungsphase durch den Austausch eines Letter of Intent abzusichern. Ebenso hat sich das so genannte „Memorandum of Understanding" zu einem festen vorvertraglichen Instrument etabliert, über das die Parteien die wesentlichen unvertraglichen Eckpunkte festlegen. Ähnlich zum Letter of Intent handelt es

1 Vgl. Gomez/Weber (1989), S. 24.
2 Vgl. Berens/Strauch (2011), S. 5.
3 Vgl. Jansen (2016), S. 309 f.

sich hierbei um eine Absichtserklärung ohne rechtliche Bindungswirkung. Weniger häufig, aber rechtlich bindend sind dagegen die Vereinbarung von Optionen und Vorverträgen. Der vorvertragliche Ablauf des Akquisitionsprozess lässt sich anhand der genannten Instrumentarien wie folgt strukturieren:[1]

- Non-Disclosure-Agreement,
- Letter of Intent,
- Due Dilligence,
- Memorandum of Understanding und
- Optionen beziehungsweise Vorverträge.

3.2.1 Non-Disclosure-Agreement und Letter of Intent

Bereits ohne eine spezielle Vereinbarung ist es eigentlich selbstverständlich, die Vertragsverhandlungen vertraulich zu behandeln und die gewonnenen Erkenntnisse nicht gegen den Verhandlungspartner zu verwenden. Da die Reichweite solcher Verpflichtungen im Einzelfall zweifelhaft sein kann, ist es zweckmäßig, eine vertragliche Geheimhaltungs- und Unterlassungsvereinbarung in Form eines so genannten „Statement of Non-Disclosure" zu präzisieren.[2]

Darüber hinaus bekunden die Verhandlungspartner ihr Interesse an detaillierten Vorverhandlungen oftmals durch die Formulierung eines so genannten „Letter of Intent". Der Letter of Intent ist eine Absichtserklärung, die meist vom Kaufinteressenten oder aber (entsprechend der Verhandlungssituation) von beiden Seiten abgegeben wird. Die genaue Form des Letters of Intent ist grundsätzlich frei wählbar, zumal er grundsätzlich keine rechtliche Bindungswirkung erzeugt.

Ein Letter of Intent hat, abgesehen von den meist nicht gewünschten und daher ausgeschlossenen rechtlichen Verpflichtungen, vor allem verhandlungspsychologische Wirkung. Wenn auch nicht rechtlich, so schreibt er faktisch ein bereits erzieltes Verhandlungsergebnis fest. Darüber hinaus dient er als Grundlage für die Entscheidungsfindung möglicherweise zustimmungspflichtiger Gremien und zur Erfüllung erforderlicher Informationsmaßnahmen.

Rechtlich bindend hingegen ist eine im Letter of Intent meist enthaltene Vertraulichkeitsvereinbarung, die den Käufer verpflichtet, im Falle des Scheiterns, Stillschweigen über die erlangten Informationen zu bewahren beziehungsweise die erhaltenen Unterlagen und Informationen an den Verkäufer zurückzugeben. Um die Basis des Informationsaustausches zu verbreitern, kann dabei die Einschaltung eines neutralen Dritten

1 Vgl. Pack (2000), S. 222.
2 Vgl. Picot (2008), S. 201.

zur Erstellung der erforderlichen Analysen und zur Neutralisierung der Informationen sinnvoll sein.

Darüber hinaus kann eine Vereinbarung zur Kostenaufteilung für den Fall des Scheiterns der Verhandlungen ebenfalls zweckmäßig sein.[1] Zudem wird oftmals das Transaktionsobjekt spezifiziert und festgeschrieben, in welcher Form die Transaktion durchgeführt werden soll (zum Beispiel Asset Deal oder Share Deal). Als weiterer Bestandteil des Letters of Intent kommt eine Exklusivitätsvereinbarung in Betracht, die beide Verhandlungspartner für einen gewissen Zeitraum an die Verhandlungen bindet und zusätzliche Akquisitionsgespräche mit anderen Partnern untersagt. Somit sind die wesentlichen Elemente eines Letters of Intent:[2]

- Definition des Transaktionsobjektes,
- Namen der Vertragspartner,
- Transaktionsform (Share Deal, Asset Deal etc.),
- Absichtserklärung,
- Verpflichtung des Verkäufers, auf Basis des Letter of Intent die Due Diligence zu ermöglichen,
- Verpflichtung des Verkäufers, für den Zeitraum der Verhandlungen keine weiteren Verhandlungen zu führen (Exklusivitätsvereinbarung) beziehungsweise Bestimmung der Möglichkeit weiterer Verhandlungen mit anderen Kaufinteressenten,
- Vertraulichkeitsvereinbarung,
- Vereinbarung einer Feasibility Study,
- Außerkrafttreten des Letter of Intent bei Fristverletzung,
- Vorbehalt erforderlicher Zustimmungen bestimmter Gesellschaftsorgane,
- Bindungs- beziehungsweise Haftungsvereinbarungen für den Fall des Scheiterns der Vertragsverhandlungen.

Mit der Unterzeichnung des Non-Disclosure Agreements und des Letters of Intent ist der Weg für die Due Diligence geebnet, die als nächster Schritt der vorvertraglichen Phase behandelt wird.

---

1 Vgl. Picot (2000), S. 49; Holzapfel/Polläth (2010), S. 8 ff.
2 Vgl. Jansen (2016), S. 313.

3.2.2 Due Diligence

Diverse empirische Erhebungen kommen zu dem Ergebnis, dass mit der Akquisition eines Unternehmens ein hohes Misserfolgsrisiko verbunden ist. Definiert man nicht nur das formale Scheitern einer Akquisition, sondern auch das Verfehlen der gesetzten Ziele wie zum Beispiel die Erzielung von Synergieeffekten als Misserfolg, zeigt sich, dass bis zu 70 Prozent der Akquisitionen ihre Ziele nicht erreichen.[1] Für die hohe Misserfolgsquote nennt Pack eine Reihe von Gründen, allen voran die unzureichende Kenntnis der zukünftigen Geschäftsstrategie des Transaktionsobjektes.

Häufig werden auch Synergiepotenziale überschätzt, so dass ein überhöhter Kaufpreis vereinbart wird. Zudem kommt es oft zu einer mangelhaften Integration des Akquisitionsobjekts. Die genannten Gründe lassen sich durch eine systematische Analyse des Akquisitionsobjektes im Vorfeld, der so genannten Due Diligence, reduzieren, da die Misserfolgsquote wesentlich von der genauen Kenntnis des Kaufobjektes abhängt.[2]

Der Begriff Due Diligence stammt aus der angelsächsischen Rechtswissenschaft und bedeutet wörtlich übersetzt in etwa „mit der gebührenden beziehungsweise erforderlichen Sorgfalt."[3] Im rechtlichen Bereich wird dieser Begriff immer dann herangezogen, wenn festzustellen ist, ob ein Beschuldigter mit der erforderlichen Sorgfalt gehandelt hat. Über diese Bedeutung hinaus ist die Verwendung des Begriffes auch auf andere Bereiche übertragen worden, wie zum Beispiel auf Börsengänge, Beteiligungsvorhaben, Gründung von Gemeinschaftsunternehmen, Unternehmensübergabe an einen Nachfolger und Kauf oder Verschmelzung von Unternehmen.

Im Umfeld von Mergers & Acquisitions ist unter diesem Begriff die sorgfältige Inspektion des zu übernehmenden Unternehmens durch den Interessenten zu verstehen. Dabei sollen möglichst umfangreiche Informationen über das Kaufobjekt gesammelt werden, um Informationsasymmetrien abzubauen und spätere Entscheidungen und Handlungen auf einer besseren Informationsbasis vornehmen zu können. Die grundlegenden Ziele, die im Rahmen einer Due Diligence verfolgt werden, lassen sich wie folgt darstellen:[4]

- Gewinnung möglichst umfangreicher Informationen über das Kaufobjekt,
- Identifizierung von Risiken und Schwachstellen des Zielobjektes, um daraus mögliche vom Verkäufer zu fordernde Garantien und Gewährleistungen abschätzen zu können,
- Dokumentation der Eigenheiten und der offengelegten Informationen des zu erwerbenden Unternehmens für spätere Beweiszwecke im Falle von Schadensersatzansprüchen,

1 Vgl. für eine Übersicht über empirische Studien Jansen (2016), S. 337 ff.
2 Vgl. Pack (2000), S. 221.
3 Berens/Strauch (2011), S. 6 f.
4 Vgl. Lucks/Meckl (2002), S. 163; Picot (2008), S. 166 f.

- Informationen für die Vertragsgestaltung und
- Vorbereitung eines erfolgreichen Integrationsmanagement.

Über die rechtlichen Aspekte und Absicherungen hinaus sollten auch die Chancen und Risiken als mögliche Folgen einer Übernahme abgeklärt werden. Zur Anwendung kommen hierbei auch klassische Instrumente wie SWOT- oder ABC-Analysen.[1] Die so gewonnenen Informationen sollen dazu beitragen, die Qualität späterer Entscheidungen und Handlungen zu verbessern sowie erfolgskritische Aspekte und Zielsetzungen, die mit der M&A-Transaktion angestrebt werden, zu überprüfen.

Einen wesentlichen Aspekt stellt dabei die Identifikation beziehungsweise Suche nach so genannten „Deal Breakern" dar. Unter diesem Begriff sind Sachverhalte zu verstehen, bei deren Kenntnis der Interessent den M&A-Transaktionsprozess abbrechen würde. Es handelt sich insofern um äußerst erfolgskritische Tatbestände. Als Beispiele lassen sich schwer kalkulierbare Haftpflicht- und Umweltrisiken oder im Vorfeld falsch eingeschätzte Synergiepotenziale anführen.

Die aufgedeckten Risiken müssen jedoch nicht zwangsläufig zum Abbruch des Akquisitionsvorhabens führen. Vielmehr kann der Verkäufer zusagen, die Gefahren potenzieller Risiken zu übernehmen oder dafür entsprechende Garantien aussprechen. Darüber hinaus können solche Risiken den Anlass für eine Kaufpreisminderung darstellen, d. h. zu einem Abschlag in den Preisverhandlungen führen.[2] Die möglichen Folgen eines aufgedeckten Deal Breakers im Rahmen der Due-Diligence-Prüfung können somit eine Veränderung des Kaufpreises, zusätzliche Risikoabsicherungen sowie auch den Abbruch der Transaktion zur Folge haben.

Hier darf nicht der Eindruck entstehen, als bestünden mögliche Vorteile dieses Prüfverfahrens lediglich auf der Seite des Interessenten. Durch die Offenlegung der Informationen kann sich der Verkäufer gegenüber späteren Gewährleistungsansprüchen schützen. Als offengelegt gelten dabei alle dem Interessenten im Rahmen der Due Diligence bereitgestellten Dokumente. Darüber hinaus führen offengelegte Risiken zu einer geregelten Lastenverteilung zwischen den beiden Parteien. Zusätzlich umgeht der Verkäufer dadurch mögliche Schadensersatzansprüche aus einer schuldhaften Verletzung seiner Aufklärungspflichten (culpa in contrahendo).[3]

Gleichzeitig ergeben sich aber durch die Offenlegung sensibler Unternehmensdaten auch potenzielle Risiken für den Verkäufer. So ist es zu Beginn nicht absehbar, ob der Kauf zustande kommt oder ob der vermeintliche Interessent tatsächlich an dem Unternehmen und nicht lediglich an den Daten interessiert ist. Dieser Punkt unterstreicht, welche Stellung das Vertrauen in einer M&A-Transaktion einnimmt. In der Regel wird versucht, die Geheimhaltungsinteressen des Verkäufers durch Vertraulichkeits- und

---

1 Vgl. Abschnitt 2.1.2.2 in Teil B.
2 Vgl. Lucks/Meckl (2002), S. 163.
3 Vgl. Jansen (2016), S. 311 f.

Verhaltensregeln einzufordern, wie zum Beispiel mit dem Non-Disclosure-Agreement und Letter of Intent.[1]

Darüber hinaus sind solche Informationsoffenlegungen zu beachten, bei denen die Interessen Dritter berührt werden. Hier sind zum Beispiel Geheimhaltungsklauseln mit Zulieferern zu nennen, deren Zustimmung vor einer Offenlegung eingeholt werden muss. Mit zunehmendem Fortschritt der Vertragsverhandlung kann in aller Regel auch davon ausgegangen werden, dass der Verkäufer eher bereit ist, sensible Informationen preiszugeben. Grund dafür ist, dass die Wahrscheinlichkeit für ein Scheitern der Verhandlungen ebenso abnimmt wie die Gefahr vermeintlicher Käufer, die lediglich darauf abzielen, durch die erlangten Daten einen Wettbewerbsvorteil zu erzielen.[2]

Mit steigendem Sensibilitätsgrad der Daten wird der Verkäufer immer weniger gewillt sein, diese Dritten zugänglich zu machen. Es stellt sich insofern die Frage, welche Daten dem Interessenten vorgelegt werden sollten. Auf der einen Seite ist der Verkäufer aus den oben genannten Gründen geneigt, nicht allzu viele Informationen preiszugeben. Auf der anderen Seite kann der Käufer aufgrund der Nichtoffenlegung bestimmter Daten misstrauisch werden oder einen Risikoabschlag verlangen.[3] Darüber hinaus können ihm, wie oben angeführt, auch rechtliche Konsequenzen wie beispielsweise arglistige Täuschung aufgrund später festgestellter Mängel unterstellt werden. Es gilt insofern, den richtigen Trade-off zwischen Informationspreisgabe und Zurückhaltung in jeder Phase der Vertragsverhandlung zu finden.

Der Käufer benötigt eine Vielzahl von Informationen zur Bestimmung des Kaufpreises sowie zur Abschätzung möglicher Synergien und Risiken, um im Zuge der Due Diligence die bestehende Informationsasymmetrie zwischen Käufer und Verkäufer zu überwinden. Daher wird die Durchführung der Due Diligence meist von eigenen Projektteams übernommen. Neben den Mitarbeitern des akquirierenden Unternehmens können Mitarbeiter des Zielunternehmens und externe Berater im Due-Diligence-Team beteiligt werden.

Das Team setzt sich im Regelfall aus unterschiedlichen Spezialisten zusammen. Dazu gehören beispielsweise Mitarbeiter aus den Bereichen Finanzen, Recht, IT, Personal und Vertrieb. Zur Ausgestaltung der Projektteams werden drei Vorgehensweisen unterschieden: der Expertenansatz, der Teamansatz und der Abteilungsansatz.[4] Der Expertenansatz ist durch die direkte Leitung der Geschäftsführung gekennzeichnet, die von einem Expertenteam aus den Fachabteilungen unterstützt wird. Im Bedarfsfall werden ebenfalls externe Berater hinzugezogen.

1 Vgl. Abschnitt 4.2.1 in Teil B.
2 Vgl. Picot (2000), S. 49.
3 Vgl. Pack (2000), S. 225.
4 Vgl. Müller-Stewens/Schreiber (1993), S. 277 f.; Picot (2008), S. 168 ff.

Der Teamansatz beschreibt die Durchführung der Akquisition durch ein Team aus Fachleuten, dessen Teamleiter an die Geschäftsführung berichtet. Die Geschäftsführung ist also nur im Bedarfsfall und bei den Endverhandlungen involviert. Der Abteilungsansatz findet sich bei Unternehmen, die über eine eigenständige M&A-Einheit verfügen, welche die Unternehmensführung im gesamten Prozess unterstützt.

In der Praxis beeinflussen Akquisitionshäufigkeit und -politik eines Unternehmens den verfolgten Ansatz. Unternehmen mit hoher Akquisitionsfrequenz werden eher den Team- oder den Abteilungsansatz verfolgen, wohingegen bei einer geringen Akquisitionshäufigkeit sich nur selten feste Teams herausbilden beziehungsweise Abteilungen eingerichtet werden. Bezogen auf die Akquisitionspolitik wird der Expertenansatz häufig bei vertikalen Transaktionen verfolgt.

Der Teamansatz findet daneben auch bei horizontalen Akquisitionen Anwendung. Schließlich behandelt der Abteilungsansatz neben horizontalen und vertikalen auch konglomerate Akquisitionen.[1] Zur Durchführung der Due Diligence ist es zweckmäßig, die einzelnen Unternehmensteilbereiche zu betrachten. Nicht in jedem Akquisitionsfall ist es jedoch erforderlich, alle Einzelbereiche eines Unternehmens im Rahmen der Due Diligence detailliert zu analysieren. Die Einzelbereiche können wie folgt systematisiert werden:[2]

- Financial Due Diligence,
- Marketing Due Diligence,
- Human Resources Due Diligence,
- Cultural Due Diligence,
- Legal and Tax Due Diligence,
- Organizational und IT Due Diligence sowie
- Environmental Due Diligence.

Eine grundlegende Analyse kann bereits ohne die Unterstützung des Verkäufers, also im Vorfeld der eigentlichen Due Diligence, vorgenommen werden, wenn im Wesentlichen öffentlich verfügbare Informationen zusammengetragen werden. Dabei geht es vor allem um eine allgemeine Beschreibung des Akquisitionsobjekts, seiner Geschichte und der Hauptverantwortlichen. Neben Pressemitteilungen und Geschäftsberichten sind unternehmensinterne Protokolle der Geschäftsführungssitzungen und Gesellschafterversammlungen sowie der Gesellschaftsvertrag (beziehungsweise die Satzung der Gesellschaft) nach Möglichkeit ebenfalls miteinzubeziehen.

1 Vgl. Müller-Stewens/Schreiber (1993), S. 290.
2 Vgl. Picot (2008), S. 168 ff.; Rockholtz (2013), S. 208.

Allerdings ist es fraglich, ob der Verkäufer bereit ist, derartige Informationen in diesem frühen Verhandlungsstadium preiszugeben. Insbesondere im Fall von Akquisitionen in anderen Ländern beziehungsweise Märkten sollten makroökonomische Faktoren sowie Informationen zur rechtlichen und politischen Lage beachtet werden. Eine External Due Diligence (Analyse der gesamtwirtschaftlichen Rahmenbedingungen) beschäftigt sich mit der Analyse von Faktoren, die außerhalb des Einflussbereichs der Verhandlungsparteien liegen.[1]

Neben volkswirtschaftlichen, rechtlichen und politischen Analysen umfasst die External Due Diligence regelmäßig auch eine Untersuchung der sozio-demographischen Struktur und des Ausbildungsniveaus des Landes, in dem das Zielunternehmen tätig ist. Während die External Due Diligence an dieser Stelle nicht weiter betrachtet werden soll, sind die oben erwähnten übrigen Formen der Due Diligence Bestandteil der nachfolgenden Erläuterungen.

3.2.2.1 Financial Due Diligence

Die Financial Due Diligence nimmt im Rahmen des Due-Diligence-Prozesses traditionell eine zentrale Rolle ein. Ihre Funktion besteht darin, dem Kaufinteressenten ausgehend von den Daten des Rechnungswesens des Zielunternehmens ein präzises Bild über dessen Vermögens-, Finanz- und Ertragslage zu geben. Hierfür wird im Wesentlichen auf die Bilanz und die Gewinn- und Verlustrechnung zurückgegriffen. Besondere Beachtung findet dabei die Analyse der Werthaltigkeit von Vermögensgegenständen und Wertansätzen in den Abschlüssen.

Darüber hinaus sind, sofern verfügbar, auch Nebenrechnungen, Kennzahlen, umfangreiche Markt- und Branchendaten sowie nicht aus dem Jahresabschluss ersichtliche Informationen des internen Rechnungswesens einzubeziehen, um eine umfassende und hinsichtlich der zu treffenden Kaufentscheidung zieladäquate Sicht der finanzwirtschaftlichen Lage zu erlangen.[2] Für die Financial Due Diligence greifen Kaufinteressenten häufig auf externe Berater, die in der Regel aus der Wirtschaftsprüfung stammen, zurück.

Für die Durchführung der Financial Due Diligence werden regelmäßig vorstrukturierte Checklisten eingesetzt, wie sie im Schrifttum zahlreich und teilweise sehr ausführlich zu finden sind.[3] Die Vorgehensweise anhand solcher Prüflisten hat sich durchgesetzt, da ebenfalls das Ausgangsmaterial, also die Bilanz und die Gewinn- und Verlustrechnung, durch gesetzliche Vorschriften grundsätzlich vorstrukturiert ist.[4] Dabei darf die Leistungsfähigkeit dieser Instrumente nicht überschätzt werden. Es ist davon auszugehen, dass solche Listen in vielen Fällen zu unflexibel sind, um im Einzelfall

1 Vgl. Rockholtz (2013), S. 208.
2 Vgl. Brauner/Scholz (1999), S. 253.
3 Vgl. Picot (2004), S. 34 ff.; Jansen (2016), S. 391 ff.; Berens/Strauch (2011), S. 867 ff.
4 Vgl. Pack (2000), S. 232.

den Unternehmensspezifika jederzeit Rechnung tragen zu können. Darüber hinaus existiert die Gefahr einer trügerischen Scheinsicherheit, wenn sich Manager blind auf Vollständigkeit und Leistungsfähigkeit der Checklisten verlassen. So können wesentliche Punkte, die nicht in der Liste enthalten, aber für den Einzelfall von zentraler Bedeutung sind, leicht übersehen werden.[1]

Im Gegensatz zur klassischen Bilanzanalyse liegt das Augenmerk der Financial Due Diligence nicht ausschließlich auf der Vergangenheit und Gegenwart. Vielmehr geht es darum, auf Basis erhobener Ist-Daten, Aussagen und Erkenntnisse über die maßgeblichen künftigen Erfolgsfaktoren und Risiken des Zielunternehmens sowie Trends hinsichtlich der Umsatz- und Kostenentwicklung abzuleiten. Für die Untersuchung der Vermögens- und Schuldbestandteile der Bilanz bedeutet dies, dass die einzelnen Bilanzpositionen in einer dynamischen Betrachtung auf ihre zukünftigen Ergebnisrisiken und -chancen zu überprüfen sind.[2]

Die ausgeprägte Vielfalt an expliziten Wahlrechten im deutschen HGB stellt eine besondere Herausforderung für die im Rahmen der Financial Due Diligence durchzuführende bilanzanalytische Würdigung der Jahresabschlüsse deutscher Zielunternehmen dar. Pack empfiehlt, bei der Analyse Wert auf die Abschlüsse der letzten drei bis fünf Jahre sowie auf einen aktuellen Zwischenabschluss zu legen.[3] Das Ziel der Bilanzanalyse besteht im Wesentlichen darin, Aufschluss über Umfang und Höhe möglicher stiller Reserven beziehungsweise Lasten zu gewinnen.

Gleichzeitig gilt es, übertriebene oder unterlassene Rückstellungen zu identifizieren und möglichst exakt zu quantifizieren, um somit auch die Höhe des ausgewiesenen Eigenkapitals zu überprüfen. Hierfür ist im Rahmen der Analyse der letzten Jahresabschlüsse auch festzustellen, ob die Bilanzierungsmethoden der Zielgesellschaft konstant geblieben und eher als konservativ oder weniger konservativ einzustufen sind. Nur auf diese Weise ist eine präzise Einschätzung der Werthaltigkeit von Vermögensgegenständen und Schulden gewährleistet.

3.2.2.2 Marketing Due Diligence

Die Marketing Due Diligence setzt an den Kritikpunkten der Financial Due Diligence an, indem sie die intern verfügbaren Informationen aus den Marketingbereichen untersucht und mit den Erfordernissen des Marktes abgleicht. Dabei wird die interne Unternehmens- um eine externe Umweltsichtweise erweitert und gleichzeitig die Vergangenheits- von einer Zukunftsorientierung abgelöst. Somit verbindet die Marketing Due Diligence die Kunden-, Markt- und Unternehmensperspektive.[4]

---

1 Vgl. Lucks/Meckl (2002), S. 167.
2 Vgl. Humpert (1992), S. 369.
3 Vgl. Pack (2000), S. 233.
4 Vgl. Pack (2000), S. 235; Picot (2008), S. 179.

Schwerpunktmäßig werden im Rahmen der Marketing Due Diligence die Wettbewerbsposition der Zielgesellschaft und die Zukunftsträchtigkeit des von ihr bearbeiteten Marktes untersucht. Darüber hinaus zielt sie auf die Identifizierung und Quantifizierung des zwischen Käufer- und Verkäuferunternehmen existierenden Synergiepotenzials ab. Im Rahmen der Marketing Due Diligence können zwei Analysebereiche unterschieden werden, die interne und externe Unternehmensanalyse.[1]

Die interne Unternehmensanalyse umfasst die Untersuchung aller marketingrelevanten Unternehmensbereiche. Gleichzeitig werden sämtliche im Unternehmen verfügbare Informationen zur Marktperformance gesammelt, strukturiert, ausgewertet und interpretiert.[2] Das Ziel der internen Unternehmensanalyse besteht darin, das Akquisitionsobjekt hinsichtlich seiner Innovationskraft sowie bezüglich möglicher Absatzrisiken zu beurteilen.[3]

Die Auswertung sämtlicher zur Verfügung stehender Informationen der internen Unternehmensanalyse mündet in der Erstellung eines Company Fact Books. Dieses schließt mit einer Formulierung offener Fragen und weiterem Klärungsbedarf ab.[4] Für die externe Unternehmensanalyse kommen regelmäßig die Untersuchungsschritte Marktanalyse, Branchenstrukturanalyse und Wettbewerbsanalyse zum Einsatz.

Während die Aufgabe der Marktanalyse darin besteht, einen Markt anhand verschiedener Kriterien, wie zum Beispiel Marktattraktivität, Marktpotenzial und Marktstruktur, zu charakterisieren, lässt sich eine Branchenstrukturanalyse zur Beschreibung der Wettbewerbssituation innerhalb der Branche des Zielunternehmens durchführen. Die Ergebnisse aus der externen Unternehmensanalyse bilden unter Berücksichtigung der strategischen Zielsetzung des Käufers die Grundlage für die Prognose künftiger Entwicklungen des Leistungsprogramms im Verhältnis zu den relevanten Konkurrenzunternehmen.[5]

Eine erfolgreiche Marketing Due Diligence stützt sich auf unterschiedliche Datenquellen.[6] Zum einen werden unternehmensinterne Daten beispielsweise durch Mitarbeitergespräche oder -workshops erhoben. Zum anderen fließen auch Markt- und Wettbewerbsdaten in die Analyse ein, die durch Interviews mit Kunden, Lieferanten und Konkurrenten gewonnen werden. Gespräche mit Branchenexperten sowie Informationen aus verfügbaren Benchmark-Studien über andere Branchen, Märkte und Unternehmen runden die Datenbasis ab.

1 Vgl. Abschnitt 2.1.2 in Teil B.
2 Vgl. Sebastian/Niederdrenk/Tesch (2008), S. 295 ff.
3 Vgl. Rockholtz (1999), S. 113.
4 Vgl. Sebastian/Niederdrenk/Tesch (2008), S. 295 ff.
5 Vgl. Rockholtz (1999), S. 144; Diehm/Moser (2001), S. 51.
6 Vgl. Sebastian/Niederdrenk/Tesch (2008), S. 295 ff.

3.2.2.3 Human Resources Due Diligence

Die Human Resources Due Diligence trägt der im Schrifttum vorwiegend geteilten Auffassung Rechnung, dass dem Management und den Mitarbeitern der Zielgesellschaft eine hohe Bedeutung für den Erfolg oder Misserfolg der Akquisition zukommt.[1] Trotz dieser Bedeutung führt diese Form der Due Diligence in der Praxis bislang ein Schattendasein. Hubbard kommt zu dem Ergebnis, dass weniger als zehn Prozent der Käufer eine ernsthafte Human Resources Due Diligence durchführen.[2] Dennoch ist eine sorgfältige Due Diligence im Personalbereich unerlässlich, um die Auswirkungen der Übernahme auf die Mitarbeiter abzuschätzen sowie das Potenzial des vorhanden Humankapitals zu analysieren und zu bewerten, wodurch sich das Risiko eines Misserfolges minimieren lässt.

Im Zusammenhang mit den Auswirkungen von M&A-Transaktionen auf das Mitarbeiterverhalten wird im Schrifttum häufig das Merger-Syndrom angeführt.[3] Darunter versteht man die psychologischen Auswirkungen von Akquisitionen beziehungsweise Fusionen auf die Belegschaft. Das Merger-Syndrom kann somit als Stimmungsbarometer der Mitarbeiter während und nach dem Unternehmenszusammenschluss begriffen werden und hat erheblichen Einfluss auf den Erfolg bei der Integration.[4]

Aldering und von Hutten schlagen vor, zu Beginn des Akquisitionsprozesses eine Einteilung der Mitarbeiter nach ihrer Einstellung gegenüber der möglichen Übernahme vorzunehmen. Ihren Erfahrungen zufolge sind etwa 30 Prozent der Mitarbeiter grundsätzlich für die mit dem Unternehmenszusammenschluss einhergehenden Veränderungen offen, während sich 20 Prozent der Angestellten dagegen sträuben. Der mit 50 Prozent größte Teil der Belegschaft mag sich im Vorfeld noch nicht festlegen.

Innerhalb jeder dieser drei Gruppen lässt sich danach differenzieren, ob die Betroffenen ihre Meinungen jeweils aktiv oder passiv innerhalb des Unternehmens kommunizieren. Als Handlungsempfehlungen schlagen die Autoren vor, die jeweiligen Gruppengrößen prozentual zu bestimmen, die Meinungsführer zu identifizieren und sich weniger auf die Überzeugung der negativ eingestellten, sondern vielmehr auf die Aktivierung der für die Veränderung offenen Mitarbeiter zu konzentrieren.[5]

Im Zentrum der Human Resource Due Diligence steht die Analyse und Bewertung des im Zielunternehmen vorhandenen Humankapitals.[6] Zur Durchführung der Mitarbeiter- beziehungsweise Managementanalysen empfiehlt Rockholtz die Zusammenstellung einer Liste aller Führungskräfte nach Position, Alter, Dauer der Betriebszugehö-

1 Vgl. Gomez/Weber (1989), S. 451; Dielmann (1997), S. 470; Carleton (1997), S. 68.
2 Vgl. Hubbard (1999), S. 15.
3 Vgl. Gut-Villa (1997), S. 121; Vogel (2002), S. 237 ff.
4 Vgl. Pribilla (2000b), S.394.
5 Vgl. Aldering/Hutten (2008), S. 317 f.
6 Vgl. Pack (2000), S. 242.

rigkeit, Ausbildung oder Vergütung. Diese Liste gilt es unter Berücksichtigung von Vergleichsdaten der Branche zu einem umfassenden Gesamtbild des Personalwesens zu verdichten. Dazu ist die Erhebung der nachfolgenden qualitativen und quantitativen Informationen notwendig:[1]

- Qualifikation des Top-Management unter Berücksichtigung möglicher Abhängigkeiten von Key Executives,
- Ausbildungsniveau und Qualifikation der Mitarbeiter,
- Umfang der Personalentwicklung,
- Ausgestaltung des Vergütungssystems,
- Regelung der betrieblichen Altersvorsorge, insbesondere unter Berücksichtigung der Deckungskapitalien für zukünftige Rentenansprüche,
- Krankenstand, Personalfluktuation und Mitarbeiterzufriedenheit sowie
- Effizienz des Personaleinsatzes im Sinne einer angemessenen Personalstärke in den einzelnen Abteilungen.

Im Idealfall liegt damit als Ergebnis der Human Resource Due Diligence eine transparente, detailllierte und vollständige Übersicht zu den wesentlichen Mitarbeiterinformationen vor. Auf dieser Basis kann ebenfalls eine Einschätzung der Abwanderungswahrscheinlichkeit von Schlüsselpersonen des Zielobjektes vorgenommen werden.

3.2.2.4 Cultural Due Diligence

Die Cultural Due Diligence baut auf den Ergebnissen der Human Resource Due Diligence auf. Da sie sich nicht exakt von der Human Resource Due Diligence abgrenzen lässt, wird sie dieser im Schrifttum teilweise auch zugeordnet.[2] Aufgrund der besonderen Bedeutung der Unternehmenskulturen für den Erfolg eines Zusammenschlusses wird die Cultural Due Diligence hier als eigenständige Analyse betrachtet.[3]

Die Cultural Due Diligence kann als bewusste, systematische und sorgfältige Untersuchung der Unternehmenskulturen beider Parteien im Hinblick auf ihre Kompatibilität beschrieben werden. Dieser Cultural Fit wird bei internationalen Transaktionen über die Unternehmenskultur hinaus auch durch die unterschiedlichen Landeskulturen bestimmt. Unter dem Begriff Unternehmenskultur versteht Schein „ein Muster gemeinsamer Grundprämissen, das die Gruppe bei der Bewältigung ihrer Probleme externer Anpassung und interner Integration erlernt hat, das sich bewährt hat und somit als bindend gilt; und das daher an neue Mitglieder als rational und emotional

1 Vgl. Rockholtz (1999), S. 111.
2 Vgl. Pribilla (2000b), S. 392 ff.; Görtz (2006), S. 522.
3 Vgl. Hubbard (1999), S. 14.

korrekter Ansatz für den Umgang mit diesen Problemen weitergegeben wird."[1] Demnach manifestiert sich Kultur auf drei verschiedenen Ebenen: In „Artefakten", durch „bekundete Werte" und in „Grundprämissen" (vgl. auch Abbildung 3-7).

Abbildung 3-7: *Mehrebenenmodell der Unternehmenskultur*[2]

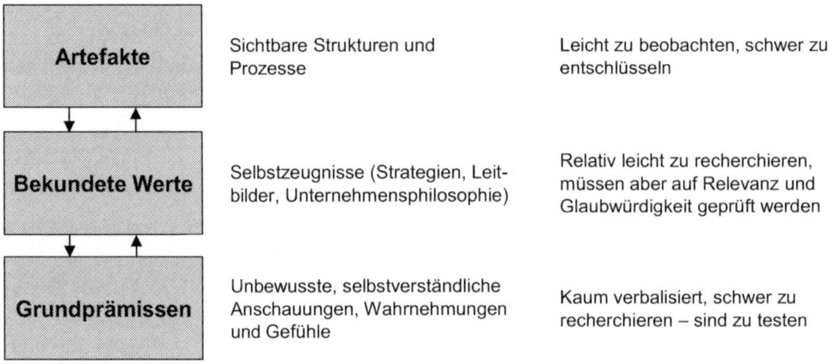

Das Modell bildet eine sinnvolle Grundlage für die im Rahmen der Cultural Due Diligence durchzuführenden Interviews. Es macht dem Interviewer die Notwendigkeit deutlich, das Verhältnis von bekundeten Werten zur kulturellen Realität kritisch zu hinterfragen und nicht der Versuchung zu erliegen, den im Unternehmen verbreiteten Kulturäußerungen ohne Weiteres zu folgen.[3] In der Praxis kommen im Rahmen der Cultural Due Diligence regelmäßig zwei Interviewmethoden zum Einsatz: standardisierte Mitarbeiterbefragungen und individuelle Interviews mit ausgewählten Mitarbeitern und Führungskräften.[4]

Vor Beginn der standardisierten Mitarbeiterbefragungen legt das Käuferunternehmen fest, welche der oftmals vielzahlig vorhandenen Werte und Verhaltensweisen im Kern der Betrachtung stehen und thematisiert werden sollen. Dabei dient der Blick auf das eigene Unternehmen und die mit einer Übernahme verbundenen strategischen Überlegungen und operativen Vorteile als Filter. Zielt das Käuferunternehmen mit der Akquisition beispielsweise auf die Innovationskraft des zu erwerbenden Unternehmens ab, so sollte auch gezielt nach Artefakten, Werten und Prämissen gesucht werden, die sich auf das Innovationsklima des Unternehmens beziehen.[5]

1 Schein (1995), S. 25.
2 In Anlehnung an Schein (1995), S. 30.
3 Vgl. Högemann (2013), S. 604.
4 Vgl. Pribilla (2000a), S. 393.
5 Vgl. Högemann (2013), S. 615.

Als großer Vorteil der standardisierten Mitarbeiterbefragung gilt die direkte Vergleichbarkeit der beiden Unternehmenskulturen in den abgefragten Dimensionen. Mit Hilfe eines so genannten Culture Web lassen sich dann die herausgearbeiteten Unterschiede bei der Unternehmenskultur visualisieren und gleichzeitig Handlungsempfehlungen hinsichtlich geeigneter Maßnahmen zur Kompensation der Kulturprobleme ableiten.[1] Abbildung 3-8 zeigt einen solchen Vergleich der Unternehmenskulturen.

Abbildung 3-8: *Vergleich von Unternehmenskulturen anhand des Culture Web*[2]

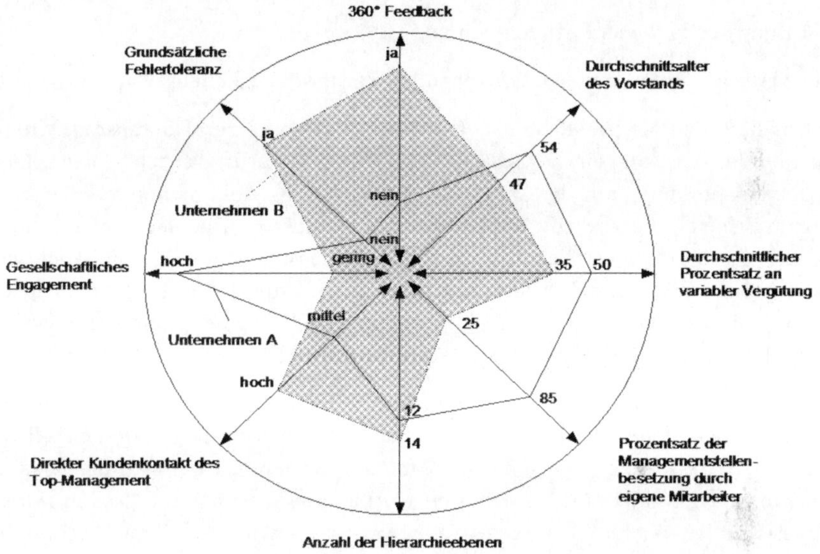

Die im Rahmen der Cultural Due Diligence durchzuführenden individuellen Interviews mit ausgewählten Gesprächspartnern, meist aus der Führungsebene des Unternehmens, werden im Schrifttum auch als „Storytelling" bezeichnet. Hierbei handelt es sich in der Regel um offene Interviews, bei denen die Gesprächspartner über ihren bisherigen Werdegang und ihre Erfahrungen berichten sollen. Der Interviewer versucht dabei anhand der gemachten Aussagen und der nicht angesprochenen Themengebiete sowie dem Sprachduktus des Interviewten, Rückschlüsse auf den gegenseitigen Umgang und die im Unternehmen vorhandenen Wertvorstellungen und Tabus zu ziehen, um dadurch Erkenntnisse über die Unternehmenskultur zu gewinnen.[3]

1 Vgl. Clarke (1987), S. 18.
2 In Anlehnung an Clarke (1987), S. 18.
3 Vgl. Pribilla (2000b), S. 393.

3.2.2.5 Legal and Tax Due Diligence

Im Rahmen der Legal Due Diligence werden die rechtlichen Verhältnisse des Akquisitionsobjektes im Hinblick auf mögliche wirtschaftliche Folgen für das Käuferunternehmen untersucht. Die zentrale Aufgabenstellung besteht darin, die formalrechtliche Existenz, die gesellschaftsrechtlichen Strukturen und die Rechtsbeziehungen zu Dritten zu prüfen. Demzufolge identifiziert Achleitner vier wesentliche Bereiche der Legal Due Diligence:[1]

- Prüfung der Geschäftsgrundlagen,
- Prüfung der gesellschaftsrechtlichen Grundlagen,
- Prüfung vertraglicher Beziehungen und
- Bewertung von laufenden und drohenden Rechtsstreitigkeiten.

Die Geschäftsgrundlagen können anhand der Existenz einer Handelsregistereintragung und der Wirksamkeit des Gesellschaftsvertrages geprüft werden. Dabei sollte auf die Übereinstimmung mit den in der Rechnungslegung dokumentierten Sachverhalten, zum Beispiel hinsichtlich der Höhe der Kapitalkosten, geachtet werden. Die Prüfung der gesellschaftsrechtlichen Grundlagen umfasst regelmäßig eine Analyse des Gesellschaftsvertrages im Hinblick auf Aspekte, die für die Transaktion eine Rolle spielen könnten, wie zum Beispiel Bestimmungen über Kapitalerhöhungen und -herabsetzungen, Vinkulierungen oder Verträge mit verbundenen Unternehmen.

Vertragliche Beziehungen können unternehmensinterner und -externer Natur sein. Unternehmensinterne Verträge beziehen sich auf die Mitarbeiter der Gesellschaft. Insbesondere die Verträge von Führungskräften erfordern im Rahmen der Legal Due Diligence eine besondere Berücksichtigung.[2] Aber auch Verträge mit Dritten, wie zum Beispiel Kunden, Lieferanten oder Wettbewerbern sowie Miet- und Pachtverträge bedürfen einer sorgfältigen Analyse.

Die Bewertung von laufenden und drohenden Verfahren erfolgt im Hinblick auf mögliche Risiken für das Käuferunternehmen. Eng mit der rechtlichen Untersuchung des Kaufobjektes verknüpft ist die Tax Due Diligence. Mit Hilfe dieser Analyse verschafft sich das Käuferunternehmen einen umfassenden Einblick in die Struktur und steuerliche Situation der Zielgesellschaft. Die Tax Due Diligence verfolgt im Kern die beiden unterschiedlichen Zielsetzungen der steuerlichen Strukturierung der Akquisition sowie des Schutzes des Käufers vor Steuerrisiken, die sich aus der Haftung des Zielunternehmens ergeben.[3]

1 Vgl. Achleitner (2002), S. 179.
2 Vgl. Achleitner (2002), S. 179.
3 Vgl. Eilers (2008), S. 148.

Im Vordergrund der steuerlichen Gestaltung der Akquisition stehen dabei die Abschreibung des Kaufpreises, die steuerliche Absetzbarkeit der Finanzierungskosten, die Schaffung der Voraussetzungen für eine steuerliche Organschaft sowie die Nutzung der in dem Zielunternehmen vorhandenen Verlustvorträge.[1] Eine weitaus höhere Relevanz besitzt aus Käufersicht die Vermeidung finanzieller Risiken, die aufgrund einer nicht-steuerkonformen Behandlung von Sachverhalten durch die Zielgesellschaft zu späteren Steuernachzahlungen führen könnten.[2]

Untersuchungsgegenstand im Rahmen der Tax Due Diligence sind daher sämtliche Steuerlasten des Zielunternehmens, wobei der Umfang einerseits davon abhängt, ob und inwieweit das Zielunternehmen bereit ist, steuerliche Garantieklauseln in den Kaufvertrag aufzunehmen und inwieweit sich der Käufer auf solche Klauseln verlassen kann. Andererseits ist für den Umfang der Tax Due Diligence auch entscheidend, welche Veranlagungszeiträume durch die letzte Betriebsprüfung abgedeckt wurden.[3]

3.2.2.6 Organizational und IT Due Diligence

Eine wesentliche Grundlage der Ertragskraft eines Unternehmens liegt in dessen innerer Organisation.[4] Die Organizational Due Diligence trägt dieser Einschätzung Rechnung, indem sie die Organisation der Zielgesellschaft unter Wirtschaftlichkeitsaspekten analysiert. Im Kern der Organizational Due Diligence steht die Analyse der Aufbau- und Ablauforganisation. Die Analyse der Aufbauorganisation untersucht, ob die Größe der Organisation der Art und dem Umfang des operativen Geschäftes angemessen ist und ob und inwieweit Organisationspläne und Stellenbeschreibungen vorhanden sind.

Dagegen fokussiert die Ablaufanalyse auf die zeitliche, räumliche und sachliche Zuordnung der Arbeitsprozesse sowie die Koordination der Teilaufgaben zu Arbeitsabläufen. Inhaltlich eng verbunden mit den aufbau- und ablauforganisatorischen Gegebenheiten ist die Informationstechnologie.[5] Im Rahmen einer IT Due Diligence wird eine Bestandsaufnahme der verwendeten Hard- und Software in beiden Unternehmen durchgeführt. Von primärem Interesse ist dabei die Kompatibilität der Systeme, da hiervon die für die informationstechnologische Integration aufzuwendenden Mittel in erheblichem Maße abhängen. Eine umfassende Checkliste zur IT-Technologie findet sich bei Berens, Brauner und Strauch.[6]

1 Vgl. Brebeck/Bredy (2005), S. 371 ff.
2 Vgl. Pack (2000), S. 245.
3 Vgl. Brebeck/Bredy (2005), S. 371 ff.
4 Vgl. Dörner (1992), S. 40.
5 Vgl. Berens/Brauner/Strauch (2005), S. 119 ff.
6 Vgl. Berens/Brauner (2011), S. 867 ff.

3.2.2.7 Environmental Due Diligence

Die Auswirkungen von Umweltrisiken können für ein Unternehmen erhebliche finanzielle Belastungen und einen enormen Imageverlust mit sich bringen. Vor dem Hintergrund einer sich ständig verschärfenden Umweltgesetzgebung und Produkthaftung ist es daher für produzierende Unternehmen ratsam, eine Prüfung umweltrelevanter Sachverhalte im Rahmen der so genannten Environmental oder Umwelt Due Diligence durchzuführen. Ihre Funktion besteht darin, mögliche Umweltrisiken zu identifizieren und zu bewerten.

Darüber hinaus gehört es zur Aufgabe der Environmental Due Diligence, erforderliche Betriebsgenehmigungen und Fragen der Arbeitssicherheit zu überprüfen sowie die Einhaltung von umweltrechtlichen Vorschriften und Auflagen sicherzustellen.[1] Bei der Identifikation möglicher Umweltrisiken sollte das Augenmerk auf solchen Bereichen liegen, denen ein hohes Risikopotenzial inhärent ist. Hierzu gehören:[2]

- Lage des Standortes,
- Beschaffenheit der Betriebsgebäude,
- Historische Nutzung der Betriebsgrundstücke,
- Art der Bebauung,
- Maschinelle Ausstattung des Unternehmens und
- Umweltverträglichkeit der Produkte und Produktionsverfahren.

Die quantitative Bewertung von Umweltrisiken erfolgt anhand identifizierter Umweltrisiken, nachdem die kritischen Bereiche weiter eingegrenzt wurden. Abhängig vom jeweiligen Einzelfall sind neben den Kosten für die Beseitigung von Altlasten vor allem die Kosten für Ersatzinvestitionen, Abriss- oder Entsorgungsarbeiten und Sanierungen zu ermitteln. Nachdem die möglichen Risiken quantifiziert wurden ist im Rahmen der Environmental Due Diligence zu prüfen, ob und inwieweit bei der Unternehmensbewertung beispielsweise Risikozuschläge bei der Kapitalkostenermittlung zu berücksichtigen oder Haftungsausschlüsse zu vereinbaren sind.[3]

Mit Abschluss des eben skizzierten Due-Diligence-Prozesses sind alle wesentlichen Einzelbereiche des Zielunternehmens einer genauen Analyse unterzogen worden. In Tabelle 3-1 sind die wesentlichen Zielsetzungen und Analyseschwerpunkte der genannten Due-Diligence-Formen nochmals zusammengefasst, bevor im folgenden Abschnitt auf den nächsten Schritt der Vorvertraglichen Phase, das sogenannte Memorandum of Understanding, eingegangen werden soll.

---

1 Vgl. Koch (2002), S. 81.
2 Vgl. Pack (2000), S. 247; Picot (2008b), S. 189.
3 Vgl. Rockholtz (1999), S. 108.

Tabelle 3-1: *Checkliste zum Due-Diligence-Prozess*

Due-Diligence-Formen	Zielsetzung	Analyseschwerpunkt
Financial	Einblick in die Vermögens-, Finanz- und Ertragslage	Bilanz, GuV, Kapitalflussrechnung, Kostenrechnung und Risikobericht (sofern zugänglich)
Marketing	Einschätzung der Wettbewerbsposition und Zukunftsträchtigkeit des bearbeiteten Marktes	Unternehmens-, Markt-, Branchen- und Wettbewerbsanalyse
Human Resources	Analyse und Bewertung des Humankapitals	Mitarbeiterqualifikation, Personalentwicklungsmaßnahmen, Vergütungssystem, betriebliche Altersvorsorge, Krankenstand/Fluktuation
Cultural	Erkenntnisse über Wertvorstellungen und Unternehmenskultur	Standardisierte Mitarbeiterbefragungen, individuelle Interviews mit ausgewählten Führungskräften
Legal and Tax	Prüfung der formalrechtlichen Existenz, der gesellschaftsrechtlichen und steuerlichen Struktur und Situation sowie der Rechtsbeziehungen zu Dritten	Handelsregistereintrag, Gesellschaftsvertrag, unternehmensinterne und -externe vertragliche Beziehungen, laufende und drohende Rechtsstreitigkeiten, Steueraufkommen und -sitz
Organizational and IT	Analyse und Bewertung der Aufbau- und Ablauforganisation sowie der Systemarchitektur	Organisationspläne, Stellenbeschreibungen, Ablaufdiagramme, eingesetzte Hard- und Software, IT-Budgets, Projekte und Pflichtenhefte
Environmental	Identifikation und Bewertung möglicher Umweltrisiken	Einhaltung umweltrechtlicher Vorschriften, Altlasten, notwendige Ersatzinvestitionen, Abriss- und Entsorgungsarbeiten sowie sanierungen

3.2.3 Memorandum of Understanding

In der Praxis bezeichnet ein Memorandum of Understanding ein ähnliches vorvertragliches Instrument wie die Due Diligence, das jedoch zumeist zeitlich nachgelagert erstellt wird und die bisher erzielten Ergebnisse in komprimierter Form zusammenfasst und vorstandsgerecht aufbereitet. In ihm sind ebenfalls alle wesentlichen finanziellen, konzeptionellen, rechtlichen und steuerlichen Punkte enthalten. Da sich das Memorandum of Understanding jedoch an die Vorstands- und Geschäftsführungsebene richtet, ist der Umfang gewöhnlich auf zehn bis zwanzig Seiten reduziert.[1]

1 Vgl. Jansen (2016), S. 314.

Wichtige Punkte des angestrebten Unternehmenskaufs sind in der Regel bereits konkretisiert und ein Ablauf der nächsten Schritte ist oftmals festgelegt. Das Memorandum of Understanding trennt in seiner Erklärung Punkte, über die bereits eine Einigung erzielt wurde, von denen, die einer weiteren Klärung bedürfen. Die wesentlichen Elemente hat Thoma folgendermaßen zusammengefasst:[1]

Diese sind Vertragsparteien und deren Pflichten, die Präambel mit einer Beschreibung der Transaktion, eine Definition des Kaufgegenstandes, die Höhe des Kaufpreises und mögliche Kaufpreisanpassungen (zum Beispiel durch Dividendenverrechnung) sowie Closing Accounts gemäß Rechnungslegung nach HGB, IAS und US-GAAP. Weitere Elemente sind Gewährleistungen hinsichtlich Beteiligungen, Fertigungsstätten, Grundstücken oder anhängigen Gerichtsverfahren, die Freistellung von Risiken aus Steuern, Zöllen, Sozialversicherung und anderen öffentlichen Abgaben, Produkthaftung für bestehende Produkte, Pensionsrückstellungen und Grundstücksanierungen, die Transaktionsvoraussetzungen (Zustimmung der Kartellbehörde, Abdeckung von Risiken), das Closing Date, die Abwicklung von Gewährleistungsansprüchen, die Verjährungsfristen und Geheimhaltungsverpflichtungen beziehungsweise Wettbewerbsverbote. Letztes Instrument im Rahmen der vorvertraglichen Phase sind so genannte Optionen und Vorverträge, die abschließend behandelt werden.

3.2.4 Optionen und Vorverträge

Zur Sicherung der Exklusivität werden in der Praxis auch so genannte Optionen auf den Unternehmenserwerb vereinbart. Optionen unterscheiden sich vom Letter of Intent durch eine feste vertragliche Vereinbarung, die über die bloße Absichtserklärung des Letters of Intent hinausgeht. Mittels einer Option wird einer Partei das (einseitige) Recht eingeräumt, einen Vertragsabschluss herbeizuführen, d. h. je nach Art der Option das betroffene Unternehmen kaufen oder verkaufen zu dürfen.

Aufgrund der weitreichenden Konsequenzen von Optionsregelungen werden diese nur sehr selten vereinbart. Um größtmögliche Klarheit zu erreichen, sollten Optionen in Form vollständig ausformulierter Angebote vereinbart werden, so dass die Ausübung der Option einer Angebotsannahme entspricht. Dabei gilt es jedoch das Auseinanderfallen von Angebotserstellung und -annahme (sowie gegebenenfalls des Abwicklungszeitpunkts) sorgfältig zu regeln, insbesondere in Hinblick auf Zusicherungen und Garantien durch Käufer und Verkäufer.[2]

Problematischer noch als Optionen sind Vorverträge. Mit dem Vorvertrag verpflichten sich beide Parteien zum Abschluss eines Hauptvertrages, der unter Umständen in diesem Stadium noch nicht unterzeichnet werden kann, da wesentliche Punkte von den Beteiligten noch als klärungsbedürftig angesehen werden.[3] Anders als beim Letter

1 Vgl. Thoma (1998), S. 31 f.
2 Vgl. Picot (2008b), S. 201 f.
3 Vgl. Picot (2004), S. 34 ff.

of Intent entstehen aufgrund der rechtlichen Bindungswirkung von Vorverträgen spürbare Risiken für beide Parteien, die besonders für den Kaufinteressenten im Vorfeld schwer abzuschätzen sind. Zudem weisen Vorverträge meist erhebliche Lücken bezüglich wichtiger rechtlicher und steuerrechtlicher Fragen auf.

Kommt ein Hauptvertrag nicht zustande, so droht eine Schadensersatzklage wegen Nichterfüllung, wenn sich aus dem Vorvertrag sämtliche relevante Vertragselemente richterlich bestimmen beziehungsweise erschließen lassen.[1] Ein Vorvertrag ist deshalb nur in Sonderfällen sinnvoll. In jedem Falle ist darauf zu achten, dass die vorvertraglichen Regelungen durch eine endgültige Vereinbarung vollständig abgelöst oder aufgehoben werden.

Waren gegen Ende des Scoring-Prozesses noch zwei bis drei Akquisitionsobjekte in der engeren Auswahl, so sollte sich als Ergebnis der Vorvertraglichen Phase die Informationslage zur Beurteilung der Zielunternehmen soweit verbessert haben, dass eine klare Priorisierung beziehungsweise weitere Eliminierung der verbleibenden Unternehmen möglich ist. Mit dem identifizierten Wunschkandidaten wird daraufhin in die Phase der Unternehmensbewertung und Kaufpreisermittlung eingetreten, bevor es, eine kartellrechtliche Genehmigung vorausgesetzt, zum Vertragsschluss kommen kann. Die Unternehmensbewertung und Kaufpreisermittlung steht daher im Mittelpunkt des nächsten Abschnitts.

---

1 Vgl. Picot (2004), S. 34 ff.

3.3 Unternehmensbewertung und Kaufpreisermittlung

Die Bewertung und Festlegung des Kaufpreises für das Akquisitionsobjekt stellt einen wesentlichen Schritt im Rahmen des M&A-Prozesses dar und ist für Hölters „eine der wichtigsten – wenn nicht die wichtigste – Maßnahme beim Kauf eines Unternehmens oder einer Beteiligung."[1] Darüber hinaus gehört die Kaufpreisermittlung immer wieder zu den am heftigsten diskutierten Themen der Transaktionsphase. Die Verhandlungspartner bestehen darauf, dass ihre berechneten Werte beziehungsweise die Bewertungsmethoden, die zugrunde liegenden Schätzungen oder die jeweiligen Annahmen die richtigen sind.[2]

Bei gegebenen (konstanten) Synergieerfolgen bestimmt letztendlich die Höhe des Kaufpreises, ob und wenn ja wie erfolgreich die Akquisition für die Aktionäre des Akquisiteurs beziehungsweise des Zielunternehmens ausfällt. Auch wenn eine Fusion volkswirtschaftlich gesehen erfolgreich war, also beide Unternehmen nach der Fusion zusammen mehr wert sind als vorher, so kann ein solcher Zusammenschluss für die Aktionäre des Akquisiteurs trotzdem in Kursverlusten resultieren, etwa wenn der Kaufpreis zu hoch war. In diesem Fall wäre die Fusion nur für die Aktionäre des aufgekauften Unternehmens erfolgreich gewesen.[3]

Im Folgenden soll gezeigt werden, wie anhand der üblichen Bewertungsmethoden zum einen der Stand-Alone-Wert eines Unternehmens und zum anderen die zusätzlich geschaffenen Wertsteigerungspotenziale ermittelt werden können. Im Rahmen der nachfolgenden Abschnitte sollen mit der Ober- und Untergrenze des Kaufpreises sowie der Multiplikator-, Diskontierungs- und Substanzwertmethode die bekanntesten Methoden und Verfahren der Unternehmensbewertung und Kaufpreisermittlung vorgestellt werden.

Andere Verfahren werden hier nicht näher betrachtet, da sie in der Praxis nicht so häufig Verwendung finden beziehungsweise nur eine leicht abgewandelte Form einer beschriebenen Bewertungsform darstellen. Zu diesen Bewertungsmethoden gehören zum Beispiel die Übergewinnmethode, das Stuttgarter Verfahren, der Economic Value Added, der McKinsey- und der BCG-Ansatz.

3.3.1 Ober- und Untergrenze des Kaufpreises

Die Kaufpreisermittlung ist im Rahmen einer Akquisition mit erheblichen Problemen behaftet, da auf der einen Seite der Akquisiteur an einem niedrigen, das Zielunternehmen aber an einem hohen Kaufpreis interessiert ist. Darüber hinaus ist nicht nur

1 Hölters (1989), S. 23.
2 Vgl. Tischendorf (2000b), S. 10; Wirtz/Schilke (2008), S. 327 f.
3 Vgl. Coenenberg/Sautter (1992), S. 191.

der Stand-Alone-Wert, sondern auch der durch den Zusammenschluss zusätzlich geschaffene Wert zu berücksichtigen. Für den Käufer ist vor allem das mögliche Wertsteigerungspotenzial von Interesse, das sich durch die Integration des Akquisitionsobjektes in den neuen Verbund realisieren lässt.[1]

Der Käufer quantifiziert, soweit möglich, neben der eigenen strategischen Zielsetzung auch die sich aus der Akquisition ergebenden Wettbewerbsvorteile. Wertsteigerungspotenziale aufgrund einer durchzuführenden Restrukturierung können sich zum Beispiel im Produktportfolio, im Vertrieb, in der Administration oder im Finanzbereich ergeben, wobei Synergien meist aufgrund von Economies of Scale oder Scope entstehen. Werden davon die Restrukturierungskosten abgezogen, erhält man die Obergrenze des Kaufpreises, die der Akquisiteur maximal zu zahlen bereit ist. Die Preisuntergrenze des Verkäufers ist derjenige Preis, zu dem die Transaktion aus Verkäufersicht gerade noch lohnenswert erscheint. Dies ist im Allgemeinen der Stand-Alone-Wert des Unternehmens. Im Folgenden stellt Abbildung 3-9 die Ober- und Untergrenze des Kaupreises dar.

Abbildung 3-9: *Ober- und Untergrenze des Kaufpreises*[2]

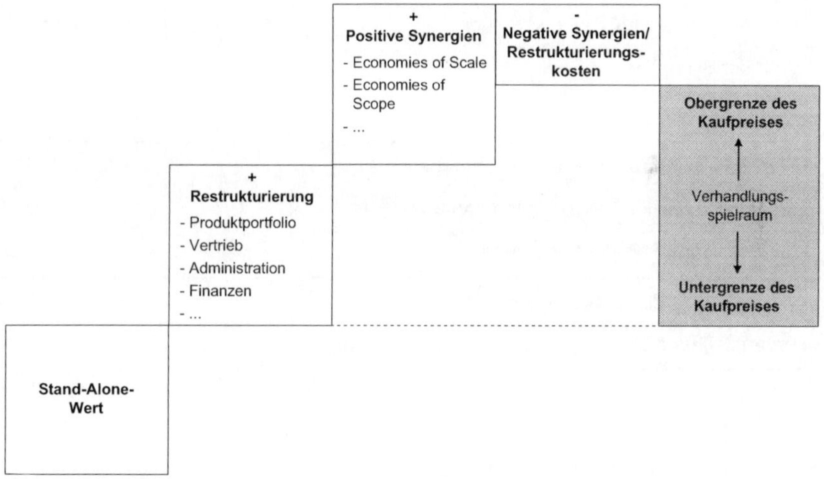

Zwischen der Ober- und Untergrenze des Kaufpreises liegt die Verhandlungsspanne für Käufer und Verkäufer. Je nachdem, ob der tatsächliche Kaufpreis näher an der Ober- oder Untergrenze des Verhandlungsspielraums liegt, können sich die Aktionäre

1 Vgl. Pratt/Reilly/Schweihs (1996), S. 210; Mandl/Rabel (1997), S. 263.
2 In Anlehnung an Eiffe/Mölzer (1993), S. 36.

des Verkäufer- oder Käuferunternehmens die durch den Unternehmenszusammenschluss erhofften Wertsteigerungspotenziale aneignen. Dies wirkt sich entsprechend auf die Aktienkurse der beteiligten Unternehmen aus.

In Tabelle 3-2 wird exemplarisch dargestellt, wie sich die Aktienkursänderung bei Ankündigung eines Unternehmenszusammenschlusses ermitteln lässt und von welchen Größen sie abhängt. Dabei berechnet sich der Wert des gemeinsamen Unternehmens aus der Summe des Wertes beider Unternehmen, dem Wert aus operativen Verbesserungen, die prinzipiell auch eigenständig realisiert werden könnten und dem Wert der Synergien abzüglich der Integrationskosten. Zieht man vom Wert des gemeinsamen Unternehmens den Börsenwert des Käufers und den Kaufpreis für das Zielunternehmen ab, so erhält man die Wertänderung durch die Akquisition.

Tabelle 3-2: *Wertänderung des kaufenden Unternehmens durch Akquisition*

	Position	**Beispiel-Betrag in Euro**
	Wert des kaufenden Unternehmens	10.000
+	Wert des Zielunternehmens (Status Quo)	4.000
+	Wert aus operativen Verbesserungen	500
+	Wert der Synergien	300
-	Integrationskosten	200
=	**Wert des gemeinsamen Unternehmens**	**15.100**
-	Börsenwert des kaufenden Unternehmens	10.000
-	Kaufpreis für das Zielunternehmen	5.500
=	Wertänderung durch Akquisition	-400
	Potenzielle Aktienkursreaktion bei Ankündigung	**-4,00%**

Die potenzielle Aktienkursänderung bei Ankündigung errechnet sich aus dem Verhältnis der Wertänderung durch die Akquisition zum Ursprungswert des kaufenden Unternehmens. In dem gewählten Beispiel fällt die Wertänderung durch die Akquisition für den Akquisiteur negativ aus, da der Kaufpreis für das Zielunternehmen zu hoch angesetzt worden ist.

Der Kaufpreis ist hier höher als der Ursprungswert des Zielunternehmens zuzüglich der zu erwartenden operativen Verbesserungen und der Synergiepotenziale abzüglich der Integrationskosten. Trotzdem wäre dieser Unternehmenszusammenschluss volkswirtschaftlich betrachtet wertgenerierend, da der Wert der operativen Verbesserungen und der Synergien insgesamt größer ist als die Integrationskosten.

Ein erheblicher Teil der Wertsteigerung resultiert oft aus operativen Verbesserungen, die prinzipiell auch ohne Veränderung der Eigentümerstruktur möglich wären. Häufig bedarf es jedoch eines exogenen Impulses, der zu strukturellen Veränderungen führt und dadurch Verbesserungen anstößt.[1] Die Existenz eines Kontrollzuschlags aufgrund von Synergie- und Restrukturierungspotenzialen bei einem Unternehmenszusammenschluss wurde bisher in zahlreichen empirischen Studien nachgewiesen. Der Mittelwert für den Kontrollzuschlag auf Basis der einbezogenen Untersuchungen betrug 42%.[2]

Ein Beispiel für die zum Teil enormen Bewertungszuschläge bei Akquisitionen ist die Übernahme des Kurzmitteilungsdienstes Whatsapp durch das soziale Netzwerk Facebook im Jahr 2014. Whatsapp hat im Jahr vor der Übernahme rund 10 Millionen US-Dollar umgesetzt. Die Kosten lagen jedoch bei ca. 140 Millionen US-Dollar (99 Millionen US-Dollar fielen aufgrund von Kosten für Aktienoptionen für Mitarbeiter an).

In den ersten sechs Monaten im Jahr 2014 ergab sich ein ähnliches Bild: 16 Millionen US-Dollar Umsatz bei Kosten in Höhe von 232 Millionen US-Dollar (206,5 Millionen US-Dollar fielen aufgrund von Kosten für Aktienoptionen für Mitarbeiter an). Nichtsdestotrotz war Facebook bereit, 19 Milliarden US-Dollar in die Übernahme zu investieren. Aufgrund einer zwischenzeitlicher Kurssteigerung der Facebook-Aktie kostete die Transaktion letzten Endes 22 Milliarden US-Dollar.[3]

Die wesentlichen Gründe für die hohe Bewertung von Whatsapp war dessen führende Position im Messaging-Bereich, von dem Facebook auch technologisch profitieren konnte, da das Unternehmen seinen eigenen Messaging-Dienst weiter ausbauen wollte, sowie das enorme Potential von Whatsapp, neue Nutzer zu generieren. Darüber hinaus hatte sich Whatsapp zu einem ernsthaften Rivalen für Facebook etabliert. Auch wenn Facebook noch klar der bedeutendste Anbieter für soziale online Interaktion war, so hatte sich die maßgebliche Wachstumsdynamik in den mobilen Markt verlagert. Mark Zuckerberg, Gründer und CEO von Facebook, bezeichnete die Übernahme daher auch als Zukunftsinvestition.[4]

Die bisherige Entwicklung des Kurzmitteilungsdienstes ist beachtlich. Zum Zeitpunkt der Übernahme (Februar 2014) betreute Whatsapp 450 Millionen aktive Nutzer. Seitdem kamen jeden Tag rund eine Million Nutzer hinzu und zu Beginn des Jahres 2016 hat Whatsapp mehr als eine Millarde Nutzer täglich. Laut Aussage des Unternehmens würden pro Tag rund 42 Milliarden Nachrichten, 1,6 Milliarden Fotos und 250 Millio-

---

1 Vgl. Richter (2005), S. 321 ff.
2 Vgl. Bolton (1990), S. 48.
3 Vgl. Handelsblatt (2014); Jacobson (2015).
4 Vgl. Lindner (2014); Jacobson (2015).

nen Videos versendet.[1] Finanziert wird Whatsapp seitdem über die Cashflows die über das Geschäftsmodell von Facebook generiert werden. Ob oder wie Whatsapp selbst jemals profitabel betrieben werden kann, bleibt bisher offen. Die wachsenden Nutzerzahlen scheinen Facebook jedoch vorerst zu genügen.[2]

3.3.2 Multiplikatormethoden

In der Praxis wird die Multiplikatormethode regelmäßig vor den Diskontierungsmethoden durchgeführt, um erste Anhaltspunkte für eine faire Bewertung zu erhalten und eine Bandbreite möglicher Bewertungen abzustecken. Innerhalb dieses Abschnitts soll zunächst dargestellt werden, wie der Stand-Alone-Wert eines Unternehmens mit der Multiplikatormethode berechnet wird. Daraufhin wird aufgezeigt, wie die Anwendung dieses Verfahrens zu modifizieren ist, um auch die Synergiepotenziale bei einem Unternehmenszusammenschluss bei der Bewertung mit einzubeziehen.

3.3.2.1 Berechnung des Stand-Alone-Wertes eines Unternehmens

Hinter dem Multiplikatorverfahren verbirgt sich die Idee, den Wert eines Unternehmens durch den Vergleich mit börsennotierten Unternehmen (Comparables) zu ermitteln. Dazu müssen die börsennotierten Vergleichsunternehmen verschiedenen qualitativen und quantitativen Kriterien des zu bewertenden Unternehmens entsprechen, d. h. sie müssen insbesondere zur gleichen Branche gehören, ähnliche Wachstumsraten aufweisen und über eine vergleichbare Risikostruktur verfügen.[3]

Begründet wird der Ansatz mit der Überlegung, dass vergleichbare Unternehmen auch vergleichbare Unternehmenswerte aufweisen müssen.[4] „While the comparable firms are not identical, they are similar and should therefore have similar prices."[5] Konzeptionell erfolgt die Wertermittlung, indem das Verhältnis des bekannten Unternehmenswertes des Vergleichobjekts V_V zu einer ebenfalls bekannten Bezugsgröße des Vergleichsobjekts X_V (zum Beispiel Gewinn oder Umsatz) gleichgesetzt wird mit dem Verhältnis des zu bestimmenden Unternehmenswertes des zu bewertenden Unternehmens V_B zu der entsprechenden Bezugsgröße des zu bewertenden Unternehmens X_B, die ebenfalls bekannt ist:

$$\frac{V_V}{X_V} = \frac{V_B}{X_B}$$

1 Vgl. Süddeutsche Zeitung (2016b).
2 Vgl. Lindner (2014).
3 Vgl. Mandl/Rabel (1997), S. 259.
4 Vgl. Buchner/Englert (1994), S. 1573.
5 Hickman/Petry (1990), S. 77.

Durch Umformung ergibt sich der gesuchte Unternehmenswert als:

$$V_B = X_B \cdot \frac{V_V}{X_V}$$

Der Unternehmenswert ergibt sich somit durch Multiplikation einer bekannten Bezugsgröße des zu bewertenden Unternehmens mit der entsprechenden Verhältniszahl des Vergleichsunternehmens. Diese Verhältniszahl stellt einen Multiplikator (multiple) dar, der je nach gewählter Bezugsgröße zum Beispiel einen Gewinn- oder Umsatzmultiplikator verkörpern kann.[1] Die verschiedenen Multiples können unterschiedlich klassifiziert beziehungsweise systematisiert werden. Zum einen können sie dahingehend unterschieden werden, ob bei dem Parameter V_V der Preis des Eigenkapitals oder des Eigen- und Fremdkapitals gemeinsam zu Grunde liegt (Equity oder Entity beziehungsweise Enterprise Multiples).

Demnach wird durch die Multiplikation der Bezugsgröße X_B mit dem Multiplikator auch entsprechend der Wert des Gesamtunternehmens oder nur des Eigenkapitals des Unternehmens bestimmt. Zum anderen kann nach der Einheit der Bezugsgröße X_B differenziert werden. Als Bezugsgrößen kommen diverse Werte in Frage: beispielsweise Gewinn, EBIT, EBITDA, Cashflow, Umsatz oder Anzahl Kunden und Anzahl Mitarbeiter. Angewendet werden in der Regel mehrere Bezugsgrößen, um daraus auf sinnvolle Bandbreiten schließen zu können. Im Folgenden werden hierzu einige ausgewählte Bewertungskennzahlen dargestellt.

Beim Kurs-Gewinn-Verhältnis (KGV), das im Englischen Price Earnings Ratio (PE-Ratio) heißt, „wird der Quotient aus dem Kurs einer Aktie und dem dazugehörigen geschätzten Zukunftsgewinn pro Aktie gebildet, und mit dem Durchschnitts-KGV der Branche oder des Gesamtmarktes verglichen."[2] Liegt das KGV niedriger (höher), so gilt die Aktie relativ zum Markt als unterbewertet (überbewertet).[3] Dieser Multiple besitzt eine große Praxisrelevanz. Für das KGV gilt folgende Formel:

$$KGV = \frac{\text{Kurs}}{\text{Gewinn pro Aktie}}$$

Um aus einem bekannten Branchen-KGV den Kurs einer Aktie abzuleiten, ist das als angemessen erachtete KGV mit dem Gewinn pro Aktie zu multiplizieren. Daraus leitet sich die Bezeichnung „Multiplikatormethode" ab.

$$\text{Kurs} = KGV_{\text{Branche}} \cdot \text{Gewinn pro Aktie}$$

1 Vgl. Buchner/Englert (1994), S. 1574; Kaplan/Ruback (1995), S. 1066; Nowak (2003), S. 160.
2 Steiner/Bruns (2000), S. 243.
3 Vgl. Becker (2010), S. 96.

Um auch die dynamische Komponente des Wachstums einzubeziehen, wird gerade bei Wachstumsunternehmen zunehmend auch das dynamische Kurs-Gewinn-Verhältnis, im englischen Sprachraum auch Price/Earnings Growth Factor genannt, herangezogen. Das dynamische KGV ist eine Erweiterung des statischen KGV, welches vor allem auf den angelsächsischen Kapitalmärkten sehr weit verbreitet ist. Eine dynamische Betrachtung wird erreicht, indem das herkömmliche KGV zur Wachstumsrate des Gewinns ins Verhältnis gesetzt wird, wobei folgende Formel zur Anwendung kommt:

$$KGV_{dynamisch} = \frac{KGV}{\text{Gewinnwachstum (in \%)}}$$

Da die Maßgröße „Gewinn pro Aktie“ erheblich steuerbar und durch Sondereffekte oft verzerrt ist, werden meistens auch weitere Ertragskennziffern wie zum Beispiel EBIT- (Earnings before Interest and Taxes) und EBITDA- (Earnings before Interest, Taxes, Depreciation and Amortisation) Kennzahlen einbezogen, um die operative Ertragskraft von Unternehmen zu beschreiben.[1] Beim EBIT werden Zinszahlungen und Steuern, beim EBITDA die Zinszahlungen, Steuern, Abschreibungen und Amortisationen nicht berücksichtigt beziehungsweise herausgerechnet, um eine bessere Vergleichbarkeit der Unternehmen auf der operativen Ebene zu erreichen. In den letzten Jahren hat auch zunehmend das Kurs-Cashflow-Verhältnis (KCV) an Bedeutung gewonnen, da aus Aktionärssicht letztendlich die verwendbaren Zahlungsströme das Ziel der Unternehmenstätigkeit sind. Ähnlich wie das KGV bestimmt sich das KCV wie folgt:

$$KCV = \frac{\text{Kurs}}{\text{Cash Flow pro Aktie}}$$

Aufgrund der Tatsache, dass Rückstellungen und Abschreibungen im Rahmen der Bilanzpolitik regelmäßig zur Steuerung des Jahresüberschusses beziehungsweise des Gewinns eingesetzt werden, ist der Cashflow schwieriger zu manipulieren und damit aussagekräftiger als der Gewinn. Ein Nachteil des KCV ist allerdings, dass die Errechnung aus den veröffentlichten Jahresabschlussdaten häufig problematisch ist. Ab dem 01. Januar 2018 wird der neue Standard IFRS 9 eingeführt, der zur Klassifizierung finanzieller Vermögenswerte nur noch zwei Kategorien vorsieht.

Die Bewertung erfolgt entweder zu fortgeführten Anschaffungskosten oder zum beizulegenden Zeitwert. Prinzipiell sind alle Unternehmen, die Finanzinstrumente halten, von der neuen Regelung betroffen, zum Beispiel Banken und Versicherungen. Auch wenn der neue Standard erst ab 2018 verbindlich gelten soll, ist eine frühere Umsetzung zulässig.[2] Allerdings wird bei börsennotierten Unternehmen bisher fast nur nach IAS- oder US-GAAP-Standards bilanziert. Dadurch bestehen für bilanzpolitische Maßnahmen nur noch geringe Möglichkeiten im Vergleich zur Verwendung der

1 Vgl. Steiner/Bruns (2000), S. 244.
2 Vgl. PricewaterhouseCoopers (2016).

Vorgaben des HGBs. Zudem ist nach IAS und US-GAAP bei börsennotierten Unternehmen auch eine Cashflow-Rechnung (Kapitalflussrechnung) Bestandteil des Jahresabschlusses.

Zur Veranschaulichung der Multiplikatormethode ist in Abbildung 3-10 eine beispielhafte Berechnung dargestellt. In diesem Beispiel wird ein rechnerischer Aktienkurs für BMW hergeleitet. Hierzu wurden für große börsennotierte Automobilhersteller die Kurs-Gewinn-Verhältnisse und die Kurs-Cashflow-Verhältnisse für die Jahre 2015 bis 2017 (Analystenschätzung) sowie die Verhältnisse Umsatz zu Marktkapitalisierung für das Jahr 2015 gebildet.

Abbildung 3-10: *Die Multiplikatormethode am Beispiel der Automobilindustrie*[1]

Unternehmen	Marktkapitalisierung in 2015 in Mrd.	Währung	Earnings per Share			Kurs-Gewinn-Verhältnis			Kurs-Cashflow-Verhältnis			Marktkapitalisierung /Umsatz
			2015	2016e	2017e	2015	2016e	2017e	2015	2016e	2017e	2015
Daimler	56,24	EUR	8,08	8,00	8,47	9,63	6,41	6,05	6,56	3,71	3,77	0,38
Fiat Chrysler	6,56	EUR	1,12	1,37	1,65	7,60	3,70	3,09	1,31	0,91	0,86	0,06
Ford	44,08	EUR	1,93	2,09	2,10	7,32	6,12	6,11	4,84	4,55	4,35	0,31
General Motors	39,08	EUR	5,02	5,64	5,80	6,80	5,14	5,00	3,98	3,76	3,25	0,27
Honda	40,25	EUR	1,46	2,05	2,37	9,54	8,28	8,28	3,67	3,11	3,28	0,36
Mazda	6,76	EUR	1,72	1,58	1,83	7,88	5,96	5,14	4,96	3,52	3,18	0,26
Mitsubishi	3,94	EUR	0,69	-0,77	0,35	11,36	-	8,08	7,09	-	3,63	0,23
Nissan	36,46	EUR	0,96	1,04	1,15	8,42	6,85	6,17	3,19	3,30	3,03	0,39
Peugeot	8,6	EUR	1,09	1,63	1,90	14,93	6,84	5,87	2,66	2,50	2,34	0,16
Renault	19,09	EUR	10,30	11,99	13,74	9,13	6,68	5,84	5,22	4,89	4,38	0,42
Suzuki	11,37	EUR	1,80	1,70	1,92	12,92	11,73	10,34	5,26	4,08	3,67	0,47
Toyota	149,04	EUR	5,68	4,40	4,71	8,05	8,88	8,30	5,47	5,16	4,70	0,69
Volkswagen	57,2	EUR	-3,20	18,81	21,08	-41,99	6,01	5,36	3,67	2,09	2,46	0,27

Arithmetischer Mittelwert:	2,82	4,58	5,16	5,51	6,88	6,43	4,45	3,47	3,30	0,33
Minimum:	-3,20	-0,77	0,35	-41,99	3,70	3,09	1,31	0,91	0,86	0,06
0,25-Quantil:	1,09	1,58	1,83	7,60	6,00	5,36	3,67	2,96	3,03	0,26
0,5-Quantil:	1,72	2,05	2,10	8,42	6,55	6,05	4,84	3,62	3,28	0,31
0,75-Quantil:	5,02	5,64	5,80	9,63	7,21	8,08	5,26	4,20	3,77	0,39
Maximum:	10,30	18,81	21,08	14,93	11,73	10,34	7,09	5,16	4,70	0,69

Berechnung des Aktienkurses für BMW

per Kurs-Gewinn-Verhältnis	= arithmetisches Mittel des KGV 2016e * erwarteter Gewinn pro Aktie von BMW in 2016 = 6,76 * 9,70 **= 65,57**
per Kurs-Cashflow-Verhältnis	= arithmetisches Mittel des Kurs-Cashflow-Verh. 2016 * erwarteter Cashflow pro Aktie von BMW in 2016 = 3,47 * 16,31 **= 56,54**
per Marktkapitalisierung-Umsatz-Verhältnis	= arithmetisches Mittel Marktkapitalisierung/Umsatz in 2015 * Umsatz von BMW in 2015/Anzahl BMW Aktien = 0,33 * 92.175 Mrd. / 602 Mio. **= 50,07**
Tatsächlicher Aktienkurs von BMW am 24.06.2016:	**= 64,15**

1 Basierend auf den Analystenschätzungen von Finanzen.net (2016).

Um eine Vorstellung über die Verteilung und Streuung der Werte zu bekommen, wurden neben dem arithmetischen Mittelwert auch das Minimum, das Maximum und die 0,25-, 0,5- und 0,75-Quantile gebildet. Je höher die Streuung der Werte, desto inhomogener sind die Vergleichsunternehmen und desto unsicherer ist demnach auch die Berechnung des Unternehmenswertes.

Für eine grobe Veranschaulichung des Verfahrens soll hier die Einbeziehung der arithmetischen Mittelwerte für 2016 (Analystenschätzungen) genügen. Eine genauere Analyse könnte allerdings zusätzlich auch die anderen Jahre mit berücksichtigen. Um mit Hilfe des Kurs-Gewinn-Verhältnisses den Aktienkurs von BMW zu berechnen, wird der arithmetische Mittelwert der anderen Automobilhersteller mit dem erwarteten Gewinn pro Aktie für 2016 von BMW multipliziert. Als Ergebnis erhält man einen Aktienkurs von 65,57 Euro. Bei der Verwendung des Kurs-Cashflow-Verhältnisses erhält man einen Kurs für BMW von 56,54 Euro, beim Verhältnis Umsatz zu Marktkapitalisierung einen Kurs von 50,07 Euro. Der tatsächliche Aktienkurs von BMW zum Zeitpunkt der Analyse am 24.06.2016 lag bei 64,15 Euro.

Diese sehr verkürzte Analyse ergibt bereits eine relativ gute Annäherung an den tatsächlichen Kurs der BMW-Aktie. Auch wenn die zwei Schätzungen auf Basis des Kurs-Cashflow-Verhältnisses und des Verhältnisses von Umsatz zu Marktkapitalisierung etwas unter dem tatsächlichen Kurs lagen, so traf die Berechnung mit dem Kurs-Gewinn-Verhältnis ziemlich gut den tatsächlichen Wert. Für eine erste Indikation erlaubt diese Vorgehensweise eine Ermittlung hilfreicher Bandbreiten, die in einem nächsten Schritt durch weitere Bewertungsmethoden zu verfeinern ist.

Die Multiplikatormethode ist allerdings trotz ihrer Einfachheit auch mit einigen Nachteilen verbunden. Werden Vergleichsunternehmen (Comparables) beispielsweise aufgrund der Branchenzugehörigkeit ausgesucht, so wird davon ausgegangen, dass Unternehmen einer Branche an der branchenüblichen Wachstums- und Gewinnentwicklung in gleicher Weise partizipieren. Übersehen wird dabei allerdings, dass die Umsatz- und Gewinnentwicklungen eines Unternehmens in erheblichem Maße auch von anderen Faktoren bestimmt werden, beispielsweise der Fähigkeit des Management oder der Marketingpolitik.[1]

Probleme ergeben sich bei diesem Bewertungsschritt bereits bei der Bestimmung der relevanten Branche. In der Regel werden nämlich weder das zu bewertende Unternehmen noch die potenziellen Vergleichsunternehmen „Pure Plays" darstellen, die nur in einem Geschäftsfeld tätig sind und sich somit problemlos einer bestimmten Branche zuordnen lassen. Das bedeutet, dass es sich meistens um diversifizierte Unternehmen handeln wird, die in unterschiedlichen Branchen tätig sind.[2]

Ein weiterer Nachteil dieser Methode besteht darin, dass sie keine fundamentale Berechnung des Unternehmenswertes vorsieht, sondern lediglich eine Ableitung des

1 Vgl. Buchner (1995), S. 408 ff.

2 Vgl. Nowak (2003), S. 162.

Unternehmenswertes auf Grundlage eines Vergleiches anderer Unternehmen der gleichen Branche. Ist eine gesamte Branche über- oder unterbewertet, wird zwangsläufig auch das betrachtete Unternehmen in gleicher Weise bewertet. Werden die Unternehmenswerte aus dem Vergleich nicht durch reale Werte bestätigt, kann sich eine gesamte Branche immer weiter von fundamental gerechtfertigten Werten entfernen, bis sich diese fiktiven Werte, zum Beispiel durch einen Crash, wie beim Platzen der Internetblase zur Jahrtausendwende, plötzlich wieder an reale Werte annähern.[1]

3.3.2.2 Berücksichtigung der Synergie- und Restrukturierungspotenziale

Die zuvor dargestellte Multiplikatormethode hat das Ziel, einen fairen Wert des Unternehmens herzuleiten. Ein Zusammenschluss macht allerdings nur dann Sinn, wenn der Unternehmensverbund mehr wert ist als vorher die Summe der einzelnen Unternehmenswerte. Wie bereits angedeutet, sind neben dem Stand-Alone-Wert eines zu akquirierenden Unternehmens, der die Preisuntergrenze bildet, auch die zusätzlichen Synergie- und Restrukturierungspotenziale zur Berechnung für eine Preisobergrenze zu berücksichtigen.

Bei der Multiplikatormethode geschieht dies, indem als Vergleichsunternehmen nur Akquisitionsziele als Comparables aufgenommen werden. Die Daten zur Bildung der Multiplikatoren müssen darüber hinaus aus dem Zeitraum zwischen der Ankündigung des Unternehmenszusammenschlusses und dem tatsächlichen Zusammenschluss stammen. Auf diese Weise sind in den berechneten Multiplikatoren die erwarteten Synergie- und Restrukturierungspotenziale in Form einer Übernahmeprämie bereits enthalten.

Die ermittelten Unternehmenswerte stellen somit Annäherungen an die Preisobergrenze (inklusive Übernahmeprämie) für den Akquisiteur dar. Neben den hier genannten Voraussetzungen gelten natürlich auch die oben aufgeführten Bedingungen für die Vergleichsunternehmen. So sollten zum Beispiel die Comparables zur gleichen Branche gehören, ähnliche Wachstumsraten aufweisen und über eine vergleichbare Risikostruktur verfügen.[2] Darüber hinaus ist zu beachten, dass die Multiplikatormethode nur eine erste Schätzung des Unternehmenswertes als Ergebnis haben kann. In diesem Sinne kann sie nur als Partialansatz betrachtet werden und muss durch andere Analysen, wie zum Beispiel die Diskontierungsmethoden, ergänzt werden.

3.3.3 Diskontierungsmethoden

Bei den Diskontierungsmethoden handelt es sich um fundamentale Bewertungsmethoden, da sie den Wert eines Unternehmens nicht lediglich durch einen Vergleich von Kennzahlen mit anderen Unternehmen bestimmen, sondern versuchen, den zukünfti-

1 Vgl. Dowling/Drumm (2003), S. 352 f.
2 Vgl. Mandl/Rabel (1999), S. 259.

gen Einkommensstrom des Investors vorherzusagen und dessen Vorteilhaftigkeit an einer laufzeit- und risikoadäquaten Alternativinvestition zu messen.[1] Eine Unternehmung wird demnach wie ein Investitionsprojekt gesehen, in das zu einem Zeitpunkt t_0 investiert wird und das danach zu bestimmten Zeitpunkten Auszahlungen oder Wertsteigerungen erbringt.

Die Diskontierungsmethoden basieren somit auf dem aus der Investitionsrechnung bekannten Barwertkonzept.[2] Dieses wird hier jedoch nicht auf einzelne Investitionen, sondern auf das Unternehmen als Ganzes angewendet, indem die zukünftigen Unternehmensüberschüsse mit dem entsprechenden risikoadjustierten Zinssatz auf den Bewertungszeitpunkt abdiskontiert werden.[3] Der Wert einer Unternehmung hängt somit nicht, wie oft vermutet, davon ab, wie hoch die Summe der Werte aller Vermögensgegenstände ist. Wäre dies der Fall, so wären die hohen Bewertungen von einigen Dienstleistungs- oder Internet-Unternehmen kaum zu rechtfertigen. Ein Charakteristikum dieser Unternehmen ist nämlich, dass sie im Vergleich zum produzierenden Gewerbe (zum Beispiel Autohersteller) mit vergleichsweise niedrigem Anlagevermögen ihre Umsätze beziehungsweise Gewinne erwirtschaften.

Die auf dem Kapitalmarkt zu beobachtenden Unternehmenswerte liegen somit deutlich über den in der Bilanz veröffentlichten Buchwerten. Markt-/Buchwert-Verhältnisse von über 20 sind hier keine Seltenheit, während die meisten Unternehmen aus kapitalintensiven Branchen im einstelligen Bereich liegen. Ähnlich wie bei der Darstellung der Multiplikatormethoden soll innerhalb des folgenden Abschnitts zunächst erläutert werden, welche Arten von Diskontierungsmethoden in der Praxis zur Verfügung stehen und wie diese zur Berechnung des Stand-Alone-Wertes eines Unternehmens anzuwenden sind, bevor im darauffolgenden Abschnitt aufgezeigt wird, wie im Rahmen dieses Ansatzes die Synergie- beziehungsweise Restrukturierungspotenziale bei einem Unternehmenszusammenschluss bewertet werden können.

3.3.3.1 Berechnung des Stand-Alone-Wertes eines Unternehmens

Je nachdem, welche Überschüsse des Unternehmens als bewertungsrelevant definiert werden, werden verschiedene Diskontierungsmethoden differenziert. Sowohl Dividenden als auch Gewinne und Cashflows kommen als Grundlage für die Barwertermittlung in Betracht. Modigliani und Miller zeigten, dass sich diese drei Ansätze unter bestimmten Annahmen nicht widersprechen, sondern, korrekt angewendet, zum gleichen Ergebnis führen.[4] Aufgrund der Tatsache, dass sich der Unternehmenswert aus Sicht der Anteilseigner immer aus den Zahlungen ableitet, die ihnen in späteren Jah-

1 Vgl. Steiner/Wallmeier (1999), S. 1.
2 Vgl. Steiner/Tebroke (1998), S. 319 ff.
3 Vgl. Wagner (1994), S. 478.
4 Vgl. Miller/Modigliani (1961), S. 411 ff.

ren zufließen, liegt es nahe, bei der Wertermittlung auf die erwarteten Dividenden abzustellen.

Die Bewertung auf der Grundlage der Dividenden bedeutet jedoch nicht zwangsläufig, dass die Ausschüttungspolitik den Unternehmenswert beeinflusst, da, falls das Unternehmen mit geringer Ausschüttungsquote die einbehaltenen Mittel reinvestiert, später höhere Dividenden möglich sind. Weil aber viele auf Wachstum ausgerichtete Unternehmen die Gewinne fast ausschließlich thesaurien und eine Detailplanung, wenn überhaupt, meist nur für die nächsten fünf Jahre möglich ist, sind Schätzungen der Unternehmensüberschüsse auf Basis der Dividenden häufig kaum möglich. Hierin wird ein wesentlicher Nachteil des Dividendendiskontierungsmodells gesehen.[1] Aus diesem Grund wird vorgeschlagen, nicht die ausgeschütteten Dividenden, sondern erwirtschaftete Gewinne oder die freien Cashflows zu verwenden.[2] Im Folgenden sollen die Cashflow-basierten Ansätze betrachtet werden, da diese die größte praktische Relevanz erlangt haben.

Bei den sogenannten Discounted-Cashflow-(DCF)-Verfahren werden nicht die Dividenden oder die Gewinne, sondern die zukünftigen, aus der normalen und außerordentlichen Geschäftstätigkeit erzielbaren Einzahlungsüberschüsse (Cashflows) als bewertungsrelevante Unternehmensüberschüsse herangezogen und auf den Bewertungszeitpunkt diskontiert.[3] Die DCF-Methode lässt sich nach der Definition der Cashflows und der rechnerischen Erfassung der Steuervorteile der Fremdfinanzierung („Tax Shields") in die drei Varianten Weighted Average Cost of Capital (WACC)-, Adjusted Present Value (APV)- und Equity-Ansatz unterteilen. Dabei ermittelt der WACC-Ansatz den Gesamtunternehmenswert durch Diskontierung derjenigen Cashflows, die Eigen- und Fremdkapitalgebern insgesamt zufließen, mit einem gewogenen, durchschnittlichen Kapitalkostensatz, in den die Steuervorteile der Fremdfinanzierung mit eingerechnet werden.

Die APV-Methode geht von einem (fiktiven) Wert eines unverschuldeten Unternehmens aus und fügt diesem etwaige finanzierungsbedingte Wertbeiträge hinzu. Die finanzierungsbedingten Wertbeiträge bestehen hauptsächlich aus Steuervorteilen durch Fremdfinanzierung, da Fremdkapitalzinsen den steuerpflichtigen Gewinn schmälern. Bei beiden Verfahren ist vom Gesamtunternehmenswert der Marktwert des Fremdkapitals abzuziehen, um zum Marktwert des Eigenkapitals (Shareholder Value) zu gelangen.

Der Equity-Ansatz nimmt dagegen von Anfang an die Perspektive der Eigenkapitalgeber ein. Er ermittelt den Shareholder Value auf direktem Weg durch Diskontierung der den Anteilseignern zufließenden Cashflows mit dem risikoadäquaten Eigenkapitalkostensatz. Im Folgenden sollen lediglich der WACC-Ansatz sowie mögliche An-

---

1 Vgl. Steiner/Bruns (2000), S. 221 f.

2 Vgl. Loistl (1992), S. 206.

3 Vgl. Steiner/Bruns (2000), S. 225.

passungen für Unternehmen in einem dynamischen Umfeld betrachtet werden, da er in der Praxis sehr häufig verwendet wird.

- Der WACC-Ansatz

Für die folgenden Darstellungen werden einige vereinfachende Annahmen getroffen, um eine sinnvolle Komplexitätsreduktion zu erreichen. So wird zum einen ein etwaiges Insolvenzrisiko des Unternehmens nicht beachtet und zum anderen in Bezug auf das Steuersystem unterstellt, dass lediglich eine Gewinnsteuer mit einem konstanten Steuersatz unabhängig von der Gewinnverwendung erhoben wird. Darüber hinaus wird angenommen, dass Fremdkapitalzinsen die Bemessungsgrundlage der Steuer mindern (Tax Shield).

Alle anderen Steuerarten, insbesondere die Einkommensteuer, werden ausgeklammert. Im ersten Schritt sind die bewertungsrelevanten Cashflows zu definieren und zu planen. In einem zweiten Schritt werden die durchschnittlichen Kapitalkosten (WACC = Weighted Average Cost of Capital) für das betrachtete Unternehmen berechnet. Danach werden in Schritt drei die geschätzten Cashflows mit den berechneten WACC abdiskontiert und auf diese Weise der Gesamtunternehmenswert berechnet, auf dessen Grundlage daraufhin der Wert des Eigenkapitals ermittelt werden kann. Der Ablauf wird zusammenfassend in Abbildung 3-11 dargestellt.

Abbildung 3-11: *Schritte im WACC-Ansatz zur Berechnung des Eigenkapitalwertes*

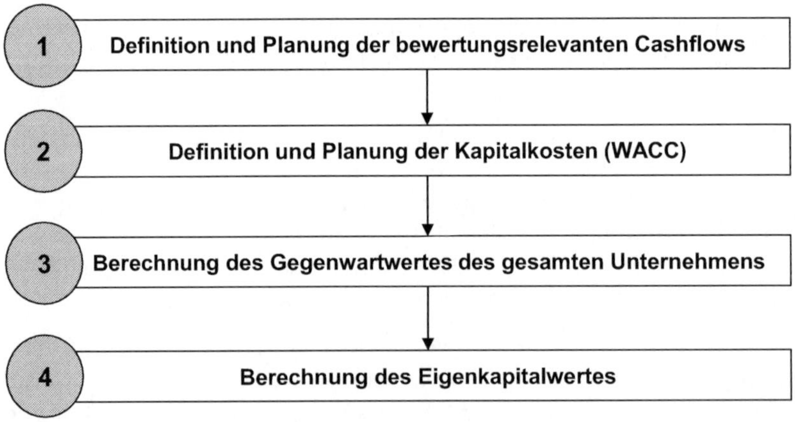

- Definition und Planung der bewertungsrelevanten Cashflows

Unter dem freien Cashflow werden die intern erwirtschafteten Einzahlungsüberschüsse verstanden, die für Zahlungen, Kredittilgungen und Ausschüttungen an die Anteilseigner zur Verfügung stehen. Investitionszahlungen werden bei der Ermittlung der freien Cashflows abgezogen. Die Finanzierungsstruktur wird zunächst ausgeblendet, so dass die Abzugsfähigkeit der Fremdkapitalzinsen von der Bemessungsgrundlage der Gewinnsteuer vernachlässigt wird. Die freien Cashflows werden folglich unter der Fiktion einer vollständigen Eigenfinanzierung berechnet.

Erst bei der Berechnung des Diskontierungssatzes wird die Finanzierungsstruktur berücksichtigt. Die Berechnung des freien Cashflows erfolgt meist ausgehend vom operativen Ergebnis vor Zinsen und Steuern[1], das sich wiederum aus Umsatz abzüglich Cost of Goods Sold, Abschreibungen und administrativen Kosten errechnet. Der so definierte freie Cashflow der Periode t wird im Folgenden mit CF_t bezeichnet. Abbildung 3-12 beschreibt die Bestimmung des freien Cashflows aus operativer Sicht.

Abbildung 3-12: *Ermittlung der freien Cashflows (operative Sicht)*[2]

(1)		Operatives Ergebnis vor Zinsen und Steuern (EBIT)
(2)	-	Steuern auf operatives Ergebnis vor Zinsen
(3)	+	Abschreibungen (- Zuschreibungen)
(4)	+	Erhöhung (- Minderung) der Pensionsrückstellungen
(5)	=	Operativer Brutto-Cashflow
(6)	-	Investitionen in das Anlagevermögen (CAPEX)
(7)	-	Erhöhung (+ Minderung) des Netto-Umlaufvermögens (Working Capital)
(8)	=	Operativer freier Cashflow
(9)	+	Nicht operativer Cashflow
(10)	**=**	**Freier Cashflow insgesamt**

Der gesamte freie Cashflow entspricht nach Abzug der Unternehmenssteuern stets den Zahlungen an die Kapitalgeber (Eigen- und Fremdkapitalgeber) des Unternehmens. Den freien Cashflow kann man aus finanzwirtschaftlicher Perspektive deshalb auch wie folgt berechnen:

1 Vgl. Coenenberg/Schultze (1998), S. 269 ff.

2 In Anlehnung an Ballwieser (1993), S. 164; Copeland/Koller/Murrin (2002); Hommel/Grass (2008), S. 377.

Abbildung 3-13: Ermittlung der freien Cashflows (finanzwirtschaftliche Sicht)[1]

(1)		Zinszahlungen
(2)	-	Unternehmenssteuern auf Zinszahlungen
(3)	+	Tilgungen
(4)	-	Zuführung neuen Fremdkapitals
(5)	**=**	**Netto-Zahlungen an Gläubiger**
(6)		Ausschüttungen
(7)	+	Anrechenbare Körperschaftsteuer
(8)	+	Aktienrückkäufe und andere Zahlungen an Eigentümer
(9)	-	Kapitalerhöhungen und andere Einzahlungen der Eigentümer
(10)	**=**	**Netto-Zahlungen an Eigentümer**
(11)		Netto-Zahlungen an Gläubiger
(12)	+	Netto-Zahlungen an Eigentümer
(13)	**=**	**Freier Cashflow insgesamt**

Beide Berechnungen aus Abbildung 3-12 und Abbildung 3-13 müssen zum gleichen Resultat führen und sollten stets ausgeführt werden, um die Konsistenz der Cashflow-Definition sicherzustellen. Die freien Cashflows werden somit zukunftsgerichtet auf Basis von Prognosen und Planungen bestimmt. Da die Entwicklung der zukünftigen Cashflows einen erheblichen Einfluss auf den Wert des Unternehmens hat, sollte hier eine möglichst fundierte Planung vorgenommen werden, in die auch qualitative Elemente wie zum Beispiel die Abschätzung der Leistungsfähigkeit des Management, des Unternehmensimages, der Wettbewerbsposition oder Unternehmenseffizienz einfließen. Im Weiteren sollen solche Kriterien jedoch nicht betrachtet werden. Es wird vielmehr davon ausgegangen, dass es gelingt, derartige Merkmale zu quantifizieren und in erwartete Überschüsse zu übertragen, die dann die Grundlage der Unternehmensbewertung bilden. Vorsicht ist allerdings bei der Akquisition kleinerer Unternehmen angebracht.

1 Vgl. Hommel/Grass (2008), S. 377.

Hier liegen meist keine oder nur unvollständige Finanzdaten vor, da diese Unternehmen nicht der Publizitätspflicht unterliegen. Demnach hat die Unternehmensführung oft auch keine Erfahrung mit der Schätzung zukunftsbezogener Finanzdaten.[1] Der Käufer sollte darauf vorbereitet sein, eigene Vorhersagen zu zukünftigen Finanzdaten des Verkäufers zu machen oder den Verkäufer bei der Erstellung dieser Daten zu unterstützen. Üblicherweise wird für die freien Cashflows in den ersten fünf bis zehn Jahren eine detaillierte Planung vorgenommen. Diese Periode wird als Detailplanungsperiode bezeichnet.

Innerhalb dieses Zeitraums werden explizite Annahmen bezüglich der Zusammensetzung und des Verlaufs des operativen Brutto-Cashflows, der Investitionen und der Veränderung des Netto-Umlaufvermögens getroffen. Die Länge der Detailplanungsperiode ist abhängig von der Verfügbarkeit und der Qualität der Daten, die zur Modellierung des freien Cashflows benötigt werden. Dabei sollte sie jedoch so lang sein, wie es mit den vorhandenen Daten möglich ist. Bei geringer Verfügbarkeit beziehungsweise Qualität des Datenmaterials führt eine lange Detailplanungsperiode jedoch zu Scheingenauigkeit, die keine neuen Erkenntnisse bringt.[2] Für die Cashflows nach der Detailplanungsperiode wird gewöhnlich die Annahme getroffen, dass sie einer konstanten Wachstumsrate unterliegen.

Bei den Prognosen der zukünftigen Cashflows muss jedoch folgendes beachtet werden: Erfolgreiche Unternehmen extrapolieren häufig die derzeitigen Wachstumsraten (oft 20% oder mehr pro Jahr nach Steuern) in die Zukunft. Dabei wird oft nicht reflektiert, dass hohe Renditen auf das eingesetzte Kapital Produkte voraussetzen, wie zum Beispiel ein patentiertes Medikament, die nicht substituierbar beziehungsweise rechtlich geschützt sind und einen starken Markennamen haben sowie eine Monopol- beziehungsweise Oligopolsituation.

Zudem verstößt eine einfache Extrapolierung gegen die Theorie der Marktlebenszyklen und würde in der Innovationsphase die zukünftigen Cashflows unter- beziehungsweise in der Expansionsphase überschätzen. Darüber hinaus muss gerade bei Unternehmenskäufen bei der Verwendung der Gewinne der letzten Jahre als Grundlage für die Prognose zukünftiger Gewinne vor einer übertriebenen Bilanzgläubigkeit gewarnt werden, da Jahresabschlüsse seitens des Verkäufers naturgemäß einem „Window Dressing" unterzogen werden.[3] Häufig trifft der potenzielle Verkäufer, der den Verkaufsentschluss vor dem Bilanzstichtag gefällt hat, entsprechende bilanzschönende Maßnahmen, wie zum Beispiel:[4]

---

1 Vgl. Tischendorf (2000a), S. 10 f.
2 Vgl. Hommel/Grass (2008), S. 378 f.
3 Vgl. Eiffe/Mölzer (1993), S. 47.
4 Vgl. Eiffe/Mölzer (1993), S. 47 f.

- Bewusste Unterlassung von Rationalisierungs- und Erweiterungsinvestitionen zur Gewinnverbesserung durch Abschreibungsvermeidung,
- Verzicht auf Forschungs- und Entwicklungsaufwand,
- Verzicht auf Werbungsaufwand,
- Verzicht auf Reparaturen,
- Verzicht auf Einstellung auszubildender Mitarbeiter,
- Verzicht auf Zuführungen zu Pensionsrückstellungen,
- Überhöhte Vorratsbewertung und
- Veräußerung von Anlagegütern zu über den Buchwerten liegenden Preisen und anschließende Miete (selbst bei überhöhter Miete verteilt sich der Aufwand über viele Jahre und verbessert die Ertragssituation des laufenden Jahres durch den hohen Buchgewinn).

- Definition und Planung der Kapitalkosten

Wenn die erwarteten freien Cashflows der zukünftigen Jahre bestimmt sind, ist in einem nächsten Schritt deren heutiger Marktwert zu berechnen. Die erwarteten Cashflows sind jedoch mit Unsicherheit behaftet. Ein zentrales Problem der Unternehmensbewertung besteht darin, diese Unsicherheit zu berücksichtigen. Diesem Problem wird regelmäßig durch einen Abschlag von den erwarteten Cashflows oder durch einen Zuschlag zum Diskontierungssatz Rechnung getragen.

Im ersten Fall wird ein sicherer Geldbetrag (Sicherheitsäquivalent) ermittelt, der dem Investor subjektiv den gleichen Nutzen stiftet wie der unsichere Cashflow aus dem Unternehmen. Das Sicherheitsäquivalent wird daraufhin mit dem risikolosen Zinssatz auf den Bewertungszeitpunkt diskontiert. Im zweiten Fall wird in den Kalkulationszinssatz ein Risikozuschlag eingerechnet, der die höhere Renditeforderung der Kapitalgeber zum Ausdruck bringt. Im Folgenden soll nur diese Methode betrachtet werden, da es das übliche Verfahren in der Praxis darstellt.

Zunächst soll eine vereinfachende Annahme getroffen werden, die später jedoch wieder aufgehoben wird. Es soll von einem gleichbleibenden leistungswirtschaftlichen Risiko und einem gleichbleibenden finanzwirtschaftlichen (Verschuldungs-) Risiko, also einem gleichbleibenden Verschuldungsgrad V als Quotient aus den Marktwerten von Fremd- und Eigenkapital ausgegangen werden. Diese Annahme ermöglicht es, die freien Cashflows über alle Perioden mit einem konstanten Kalkulationszinssatz zu diskontieren. Ohne diese Prämisse müssten periodenspezifische Diskontierungssätze gebildet werden.

Im WACC-Ansatz wird die steuerliche Abzugsfähigkeit der Fremdkapitalzinsen nicht bei der Ermittlung der freien Cashflows berücksichtigt, sondern bei der Ermittlung des Diskontierungssatzes. Relevant ist daher nicht der (risikolose) Fremdkapitalzinssatz i sondern der modifizierte Kostensatz $i^*(1-s_U)$ mit s_U als Gewinnsteuersatz. Die mit den Kapitalanteilen gewichtete mittlere Renditeforderung (Weighted Average Cost of Capital) beträgt somit:

$$WACC = \frac{EK}{GK} k_{EK} + \frac{FK}{GK} i(1 - s_U)$$

mit:
- EK : Marktwert des Eigenkapitals
- FK : Marktwert des Fremdkapitals
- GK : Marktwert des Gesamtkapitals = Gesamtunternehmenswert
- i : Fremdkapitalzinssatz
- k_{EK} : Eigenkapitalkostensatz
- s_U : Gewinnsteuersatz

Die durchschnittlichen Kapitalkosten (WACC) sollen die Mindestrendite darstellen, die ein Investor für das betrachtete Unternehmen erwartet. Während sich die Fremdkapitalkosten aus den tatsächlichen Konditionen der Unternehmensschulden ergeben, ist die praktische Bestimmung der Eigenkapitalkosten aufgrund des in seiner Höhe nicht vertraglich fixierten Residualzahlungsanspruches der Eigentümer wesentlich anspruchsvoller.[1] Im Folgenden soll daher die Berechnung der Eigenkapitalkosten betrachtet werden.

Da die Eigentümer Kapital investieren und erst in der Zukunft Kapitalrückflüsse erhalten, erwarten sie für ihr Engagement eine Verzinsung, die mindestens dem Zins für risikolose Geldanlagen entspricht. Dieser Basiszinssatz lässt sich aus der Rendite langfristiger Bundesanleihen ableiten. Da allerdings die Rückflüsse aus der Beteiligung an einem Unternehmen unsicher sind, fordern die Eigentümer eine Kompensation für das übernommene Risiko.

Das Capital Asset Pricing Model (CAPM) ist ein Ansatz zur Berechnung der Eigenkapitalkosten eines Unternehmens, der die Unsicherheit beziehungsweise das Risiko der Unternehmensrückflüsse berücksichtigt. Dieses theoretische Modell basiert auf der Annahme, dass Anleger auf vollkommenen Kapitalmärkten ihr Risiko optimal diversifizieren können und deshalb lediglich die Übernahme des firmenspezifischen Risikos berücksichtigt werden darf. Dieses orientiert sich wiederum an der Volatilität der Kursentwicklung einer Aktie im Vergleich zur Bewegung des Marktportfolios, das vereinfachend durch einen Aktienindex dargestellt wird.

Diese Abhängigkeit wird durch den Beta-Faktor angegeben, der meist aus der historischen Volatilität berechnet wird. Neben den individuell prognostizierten Unternehmenszahlen fließen somit ebenfalls Marktinformationen in die Bewertung ein und übernehmen eine gewisse Objektivierungsfunktion, die wiederum auf die Kapital-

1 Vgl. Gomez/Weber (1989), S. 32.

märkte und damit implizit die Gesamtheit aller Investoren zurückgeht. Die Formel zur Berechnung der Eigenkapitalkosten nach dem CAPM lautet wie folgt:[1]

$$k_{EK,j} = R_f + [E(R_M) - R_f] \cdot \beta_j \qquad \text{mit:} \qquad \beta_j = \frac{cov(R_j, R_M)}{var(R_M)}$$

mit:

$k_{EK,j}$	:	risikoangepasster Eigenkapitalzinssatz des Unternehmens j
R_f	:	risikoloser Zinssatz
R_j	:	Rendite des Wertpapiers j
R_M	:	Rendite des Marktportefeuilles
E	:	Erwartungswert einer Zufallsvariable
β_j	:	systematisches Risiko (Betafaktor) des Unternehmens j

Demzufolge setzen sich die Eigenkapitalkosten aus der Rendite einer sicheren Anlagemöglichkeit zuzüglich eines der betrachteten Aktie angemessenen Risikozuschlags zusammen. Der Risikozuschlag besteht aus der Marktrisikoprämie (Differenz der erwarteten Rendite des Marktportefeuilles und dem risikolosen Zinssatz) multipliziert mit dem unternehmensindividuellen Betawert.

In der Praxis wird häufig von einer Marktrisikoprämie von etwa fünf Prozent ausgegangen. Der durchschnittliche Betafaktor aller im Marktportfolio enthaltenen Aktien beträgt eins. Unternehmen mit einem Betafaktor größer als eins weisen ein überdurchschnittliches, Unternehmen mit Betafaktor kleiner als eins ein unterdurchschnittliches Risiko im Vergleich zum Markt auf. Betawerte für einzelne Unternehmen werden häufig in Studien veröffentlicht oder können anhand der oben beschriebenen Formel berechnet werden.

Ein grundsätzliches Ermittlungsproblem ergibt sich natürlich dann, wenn die Akquisition ein nicht börsennotiertes Unternehmen ist. Hilfsweise kann der Betawert eines dem Akquisitionsobjekt über ein möglichst ähnliches börsennotiertes Unternehmen oder über den Mittelwert aus anderen börsennotierten Unternehmen dieser Branche gebildet werden. Da der Betafaktor lediglich das systematische, also das nicht diversifizierbare Marktrisiko widerspiegelt, wird im CAPM für die Übernahme des unsystematischen Risikos keine Risikoprämie gewährt. Dies lässt sich damit begründen, dass unsystematische Risiken durch Diversifikation theoretisch vollständig eliminiert werden können. Nach der Kapitalmarkttheorie lässt sich damit zeigen, dass Akquisitionen nur unter ganz bestimmten Bedingungen aus der Sicht der Investoren vorteilhaft sind.

Eine konglomerate Akquisitionsstrategie, die lediglich die Diversifizierung des Unternehmensportfolios, also keine Restrukturierungs- oder Synergiemaßnahmen, zum Inhalt hat, ist unter den Annahmen des Kapitalmarktmodells nicht vorteilhaft. Sind zwei Unternehmen bereits entsprechend ihrer jeweiligen Rendite-/Risiko-Kombina-

---

1 Zum CAPM vgl. Loistl (1992), S. 287 ff.; Ballwieser (1998), S. 83; Franke/Hax (2009), S. 350 ff. und 394 ff.; Perridon/Steiner/Ratgeber (2009), S. 514 ff.

tion, bewertet, wird durch den Zusammenschluss von A und B kein zusätzlicher Wert geschaffen. Die Rendite-/Risiko-Kombination des zusammengeschlossenen Unternehmens unterscheidet sich zwar von derjenigen der einzelnen Untenehmen, liegt aber auch auf der Wertpapiermarktlinie und weist damit denselben linearen Zusammenhang zwischen dem individuellen bewertungsrelevanten Risiko einer Aktie und ihrem Ertrag auf.

Da weder Unternehmen noch Investoren Marktrisiko diversifizieren können, hat der Unternehmenszusammenschluss somit keinen Einfluss auf die Höhe der Kapitalkosten und damit den Wert des Unternehmens. Der Wert des zusammengeschlossenen Unternehmens ist, wenn keine Restrukturierung oder Synergierealisierung stattfindet, die Summe der Einzelwerte der Unternehmen vor dem Zusammenschluss (Wertadditivität), das Beta und damit die Kapitalkosten ergeben sich als gewichteter Durchschnitt der jeweiligen Betas der voneinander unabhängigen Unternehmen vor der Akquisition.

- Berechnung des Gegenwartswertes des Unternehmens

Aus der Investitionsrechnung ist bekannt, dass eine Investition vorteilhaft ist, wenn die Summe der mit den WACC diskontierten Cashflows den anfänglichen Investitionsbetrag übersteigt. Der Unternehmenswert lässt sich auch als Investitionsbetrag interpretieren, den Investoren maximal aufbringen würden, um einen Anspruch auf die späteren freien Cashflows zu erwerben. Der Unternehmenswert berechnet sich somit nach der Formel:

$$V_0 = \sum_{t=0}^{\infty} \frac{E(CF_t)}{(1+WACC)^t}$$

mit:	V_0	:	Unternehmenswert zum Zeitpunkt 0
	E	:	Erwartungswert einer Zufallsvariable
	CF_t	:	freier Cashflow der Periode t vor Zinsen und nach Steuern
	WACC	:	durchschnittliche Kapitalkosten (Weighted Average Cost of Capital)

Zur Veranschaulichung soll Abbildung 3-14 dienen. Hier wird die Berechnung des Barwertes einer Zahlungsreihe verdeutlicht. Die Zahlungen aus der Zukunft (Zeitpunkte t1 bis t4) werden mit den entsprechenden in der Abbildung dargestellten Diskontierungsfaktoren abgezinst. Auf diese Weise wird der Wert der einzelnen Zahlungen (beziehungsweise Cashflows) der Zukunft für die Gegenwart bestimmt. Die auf die Gegenwart diskontierten Cashflows werden im Anschluss addiert, um den Gesamtwert der Zahlungsreihe zu erhalten.

Abbildung 3-14: Berechnung des Barwertes einer Zahlungsreihe

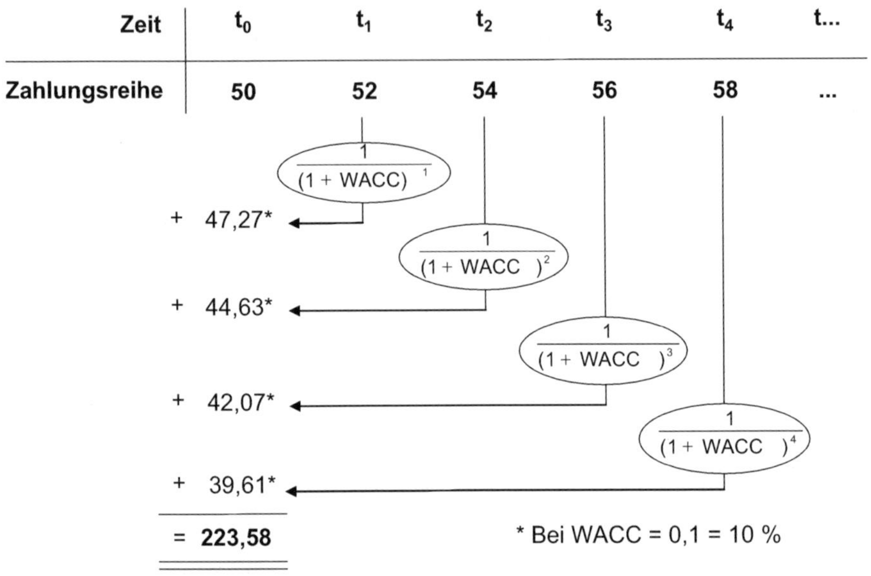

Zur einfacheren Berechnung lässt sich der zu bestimmende Unternehmenswert grundsätzlich aufspalten in den Barwert der Cashflows während der Detailplanungsperiode und den Barwert der Cashflows nach der Detailplanungsperiode, der als Fortführungswert bezeichnet wird. Nach der Detailplanungsperiode wird oft angenommen, dass neben den WACC auch das Wachstum der freien Cashflows konstant ist. Die prognostizierte Wachstumsrate der freien Cashflows wird im Allgemeinen mit g beschrieben. Damit können die Cashflows nach der Detailplanungsperiode in einem Term aggregiert werden:

$$V_0 = \underbrace{\sum_{t=0}^{T} \frac{E(CF_t)}{(1+WACC)^t}}_{\substack{\text{Barwert der Cash-}\\ \text{flows aus Detail-}\\ \text{planungsperiode}}} + \underbrace{\frac{E(CF_{T+1})}{(WACC-g)(1+WACC)^T}}_{\substack{\text{Barwert der Cashflows nach}\\ \text{der Detailplanungsperiode}\\ \text{(Fortführungswert)}}}$$

mit: g = durchschnittliche Wachstumsrate der freien Cashflows nach der Detailplanungsperiode

Die Berechnung des Fortführungswertes erfolgt durch die Diskontierung aller Cashflows nach der Detailplanungsperiode. Dies geschieht mittels Division durch die Differenz aus WACC und der Wachstumsrate g. Damit ergibt sich der Fortführungswert am Ende der Detailplanungsperiode zum Zeitpunkt T, der noch durch die Division mit $(1+WACC)^T$ entsprechend auf den Bewertungszeitpunkt abzuzinsen ist. Der Vorteil dieses Ansatzes besteht in seiner Einfachheit. Zu sinnvollen Ergebnissen führt die Formel allerdings nur dann, wenn der Kalkulationszinsfuß WACC größer als die Wachstumsrate g des freien Cashflows ist.[1]

Darüber hinaus erweist sich die Formel als äußerst sensitiv gegenüber Veränderungen des Kalkulationszinsfußes und der Wachstumsrate der freien Cashflows. Eine Verringerung des angenommenen Wachstums um einen Prozentpunkt kann schon zu Kursverminderungen von über 10% führen. Diese hohe Sensitivität des Aktienkurses gegenüber der Wachstumsrate erklärt die hohe Volatilität der Aktienkurse einiger junger Wachstumsunternehmen. Werden die Wachstumsraten vom Markt nur um wenige Prozentpunkte nach unten korrigiert, kann dies in extremen Fällen zu einer Halbierung des Aktienkurses führen. Anhand des hier beschriebenen Ansatzes können das Management beziehungsweise die Investoren ohne weiteres erkennen, wie der Unternehmensgesamtwert reagiert, wenn ein erwarteter Cashflow ausfällt oder sich der Erwartungswert verändert.

Im Folgenden wird die Bedingung eines konstanten finanzwirtschaftlichen Risikos (konstante Kapitalstruktur) beziehungsweise eines konstanten leistungswirtschaftlichen Risikos aufgehoben. Ändert sich das (leistungswirtschaftliche und finanzwirtschaftliche) Risiko in deterministischer Weise, so kann die Formel erweitert werden. In diesem Fall ist für jede Periode (t bis T) neben den freien Cashflows mit Hilfe des dann gültigen Verschuldungsgrads auch ein spezifischer Kostensatz $WACC_t$ zu bestimmen. Dabei ist zu berücksichtigen, dass auch die Eigenkapitalkosten mit dem Verschuldungsgrad variieren, da das Eigenkapital bei einem höheren Verschuldungsgrad ceteris paribus einem höheren Risiko ausgesetzt ist. Ab dem Zeitpunkt T wird angenommen, dass die WACC konstant sind und die freien Cashflows mit der Wachstumsrate g weiterwachsen. Die modifizierte Bewertungsformel lautet dann:[2]

$$V_0 = \sum_{t=1}^{T} \frac{E(CF_t)}{\prod_{j=0}^{t-1}(1+WACC_j)} + \frac{E(CF_{T+1})}{(WACC_T - g)\prod_{j=0}^{T-1}(1+WACC_j)}$$

1 Vgl. Bauer/Hayessen (2006), S. 68 ff.
2 Vgl. zur Begründung Löffler (1999), S. 1 ff.

■ Berechnung des Eigenkapitalwertes

Ausgehend von dem Gesamtunternehmenswert lässt sich der Eigenkapitalwert über die Differenz von Unternehmensgesamtwert und dem Marktwert des Fremdkapitals bestimmen:

$$EK_0 = V_0 - FK_0$$

In der Bewertungspraxis haben sich DCF-Verfahren vermehrt durchgesetzt. Schwächen des Konzeptes sind vor allem in der Übertragbarkeit des CAPM auf die Bewertungspraxis zu sehen. Als theoretisch fundiertes Verfahren verwendet dieses Modell sehr restriktive Annahmen, wie die der Existenz vollkommener Kapitalmärkte. Darüber hinaus erweist sich die Ermittlung der Beta-Faktoren mithin als problematisch. Betas können sich im Zeitverlauf ändern, was eine Verwendung historischer Zahlenreihen problematisch macht. Neben diesen generellen Ausführungen zum Discounted-Cashflow-Ansatz sollen im Folgenden mögliche Anpassungen dargestellt werden, welche die Besonderheiten von Unternehmen in einem dynamischen Umfeld explizit berücksichtigen.

■ Anpassungen des Discounted-Cashflow-Ansatzes

Mit der Berücksichtigung von Realoptionen, der Verschiebung des Ausgangszeitpunktes der Analyse in die Zukunft und wahrscheinlichkeitsgewichteten Szenarien soll nachfolgend gezeigt werden, dass die auf fundierten ökonomischen Erkenntnissen aufbauende DCF-Methode auch unter den erschwerten Bedingungen eines dynamischen Umfeldes angewandt werden kann.

Bei den bisherigen Ausführungen zur DCF-Analyse hat sich gezeigt, dass unternehmerisches Handeln den Shareholder Value hauptsächlich dann steigern kann, wenn Investitionsentscheidungen im weitesten Sinne zu einer Erhöhung der erwarteten freien Cashflows bei den Investoren führen. Eine zentrale Rolle spielen in diesem Zusammenhang auch Investitionsprojekte, die weniger aufgrund der unmittelbar daraus abzuleitenden Cashflows, sondern vielmehr aufgrund des strategischen Wertes durchgeführt werden.

Dabei handelt es sich um so genannte realwirtschaftliche Optionsrechte oder Realoptionen. Die Optionalität von realwirtschaftlichen Investitionsprojekten resultiert aus der Tatsache, dass unternehmerische Entscheidungsträger ihre Handlungsstrategie an sich verändernde wirtschaftliche Rahmenbedingungen anpassen können und so Gewinnpotenziale besser nutzen und Verlustrisiken reduzieren können.[1]

Beispielsweise hat das Management oft die Option, ein Projekt zu bestimmten Zeitpunkten fortzusetzen oder abzubrechen beziehungsweise sich für eine andere Investi-

1 Vgl. Hommel/Müller (1999), S. 177.

tionsalternative zu entscheiden und damit die negativen Cashflows zu reduzieren. Diese Realoptionen des Management müssen bei der Bestimmung der freien Cashflows explizit berücksichtigt werden. Besonders bei kleineren, jungen Unternehmen spielt die Berücksichtigung dieser Realoptionen eine wesentliche Rolle, da sich die Cashflows des Unternehmens aus nur wenigen Investitionsprojekten zusammensetzen und daher sehr volatil und unsicher sind. Bei hoher Volatilität und Unsicherheit der Zahlungsflüsse bekommen Realoptionen des Management einen höheren Wert, da hier die Entscheidung, ein Projekt mit negativen Cashflows abzubrechen, erstens häufiger vorkommt und zweitens den Barwert einer Zahlungsreihe stärker beeinflusst als bei relativ stabilen Cashflows.

Als unumstößliches Dogma gilt (auch für kleinere beziehungsweise Start-up-Unternehmen), dass der Unternehmenswert dem Barwert aller zukünftigen Nettoeinnahmen der Investoren entspricht.[1] Das Problem dieser theoretisch richtigen Methode besteht aber in der Prognose der relevanten zukünftigen Nettoeinnahmen. Der Anpassungsbedarf der Bewertungsmethoden besteht also darin, geeignete Wege zu finden, wie diesen Unsicherheiten und Prognoseproblemen sinnvoll begegnet werden kann und wie sie in die Methodik Eingang finden.[2]

Eine Möglichkeit, die Realoptionen des Management bei hoher Volatilität der Cashflows darzustellen, bietet ein Entscheidungsbaum. Hier können die erwarteten Cashflows und die Flexibilität des Management, auf unterschiedliche Situationen reagieren zu können, abgebildet werden. Im Folgenden wird soll anhand eines Beispiels diese Methodik dargestellt. Angenommen sei ein Internet-Portal, das durchschnittliche freie Cashflows in den Jahren t_0 bis t_4 von 100, 100, 86, 68,2 und 106 Geldeinheiten (GE) generiert. Dies ist in Tabelle 3-3 dargestellt.

Tabelle 3-3: *Beispiele für freie Cashflows eines Internet-Portals*

Zeit	t0	t1	t2	t3	t4
Erwartete freie Cashflows	100	100	86	68,2	106

Bei einem WACC in Höhe von 10% berechnet sich der Barwert der Detailplanungsperiode wie folgt:

$$V_0 = 100 + \frac{100}{1{,}1} + \frac{86}{1{,}1^2} + \frac{68{,}2}{1{,}1^3} + \frac{106}{1{,}1^4} = 385{,}62$$

1 Vgl. Helbling (2001), S. 607; Schlienkamp/Christoffers (2006), S. 65; Blaschke (2009), S. 83.
2 Vgl. Copeland/Weston/Shastri (2008), S. 315.

Für dasselbe Internet-Portal sollen nun die Realoptionen des Management berücksichtigt werden. Dazu wird ein Entscheidungsbaum mit den unterschiedlichen Wahrscheinlichkeiten und freien Cashflows für die entsprechenden Situationen entwickelt, der in Abbildung 3-15 dargestellt ist.

Abbildung 3-15: *Entscheidungsbaum für DCF-Analyse*[1]

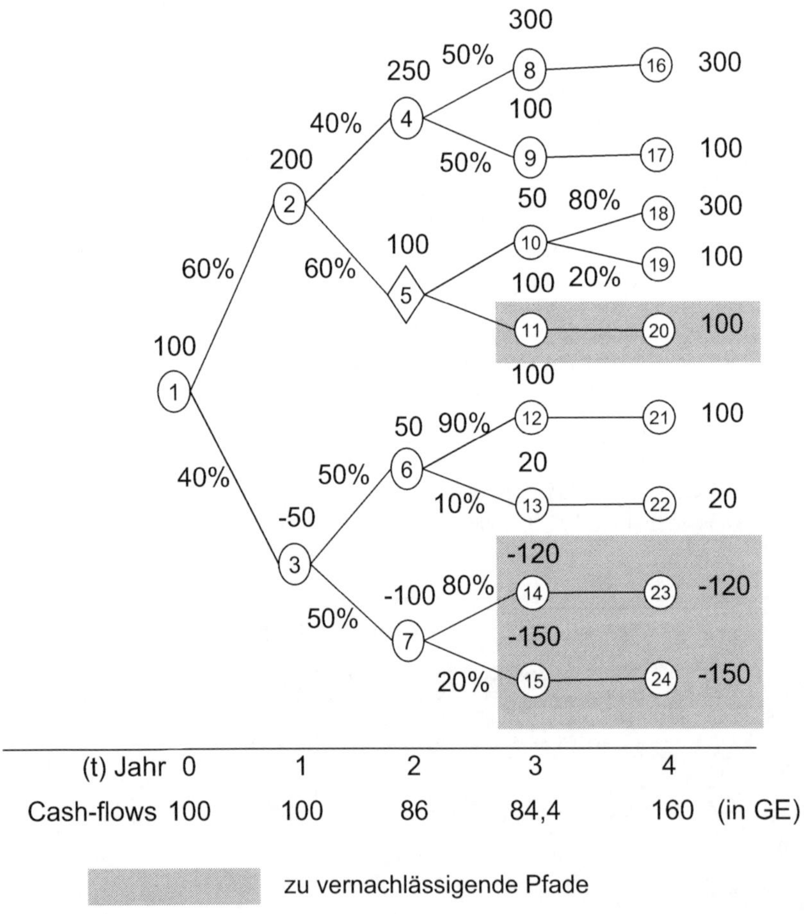

Ein Kreis (z. B. Punkt 1) stellt ein Ereignis dar, von dem aus es jeweils mehrere mögliche Entwicklungspfade mit den angegebenen Wahrscheinlichkeiten gibt. Eine Raute

1 Basierend auf eigenen Analysen und Abschätzungen.

(zum Beispiel Punkt 5) stellt eine Entscheidungssituation dar, bei der das Management die Option hat, sich für einen Pfad zu entscheiden. Bei rationaler Entscheidung entscheidet sich das Management bei Punkt 5 für den oberen Pfad, da dieser einen höheren Erwartungswert aufweist. Der Erwartungswert für eine Alternative wird berechnet, indem man für jede folgende Periode einzeln den Erwartungswert bildet und diese Erwartungswerte auf den Entscheidungszeitpunkt abzinst:

$$\frac{0{,}8 \cdot 300 + 0{,}2 \cdot 100}{1{,}1} + 50 = 286{,}36 > 190{,}91 = \frac{100}{1{,}1} + 100$$

Während oben bei der ersten Berechnung des Barwertes noch der Durchschnittswert beider Alternativen berücksichtigt wurde, wird bei einer Realoptionsbetrachtung explizit die Entscheidung des Management berücksichtigt, den oberen Pfad zu wählen. Der untere Pfad mit den Punkten 11 und 20 muss somit nicht mehr betrachtet werden und wurde daher grau unterlegt. Darüber hinaus sollte die Möglichkeit des Management berücksichtigt werden, das Portal im Falle von zukünftig erwarteten negativen Cashflows zu schließen und damit weitere negative Cashflows, die bei der Durchschnittsbetrachtung noch einbezogen wurden, zu vermeiden.

Ab Punkt 7 sind beispielsweise nur noch negative Cashflows zu erwarten. Wird das Portal hier geschlossen, müssen bei einem angenommenen Liquidationswert von 0 die negativen Cashflows aus den Punkten 14, 15, 23 und 24 nicht mehr berücksichtigt werden (grau unterlegt). Beachtet man die beschriebenen Umstände, so ergeben sich damit neue (höhere) erwartete Cashflows pro Periode. Beispielhaft soll die Berechnung für t_3 gezeigt werden. Die Berechnung erfolgt, indem man die Werte aller Situationen (bis auf die grau markierten und damit ausgeschlossenen) des betrachteten Zeitpunkts mit den davor liegenden Wahrscheinlichkeiten multipliziert und die Ergebnisse addiert (vgl. Tabelle 3-4).

Tabelle 3-4: *Erwartete Cashflows in t3 unter Berücksichtigung von Realoptionen*[1]

Ereignis	Erwartete freie Cashflows in t3
Punkt 8	0,6* 0,4* 0,5* 300 +
Punkt 9	0,6* 0,4* 0,5* 100 +
Punkt 10	0,6*0,6*1*50 +
Punkt 12	0,4*0,5*0,9*100 +
Punkt 13	0,4*0,5*0,1*20 =
Summe (in t3)	84,4

1 Basierend auf eigenen Analysen und Abschätzungen.

Wie man erkennen kann, sind die Cashflows bei Berücksichtigung der Realoptionen des Management höher als oben ohne deren Beachtung. Damit ergibt sich auch ein höherer Barwert beziehungsweise eine höhere Bewertung des Internet-Portals für die Detailplanungsperiode von 434,67 GE statt 385,62 GE. Diese Realoptionen des Management weisen einige Ähnlichkeiten zu Finanzoptionen auf. Daher werden beim Realoptionsansatz die klassischen Bewertungsmethoden für Finanzoptionen aus der Kapitalmarkttheorie auch oft auf die Realoptionen übertragen.

Dabei bieten sich sowohl analytische, zeitstetige Methoden wie die von Black und Scholes als auch zeitdiskrete Lösungen mit dem Binomialansatz von Cox, Ross und Rubinstein an.[1] Allerdings basieren diese Ansätze meist auf sehr restriktiven Annahmen und sind ohne Kenntnisse der Optionspreistheorie schwer nachzuvollziehen. Ähnliche Ergebnisse werden meist auch durch die richtige Berechnung der Cashflows anhand von Entscheidungsbäumen und die Anwendung der DCF-Methode erreicht.

Eine Möglichkeit in diesem Kontext ist die Verschiebung des Ausgangszeitpunktes der Analyse in die Zukunft. Im Rahmen dieser Anpassung wird der Ausgangspunkt für die Prognose der Cashflows nicht wie gewohnt in der Gegenwart, sondern in der Zukunft gewählt. Es wird ein Zeitpunkt gewählt, bei dem erwartet werden kann, dass sich die extrem hohen und volatilen Wachstumsraten auf einem moderateren stabilen Niveau eingependelt haben.

Dieser Zeitpunkt kann je nach Branche 10 bis 15 Jahre in der Zukunft liegen und sollte über erwartete Kennzahlen wie Marktgröße, Marktanteil, durchschnittlicher Erlös pro Kunde, Umsatzrenditen beziehungsweise Umschlaghäufigkeit des Kapitals beschrieben werden, wobei hier auf Erwartungen der Gegenwart aufgebaut werden kann.

Dadurch können erwartete Umsätze, EBITDA und Investitionen abgeleitet werden, woraus wiederum die für die DCF-Methode relevanten Cashflows errechnet werden können. Von diesem Zeitpunkt aus kann einerseits eine Prognose rückwärts bis zu den gegenwärtigen Cashflows erstellt, andererseits können über Wachstumsannahmen die Cashflows für eine weitere Periode von fünf bis zehn Jahren sowie ein Residualwert errechnet werden. Letztlich sind, wie bei der herkömmlichen Vorgehensweise, diese Cashflows noch auf die Gegenwart abzuzinsen.

Eine weitere Möglichkeit ist die Wahrscheinlichkeitsgewichtung der Szenarien. Es ist offensichtlich, dass eine präzise Vorhersage, was in zehn Jahren sein wird, aus heutiger Sicht nicht möglich ist.

Dennoch ist es möglich, zu beschreiben, was sein könnte. Diesem fundamentalen Problem der Unsicherheit kann mit der einfachen Methode der Szenariotechnik begegnet werden. Dazu ist die übliche DCF-Methode für verschiedene Szenarien (pessimistische bis optimistische Einschätzungen) durchzuführen.

---

1 Vgl. Black/Scholes (1973), S. 637 ff.; Cox/Ross/Rubinstein (1979), S. 229 ff.

Dabei bestehen unzählige Möglichkeiten, künftige Szenarien beziehungsweise alternative Varianten zur bestehenden Planung hinzuzufügen. Für ein optimistisches Szenario kann beispielsweise die Annahme getroffen werden, dass das Unternehmen mit der Akquisition eine führende Position im Markt einnimmt und aufgrund der Größenvorteile bessere Einkaufspreise erzielen kann. Ein anderes Szenario könnte von geringeren Umsätzen ausgehen, jedoch Vorteile aufgrund einer effizienten Verkaufsorganisation berücksichtigen.

Für jedes Szenario ist nach der beschriebenen DCF-Methode ein Unternehmenswert zu berechnen. Werden den Szenarien Wahrscheinlichkeiten zugeordnet, deren Summe sich zu eins addiert, ergibt sich der Unternehmenswert schließlich aus der Summe der mit der jeweiligen Wahrscheinlichkeit gewichteten Unternehmenswerte aller Szenarien. Damit die Annahmen der Szenarien fundiert festgelegt werden können, empfiehlt es sich, relevante Werttreiber zu identifizieren und genauer zu untersuchen. Für ein Start-up-Unternehmen könnten beispielsweise folgende Größen verwendet werden:

- Durchschnittlicher jährlicher Verkaufsumsatz je Kunde,
- Umsatz durch Werbeeinnahmen,
- Zahl der Kunden,
- Deckungsbeitrag je Kunde,
- Kundenakquisitionskosten und
- Kundenabwanderungsrate.

Solche Werttreiber erlauben ein besseres Verständnis für das Geschäftsmodell eines Unternehmens. Auch ein Vergleich zu anderen Unternehmen zur Überprüfung der Daten ist dadurch möglich. Auf Basis der Ist-Werte und der erwarteten Entwicklung dieser Größen können schließlich die Szenarien fundierter erarbeitet werden. Bei der Beschreibung der Anpassungen der DCF-Methode wurde deutlich, dass die Defizite des herkömmlichen DCF-Ansatzes durchaus kompensiert werden können. Realoptionen sind meist durch eine Ereignisbaumstruktur lösbar. Das Problem der negativen freien Cashflows wurde mit der Verschiebung des Startzeitpunktes der Analyse in die Zukunft abgemildert.

Die Szenariotechnik kann einerseits die Flexibilität in der Unternehmensentwicklung wie auch ein mögliches Scheitern berücksichtigen und andererseits die Unsicherheit in der Prognose aufzeigen und einen Weg bieten, diese einzubeziehen. Zusammen mit der Analyse der Werttreiber werden die Annahmen besser und transparenter dargestellt. Über eine Variation der Wahrscheinlichkeiten kann relativ einfach festgestellt werden, wie sich der Unternehmenswert verändert, wenn sich bestimmte Entwicklungen abzeichnen oder als nicht erreichbar angesehen werden.

Ein Problem stellt allerdings weiterhin die genaue Bestimmung der Diskontrate für Wachstumsunternehmen dar. Ebenfalls enthält der Ansatz keine klare Vorgehensweise zur Gestaltung der Brücke vom heutigen Zeitpunkt zum Startzeitpunkt der Analyse in der Zukunft. Insgesamt ist diese Methode positiv zu bewerten, da sie auf einem anerkannten und in der Praxis häufig eingesetzten Verfahren beruht. Damit ist Vertrauen in die grundlegende Funktionsweise und Gültigkeit vorhanden und es besteht keine Hemmschwelle für deren Anwendung, wie dies bei völlig neuen Ansätzen häufig der Fall ist.

3.3.3.2 Berücksichtigung der Synergie- und Restrukturierungspotenziale

Grundsätzlich sind bei der praktischen Ermittlung von Synergieeffekten unterschiedliche Wege möglich. Zum einen kann man bei dem beabsichtigten Kauf eines Unternehmens die künftigen freien Cashflows dieses Unternehmens bereits unter der Prämisse ermitteln, wie sie sich aus der zukünftigen gemeinsamen Fortführung mit dem Erwerber ergeben sollen. Daneben ist die Alternative denkbar, dass ein bestehendes Unternehmen zunächst so bewertet wird, wie es sich vor der geplanten Zusammenführung darstellt. Erst in einem zweiten Schritt werden dann die zusätzlichen, auf den Unternehmenszusammenschluss zurückzuführenden freien Cashflows in den einzelnen Jahren ermittelt.[1]

Im Allgemeinen ist es empfehlenswert, den letzteren Weg zu gehen. Die separate Ermittlung des Stand-Alone-Wertes und des Wertes möglicher Synergieeffekte hat den Vorteil, dass der unterschiedlichen Art und Qualität der Bewertungsgrundlagen für Stand-Alone-Wert und Synergiepotenziale Rechnung getragen werden kann. Eine Vergangenheitsanalyse, die für das Unternehmen als Ganzes möglich ist und die gewisse Rückschlüsse auf die künftige Entwicklung erlaubt, steht für erst noch zu realisierende Synergiekonzepte nicht zur Verfügung.

Da die erhofften Synergiepotenziale mit einem anderen Risiko behaftet sind, sollte bei der Diskontierung hierfür auch ein anderer Zinssatz benutzt werden als für die Berechnung des Stand-Alone-Wertes. Darüber hinaus ist eine getrennte Bewertung von Unternehmen und Synergieeffekten insofern sinnvoll, als dies bei den späteren Entscheidern zu einer intensiveren gedanklichen Auseinandersetzung mit den Annahmen und Prämissen sowie den zukünftigen Prognosen zwingt.[2]

Das Vorgehen bei der Bewertung der Synergie- und Restrukturierungspotenziale ähnelt der bereits beschriebenen Vorgehensweise der Bewertung eines Stand-Alone-Unternehmens. Von grundlegender Bedeutung ist somit die möglichst genaue Bestimmung der Synergie- und Restrukturierungspotenziale pro Periode. Dazu bietet es sich an, den Bewertungsvorgang in fünf Stufen zu zerlegen. Abbildung 3-16 stellt diese dar.

---

1 Vgl. Weber (1991), S. 100.
2 Vgl. Weber (1991), S. 101.

Abbildung 3-16: *Fünf Stufen zur Bewertung von Synergiepotenzialen*

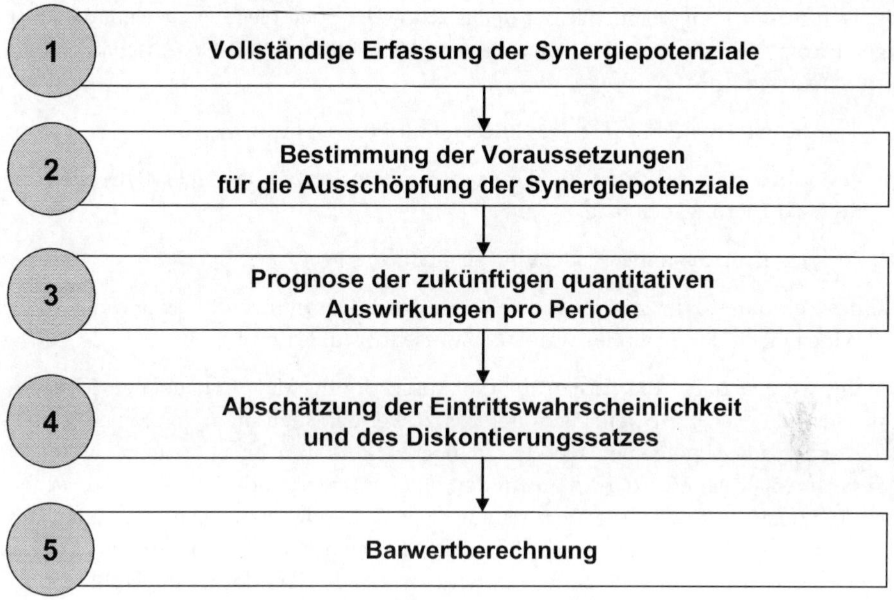

- Vollständige Erfassung der Synergiepotenziale

In der ersten Stufe geht es um die vollständige Erfassung und die möglichst präzise Formulierung von latent vorhandenen Synergiepotenzialen. Dazu gehören beispielsweise Kosten-, Wert- und Finanz- beziehungsweise Steuersynergien. Während Kostensynergien meist entlang der Wertschöpfungskette gesucht und identifiziert werden, entstehen Wertsynergien hauptsächlich aufgrund von Marktmacht.

- Bestimmung der Voraussetzungen für die Ausschöpfung der Synergiepotenziale

Nach der Identifizierung möglicher Synergiepotenziale ist zu untersuchen, welche notwendigen Voraussetzungen für deren tatsächliche Ausschöpfung zu schaffen sind. Je klarer die Vorstellungen darüber, welche Maßnahmen und Handlungen im Einzelnen für die Ausschöpfung der Potenziale vorzunehmen sind, desto größer ist die Erfolgswahrscheinlichkeit für die Realisierung. Gerade in diesem Punkt trifft man auf typische Schwächen bei der Beurteilung möglicher Synergieeffekte. Häufig sind die erforderlichen Voraussetzungen und notwendigen Maßnahmen nicht nur unvollständig oder zu allgemein formuliert, sondern gar nicht beziehungsweise nicht in ausreichendem Maße gegeben, um kurzfristig erfüllbar zu sein.

- Prognose der zukünftigen quantitativen Auswirkungen pro Periode

In einer dritten Phase schließlich geht es um die Abschätzung und Prognose der quantitativen Auswirkungen im Falle der Realisierung der Synergiepotenziale auf die künftigen Ertragsüberschüsse. Dies lässt sich in vier Schritte zerlegen. Die Abschätzung der Auswirkungen:

- der positiven Synergieeffekte und Restrukturierungspotenziale,
- der erforderlichen Kosten für die Ausschöpfung der vorhandenen Synergie- und Restrukturierungspotenziale,
- von negativen Synergieeffekten und schließlich,
- des Zeitraumes, der zwischen dem eigentlichen Zusammenschluss und der vollen Wirksamkeit der Synergie- beziehungsweise Restrukturierungseffekte liegt.

Häufig werden dabei die Kosten für die Ausschöpfung der vorhandenen Synergie- und Restrukturierungspotenziale unterschätzt. Bei der Realisation von Synergieeffekten werden im Allgemeinen für einen längeren Zeitraum im oberen und mittleren Management viele Ressourcen gebunden, die entsprechende Kosten verursachen. Darüber hinaus erfordert die Durchsetzung von Synergiepotenzialen hohe Informationskosten. Damit sind zum einen Informationskosten nach außen gemeint, um das gemeinsame neue Konzept beider Unternehmen auf der Marktseite verkaufen zu können, und zum anderen auch nach innen, um bei den eigenen Mitarbeitern eine hohe Akzeptanz zu erreichen.

Auch die Ausschöpfung von kostenorientierten Synergiepotenzialen macht Vorlaufkosten in nicht unbeträchtlichem Maße notwendig. Bei Personaleinsparungen werden etwa zunächst Sozialplankosten erforderlich oder bei der Zusammenlegung von Produktionsstätten entstehen Aufgabekosten zum Beispiel aus dem Ausstieg langfristiger Verträge. Auch marktorientierte Synergieeffekte verursachen zunächst nicht unerhebliche Vorlaufkosten. In der Praxis ist es die Ausnahme, dass sich beim Zusammenschluss von zwei Unternehmen die regionalen Absatzmärkte, die Produktionspaletten oder die Kundenstruktur tatsächlich nahtlos ergänzen. Vielmehr wird es in den meisten Fällen Überschneidungsbereiche geben, für die neue Lösungen gefunden werden müssen. So ist etwa die Aufgabe eines von zwei vergleichbaren Produkten langfristig sinnvoll, jedoch entstehen hierdurch zunächst Vorlaufkosten etwa durch den weiterlaufenden Service und die Ersatzteilversorgung.[1]

Ähnlich wie die Kosten für die Durchsetzung möglicher positiver Synergieeffekte oft vernachlässigt werden, trifft dies auch für die Berücksichtigung negativer Synergieeffekte zu. Ein Beispiel sind die Reibungsverluste, die beim Zusammenschluss von Unternehmen mit unterschiedlichen Unternehmenskulturen entstehen. Für diese Fälle gilt, dass ihre quantitativen Auswirkungen nur sehr schwer greifbar sind und dass

1 Vgl. Weber (1991), S. 110 f.

sich die Auswirkungen letztendlich auf sämtliche Bereiche der beteiligten Unternehmen niederschlagen können. Darüber hinaus führen die mit dem Zusammenschluss entstehenden größeren Unternehmenseinheiten im Allgemeinen zu höheren Anforderungen an das Berichts- und Rechnungswesen und damit zu einem Anstieg der hierfür notwendigen Kosten.[1]

Auch der zeitliche Rahmen der Realisierung stellt für den möglichen Erfolg von Synergieeffekten eine nicht unerhebliche Größe dar. Der Barwert der möglichen Synergieeffekte wird nämlich nicht nur durch die Höhe der sich hieraus ergebenden Ertragsüberschüsse, sondern auch durch die zeitliche Verteilung des künftigen Entstehens beeinflusst. Auch hier gilt, dass die Zeiträume tendenziell unterschätzt werden, die für eine erfolgreiche ergebniswirksame Ausschöpfung der Synergiepotentiale benötigt werden.[2]

- Abschätzung der Eintrittswahrscheinlichkeit und des Diskontierungssatzes

In der vierten Stufe geht es darum, mit welchen Eintrittswahrscheinlichkeiten die erwarteten Synergiepotenziale mit den geplanten Maßnahmen realisiert werden, da das tatsächliche Eintreten der prognostizierten positiven Effekte immer mit Unsicherheiten verbunden ist.

- Barwertberechnung

Im Rahmen der DCF-Methode werden zur Berechnung des Barwerts der Synergie- und Restrukturierungspotenziale die Wertsteigerungsmöglichkeiten (zum Beispiel Kostenvorteile) pro Periode bestimmt und mit dem entsprechenden durchschnittlichen Kapitalkostensatz abgezinst. Ähnlich wie bei der Bestimmung des Stand-Alone-Wertes kann auch hier zwischen der Zeit in und nach der Detailplanungsperiode unterschieden werden. Die Formeln zur Berechnung des Barwertes stimmen somit grundsätzlich mit den oben beschriebenen überein, allerdings wird statt des Cashflows des Stand-Alone-Unternehmens der Netto Cashflow aus den Synergie- und Restrukturierungspotenzialen eingesetzt. Der Netto Cashflow ist in diesem Zusammenhang der Überschuss aus den zusätzlichen Cashflows durch Synergie- und Restrukturierungsmaßnahmen pro Periode abzüglich der Kosten pro Periode.

3.3.4 Liquidations- und Substanzwert

Unabhängig vom Bewertungsergebnis der angewandten Bewertungsmethoden stellt der Liquidationswert immer die absolute Wertuntergrenze dar. Der Liquidationswert entspricht dem potenziellen Marktpreis bei Unternehmenszerschlagung.[3] Er errechnet sich bei Unternehmensauflösung aus der Einzelveräußerung der vorhandenen Substanz. Aktiva sind dabei durch Abschläge und Passiva durch Zuschläge, zum Beispiel

1 Vgl. Weber (1991), S. 111 f.
2 Vgl. Weber (1991), S. 113.
3 Vgl. Eiffe/Mölzer (1993), S. 44; Hennerkes (2005), S. 221.

für nicht gebildete Rückstellungen, zu korrigieren. Der Liquidationswert ist vom Substanzwert abzugrenzen. Der Substanzwert repräsentiert die potenziellen Aufwendungen für den Nachbau des Unternehmens in seiner bestehenden bilanziellen Gestalt und basiert somit auf der Vorstellung der Unternehmensreproduktion. Er errechnet sich aus der Summe der Vermögenswerte (betriebsnotwendiges Vermögen zu Wiederbeschaffungskosten, nicht betriebsnotwendiges Vermögen zu Veräußerungspreisen) abzüglich der Schuldensumme unter Berücksichtigung stiller Reserven.[1]

Der Substanzwert gibt somit im Gegensatz zum Liquidationswert nicht den Mindestwert eines Unternehmens wider, da er durch Wiederbeschaffungsausgaben für Objekte aufgebläht sein kann. Ökonomisch gesehen ist der Substanzwert für die Unternehmensbewertung irrelevant. Er wird heute für Zwecke der Unternehmensbewertung von Lehre und Praxis ziemlich übereinstimmend abgelehnt, da er keine Zukunftsbezogenheit sowie keine Möglichkeit der Einbeziehung von nicht bilanzierungsfähigen Werten wie Humankapital, Image, Marke, Managementqualität, Organisationsstrukturen oder Kontakten zulässt.[2] Substanz kann nämlich nur dann als wertvoll gelten, wenn sie Erträge beziehungsweise Veräußerungserlöse erbringt.

Bevor nachfolgend in Kapitel 3.4 mit dem Übernahmegesetz und Kartellrecht auf juristische Aspekte der Akquisition eingegangen wird, soll noch ein kurzes Resümee dieses Kapitels gezogen werden, dessen Ziel darin bestand, einen Überblick über die gängigsten Bewertungsmethoden zu geben. Es hat sich gezeigt, dass als Ausgangspunkt der Analyse meist die Multiplikatormethode verwendet wird, um eine Bandbreite möglicher Bewertungen festzulegen.

Dabei kommt es darauf an, in Bezug auf Größe, Wachstum und Risikostruktur möglichst ähnliche Vergleichsunternehmen (comparables) zu finden und die Analyse nicht nur auf ein, sondern auf mehrere verschiedene Multiples zu stützen. Daran schließt sich in der Regel eine DCF-Analyse an, eventuell ergänzt um die genannten Anpassungen. Zum Schluss werden die Ergebnisse der verschiedenen Bewertungsmethoden verglichen und der Verhandlungsspielraum festgelegt. Abbildung 3-17 gibt eine Übersicht über mögliche Ergebnisse der Unternehmensbewertung und die Bestimmung des Verhandlungsspielraums.

Bei der Bewertung von Unternehmen beziehungsweise Unternehmenszusammenschlüssen ist es ratsam, eine kritische Distanz zur Bewertung und zum Wert von Synergieeffekten einzunehmen. Diese Auffassung ist eine notwendige Gegenreaktion auf die im Allgemeinen zu euphorische Einschätzung durch die Beteiligten, wie es bei Akquisitionen oft der Fall sein kann.

---

1 Vgl. Eiffe/Mölzer (1993), S. 48; Hennerkes (2005), S. 221.
2 Vgl. Jansen (2016), S. 330.

Abbildung 3-17: Unternehmenswerte bei verschiedenen Bewertungsmethoden

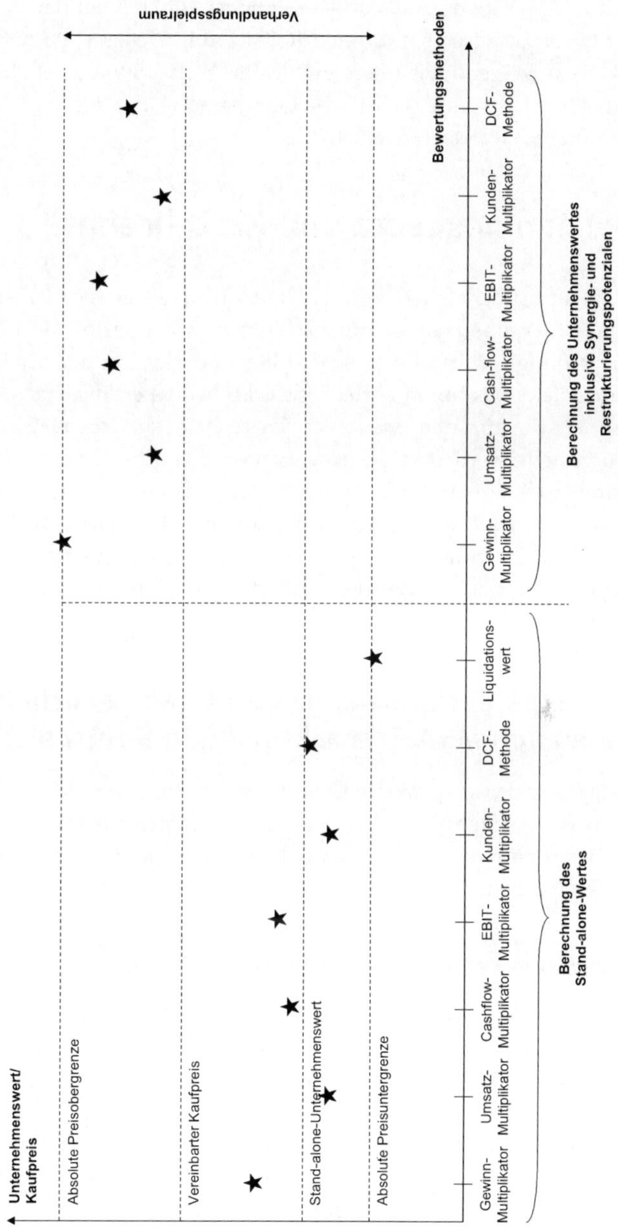

Auch wenn es sehr erfolgreiche Unternehmenszusammenschlüsse gibt, lassen sich diese nicht ohne Weiteres verallgemeinern. Dass in diesen Fällen Synergieeffekte den Unternehmenswert beträchtlich erhöhen, liegt auf der Hand. Daher wäre es andererseits auch falsch, die positiven Aspekte von Synergieeffekten bei der Bewertung von Unternehmen zu vernachlässigen, da eine Reihe erfolgreicher Unternehmenszusammenschlüsse klar aufzeigen, wie man in idealer Weise Synergieeffekte realisieren kann. Erforderlich ist daher eine realistische Einschätzung, die den Wert von Synergieeffekten weder unterschätzt noch überschätzt.

3.4 Übernahmegesetz und Kartellrecht

Die folgenden Ausführungen dienen einer Untersuchung der rechtlichen Rahmenbedingungen von Unternehmenszusammenschlüssen. Denn selbst wenn der M&A-Prozess bisher reibungslos verlaufen sein sollte und sich beide Parteien auf einen Kaufpreis geeinigt haben, können kartellrechtliche Bedenken die Transaktion verhindern. Daher sollen die für den M&A-Bereich relevanten wesentlichen juristischen Regelungen vorgestellt werden, ohne eine umfassende rechtliche Aufbereitung des Themas anzustreben, die in Hinblick auf den hier gesetzten Schwerpunkt weder möglich noch sinnvoll erscheint. Im Folgenden wird daher das Wertpapierübernahmegesetz als rechtlicher Rahmen einer M&A-Transaktion in Deutschland kurz dargestellt, bevor anschließend die Grundzüge des deutschen und europäischen Kartellrechtes skizziert werden.

3.4.1 Das Wertpapierübernahmegesetz als rechtlicher Rahmen von M&A-Transaktionen in Deutschland

Zum 1. Januar 2002 ist das so genannte Gesetz zur Regelung von öffentlichen Angeboten zum Erwerb von Wertpapieren und von Unternehmensübernahmen (WpÜG) in Deutschland in Kraft getreten. Auf dessen Entwicklung und Anwendung soll nachfolgend eingegangen werden.

3.4.1.1 Entwicklung des Wertpapierübernahmegesetzes

Im Gegensatz zu vielen anderen führenden Finanzmärkten gab es in Deutschland lange Zeit keine gesetzliche Regelung für öffentliche Übernahmeangebote. Im Jahr 1979 verabschiedete die Börsensachverständigenkommission des Bundesministeriums für Finanzen freiwillige Leitsätze für Unternehmensübernahmen. Diese blieben in der Praxis jedoch weitestgehend unbeachtet. In der Folge wurde der Übernahmekodex entwickelt, der wiederum vom Wertpapierübernahmegesetz abgelöst wurde. Diese Entwicklung soll im Folgenden kurz nachgezeichnet werden.

Übernahmekodex als Vorläufer des Wertpapierübernahmegesetzes

Entwickelt wurde der Übernahmekodex (Takeover Code) von der Börsensachverständigenkommission.[1] Er trat am 1. Oktober 1995 in Kraft und wurde mit Wirkung zum 1. Januar 1998 modifiziert. Zwar ging diese Regelung über die bisherigen Leitsätze hinaus und enthielt zum Beispiel Vorschriften über ein Pflichtangebot für Minderheitsaktionäre, dennoch stellte auch dieser Kodex keine gesetzliche Vorgabe dar, sondern basierte vielmehr auf einer freiwilligen Beachtung durch die Marktteilnehmer: Gegenstand des Übernahmekodex war eine „Empfehlung von Verhaltensnormen für die an freiwilligen öffentlichen Übernahmeangeboten beteiligten Parteien."[2]

Dadurch sollte das Ziel erreicht werden, dass öffentliche Angebote alle relevanten Informationen für die unterschiedlichen Interessensgruppen enthalten und die Grundsätze von Treu und Glauben durch alle Beteiligten befolgt werden, um der Manipulation vorzubeugen. Adressaten des Kodex stellten potenzielle Bieter, Zielgesellschaften und Finanzdienstleister dar. Der Vorzug einer freiwilligen gegenüber einer gesetzlichen Regelung wurde vor allem damit begründet, dass eine kontrollierte Selbstverpflichtung gegenüber einem starren Gesetz ein flexibleres Instrument darstellt.[3] Dadurch sollte ermöglicht werden, den Kodex im Laufe der Zeit an die in der Praxis gemachten Erfahrungen und Notwendigkeiten leichter anpassen zu können.

Grundsätzlich hat sich dieser Übernahmekodex, sofern er Anwendung fand, in der Praxis bewährt. Dennoch wurde er durch eine große Anzahl von Unternehmen nicht anerkannt, d. h. sie waren nicht bereit, ihr Übernahmeverhalten am Kapitalmarkt diesen Regeln unterzuordnen. So akzeptierten bis zum 11. April 2000 von den 933 börsennotierten inländischen Unternehmen lediglich 540 Gesellschaften, darunter 79 der DAX-100 Unternehmen und 28 der DAX-30 Unternehmen, durch eine Anerkennungserklärung den Übernahmekodex.[4] Unter allen börsennotierten deutschen Unternehmen lag die Akzeptanzquote bis zum Juni 2000 lediglich bei 64%.[5]

Die Durchsetzungsquote, d. h. die Anzahl der Unternehmen, die sich bei einer M&A-Transaktion an dem Kodex orientierten (unter Einbeziehung ausländischer Unternehmen, die auf dem deutschen Markt tätig wurden), war höher als die Akzeptanzquote.[6] Dennoch lag das Problem vor allem darin, dass das im Kodex geregelte Pflichtangebot in einer Vielzahl von Fällen nicht abgegeben wurde. Aufgrund dieser nicht ausreichenden Beachtung des Kodex durch die Marktteilnehmer sprach sich die Börsensachverständigenkommission im Jahr 1999 dafür aus, „die allgemeine Verbindlichkeit durch ein Gesetz herzustellen."[7] Ein weiterer Grund für diese Entwicklung lag in der

1 Der Kodex findet sich bei Schuster/Zschocke (1996), S. 74 ff.
2 ZIPonline (1995).
3 Vgl. ZIPonline (1995).
4 Vgl. Bundesministerium der Finanzen (2000).
5 Vgl. Die Welt (2000b).
6 Vgl. Loehr (2000), S. 3.
7 Börsensachverständigenkommission (2002), S. 9.

in vielen Phasen schwierigen Übernahme der Mannesmann AG durch Vodafone. Der Übernahmekodex hat sich insofern nicht als selbstregulierendes Instrument durchsetzen können, auch wenn ihm durchaus positive Aspekte zuzurechnen sind: So konnten bis zur Gesetzesverabschiedung die kritische Lücke in der Regulierung zumindest teilweise geschlossen und gleichzeitig Erfahrungen für das spätere Gesetz gesammelt werden. Insofern hat sich der Übernahmekodex zwar nicht als Instrument der Selbstregulierung durchgesetzt, wohl aber als Übergangslösung bewährt.[1]

- Rechtswirksamkeit des Wertpapierübernahmegesetzes

In der Folge wurde im November 2001 das Gesetz zur Regelung von öffentlichen Angeboten zum Erwerb von Wertpapieren und von Unternehmensübernahmen (WpÜG) verabschiedet, das mit Wirkung zum 1. Januar 2002 in Kraft getreten ist.[2] Gegenstand dieser gesetzlichen Übernahmeregelung ist es, „Rahmenbedingungen bei Unternehmensübernahmen und anderen öffentlichen Angeboten zum Erwerb von Wertpapieren in Deutschland zu schaffen, die den Anforderungen der Globalisierung und der Finanzmärkte angemessen Rechnung tragen, und hierdurch den Wirtschaftsstandort und Finanzplatz Deutschland auch im internationalen Wettbewerb weiter stärken."[3]

Dazu lehnt sich das WpÜG an internationale Standards an und berücksichtigt weitgehend die Vorgaben des europäischen Gesetzgebers. Wie schon der Übernahmekodex zielt das Gesetz insbesondere darauf ab, die Informationsversorgung und damit die Transparenz für die von einer M&A-Aktion betroffenen Wertpapierinhaber und Arbeitnehmer zu verbessern, sowie die Stellung von Minderheitsaktionären bei Übernahmen zu stärken. Darüber hinaus soll es Leitlinien für ein faires und geordnetes Angebotsverfahren schaffen, ohne dadurch eine Übernahme zu erschweren, zu verhindern oder zu fördern.

Untergliedert ist das Wertpapierübernahmegesetz in neun Abschnitte zu allgemeinen Vorschriften, Regelungen der Kontrollzuständigkeit, unterschiedlichen Arten an Angeboten und deren Ausgestaltung sowie die Festlegung der Verfahren, Rechtsmittel und potenziellen Sanktionen. Darüber hinaus existieren Verordnungen, die den Gesetzestext ausführen beziehungsweise konkretisieren. Hier soll jedoch lediglich auf die zentralen Bestandteile des WpÜG eingegangen werden.

- Zentrale Bestandteile des Wertpapierübernahmegesetzes

Die allgemeinen Vorschriften regeln den Anwendungsbereich des Gesetzes, der sich auf Angebote zum Erwerb von Wertpapieren bezieht. Geltend ist dieses Recht für alle Übernahmen, deren Ziel Aktien- und Kommanditgesellschaften auf Aktien mit Sitz in Deutschland sind und deren Aktien an einer deutschen Börse zum amtlichen Handel,

---

1 Vgl. Loehr (2000), S. 8.
2 Vgl. ergänzend Picot (2008), S. 301 ff.
3 BaFin (2016).

geregelten Markt oder zum Handel an einem organisierten Markt eines anderen Staates im Europäischen Wirtschaftsraum zugelassen sind.

Darüber hinaus legt dieser erste Abschnitt in § 3 allgemeine Grundsätze für eine Übernahme dar. Demnach sind alle Inhaber von Wertpapieren derselben Gattung gleich zu behandeln und es sind ihnen ausreichend Zeit und Informationen zur Verfügung zu stellen, um in Kenntnis der Sachlage über das Angebot der Übernahme entscheiden zu können. Weiter wird darin der Vorstand und Aufsichtsrat der Zielgesellschaft, d. h. des zu übernehmenden Unternehmens, verpflichtet, in deren Interesse zu handeln. Auch müssen beide Seiten, sowohl Bieter als auch Zielgesellschaft, sicherstellen, dass das Verfahren rasch durchgeführt wird und der dabei getätigte Handel von Wertpapieren zu keinen Marktverzerrungen führt.

Diese allgemeinen Grundsätze zielen neben der Gleichstellung von Aktionären insbesondere darauf ab, die Transparenz von Übernahmen zu erhöhen sowie den zeitlichen Ablauf des Übernahmeverfahrens zu straffen. Letzteres soll insbesondere dazu beitragen, dass die Zielgesellschaft nicht unnötig lange in ihren Geschäftstätigkeiten behindert und Ressourcen unnötig gebunden werden. Hinsichtlich des Erwerbsangebotes unterscheidet das WpÜG drei Arten:[1]

- Das einfache öffentliche Kauf- oder Tauschangebot zum Erwerb von Wertpapieren. Dieses bildet den gesetzlichen Grundfall und ist nicht auf einen Kontrollerwerb gerichtet.[2]

- Das so genannte freiwillige Übernahmeangebot, welches auf Angebote zum Erwerb der Kontrolle gerichtet ist. Das WpÜG definiert dabei die Kontrolle als das Halten von mindestens 30% der Stimmrechte an der Zielgesellschaft.[3]

- Die dritte Art stellt das Pflichtangebot dar. Dieses wird ebenfalls dann ausgelöst, wenn 30% der Stimmrechte an der Zielgesellschaft erworben werden. Allerdings muss hierbei die Absicht des Erwerbes nicht in einer Übernahme liegen. Im Gegensatz zu den vorangegangenen Angeboten wird das Pflichtangebot nicht freiwillig, sondern aufgrund einer gesetzlichen Verpflichtung abgegeben. Dieses Pflichtangebot hat sich an alle Aktionäre für alle von ihnen gehaltenen Aktien zu richten und ermöglicht den Minderheitsaktionären, ihre Unternehmensbeteiligung auch dann zu einem angemessenen Preis zu veräußern, wenn kein öffentliches Übernahmeangebot stattgefunden hat. Dennoch gibt es Ausnahmetatbestände, bei denen das Pflichtangebot zugunsten des freiwilligen Übernahmeangebotes nicht abgegeben werden muss.[4] Voraussetzung ist dann allerdings, dass das freiwillige Übernahmeangebot bereits die Anforderungen erfüllt, welche ansonsten durch das Pflichtangebot erzielt würden.

---

1 Vgl. BaFin (2016).
2 Vgl. Artikel 1, Abschnitt 3 §§ 10 ff. WpÜG.
3 Vgl. Artikel 1, Abschnitt 4 § 29 Abs. 2 WpÜG.
4 Vgl. Artikel 1, Abschnitt 5 § 35 Abs. 3 WpÜG sowie Artikel 1, Abschnitt 5 § 37 WpÜG.

Daneben regelt das Wertpapierübernahmegesetz den rechtlichen Ablauf von Unternehmensübernahmen nach einem idealtypischen Modell. Dieses steht im Mittelpunkt der nachfolgenden Betrachtungen.

3.4.1.2 Rechtlicher Ablauf einer Unternehmensübernahme nach dem Wertpapierübernahmegesetz

Der rechtliche Ablauf einer Unternehmensübernahme lässt sich nach dem WpÜG in ein idealtypisches Modell mit den Phasen Veröffentlichung der Entscheidung, Angebotsunterlagen, Stellungnahme, Gegenmaßnahmen, Verkauf der Aktien und Squeeze-out unterteilen.[1] Die einzelnen Phasen werden nachfolgend kurz aufgegriffen.

- Veröffentlichung der Entscheidung und Angebotsunterlagen

Der Bieter muss im Rahmen der Informationspflicht seine Entscheidung zur Abgabe eines Angebots unverzüglich veröffentlichen sowie entsprechende Angebotsunterlagen in deutscher Sprache erstellen. Diese Angebotsunterlagen müssen den Inhalt des Angebots sowie ergänzende Angaben enthalten, die notwendig sind, um in Kenntnis der Sachlage über das Angebot entscheiden zu können.[2] Darüber hinaus hat der Bieter insbesondere aufzuzeigen, dass die Gegenleistung zur Verfügung steht sowie die erwarteten Auswirkungen eines erfolgreichen Angebotes auf seine Vermögens-, Finanz-, und Ertragslage darzustellen. Darüber hinaus muss in den Angebotsunterlagen zu den Auswirkungen der Übernahme auf die künftige Geschäftstätigkeit und die Arbeitnehmer der Zielgesellschaft sowie zu deren zukünftigem Sitz und Standort Stellung genommen werden. Aber auch Geldleistungen oder sonstige geldwerte Vorteile, die Vorstands- und Aufsichtsratmitgliedern gewährt oder in Aussicht gestellt werden, sind anzugeben.

- Stellungnahme

Nach dem WpÜG richtet sich die Informationspflicht neben dem Bieter auch an bestimmte Personen der Zielgesellschaft.[3] So muss der Vorstand und Aufsichtsrat der Zielgesellschaft eine Stellungnahme zu dem Angebot abgeben und dabei insbesondere auf die Art und Höhe der Gegenleistung, die voraussichtlichen Folgen, die verfolgten Ziele durch den Bieter sowie, sofern sie im Besitz von Wertpapieren sind, auf ihr eigenes beabsichtigtes Verhalten bezüglich des Angebots eingehen. Aber auch eine potenziell durch den Betriebsrat oder die Arbeitnehmer freiwillig verfasste Stellungnahme muss unbeschadet der Stellungnahme des Vorstandes beigefügt werden.

1 Vgl. Schumm (2002).
2 Vgl. Artikel 1, Abschnitt 3, § 11 WpÜG.
3 Vgl. Artikel 1, Abschnitt 3, § 27 WpÜG.

- Gegenmaßnahmen

Während die Informationspflicht gegenüber dem Übernahmekodex ausgeweitet wird, sind bei den Gegenmaßnahmen, welche die Zielgesellschaft hinsichtlich einer drohenden Übernahme ergreifen kann, Einschränkungen zu erkennen. So ist es dem Vorstand der Zielgesellschaft grundsätzlich nicht mehr erlaubt, Handlungen vorzunehmen, die den Erfolg des Angebots verhindern könnten.[1] Ausnahmen dieses Verbotes: sind zum einen Handlungen, die auch ein ordentlicher und gewissenhafter Geschäftsleiter ohne ein Übernahmeangebot getroffen hätte und die Suche nach einem konkurrierenden Angebot („weißer Ritter"). Weitere Ausnahmen sind Handlungen, denen der Aufsichtsrat der Zielgesellschaft zugestimmt hat sowie jene, die den Erfolg der Übernahme zu verhindern versuchen, sofern der Vorstand durch eine Drei-Viertel-Mehrheit auf der Hauptversammlung dazu ermächtigt wurde.

- Verkauf der Aktien

Als nächsten Gesichtspunkt gilt es, den Ankauf der Aktien durch den Bieter zu betrachten. Im Rahmen dessen muss den Aktionären der Zielgesellschaft eine angemessene Gegenleistung angeboten werden. Diese Gegenleistung lässt sich nach ihrer Art und Höhe unterteilen. Nach dem WpÜG muss die Art der Leistung „in einer Geldleistung in Euro oder in liquiden Mitteln bestehen, die zum Handel an einem organisierten Markt zugelassen sind."[2]

Der Gesetzgeber hat dem Bieter insofern grundsätzlich die Möglichkeit offengelassen, seine Gegenleistung entweder in Form eines Barangebotes oder Wertpapiertausches zu erbringen. Eine Einschränkung auf eine Pflichtleistung in Euro findet allerdings dann statt, wenn der Bieter drei Monate vor Veröffentlichung der Entscheidung zur Abgabe eines Angebotes mindestens fünf Prozent der Aktien oder nach dieser Veröffentlichung, aber vor Ablauf der Annahmefrist, mindestens ein Prozent der Aktien durch eine Geldleistung erworben hat.[3]

Diese einschränkende Regelung ist unter dem Aspekt des Gleichstellungsgrundsatzes zu sehen und hat zum Ziel, dass der Bieter sich nicht unter Ausgrenzung der Minderheitsaktionäre an die Zielgesellschaft wenden kann.[4] Weiterhin ist die Höhe der Gegenleistung zu bestimmen. Die Vorgabe hinsichtlich der Höhe richtet sich nach dem Wert der höchsten vom Bieter, einer mit ihm gemeinsam handelnden Person oder deren Tochterunternehmen gewährten oder vereinbarten Gegenleistung für den Erwerb von Aktien der Zielgesellschaft innerhalb der letzten drei Monate vor der Veröffentlichung.

---

1 Vgl. Artikel 1, Abschnitt 3, § 33 WpÜG.
2 Artikel 1, Abschnitt 4, § 31 Abs. 2 WpÜG.
3 Vgl. Artikel 1, Abschnitt 4, § 31 Abs. 3 WpÜG.
4 Bundesministerium der Finanzen (2000).

Darüber hinaus kann die Höhe mittels eines gewichteten durchschnittlichen Börsenkurses berechnet werden, sofern die Zielgesellschaft zum Handel an einer inländischen Börse oder an einem organisierten Markt in einem anderen Staat des Europäischen Wirtschaftsraumes zugelassen ist.[1] Es werden dadurch Mindestwerte festgelegt, die nicht unterschritten werden dürfen.

- Squeeze-out (Ausschluss von Minderheitsaktionären)

Eine weitere bedeutende Gesetzesänderung ist die Regelung zum Ausschluss von Minderheitsaktionären. Diese Veränderung ist allerdings nicht unmittelbarer Gegenstand des WpÜG, sondern wurde parallel zu diesem durch eine Veränderung des Aktiengesetzes eingeführt.[2] Durch diese so genannte „Squeeze-out-Regelung" wird Mehrheitsaktionären, die im Besitz von mindestens 95 Prozent der Anteile einer Gesellschaft sind, die Möglichkeit gegeben, Minderheitsaktionäre verhaltensunabhängig gegen Leistung einer angemessenen Abfindung zur Übertragung ihrer Aktien auf den Hauptaktionär zu verpflichten. Gerechtfertigt wird dieser Eingriff in das nach Artikel 14 Abs. 1 GG gewährleistete Eigentum dadurch, dass Minderheitsaktionäre einen erheblichen Formalaufwand darstellen und darüber hinaus ihre Anteile oftmals dazu missbrauchen, die Unternehmensführung zu behindern und zu finanziellen Zugeständnissen zu veranlassen.[3]

Zur Abwicklung des Squeeze-out muss auf der Hauptversammlung ein Übertragungsbeschluss gefasst und den ausscheidenden Minderheitsaktionären ein Barabfindungsangebot unterbreitet werden. Die Höhe einer solchen Barabfindung ist in der Regel unter Heranziehung entsprechender Unternehmensgutachten festzulegen.[4] Mit dem Eintrag des Beschlusses in das Handelsregister gehen sodann alle Aktien auf den Hauptaktionär über. Die Möglichkeiten zur Anfechtung eines solchen Beschlusses durch einen ausgeschlossenen Minderheitsaktionär sind begrenzt.

So ist eine Anfechtung möglich, wenn ein Abfindungsangebot überhaupt nicht oder nicht ordnungsgemäß vorgelegt wurde, nicht jedoch aufgrund einer Unangemessenheit des Abfindungsangebotes oder zur Gewährung von Sondermitteln.[5] Grundsätzlich bleibt noch anzumerken, dass die Squeeze-out-Regelung nicht auf börsennotierte Aktiengesellschaften beschränkt ist und dieser auch kein öffentliches Angebot zum Erwerb von Wertpapieren vorangegangen sein muss. Diese Regelung stellt insofern eine Ergänzung des Übernahmerechts dar.

Die gesetzliche Aufsicht hinsichtlich eines ordnungsmäßigen Ablaufs von Übernahmen ist dem Bundesaufsichtsamt für den Wertpapierhandel als neutraler Institution und Kontrollgremium übertragen worden. Dadurch soll sichergestellt werden, dass

---

1 Vgl. §§ 3,4,5 WpÜG-Angebotsverordnung.
2 Vgl. §§ 327 a ff. AktG.
3 Vgl. Bundesministerium der Finanzen (2000).
4 Vgl. Welt der BWL (2016).
5 Vgl. Haufe.de (2016).

die Übernahmen durch ein Kontrollgremium beaufsichtigt werden, dessen Neutralität in Streitfällen gegeben ist. Gleichzeitig kann dieses Aufsichtsamt hoheitliche Befugnisse ausüben und wirkungsvolle Sanktionen verhängen. Beratend unterstützt wird das Gremium durch einen Übernahmerat, der sich aus Vertretern der Wirtschaft, Anlegern, Arbeitnehmern und weiteren Experten aus der Wissenschaft zusammensetzt.

Insgesamt kann festgehalten werden, dass durch das WpÜG erstmals eine gesetzlich verbindliche Regelung für Unternehmensübernahmen in Deutschland eingeführt wurde. Die darin getroffenen Vorschriften zielen auf die Schaffung einer umfassenden Transparenz sowie eine rasche Abwicklung von Übernahmen ab.

3.4.2 Kartellrechtliche Prüfung

Als Folge der sich verstärkenden Globalisierung der Geschäftstätigkeit von Unternehmen, bei der nationale Grenzen aufgrund des gesteigerten internationalen Wettbewerbs zunehmend an Bedeutung verlieren, hat sich das Volumen von M&A-Transaktionen jenseits der heimischen Schranken, den so genannten Cross-Border-Transaktionen, in den letzten Jahren stark erhöht. Solche Transaktionen verfolgen in der Regel strategische Zielsetzungen und sollen einem bestehenden Unternehmen durch den Erwerb eines Produktes oder einer Produktpalette, eines Markennamens oder durch die Expansion in neue geographische Gebiete zu einer besseren Positionierung im internationalen Wettbewerb verhelfen.[1]

Der Markt für Unternehmenskontrolle ist jedoch nicht in allen Aspekten durch seine Teilnehmer frei gestaltbar, sondern er unterliegt wettbewerbspolitischen Rahmenbedingungen, welche die rechtliche Zulässigkeit von Zusammenschlüssen bestimmen. Die bestehende Gesetzgebung untersagt Fusionen und Übernahmen, die eine marktbeherrschende Stellung auf- oder ausbauen und sich somit wettbewerbsbeschränkend beziehungsweise wettbewerbsverzerrend auswirken. Nachfolgend sollen daher die Grundzüge der europäischen Fusionskontrolle sowie des deutschen und US-amerikanischen Kartellrechts dargestellt werden.[2]

3.4.2.1 Prüfung von M&A-Transaktionen nach europäischem Recht

Zusammenschlüsse von Unternehmen, die Auswirkungen auf das Gebiet der Europäischen Union haben, fallen in die Zuständigkeit der Merger Task Force der Generaldirektion Wettbewerb der Europäischen Kommission in Brüssel. Nach der aktuellen europäischen Fusionskontrollverordnung (FKVO) von 2004 bedürfen Unternehmenszusammenschlüsse von gemeinschaftsweiter Bedeutung ausschließlich der Genehmigung durch die EU-Kommission. Die erste Verordnung ECMR 4064/89 aus dem Jahr 1989 wurde durch die Verordnung Nr. 139/2004 am 01. Mai 2004 ersetzt. Ziel der Ver-

1 Vgl. Halperin/Bell (1992), S. 144 ff.
2 Vgl. Vogel (2002), S. 53 ff.; Bergmann (2008), S. 401 ff.

ordnung war es, für europaweite Unternehmensfusionen und -übernahmen die Hemmnisse zu überwinden, die sich aus der Anwendung der Fusionskontrollverfahren der einzelnen Mitgliedstaaten ergaben. Mit Hilfe dieser Verordnung werden die in mehreren EU-Mitgliedstaaten erforderlichen Fusionskontrollverfahren zu einem einzigen Verfahren mit Wirkung für alle Mitgliedstaaten gebündelt.

Den Kartellbehörden der Mitgliedstaaten wird bei Zusammenschlüssen von gemeinschaftsweiter Bedeutung grundsätzlich keine Prüfungskompetenz mehr zugesprochen. Sobald eine Transaktion in den Kompetenzbereich der EU-Kommission fällt, dürfen Mitgliedstaaten weder ihr nationales Wettbewerbsrecht anwenden noch bereits von der Kommission genehmigte Zusammenschlüsse verbieten, es sei denn, ihre nationalen Sicherheitsinteressen werden durch den Zusammenschluss berührt.[1] Bei der Prüfung der Zulässigkeit dieser Zusammenschlüsse lautet die zentrale Fragestellung, ob durch die entsprechende Transaktion eine marktbeherrschende Stellung begründet oder verstärkt wird. Auf diese Weise soll die langfristige Wettbewerbsfähigkeit der Märkte sichergestellt werden.

- Anwendbarkeit auf Zusammenschlüsse von gemeinschaftsweiter Bedeutung

Der europäischen Fusionskontrolle unterliegen nur solche Transaktionen, die zu einer dauerhaften Veränderung der Struktur der beteiligten Unternehmen führen. Absprachen und Vereinbarungen zwischen Unternehmen, die keine Veränderungen der externen Unternehmensstrukturen bewirken, sondern die Koordinierung des Wettbewerbsverhaltens voneinander unabhängiger Unternehmen anstreben, sind keine Zusammenschlüsse. Zusammenschlüsse können durch die Fusion zweier oder mehrerer Unternehmen oder den alleinigen oder gemeinsamen Kontrollerwerb an einem anderen Unternehmen erfolgen. Unternehmensfusionen werden als Verschmelzung zweier oder mehrerer Unternehmen zu einer neuen Gesellschaft im Wege einer Neugründung oder der Aufnahme eines Unternehmens durch ein anderes definiert.

In der Praxis erfolgen Unternehmenszusammenschlüsse jedoch weitaus häufiger durch den Erwerb der Kontrolle über ein anderes Unternehmen. Kontrolle wird in diesem Zusammenhang als Möglichkeit definiert, mittels Besetzung der Leitungsgremien des kontrollierten Unternehmens einen bestimmenden Einfluss auf dessen Geschäftstätigkeit auszuüben. Die Kontrolle über ein anderes Unternehmen kann dabei über den Erwerb von Anteilsrechten (Share Deal) oder Vermögenswerten (Asset Deal) erlangt werden.[2]

Eine weitere wesentliche Voraussetzung für die ausschließliche Anwendbarkeit der europäischen Fusionskontrolle besteht darin, dass ein Zusammenschluss von Unternehmen von „gemeinschaftsweiter Bedeutung“ sein muss. Mit Hilfe dieses Kriteriums sollen nur die größten, bedeutendsten Unternehmenszusammenschlüsse sowie solche Transaktionen, die sich in wesentlichem Maße auf die Märkte mehrerer Mitgliedstaa-

1 Vgl. Faust-Beyer (2000), S. 99 ff.; Bergmann (2008), S. 424 f.

2 Vgl. Montag (2001), S. 242; Bundeskartellamt (2004), S. 3.

ten auswirken, von der Fusionskontrolle der EU erfasst werden.[1] Der unbestimmte Begriff der „gemeinschaftsweiten Bedeutung" wird in der Verordnung quantitativ definiert. Ein Zusammenschluss erlangt gemeinschaftsweite Bedeutung, wenn ein weltweiter Gesamtumsatz aller beteiligten Unternehmen zusammen von mehr als fünf Milliarden Euro und ein gemeinschaftsweiter Gesamtumsatz von mindestens zwei der beteiligten Unternehmen von jeweils mehr als 250 Millionen Euro kumulativ erreicht werden.

In der Vergangenheit hat sich gezeigt, dass mittelständische Unternehmen bei grenzüberschreitenden M&A-Transaktionen, welche die erwähnten Umsatzzahlen nicht erreichten, gezwungen waren, ihren Zusammenschluss bei den Kartellbehörden mehrerer Staaten anzumelden. Um auch mittelständischen Unternehmen die Möglichkeit einer Prüfung durch die EU-Kommission zu eröffnen, können seit 1998 auch Zusammenschlüsse, welche die genannten Umsatzzahlen nicht erreichen, eine gemeinschaftsweite Bedeutung erlangen, wenn sie folgende Kriterien erfüllen:[2] der weltweite Gesamtumsatz aller am Zusammenschluss beteiligten Unternehmen muss zusammen mehr als 2,5 Milliarden Euro betragen und der Gesamtumsatz aller beteiligten Unternehmen sollte in mindestens drei Mitgliedstaaten jeweils 100 Millionen Euro übersteigen. Des Weiteren muss in jedem von mindestens drei erfassten Mitgliedstaaten der Gesamtumsatz von mindestens zwei beteiligten Unternehmen jeweils mehr als 25 Millionen Euro betragen und der gemeinschaftsweite Gesamtumsatz sollte von mindestens zwei beteiligten Unternehmen jeweils 100 Millionen Euro übersteigen.[3]

Erfüllt ein Zusammenschluss die genannten Schwellenwerte, so unterliegt er der europäischen Fusionskontrolle. In diesem Falle muss die Transaktion ausschließlich in Brüssel angemeldet werden. Erreicht ein Zusammenschluss diese Werte nicht, so muss für jeden Mitgliedstaat geprüft werden, ob die Anmeldevoraussetzungen der jeweiligen nationalen Gesetzgebung erfüllt werden. In besonderen Fällen ist bei Erreichen der eben erwähnten Umsatzzahlen auch dann nicht von einer gemeinschaftsweiten Bedeutung auszugehen, wenn die beteiligten Unternehmen jeweils mehr als zwei Drittel ihres gemeinschaftsweiten Gesamtumsatzes in ein und demselben Mitgliedstaat erzielen. Mit Hilfe dieser Klausel sollen Zusammenschlüsse, die sich vollständig beziehungsweise überwiegend auf den Markt eines einzelnen Mitgliedstaates auswirken, in der Zuständigkeit der nationalen Behörde verbleiben.[4]

Für die Berechnung des Gesamtumsatzes sind die Umsätze zugrunde zu legen, welche die beteiligten Unternehmen im letzten Geschäftsjahr mit Waren und Dienstleistungen aus ihrer normalen geschäftlichen Tätigkeit erzielt haben. Hiervon sind Erlösschmälerungen, Mehrwertsteuer sowie andere auf den Umsatz erhobene Steuern zu subtrahie-

1 Vgl. Montag (2001), S. 243.
2 Vgl. Bergmann (2008), S. 406.
3 Vgl. Bundeskartellamt (2004), S. 1 f.
4 Vgl. Faust-Beyer (2000), S. 99 ff.; Zäch (1994), S. 364 f.

ren. Umsätze zwischen den beteiligten Unternehmen (Innenumsatzerlöse) werden nicht in die Berechnung einbezogen.[1]

Für die Umsatzberechnung bestehen für Kreditinstitute und Versicherungsunternehmen aufgrund ihrer Geschäftstätigkeit gewisse Sonderregeln: Für Banken und andere Finanzinstitute werden anstelle des maßgeblichen weltweiten Gesamtumsatzes der beteiligten Unternehmen folgende Ertragsposten, nach Abzug der Mehrwertsteuer und sonstiger direkt auf diese Erträge erhobener Steuern, zugrunde gelegt: Zins- und zinsähnliche Erträge, Erträge aus Wertpapieren (Aktien, andere Anteilsrechte, nicht verzinsliche Wertpapiere, Erträge aus Beteiligungen, Erträge aus Anteilen an verbundenen Unternehmen), Provisionserträge, Nettoerträge aus Finanzgeschäften sowie sonstige betriebliche Erträge.

Für die Bestimmung der Umsätze von Kredit- beziehungsweise Finanzinstitutionen werden die Umsätze aus den erwähnten Ertragsposten zugrunde gelegt, die in der Gemeinschaft oder dem betreffenden Mitgliedstaat durch errichtete Zweig- oder Geschäftsstellen verbucht werden. Für Versicherungsunternehmen wird anstatt des weltweiten Gesamtumsatzes die Summe der Bruttoprämien zugrunde gelegt. An die Stelle des gemeinschaftsweiten Umsatzes sowie des Umsatzes in ein und demselben Mitgliedstaat treten Bruttoprämien, die von Personen, die in der Gemeinschaft beziehungsweise einem ihrer Mitgliedstaaten ansässig sind, gezahlt wurden.[2]

- Beurteilung von Zusammenschlüssen

Zusammenschlüsse, die von der Fusionskontrollverordnung erfasst werden, sind durch die Kommission auf ihre Vereinbarkeit mit dem gemeinsamen Markt zu prüfen. Gegenstand der Prüfung von Zusammenschlüssen durch die EU-Kommission ist die Frage, ob durch den Zusammenschluss eine marktbeherrschende Stellung begründet oder verstärkt wird, durch die der Wettbewerb im europäischen Binnenmarkt oder in einem wesentlichen Teil desselben erheblich behindert wird.[3]

Gemäß einer vom europäischen Gerichtshof entwickelten Formel liegt eine marktbeherrschende Stellung vor, wenn ein Unternehmen die Aufrechterhaltung eines wirksamen Wettbewerbes verhindern kann, da es sich in beachtlichem Maße unabhängig von seinen Wettbewerbern, Kunden und Verbrauchern verhalten kann. In der Praxis geht die Kommission der Fragestellung nach, ob eine Anhebung der Preise im Umfang von 5% bis 10% für die Zusammenschlussparteien positiv wäre oder zu einer Abwanderung von Kunden zu anderen Anbietern führen würde.

Die Prüfung der marktbeherrschenden Stellung wird auf einem konkret abgegrenzten Markt vorgenommen, der den Bezugsrahmen für die Untersuchung der Marktstellung der beteiligten Unternehmen bildet. Dieser sog. relevante Markt ist sowohl in sachli-

1 Vgl. Bundeskartellamt (2004), S. 2.
2 Vgl. Bundeskartellamt (2004), S. 2.
3 Vgl. EG-Fusionskontrollverordnung (2004), ErwGr. 24.

cher als auch in räumlicher Dimension abzugrenzen: In den sachlich relevanten Markt sind sämtliche Produkte und Dienstleistungen einzubeziehen, die von den Nachfragern hinsichtlich ihrer Eigenschaften, ihres Preises und ihres Verwendungszweckes als substituierbar angesehen werden. Bei der Beurteilung dieses Sachverhaltes werden die Kaufmotive der Nachfrager, Eigenschaften und technische Zusammensetzung der Produkte und Dienstleistungen, ihre Verwendungsmöglichkeiten sowie die Preiselastizität der Nachfrage mit berücksichtigt.[1]

Gemäß Fusionskontrollverordnung besteht der räumlich relevante Markt aus einem Gebiet, auf dem die beteiligten Unternehmen als Anbieter oder Nachfrager von Waren und Dienstleistungen auftreten, in dem die Wettbewerbsbedingungen hinreichend homogen sind und das sich von benachbarten Gebieten dahingehend unterscheidet, dass die dort herrschenden Wettbewerbsbedingungen spürbar verschieden sind. Die Kommission berücksichtigt bei der geografischen Abgrenzung des Marktes insbesondere die Art und Eigenschaften der Waren und Dienstleistungen, mögliche signifikante Unterschiede bei den Marktanteilen der Unternehmen, die Preisunterschiede in unterschiedlichen Gebieten, die Gewohnheiten der Verbraucher sowie das Vorhandensein von Zugangsschranken. Ebenso wird die zukünftige Entwicklung der betrachteten Märkte in die Analyse miteinbezogen.[2]

Für die Beurteilung der Marktposition der beteiligten Unternehmen werden zunächst ihre Marktanteile zugrunde gelegt. Der Wert, ab dem ein Zusammenschluss nicht genehmigt wird, ist dabei relativ hoch angesetzt. Dies führt regelmäßig dazu, dass auch Zusammenschlüsse mit beträchtlichen Marktanteilen von der Kommission genehmigt werden. Als Faustregel lässt sich zugrunde legen, dass bei einem kumulativen Marktanteil von ca. 40% von einer kritischen Prüfung seitens der Kommission auszugehen ist. Bei Marktanteilen von unter 25% geht die Kommission grundsätzlich von einer Vereinbarkeit mit dem gemeinsamen Markt aus.

Über die Marktanteile der beteiligten Unternehmen hinaus werden sämtliche weitere von den beteiligten Unternehmen und anderen Marktteilnehmern vorgebrachte Umstände berücksichtigt, die zur Beurteilung der Marktmacht dienlich sind. Besonders häufig angewandte Beurteilungskriterien sind hierbei der Abstand zu den Marktanteilen der nächstgrößten Wettbewerber, das Ausmaß der vertikalen Integration, die Finanzkraft der Unternehmen sowie die Bedeutung gewerblicher Schutzrechte oder eventueller rechtlicher oder tatsächlicher Marktzutrittsbarrieren.[3]

Die Fusionskontrollverordnung enthält grundsätzlich keine Regelungen, welche die marktbeherrschende Stellung mehrerer Unternehmen behandeln, d. h. die gemeinsame Marktbeherrschung beziehungsweise die Schaffung eines Oligopols. Dennoch lässt

1 Vgl. Montag (2001), S. 243 f.; Sedemund (2005), S. 776 ff.
2 Vgl. Montag (2001), S. 243; EG-Fusionskontrollverordnung (2004), ErwGr. 2; Bergmann (2008), S. 409 f.
3 Vgl. Art. 2 Abs. 1 lit. B FKVO.

sich aus der Entscheidungspraxis der Europäischen Kommission und des Europäischen Gerichtshofes die Auffassung erkennen, dass eine marktbeherrschende Stellung durch mehrere Unternehmen den Wettbewerb in gleicher Art und Weise verfälscht wie die Beherrschung durch ein einzelnes Unternehmen. Die Kommission prüft neben der alleinigen Marktbeherrschung stets auch, ob der angemeldete Zusammenschluss zu einer kollektiv oligopolistischen Marktbeherrschung der größten Anbieter auf dem zugrunde liegenden Markt führen würde.

- Ablauf des Melde- und Kontrollverfahrens

Zusammenschlüsse von gemeinschaftsweiter Bedeutung müssen nach Vertragsabschluss, der Veröffentlichung des Kauf- oder Tauschangebotes oder des Erwerbs einer Beteiligung, die der Kontrolle bedarf, bei der Kommission angemeldet werden. In der Anmeldung sind Einzelheiten über die finanzielle und gesellschaftsrechtliche Lage der beteiligten Unternehmen sowie über die betroffenen Märkte und die Stellung der beteiligten Unternehmen offen zu legen.[1]

Nach der Anmeldung leitet die Kommission eine vorläufige Prüfung ein und teilt den beteiligten Unternehmen innerhalb eines Monats mit, ob der Zusammenschluss unter die Fusionskontrollverordnung fällt und leitet gegebenenfalls das Hauptprüfverfahren ein, wenn sie Anlass zu ernsthaften Bedenken hinsichtlich des Zusammenschlusses sieht. Wenn die Kommission ein detailliertes Prüfverfahren einleitet, hat sie innerhalb einer Frist von höchstens vier Monaten ihre endgültige Entscheidung über den Zusammenschluss zu verkünden. Des Weiteren können Fristverlängerungen von bis zu zwei Monaten beantragt werden. In manchen Fällen kann die Kommission ihre Freigabeentscheidung auch mit Bedingungen und Auflagen für die beteiligten Parteien verbinden, um die Vereinbarkeit mit dem gemeinsamen Markt herzustellen. In der Praxis werden die meisten Fälle bereits nach der vorläufigen Prüfung freigegeben.[2]

Die Vorschriften der Fusionskontrolle sind als präventive Zusammenschlusskontrolle ausgestaltet. Dies bedeutet, dass solche Zusammenschlüsse, die von der Kommission geprüft werden, erst nach einer Freigabeentscheidung zulässig und gültig sind.[3] Während des Kontrollverfahrens ist es den Unternehmen untersagt, ihren Zusammenschluss zu vollziehen. Bei Zuwiderhandlungen gegen das Vollzugsverbot kann die Kommission die Trennung der beteiligten Unternehmen oder der Vermögenswerte, die Beendigung des Kontrollverhältnisses oder anderweitige Maßnahmen bestimmen, um den wirksamen Wettbewerb wiederherzustellen.[4] Darüber hinaus können Verstöße mit Geldbußen von bis zu 10% des Gesamtumsatzes der beteiligten Unternehmen verhängt werden.[5]

---

1 Vgl. Meek/Chu (2000), S. 260 ff.; Bergmann (2008), S. 418.
2 Vgl. Montag (2001), S. 245; Bergmann (2008), S. 420.
3 Vgl. Zäch (1994), S. 362 ff.
4 Vgl. Bergmann (2008), S. 419.
5 Vgl. Montag (2001), S. 245.

Sollte die Kommission im Ergebnis ihrer Untersuchungen den Zusammenschluss verbieten, kann die Untersagung in der überwiegenden Anzahl der Fälle durch Zusagen der beteiligten Unternehmen abgewendet werden. Solche Zusagen betreffen oftmals die Veräußerung eines oder mehrerer Geschäftsbereiche. Alternativ kommen auch die Gewährung von Lizenzen an Wettbewerber oder die Beendigung ausschließlicher Liefer- oder Bezugsverträge in Frage.

Stellt die Kommission nach den Modifikationen der Transaktion durch die beteiligten Unternehmen fest, dass der Zusammenschluss keinen Anlass mehr zu ernsthaften Bedenken im Hinblick auf den gemeinsamen Markt gibt, so kann sie die ursprüngliche Entscheidung aufheben und den Zusammenschluss als mit dem gemeinsamen Markt vereinbar zu erklären. Oftmals ergeht erst gar kein Verbot, sondern die Genehmigung erfolgt direkt mit Auflagen. Darüber hinaus kann die Kommission ihre Entscheidung über die Zulässigkeit mit Bedingungen und Auflagen verbinden, um zu gewährleisten, dass die beteiligten Unternehmen ihren Verpflichtungen nachkommen, die sie gegenüber der Kommission hinsichtlich der mit einem gemeinsamen Markt zu vereinbarenden Gestaltung des Zusammenschlusses eingegangen sind.

Die Kommission kann ihre Entscheidung aber auch widerrufen, wenn diese sich auf unrichtige Angaben seitens der beteiligten Unternehmen gründet, arglistig herbeigeführt worden ist oder aber die beteiligten Unternehmen den in einer Entscheidung gestellten Auflagen der Kommission zuwiderhandeln. In diesem Falle prüft die Kommission den Zusammenschluss erneut, ohne allerdings an die eingangs erwähnten Fristen gebunden zu sein. Die Entscheidung der EU-Kommission kann sowohl durch die am Zusammenschluss beteiligten Unternehmen als auch durch ihre Wettbewerber vor dem Europäischen Gerichtshof in Brüssel angefochten werden. Hierzu gibt es mittlerweile ein beschleunigtes Verfahren in der ersten Instanz des Europäischen Gerichtshofes.

- Anwendung der EU-Fusionskontrollverordnung auf Zusammenschlüsse außerhalb des Gebietes der Europäischen Union

Die Anwendbarkeit der Fusionskontrollverordnung ist nicht allein auf diejenigen Unternehmen beschränkt, die in der Europäischen Union ansässig sind. Wenn durch einen Zusammenschluss die kumulativen Umsatzahlen in der EU erreicht werden, so muss dieser Zusammenschluss bei der EU-Kommission angemeldet werden, unabhängig davon, wo die beteiligten Unternehmen ihren Sitz haben.[1]

- Nichtzuständigkeit der Kommission und Verweis an die Behörden der Mitgliedstaaten

Die Kommission kann einen angemeldeten Zusammenschluss unter bestimmten Voraussetzungen an die zuständigen Behörden der Mitgliedstaaten delegieren, wobei sie die beteiligten Unternehmen und die zuständigen Behörden der übrigen Mitgliedstaa-

1 Vgl. Meek/Chu (2000), S. 260 ff.

ten unverzüglich von ihrer Entscheidung in Kenntnis setzen muss. Der Transfer der Entscheidungskompetenz ist an die Voraussetzung gebunden, dass die Behörde des entsprechenden Mitgliedstaates innerhalb von drei Wochen nach Erhalt der Anmeldung der Kommission mitteilt, dass der Zusammenschluss eine marktbeherrschende Stellung zu begründen beziehungsweise zu verstärken droht. Welcher den wirksamen Wettbewerb auf einem Markt im entsprechenden Mitgliedstaat in erheblichem Maße behindert oder den Wettbewerb auf einem Markt in diesem Mitgliedstaat beeinträchtigt, der alle Merkmale eines gesonderten Marktes aufweist und keinen wesentlichen Teil des gemeinsamen Marktes darstellt.

Wenn die Kommission die Auffassung des Mitgliedstaates teilt, so kann sie entweder den Fall selbst behandeln oder ihn ganz oder auch teilweise an die zuständige Behörde des Mitgliedsstaates delegieren, damit die nationalen Wettbewerbsvorschriften zur Anwendung kommen. Wenn die Kommission der Ansicht ist, dass ein gesonderter Markt betroffen ist, der keinen wesentlichen Teil des gemeinsamen Marktes darstellt, so verweist sie den Teil des Falles, der den gesonderten Markt betrifft, an die zuständige Behörde des Mitgliedsstaates.[1]

3.4.2.2 Prüfung von M&A-Transaktionen nach deutschem Recht

M&A-Transaktionen, welche die Umsatzkriterien der europäischen Fusionskontrolle nicht erfüllen, wohl aber die Voraussetzungen für eine Anmelde- beziehungsweise Anzeigepflicht in den Mitgliedstaaten, unterliegen den entsprechenden nationalen Fusionskontrollen. In Deutschland erfolgt die Prüfung der Zulässigkeit von Unternehmenszusammenschlüssen auf der Grundlage des Gesetzes gegen Wettbewerbsbeschränkungen (GWB[2]), das den Auf- und Ausbau einer marktbeherrschenden Stellung durch Zusammenschlüsse und Kartelle sowie den Missbrauch einer solchen Stellung im Markt verhindern soll.[3] Für diese Prüfung ist in Deutschland das Bundeskartellamt, das Bundesministerium für Wirtschaft und die Landesbehörden zuständig.[4]

Die an einer M&A-Transaktion beteiligten Unternehmen haben die Pflicht, diese vor Vollzug beim Bundeskartellamt anzumelden, wenn es sich dabei um einen Zusammenschluss im Sinne des GWB handelt und bestimmte Kriterien hinsichtlich der Umsatzerlöse erfüllt sind.[5] Die Vorschriften des GWB finden keine Anwendung, soweit die Kommission der Europäischen Union ausschließlich zuständig ist. Das GWB definiert Zusammenschlüsse als den Erwerb des gesamten Vermögens eines anderen Unternehmens oder eines bedeutenden Anteils daran, den Erwerb von 25% oder 50% des Kapitals oder der Stimmrechte, einschließlich der Anteile, die über dritte Unternehmen gehalten werden. Unter Zusammenschlüsse nach dem GWB fallen außerdem der

1 Vgl. Bundeskartellamt (2004) S. 3; EG-Fusionskontrollverordnung (2004), ErwGr. 9.
2 Die 7. Novelle des GWB trat am 01. Juli 2005 in Kraft.
3 Vgl. Schmitz (1993), S. 47.
4 Vgl. § 48 I GWB.
5 Vgl. Bergmann (2008), S. 438.

Erwerb der Kontrolle durch Rechte, Verträge oder andere Mittel, welche die Möglichkeit gewähren, einen bestimmenden Einfluss auf die Tätigkeit eines Unternehmens auszuüben sowie jede sonstige Verbindung von Unternehmen, durch die ein oder mehrere Unternehmen einen wettbewerblich erheblichen Einfluss auf andere Unternehmen ausüben können.[1]

Um Veränderungen in der Unternehmensstruktur zu erfassen, die weder einen Erwerb bedeutender Anteilspakete darstellen noch in einer Veränderung der Kontrollverhältnisse resultieren, enthält das Gesetz eine entsprechende Klausel. Diese weist sämtliche Maßnahmen, die ein Unternehmen befähigen, Einfluss auf ein anderes Unternehmen auszuüben und auf diese Weise dessen wettbewerbliche Stellung in einem relevanten Markt zu beeinträchtigen, als kontrollpflichtig aus.

Diese Regelung bezieht sich insbesondere auf personelle oder finanzielle Verbindungen zwischen unabhängigen Unternehmen, wobei es sich bei den finanziellen Verbindungen um den Erwerb eines bedeutenden Anteilspaketes handelt, das den Schwellenwert von 25% unterschreitet, dem Erwerbenden aber dennoch einen beachtlichen Einfluss über das erworbene Unternehmen verleiht. Nachfolgend werden mit den Voraussetzungen für die Anmeldepflicht, der Begründung oder dem Ausbau einer marktbeherrschenden Stellung sowie dem Ablauf des Melde- und Kontrollverfahrens die wesentlichen Elemente der Prüfung von M&A-Transaktionen beschrieben.

- Voraussetzungen für die Anmeldepflicht

In der Fusionskontrolle nach GWB wird zwischen kontrollpflichtigen und nicht kontrollpflichtigen Zusammenschlüssen unterschieden, wobei Zusammenschlüsse von Unternehmen einer Anmeldepflicht unterliegen, wenn bestimmte Schwellenwerte hinsichtlich der Umsatzerlöse erreicht werden. Kontrollpflichtige Transaktionen sind stets vor Vollzug anzumelden (§ 39 GWB), für nicht kontrollpflichtige Zusammenschlüsse besteht keine Anmeldepflicht.

Ein kontrollpflichtiger Zusammenschluss wird festgestellt, wenn im letzten Geschäftsjahr vor dem Zusammenschluss:[2] die beteiligten Unternehmen insgesamt weltweit Umsatzerlöse von mehr als 500 Millionen Euro erzielten während mindestens ein beteiligtes Unternehmen im Inland Umsatzerlöse von mehr als 25 Millionen Euro und ein anderes beteiligtes Unternehmen Umsatzerlöse von mehr als 5 Millionen Euro erzielt hat. Alle Transaktionen, die diese Bedingungen erfüllen, müssen vor dem Vollzug des Zusammenschlusses dem Bundeskartellamt gemeldet werden. Der Tatbestand eines nicht kontrollpflichtigen und nicht anzeigepflichtigen Zusammenschlusses von Unternehmen wird festgestellt, wenn der Zusammenschluss keine Inlandswirkung besitzt und die genannten Umsatzschwellen nicht erreicht werden.

1 Vgl. Sedemund (2005), S. 762 ff.; § 37 GWB.
2 Vgl. § 35 GWB.

Darüber hinaus wird der Tatbestand erfüllt, wenn die so genannte de minimis-Klausel erfüllt ist (ein Unternehmen, das nicht im Sinne des GWB abhängig ist und im letzten Geschäftsjahr einen weltweiten Gesamtumsatz von weniger als 10 Millionen Euro erzielt hat, schließt sich mit einem anderen Unternehmen zusammen) oder die so genannte Bagatellmarktklausel zur Geltung kommt (ein einziger Markt ist betroffen, auf dem seit mindestens fünf Jahren Waren oder gewerbliche Leistungen angeboten werden und auf dem im letzten Kalenderjahr Umsätze von weniger als 15 Millionen Euro zu verzeichnen waren).[1]

- Begründung oder Ausbau einer marktbeherrschenden Stellung

Eine M&A-Transaktion, die eine marktbeherrschende Stellung der beteiligten Unternehmen begründet, ausbaut oder bei einem Zusammenschluss einer Gruppe von Unternehmen ein Oligopol im entsprechenden Markt schafft, ist vom Bundeskartellamt zu untersagen.[2] Marktbeherrschung ist als Ausschluss von wesentlichem Wettbewerb oder als überragende Marktstellung definiert. Sie wird unter anderem anhand der Kriterien Marktanteil, Finanzstärke, Eindringen eines Großunternehmens in mittelständisch geprägte Märkte oder Übernahme eines marktbeherrschenden Unternehmens festgestellt.[3] Die Untersuchung der Problematik, ob eine marktbeherrschenden Stellung auf- oder ausgebaut wird, erfolgt mittels einer Gegenüberstellung der jeweiligen Wettbewerbssituation vor und nach Zusammenschluss.[4]

Das Bundeskartellamt kann einen Zusammenschluss, der dieser Prüfung nicht standhält, untersagen. Dies gilt allerdings nicht, wenn die beteiligten Unternehmen nachweisen können, dass durch den Zusammenschluss auch Verbesserungen der Wettbewerbsbedingungen eintreten, welche die Nachteile der Marktbeherrschung überwiegen. Darüber hinaus kann der Bundesminister für Wirtschaft und Technologie auf Antrag seine Erlaubnis erteilen, weil die Wettbewerbsbeschränkung von gesamtwirtschaftlichen Vorteilen des Zusammenschlusses aufgewogen wird oder der Zusammenschluss durch ein überragendes Interesse der Allgemeinheit gerechtfertigt ist.

In diesem Zusammenhang ist auch die Wettbewerbsfähigkeit der beteiligten Unternehmen auf Märkten außerhalb des Geltungsbereichs des GWB mit in die Entscheidung einzubeziehen. Die Erlaubnis des Zusammenschlusses durch den Minister darf nur erteilt werden, wenn durch das Ausmaß der Wettbewerbsbeschränkung die marktwirtschaftliche Ordnung nicht gefährdet wird (wie beispielsweise bei E-on/Ruhrgas).[5] Selbst wenn das Bundeskartellamt die Zustimmung zu einem Zusammenschluss gibt, so kann es den beteiligten Parteien eine Reihe von Auflagen und

1 Vgl. Meek/Chu (2000), S. 260 ff., Bundeskartellamt (2004), S. 3.
2 Vgl. Faust-Beyer (2000), S. 99 ff.
3 Vgl. Holzapfel/Polläth (1992), S.29 f.; Schmitz (1993), S. 48.
4 Vgl. Faust-Beyer (2000), S. 99 ff.; Bergmann (2008), S. 436 f.
5 Vgl. Meek/Chu (2000), S. 260 ff.; §§ 36, 42 GWB.

Bedingungen auferlegen. Die Entscheidung des Bundeskartellamts kann vor deutschen Gerichten angefochten werden.[1]

■ Ablauf des Melde- und Kontrollverfahrens

Jeder kontrollpflichtige Zusammenschluss muss dem Bundeskartellamt vor seiner Durchführung bekannt gegeben werden.[2] Das Verfahren wird durch die Anmeldung des Zusammenschlusses durch die beteiligten Unternehmen beim Bundeskartellamt eingeleitet. Die Anmeldung enthält eine kurze Beschreibung der Transaktion, eine Auflistung der Umsatzerlöse der beteiligten Unternehmen sowie eine Reihe von Informationen über den Markt, der durch den Zusammenschluss berührt wird.[3] Nach Anmeldung kann das Kartellamt innerhalb eines Zeitraumes von einem Monat entscheiden, den Zusammenschluss zu genehmigen oder eine detailliertere Untersuchung einzuleiten, die bis zu vier Monate in Anspruch nehmen kann.

Während der Prüfung kann das Bundeskartellamt zusätzliche (insbesondere den Markt betreffende) Informationen einholen, einschließlich solcher, die nicht in der ursprünglichen Anmeldung gefordert sind. Das Bundeskartellamt darf einen angemeldeten Zusammenschluss nur untersagen, wenn es die detaillierte Prüfung (Hauptprüfverfahren) des Zusammenschlusses in die Wege leitet. Versäumt es das Bundeskartellamt, innerhalb der Frist von vier Monaten nach der Anmeldung eine Verfügung zu erlassen, so gilt der Zusammenschluss als genehmigt. Während der Prüfungsphase ist es den beteiligten Unternehmen untersagt, ihren Zusammenschluss zu vollziehen. Im Falle eines Zuwiderhandelns, können Strafgelder gegen die beteiligten Parteien sowie ihre Rechtsberater verhängt werden und eine Anordnung zur Entflechtung ergehen.[4]

In diesem Zusammenhang ist zu erwähnen, dass die Zahlung des Kaufpreises per se nicht als Verletzung des Zusammenschlussverbotes zu werten ist. Im Gegensatz dazu kann der Eigentumsübergang jedoch nur nach vorheriger Genehmigung der Transaktion durch das Bundeskartellamt erfolgen.[5]

---

1 Vgl. § 63 GWB.

2 Vgl. § 39 GWB.

3 Vgl. Meek/Chu (2000), S. 260 ff.; Bergmann (2008), S. 438 f.

4 Vgl. §§ 41, 81 GWB.

5 Vgl. Bergmann (2008), S. 440 f.

3.5 Vertragsschluss

Vor dem Eintritt in die abschließenden Vertragsverhandlungen sollte das Käuferunternehmen im Rahmen einer systematischen Entscheidungsfindung prüfen, ob die Akquisitionspläne weiterverfolgt werden. Kommt man zu einem positiven Ergebnis, gibt der in der Bewertungsphase ermittelte Unternehmenswert als individuelle Kaufpreisvorstellung des Käufers einen ersten Anhaltspunkt für die Preisfindung im Rahmen des bevorstehenden Vertragsabschluss der Parteien.[1]

Dabei gilt es, einen Preis zu finden, der sowohl den Vorstellungen des Käufer- wie auch des Verkäuferunternehmens entspricht. Im Anschluss daran müssen die Art der Übernahme und das Finanzierungskonzept geklärt werden, bevor der Kaufvertrag, gegebenenfalls unter Berücksichtigung kartellrechtlicher Auflagen, ausgestaltet werden kann. Nach der Vertragsunterzeichnung kommt es zum Deal Closing, dem Übergangsstichtag von Leistungsgewalt und unternehmerischer Verantwortung zum Käuferunternehmen. Die nachfolgenden Abschnitte orientieren sich an diesem Ablaufschema und vertiefen die genannten Schritte.

3.5.1 Entscheidungs- und Preisfindung

Bevor das Käuferunternehmen in die abschließenden Vertragsverhandlungen mit den Eigentümern der Zielgesellschaft tritt, gilt es, die Zweckmäßigkeit und Wirtschaftlichkeit der Akquisition unter Berücksichtigung der im Rahmen der Due Diligence gewonnenen Informationen erneut kritisch zu hinterfragen. Darüber hinaus sind auf Basis der Unternehmensbewertung die Preisvorstellungen von Käufer und Verkäufer in Einklang zu bringen. Beide Punkte sollen nachfolgend skizziert werden.

- Entscheidungsfindung

Im Rahmen der Entscheidungsfindung ist vor allem zu prüfen, ob die während des bisherigen Kaufprozesses erlangten Kenntnisse den ursprünglichen Übernahmemotiven entgegenstehen und ob sich aufgrund der neu gewonnenen Transparenz eine Verschiebung der Chancen-/Risiken-Einschätzung ergeben hat. Die Informationen aus dem Due-Diligence-Prozess können ebenso berücksichtigt werden wie die Ergebnisse der Unternehmensbewertung.

Dabei spielen auch Faktoren wie das für die spezifische Situation maßgebliche Zielsystem und die Erfahrungen der Unternehmensleitung eine entscheidende Rolle. Kommt das Käuferunternehmen zu dem Ergebnis, dass die Akquisition auch unter Berücksichtigung der neu erhobenen Informationen den ursprünglichen Zielsetzungen entspricht, gilt es, in einem nächsten Schritt die Preisverhandlungen mit den Eigentümern der Zielgesellschaft aufzunehmen.

---

1 Vgl. Gomez/Weber (1989), S. 67 f.

■ Preisfindung

Die Bestimmung des Unternehmenswertes und die Preisfindung sind getrennt voneinander zu betrachten, denn der Wert eines Unternehmens kann beachtlich vom späteren Preis abweichen. Der Unternehmenswert wird mit Hilfe der beschriebenen Verfahren bestimmt und drückt – unter Berücksichtigung von Synergiepotenzialen – die Eignung des Akquisitionsobjektes zur Erreichung der finanziellen und strategischen Ziele des Käufers aus.[1] Letztlich fließt der ermittelte Unternehmenswert in die Preisfindung mit ein, die vor allem aber von den persönlichen Zielsetzungen der Entscheidungsträger beider Parteien sowie deren Verhandlungsposition geprägt ist.

Als Grundlage der Preisfindung lassen üblicherweise sowohl das potenzielle Käuferunternehmen als auch die Zielgesellschaft jeweils getrennt voneinander eine Unternehmensbewertung durchführen. Auf diese Weise ermitteln der Veräußerer und der Käufer eine Wertunter- beziehungsweise -obergrenze, die bei rationalem Verhalten nicht unter- beziehungsweise überschritten werden sollte. Der Überschneidungsbereich der Unternehmenswertbandbreiten bildet dabei die Grundlage für die Verhandlungsführung und stellt gleichzeitig den möglichen Einigungsbereich der beiden Parteien für den Kaufpreis dar.[2] Abbildung 3-18 fasst den Verhandlungsbereich beim Unternehmenskauf zusammen.

Abbildung 3-18: *Verhandlungsbereich beim Unternehmenskauf*[3]

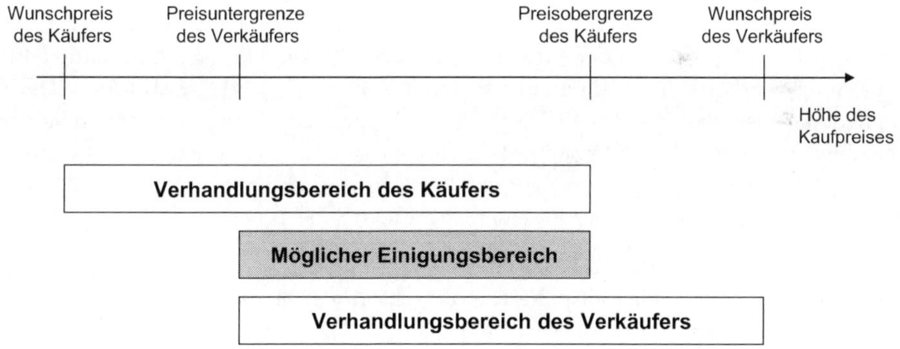

Das Ziel des Verkäufers besteht in der Regel darin, einen möglichst hohen Preis zu erzielen und gleichzeitig eventuelle Haftungs- und Gewährleistungsrisiken zu reduzieren. Bei mittelständischen Familienunternehmen stellt die Sicherung der Arbeits-

1 Vgl. Ruhnke (1995), S. 6.

2 Vgl. Lange (2001), S. 19 sowie die Ausführungen in Abschnitt 3.3 des aktuellen Kapitels.

3 In Anlehnung an Gösche (1993), S. 185.

plätze ebenso wie die Fortführung des Unternehmens häufig ein weiteres Anliegen der Alteigentümer dar. Der Käufer wird neben der Erzielung eines günstigen Kaufpreises bestrebt sein, ein intaktes Unternehmen ohne verdeckte Risiken zu erwerben.

3.5.2 Arten vertraglicher Übernahme und Finanzierungskonzept

Bei der Durchführung des Unternehmenskaufs wird im Schrifttum primär zwischen zwei Arten vertraglicher Übernahmen unterschieden, dem Asset Deal und dem Share Deal.[1] Erfolgt der Unternehmenserwerb auf dem Wege des Asset Deal, so erlangt das Käuferunternehmen Eigentum an allen Vermögensgegenständen und Rechten, während bei einem Share Deal Gesellschaftsanteile des Zielunternehmens aufgekauft werden. Die Wahl zwischen beiden Akquisitionswegen hat wichtige steuerliche und finanzierungstechnische Implikationen. Bevor daher näher auf das Finanzierungskonzept eingegangen wird, werden beiden Varianten nachfolgend kurz skizziert.

- Asset Deal

Der Asset Deal stellt den Kauf eines Unternehmens durch den Erwerb der Wirtschaftsgüter und immateriellen Vermögensgegenstände des Unternehmens sowie die Übernahme der Verbindlichkeiten dar. Es handelt sich somit um einen Sachkauf nach § 433 I Satz 1 BGB, bei dem sowohl der vollständige Besitz, als auch das Eigentum am Verkäuferunternehmen erlangt wird.[2]

Wünscht die Käufergesellschaft keine vollständige Übernahme, so besteht der Vorteil beim Asset Deal darin, dass beide Parteien einzelne Wirtschaftsgüter aus dem Verkauf ausschließen können und der Firmenmantel dem Verkäufer unter Umständen für zukünftige wirtschaftliche Aktivitäten erhalten bleibt.[3] Für die Form des Asset Deals spricht daneben, dass der Bieter in der Regel nicht die Zustimmung seiner Shareholder benötigt und damit der Unternehmenszusammenschluss zügig durchgeführt werden kann.[4] Weitere Vorteile aus dem Kauf von Wirtschaftsgütern im Vergleich zum Erwerb von Firmenanteilen ergeben sich in steuerlicher und finanzierungstechnischer Hinsicht.[5]

Die im Rahmen des Asset Deal erworbenen Wirtschaftsgüter gehen unter Auflösung gegebenenfalls bestehender stiller Reserven direkt in die Bilanz des Käufers über und können in den Folgejahren inklusive eines bezahlten Goodwill planmäßig abgeschrieben werden. Dies führt im Vergleich zum Share Deal, bei dem keine planmäßigen Abschreibungen möglich sind, zu einer Verbesserung des Cashflows und vereinfacht somit die Finanzierung des Kaufpreises. Darüber hinaus können die übernommenen Vermögens-

1 Vgl. Vogel (2002), S. 10; Jansen (2016), S. 291; Picot (2008), S. 210.
2 Vgl. Lucks/Meckl (2002), S. 28; Picot (2008), S. 210.
3 Vgl. Berens/Mertes/Strauch (2011), S. 24.
4 Vgl. Gaughan (2015), S. 26.
5 Vgl. Vogel (2002), S. 11.

gegenstände zur Besicherung der Fremdfinanzierung verwendet werden.[1] Die Übernahmeform des Asset Deal ist zwingend, wenn die Zielgesellschaft ein Einzelgewerbetreibender ist.[2]

- Share Deal

Bei einem Share Deal wird die Transaktion durch Übertragung des Rechtsträgers im Wege des Anteils- beziehungsweise Beteiligungserwerbs vollzogen.[3] Es handelt sich dabei um einen Rechtskauf nach § 453 BGB, auf den die Vorschriften aus §§ 433 ff. BGB entsprechende Anwendung finden.[4] Mangels Änderung der Gesellschaft findet beim Share Deal keine Rechtsnachfolge statt, d. h. die Identität der Zielgesellschaft bleibt erhalten. Somit ist eine Überleitung der Aktiva und Passiva nicht notwendig.[5] Die Bilanzierung der erworbenen Kapitalanteile erfolgt im Anlagevermögen unter Beteiligungen im Bereich Finanzanlagen.[6] Bei Anteilen an einer Kapitalgesellschaft sind keine planmäßigen Abschreibungen auf die Anschaffungskosten vorzunehmen, da es sich hierbei um ein nicht abnutzbares Wirtschaftsgut handelt.

Darüber hinaus hat der Übergang der Anteile keine Auswirkungen auf die in der Steuerbilanz der Zielgesellschaft ausgewiesenen Buchwerte, die unverändert weitergeführt werden.[7] Daraus folgt, dass die Differenz zwischen Kaufpreis und den regelmäßig niedrigeren Buchwerten nicht in zukünftiges Abschreibungsvolumen umgewandelt werden kann und somit der Cashflow des erworbenen Unternehmens ceteris paribus nicht erhöht wird.[8]

Als Kreditsicherheiten können im Rahmen des Share Deal die erworbenen Geschäftsanteile fungieren. Bei einer Verpfändung im Rahmen der Kreditvergabe stehen die Gläubiger des Käuferunternehmens den Gläubigern des Zielunternehmens allerdings im Rang nach.[9]

Als Vorzug des Share Deal ist zu nennen, dass für den Käufer die Möglichkeit besteht, individuell mit den Shareholdern des Zielunternehmens zu verhandeln und auf diese Weise Auseinandersetzungen mit dem Management zu umgehen.[10] Daneben ergeben sich beim Anteilskauf keine arbeitsrechtlichen Probleme, da der Wechsel des Gesellschafters zu keinem Wechsel des Arbeitgebers führt.[11] Die wesentlichen Charakteristi-

1 Vgl. Jansen (2016), S. 291.
2 Vgl. Purwins (1992), S. 263.
3 Vgl. Picot (2008), S. 212.
4 Vgl. Vogel (2002), S. 10.
5 Vgl. Berens/Mertes/Strauch (2011), S. 23.
6 Vgl. HGB § 271 I.
7 Vgl. Jung (1993), S. 152.
8 Vgl. Rodin (1993), S. 203.
9 Vgl. Berens/Mertes/Strauch (2011), S. 23 ff.
10 Vgl. Brealey/Myers (2000), S. 928.
11 Vgl. Imping/Knoche (2014), S. 218.

ka von Asset und Share Deal sowie die jeweiligen Vorteile aus den beiden Übernahmearten für den Käufer stellt Tabelle 3-5 überblickartig dar.

Tabelle 3-5: *Asset Deal vs. Share Deal aus Käufersicht*

Asset Deal	Share Deal
Kauf der Assets des Zielunternehmens Sachkauf gemäß § 433 I, 1 BGB	Kauf der Anteile des Zielunternehmens Rechtskauf gemäß § 453 BGB
Vorteile aus Käufersicht	
Käufer kann entscheiden, welche Vermögensgegenstände erworben werden In der Regel keine Zustimmung der Anteilseigner notwendig Steuerliche und finanzierungstechnische Vorteile durch höhere Abschreibungen Finanzierungstechnische Vorteile (Besicherung der Fremdfinanzierung mit Assets)	Käufer kann individuell mit Anteilseignern des Target-Unternehmens verhandeln Keine arbeitsrechtlichen Probleme aufgrund Arbeitgeberwechsel

Beide Arten der vertraglichen Übernahme haben Einfluss auf das Finanzierungskonzept der Akquisition. Dieses soll nachfolgend erläutert werden.[1]

- Finanzierungskonzept

Eine Finanzierung, die auf die speziellen Gegebenheiten und Risiken des Einzelfalles zugeschnitten ist, stellt eine wesentliche Voraussetzung für den Erfolg einer Akquisition dar. Daher ist ein solides Finanzierungskonzept, das in enger Parallelität zum Fortgang des eigentlichen Kaufprozesses entwickelt wird, ein elementarer Bestandteil im Rahmen der Planung und Durchführung einer Unternehmensakquisition. Die Finanzierung eines Unternehmenszusammenschlusses lässt sich analog der betrieblichen Finanzierung nach der Mittelherkunft in Außen- und Innenfinanzierung unterteilen.[2]

Dabei spricht man von Außenfinanzierung, wenn die Finanzmittel nicht innerhalb des Unternehmens generiert wurden, sondern von außen bereitgestellt wurden, also über den Kapital- oder Kreditmarkt. Innerhalb der Außenfinanzierung wird zwischen Eigen- und Fremdkapitalfinanzierung unterschieden. Typische Instrumente der Eigenkapitalfinanzierung sind dabei die Einlagen- oder Beteiligungsfinanzierung, während

1 Vgl. Abschnitt 2.3.2 in Teil A.
2 Vgl. Vogel (2002), S. 69.

bei der Fremdkapitalfinanzierung primär auf Darlehen und Kredite zurückgegriffen wird. Die im Rahmen des unternehmensinternen Leistungs- und Umsatzprozesses hervorgebrachten Finanzmittel werden unter dem Terminus Innenfinanzierung zusammengefasst.

Auch hier lässt sich eine Unterscheidung in Eigen- und Fremdkapitalfinanzierung vornehmen, je nachdem, ob die Überschüsse aus einbehaltenen Gewinnen (Selbstfinanzierung und Kapitalfreisetzung) oder aus dem Rückfluss von Finanzmitteln zum Beispiel über die Bildung von Rückstellungen oder Abschreibungen stammen. In der Unternehmenspraxis kommen zur Finanzierung von M&A-Aktivitäten regelmäßig Kombinationen beziehungsweise Mischformen der in Abbildung 3-19 dargestellten Finanzierungsarten zur Anwendung.

Abbildung 3-19: *Finanzierungsarten*

	Innenfinanzierung	Außenfinanzierung
Eigenfinanzierung	• Selbstfinanzierung • Kapitalfreisetzung	• Einlagenfinanzierung • Beteiligungsfinanzierung
Fremdfinanzierung	• Finanzierung aus Rückstellungsgegenwerten	• Darlehensfinanzierung • Kreditfinanzierung • Kapital-/Geldmarktfinanzierung

In vielen Fällen erfolgen Unternehmensakquisitionen unter strategischen Gesichtspunkten mit einem langfristigen Planungshorizont. Bei der Finanzierung spielt daher regelmäßig die Beschaffung von langfristigem Kapital von außen eine wichtige Rolle. Traditionelle, langfristige Außenfinanzierungsinstrumente sind der Bankkredit und die Kapitalerhöhung beziehungsweise Börseneinführung.

Die Auswahl, aber auch Verfügbarkeit geeigneter Finanzierungsinstrumente ist abhängig von verschiedenen Kriterien, die zum Teil erst in der Entscheidungsphase ihre endgültige Ausprägung erfahren, gleichwohl jedoch im Finanzierungskonzept zu berücksichtigen sind.

Dazu zählen mehrere Punkte wie beispielsweise die Größe von Käufer- und Zielgesellschaft.[1] Die sich anbietenden Finanzierungsmöglichkeiten werden maßgeblich von der Größe der an einem Unternehmenszusammenschluss beteiligten Parteien beeinflusst. So kommen insbesondere bei kleineren Transaktionen die Liquiditätsreserven des Käuferunternehmens als Finanzierungsquelle in Frage. Anleihebegebungen stellen dagegen nur für große Unternehmen mit entsprechender Bonität eine relevante Finanzierungsalternative dar.

Ein weiteres Kriterium stellt das Finanzierungsvolumen dar: Eng verbunden mit der Unternehmensgröße des Target ist das für die Transaktion benötigte Finanzierungsvolumen. Mit zunehmender Größenordnung des Finanzierungsvorhabens spielen Kapitalmarktfinanzierungen eine wichtigere Rolle, da hierdurch größere Volumina zu erreichen sind, als den meisten Unternehmen über ihren freien Cashflow und die zugesagten Kreditlinien zur Verfügung stehen. Auch die Finanzierungskosten spielen eine wichtige Rolle bei der Auswahl der Instrumente. Unter Kostengesichtspunkten lässt sich argumentieren, dass Fremdkapital tendenziell günstiger ist als Eigenkapital.[2] Kostenüberlegungen können somit dazu führen, dass gewisse Finanzierungsalternativen bereits frühzeitig aus der Betrachtung ausscheiden.

Im Rahmen der zeitlichen Verfügbarkeit der Finanzierung sollte berücksichtigt werden, dass sich je nach Finanzierungsinstrument ein unterschiedlicher Zeitbedarf bis zur Bereitstellung der Finanzmittel ergibt. So müssen für Börsengänge oder Anleihebegebungen mitunter zeitaufwändige Roadshows geplant und durchgeführt werden, um institutionelle Anleger für ein Investment zu gewinnen. Überdies ist auch der Investitionshorizont in die Wahl der Finanzierungsalternative mit einzubeziehen.

Während Eigenkapital dem Unternehmen zumeist dauerhaft zur Verfügung steht, ergeben sich bei der Aufnahme von Fremdmitteln in der Regel bestimmte zeitliche Restriktionen hinsichtlich der Laufzeit. Zudem beeinflusst die Rechtsform einer Gesellschaft neben den generellen Zugangsmöglichkeiten zum Kapitalmarkt häufig auch die Einschätzung der Kreditwürdigkeit eines Unternehmens und damit dessen Finanzierungsmöglichkeiten.[3]

Darüber hinaus stellt der Verschuldungsgrad für Investoren und Gläubiger ein relevantes Risikomaß dar. Je größer das Verhältnis aus Verbindlichkeiten und Schulden zum Gesamtkapital, desto teurer und schwieriger gestaltet sich in der Regel die weitere Fremdmittelaufnahme. Ein hoher Verschuldungsgrad begrenzt somit die zur Verfü-

---

1 Vgl. Raupach/Weiss (2005), S. 308 f.

2 Vgl. Vogel (2002), S. 101.

3 Vgl. Leitner/Trinkl (2001), S. 299.

gung stehenden Finanzierungsoptionen. Auch von der Rentabilität eines Unternehmens kann dessen Zugriffsmöglichkeit auf bestimmte Finanzierungsinstrumente abhängen. Mit abnehmender Rentabilität wird der Zugang einer Gesellschaft zu bestimmten Formen der Mittelbeschaffung, wie zum Beispiel der Aktien- oder Anleihenemission, erschwert beziehungsweise unmöglich gemacht.

Die Verfügbarkeit von Sicherheiten betrifft vor allem die Fremdkapitalfinanzierung.[1] Insbesondere im Kreditgeschäft spielen Sicherheiten eine wichtige Rolle und haben Einfluss auf die Höhe der bereitgestellten Mittel sowie die angebotenen Konditionen. Haben sich die beiden Parteien auf einen Kaufpreis geeinigt und ist die Finanzierung gesichert, gilt es, den endgültigen Kaufvertrag zu erarbeiten, abzustimmen und schießlich zu unterzeichnen. Damit setzt sich der nächste Abschnitt auseinander.

3.5.3 Kaufvertrag und Signing

Die Endphase vor der abschließenden Vertragsunterzeichnung gilt als kritische Periode, in der viele Akquisitionen scheitern. Bis zum Abschluss des Kaufvertrages kann jede Partei grundsätzlich einen Vertragsabschluss verweigern, ohne negative Rechtsfolgen befürchten zu müssen. Eine Ausnahme greift, wenn wesentliche Punkte, wie Kaufpreis und -gegenstand, bereits im Vorvertrag festgelegt wurden.[2] Der Unternehmenskaufvertrag ist dabei grundsätzlich formlos wirksam. Ausnahmen ergeben sich in bestimmten Einzelfällen in Abhängigkeit des Erwerbsweges.

So ist bei der Unternehmensübernahme im Wege des Asset Deal der Kauf von Grundstücken und Erbbaurechten nach § 313 BGB notariell zu beurkunden. Im Rahmen eines Share Deal bedürfen Verkauf und Abtretung von Geschäftsanteilen einer GmbH nach § 15 III GmbHG der notariellen Beurkundung. Für die Ausgestaltung des Vertrages gilt der Grundsatz, alle rechtlich und wirtschaftlich relevanten Fragen umfassend und präzise zu regeln, um Unklarheiten und damit möglichen späteren Regressanforderungen frühzeitig entgegenzuwirken. Der Unternehmenskaufvertrag umfasst regelmäßig folgende Punkte beziehungsweise Klauseln:[3]

- Vertragspartner und Präambel: In der Regel beginnt ein Kaufvertrag mit einer namentlich genauen Bezeichnung der beiden Vertragsparteien. Ist einer der Vertragspartner ein ausländisches Unternehmen, so ist zu prüfen, ob dieses eigene Rechte erwerben und Pflichten eingehen kann. In der Präambel werden die Motive und die Geschäftsgrundlage für den Vertrag definiert. Im Falle unterschiedlicher Auffassungen von Vertragsklauseln dient die Präambel zur Auslegung.

- Vertragsgegenstand: Als Kaufgegenstand kommen entweder die Wirtschaftsgüter des Zielunternehmens (Asset Deal) oder dessen Geschäftsanteile (Share Deal) in

1 Vgl. Raupach/Weiss (2005), S. 312.
2 Vgl. Vogel (2002), S. 220.
3 Vgl. Beisel/Klumpp (2016), S. 115 ff.; Hölters (1992), S. 50 f.

Frage. Erfolgt der Unternehmenskauf im Wege des Asset Deal, so ist eine genaue Beschreibung der zu übertragenden Vermögensgegenstände und Rechte erforderlich. Hierfür sind sowohl bilanzierte als auch nicht bilanzierte Sachgüter aufzuführen. Bei einem Share Deal sind die zu übertragenden Wirtschaftsgüter einzeln mit ihrem Nennbetrag anzugeben.

- Kaufpreis: Die Festlegung des Kaufpreises gehört neben dem Vertragsgegenstand zu den zentralen Elementen des Unternehmenskaufvertrages. Die an der Transaktion beteiligten Parteien sollten daher nicht lediglich die Höhe des Kaufpreises, sondern auch dessen Bestimmungsgründe festhalten. In der Praxis einigt man sich häufig auf einen variablen Kaufpreis, der von der zukünftigen Entwicklung des Unternehmens abhängig ist.

  Solche Konstruktionen werden als Earn-outs bezeichnet. Dabei handelt es sich um Modelle, die das Risiko einer falschen Prognose über die zukünftige Entwicklung sowohl auf Käufer- als auch auf Verkäuferseite begrenzen sollen. Je nachdem, ob der tatsächliche Ertrag die Prognose über- oder unterschreitet, wird ein Auf- beziehungsweise Abschlag auf den Übernahmepreis vereinbart.

- Verbindlichkeiten: Falls vertraglich nichts Abweichendes vereinbart wurde, muss der Käufer in der Regel für Altverbindlichkeiten des übernommenen Unternehmens einstehen. Beim Unternehmenskauf im Wege des Asset Deal ist eine Haftung des Käufers darüber hinaus auch für solche Verbindlichkeiten möglich, die nicht ausdrücklich Bestandteil des Vertrags waren. Hierbei sind vor allem die Firmenfortführung, die Verjährung und zeitliche Begrenzung der Haftung, der Betriebsübergang sowie die Betriebssteuern zu berücksichtigen.

  Um Streitigkeiten zu vermeiden, sollte das Käuferunternehmen eine Zusicherung des Verkäufers verlangen, nach der insbesondere Eventualverbindlichkeiten, die nicht in den Vertrag aufgenommen wurden, faktisch auch nicht bestehen. Findet der Unternehmenserwerb durch einen Share Deal statt, so wird das Käuferunternehmen zum neuen Rechtsträger mit dem Ergebnis, dass die Verbindlichkeiten gegenüber Dritten wirtschaftlich auf ihn übergehen.

- Zusicherungen und Garantien: Aufgrund der bestehenden Unsicherheit der gesetzlichen Sachmängelhaftung bei Unternehmenskäufen wird in der Praxis regelmäßig auf präventive Gestaltungsinstrumente zurückgegriffen, welche die Grundlagen und Folgen der Mängelhaftung detailliert regeln. Hierfür bieten sich Zusicherungen und Garantien an. Im Unternehmenskaufvertrag nimmt dieser Abschnitt aufgrund einer Fülle teils detailliert zu regelnder Rechtsfolgen regelmäßig den größten Raum ein. Aus Käufersicht empfiehlt sich die Aufnahme einer Globalzusicherung als Vertragsklausel.[1]

1 Vgl. Beisel/Klumpp (2016), S. 564.

Darin sichert der Veräußerer dem Käufer zu, ihm vollständig und umfassend über sämtliche zur Beurteilung des Unternehmens maßgebliche Umstände Auskunft erteilt zu haben. Weiterhin verspricht der Verkäufer, dass keine Umstände vorliegen, die der Weiterführung der Gesellschaft entgegenstehen. Weitere Klauseln beziehen sich auf die Richtigkeit der vorgelegten Bilanzen. Dabei geht es beispielsweise um die Frage, ob die ausgewiesenen Vermögensgegenstände im Eigentum der jeweiligen Gesellschaft stehen oder ob sämtliche bekannte Risiken durch entsprechende Rückstellungen berücksichtigt wurden.[1] Der Umfang der Zusicherungen wird regelmäßig umso größer ausfallen, je weniger gründlich und intensiv die Due Diligence durchgeführt wurde.[2]

- Die Garantie stellt eine risikopolitische Maßnahme zur Schadensbegrenzung nach Vertragsabschluss dar. Ziel ist es, eine Haftungsbegründung für den Verkäufer außerhalb der gesetzlichen Gewährleistung des Kaufrechts zu schaffen. Gegenstand einer eigenständigen Garantie können beispielweise Verstöße gegen das Wettbewerbsrecht oder Risiken aus der Produzentenhaftung darstellen.[3]

- Wettbewerbsverbot: In der Übernahmepraxis kommt es in vielen Fällen vor, dass sich der Verkäufer verpflichtet, für eine bestimmte Dauer von beispielsweise fünf Jahren nicht in Konkurrenz zu Produkten und Dienstleistungen der veräußerten Gesellschaft zu treten. Derartige Klauseln sind nach sachlichen, räumlichen und zeitlichen Gesichtspunkten genau festzulegen.

- Kosten des Unternehmenskaufvertrages: Die Aufteilung der Kosten wird zumeist durch die Verhandlungsposition der Vertragspartner bestimmt. Die für die Beurkundung des Kaufvertrages und den Handelsregistereintrag anfallenden Kosten werden typischerweise durch das Käuferunternehmen getragen. Andere Kosten werden meist zwischen den Vertragsparteien aufgeteilt.

- Schiedsgerichtvereinbarungen: Bei Unternehmensverkäufen von wirtschaftlicher Bedeutung wird regelmäßig vereinbart, dass die beiden Parteien im Falle von Streitigkeiten aus dem geschlossenen Vertrag auf den ordentlichen Rechtsweg zugunsten eines Schiedsgerichtes verzichten. Auf diese Weise kommt das rigide Prozessrecht nicht zur Anwendung, woraus eine Kosten- und Zeitersparnis resultiert.

Die hier beschriebenen Vertragselemente erheben keinen Anspruch auf Vollständigkeit. Sie dürfen lediglich als Auszug verstanden werden, da in der M&A-Praxis Kaufverträge an vielen Stellen modifiziert und erweitert werden, um den spezifischen Begebenheiten des Einzelfalls Rechnung zu tragen. Mit Unterzeichnung des Kaufvertrags wird die Transaktion zwischen beiden Parteien in rechtlich bindender Weise vollzogen.

---

1 Eine Auflistung sinnvoller Zusicherungen seitens des Verkäufers findet sich beispielsweise bei Humpert (1985), S. 40.

2 Vgl. Jansen (2016), S. 359.

3 Für eine Checkliste zu garantierender Umstände vgl. Holzapfel/Polläth (2000), S. 324 f.

Zwar sind damit die Transaktionsphase und der Akquisitionsprozess vollzogen. Allerdings beginnen, wie zahlreich belegt, die eigentlichen Probleme oftmals erst dann, wenn es gilt, die übernommene Einheit zu integrieren beziehungsweise die beiden Unternehmen zu einer Einheit zu verschmelzen. Diesem äußerst erfolgskritischen Prozess widmet sich Teil C.

Teil C:

Post-Merger-Integrationsmanagement

1 Einführung

Ein Zusammenschluss von Unternehmen ist kein Garant für die Realisierung zukünftiger Erfolgspotenziale. Auch wenn während der Vorbereitungsphase die prognostizierten Synergieeffekte erheblich waren und der juristische Zusammenschlussprozess abgeschlossen ist, gilt es, Gefahren und Risiken zu berücksichtigen, die in der bevorstehenden Integration der Unternehmen begründet liegen. Empirische Studien deuten darauf hin, dass die überwiegende Mehrheit aller Unternehmenszusammenschlüsse gerade in der Integrationsphase scheitert.[1]

Die Gründe dieses Scheiterns sind komplex und vielschichtig. Insbesondere fehlende Erfahrung des Management und die daraus resultierende mangelnde Berücksichtigung wesentlicher Erfolgsfaktoren des Post-Merger-Integrationsmanagement, wie eine detaillierte Planung, Steuerung und Kontrolle des Integrationsprozesses, führen zu suboptimalen Ergebnissen. Bevor wir uns dem Post-Merger-Integrationsmanagement widmen, erfolgt zuerst eine Begriffsdefinition und -abgrenzung sowie eine kurze Erläuterung zum weiteren Aufbau von Teil C.

1.1 Begriffsdefinition und -abgrenzung

Der Begriff des Post-Merger-Integrationsmanagement umfasst hier die Phasen Integrationskonzeption, -durchführung und -controlling. Daher erscheint es sinnvoll, kurz auf den Begriff der Post-Merger-Integration einzugehen, bevor das Post-Merger-Integrationsmanagement definiert wird.

■ Post-Merger-Integration: Begriff und Verständnis

Die Beschäftigung mit dem Post-Merger-Integrationmanagement erfordert zunächst eine Bestimmung des Integrationsbegriffes. Das lateinische Verb „integrare" wird überwiegend mit „erneuern", „vervollständigen" oder „wiederherstellen" übersetzt. Im wirtschaftswissenschaftlichen Schrifttum wird der Begriff „Integration" heterogen gebraucht. Im Rahmen einer sehr allgemeinen Definition wird „Integration" von Lehmann „zur Kennzeichnung eines Vorganges (beziehungsweise eines Ergebnisses) verwendet, durch den aus sich gegenseitig ergänzenden Teilen eine neue umfassende Einheit geschaffen wird."[2] Tabelle 1-1 stellt einige Integrationsdefinitionen im Überblick dar.

1 Vgl. Habeck/Kröger/Träm (2002), S. 5.
2 Lehmann (1980), S. 976.

Tabelle 1-1: *Definitionen der Post-Merger-Integration*

Autor	Definition
Schoenauer (1967)	The process of bringing together the parts, the human resources in this instance, and making them into a new whole is the integration process
Lindgren (1982)	... the concept of integration refers to the process through which changes in various systems in the acquired subsidiary are undertaken
Reineke (1989)	Bei der Integration handelt es sich [...] um eine evolutionäre Konzeption, d. h., die resultierende Gesamtunternehmung ist nicht das Ergebnis einer planenden und gestaltenden Vernunft, sondern das Resultat von Wachstums- und Entwicklungsprozessen, bei denen zwar der menschliche Konstruktionswille eine Rolle spielt, die entstehende Integration aber nie daraus allein erklärt werden kann. Die Integration weist daher die Grundstruktur des evolutionären Problemlösungsprozesses auf, bei dem es sich um einen Versuchs-Irrtums-Prozess handelt.
Reineke (1989)	Unter ‚Eingliederung' oder ‚Einbindung' sind die von der [...] Unternehmung mittels geeigneter Instrumente und Prozesse eingeleiteten Kultur-, Struktur- und Ablaufänderungen vor allem bei der übernommenen Tochtergesellschaft zu verstehen
Sautter (1989)	Die Integration beinhaltet die Einbindung des akquirierten Unternehmens in die strategische Informationsstruktur des gesamten Konzerns
Scheiter (1989)	Der [...] Integrationsbegriff [...] bedeutet die Zusammenführung und Verschmelzung von Systemen, Strukturen, Ressourcen und Kulturen zweier Unternehmungen zur Erreichung einer wirtschaftlichen Zielsetzung
Haspeslagh/Jemison (1991)	Integration is an interactive and gradual process in which individuals from two organizations learn to work together and cooperate in the transfer of strategic capabilities
Gerpott (1993)	Integration ist der hauptsächlich vom erwerbenden Unternehmen (= Integrationsinitiator) vorangetriebene evolutionäre Prozess, in dem primär über Interaktionen (= Integrationsmittler) der Mitarbeiter des Akquisitionssubjektes und -objektes immaterielle Fähigkeiten/Know-how bei beiden Unternehmen beeinflusst und zwischen ihnen übertragen werden (= Integrationsobjekt I) sowie Veränderungen in der Nutzung materieller Ressourcen zumindest beim Akquisitionsobjekt herbeigeführt werden (= Integrationsobjekt II), um durch die Akquisition eröffnete Potenziale zur Steigerung des Gesamtwertes beider Unternehmen zu realisieren (= Integrationsziel)
Grimpe (2005)	Integration bezeichnet Ressourcentransfers mit dem Ziel der organisatorischen Anpassung der Akquisitionsunternehmen zur Ausschöpfung von Wertsteigerungspotenzialen

Wirtz/Wecker (2006b)	„Unter Post-Merger-Integrationsmanagement wird im Rahmen des M&A-Management die Zusammenführung von zwei oder mehr Unternehmen mit der Zielsetzung verstanden, die Markt- und Wettbewerbsposition zu verbessern. Die Zusammenführung umfasst dabei gleichermaßen den materiellen und immateriellen Ressourcentransfer und erfolgt durch die Prozesse Integrationskonzeption, -durchführung und -controlling, die sich auf organisations-, informations- und marktorientierte Aspekte erstrecken."
Jansen (2008)	„Integration als einen graduell, hinsichtlich seiner Intensität und Asymmetrie differierenden, gemeinsamen Prozess der abgestimmten Koordination von Entscheidungen auf den Integrationsebenen Strategie, Organisation/Administration, Personal, Kultur und Operationen im Sinne einer internen Integration und als einen parallel laufenden, die interne Integration wechselseitig beeinflussenden Prozess der externen Integration von Kunden, Zulieferern, Aktionären, Analysten und anderen Stakeholdern zu verstehen."

Bei einer vergleichenden Betrachtung der Integrationsdefinitionen wird deren Heterogenität ersichtlich. In institutioneller Hinsicht kann dabei zwischen dem Integrationssubjekt beziehungsweise Integrationsinitiator und dem Integrationsobjekten unterschieden werden. Hinsichtlich der Subjektperspektive sprechen die Definitionen von Reineke oder Gerpott von (erwerbenden) Unternehmen, welche die Integration initiieren. Bezüglich der Objektperspektive sind in den Integrationsdefinitionen unterschiedliche Detaillierungsgrade zu finden. Leimer und Sautter sprechen hier allgemein von einer Gesamtunternehmung beziehungsweise von einem zu integrierenden akquirierten Unternehmen.

Andere Autoren spezifizieren demgegenüber die zu integrierenden Objekte. Reineke und Scheiter sprechen von den Integrationsobjekten Unternehmenssystem, -struktur, -ressourcen und -kultur. Gerpott definiert sowohl immaterielle Fähigkeiten als auch materielle Ressourcen als Objekte einer Integration. Jansen rekurriert in diesem Kontext auf die unternehmensinternen Bereiche Strategie, Aufbau- und Ablauforganisation, Personal und Kultur sowie auf die externe Integration von Kunden, Lieferanten, Aktionären, Analysten und anderen Stakeholdern.

In instrumenteller Hinsicht wird als Integrationsmittel in der Mehrzahl der Definitionen auf Integrationsprozesse abgestellt. Haspeslagh und Jemison bezeichnen diesen Integrationsprozess als interaktiv und schrittweise, Gerpott und Leimer hingegen als evolutionär beziehungsweise im Fall von Leimer als das Resultat von Wachstums- und Entwicklungsprozessen im Sinne eines Trial-and-Error-Verfahrens.

Jansen spricht in instrumenteller Hinsicht von einem gemeinsamen Prozess der abgestimmten internen Koordination und einem externen Prozess, die sich reziprok beeinflussen. Eine teleologische Perspektive integrieren nur wenige Autoren in ihre Definition. Scheiter und Grimpe nennen als Ziel der Integration die Erreichung einer wirtschaftlichen Zielsetzung. Gerpott bezeichnet in seiner Definition die Steigerung des Gesamtwertes der zusammenzuführenden Unternehmen als das Integrationsziel.

■ Post-Merger-Integrationsmanagement: Definition

Nach dem hier vorliegenden Begriffsverständnis umfasst ein Unternehmenszusammenschluss die drei Hauptphasen Akquisitions-, Post-Merger-Integrations- und Demerger-Management, wobei sich das Post-Merger-Integrationsmanagement wiederum in die Teilphasen Integrationskonzeption, -durchführung und -controlling unterteilen lässt.

Damit wird bereits deutlich, dass das Post-Merger-Integrationsmanagement aus einer Prozessperspektive den Zeitraum von der Unterzeichnung des Kaufvertrages bis hin zu möglichen Demerger-Überlegungen und damit den gesamten Integrationsprozess umfasst. Allerdings können Demerger-Überlegungen die Post-Merger-Integrationsphase zumindest teilweise außer Kraft setzen, wenn von vorneherein die Absicht besteht, bestimmte Teilbereiche nicht zu integrieren, sondern abzustoßen. Aus einer inhaltlichen Perspektive gilt das Post-Merger-Integrationsmanagement gleichermaßen für den Integrationsprozess vorausgegangener Fusionen und Akquisitionen. Da aber gerade die Integrationsphase stärker mit einer Verschmelzung beziehungsweise Fusion in Verbindung gebracht wird, soll hier stärker auf die Begrifflichkeit des Mergers und damit tendenziell auf einen eher hohen Integrationsgrad rekurriert werden.

Vergegenwärtigt man sich nochmals die Definitionen zur Post-Merger-Integration, so zeigt sich, dass der Begriff der Integration zumeist nur bezüglich einer ausgewählten Betrachtungsperspektive näher präzisiert wird und die aufgeführten Definitionen insofern nur ein partielles Begriffsverständnis aufweisen. Vor diesem Hintergrund soll eine umfassende Definition des Integrationsbegriffes verwendet werden, bei der sowohl institutionelle, instrumentelle und teleologische Aspekte Eingang finden. Damit lässt sich das Post-Merger-Integrationsmanagement folgendermaßen definieren:

Definition Post-Merger-Integrationsmanagement

Unter Post-Merger-Integrationsmanagement wird im Rahmen des M&A-Management die Zusammenführung von zwei oder mehr Unternehmen mit der Zielsetzung verstanden, die Markt- und Wettbewerbsposition zu verbessern. Die Zusammenführung umfasst dabei gleichermaßen den materiellen und immateriellen Ressourcentransfer und erfolgt durch die Prozesse Integrationskonzeption, -durchführung und -controlling, die sich auf organisations-, informations- und marktorientierte Aspekte erstrecken.

1.2 Aufbau des Post-Merger-Integrations-management

Das Post-Merger-Integrationsmanagement stellt die zweite Hauptphase im Rahmen des gesamten M&A-Prozesses dar und schließt idealtypischer Weise nahtlos an das Akquisitionsmanagement an, das mit Unterzeichnung des Kaufvertrages und damit rechtlicher Bindung der M&A-Transaktion beendet ist. Dabei untergliedert sich das Post-Merger-Integrationsmanagement in vier Kapitel. Abbildung 1-1 stellt diesbezüglich die Einbindung des Post-Merger-Integrationsmanagement in den Gesamtzusammenhang sowie die Untergliederung in Integrationskonzeption, durchführung und -controlling nochmals dar.

Abbildung 1-1: *Post-Merger-Integrationsmanagement im Rahmen des M&A-Prozesses*

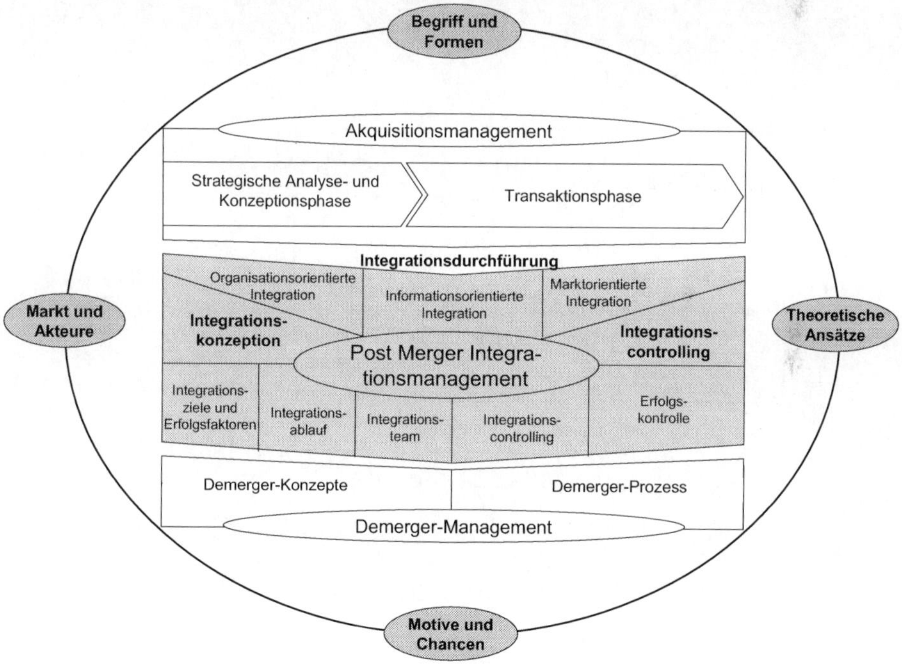

Nachdem im ersten Kapitel eine Bestimmung und Abgrenzung des Post-Merger-Integrationsbegriffs erfolgt ist, widmet sich das zweite Kapitel der Integrationskonzeption. Neben den Integrationszielen und den Erfolgsfaktoren für eine gelungene Integration werden hier der Integrationsablauf sowie Zusammensetzung, Kompetenzen,

Aufgaben und Instrumente des Integrationsteams erläutert. Das dritte Kapitel befasst sich anschließend mit der Integrationsdurchführung. Dabei werden organisationsorientierte (Aufbau- und Ablauforganisation, Unternehmenskultur und Personalmanagement), informationsorientierte (Informations- und Kommunikationstechnologie und -politik sowie Wissensmanagement) und marktorientierte Aspekte (Marken- und Kundenmanagement) einzeln aufgegriffen und detailliert beschrieben. Den Abschluss bildet das vierte Kapitel zum Integrationscontrolling, in welchem Aufgaben, Methoden und Ansätze eines M&A-Controlling aufzeigt werden.

2 Post-Merger-Integrationskonzeption

Die Konzeption der Post-Merger-Integration besitzt eine fundamentale Bedeutung für die Erreichung der generell mit der M&A-Transaktion verfolgten Ziele. Durch eine fundierte Ausgestaltung dieser Prozessphase lassen sich während der Integration auftretenden Probleme und Schwierigkeiten teilweise umgehen beziehungsweise abmildern, wodurch die Wahrscheinlichkeit des Integrationserfolges signifikant erhöht werden kann. Basis des Integrationskonzeptes bilden dabei die mit dem Zusammenschluss verbundenen Zielsetzungen, die im Rahmen der strategischen Analyse- und Konzeptionsphase ermittelt wurden und die Durchführung des gesamten M&A-Prozesses ökonomisch rechtfertigen. Aufbauend auf diesen allgemeinen Zielen erfolgt im Rahmen der Integrationskonzeption die Ausgestaltung wichtiger Bestimmungsgrößen der Post-Merger-Integrationsphase. Dabei handelt es sich um die spezifischen Ziele der Integrationsphase, die Festlegung der Aufgabenbereiche und des Integrationsablaufs sowie den Einsatz und die Zusammensetzung des Integrationsteams. Auf die einzelnen Punkte wird nachfolgend detailliert eingegangen.

2.1 Integrationsziele und Erfolgsfaktoren

Der Erfolg von Tätigkeiten und Prozessen wird vielfach daran gemessen, inwiefern diese zur Erreichung der Unternehmensziele beitragen.[1] In diesem Sinne kann von einer erfolgreichen Post-Merger-Integration gesprochen werden, wenn nach deren Abschluss die übergeordneten Ziele der M&A-Transaktion realisiert werden konnten. Daher ist es die Aufgabe der Integrationskonzeption, die spezifisch mit der Integrationsphase verbundenen Zielsetzungen sowie die Erfolgsfaktoren zur Zielerreichung herauszuarbeiten und als Orientierungsraster für die Durchführung der Integration vorzugeben.

Ähnlich wie sich die grundsätzlich mit einer M&A-Transaktion verbundenen Motive und Zielsetzungen an den strategischen Unternehmenszielen auszurichten haben und handlungsleitend für den Strategieentwicklungsprozess sind, sollten auch die spezifischen Ziele der Integrationsphase aus den übergeordneten Zielen des Zusammen-

1 Vgl. Staehle (1999), S. 444 f.

schlusses abgeleitet werden.[1] Dabei muss im Rahmen der Integrationsphase auf die Ziele der beteiligten Unternehmen und der Stakeholder eingegangen werden.

Dabei sollte berücksichtigt werden, dass es sich bei den verfolgten Zielen in der Regel um Zielbündel handelt, die sich zum Beispiel aus Output-, System-, Produkt- oder sozialen Zielen zusammensetzen können und oftmals zu Zielkonflikten führen, die es zu antizipieren gilt.[2] Betrachtet man das Schrifttum auf die mit der Post-Merger-Integrationsphase verbundenen Problembereiche und verliert gleichzeitig die übergeordneten Zielsetzungen der M&A-Transaktion nicht aus den Augen, so lassen sich wesentliche Ziele und Erfolgsfaktoren für die Integrationsphase herausarbeiten (vgl. Tabelle 2-1).[3]

Tabelle 2-1: *Ziele und Erfolgsfaktoren der Post-Merger-Integrationsphase*

Ziele	Erfolgsfaktoren
Identifizierte Wachstums- und Synergiepotenziale ausschöpfen	■ Überprüfung der Effizienz aller Abteilungen/Prozesse entlang der Wertschöpfungskette ■ Schnelle Einleitung der notwendigen Restrukturierungsmaßnahmen, wie zum Beispiel ■ Bündelung der Beschaffungsvolumina ■ Zusammenlegung der Vertriebsorganisation ■ Verschlankung des Verwaltungsapparates ■ Verkauf/Verselbstständigung unwirtschaftlicher Geschäftsbereiche ■ Ausnutzung finanzwirtschaftlicher Synergien (zum Beispiel Cash Management, Kreditaufnahme)
Gemeinsame strategische Ausrichtung erarbeiten	■ Gemeinsame Erarbeitung eines neuen Unternehmensleitbildes unter Abgleich von Unternehmensphilosophie, strategischen Zielen und Führungsprinzipien ■ Integrierte, geschäftsfeldbezogene Strategieumsetzung und Neuordnung des bestehenden Portfolios ■ Austausch strategischer Ressourcen und Managementfähigkeiten

1 Vgl. Kapitel 4 in Teil A.
2 Vgl. Schewe/Gerds (2001), S. 83.
3 Vgl. Sieben/Sielaff (1989), S. 41 ff.; Clever (1993a), S. 122 ff.; Frank (1993), S. 134 ff.; Hagemann (1996), S. 107 ff.; Koch (2000), S. 338 ff.; Habeck/Kröger/Träm (2002), S. 24 ff.; Vogel (2002), S. 254 f.

Durchgängige Steuerungsfähigkeit gewährleisten	▪ Zügige Besetzung von Führungspositionen ▪ Eindeutige Abgrenzung der Aufgaben und Verantwortungsbereiche leitender Mitarbeiter ▪ Schneller Aufbau und Einsatz eines aussagefähigen Controllingystems ▪ Harmonisierung der IT-Systemlandschaft und Schaffung einer einheitlichen Datenbasis
Schlüsselpersonen halten und Wissenstransfer sicherstellen	▪ Frühe Einbeziehung von Mitarbeitern und Management in den Integrationsprozess ▪ Sicherstellung eines effizienten Informationsflusses und Aufzeigen klarer Perspektiven ▪ Schaffung geeigneter Anreizmechanismen zur Steigerung der Loyalität und des Wissenstransfers ▪ Generierung von Quick wins
Unternehmenskulturen harmonisieren	▪ Ausarbeitung eines klaren Change-Management-Konzeptes und effiziente Kommunikation der notwendigen Änderungsmaßnahmen (zum Beispiel einheitliche Führungsgrundsätze, Angleichung von Entlohnung und Sozialleistungen) ▪ Einsatz spezialisierter Change-Management-Berater ▪ Austausch von Führungskräften auf Top-Management-Ebene
Marktauftritt stärken	▪ Entwicklung und Umsetzung eines differenzierten Markenkonzeptes ▪ Unterstützung des Merger-Prozesses durch professionellen Werbeauftritt ▪ Einsatz spezialisierter Key Account Teams zur Steigerung der Kundenloyalität
Vorgegebenen Zeitplan der Post-Merger-Integration einhalten	▪ Einsatz eines Integrationsteams und Ausstattung mit notwendigen Kompetenzen und Ressourcen ▪ Straffes Projektmanagement ▪ Fundierte Umsetzungsplanung der Integrationsphase (Maßnahmen strategischer und operativer Art, Zeitrahmen, Aufgabenverteilung und Verantwortlichkeiten)

Auch wenn es auf den ersten Blick sicherlich schwer fällt, die Ziele beziehungsweise deren Erfolgsfaktoren zu gewichten oder zu priorisieren, so soll an dieser Stelle dennoch das Ziel der Erarbeitung einer gemeinsamen strategischen Ausrichtung herausgegriffen werden. Diesem kommt insofern eine besondere Bedeutung zu, als die operative Durchführung der organisations-, informations- und marktorientierten Integration sich an diesen strategischen Vorgaben auszurichten hat.

Zum anderen gehört der Einsatz eines Integrationsteams zu den wichtigsten Erfolgsfaktoren der Post-Merger-Integration. Das Integrationsteam ist idealerweise bereits bei der Festlegung der Ziele und Herausarbeitung der Erfolgsfaktoren im Rahmen der Konzeption der Integrationsphase institutionalisiert und letztendlich für die Umsetzung aller Ziele verantwortlich. Von ihm ist auch der genaue Integrationsablauf zu planen, auf den nachfolgend eingegangen werden soll, bevor die Zusammensetzung, Kompetenzen, Aufgaben und Instrumente des Integrationsteams näher beschrieben werden.

2.2 Integrationsablauf

Wesentlicher Bestandteil der Integrationskonzeption und wichtiger Erfolgsfaktor für eine reibungslose Durchführung der Post-Merger-Phase ist eine detaillierte Planung des Integrationsablaufs. Diese Planung sollte möglichst alle Maßnahmen hinsichtlich der strategischen und operativen Integration enthalten, den Zeitrahmen für die Durchführung vorgeben sowie die Aufgabenverteilung und Verantwortlichkeiten definieren.[1] Zur Festlegung und Priorisierung der Integrationsmaßnahmen muss allerdings der gewünschte Integrationsgrad und die geplante Integrationsgeschwindigkeit berücksichtigt werden. Diese drei Planungskomponenten des Integrationsablaufs werden im Folgenden kurz beschrieben.

2.2.1 Festlegung und Priorisierung der Integrationsmaßnahmen

Insbesondere bei größeren Unternehmenszusammenschlüssen spielt die Planung und Koordination der einzelnen Integrationsmaßnahmen eine wesentliche Rolle. Im Schrifttum besteht weitgehende Einigkeit über die übergeordneten Themenfelder zur Festlegung der Integrationsmaßnahmen (wenngleich sich keine pauschale Priorisierung durchsetzen konnte): strategisch, strukturell, personell und kulturell.[2]

Eine Priorisierung dieser Aspekte erscheint auch wenig sinnvoll, da hierzu neben der unternehmensspezifischen Ausgangssituation zumindest die Abhängigkeitsbeziehungen zwischen den Maßnahmen sowie deren Ressourcenbindung und ihre Bedeutung für den Integrationserfolg berücksichtigt werden müssen. Eine erste Hilfestellung zur Priorisierung der Themen-felder und damit auch der daraus abgeleiteten Integrationsmaßnahmen liefert eine 4-Felder-Matrix mit den Dimensionen „Beitrag zum Integ-

1 Vgl. Hagemann (1996), S. 113.
2 Vgl. Vogel (2002), S. 254 ff.; Welge/Al-Laham (2003), S. 462.

rationserfolg" und „Erwartete Schwierigkeit bei der Bewältigung des Themenfeldes".[1] Daraus ergibt sich eine grobe Einordnung der Themenfelder, die in Abbildung 2-1 dargestellt ist.

Abbildung 2-1: *4-Felder-Matrix zur Priorisierung der Integrationsthemen*[2]

Erwartete Schwierigkeiten bei der Bewältigung des Themenfeldes	**hoch**	Themenfelder ohne Handlungsbedarf	Themenfelder mit sehr hohem Handlungsbedarf
	niedrig	Themenfelder mit geringem Handlungsbedarf	Themenfelder mit hohem Handlungsbedarf
		niedrig	**hoch**
Beitrag der Bewältigung des jeweiligen Themenfeldes zum Integrationserfolg			

Aus der Matrix wird ersichtlich, dass Themenfelder, die bei einer hohen Erfolgsrelevanz zugleich auf nicht unerhebliche Umsetzungsschwierigkeiten stoßen, den höchsten Handlungsbedarf aufweisen, insbesondere da zu Beginn der Integration noch von einer hohen Veränderungsbereitschaft der betroffenen Mitarbeiter auszugehen ist. Ebenso besitzen Themenfelder mit hoher Erfolgsrelevanz, aber geringeren erwarteten Umsetzungsschwierigkeiten eine hohe Priorität. Die Entscheidung, ob auch Themenfelder mit niedrigerer Erfolgsrelevanz, die jedoch verhältnismäßig einfach umzusetzen sind, angegangen werden sollten, ist in Abhängigkeit von den verfügbaren Integrationsressourcen zu treffen.[3]

Die entsprechenden Themenfelder sollten grundsätzlich nur bei ausreichenden Ressourcen bearbeitet werden. Schwierig umzusetzende Themenfelder mit nur geringer Erfolgsrelevanz sollten, zumindest kurzfristig, gemieden werden, da hierdurch unnö-

1 Vgl. Gerpott/Schreiber (1994), S. 112 f.
2 In Anlehnung an Gerpott/Schreiber (1994), S. 113.
3 Vgl. Wirtz/Becker (2006), S. 27 f.

tig wertvolle Ressourcen gebunden werden und die Integrationsfähigkeit von Unternehmen und Mitarbeitern mitunter überfordert wird.

Versucht man allerdings, dieses einfache Klassifikationsschema auf die im Rahmen dieses Lehrbuches innerhalb des Integrationsmanagement abzuhandelnden Themenstellungen beziehungsweise Integrationsmaßnahmen der Aufbau- und Ablauforganisation, Informations- und Kommunikationstechnologie beziehungsweise -politik und Unternehmenskultur sowie des Personal-, Wissens-, Marken- und Kundenmanagement anzuwenden, zeigen sich die Restriktionen dieser Vorgehensweise. So werden die spezifischen Vertreter ihrem Themengebiet jeweils einen sehr hohen Handlungsbedarf attestieren und beispielsweise argumentieren, dass ohne eine sofortige Integration der Aufbau- und Ablauforganisation beziehungsweise Informations- und Kommunikationstechnologie die Steuerungsfähigkeit des neuen Unternehmens nicht gewährleistet werden kann.

Dies nützt, so die Argumente der Gegenseite, jedoch nichts, wenn aufgrund eines schlechten Kunden- und Markenmanagement die Umsätze und Erträge einbrechen. Daraus wird ersichtlich, dass eine differenziertere Analyse der unternehmensspezifischen Ausgangssituation und weitere Implikationen strategischer Vorgaben für die Ausgestaltung einer tragfähigen Priorisierung der Integrationsmaßnahmen erforderlich sind. Mit dem Integrationsgrad und der Integrationsgeschwindigkeit sollen zwei wesentliche Einflussfaktoren, die sich in der Regel aus den strategischen Vorgaben ergeben, nachfolgend näher beschrieben werden.

2.2.2 Bestimmung des Integrationsgrades

Die Frage, wie eigenständig ein übernommenes Unternehmen nach der Akquisition bleibt beziehungsweise wie intensiv die Verschmelzung im Falle einer Fusion vorangetrieben wird, ist durch die Festlegung des Integrationsgrades zu bestimmen. Dabei ist eine pauschale Aussage hinsichtlich eines als optimal anzusehenden Integrationsgrades nicht möglich. Vielmehr lassen sich verschiedene Stufen der Eingliederung in den Unternehmensverbund unterscheiden, welche je nach situativen Gegebenheiten beziehungsweise Transaktionsarten und -zielen eine unterschiedliche Bedeutung erlangen.[1]

Die verschiedenen Einflussgrößen, welche den im konkreten Fall optimalen Integrationsgrad bestimmen, lassen sich vereinfachend auf die im Folgenden zu beschreibenden Faktoren „Strategische Interdependenz“ und „Organisatorische Autonomie“ verdichten. Aus der Charakterisierung des jeweiligen M&A-Projektes können anhand dieser Kriterien vier Integrationsformen beziehungsweise -grade unterschieden werden, die im Anschluss dargestellt werden.

1 Vgl. Werner (1999), S. 332.

2.2.2.1 Einfluss strategischer Interdependenz

Ein wesentliches Ziel von Unternehmenszusammenschlüssen besteht in der Regel in der Identifikation von Wertschöpfungspotenzialen, die die Unternehmen ohne einen Zusammenschluss nicht erreichen könnten. Die Realisierung der verfolgten Wertschöpfungspotenziale setzt hierbei im Allgemeinen den Transfer strategischer Ressourcen zwischen den beteiligten Unternehmen voraus. Ein solcher Transfer strategischer Ressourcen führt zur Schaffung von Interdependenzen zwischen den Unternehmen, wodurch es zu einer Aufweichung beziehungsweise zu einem Verschwimmen der Unternehmensgrenzen kommt.[1] Wie weit die Aufhebung der Unternehmensgrenzen im konkreten Fall gehen sollte beziehungsweise welche Anforderungen an die Interdependenzen zu stellen sind, hängt zu einem nicht unwesentlichen Teil von der Art des Ressourcentransfers und der Ausrichtung der Akquisition beziehungsweise Fusion ab.[2]

Sollen schwerpunktmäßig materielle Ressourcen (tangible assets) in Form von Betriebsmitteln zwischen den Unternehmen transferiert werden, um diese zusammenzulegen beziehungsweise zu rationalisieren, so kann deren gemeinsame Nutzung zu einem nahezu vollständigen Verschwinden der realen beziehungsweise beobachtbaren Unternehmensgrenzen führen.[3] Eine andere Form von Interdependenzen ergibt sich, wenn primär immaterielle Ressourcen (intangible assets), insbesondere in Form von Wissen, übertragen werden.

Dabei ist eine Differenzierung zwischen explizitem und implizitem Wissen notwendig: Während explizites Wissen einen kodifizierbaren und damit eher materiellen Charakter besitzt, existiert implizites Wissen ausschließlich in den Vorstellungen und Fähigkeiten von Personen und ist nur durch eine persönliche Interaktion und Kommunikation transferierbar.[4] Daher ist implizites Wissen im Gegensatz zu explizitem auch von Wettbewerbern nur schwer imitierbar und bildet somit einen wesentlichen Ressourcenvorteil.[5]

Mithin lassen sich durch den Zusammenschluss angestrebte Wertschöpfungspotenziale vor allem aus dem Transfer impliziten Wissens zwischen den Unternehmen erzielen. Dies wiederum setzt einen Austausch der Wissensträger zwischen den Unternehmen und somit eine Auflösung der virtuellen beziehungsweise unsichtbaren Unternehmensgrenzen voraus. Die geringsten Interdependenzen werden bei einer schwerpunktmäßigen Übertragung allgemeiner Managementfähigkeiten verursacht. Im Falle einer vorausgegangenen Akquisition kann eine solche Übertragung durch eine direkte

1 Vgl. Haspeslagh/Jemison (1992), S. 166 f.

2 Vgl. Gerpott (1992), S. 85 ff. sowie Abschnitt 2.2.1.1 in Teil B.

3 Vgl. Haspeslagh/Jemison (1992), S. 167.

4 Vgl. Nonaka/Takeuchi (1997), S. 72 f.; Kreitel (2008), S. 22; Abschnitt 3.2.2.2 in Teil A sowie 3.2.3 in Teil C.

5 Vgl. Freiling (2001), S. 116 ff.

Beteiligung des Management des Erwerberunternehmens an allgemeinen Managemententscheidungen im akquirierten Unternehmen erfolgen.

Eine andere Möglichkeit ist die Einführung und der Einsatz von Management- und Kontrollsystemen, Budgets und Plänen des Erwerbers im übernommenen Unternehmen.[1] Im Falle einer vorausgegangenen Fusion erfolgt dieser Prozess wechselseitig, d. h. allgemeine Managemententscheidungen des neuen Unternehmens werden gemeinsam getroffen und es findet ein wechselseitiger Abgleich von Budgets und Unternehmensplanungen statt. Vielfach erfordern solche Eingriffe eine einmalige Systemveränderung, wodurch eine Aufhebung beziehungsweise Überschreitung der Unternehmensgrenzen lediglich in geringem Umfang stattfindet.

Wesentlichen Einfluss auf den Transfer materieller beziehungsweise immaterieller Ressourcen hat die Ausrichtung der M&A-Transaktion, also die Beziehung der Tätigkeitsfelder zwischen den beteiligten Unternehmen. Prinzipiell lässt sich sagen, dass bei horizontalen Unternehmenszusammenschlüssen der Einfluss strategischer Interdependenzen am höchsten ist, da die Unternehmen aus derselben Branche kommen und gewöhnlich eine ähnliche Produkt-, Kunden- und Zuliefererstruktur aufweisen.

Auch bei vertikalen Unternehmenszusammenschlüssen lassen sich aufgrund der gemeinsamen Branchenzugehörigkeit und der direkt vor- beziehungsweise nachgelagerten Wertschöpfungsprozesse durchgängig strategische Interdependenzen erkennen, wohingegen bei konglomeraten Mergern kaum Abhängigkeiten bestehen, da weder im F&E- noch Beschaffungs-, Produktions- oder Absatzbereich signifikante Überschneidungen vorliegen. Damit nimmt die strategische Interdependenz, den administrativen Bereich ausgenommen, von horizontalen über vertikale zu konglomeraten Zusammenschlüssen hin tendenziell ab (vgl. Abbildung 2-2).

Während den horizontalen Unternehmenszusammenschlüssen aufgrund der gleichen Geschäftstätigkeit also grundsätzlich auf allen Wertschöpfungsstufen eher eine hohe strategische Interdependenz inhärent ist, sind die Interdependenzen bei vertikalen beziehungsweise konglomeraten Mergers & Acquisitions tendenziell nur im administrativen Bereich sehr hoch. Auf allen anderen Wertschöpfungsstufen ist hier die strategische Interdependenz situativ zu bestimmen, beispielsweise über ein integriertes F&E-Management (vertikaler Zusammenschluss) oder lediglich gemeinsame C-Teile Beschaffung beziehungsweise Bündelung von Vertriebsstandorten (konglomerater Zusammenschluss).

Zusammenfassend ergibt sich somit als erstes Entscheidungskriterium für die Wahl des Integrationsgrades das angestrebte Ausmaß der strategischen Interdependenzen zwischen den Unternehmen. Je größer dieses ist, desto stärker muss das akquirierte Unternehmen in den Unternehmensverbund integriert werden beziehungsweise desto

---

1 Vgl. Haspeslagh/Jemison (1992), S. 168.

mehr kommt es zu einer Auflösung der sichtbaren beziehungsweise unsichtbaren Grenzen zwischen den fusionierenden Unternehmen.

Abbildung 2-2: Prinzipiendarstellung strategischer Interdependenzen bei horizontalen, vertikalen und konglomeraten Unternehmenszusammenschlüssen

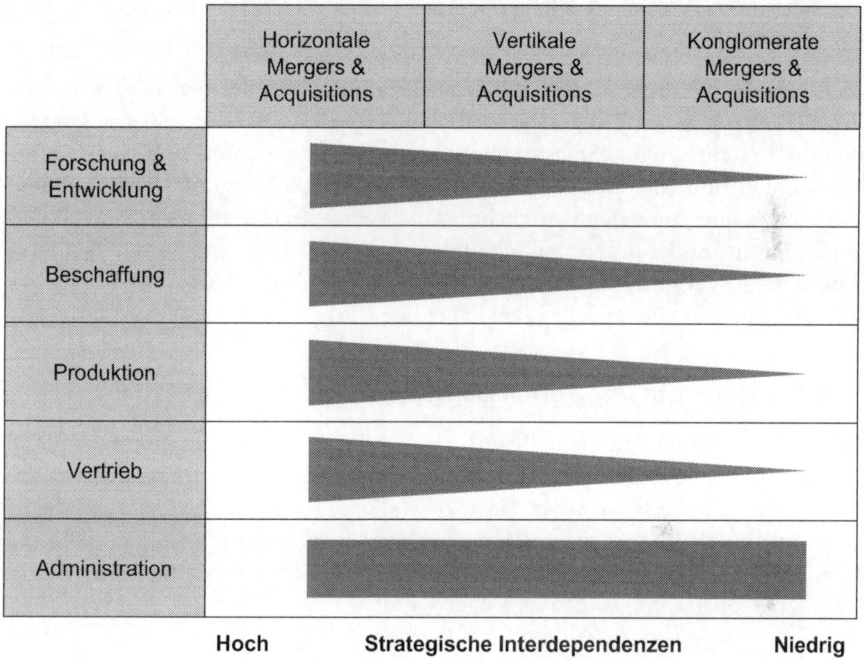

2.2.2.2 Einfluss organisatorischer Autonomie

Auch wenn zur Erreichung der bei einem Unternehmenszusammenschluss angestrebten Wertsteigerungspotenziale ein Transfer strategischer Fähigkeiten und hiermit einhergehend ein Überschreiten von Unternehmensgrenzen unumgänglich ist, so ist zur Erhaltung der Fähigkeiten zugleich in einem gewissen Rahmen die Autonomie der Unternehmen aufrechtzuerhalten. Dieses Paradoxon zwischen der Notwendigkeit zum Transfer strategischer Ressourcen zwischen den Unternehmen einerseits und

Erhalt der Autonomie andererseits wird besonders deutlich, wenn personengebundenen Fähigkeiten eine zentrale Rolle zukommt.[1]

So besteht häufig eine enge Identifikation von Managern und Arbeitnehmern mit „ihrem" Unternehmen. Bei einem Verlust an Autonomie des Unternehmens entfällt diese Identifikation und es kann in der Folge des Identifikationsverlustes zu einer ungewollten Abnahme von Motivation und Leistungsbereitschaft bis hin zu einem Verlassen des Unternehmens kommen.[2] Aus diesem Grund bedarf es im Rahmen der Planung des Integrationsgrades immer auch einer Beantwortung der Frage, welche Bedeutung die Autonomie der Unternehmen für den Erhalt ihrer strategischen Fähigkeiten besitzt.

Dabei ist davon auszugehen, dass die Autonomie umso bedeutsamer wird, je mehr die relevanten strategischen Fähigkeiten der Unternehmen in deren spezifische Organisationsstruktur und Unternehmenskultur eingebettet sind.[3] Somit ergibt sich als ein zweites Entscheidungskriterium für die Wahl des Integrationsgrades der Autonomiebedarf der zu integrierenden Unternehmen. Aus einer Kombination der beiden identifizierten Einflussfaktoren „strategische Interdependenz" und „organisatorische Autonomie" lassen sich nun in Abhängigkeit von deren jeweiliger Ausprägung Integrationsansätze ableiten, die im Folgenden näher betrachtet werden.

2.2.2.3 Abgeleitete Integrationsansätze

Führt man die beiden Kriterien „Bedarf nach organisatorischer Autonomie" und „Bedarf nach strategischer Interdependenz" mit den jeweiligen Ausprägungen „niedrig" beziehungsweise „hoch" in einer Matrixdarstellung zusammen, lassen sich die vier generischen Integrationsansätze Holdingstruktur, Erhaltung, partielle Integration und Absorption identifizieren (siehe Abbildung 2-3). Auf diese unterschiedlichen Integrationsansätze soll nachfolgend eingegangen werden.

1 Vgl. Haspeslagh/Jemison (1992), S. 170.
2 Vgl. Heini (2003), S. 311; Picot (2008), S. 512 f.
3 Vgl. Haspeslagh/Jemison (1992), S. 171.

Abbildung 2-3: *Integrationsansätze*[1]

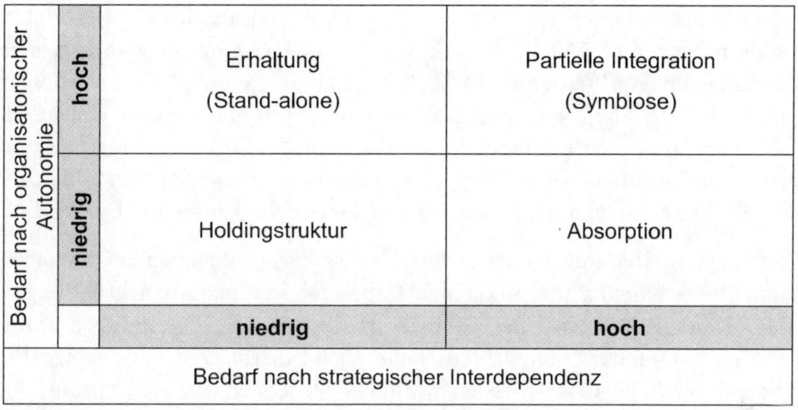

- Erhaltung (Stand-Alone)

Bei Erhaltungsakquisitionen ist das primäre Kennzeichen ein hohes Maß an organisatorischer Autonomie bei einem nur geringen Bedarf an strategischen Interdependenzen. Diese bieten sich an, wenn Finanzinvestoren erfolgreiche Unternehmen erwerben und dabei das erworbene Unternehmen in einer völlig unabhängigen Rechtsform weiterführen. Den Vorzug erhalten solche Lösungen insbesondere in Fällen, bei denen die Unternehmensziele divergieren, bestehende Markennamen erhalten bleiben sollen oder die Art des übernommenen Unternehmens eine Eigenständigkeit vorteilhaft erscheinen lässt. Bei dieser Form der Integration steht nicht primär die Realisierung von Synergiepotenzialen im Vordergrund, vielmehr dient eine Erhaltungsakquisition der Beteiligung an der in der Regel hohen Wertschöpfung des Akquisitionsobjektes, wobei das übernommene Unternehmen unabhängig vom Gesellschafterwechsel wie bisher weiterarbeiten soll.[2]

Die Vorteile dieser Akquisitionsform bestehen insbesondere in der Vermeidung komplizierter Organisationsveränderungen, einer raschen Umstellung der Unternehmenskultur, einer leichteren Strategieumsetzung, einer Kontinuität im Management des übernommenen Unternehmens sowie der Möglichkeit einer relativ einfachen Desinvestition einer klar abgegrenzten, eigenständigen Unternehmenseinheit.[3]

1 In Anlehnung an Haspeslagh/Jemison (1992), S. 174; Jansen (2016), S. 368.
2 Vgl. Jansen (2016), S. 368 f.
3 Vgl. Vogel (2002), S. 255.

- Holding

Bei einem niedrigen Bedarf sowohl an strategischen Interdependenzen als auch an organisatorischer Autonomie bietet sich der Holdingansatz an. Hierbei findet eine Integration im engeren Sinne nicht statt, weshalb diese Organisationsform regelmäßig bei Akquisitionen von Private-Equity-Fonds eingesetzt wird, die ihr Portfolio ohne Eingriffe in die Tochtergesellschaften führen und weiterentwickeln wollen.[1] Dabei werden im übernommenen Unternehmen, das oftmals nur eine geringe Ertragskraft aufweist, Verbesserungsmaßnahmen insbesondere in den Bereichen Finanzierung, Personal- und Ressourcenqualität sowie Managementfähigkeiten durchgeführt.

Dies geschieht in der Regel durch einen Transfer von allgemeinem Management-Know-how.[2] Holdingstrukturen kommen insbesondere dann zur Anwendung, wenn beim Akquisitionsobjekt ein hoher Restrukturierungs- und Sanierungsbedarf im Vordergrund steht. Das erworbene Unternehmen bleibt hierbei zwar in der Regel als eigenständige rechtliche Einheit bestehen, untersteht jedoch zugleich Weisungsbefugnissen des Erwerberunternehmens.

- Partielle Integration (Symbiose)

Ziel einer partiellen Integration, welche insbesondere bei einem hohen Bedarf nach strategischen Interdependenzen und organisatorischer Autonomie Vorteile verspricht, ist eine Verbindung der Vorteile der Erhaltungsakquisition mit einer konsequenten Ausschöpfung der vorhandenen Synergiepotenziale. Bei der partiellen Integration werden diejenigen Unternehmensteile, die einen speziellen Bezug zueinander aufweisen, integriert, um hierdurch Synergiepotenziale primär durch die Realisierung von Skaleneffekten zu erzielen.[3] Dabei ist aufgrund des hohen Bedarfs an organisatorischer Autonomie sicherzustellen, dass die übernommenen Fähigkeiten in ihrem ursprünglichen organisatorischen Kontext erhalten bleiben.

Alle übrigen Teile behalten weitgehend ihre Selbstständigkeit und werden Stand-Alone weitergeführt, sofern sie Schlüsselbereiche mit wesentlicher Bedeutung für die zukünftige Unternehmensentwicklung bilden. Wesentlich für den Erfolg einer partiellen Integration ist eine möglichst weitgehende Standardisierung der von der Integration betroffenen Unternehmensteile, eine Koordination von Produktentwicklung, Marktentwicklung und Forschungsprogramm, eine Angleichung der Gehaltsstrukturen sowie die Harmonisierung von Marketinginstrumenten, Produktstandards und Qualitätsbegriffen.[4] Nur wenn diese Aufgaben erfolgreich abgeschlossen werden, kann eine partielle Integration zum Erfolg führen.

---

1 Vgl. Vogel (2002), S. 257.
2 Vgl. Jansen (2016), S. 369.
3 Vgl. Jansen (2016), S. 369.
4 Vgl. Steinöcker (1993), S. 109.

- Absorption (vollständige Übernahme)

Vollständige Integrationen gelangen insbesondere in Fällen zur Anwendung, in denen ein hohes Maß an Interdependenz erforderlich ist, zugleich jedoch nur ein geringer Autonomiebedarf besteht. Bei diesem Integrationsansatz erfolgt eine vollständige Konsolidierung sämtlicher Aktivitäten beider Unternehmen, wobei mit einem nicht unerheblichen Zeitaufwand zu rechnen ist, da die Zusammenführung zweier komplexer Organisationen Probleme in einer Reihe von Bereichen eröffnen kann.[1] So müssen die bereits im Rahmen der partiellen Integration angesprochenen Standardisierungs-, Koordinations- und Harmonisierungsleistungen auf sämtliche Prozesse der Unternehmen übertragen werden.[2]

Zudem ist eine neue Strategie sowie eine neue Organisationsform für das Gesamtunternehmen zu entwickeln.[3] Dies schließt auch die Konsolidierung der gemeinsamen Lieferanten- und Kundenbasis ein. Gerade in diesen Bereichen können Unregelmäßigkeiten leicht zu Störungen des Betriebsablaufes und mithin zu Leistungsausfällen führen. Um einen möglichst ununterbrochenen Geschäftsablauf zu gewährleisten, sollten sämtliche Integrationsmaßnahmen parallel zum Tagesgeschäft der beiden Unternehmen erfolgen. Nicht zuletzt deshalb spielt gerade auch bei diesem Integrationsansatz die im Folgenden darzustellende Wahl der Integrationsgeschwindigkeit eine entscheidende Rolle.

2.2.3 Bestimmung der Integrationsgeschwindigkeit

Die Geschwindigkeit der Integration eines akquirierten Unternehmens in den Unternehmensverbund beziehungsweise zweier Fusionspartner wird im Schrifttum als ein wesentlicher Erfolgsfaktor der Integration und mithin auch der gesamten M&A-Transaktion charakterisiert.[4] Dabei umfasst der Begriff der Integrationsgeschwindigkeit sowohl eine zeitpunkt- als auch eine zeitraumbezogene Dimension.[5] Die zeitpunktbezogene Dimension der Integrationsgeschwindigkeit beschreibt den Zeitpunkt nach der Akquisition beziehungsweise Fusion, ab dem die einzelnen Integrationsmaßnahmen eingeleitet werden. Die zeitraumbezogene Dimension hingegen thematisiert die Dauer des Integrationsprozesses ab dem Beginn der Integrationsmaßnahmen.

Bezüglich beider Dimensionen ist eine Entscheidung notwendig. Für die zeitpunktbezogene Dimension der Integrationsgeschwindigkeit besteht hierbei einerseits die Möglichkeit eines unmittelbaren Beginns der erforderlichen Integrationsmaßnahmen nach Abschluss der Vertragsverhandlungen. Die Alternative besteht darin, zunächst abzu-

1 Vgl. Haspeslagh/Jemison (1992), S. 175 f.; Vogel (2002), S. 248 f.
2 Vgl. Jansen (2016), S. 369.
3 Vgl. Steinöcker (1993), S. 110.
4 Vgl. Gerpott/Schreiber (1994), S. 99; Gerds/Schewe (2014), S. 9.
5 Vgl. Gerpott (1993), S. 161 f.

warten, um die spezifischen Gegebenheiten des Partnerunternehmens kennen zu lernen und hierauf aufbauend selektiv Veränderungen durchzuführen.

Ebenso besteht bezüglich der zeitraumbezogenen Dimension die Möglichkeit, die Integrationsmaßnahmen nach ihrem Beginn sehr schnell zu Ende zu führen oder diesen Vorgang über einen längeren Zeitraum zu strecken. Da angesichts der hohen Situationsabhängigkeit eine pauschale Aussage über die optimale Ausgestaltung der Integrationsgeschwindigkeit nicht möglich ist, werden im Folgenden wichtige Anhaltspunkte für die Wahl einer angemessenen Integrationsgeschwindigkeit herausgearbeitet. Wesentliche Punkte sind die grundsätzliche Wahl des Vorgehens (evolutionäres versus revolutionäres Vorgehen), Kosten-Nutzen-Effekte sowie situative Kriterien.

2.2.3.1 Evolutionäres versus revolutionäres Vorgehen

Im Rahmen der Diskussion zur Integrationsgeschwindigkeit haben sich zwei idealtypische Vorgehensweisen herauskristalisiert: eine schnelle, revolutionäre und eine langsame, evolutionäre Integration.[1] Das revolutionäre Vorgehen sieht eine schnellstmögliche Durchführung der integrationsbedingten Veränderungen vor. Dazu wird ein vorab erstellter Grobplan sofort umgesetzt.[2]

Die Vorteile einer schnellen Durchführung der Integrationsmaßnahmen und eines zügigen Abschlusses der Integration bestehen nicht zuletzt darin, dass es auf diese Weise häufig gelingt, bereits nach kurzer Zeit wieder sämtliche Ressourcen auf die Marktanforderungen auszurichten.[3] Zudem werden durch eine schnelle Integration Unsicherheiten verhindert, die insbesondere durch unklare Führungsverhältnisse oder Kompetenzzuweisungen während der Umstellungsphase entstehen.[4] Schließlich wird auch argumentiert, dass Veränderungen in zeitlicher Nähe zum Vertragsabschluss leichter durchsetzbar seien, da die Akzeptanz für Neuerungen hier deutlich höher ausgeprägt ist.[5]

Das wichtigste Argument für eine hohe Integrationsgeschwindigkeit dürfte jedoch sein, dass nur eine schnelle Integration eine rasche Realisierung der mit einer Akquisition beziehungsweise Fusion angestrebten Wertsteigerungspotenziale ermöglicht und somit die mit einer unveränderten Ressourcennutzung verbundenen Opportunitätskosten gering gehalten werden.[6] Allerdings beinhaltet ein schnelles Vorgehen auch

---

1 Vgl. McCann/Gilkey (1988), S. 187; Buono/Bowditch (1989), S. 15; Haspeslagh/Jemison (1991), S. 106; Freund (1991), S. 492 f.; Achleitner (2002), S. 342.

2 Vgl. Kirsch/Esser/Gabele (1979), S. 180; Gerpott/Schreiber (1994), S. 102.

3 Vgl. Picot (2008), S. 507.

4 Vgl. Vogel (2002), S. 250.

5 Vgl. Schäfer (2001), S. 53.

6 Vgl. RolandBerger&Partner (2000), S. 13 f.; Lucks/Meckl (2002), S. 124 f.

Nachteile und Risiken. Das wohl größte Risiko dürften kurzfristige Fehlentscheidungen sein, die im Nachhinein gegebenenfalls nur schwer revidierbar sind.[1]

Dieses Risiko besteht insbesondere aufgrund der hohen Komplexität des Integrationsprozesses, bei dem ein zu schnelles Vorgehen die Gefahr birgt, relevante Aspekte zu vernachlässigen und somit suboptimale Entscheidungen zu treffen. Diese Gefahr wird durch die Tatsache verstärkt, dass Gegebenheiten, Abläufe und Kultur des akquirierten Unternehmens noch weitgehend unbekannt sind und bei einer schnellen Integration nicht angemessen berücksichtigt werden können.[2]

Schließlich besteht bei einer hohen Integrationsgeschwindigkeit auch die Gefahr einer Überforderung der Anpassungs- und Lernfähigkeit der betroffenen Mitarbeiter.[3] Bei einer langsameren, evolutionären Vorgehensweise verkehren sich die aufgeführten Vor- und Nachteile jeweils in ihr Gegenteil, d. h. die Vorteile einer schnellen Integration bilden zugleich die Nachteile einer langsamen Integration und umgekehrt. Daher soll auf das evolutionäre Vorgehen an dieser Stelle nicht weiter eingegangen werden.

Als Alternative zu den bisher dargestellten idealtypischen Ausgestaltungsformen bietet sich eine aufeinanderfolgende Kombination aus schnellem revolutionärem und langsamem evolutionärem Vorgehen an. Hierbei werden sämtliche kritische Integrationsmaßnahmen unmittelbar nach Vertragsabschluss relativ zügig abgeschlossen.[4] Anschließend werden weniger erfolgskritische Maßnahmen in einem geringeren Tempo umgesetzt.

Diese Vorgehensweise entspricht ebenfalls der Beobachtung, dass die Bereitschaft der Arbeitnehmer, Veränderungen zu akzeptieren innerhalb der ersten Monate nach dem Deal Closing (oft wird hier von 100 Tagen gesprochen) besonders ausgeprägt ist.[5] Danach erfolgen Veränderungen oft mit einer deutlich geringeren Geschwindigkeit.

2.2.3.2 Kosten-Nutzen-Effekte als Entscheidungskriterium

Als weiteres Entscheidungskriterium für eine angemessene Integrationsgeschwindigkeit können die Kosten-Nutzen-Effekte verschiedener Integrationsgeschwindigkeiten herangezogen werden. Die mit einer bestimmten Integrationsgeschwindigkeit verbundenen Gesamtkosten bestehen dabei einerseits aus den Kosten, die aus Sicht des Akquisiteurs beziehungsweise der Fusionspartner durch eine nicht umgehende Nutzung sämtlicher sich bietender Wertsteigerungspotenziale entstehen.

Diese Kosten nehmen mit steigender Integrationsgeschwindigkeit ab. Zum anderen bestehen die Gesamtkosten aus jenen Kosten, welche insbesondere von den Mitarbeitern getra-

1 Vgl. Schewe/Gerds (2001), S. 271.
2 Vgl. Schäfer (2001), S. 53; Vogel (2002), S. 250.
3 Vgl. Vogel (2002), S. 250.
4 Vgl. Schewe/Gerds (2001), S. 274 f.
5 Vgl. Buono/Bowditch (1989), S. 15.

gen werden und sich beispielsweise in Anpassungsdruck oder Überforderung zeigen und zu Motivationsverlusten führen können. Diese Kosten nehmen mit einer steigenden Integrationsgeschwindigkeit zu. Aus dieser Überlegung ergibt sich eine U-förmig verlaufende Gesamtkostenkurve, die ihr Minimum im Schnittpunkt der beiden Kostenkurven findet. Diesen Zusammenhang verdeutlicht Abbildung 2-4.

Die Bestimmung der exakten Kostenverläufe und mithin die Lösung des oben skizzierten Optimierungsproblems gestaltet sich in der Praxis als schwierig, da sie in besonderem Maße durch unternehmensspezifische Gegebenheiten geprägt ist. Zudem kommen in ihnen auch die Erwartungen zahlreicher am M&A-Prozess beteiligter Parteien zum Ausdruck.

Abbildung 2-4: *Kosteneffekte der Wahl der Integrationsgeschwindigkeit*[1]

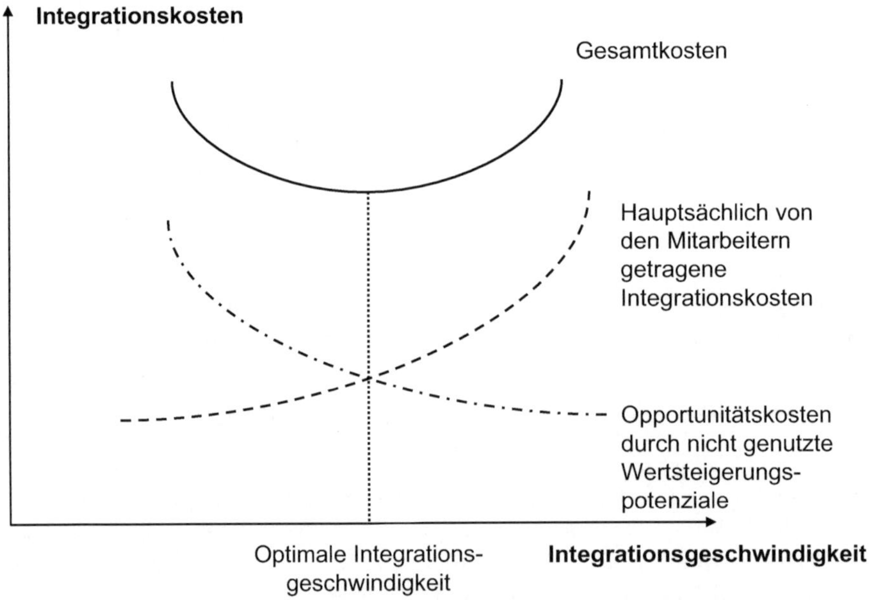

1 In Anlehnung an Gerpott (1993), S. 165.

2.2.3.3 Einfluss situativer Faktoren

Schließlich können situative Faktoren einen wesentlichen Einfluss haben, aus deren Kenntnis sich ebenfalls Anhaltspunkte für die Wahl der Integrationsgeschwindigkeit gewinnen lassen.[1]

Dabei sollen die M&A-Erfahrung des Käufer- beziehungsweise Verkäuferunternehmens, Umfang und Art des angestrebten Ressourcentransfers, die wirtschaftliche Situation des Akquisitionsobjektes beziehungsweise der Fusionspartner sowie die zur Integration verfügbaren Ressourcen berücksichtigt werden.

- M&A-Erfahrung des Käufers beziehungsweise Verkäufers

Eine hohe Bedeutung hinsichtlich der Integrationsgeschwindigkeit kommt der M&A-Erfahrung der beteiligten Unternehmen zu. Es ist davon auszugehen, dass mit steigender M&A-Erfahrung eine höhere optimale Integrationsgeschwindigkeit einhergeht. Zu begründen ist dies insbesondere mit einer aus vorhergehenden M&A-Projekten gewonnenen Fähigkeit zur Überwindung von Integrationsproblemen. Die erworbenen Erfahrungen sowohl im Bereich der Unternehmensführung als auch unter den Mitarbeitern helfen dabei, Fehler zu vermeiden und Schwierigkeiten zu umgehen. Diese Sicherheit im Umgang mit den Integrationsmaßnahmen erlaubt eine deutlich höhere Integrationsgeschwindigkeit.

- Umfang und Art des Ressourcentransfers

Ebenfalls eine wichtige Rolle für die Wahl der Integrationsgeschwindigkeit spielt der Umfang des angestrebten Ressourcentransfers zwischen den Akquisitions- beziehungsweise Fusionspartnern. Aufgrund der zunehmenden Komplexität sinkt die erfolgsmaximierende Integrationsgeschwindigkeit mit steigendem Umfang des angestrebten Ressourcentransfers. Neben dem Umfang spielt auch die Art des angestrebten Ressourcentransfers eine bedeutende Rolle.

Insbesondere falls materielle Ressourcen zwischen den Unternehmen transferiert werden, ist eine hohe Integrationsgeschwindigkeit vorteilhaft. Diese gewährleistet eine zeitnahe Nutzung von Verbundvorteilen, welche sich gerade bei einer Leistungszentralisierung ergeben. Somit trägt eine hohe Integrationsgeschwindigkeit dazu bei, die Opportunitätskosten gering zu halten, welche aus einer verzögerten Nutzung resultieren würden. Werden hingegen schwerpunktmäßig immaterielle Ressourcen transferiert, ist eine eher geringe Integrationsgeschwindigkeit vorzuziehen. Die Begründung hierfür liegt in der hohen Komplexität des Transfers immaterieller Ressourcen. Dies gilt besonders für die immaterielle Ressource Wissen, welche beispielsweise im Falle von implizitem Wissen nur durch eine zeitaufwändige persönliche Interaktion und Kommunikation transferiert werden kann.

---

1 Vgl. im Folgenden Gerpott (1993), S. 166 f.; Gerpott/Schreiber (1994), S. 107 f.

- Wirtschaftliche Situation des Akquisitionsobjektes beziehungsweise der Fusionspartner

Eine weitere wichtige Einflussgröße der Integrationsgeschwindigkeit stellt die wirtschaftliche Situation des Akquisitionsobjektes beziehungsweise der Fusionspartner dar. So ergibt sich insbesondere bei einer schlechten Ertragslage des Akquisitionsobjektes die Notwendigkeit einer schnellen Integration in den Unternehmensverbund. Nur so ist eine zügige, direkte Einflussnahme und Verbesserung der Ausgangssituation möglich. Dies gilt umso mehr, wenn sich das Akquisitionsobjekt in einer aktuellen Krisensituation befindet. Gleiches gilt für den Fall eines Zusammenschlusses zweier Unternehmen: Je schlechter die wirtschaftliche Situation, desto schneller hat die Integration zu erfolgen, um die erwarteten Effizienz- beziehungsweise Marktpositionierungsvorteile zu realisieren.

- Verfügbare Ressourcen der Integrationsphase

Auch die zur Integrationsgestaltung verfügbaren Ressourcen, wie beispielsweise Finanzmittel und Personalkapazität, haben einen wesentlichen Einfluss auf die Integrationsgeschwindigkeit. Je mehr Ressourcen für die Integration zur Verfügung stehen, desto schneller kann diese vollzogen werden. Eine ausreichende Ressourcenausstattung der Integration dient insbesondere auch der Schaffung eines so genannten Ereignispuffers.

Ein solcher ist vor allem bei einer hohen Integrationsgeschwindigkeit von Bedeutung, da er hilft, rasch und angemessen auf unerwartete Probleme reagieren zu können. Mithin steigt bei zunehmender personeller und finanzieller Ressourcenausstattung auch die erfolgsmaximierende Integrationsgeschwindigkeit.

Mit diesen knappen Bemerkungen zu den situativen Einflussgrößen der Integrationsgeschwindigkeit sollen die Überlegungen zur Planung des Integrationsablaufs beendet werden. Nachdem im Rahmen dieses Kapitels die Ziele und Erfolgsfaktoren der Integrationsphase bestimmt und mit der Integrationsablaufplanung die Maßnahmen und deren Taktung zur Erreichung dieser Ziele definiert wurden, ist als letzter Schritt der Integrationskonzeption festzulegen, wer den gesamten Integrationsprozess steuern und verantworten soll. Daher setzen sich die nachfolgenden Ausführungen mit dem Integrationsteam auseinander.

2.3 Integrationsteam

Zur Planung, Steuerung und Kontrolle der Integrationsphase ist idealerweise ein eigenständiges Integrationsteam einzusetzen. Dieses sollte auf dem Akquisitionsteam des Käufers aufbauen und um entsprechende Mitarbeiter des übernommenen Unternehmens ergänzt. Da sich die Post-Merger-Integration als eine äußerst komplexe Aufgabe darstellt, die innerhalb eines vordefinierten Zeitraumes abzuwickeln ist und in der Regel in einem interdisziplinären Kontext steht, hat sich zur Realisierung in der Unternehmenspraxis und auch in der wissenschaftlichen Diskussion der Projektmanagementansatz als äußerst tragfähig erwiesen.[1] Auch wenn prinzipiell natürlich mehrere Möglichkeiten zur Steuerung des M&A-Prozesses existieren, wird an dieser Stelle lediglich der Projektmanagementansatz vertieft.[2]

Dabei umfasst das Projektmanagement drei Dimensionen: eine institutionale, eine funktionale und eine instrumentale Dimension.[3] Während sich die institutionale Dimension des Projektmanagement mit den am Projekt beteiligten Personengruppen und ihren Rollen befasst, beschreibt die funktionale Dimension das im Projekt wahrzunehmende Tätigkeitsspektrum. Die instrumentale Dimension beinhaltet das bei der Projektrealisierung zur Anwendung gelangende Instrumentarium. Mit den einzelnen Dimensionen des Projektmanagement im Kontext der Post-Merger-Integration beschäftigen sich die folgenden Ausführungen.

2.3.1 Institutionale Dimension: Zusammensetzung und Kompetenzen

Im Rahmen der institutionalen Dimension des Projektmanagement spielen im Kontext der Post-Merger-Integration insbesondere die Zusammensetzung des Integrationsteams sowie die Festlegung von Kompetenzen eine entscheidende Rolle.[4] An die Zusammensetzung des Integrationsteams wird im Schrifttum eine Reihe von Anforderungen gestellt.[5] Danach ist zunächst darauf zu achten, dass sich das Integrationsteam aus Mitarbeitern beider Unternehmen zusammensetzt, um ein potenzielles „Wir-versus-Ihr-Denken" zu vermeiden.[6]

Als Folge treffen die Integrationsentscheidungen auf eine breitere Akzeptanz und die notwendigen Maßnahmen lassen sich leichter durchsetzen. Eine weitere wesentliche Forderung besteht darin, dass im Integrationsteam Mitarbeiter aller wesentlichen Unternehmensbereiche und -funktionen vertreten sind.[7] Auf diese Weise gelingt es, die für die Integration notwendige fachspezifische Expertise nutzbar zu machen. Darüber hinaus sollten die Teammitglieder über weitreichende Kenntnis des Unternehmens und des Wettbewerbsumfeldes verfügen sowie starke analytische Fähigkeiten, Urteilsvermögen, Belastbarkeit und soziale Kompetenz aufweisen, um aktiv zum Erfolg der Integration beitragen zu können.[8]

---

1 Vgl. Staehle (1999), S. 769.
2 Vgl. Abschnitt 2.3.1 in Teil B.
3 Vgl. Kuster et al. (2011), S. 10.
4 Vgl. Penzel (2000), S. 26.
5 Vgl. Ottersbach/Kolbe (1990), S. 148; Clever (1993b), S. 135; Werner (1999), S. 335.
6 Vgl. Roland Berger & Partner (2000), S. 16; Picot (2008), S. 519.
7 Vgl. Picot (2008), S. 519.
8 Vgl. Vogel (2002), S. 251.

Neben Mitarbeitern des Unternehmens sollten im Integrationsteam zumindest teilweise auch externe Spezialisten mitarbeiten, sofern besondere Fachkenntnisse zur Lösung spezifischer Problemstellungen notwendig sind.[1] Daneben nehmen externe Berater aufgrund ihrer Unabhängigkeit bei Unstimmigkeiten zwischen den beiden Unternehmen im Rahmen der Post-Merger-Integration oftmals eine Schlichterfunktion wahr.[2] Schließlich kann ein unabhängiger Berater gerade auch bei stark öffentlichkeitswirksamen und möglicherweise kritisch betrachteten M&A-Projekten eine gewisse Objektivität in der Kommunikation mit der Öffentlichkeit garantieren.[3]

Die Steuerung des Integrationsteams übernimmt gewöhnlich ein übergeordneter, zentraler Projektleiter beziehungsweise ein Steuerungsausschuss, der sich aus Führungskräften der betroffenen Bereiche zusammensetzt.[4] Grundsätzlich wird im Schrifttum eine starke personelle Verflechtung zwischen dem Team, das für die Vorbereitung und den Abschluss der Transaktion verantwortlich war, und dem Integrationsteam im Rahmen der Post-Merger-Integrationsphase gefordert.[5]

Als Begründung wird angeführt, dass die Ergebnisse des Akquisitionsteams in der Vorbereitungs- und Durchführungsphase die Basis für die Arbeit des Integrationsteams bilden. Daneben werden, in Abhängigkeit von der Größe des Zusammenschlusses und der Struktur des neuen Unternehmens, meist zusätzliche Projektteams mit funktionaler, divisionaler, regionaler beziehungsweise prozessualer Ausrichtung eingesetzt, die als Integrationszellen die Maßnahmen zur Sicherstellung der Funktionalität, Wertsteigerung und strategiekonformen Ausrichtung auf operativer Ebene sicherstellen.[6] Die typische Struktur eines Integrationsteams für die Post-Merger-Integration ist in Abbildung 2-5 dargestellt. Dabei wird hier davon ausgegangen, dass das neue Unternehmen entsprechend der Matrixstruktur organisiert ist und sich diese Organisationsform auch innerhalb des Integrationsteams widerspiegelt.[7]

Neben der Zusammensetzung bildet die Festlegung der Kompetenzen innerhalb des Teams einen weiteren Schwerpunkt des institutionalen Projektmanagement. So lassen sich viele der Probleme im Rahmen der Post-Merger-Integration auf eine unklare Abgrenzung der Kompetenzen sowie eine unzureichende Kompetenzausstattung bei den (Teil-)Projektleitern zurückführen.[8] Zudem kommt es bei der Freistellung von Mitarbeitern aus den einzelnen Abteilungen für die Projektarbeit häufig zu Konflikten zwischen den Linien- und Projektverantwortlichen.

---

1 Vgl. Ottersbach/Kolbe (1990), S. 148; Thommen/Sauermann (1999), S. 319.
2 Vgl. Langenstein (2007), S. 88.
3 Vgl. Rohloff (1994), S. 59 f.
4 Vgl. Schwarz (2008), S. 238.
5 Vgl. Gerpott (1993), S. 135.
6 Vgl. Bartels/Cosack (2008), S. 465.
7 Vgl. Frese (2012), S. 223 ff.
8 Vgl. Gerds/Schewe (2014), S. 185 f.

Abbildung 2-5: *Typische Struktur eines Integrationsteams für die Post-Merger-Integration*[1]

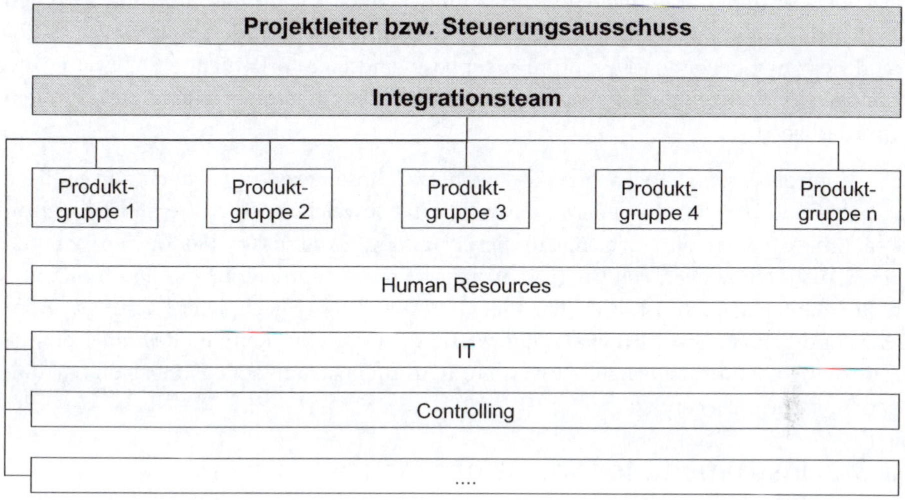

Aus den genannten Gründen empfiehlt sich eine Konstellation, bei welcher der Gesamtprojektleiter direkt an das Top-Management berichtet. Hierdurch kann die im Schrifttum vielfach geforderte direkte Einbindung der Unternehmensleitung in das Projekt erreicht werden, wodurch schnelle Entscheidungen im Falle projektübergreifender Konflikte und Krisen ermöglicht werden.[2]

2.3.2 Funktionale Dimension: Aktivitäten und Aufgaben

Das funktionale Projektmanagement setzt sich mit den wesentlichen Aktivitäten und Aufgaben innerhalb des Projektes auseinander. Diese erstrecken sich von der Planung über die Durchführung inklusive Steuerung und Kontrolle bis hin zur Dokumentation des Projektes. Für das Projektmanagement bedeutet dies, dass zunächst Klarheit über die Integrationsziele bestehen muss. Diese sind aus der M&A-Strategie abzuleiten und inhaltlich konkret zu beschreiben.

Neben inhaltlichen sind auch zeitliche Ziele für die Post-Merger-Integration vorzugeben. Insbesondere fällt hierunter die Vorgabe eines Endtermins, bis zu dem parallel bestehende Übergangsstrukturen zugunsten einer einheitlichen Struktur aufzulösen sind. Der Zieldefinition schließt sich die Planung des Integrationsablaufes an.

1 In Anlehnung an Strüven/Kratz (2000), S. 147.
2 Vgl. Lechler (1997), S. 96; Bartels/Cosack (2008), S. 465.

Hier ist insbesondere festzulegen, welche Arbeitsschritte zur Erreichung der festgelegten Ziele zu leisten sind. Stehen die erforderlichen Arbeitsschritte fest, ist die zeitliche und personelle Ausgestaltung dieser Schritte in einem weiteren Planungsschritt festzulegen. Dabei steht die zeitliche Projektplanung in einem engen Zusammenhang zu den zeitlichen Zielvorgaben sowie zu der angestrebten Integrationsgeschwindigkeit. Während der anschließenden Durchführungsphase sind eine fortlaufende Steuerung und Kontrolle der erreichten Teilziele und deren Vergleich mit entsprechenden Sollgrößen erforderlich.

Die Kontrolle erstreckt sich hierbei sowohl auf Kostengrößen als auch auf zeitliche Aspekte und den Ressourceneinsatz, wobei Planabweichungen zu Veränderungen in den Projektplänen und -zielen, zur Bereitstellung zusätzlicher Ressourcen oder zu einer Ausnutzung eventuell vorhandener Pufferzeiten führen können.[1] Das funktionale Projektmanagement ist in weiten Teilen auf den Einsatz geeigneter Planungs-, Kontroll- und Steuerungsinstrumente angewiesen. Da diese im Rahmen des Integrationscontrolling ausführlich behandelt werden, wird die instrumentale Dimension nachfolgend kurz beschrieben.[2]

2.3.3 Instrumentale Dimension: Instrumente und Steuerungstools

Die instrumentale Dimension des Projektmanagement befasst sich mit der Frage nach dem zur Bewältigung der Projektaufgabe erforderlichen Instrumenteneinsatzes. Damit weist die instrumentale Dimension eine große Nähe zur funktionalen auf, da diese den Instrumenteneinsatz weitgehend determiniert.[3] Bei den erforderlichen Instrumenten handelt es sich daher vor allem um Planungs-, Steuerungs- und Kontrollinstrumente. Von besonderer Bedeutung ist ein leistungsfähiges Projektcontrolling, welches insbesondere dabei hilft, Planabweichungen frühzeitig zu erkennen und geeignete Gegenmaßnahmen zu ergreifen. Dabei sollten zum einen die individuellen Ziele der Sub-Projektteams nachgehalten werden, zum anderen alle entwickelten Maßnahmen in einen übergreifenden Masterplan einfließen, um den Gesamtfortschritt laufend überprüfen zu können.[4]

Wurden im Rahmen der Integrationskonzeption die strategischen Ziele und Erfolgsfaktoren der Integrationsphase ermittelt, der Integrationsablauf detailliert geplant und die Zusammensetzung eines leistungsfähigen Projektteams mit entsprechenden Kompetenzen und Ressourcen verabschiedet, haben sich die Erfolgsaussichten für das Post-Merger-Management, d. h. die operative Durchführung der Integration, deutlich erhöht. Mit der Durchführung der Post-Merger-Integration setzt sich nachfolgendes Kapitel auseinander.

---

1 Vgl. Lechler (1997), S. 107.

2 Vgl. Kapitel 4 in Teil C.

3 Vgl. Wall (1999), S. 11.

4 Vgl. Bartels/Cosack (2008), S. 466.

3 Post-Merger-Integrationsdurchführung

Auch wenn im Schrifttum, trotz der zahlreichen Publikationen, die auf die Schwierigkeiten bei M&A-Transaktionen hinweisen, nach wie vor kaum valide Kriterien herausgearbeitet wurden, die für den Erfolg oder Misserfolg von Mergers und Acquisitions entscheidend sind, ist man sich im einschlägigen Schrifttum einig, dass die Integrationsphase als äußerst erfolgskritisch einzuschätzen ist.[1] Um ein strukturiertes Vorgehen innerhalb der Post-Merger-Integrationsphase zu ermöglichen, erscheint es daher sinnvoll, die notwendigen Aktivitäten und Tätigkeiten zu übergeordneten Themenbereichen zusammenzufassen und zu strukturieren.

Eine gängige Einteilung im Schrifttum, die zwischen strategischer, struktureller, personeller und kultureller Integration unterscheidet, soll an dieser Stelle jedoch zugunsten einer Gliederung nach organisations-, informations- und marktorientierten Gesichtspunkten aufgegeben werden.[2] Während der Abgleich strategischer Zielsetzungen hier innerhalb der Integrationskonzeption angesiedelt ist und daher im Rahmen der Post-Merger-Durchführung nicht weiter thematisiert wird, umfasst die organisationsorientierte Integration neben der Aufbau- und Ablauforganisation auch das Personalmanagement sowie die Unternehmenskultur. Unter dem informationsorientierten Aspekt soll die Informations- und Kommunikationstechnologie und -politik sowie das Wissensmanagement subsumiert werden, während die marktorientierte Perspektive das Marken- und Kundenmanagement thematisiert. An dieser Gliederung orientieren sich auch die weiteren Ausführungen.

3.1 Organisationsorientierte Integration

Eine hervorgehobene Position im Rahmen der Post-Merger-Phase kommt der organisatorischen Integration zu, in der neben strukturellen Veränderungen der Aufbau- und Ablauforganisation auch die Harmonisierung der Unternehmenskultur und des Personalmanagement vorangetrieben werden müssen. Dabei sind bei der Aufbau- und Ablauforganisation eher „harte" organisatorische Faktoren wie Stellen- und Prozessbeschreibungen, Organigramme und Planungsabläufe zu thematisieren, um eine möglichst reibungslose Übergangsperiode sowie ein schnelles Erreichen des „eingeschwungenen Zustands" zu erreichen.

1 Vgl. Barnikel (2007), S. 7.
2 Vgl. Welge/Al-Laham (2008), S. 596 ff.

Dagegen hat im Rahmen der kulturellen und personellen Assimilierung primär eine Berücksichtigung „weicher" Faktoren stattzufinden, wie sie vor allem in den Zielen und Interessen der von dem Zusammenschluss betroffenen Mitarbeiter begründet liegen. Da bei Fusionen das Verhaltens- und Wertesystem, das die Mitarbeiter verbindet, starken Veränderungen ausgesetzt ist und sich oftmals Unsicherheit sowie Angst vor Autonomie- und Identitätsverlust breit machen, ist gerade im Rahmen des Personalmanagement ein besonders sensibles Vorgehen notwendig.

Die Aufbau- und Ablauforganisation, die Unternehmenskultur und das Personalmanagement werden nachfolgend einzeln aufgegriffen und detailliert erläutert. Dabei wird innerhalb der Abschnitte zunächst die Bedeutung der entsprechenden Bereiche erläutert, bevor auf die jeweiligen Grundlagen eingegangen wird. Aufbauend darauf sollen werden mögliche Ansätze des Integrationsmanagement skizziert.

3.1.1 Aufbau- und Ablauforganisation

Im folgenden Abschnitt wird zunächst auf die Aufbau- und Ablauforganisation im Rahmen der Post-Merger-Integration eingegangen. Es wird dargestellt, aufgrund welcher Umstände eine Betrachtung und ein Management der Aufbau- und Ablaufstrukturen für den Integrationserfolg von besonderer Bedeutung sind. Daran anschließend werden die im vorliegenden Kontext relevanten aufbau- und ablauforganisatorischen Grundlagen beschrieben. Abschließend werden Ansätze eines Integrationsmanagement aufgezeigt.

3.1.1.1 Bedeutung der Aufbau- und Ablauforganisation

Da als Hauptziel einer Fusion in der Regel potenzielle Synergieeffekte angeführt werden, deren Realisierung die Kosten des Zusammenschlusses überkompensieren sollte, ist die hohe Bedeutung der Aufbau- und Ablauforganisation im Rahmen der Post-Merger-Integration unbestritten. Diese Synergieeffekte können grundsätzlich entlang der gesamten Wertschöpfungskette verwirklicht werden und basieren auf dem materiellen und immateriellen Ressourcentransfer zwischen den Unternehmen.

Wesentliche Voraussetzung hierfür ist das Zusammenführen von Aufbau- und Ablauforganisationen der Unternehmen, eine Aufgabe, die sich regelmäßig als sehr komplex darstellt. Nur in sehr wenigen Fällen kann nämlich erwartet werden, dass sich die organisatorischen Strukturen der fusionierenden Unternehmen stark ähneln, insbesondere da aufbau- und ablauforganisatorische Strukturen zwar einerseits Ergebnisse rationeller Planung sind, andererseits aber auch evolutorischen Entwicklungen und Veränderungen unterliegen.

Um Probleme bei der Zusammenführung von Unternehmen zu vermeiden, sind daher vor allem Art und Weise sowie Umfang der aufbau- und ablauforganisatorischen

Zusammenführung rechtzeitig zu klären.[1] Bevor auf aufbau- und ablauforganisatorische Ansätze im Rahmen der Integrationsdurchführung näher eingegangen wird, werden zunächst die wesentlichen Grundlagen dargestellt.

3.1.1.2 Grundlagen der Aufbau- und Ablauforganisation

In organisationaler Hinsicht kann zwischen der Aufbau- und Ablauforganisation unterschieden werden. Während die Aufbauorganisation die Struktur einer Unternehmung definiert, regelt die Ablauforganisation, welche Prozesse und Arbeitsabläufe sich innerhalb dieser Struktur vollziehen.[2] Im Folgenden wird zunächst auf die Charakteristika der Aufbauorganisation eingegangen, bevor anschließend die Darstellung der Ablauforganisation erfolgt.

■ Aufbauorganisation

Die Bildung formaler Organisationsstrukturen wird durch die Arbeitsteilung (Zentralisation beziehungsweise Dezentralisation), durch die Abteilungsstruktur (Einlinien- beziehungsweise Mehrliniensystem) und durch die Koordinationsform (unpersönliche versus persönliche Koordination) geprägt.

■ Arbeitsteilung (Zentralisation beziehungsweise Dezentralisation)

Im Rahmen der Zuordnung von Teilaufgaben auf Aufgabenträger kann auf die beiden alternativen Strukturierungsprinzipien Zentralisation oder Dezentralisation zurückgegriffen werden. Bei der Zentralisation werden Teilaufgaben zusammengefasst, die hinsichtlich eines Merkmals gleichartig sind. Demgegenüber werden bei der Dezentralisation umgekehrt eine Trennung gleichartiger Aufgaben und eine Zuordnung auf mehrere Einheiten in der Organisation vorgenommen.[3]

Als Aufgabenmerkmale, die zu verschiedenen Zentralisationsarten führen, gelten dabei Verrichtung, Objekt, Lokalität und Entscheidungsbefugnis.[4] Verrichtungsorientierte Zentralisation bedeutet, dass gleichartige Aufgaben im Rahmen einer organisatorischen Einheit zusammengezogen werden, zum Beispiel Beschaffung oder Forschung und Entwicklung. Bei der Objektzentralisation werden Organisationseinheiten in Anlehnung an Objekte geschaffen, d. h. alle Verrichtungen, die an einem Objekt vollzogen werden, sind organisatorisch zusammengefasst.[5] Außerdem werden im Rahmen der lokalen Zentralisation Verrichtungen, Objekte und auch Entscheidungen an einem Ort konzentriert. Bei der Entscheidungszentralisation schließlich werden diejenigen Einheiten organisatorisch zusammengelegt, die gemeinsam an Entscheidungsfindungsprozessen beteiligt sind.

---

1 Vgl. Wirtz/Wecker (2006b), S. 715.
2 Vgl. Oelsnitz (2009), S. 110.
3 Vgl. Bühner (2004), S. 121 f.
4 Vgl. Staehle (1999), S. 699.
5 Vgl. Bühner (2004), S. 122.

Der Entscheidungsdezentralisation, auch häufig als Delegation bezeichnet, wird im Schrifttum große Aufmerksamkeit geschenkt. Es können insbesondere Entlastungs-, Kommunikations- sowie Motivationsvorteile bei Dezentralisierung der Entscheidung identifiziert werden.[1] Als Nachteil von Delegation stellen sich vor allem potenzielles Auftreten von Doppelarbeiten und Konformität bei der Willensbildung sowie erschwerte Kontrolle der delegierten Aufgaben heraus.[2] Ein Modell zur Berechnung des Delegationswertes versucht, die Frage, ob ein Entscheidungsproblem delegiert werden soll, selbst wieder als Entscheidungsproblem zu lösen. Als Delegationswert wird dabei die Differenz des Gewinnerwartungswertes bei Entscheidung mit Delegation und bei Entscheidung ohne Delegation betrachtet. Dieser Delegationswert wird den Kosten der Delegation gegenübergestellt (zum Beispiel die Kosten für die Entlohnung des Entscheidungsträgers). Übersteigt der Delegationswert die Kosten, so ist die Delegation als vorteilhaft anzusehen.[3]

Innerhalb der Diskussion um die optimale Arbeitsteilung wird im Schrifttum zusätzlich zwischen globalen, multinationalen und transnationalen Organisationsformen differenziert. Im Rahmen globaler Organisationsstrukturen sind die Unternehmensleitung und die einzelnen Bereiche beziehungsweise Funktionen für die weltweite Leistungserstellung zuständig. Strategische Entscheidungen werden zentral von der Unternehmensleitung getroffen, die Leiter der ausländischen Bereiche haben nur eine sehr eingeschränkte Handlungs- und Entscheidungsbefugnis und sind lediglich für die Realisation der strategischen Entscheidungen zuständig.

Die multinationale Organisation ist demgegenüber durch internationale Divisionen geprägt, welche die Besonderheiten der jeweiligen Region durch einen hohen Autonomiegrad der Divisionsleiter widerspiegeln. Die transnationale Organisation ist hingegen bestrebt, die Flexibilität und Anpassungsfähigkeit auf den internationalen Märkten mit effektiven Führungs- und Steuerungsmechanismen zu verbinden. Dazu werden die internationalen Geschäftsbereiche in den strategischen Entscheidungsfindungsprozess mit einbezogen. Zudem findet ein umfangreicher personeller, technologischer, informationeller und finanzieller Ressourcenaustausch zwischen den Bereichen statt.[4]

- Abteilungsstruktur (Einlinien- versus Mehrliniensystem)

Eine fundamentale Entscheidung im Rahmen der Aufbauorganisation besteht in der Wahl zwischen Einlinien- oder Mehrliniensystem. Hierbei geht es um Weisungsbeziehungen der Organisationseinheiten untereinander. Im Rahmen des Einliniensystems erhält jede Organisationseinheit ihre Weisungen nur von einer einzigen übergeordneten Instanz, während beim Mehrliniensystem mehrere Einheiten gegenüber einer

1 Vgl Bühner (2004), S. 123 f.
2 Vgl. Staehle (1999), S. 699.
3 Zum Delegationswertmodell vgl. Laux/Liermann (1997), S. 218 ff.
4 Vgl. Bühner (2004), S. 173 ff.

untergeordneten Organisationseinheit weisungsbefugt sind.[1] Existieren genau zwei übergeordnete Instanzen, kann von einer Matrixstruktur gesprochen werden, während bei drei weisungsbefugten Einheiten eine Tensor-Organisation besteht.[2]

Als Vorteile des Einliniensystems gelten insbesondere eine klare und eindeutige Regelung von Weisungsbefugnissen, Kompetenzen und Verantwortlichkeiten sowie eine klare Zuordnung von Erfolg, während als Nachteile Überlastung des Mittelmanagement und fehlendes Spezialisten-Know-how aufgeführt werden.[3] Diese Probleme versucht man häufig durch die Einführung von Stäben zu lösen, die selbst keine Weisungsbefugnis besitzen und durch ihre Spezialisierung die funktionalen Einheiten entlasten beziehungsweise mit Know-how unterstützen.[4] Oftmals führt dies jedoch zu Autoritäts- und Zuständigkeitsproblemen beziehungsweise Abstimmungsschwierigkeiten zwischen Stab und Linie. Vorteile der Matrixorganisation bestehen vor allem in einer höheren Integrationsdichte, einer höheren Flexibilität und einer stärkeren Gesamtzielorientierung. Nachteile hingegen resultieren insbesondere aus zunehmendem Abstimmungsbedarf sowie hoher Komplexität.[5]

Eine weitere relevante Charakterisierung der Abteilungsstruktur liegt neben der Unterscheidung nach der Struktur der Weisungsbefugnisse in der Gliederungsdimension, wobei zwischen funktionaler und divisionaler Gliederung differenziert wird. Bei einer funktionalen Organisationsgliederung handelt es sich um eine nach gleichartigen Funktionen wie Marketing, Produktion, Finanzmanagement oder Forschung und Entwicklung ausgerichtete Organisationsform, bei der eine verrichtungsorientierte Zentralisierung vorgenommen wird. In einer divisionalen Organisationsstruktur, die häufig auch als Sparten- beziehungsweise Geschäftsbereichsorganisation bezeichnet wird, erfolgt die Zentralisierung hingegen nach dem Objektprinzip. Als Objekte kommen beispielsweise Produkte, Produktgruppen, Kunden, Märkte oder Regionen in Betracht.[6]

Die Vorteile der funktionalen Organisation liegen insbesondere in der Möglichkeit, Spezialisierungsgewinne in Form von Produktivitätssteigerungen zu realisieren, während Nachteile aus einer Fragmentierung der Arbeitsabläufe entstehen. Wesentliche Vorteile der divisionalen Organisationsstruktur sind die größere Flexibilität kleinerer, autonomer Einheiten und eine bessere Transparenz der verschiedenen Geschäftsaktivitäten, während Effizienzverluste durch mangelnde Teilbarkeit der Ressourcen und suboptimale Betriebsgrößen entstehen, und eine Vervielfachung der Führungspositio-

1 Vgl. Jung (2006), S. 280 f.
2 Vgl. Bühner (2004), S. 163 f.
3 Vgl. Bühner (2004), S. 126.
4 Vgl. Laux/Liermann (2005), S. 178 f.
5 Vgl. Hill/Fehlbaum/Ulrich (1974), S. 213 ff.
6 Vgl. Bühner (2004), S. 141.

nen und der höhere administrative Aufwand grundsätzlich nachteilig wirken.[1] Abbildung 3-1 stellt typische Grundformen der Aufbauorganisation dar.

Abbildung 3-1: *Aufbauorganisatorische Grundstrukturen*

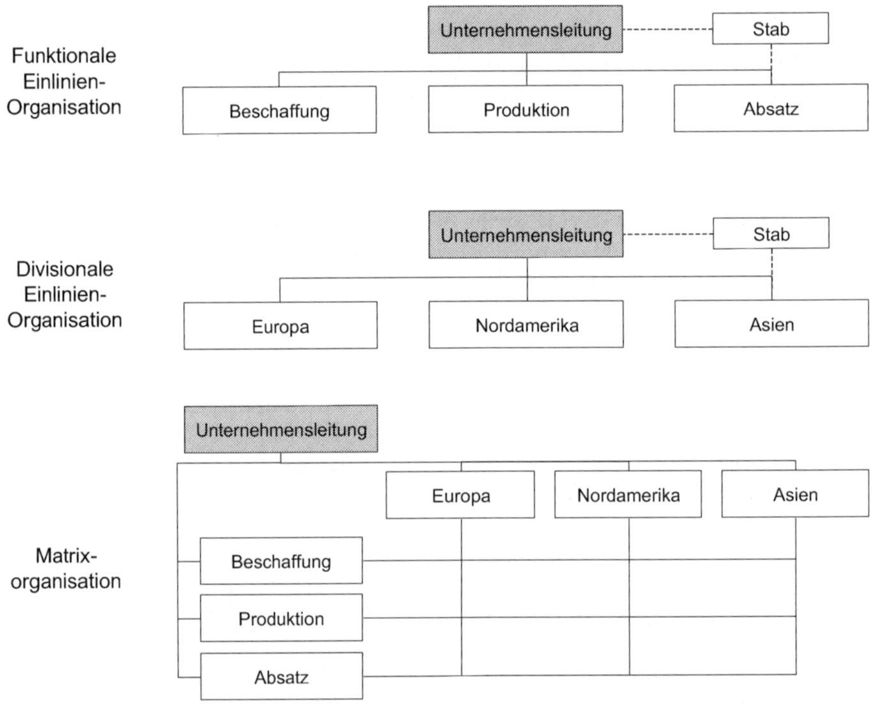

■ Koordination (unpersönliche versus persönliche Koordination)

Koordination beinhaltet die Harmonisierung der Handlungen von Organisationsmitgliedern in Hinblick auf die Organisationsziele.[2] Koordinative Maßnahmen sind zum einen aufgrund von Ziel- und Interessensdivergenzen der Beteiligten, zum anderen aufgrund von Arbeitsteilung und der daraus resultierenden Zusammenführung von Aufgabenteilen erforderlich.[3] Bestimmte Koordinationsmechanismen determinieren, mit Hilfe welcher organisatorischer Regelungen die Koordination zwischen einzelnen Organisationseinheiten stattfinden kann. Diese Mechanismen lassen sich in persönli-

1 Vgl. Steinmann/Schreyögg (2000), S. 409 ff.
2 Zu verschiedenen Definitionen des Koordinationsbegriffs vgl. Hoffmann (1980), S. 301.
3 Vgl. Staehle (1999), S. 555.

che und unpersönliche Koordinationstechniken unterteilen.[1] Erstere basieren auf einer unmittelbaren, persönlichen Kommunikation zwischen Organisationsmitgliedern.

Abbildung 3-2: *Koordinationsmechanismen*[2]

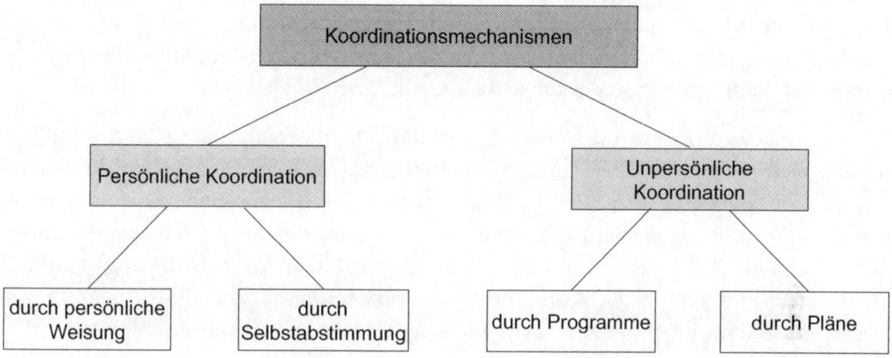

Hier kann weiter zwischen Koordination durch persönliche Weisung (vertikale Kommunikation) sowie Koordination durch Selbstabstimmung (horizontale Kommunikation) unterschieden werden. Unpersönliche Koordination hingegen beruht auf technokratisch-bestimmter Kommunikation, wobei eine weitere Unterteilung in Koordination durch Verfahrensrichtlinien und Programme (Prozessvorgabe) sowie Koordination durch Pläne (Zielvorgabe) vorgenommen werden kann. Abbildung 3-2 visualisiert die verschiedenen Koordinationsformen.

Keiner der vier Koordinationsmechanismen ist als universell überlegen anzusehen. Vielmehr gilt es, im Rahmen eines situativen Ansatzes, die Koordinationsmechanismen bestimmten Aufgaben zuzuordnen. Dabei gelten persönliche Koordinationsformen insbesondere dann als vorteilhaft, wenn die Dynamik der Aufgabe, also die Veränderungsintensität, als hoch anzusehen ist. Eine geringere Dynamik begünstigt die Effizienz der Koordination durch Programme und Pläne. Neben der Dynamik gilt die Komplexität einer Aufgabe als ausschlaggebend für die Vorteilhaftigkeit von Koordinationsmechanismen. Bei hoher Komplexität erscheint eine Koordination durch Selbstabstimmung und Pläne als geeigneter; bei niedriger Komplexität hingegen sprechen insbesondere Effizienzgesichtspunkte für Koordination durch persönliche Weisung und Koordination durch Programme.

1 Vgl. Weber (1995), S. 38; Scherm/Pietsch (2007), S. 204 ff.
2 In Anlehnung an Kieser/Walgenbach (2010), S. 101 ff.

■ Ablauforganisation

Während durch die Aufbauorganisation eine eher statische Organisationsstruktur geschaffen wird, betrachtet die Ablauforganisation die sich darin abspielenden Aktivitäten. Sie widmet sich der Kombination von Teilarbeitsabläufen zu komplexen Prozessen der Leistungserstellung sowie deren Koordination in zeitlicher und räumlicher Hinsicht.[1] Die Nutzung organisationaler Potenziale steht im Vordergrund, wobei es das Ziel der Ablauforganisation ist, durch Vorstrukturierung, Vereinfachung und Standardisierung die Prozesseffizienz zu erhöhen, d. h. eine Reduktion der Prozesskosten und -zeiten zu erreichen sowie die Qualität der Arbeitsabläufe zu steigern.[2]

Dabei kann das Konzept der ablauforganisatorischen Arbeitsanalyse und -synthese genutzt werden, um Prozesse und Tätigkeiten zunächst konzeptionell zu durchdringen und anschließend integrativ zu strukturieren. Die Arbeitsanalyse erfasst alle im Rahmen der Leistungserstellung anfallenden Prozesse. Beginnend mit den Aufgaben einer einzelnen Stelle werden sämtliche Teilaufgaben und Prozessschritte anhand der Gliederungskriterien Objekt, Rang und Phase beziehungsweise Zweckbeziehung systematisiert und im Zuge der Arbeitssynthese wiederum kriterienspezifisch integriert.

Die Arbeitssynthese selbst vollzieht sich dabei in den Schritten Arbeitsverteilung (personale Synthese), Arbeitsvereinigung (temporale Synthese) und Raumgestaltung (lokale Synthese). Bei der Arbeitsverteilung werden durch die Zusammenführung von Teilprozessen Arbeitsgänge bestimmt, wobei die Definition dieser Arbeitsgänge letztendlich das Ausmaß der organisationalen Arbeitsteilung innerhalb des Unternehmens festlegt. Im Rahmen der Arbeitsvereinigung erfolgt eine zeitliche Koordination und Synchronisation der Arbeitsgänge. Die abschließende Raumgestaltung hat das Ziel, durch eine optimale räumliche Anordnung Arbeitswege zu minimieren.[3]

3.1.1.3 Ansätze des Integrationsmanagement

Der Zusammenschluss zweier Unternehmen im Zuge eines Mergers bedeutet nicht zwangsläufig, dass eine vollständige Anpassung der Aufbau- und Ablauforganisation erfolgen muss. Vielmehr sollte die Integration der Organisationsstrukturen vor dem Hintergrund des angestrebten Integrationsgrades erfolgen.[4] Generell kann davon ausgegangen werden, dass der angestrebte Integrationsgrad bei Zusammenschlüssen, die auf eine Realisierung von Synergien abzielen, tendenziell am höchsten ist. In diesem Fall sind Absorption beziehungsweise partielle Integration geeignete Integrationsansätze. Spielen strategische Interdependenzen eine eher untergeordnete Rolle, werden Holding- oder Stand-Alone-Ansätze gewählt.

1 Vgl. Frese (2000), S. 7.
2 Vgl. Gaitanides (1992), Sp. 1; Winter (2009), S. 33.
3 Vgl. Gaitanides (1992), Sp. 5 f.
4 Vgl. Abschnitt 2.2.2 in Teil C.

Die Integration der Aufbau- und Ablauforganisation gestaltet sich besonders schwierig, wenn der anzustrebende Integrationsgrad hoch ist und die ursprünglichen Strukturen in den beiden Unternehmen sehr verschieden sind. Vor diesem Hintergrund lassen sich für sehr anspruchsvolle Unternehmenszusammenschlüsse auch zahlreiche Beispiele für (zumindest teilweise) Misserfolge aufführen, wie beispielsweise der Merger von Daimler und Chrysler.[1]

Auch die Integrationsgeschwindigkeit ist ein wesentlicher Einflussfaktor für die Integration der Aufbau- und Ablauforganisation. Da diese jedoch in den meisten Fällen ein Resultat des angestrebten Integrationsgrades und nicht die primäre Entscheidungsvariable ist, wird im Folgenden vor allem der Einfluss des Integrationsgrades im Hinblick auf die speziellen Herausforderungen bei der Auswahl und Implementierung der Aufbauorganisation sowie der organisatorischen Fachkonzepte zur Ablauforganisation betrachtet.

■ Aufbauorganisation

Die Wahl der richtigen Aufbauorganisation ist eine der größten Herausforderungen der Integrationsphase; birgt jedoch auch das größte Synergiepotenzial. Die konkrete Aufgabe der Integration der Aufbauorganisation besteht darin, eine adäquate und der Situation entsprechende Organisationsstruktur für das Unternehmen auszuwählen und zu implementieren.[2] Dabei gilt es, die verschiedenen Aspekte der Aufbauorganisation, Arbeitsteilung, Abteilungsstruktur und Koordination, bei der Integration zu beachten.

■ Arbeitsteilung

Die möglichen Integrationsalternativen weisen unterschiedliche Grade an Zentralisation beziehungsweise Dezentralisation auf. Hierbei stellt sich insbesondere die Frage, in welchem Maße die Organisationseinheiten nach der Integration über dezentrale Entscheidungsgewalt verfügen und inwieweit zentrale Entscheidungen durch übergeordnete Instanzen notwendig sind. Auch wenn einer Konzentration auf Kernkompetenzen ein eher hohes Maß an Zentralisierung innewohnt, was zwar in der Regel zu schnelleren, effizienteren Entscheidungen führt, muss doch vor dem Managementfehler einer nicht sachgerechten Zentralisation im Falle weitgehender Autonomie der Abteilungen und zunehmender Umweltkomplexität gewarnt werden.[3]

So ist der angebrachte Zentralisierungsgrad vor allem im Einklang mit dem angestrebten Integrationsgrad zu bestimmen. Die Entscheidung für einen geringen Integrationsgrad würde in diesem Sinne auch zugunsten einer eher dezentralen Organisationsstruktur sprechen. Hierdurch könnten insbesondere Entlastungs-, Kommunikations- sowie Motivationsvorteile realisiert und auf eine durch den Unternehmenszusammen-

1 Vgl. Pfeffer (2003), S. 58.
2 Vgl. Vogel (2002), S. 257.
3 Vgl. Vogel (2002), S. 258.

schluss potenziell gestiegene Umweltkomplexität besser reagiert werden. Ist eine Entscheidung zugunsten eines hohen Integrationsgrades gefallen, besteht eine Tendenz hin zur Zentralisierung. Dadurch wird versucht, eine weitgehende Ausrichtung der Unternehmensteile auf gemeinsame Zielsetzungen sicherzustellen.[1]

Im Kontext von globalen Unternehmenszusammenschlüssen sind insbesondere Organisationsstrukturen von international tätigen Unternehmen von hoher Relevanz. Bei der Bildung dieser Organisationsstrukturen ist stets darauf zu achten, dass für das fusionierte Unternehmen die Möglichkeit besteht, einerseits auf regionale Besonderheiten einzugehen, andererseits aber auch ein gemeinsames Auftreten des Unternehmens am Weltmarkt zu ermöglichen. Ziel ist es, den optimalen Autonomiegrad der einzelnen Bereiche zu bestimmen und den gewählten Grad der Zentralisierung durch die Organisationsstruktur abzubilden.[2]

- Abteilungsstruktur

Im Rahmen der Integration der Abteilungsstrukturen ergeben sich insbesondere drei Fragestellungen.[3] Zunächst ist zu klären, ob eine Vereinheitlichung der Weisungsstrukturen stattfinden soll, d. h. ob beide Unternehmensteile zwingend entweder auf einem Ein- oder Mehrliniensystem basieren sollen. Bei einem geringen Integrationsgrad ist in der Regel keine Vereinheitlichung der Weisungsstrukturen erforderlich. Dagegen sind bei einem hohen Integrationsgrad die Weisungsstrukturen der Abteilungen in dem Zuge zu vereinheitlichen, in dem die ursprünglichen Einheiten ineinander aufgehen. Ob dabei die Einlinien- oder die Mehrlinienform zu wählen ist, hängt von den situativen Gegebenheiten ab und kann nicht allgemeingültig beantwortet werden.

Als zweites stellt sich die Frage, nach welchen Kriterien die Abteilungen zu gliedern sind. Hier besteht eine grundsätzliche Wahlmöglichkeit zwischen einer funktionalen und einer divisionalen Ausrichtung. Letztere lässt sich besonders häufig dann finden, wenn ein niedriger Integrationsgrad angestrebt wird. Für den Fall eines hohen Integrationsgrades lässt sich dies nicht pauschal beantworten. Hier gilt es, auf Basis der situativen Besonderheiten des Einzelfalls zu entscheiden und die oben genannten Vor- und Nachteile der funktionalen und divisionalen Struktur gegeneinander abzuwägen.

Letztlich stellt sich die Frage nach Koppelung oder Reorganisation. Bei einer Koppelung bleiben die Abteilungen der fusionierenden Unternehmen größtenteils autonom nebeneinander bestehen, während bei einer Reorganisation eine weitgehende Zusammenführung der Einheiten zu einem neuen Ganzen stattfindet. Wird ein niedriger Integrationsgrad favorisiert, ist meist eine Koppelung (bei eventueller gemeinsamer Nutzung von Stäben) ausreichend, während bei stärkerer Integration eine Reorganisation der wesentlichen Abteilungen erforderlich wird.

1 Vgl. Lindstädt/Wolff (2014), S. 310 f.
2 Vgl. Bühner (2004), S. 173.
3 Vgl. im Folgenden Lindstädt/Wolff (2014), S. 317 ff.

■ Koordination

Schließlich ist auch die Art und Weise der Anpassung der Koordinationsmechanismen vom anvisierten Integrationsgrad der fusionierenden Unternehmen abhängig. Ist dieser gering, so ist zumeist keine Vereinheitlichung von Regeln und Kommunikationsmechanismen nötig. Wird hingegen eine starke Integration beabsichtigt, müssen die Koordinationsmechanismen vereinheitlicht beziehungsweise zumindest aneinander angepasst werden. Dies gestaltet sich insofern als besonders komplexe Aufgabe, als sich eine Veränderung der täglichen Geschäftsprozesse in starkem Maße auf das Selbstverständnis der Mitarbeiter auswirkt.[1] Ändert man beispielsweise in einer Abteilung den Mechanismus von einer Koordination durch persönliche Weisung zu einer Koordination durch Selbstbestimmung, kann dies zu einer sowohl qualifikationsbedingten als auch zeitlichen Überforderung der Mitarbeiter führen.

■ Ablauforganisation

Eine Veränderung der Aufbauorganisation verlangt auch eine entsprechende Anpassung der Ablauforganisation. In Abhängigkeit vom gewählten Integrationsgrad und von der Effizienz und Kongruenz der Prozesse sind dabei unterschiedliche Anforderungen an die Vorgehensweise zum Entwurf des Konzeptes der Ablauforganisation zu stellen. Sollen die beiden Unternehmen bezüglich ihrer Prozesse nicht oder so wenig wie möglich integriert werden, ergeben sich kaum Änderungen und die Konzepte können beibehalten beziehungsweise jeweils Stand-Alone optimiert werden. Anders stellt sich die Situation dar, wenn im Rahmen eines höheren Integrationsgrades die Ablaufprozesse der Unternehmen in Einklang gebracht werden sollen. Hier sind sowohl die Effizienz als auch die Kongruenz der Prozesse von Bedeutung, wie Abbildung 3-3 darstellt.

Ist das Ergebnis der Prozessanalyse, dass die bisherigen Abläufe ineffizient sind, muss, unabhängig von der Kongruenz der Prozesse, eine Neugestaltung der Ablauforganisation erfolgen. Sind die Organisationsabläufe effizient, spielt die Kongruenz der Prozesse für die Wahl des Integrationsansatzes eine entscheidende Rolle. Besteht eine geringe Kongruenz, d.h. sind die Prozesse in den einzelnen Unternehmen sind sehr unterschiedlich, sollte eine Vereinheitlichung der Prozesse erfolgen.

Sind die Prozesse jedoch sehr ähnlich, bietet sich eine Übernahme der Geschäftsabläufe des effizienteren Unternehmens an.[2] Dies heißt jedoch nicht, dass zwangsläufig eine durchgängige Ausrichtung an einem Prozessgerüst erfolgt. Vielmehr findet meist im Sinne eines „Picking the best" eine fallweise Auswahl der jeweils effizientesten Unternehmensprozesse für das ablauforganisatorische Konzept statt, solange die Orientierung an einer einheitlichen Grundstruktur dadurch nicht verletzt wird.

1 Vgl. Lindstädt/Wolff (2014), S. 321.
2 Vgl. Vogel (2002), S. 259.

Abbildung 3-3: Anpassungskonzeptionen für Prozessabläufe[1]

Erwartete Schwierigkeiten bei der Bewältigung des Themenfeldes			
	hoch	Themenfelder ohne Handlungsbedarf	Themenfelder mit sehr hohem Handlungsbedarf
	niedrig	Themenfelder mit geringem Handlungsbedarf	Themenfelder mit hohem Handlungsbedarf
		niedrig	**hoch**
Beitrag der Bewältigung des jeweiligen Themenfeldes zum Integrationserfolg			

Darüber hinaus ist anzumerken, dass die Entscheidung für eine Integrationskonzeption der Ablauforganisation nur vor dem Hintergrund der aktuellen Unternehmenssituation erfolgen kann. Vor allem die Beurteilung der Effizienz von Prozessen anhand der verbreiteten Effizienzkriterien Kosten und Zeit ist als situationsabhängig anzusehen. Durch unterschiedliche Gewichtung der beiden Kriterien kann es beispielsweise dazu kommen, dass einerseits ein teuerer, aber schneller Prozess bevorzugt oder andererseits ein billiger und langsamer präferiert wird.

Daher ist auch bei der Integration der Ablauforganisation zu beachten, dass hohe Prozesseffizienz von den fusionierenden Unternehmen nicht unbedingt gleich interpretiert werden muss. Darüber hinaus spielen in der Realität auch oftmals andere Kriterien als die der Effizienz und Kongruenz bei der Wahl eines Prozessintegrationsansatzes eine erhebliche Rolle. So sind insbesondere Machtfragen von entscheidender Bedeutung, weshalb oftmals im Endeffekt die Prozesse des dominanteren Unternehmens übernommen werden.

Abschließend sollen die einzelnen Besonderheiten der Integration der Aufbau- und Ablauforganisation in Abhängigkeit vom angestrebten Integrationsgrad in Abbildung 3-4 veranschaulicht werden, wobei noch einmal darauf hinzuweisen ist, dass es sich hierbei lediglich um Tendenzen handelt und eine letztendliche Bestimmung der Organisationsausrichtung nur auf Basis der speziellen Situation möglich ist.

1 In Anlehnung an Clever (1993b), S. 88.

Abbildung 3-4: Organisatorische Neuausrichtung nach Unternehmenszusammenschlüssen

		Angestrebter Integrationsgrad	
		Gering	Hoch
Aufbauorganisation	Arbeitsteilung	• Dezentraler Aufbau	• Zentraler Aufbau
Aufbauorganisation	Abteilungs-struktur	• Keine zwingende Vereinheitlichung der Weisungsstrukturen • Tendenz zur divisionalen Struktur • Koppelung der Organisationseinheiten	• Vereinheitlichung der Weisungsstrukturen • Funktionale oder divisionale Struktur • Reorganisation der Organisationseinheiten
Aufbauorganisation	Koordination	• Keine zwingende Vereinheitlichung der Koordinationsmechanismen	• Vereinheitlichung der Koordinationsmechanismen
Ablauforganisation	Prozesse	• Beibehaltung und fakultativ Stand-alone-Optimierung bestehender Prozesse	• Neugestaltung, Übernahme oder Vereinheitlichung von Prozessen

So sind beispielsweise auch Mischformen des Integrationsgrades über die Wertschöpfungskette hinweg möglich, bei denen es sich nicht um eine reine Entweder-Oder-Betrachtung handelt. Insbesondere bei globalen Unternehmenszusammenschlüssen scheint es denkbar, nur in Teilbereichen eine hohe Integration vorzunehmen, d. h. beispielsweise im operativen Geschäft einen niedrigen und im administrativen Bereich, wie dem Reporting, einen hohen Integrationsgrad zu wählen.

3.1.2 Unternehmenskultur

Bei der Darstellung von Aspekten der Unternehmenskultur im Rahmen der Post-Merger-Integration ist zunächst ebenfalls die Bedeutung der Unternehmenskultur für den Erfolg der Post-Merger-Integration darzustellen. Im Anschluss werden die Grundlagen der Unternehmenskultur beschrieben, bevor abschließend Ansätze des Integrationsmanagement aufgezeigt werden.

3.1.2.1 Bedeutung der Unternehmenskultur

Auch wenn in jüngeren Untersuchungen Kulturfragen eine geringere Bedeutung beigemessen wird, ist die Relevanz eines Management der Unternehmenskulturen im Rahmen der Post-Merger-Integration im betriebswirtschaftlichen Schrifttum unumstritten.[1] In zahlreichen Beiträgen und Untersuchungen wird den Kulturfragen einer Fusion hohe Aufmerksamkeit beigemessen und gerade bei gescheiterten Fusionen oftmals als Erklärung herangezogen.[2] Dies gilt vor allem für internationale Unternehmenszusammenschlüsse, bei denen sowohl unterschiedliche Länder- als auch Unternehmenskulturen zu integrieren sind.

Vielfach ist eine starke Unternehmenskultur auch der Auslöser für einen Zusammenschluss, da sie oftmals auch eine hervorgehobene Wettbewerbsposition begründet. Sind im Rahmen einer M&A-Transaktion hingegen beide Unternehmen durch vorteilhafte und weitgehend homogene Unternehmenskulturen gekennzeichnet, bietet sich deren Bewahrung und Weiterentwicklung an. Gerade Praxiserfahrungen zeigen, dass das federführende beziehungsweise Käuferunternehmen auch die dominante Unternehmenskultur in dem Sinne aufweist, als meist eine Anpassung der zu integrierenden Unternehmung an dessen Unternehmenskultur erfolgt.[3]

Dieses konfliktträchtige Aufeinandertreffen gilt es jedoch möglichst zu verhindern, da die Existenz divergierender Unternehmenskulturen innerhalb eines Unternehmens eine einheitliche Vermittlung von Verhaltensweisen und Werten nicht mehr sicherstellen kann. Die gemeinsame Zielbildung und Zielakzeptanz wird reduziert, woraus Unsicherheit unter den Mitarbeitern entsteht, die wiederum häufig in aktivem oder passivem Widerstand zum Beispiel in Form von Kündigungen, reduziertem Engagement oder Opposition gegen den Unternehmenszusammenschluss resultiert.[4] Eine mangelnde Integration der Unternehmenskultur kann somit den M&A-Erfolg maßgeblich gefährden.[5] Die Wichtigkeit der Integration von Unternehmenskulturen unterstreicht auch Steinbock: „Für die langfristige Leistungsfähigkeit des fusionierten Unternehmens ist es bedeutend, die Rahmenbedingungen für die Entwicklung einer neuen Unternehmenskultur zu schaffen."[6] Gleichwohl ist zu berücksichtigen, dass Maßnahmen zur Harmonisierung der Unternehmenskultur in der Regel deutlich schwieriger zu steuern sind als rein materielle Aspekte.[7] Zudem ist der Erfolgsbeitrag nur schwer messbar und wirkt meist erst mittel- bis langfristig.

---

1 Vgl. Uder/Kramarsch (2001), S. 326.
2 Vgl. Wächter (1990), S. 121; Krystek (1992), S. 539; Uder/Kramarsch (2001), S. 326.
3 Vgl. Krystek (1992), S. 545.
4 Vgl. Grüter (1993), S. 49; Werner (1999), S. 333.
5 Vgl. Haussmann (2002), S. 911.
6 Steinbock (2000), S. 40.
7 Vgl. Penzel (2000), S. 26.

Trotzdem hat sich weitgehend die Erkenntnis durchgesetzt, dass die Unternehmenskultur als gestaltbare Variable einen bedeutenden Erfolgsfaktor von Unternehmenszusammenschlüssen darstellt.[1] Bevor nun auf unternehmenskulturbezogene Ansätze im Rahmen der Integrationsdurchführung näher eingegangen wird, werden zunächst die wesentlichen Grundlagen dargestellt.

3.1.2.2 Grundlagen der Unternehmenskultur

Unter den Begriff „Kultur" werden etablierte Denkmuster, Wertestandards und Interaktionsformen von Menschen im Umgang mit ihrer natürlichen und sozialen Umwelt und mit ihrem inneren Wesen gefasst. Die Kultur nimmt dabei für einen Menschen im Allgemeinen eine unsicherheitsreduzierende, handlungsorientierende, identitätsstiftende und sozialintegrierende Aufgabe wahr.[2] Die Unternehmenskultur wiederum bezieht sich auf das Handeln von Menschen innerhalb von Organisationen und steht in direktem Zusammenhang mit Verhaltensweisen, Wertvorstellungen, Einstellungen und Normen inklusive der vermittelnden Symbolsysteme.[3] Ulrich definiert den Begriff Unternehmenskultur „als die Gesamtheit der in der Unternehmung bewusst oder unbewusst kultivierten, symbolisch oder sprachlich tradierten Wertüberzeugungen, Denkmuster und Verhaltensnormen, die sich im Laufe des erfahrungsreichen Umgangs mit den Anforderungen der unternehmerischen Existenz- und Erfolgssicherung nach außen sowie der Sozialintegration nach innen entwickelt und bewährt haben und die deshalb den Unternehmensangehörigen als gültige Formen des Wahrnehmens, Denkens, Urteilens, Sprechens und Verhaltens vermittelt werden".[4]

Schreyögg nennt in diesem definitorischen Kontext wichtige Bestandteile, die mit der Unternehmenskultur verbunden sind. So handelt es sich bei der Unternehmenskultur seiner Ansicht nach vor allem um eine implizite Erscheinung, die gelebt und als selbstverständlich akzeptiert wird. Sie bildet einen gemeinsamen Orientierungsrahmen für das Handeln des einzelnen Mitarbeiters innerhalb der Organisation. Die Unternehmenskultur entsteht aufgrund der Interaktion der Unternehmung und ihrer Mitglieder mit der internen und externen Umwelt und wird von den Mitarbeitern in einem Sozialisierungsprozess internalisiert.[5] Um die Wirkung unterschiedlicher Maßnahmen der kulturellen Integration besser beurteilen zu können, erscheint es sinnvoll, verschiedene Ebenen der Unternehmenskultur zu unterscheiden. Eine gängige Darstellung differenziert dabei zwischen der Oberflächen- und Tiefenstruktur sowie dem Kulturkern (vgl. Abbildung 3-5).[6]

1 Vgl. Müller (2007), S. 125 f.
2 Vgl. Wächter (1990), S. 121; Ulrich (1993), Sp. 4351.
3 Vgl. Penzel (2000), S. 29; Morosini (2001), S. 460.
4 Ulrich (1993), Sp. 4352.
5 Vgl. Schreyögg (1992), Sp. 1526.
6 Vgl. im Folgenden Bleicher (1991), S. 732; Hase (1996), S. 155; Vogel (2002), S. 260 f.

Abbildung 3-5: *Drei-Ebenen-Modell der Unternehmenskultur*[1]

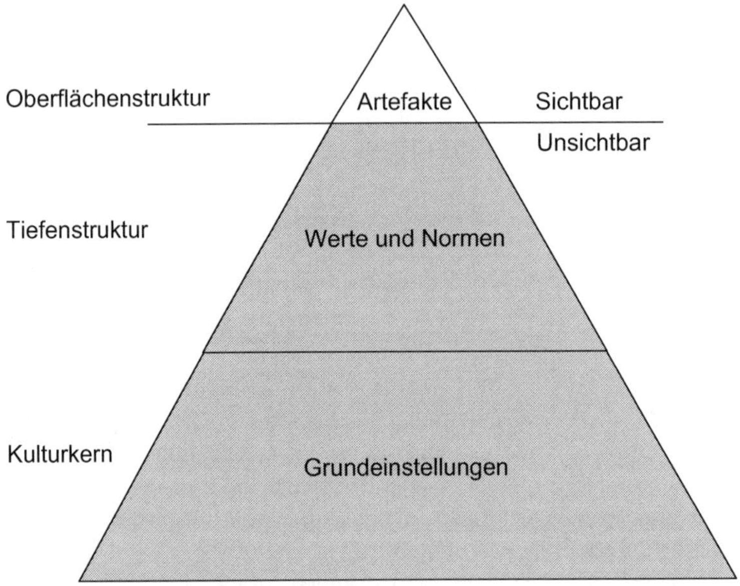

Auf der obersten Ebene, der sichtbaren Oberflächenstruktur, verkörpern so genannten Artefakte wie Design und Ausstattung von Firmensitzen oder Art von Managementeminaren die Unternehmenskultur. In der Tiefenstruktur und bereits unterhalb der Sichtbarkeitsgrenze befinden sich hingegen die Werte und Normen des Unternehmens, die zum Beispiel in der Streitkultur, den Erfolgsmaßstäben oder der Risikobereitschaft des Unternehmens zum Ausdruck kommen. Der Kulturkern, d. h. die Grundeinstellungen und das Selbstverständnis der Mitarbeiter, bildet die unterste Ebene des drei-Ebenen-Modells.

Die Entwicklung einer Unternehmenskultur wird von weiteren Kulturen beeinflusst beziehungsweise ist in eine Reihe von Kulturen eingebettet.[2] Diese so genannten Umkulturen sind die Privat-, die Branchen- und die Gesellschaftskultur. Das Verhältnis der Unternehmenskultur zu den Umkulturen kann von einem kongruenten oder inkongruenten Verhältnis geprägt sein. Lediglich ein geringes Spannungsverhältnis in Bezug auf die Unternehmenskultur erzeugen die Umkulturen, wenn sich in den verschiedenen Kulturen ein hoher Anteil an deckungsgleichen beziehungsweise konformen Charakteristika befindet. So werden in der Unternehmung gelebte Verhaltensweisen beispielsweise durch die Branchenkultur bestätigt und verstärkt.

1 In Anlehnung an Hase (1996), S. 155.
2 Vgl. Bleicher (1991), S. 738; Chromy/Strok (1998), S. 133.

Ein inkongruentes Verhältnis von Unternehmenskultur und Umkultur führt demgegenüber zu Spannungen durch abweichende Verhaltensweisen, Wertvorstellungen, Einstellungen und Normen. Inwiefern diese erhöhten Spannungen allerdings funktionale oder dysfunktionale Wirkungen erzeugen, lässt sich nur anhand des spezifischen Einzelfalls feststellen.[1] Abbildung 3-6 stellt das Verhältnis der Unternehmenskultur zu den Umkulturen dar.

Abbildung 3-6: *Unternehmenskultur und ihre Umkulturen*[2]

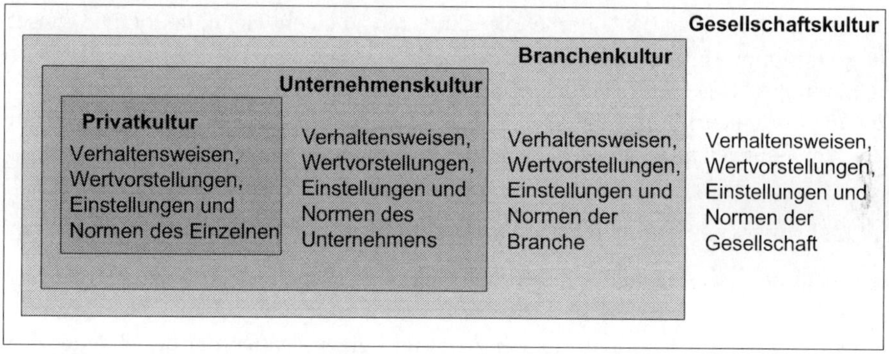

Vielfach wird zwischen so genannten starken und schwachen Unternehmenskulturen unterschieden. Eine starke Unternehmenskultur kann in positiver und negativer Weise auf die Effektivität und Effizienz von Unternehmen einwirken. Eine starke Unternehmenskultur ist zum einen durch klare, eindeutige und prägnante Verhaltensweisen und Wertvorstellungen gekennzeichnet. Zum anderen sind diese prägnanten Verhaltensweisen und Wertvorstellungen von einem Großteil der Mitarbeiter anerkannt. Darüber hinaus sind bei starken Unternehmenskulturen die Verhaltensweisen und Wertvorstellungen zu einem akzeptierten Bestandteil im Sinne eines kulturkonformen Handelns geworden.[3]

In positiver Hinsicht geben starke Unternehmenskulturen Orientierungshilfen sowie Stabilität und bilden eine Grundlage für das Handeln. Insbesondere bei unvorhergesehenen Umständen oder Entscheidungssituationen mindern sie die Unsicherheit durch eine Reduktion von Interpretationsalternativen, d. h. Entscheidungsprozesse werden durch ein homogenes Präferenzsystem verkürzt. Ferner ist der Kontrollaufwand bei starken Unternehmenskulturen meist geringer.

1 Vgl. Bleicher (1991), S. 738 f.
2 In Anlehnung an Bleicher (1991), S. 739.
3 Vgl. Schreyögg (1992), S. 1530.

Aufgrund der Tatsache, dass die Verhaltensweisen und Wertvorstellungen durch die Mitarbeiter internalisiert wurden, ist eine permanente Kontrolle obsolet. Darüber hinaus unterstützt eine starke Unternehmenskultur, sofern sie mit der Unternehmensstrategie kongruent ist, die Motivation der Mitarbeiter durch eine fortwährende Bindung an die gemeinsamen Verhaltensweisen und Wertvorstellungen. Vor diesem Hintergrund kann ein positiver Beitrag einer starken Unternehmenskultur auf den Erfolg der Unternehmung vermutet werden.

Dennoch können mit der Unternehmenskultur auch negative Wirkungen verbunden sein. So tendieren starke Unternehmenskulturen dazu, Veränderungen abzulehnen und einen Zustand der Inflexibilität anzunehmen. Zudem werden insbesondere in Zeiten des Wandels starke Unternehmenskulturen zu einem Hemmfaktor. Die Umsetzung von Innovationen beziehungsweise Reorganisationen wird aufgrund emotionaler Bindungen abgelehnt, sofern sie den bestehenden Wertvorstellungen, Einstellungen und Verhaltensnormen entgegenstehen.[1] Damit besteht die Gefahr, dass erforderliche Anpassungen an geänderte Umweltbedingungen verkannt werden.[2]

3.1.2.3 Ansätze des Integrationsmanagement

Aufgrund der dargestellten Vor- und Nachteile wird die Notwendigkeit eines kulturbewussten Management der Post-Merger-Integration deutlich, dessen Zielsetzung es sein muss, basierend auf den Ausprägungen und Eigenschaften der bestehenden Unternehmenskulturen effektivitätsfördernde Komponenten zu identifizieren und zu integrieren sowie dysfunktionale Aspekte zu eliminieren.

Die „konstruktiven oder destruktiven Wirkungen des Angleichs oder Aufeinanderpralls zweier unterschiedlicher Kulturen, wie sie bei Akquisitionen [oder Fusionen] vorkommen", müssen berücksichtigt werden.[3] Da es sich bei der Entwicklung und der Integration von Unternehmenskulturen allerdings um einen zeitintensiven und nur partiell steuerbaren Prozess handelt, besteht ein möglicher Weg darin, „unternehmenskulturelle Lernprozesse gezielt in Gang zu bringen, sie aber für authentische Entwicklungen offen zu lassen."[4]

Insgesamt lassen sich die Ansätze des Integrationsmanagement in die Analyse der Ist-Charakteristika der Unternehmenskulturen, die Bestimmung der Soll-Ausprägung sowie das notwendige Change-Management unterteilen. Auf die einzelnen Bausteine wird nachfolgend kurz eingegangen.

---

1 Vgl. Schreyögg (1992), S. 1532 f.
2 Vgl. Krystek (1992), S. 542.
3 Krystek (1992), S. 541.
4 Ulrich (1993), Sp. 4361.

■ Ist-Analyse der Unternehmenskulturen

Ausgangspunkt eines kulturorientierten Integrationsmanagement ist die Aufnahme der Ist-Ausprägungen der jeweiligen Unternehmenskulturen mit dem Ziel der Bewusstmachung kultureller Unterschiede.[1] Charakteristika der Unternehmenskultur können dabei beispielsweise anhand von externen, historischen oder kognitiven Faktoren systematisiert werden. Externe Faktoren sind zum Beispiel gesellschaftliche, technologische oder ökonomische Umfeldbedingungen. Historische Faktoren finden ihren Ursprung in Traditionen und Gebräuchen, während sich kognitive auf Aspekte der internen Kommunikation sowie Riten, Symbole und Werte beziehen.[2]

Obwohl es sich bei der Unternehmenskultur um einen intangiblen und nur schwer messbaren Gegenstand handelt, haben sich Instrumente etabliert, die eine Kulturdiagnose ermöglichen. Dabei können beispielsweise Erhebungen in Fragebogen- beziehungsweise Interviewform oder Dokumentenanalysen eingesetzt werden. Als Ergebnis der Diagnose sollte die Zuordnung der bestehenden Unternehmenskulturen zu so genannten Kulturtypologien erfolgen, die ein Ableiten erster Integrationsmaßnahmen erleichtern.

Eine auf Deal und Kennedy zurückgehende Kulturtypologie verwendet einen zweidimensionalen Ansatz.[3] Als Differenzierungsdimensionen greifen die Autoren zum einen auf das Risiko bei Entscheidungen und zum anderen auf die Geschwindigkeit des Feedbacks zwischen Aktionen und Erfolg zurück. Während die erste Dimension das Risiko des Unternehmensumfeldes beurteilt, betrachtet die zweite Dimension den Zeitraum zwischen Aktion der Unternehmung und Reaktion des Marktes. Abbildung 3-7 stellt die Kulturtypen nach Deal und Kennedy dar.

Die Bet-your-company-Kultur ist durch ein hohes Risiko, aber langsame Feedback-Zeiten aus dem Markt geprägt. Das Umfeld der Process-Kultur ist durch geringe Risiken sowie ebenfalls lange Rückmeldungszeiten gekennzeichnet. Demgegenüber erfahren die Tough-guy/macho-Kultur und die Work-hard/play-hard-Kultur eine schnelle Rückmeldung über den Erfolg ihrer Aktionen aus der Unternehmensumwelt und insbesondere dem Markt. Während dabei die Tough-guy/macho-Kultur einem hohen Unternehmensrisiko ausgesetzt ist, sieht sich die Work-hard/play-hard-Kultur mit nur einem relativ geringen Risiko konfrontiert.[4]

1 Vgl. Uder/Kramarsch (2001), S. 326.
2 Vgl. Scherm/Pietsch (2007), S. 139.
3 Vgl. Deal/Kennedy (1982), S. 107 ff.
4 Vgl. Hungenberg/Wulf (2015), S. 82 f.

Abbildung 3-7: Kulturtypen nach Deal/Kennedy[1]

Risiko			
	hoch	**Bet-your-company** Techniker/Tüftler-Kult Technologieorientierung Konferenzrituale Bürokratiekult	**Tough-guy/macho** Starkult,Spielertypen „Alles oder Nichts" Schutzrituale Wert=Risiko
	gering	**Process** Wert=Erfahrung Dienstwegorientierung Hierachie-Rituale Wert=Kontinuität	**Work-hard/play-hard** Teamkult Kundenorientierung Spielrituale Wert=Umsatz
		langsam	**schnell**
		Feedback	

■ Soll-Ausprägung der Unternehmenskulturen

An die Ist-Analyse der Charakteristika der Unternehmenskulturen schließt sich die Bestimmung der Soll-Ausprägungen einer gemeinsamen Unternehmenskultur an.[2] Dabei werden die wünschenswerten Ausprägungen bestimmt und den tatsächlichen gegenübergestellt. Allerdings können die Anforderungen an eine optimale Unternehmenskultur immer nur situationsabhängig, d. h. relativ, bestimmt werden. Zudem treffen die Unternehmenskulturen, in Abhängigkeit von der beabsichtigten Integrationstiefe auf Gesamtunternehmensebene, mit unterschiedlicher Intensität aufeinander.[3] Nur in wenigen Fällen ist dabei festzustellen, dass die Unternehmenskulturen eine stark ausgeprägte Homogenität aufweisen.

Zudem wird in der Praxis der überwiegende Teil der Ausprägungen der bestehenden Unternehmenskultur des akquirierenden beziehungsweise dominanten Unternehmens als wünschenswert betrachtet. Vor diesem Hintergrund muss auch eine Entscheidung über die beabsichtigte Form der Akkulturation getroffen werden, bei der es sich nach Reineke um einen Anpassungsprozess handelt, der aufgrund einer längerfristigen, direkten Interaktion zwischen zwei Unternehmenskulturen ausgelöst wird.[4] Zentrale Aufgabe der Akkulturation ist es, einen „im Einzelfall angemessenen Weg für die übernommene Gesellschaft zwischen totaler Kulturaufgabe und völliger Kulturbe-

1 In Anlehnung an Scholz (1988), S. 252.
2 Vgl. Bea/Haas (2015), S. 494.
3 Vgl. Macharzina/Oesterle (2002), S. 51.
4 Vgl. Reineke (1989), S. 51 ff.

wahrung unter Berücksichtigung eines auskömmlichen Verhältnisses zur übernehmenden Unternehmung zu finden."[1]

Als Ergebnis der Akkulturation, hier am Beispiel einer vorangegangenen Akquisition, können vier Formen realisiert werden. Dabei werden als Differenzierungsdimensionen das Verhältnis zum akquirierenden Unternehmen und das Ausmaß der Kulturbewahrung bei der akquirierten Unternehmung herangezogen. Abbildung 3-8 stellt die Formen der Akkulturation dar.

Die Integration und Assimilation sind von einem guten Verhältnis zwischen akquirierendem und akquirierten Unternehmen geprägt. „Integration leads to some degree of change in both groups` cultures and practices; the flow of cultural elements is balanced because neither group tries to dominate the other."[2] Während bei der Integration allerdings eine Zusammenführung von Elementen beider Unternehmenskulturen in einem annähernd ausgewogenen Verhältnis erfolgt, ist die akquirierte Unternehmung im Falle der Assimilation gezwungen, große Teile ihrer ehemaligen Unternehmenskultur aufzugeben und sich an die Verhaltensweisen und Normen der akquirierenden Unternehmung anzupassen.

Abbildung 3-8: *Formen der Akkulturation aus Sicht des akquirierten Unternehmens*[3]

Verhältnis zur akquirierenden Unternehmung			
	gut	Integration	Assimilation
	schlecht	Segregation	Dekulturation
		hoch	**gering**
		Grad der Kulturbewahrung	

1 Krystek (1992), S. 550.
2 Nahavandi/Malekzadeh (1988), S. 82.
3 In Anlehnung an Reineke (1989), S. 92.

Es findet eine Kulturübernahme statt. Aus diesem Grund wird vor allem die Akkulturationsform der Integration im Rahmen von Fusionen regelmäßig vorgezogen. Dennoch kann in diesem Kontext auch die bewusste Aufrechterhaltung unterschiedlicher Unternehmenskulturen für unterschiedliche Problemstellungen oder Produkt-/Marktbereiche vorteilhaft sein.[1]

Die Segregation und Dekulturation sind von einem schlechten Verhältnis zwischen akquirierendem und akquiriertem Unternehmen, zum Beispiel aufgrund einer unfreundlichen Übernahme, gekennzeichnet. Im Rahmen der Segregation kommt zu diesem Spannungsverhältnis noch hinzu, dass eine Annäherung der Unternehmenskulturen nicht stattfindet. Die Möglichkeit, verbindende soziokulturelle Elemente zum Ausgleich der Spannungen zu etablieren, wird nicht genutzt. Es herrscht Kulturpluralismus.

Von Dekulturation wird gesprochen, wenn eine erfolglos verlaufende Akkulturation zudem mit einer Aufgabe der Unternehmenskultur der akquirierten Unternehmung einhergeht. Die Akkulturationsformen Segregation und Dekulturation sind in hohem Maße als dysfunktional zu bezeichnen und können wesentlich zu einem Scheitern von Unternehmenszusammenschlüssen beitragen.[2]

- Change-Management

An die Analyse der Ist-Unternehmenskulturen und die Bestimmung der Soll-Unternehmenskultur schließt sich die Beeinflussung der Unternehmenskulturen im Sinne eines Change-Management an. Um dabei eine Integration der verschiedenen Unternehmenskulturen zu erreichen und ein Scheitern der Fusion aufgrund kultureller Aspekte zu vermeiden, muss das Post-Merger-Integrationsmanagement Maßnahmen zur Gestaltung der Unternehmenskultur ergreifen. Dabei gilt es zu berücksichtigen, dass es sich bei der Entwicklung und der bewussten Veränderung der Unternehmenskultur um einen evolutionären Prozess handelt, der nur in Grenzen geplant und gesteuert werden kann. Aber gerade aufgrund der Tatsache, dass es sich um einen Prozess handelt, der auf definierten Werten, Erwartungen und Regeln basiert, ist eine Analyse und Formung dieses Prozesses und in Grenzen eine Gestaltbarkeit der Unternehmenskultur im Sinne eines gemäßigten Voluntarismus möglich.[3]

Es muss bereits an dieser Stelle darauf hingewiesen werden, dass die hier darzustellenden Gestaltungsmaßnahmen interdependent sind und gemeinsam auf die Charakteristika der Unternehmenskultur einwirken. Indem zum Beispiel durch Reorganisationsmaßnahmen in den Bereichen Aufbau- oder Ablauforganisation oder Informationstechnologie die organisatorischen Interaktionsmuster der Mitarbeiter verändert werden, werden auch soziokulturelle Interaktionsmuster und damit wichtige Aspekte berührt, aufgrund derer sich die Unternehmenskultur entwickelt. Eine systematische

1 Vgl. Gaitanides/Sjurts (1999), S. 353.
2 Vgl. Nahavandi/Malekzadeh (1988), S. 82 f.; Jansen (2016), S. 377 f.
3 Vgl. Uder/Kramarsch (2001), S. 331.

Planung verspricht daher einen höheren Erfolg als isolierte Einzelmaßnahmen. In diesem Sinne kann Clever gefolgt werden, der dazu ausführt: „Die Einzelmaßnahmen müssen als einzelne, aber zusammengehörende Aktivitäten, die synergetisch wirken und durch eine symbolische Klammer zu einem umfassenden Maßnahmenbündel verbunden werden, gesehen werden."[1]

Die Aufgabe des kulturbezogenen Post-Merger-Integrationsmanagement besteht daher in der Planung und Realisierung von Maßnahmen, die eine wertvermittelnde und kulturbildende Funktion ausüben. Es gilt, kulturelle Aspekte im gesamten Post-Merger-Integrationsprozess systematisch zu berücksichtigen. Dabei muss aufgrund der fehlenden Materialität und der somit fehlenden direkten Beeinflussbarkeit der Unternehmenskultur auf das Management von Instrumenten und Aspekten zurückgegriffen werden, in denen sich die Unternehmenskultur manifestiert.[2] Als mögliche Mittel zur Beeinflussung und gezielten Steuerung der Unternehmenskultur bieten sich vor allem kommunikations- und personalpolitische sowie organisatorische Maßnahmen an.

■ Kommunikations- und personalpolitische Maßnahmen

Basis der kommunikationspolitischen Maßnahmen des Unternehmenskultur-Management sind die Vision, die Mission und die Unternehmensphilosophie des fusionierten Unternehmens. Dabei hat deren Kommunikation hinsichtlich Gestaltung, Inhalt und Umfang in einer Art zu erfolgen, die eine Vermittlung der gewünschten Normen, Verhaltensweisen und Werte ermöglicht und die Akzeptanz unter allen Mitarbeitern des Unternehmens forciert. „Die interne und externe Kommunikation verrät damit viel über die Unternehmenskultur und lässt sich gleichzeitig planvoll als Instrument zur Veränderung des Selbstverständnisses einsetzen."[3] Dabei kann neben klassischen Kommunikations- und Informationsmaßnahmen insbesondere auch die symbolische Kommunikation zur Anwendung kommen, wie zum Beispiel die Auszeichnung von Mitarbeitern oder die Veranstaltung von Feiern.[4]

Zu den non-verbalen kommunikationspolitischen Maßnahmen ist unter anderem auch die Gestaltung von Unternehmenssymbolen zu rechnen. Wird die Zusammenführung der existierenden Unternehmenskulturen im Sinne einer gleichberechtigten Integration angestrebt, kann die Entwicklung eines neuen Unternehmenslogos dazu positive Beiträge liefern. Den Mitarbeitern wird kommuniziert, dass durch den Unternehmenszusammenschluss ein neues Unternehmen und eine neue Unternehmenskultur entstehen, auf deren Entwicklung ein gemeinsamer Einfluss ausgeübt werden kann. Auch bauliche Maßnahmen können non-verbale, physische Träger für Botschaften bezüglich der Unternehmenskultur sein.[5] Werden beispielsweise Einzelbüros in Großraumbüros

1 Clever (1993a), S. 127.
2 Vgl. Werner (1999), S. 334.
3 Godoy Tenter/Müller (1998), S. 153.
4 Vgl. Muller (2007), S. 154.
5 Vgl. Werner (1999), S. 334.

umgewandelt, ist damit auch eine konkrete kulturelle Botschaft bezüglich erwünschter Verhaltensweisen und Werte der Mitarbeiter verbunden.

- Organisatorische Maßnahmen

Organisatorische Maßnahmen können ein breites Spektrum an Mitteln umfassen. Zusätzlich zu den bereits dargestellten Maßnahmen, von denen auch eine Wirkung auf die Ausbildung der Unternehmenskultur ausgeht, kann als direkt auf die Unternehmenskultur abgestellte organisatorische Handlung auch die Einrichtung von Integrationsteams genannt werden, die sich Kulturfragen widmen und den Integrationsprozess begleiten. Zudem bietet sich die Etablierung interkultureller Workshops an, um latente Schwierigkeiten der Unternehmenskultur zu problematisieren und zu antizipieren.[1] Ziel ist es, ein Netzwerk zu bilden, welches die kulturellen Aspekte des Unternehmenszusammenschlusses permanent begleitet.

In Bezug auf das in den Grundlagen vorgestellte Drei-Ebenen-Modell der Unternehmenskultur ist festzustellen, dass die Maßnahmen der kulturellen Integration grundsätzlich auf allen Ebenen ansetzen können. So führt die Einführung eines neuen Unternehmenslogos zwar zu einer sichtbaren Veränderung der Unternehmenskultur, ohne allerdings die Grundeinstellungen der Führungskräfte und Mitarbeiter nennenswert zu beeinflussen.

Dagegen berühren beispielsweise die Ausgabe von Aktienoptionen oder die Reduzierung der Führungsebenen sowie ein vorbildliches Verhalten des Top-Management die kulturellen Werte und Normen sowie längerfristig auch die Grundeinstellungen, wodurch sich ein neues Kulturbewusstsein wesentlich schneller umsetzen lässt.[2] Neben den oben dargestellten organisatorischen Maßnahmen kommt insbesondere auch dem Personalmanagement eine kulturprägende Rolle zu.[3] Aus diesem Grund wird im Folgenden auf die relevanten Aspekte des Personalmanagement im Rahmen der Post-Merger-Integration eingegangen.

3.1.3 Personalmanagement

Auch im Rahmen des Personalmanagement soll zunächst auf dessen Bedeutung für den Erfolg der Post-Merger-Integration eingegangen werden. Anschließend werden die im vorliegenden Kontext relevanten Grundlagen des Personalmanagement kurz dargestellt, bevor auf Ansätze eines Integrationsmanagement eingegangen wird.

1 Vgl. Bullinger et al. (2009), S. 164.
2 Vgl. Vogel (2002), S. 261 ff.
3 Vgl. Marr (2008), S. 25.

3.1.3.1 Bedeutung des Personalmanagement

Obwohl einige Aspekte des Personalmanagement bereits im Rahmen des Akquisitionsmanagement zu berücksichtigen sind, kommt der Großteil der Maßnahmen in der Post-Merger-Integrationsphase zur Anwendung. Dabei können unter dem Begriff Personalmanagement, hier am Beispiel einer vorausgegangenen Akquisition, grundsätzlich „sämtliche Maßnahmen im Vorfeld und nach einer Akquisition subsumiert werden, die darauf ausgerichtet sind, durch unmittelbare oder mittelbare Verhaltensbeeinflussung bei den übernommenen Mitarbeitern und bei den an der Akquisition direkt beteiligten Mitarbeitern aus dem Käuferunternehmen, den Grad der Erreichung der mit der Akquisition vom Käufer verfolgten Ziele zu erhöhen."[1]

Die Realisierung dieser Ziele sollte dabei durch einen ökonomischen und sozial effizienten Personalintegrationsprozess unterstützt werden.[2] Aufgrund von Berichten aus der Unternehmenspraxis kann jedoch rückgeschlossen werden, dass die personellen Aspekte bei Unternehmenszusammenschlüssen immer noch unterschätzt werden.[3] Aber gerade der psychologischen Wirkung eines Zusammenschlusses auf die Mitarbeiter muss eine erhöhte Beachtung seitens des Management zukommen, da eine missglückte Personalintegration ein wesentlicher Grund ist, an dem Unternehmenszusammenschlüsse scheitern. Mitarbeiterwiderstände gelten als wesentliche Integrationsbarriere.[4] Vielfach wird in der Fusionspraxis noch ignoriert, dass „beim Zusammenschluss zweier bisher selbständiger Unternehmen es weniger Produktionen, Vertriebsschienen oder andere Einrichtungen sind als vielmehr die Menschen, die durch eine Fusion zusammengeführt werden und nun miteinander auskommen müssen."[5]

Grundsätzlich gibt es zahlreiche mögliche Verhaltensweisen der Mitarbeiter bei einem Unternehmenszusammenschluss. Obwohl einige der Fusion durchaus positiv gegenüberstehen können, sehen in vielen Fällen die weitaus meisten Mitarbeiter dem Zusammenschluss mit gemischten beziehungsweise negativen Gefühlen entgegen, der vielfach eine ökonomische und soziale Verunsicherung auslöst. Die ökonomischen Ängste resultieren aus der Möglichkeit des Arbeitsplatzverlustes und der damit verbundenen Existenzangst. So sind beispielsweise nach Unternehmenszusammenschlüssen noch Führungspositionen eine gewisse Zeit vakant beziehungsweise doppelt besetzt. Entsprechende Aussagen zur zukünftigen Arbeitsplatzsituation werden seitens der fusionierenden Unternehmen jedoch nur selten getroffen.

Daher wird in den Belegschaften vielfach davon ausgegangen, dass die durch die Fusion angestrebten Synergiepotenziale auch mit einem Abbau von Arbeitsplätzen einhergehen. Die Realisierung von persönlichen Karriereplanungen sowie individuelle Entwicklungsstrategien innerhalb des Unternehmens können daher durch die Fusion

---

1 Gerpott (1992), S. 319.
2 Vgl. Thom/de Souza (2001), S. 40.
3 Vgl. Thom/de Souza (2001), S. 40; Uder/Kramarsch (2001), S. 329.
4 Vgl. Gerds/Schewe (2014), S. 8 f.
5 Matuschka (1990), S. 111.

bedroht werden. Zusätzlich reduzieren Machtkämpfe die Motivation und Leistungsfähigkeit der Mitarbeiter und erschweren die angestrebte Integration.

Die soziale Verunsicherung liegt in dem möglichen Verlust des Beziehungsgefüges begründet. Das bekannte Umfeld von Werten, Normen, Hierarchien und Strukturen wird in Frage gestellt und bisherige Orientierungshilfen verlieren ihre Gültigkeit.[1] Diese rein subjektiven Gefühle der Mitarbeiter haben objektive Auswirkungen für den Unternehmenszusammenschluss durch verminderte Arbeitszufriedenheit, eingeschränktes Commitment und Vertrauensverlust.

Insbesondere bei einer Unternehmensübernahme kann der ausgelöste Fusionsstress bei den Mitarbeitern der akquirierten Unternehmung zu erhöhten Fehlzeiten, steigender Fluktuation, reduzierter Motivation, abnehmender Risikobereitschaft und sinkender Produktivität führen.[2] Mitarbeiter, die einer Fusion ablehnend gegenüberstehen, sind im schlimmsten Fall sogar fähig, den Zusammenschluss aktiv zu sabotieren.[3] Vor allem die steigende Fluktuation hat negative Auswirkung auf den Erfolg des Unternehmenszusammenschlusses. So ist in der Praxis zu beobachten, dass hauptsächlich leistungsstarke Mitarbeiter das Unternehmen verlassen und dadurch ein Abfluss von immateriellen Vermögensgegenständen erfolgt, wie zum Beispiel Wissen, Führungsqualitäten oder Kundenbeziehungen.[4] Konsequenz ist, dass „nach fusions- oder akquisitionsbedingten Austritten wichtiger Personen große fachliche Lücken entstehen, die während der Integrationsphase doppelt schwer wiegen."[5] Denn gerade für Unternehmenszusammenschlüsse, die hohe Synergiepotenziale realisieren wollen, sind motivierte, qualifizierte und loyale Mitarbeiter eine entscheidende Ressource.[6]

Vor dem Hintergrund dieser Ausführungen wird die Notwendigkeit einer vertieften Beschäftigung mit den Aspekten des Personalmanagement im Rahmen von Unternehmenszusammenschlüssen deutlich. Der Effektivität und Effizienz des Personalmanagement kommt ein entscheidender Einfluss auf den Erfolg einer Fusion zu.[7] Hierzu Kay und Shelton: „People problems are a major cause of failed mergers, and you must ensure that most if not all of the people you want are still in place at the end of the integration period."[8]

Ziel des Personalmanagement muss sein, die Motivation der Mitarbeiter zu steigern und sie zu Promotoren des Integrationsprozesses zu machen.[9] Als personalpolitische Reaktion auf die negativen Wirkungen eines Unternehmenszusammenschlusses bietet

1 Vgl. Pribilla (2000a), S. 67 f.; Schartau (2000), S. 206 ff.
2 Vgl. Jaeger (2001), S. 119; Hoyningen-Huene (2004), S. 265.
3 Vgl. Vogel (2002), S. 238.
4 Vgl. Hackmann (2011), S. 137 f.
5 Thom/de Souza (2001), S. 42.
6 Vgl. Uder/Kramarsch (2001), S. 329.
7 Vgl. Aldering/Hutten (2008), S. 316.
8 Kay/Shelton (2000), S. 28.
9 Vgl. Matuschka (1990), S. 111; Fiedler/Sponheuer (2004), S. 97 f.

sich daher vor allem ein aktives Management in den Bereichen Personalbedarfsplanung, Personalanpassung, Anreizsysteme und Personalführung an. Die wesentlichen Grundlagen hierfür werden nachfolgend erläutert.

3.1.3.2 Grundlagen des Personalmanagement

Im hier vorliegenden personalpolitischen Kontext bezeichnet der Begriff Management einerseits die Gestaltung von Systemen und andererseits die Steuerung von Prozessen. Die Gestaltung der Systeme dient zur Lenkung beziehungsweise indirekten Beeinflussung des Verhaltens der Mitarbeiter. Die Steuerung von Prozessen hat demgegenüber die direkte Beeinflussung des Verhaltens der Mitarbeiter zum Ziel. Diese direkte Steuerung der Mitarbeiter erfolgt über die Schaffung von Regeln und Bedingungen. Es findet eine Führung der Mitarbeiter statt.[1] Abbildung 3-9 stellt die Inhalte des Personalmanagement dar.

Abbildung 3-9: *Inhalte des Personalmanagement*[2]

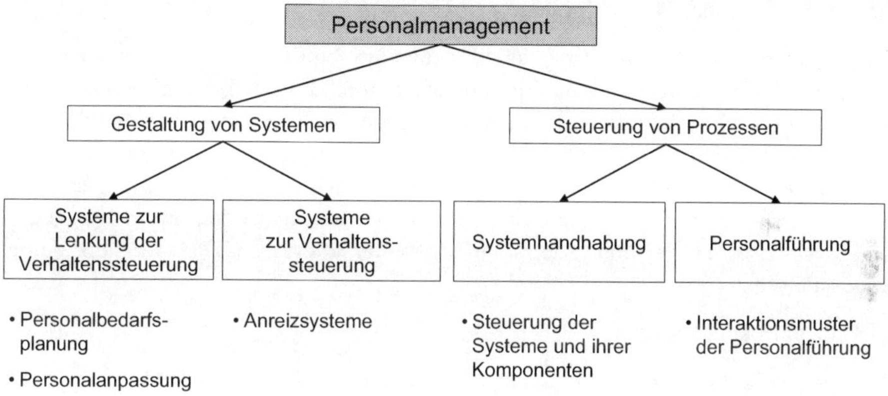

Bezüglich des Aspekts „Gestaltung von Systemen" gelten zum einen die Personalbedarfsplanung und die Personalanpassung als Systeme zur Lenkung der Verhaltenssteuerung. Anreizsysteme gehören zu den Systemen zur Verhaltenssteuerung, da über die motivationale Komponente das Verhalten von Mitarbeitern belohnt oder sanktioniert werden kann. Zum anderen wird innerhalb des Personalmanagementaspektes „Steuerung von Prozessen" zwischen Systemhandhabung und Personalführung unterschieden.

1 Vgl. Berthel/Becker (2010), S. 13 f.
2 In Anlehnung an Berthel/Becker (2010), S. 14 ff.

Bei der Systemhandhabung, zum Beispiel über die Versetzung eines Mitarbeiters gemäß den Regeln des Personaleinsatzes, wird auf das Verhalten der Mitarbeiter Einfluss genommen. Der Einfluss wird ebenfalls im Rahmen der Personalführung durch die Art und Weise der Interaktion zwischen Vorgesetztem und Mitarbeiter erreicht.[1] Hinsichtlich des Aspektes „Gestaltung von Systemen" werden im Folgenden die Personalbedarfsplanung, Personalanpassung sowie Anreizsysteme vorgestellt. Daran anschließend wird auf den Aspekt „Steuerung von Prozessen" eingegangen.

- Personalbedarfsplanung

Die Personalbedarfsplanung widmet sich der Ermittlung des momentanen und zukünftigen Sollbestandes an Mitarbeitern und präzisiert diesen Bedarf in qualitativer, quantitativer und zeitlicher Hinsicht. Die qualitative Komponente der Personalbedarfsplanung entspricht dabei den Anforderungsprofilen der Arbeitsplätze. Ziel ist es, eine Kongruenz zwischen den Fähigkeiten des Mitarbeiters und den Anforderungen des Arbeitsplatzes herzustellen. In quantitativer Hinsicht vergleicht die Personalbedarfsplanung die Anzahl der zu besetzenden Arbeitsplätze mit der Zahl vorhandener Mitarbeiter. Wird eine Überdeckung festgestellt, entsteht ein Freisetzungsvolumen. Wird demgegenüber ein quantitatives Defizit an Mitarbeitern diagnostiziert, impliziert dies Maßnahmen der Personalbeschaffung.

Die zeitliche Dimension der Personalbedarfsplanung betrifft die Länge des Planungszeitraumes. Dabei kann eine Einteilung in kurz-, mittel- und langfristig nur bedingt an Jahreszahlen festgemacht werden, da sich in Abhängigkeit von der betrachteten Branche und der betrieblichen Funktion unterschiedliche zeitliche Planungshorizonte ergeben. So kann eine Zweijahresplanung in einer Branche, die durch einen schnellen technologischen Wandel gekennzeichnet ist, schon als mittel- oder langfristig gelten.[2] Die Ergebnisse der Personalbedarfsplanung bilden die Grundlage der Personalbestandsanalyse.

- Personalbestandsanalyse

Die Personalbestandsanalyse beinhaltet die detaillierte Erfassung und Analyse des gegenwärtigen Personalbestandes vor dem Hintergrund des für die Zukunft ermittelten Personalbedarfs. Die Personalbestandsanalyse nimmt dabei mehrere Funktionen wahr. Die Diagnosefunktion dient der detaillierten Ermittlung des aktuellen Personalbestandes. Im Rahmen der Projektionsfunktion wird eine Fortschreibung des Personalbestandes unter Einbeziehung der als sicher geltenden Informationen vollzogen.

Festgestellte Differenzen von Personal-Sollbestand und Personal-Istbestand bilden die Grundlage für personalpolitische Maßnahmen, wie zum Beispiel Personalbeschaffungsaktivitäten. Der Personalbestandsanalyse kommt somit auch eine Handlungsfunktion zu. Die Prognosefunktion versucht, die Unsicherheit des personellen Umfel-

1 Vgl. Berthel/Becker (2010), S. 14.
2 Vgl. Berthel/Becker (2010), S. 284.

des durch Prognosen zu antizipieren.[1] Eng verbunden mit der Personalbestandsanalyse ist die Personalbeurteilung.

■ Personalbeurteilung

Ziel der Personalbeurteilung ist es, eine Basis beziehungsweise Bemessungsgrundlage für u. a. die Vergütung, Bildungsmaßnahmen oder Auswahlentscheidungen zu schaffen.[2] Grundsätzlich kann zwischen drei Ansätzen zur Personalbeurteilung unterschieden werden. Dabei handelt es sich um den eigenschafts-, den tätigkeits- und den ergebnisorientierten Ansatz. Der eigenschaftsorientierte Ansatz stellt die Persönlichkeit des Mitarbeiters in den Mittelpunkt der Betrachtung. Es wird die Existenz bestimmter, als notwendig erachteter Charakteristika beurteilt, wie zum Beispiel Loyalität oder Intelligenz des Mitarbeiters.

Der tätigkeitsorientierte Ansatz stellt dagegen auf das Arbeitsverhalten des Mitarbeiters ab. Ausgehend von den Anforderungen an die Tätigkeit wird beurteilt, wie der Mitarbeiter diese ausführt. Der ergebnisorientierte Ansatz wiederum beurteilt den Mitarbeiter anhand seiner Arbeitsergebnisse, wobei in Abhängigkeit festgelegter Ziele der Zielerreichungsgrad bewertet wird.[3] Abhängig von dem gewählten Ansatz stehen der Personalbeurteilung unterschiedliche Methoden, Verfahren und Instrumente zur Verfügung. Beispiele sind Check-List-Verfahren, Zwangswahlverfahren, die Methode kritischer Ereignisse, Polaritätsprofile oder Beurteilungsgespräche.[4]

■ Personalanpassung

Unter Personalanpassung als zweitem System zur Lenkung der Verhaltenssteuerung werden an dieser Stelle Maßnahmen der Personalbeschaffung, -entwicklung und -freisetzung gefasst.

■ Personalbeschaffung

Die Personalbeschaffung dient der Suche und Bereitstellung personeller Kapazitäten zur Deckung des Personalbedarfs. Dabei wird zwischen interner und externer Personalbeschaffung unterschieden. Die interne Beschaffung kann dabei ohne oder mit Veränderung bestehender Arbeitsverhältnisse einhergehen.

Keine Veränderung eines bestehenden Arbeitsverhältnisses findet dabei im Rahmen der Mehrarbeit, Urlaubsverschiebungen oder Erhöhung des Stellenniveaus durch Personalbildung statt. Mit einer Veränderung der bestehenden Arbeitsverhältnisse sind demgegenüber die horizontale oder vertikale Versetzung von Mitarbeitern, die

---

1 Vgl. Kußmaul (2008), S. 50 f.

2 Vgl. Siebert (2006), S. 232.

3 Vgl. Schreyögg/Koch (2007), S. 408 f.

4 Vgl. Schreyögg/Koch (2007), S. 408 f.; Berthel/Becker (2010), S. 259 ff.; Hungenberg/Wulf (2015), S. 359 f.

quantitative Ausdehnung von Arbeitsverträgen zum Beispiel durch Umwandlung von Teil- in Vollzeitverträge oder der Abschluss neuer Arbeitsverhältnisse verbunden.[1]

Bei der internen Beschaffung ist zu überprüfen, ob Mitarbeiter mit entsprechendem Potenzial innerhalb des Unternehmens zu finden sind. Hierzu können angemessen qualifizierte Mitarbeiter durch eine interne Stellenausschreibung oder eine Analyse der Personalakte identifiziert werden. Kann der Personalbedarf unternehmensintern nicht gedeckt werden, wendet sich das Unternehmen dem externen Arbeitsmarkt zu.

Bei der externen Personalbeschaffung sind in Abhängigkeit der zu besetzenden Stelle unterschiedliche Restriktionen zu beachten. So nimmt die Beschaffung hochqualifizierten Personals in der Regel einen längeren Zeitraum in Anspruch als die Suche nach eher gering qualifiziertem Personal. Als Instrumente und Methoden, die eine externe Suche nach geeigneten Mitarbeitern unterstützen, können unter anderem die Auswertung von Stellenanzeigen, die Vermittlungsaktivitäten des Arbeitsamtes und von Personalberatungsunternehmen, das Hochschulmarketing oder die Aufgabe von Stellenanzeigen in traditionellen oder elektronischen Medien genannt werden.[2]

- Personalentwicklung

Die Personalentwicklung weist einen engen Bezug zur internen Personalbeschaffung auf, teilweise werden beide Begriffe auch synonym verwendet.[3] Aufgabe der Personalentwicklung ist es, durch individuelle Förderung allen Mitarbeitern des Unternehmens die erforderliche Qualifikation für die gegenwärtigen und zukünftigen Arbeitsanforderungen zu vermitteln. Dabei verfolgt die Personalentwicklung das Ziel, das Erfolgspotenzial des Unternehmens durch die Erhöhung der unternehmensinternen Flexibilität und Mobilität sowie der Multifunktionalität der Belegschaft zu steigern.[4] Dazu kann die Personalentwicklung auf ein umfangreiches Methodenspektrum zurückgreifen. Bezüglich einer Systematisierung der Methoden der betrieblichen Bildung sind verschiedene Differenzierungskriterien anwendbar.

So kann beispielsweise zwischen unternehmensinterner und -externer Bildung unterschieden werden. Während die unternehmensinterne Bildung durch Mitarbeiter vermittelt wird, findet unternehmensexterne Bildung durch Personen und Institutionen statt, die außerhalb des Unternehmens stehen.[5] In der betrieblichen Praxis wird häufig zwischen Lernmethoden am Arbeitsplatz (Training on the job) und außerhalb des Arbeitsplatzes (Training off the job) differenziert.

Gelegentlich werden auch Lernmethoden nahe am Arbeitsplatz (Training near the job) angeführt.[6] Von generellen Vorteilen bestimmter Methoden kann nicht gesprochen

---

1 Vgl. Bühner (2005), S. 70 ff.; Berthel/Becker (2010), S. 304.
2 Vgl. Hentze/Kammel (2001), S. 267 ff.
3 Vgl. Berthel/Becker (2010), S. 303.
4 Vgl. Hentze/Kammel (2001), S. 348 f.
5 Vgl. Hentze/Kammel (2001), S. 376.
6 Vgl. Scupin (2006), S. 53 ff.

werden. Es gilt vielmehr zu beachten, dass die Auswahl der Lerninhalte und -methoden auf den einzelnen Mitarbeiter abgestimmt sein muss, um dessen fachliche, berufliche und soziale Kompetenzen gezielt zu erweitern. Tabelle 3-1 nennt Beispiele für Lernmethoden aus den beiden wichtigsten Bereichen.

Tabelle 3-1: *Methoden der betrieblichen Bildung*[1]

Methoden der betrieblichen Bildung	
Lernmethoden „Training on the job“	**Lernmethoden „Training off the job“**
Anleitung und Beratung durch Vorgesetzte	Vorlesungsmethode (Lehrvortrag, Referat)
Personaleinsatz als Assistent	Konferenzmethode
Übertragung von Sonderaufgaben	Fallstudien/Planspiel
Job-Rotation	Rollenspiel

■ Personalfreisetzung

Personalfreisetzung bezeichnet den Abbau einer personellen Überdeckung in quantitativer, qualitativer, zeitlicher und örtlicher Dimension. Als Ursachen für die Personalfreisetzung können dabei betriebs- und personenbedingte Gründe genannt werden. Betriebsbedingte Freisetzungen werden beispielsweise aufgrund von Absatzrückgängen, Rationalisierungsmaßnahmen, Produktionsverlegungen oder Betriebsstilllegungen durchgeführt.

Personenbedingte Freistellungen gehen auf Ursachen zurück, die in der Person des Mitarbeiters begründet liegen. So werden außerordentliche Kündigungen meist aufgrund verhaltensbedingter Verfehlungen ausgesprochen. Zudem können personenbedingte Freistellungen auch aufgrund einer mangelnden Qualifikation und Eignung des Mitarbeiters bezüglich einer bestimmten Stelle erfolgen.

Bei den Arten der Personalfreisetzung wird zwischen der Freistellung durch Änderung beziehungsweise Kündigung bestehender Arbeitsverhältnisse unterschieden. Findet eine Änderung bestehender Arbeitsverhältnisse statt, geschieht dies zum Beispiel durch Kurzarbeit und horizontale oder vertikale Versetzungen. Werden bestehende Arbeitsverhältnisse beendet, kann dies unter anderem durch die Aussprache von Einstellungsstopps nach natürlichen Abgängen wie zum Beispiel Pensionierung oder Tod des Arbeitnehmers, die Förderung des freiwilligen Ausscheidens, Frühpensionierungen oder die Nichtverlängerung befristeter Arbeitsverträge geschehen.

Die Aussprache von Kündigungen stellt sich als das kompromissloseste Mittel zum Abbau personeller Überdeckungen dar, da dies sowohl für das Unternehmen als auch

1 In Anlehnung an Hentze/Kammel (2001), S. 377.

insbesondere für die betroffenen Mitarbeiter mit schwerwiegenden Konsequenzen verbunden sein kann. In jüngerer Vergangenheit wird im Kontext von Personalfreisetzungsmaßnahmen bei Führungskräften zunehmend ein systematisches Outplacement betrieben. Dabei wird der freigestellte Mitarbeiter sowohl bei der Bewältigung der Trennung vom gegenwärtigen Arbeitgeber als auch bei der Suche nach Beschäftigungsalternativen unterstützt.[1]

- Anreizsysteme

Die in einem Unternehmen implementierten Anreizsysteme dienen der Verhaltensbeeinflussung der Mitarbeiter. Dabei findet die Verhaltenssteuerung über die motivationale Komponente statt, da aus Unternehmensperspektive erwünschtes Mitarbeiterverhalten belohnt und unerwünschtes sanktioniert wird. Zielsetzung ist, die Mitarbeiter zur Teilnahme am Leistungserstellungsprozess zu bewegen sowie ein an Unternehmenszielen orientiertes Verhalten zu erzeugen. Innerhalb eines Anreizsystems kann zwischen monetären und nicht-monetären Komponenten unterschieden werden (vgl. Abbildung 3-10).[2]

Abbildung 3-10: *Anreizsystem*[3]

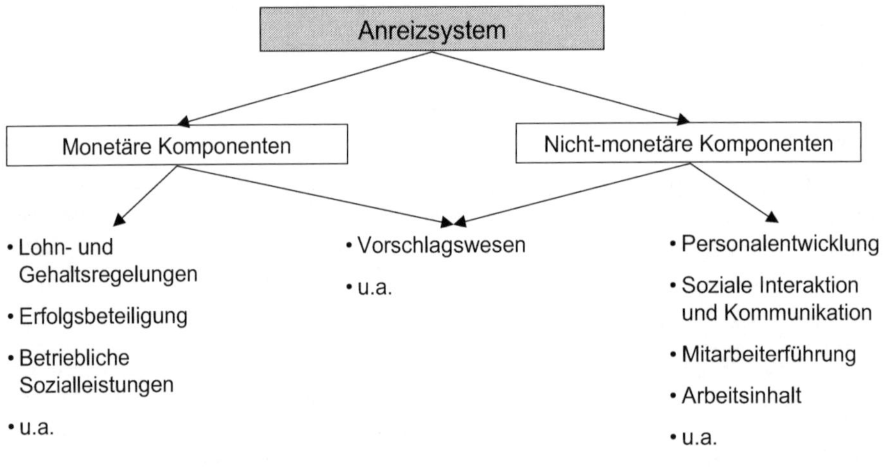

1 Vgl. Fritz (2003), S. 1090.
2 Vgl. Hentze/Kammel (2001), S. 352; Berthel/Becker (2010), S. 44.
3 In Anlehnung an Hentze/Graf (2005), S. 68.

Die monetären Komponenten umfassen zum Beispiel Regelungen zum Lohn oder Gehalt, zur Erfolgsbeteiligung und zu betrieblichen Sozialleistungen. Als nicht-monetäre Komponenten können beispielsweise Maßnahmen der Personalentwicklung, die Charakteristika der sozialen Interaktion und Kommunikation innerhalb des Unternehmens, Aspekte der Mitarbeiterführung oder die Ausgestaltung von Arbeitsinhalten genannt werden. Das betriebliche Vorschlagswesen kann dabei sowohl monetäre als auch nicht-monetäre Bestandteile umfassen. Die monetären und die nicht-monetären Komponenten des Anreizsystems können von Seiten des Unternehmens in unterschiedlichem Ausmaß beeinflusst werden.

Direkt lassen sich die monetären Bestandteile zum Beispiel durch eine entsprechende Ausgestaltung der Lohn- oder Gehaltsstrukturen festlegen. Nicht-monetäre Anreize sind demgegenüber in den meisten Fällen nur mittelbar beeinflussbar, da sie zum Beispiel über soziale Interaktionsprozesse ihre motivationale Wirkung entfalten.[1]

Bezüglich des Personalmanagementaspektes „Steuerung von Prozessen" kann zwischen Systemhandhabung und Personalführung differenziert werden. Die Systemhandhabung hat die Aufgabe, die beschriebenen Systeme zur Lenkung der Verhaltenssteuerung zielgerichtet einzusetzen. Ein Teil der Systemhandhabung ist daher beispielsweise die Planung, Entscheidung und Kontrolle der Personalbedarfsplanung. Aufgrund der besonderen Relevanz der Personalführung soll im vorliegenden Kontext jedoch nur auf diese besonders eingegangen werden.

- Personalführung

Unter Personalführung wird an dieser Stelle die Mitarbeiterführung im Sinne einer Verhaltenssteuerung durch die Ausführung von Vorgesetztenfunktionen verstanden. Ziel der Personalführung ist es, eine wirtschaftliche und sozial-psychologische Effizienz zu erzielen. Die Messung wirtschaftlicher Effizienz wird dabei anhand von Kennziffern wie zum Beispiel Jahresumsatz, Eigenkapitalrentabilität oder Marktanteil vorgenommen. Die sozial-psychologische Effizienz hingegen stellt die Mitarbeiter des Unternehmens in den Blickpunkt der Betrachtung. Als Messkriterien gelten hier zum Beispiel die Arbeitszufriedenheit oder die Mitarbeitermotivation, aber auch quantitative Kennziffern wie Fehlzeiten oder Fluktuationsraten.[2]

Der Führungsstil an sich umschreibt die Charakteristika, wie Führungskräfte ihre Führungsaufgaben wahrnehmen. Es kann folglich eine Einflussbeziehung zwischen Führungskraft und Mitarbeiter festgestellt werden, die auf die Realisierung von Zielen gerichtet ist. In der Unternehmenspraxis sind eine Vielzahl unterschiedlicher Führungsstile zu beobachten, die in Abbildung 3-11 exemplarisch darstellt sind.

---

1 Vgl. Hentze/Graf (2005), S. 68.

2 Vgl. Berthel/Becker (2010), S. 160 ff.

Abbildung 3-11: Führungsstilvarianten[1]

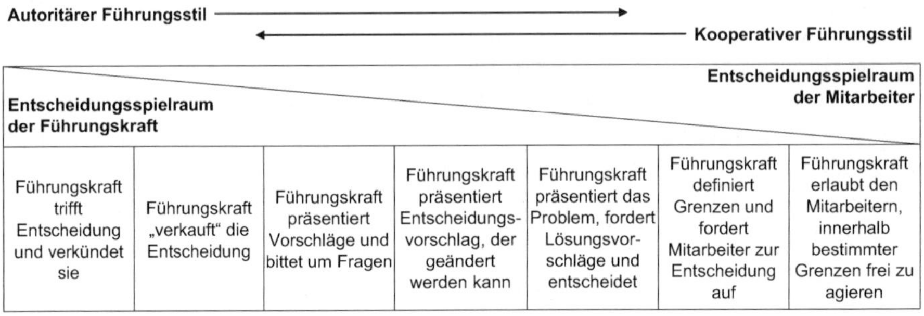

Der autoritäre Führungsstil, bei dem der Entscheidungsspielraum vollständig auf Seiten der Führungskraft liegt und die Mitarbeiter keinen Einfluss auf die Entscheidung ausüben, bildet die eine Seite des Kontinuums. Auf der anderen Seite des Kontinuums befindet sich der kooperative Führungsstil. Hier entscheiden die Mitarbeiter selbstständig innerhalb bestimmter Grenzen frei über Problemlösungsalternativen. Alle anderen Führungsstile bewegen sich zwischen diesen beiden Extrempunkten.

3.1.3.3 Ansätze des Integrationsmanagement

Das Personalmanagement hat während der Post-Merger-Integrationsphase neben den kontinuierlich anfallenden Tätigkeiten des Alltagsgeschäftes zusätzlich die personellen Integrationsaufgaben zu erfüllen. Um dieses hohe Arbeitspensum zu bewältigen, sind dem Personalmanagement angemessene personelle Kapazitäten zuzuordnen. Diesen Aufstockungsbedarf sehen auch Thom und de Souza. Sie fordern, „rechtzeitig eine Erhöhung der personellen Kapazitäten in Betracht zu ziehen, denn es ist praktisch unmöglich, die Integration ohne zusätzlichen Aufwand neben dem Tagesgeschäft zu vollziehen."[2]

Vielfach wird dazu die Etablierung einer Projektgruppe vorgeschlagen, die sich ausschließlich der Integrationsaufgabe widmet und unter der Leitung eines Integrationsmanagers „Personal" steht, dessen zeitlich begrenzte Stelle eigens für die Post-Merger-Integrationsphase eingerichtet wird. „One person should then be charged with managing the business of keeping key employees on board; otherwise, this essential activity usually falls victim to the overwhelming task of integration."[3]

---

1 In Anlehnung an Tannenbaum/Schmidt (1958), S. 96.
2 Thom/de Souza (2001), S. 43.
3 Kay/Shelton (2000), S. 33.

Diese Aufgaben sollten von einem Manager wahrgenommen werden, der das Vertrauen der Mitarbeiter genießt und bereits personalpolitische Erfahrungen im Rahmen von Unternehmenszusammenschlüssen gesammelt hat. Liegt das entsprechende Know-how innerhalb des Unternehmens nicht vor, ist auch der externe Zukauf von Integrationserfahrung möglich, zum Beispiel von Unternehmensberatungen. Findet dagegen ein Zusammenschluss zwischen mittelständischen Unternehmen statt, sollte der Integrationsprozess durch Führungskräfte der fusionierenden Unternehmen wahrgenommen werden, die aufgrund ihrer Vorbildfunktion einen großen Einfluss auf den Verlauf des Integrationsprozesses nehmen können. Wird die Rolle des Integrationsmanagers allerdings mit unerfahrenen oder überforderten Personen besetzt, ist eine kontraproduktive Wirkung auf den Integrationsprozess zu erwarten.[1]

Der Projektgruppe sollte dabei ein angemessenes Budget und eine weitgehende Entscheidungsfreiheit in Bezug auf personalbezogene Integrationsmaßnahmen eingeräumt werden. Darüber hinaus erscheint es sinnvoll, die Projektgruppe aus Führungskräften beider Unternehmen zu besetzen, um Vermutungen entgegen zu treten, dass lediglich die personalpolitischen Interessen der dominanten Unternehmung umgesetzt werden. Da es sich bei Personalintegrationsmaßnahmen um komplexe Aufgabenstellungen handelt, deren Ergebnisse nur schwer quantitativ zu beurteilen sind, lassen sich in diesem Bereich beispielsweise qualitative Milestones setzen, anhand derer der Erfolg der Projektgruppe gemessen werden kann. Das Aufgabenspektrum der Projektgruppe erstreckt sich dabei auf alle im Grundlagenteil genannten Aktivitäten des Personalmanagement. An dieser Gliederung orientieren sich die nachfolgenden Ausführungen.

- Personalbedarfsplanung und -bestandsanalyse

Im Rahmen der Personalbedarfsplanung und -bestandsplanung gilt es, den Integrationswillen und die -fähigkeit der Mitarbeiter zu analysieren. Stehen einige Mitarbeiter dem Merger aufgeschlossen gegenüber und zeigen zudem das Potenzial, positiv auf den Personalintegrationsprozess einwirken zu können, so sollten diese explizit in den Integrationsprozess miteinbezogen werden.[2] Demgegenüber sollte die Integration von Mitarbeitern, die der Fusion ablehnend gegenüberstehen, in besonderem Maße gefördert werden, sofern sie für das Unternehmen unersetzliche Know-how-Träger darstellen. Anderseits besteht auch die Aufgabe, geeignete Mitarbeiter für Neubesetzungen innerhalb des fusionierten Unternehmens zu ermitteln. Diese Identifikationsfunktion muss zeitnah zur Fusion stattfinden und zügig durchgeführt werden, da ansonsten unter den Mitarbeitern eine erhöhte Unsicherheit bezüglich der eigenen Position und der karrierebezogenen Zukunftsperspektiven entsteht.[3]

1 Vgl. Gerds/Schewe (2014), S. 33 f.
2 Vgl. Uder/Kramarsch (2001), S. 331.
3 Vgl. Kay/Shelton (2000), S. 29; Sommerrock (2009), S. 136.

Dies trifft insbesondere für die Mitarbeiter der mittleren und oberen Führungsebenen zu. „Findet sich das Management der zweiten und dritten Ebene nach einer Fusion nicht mindestens in solchen Positionen wieder, die es vor dem Zusammenschluss innehatte, droht die Gefahr einer Kündigungswelle und damit einer Aushöhlung des Unternehmens."[1] Es bietet sich an, bei der Stellenbesetzung einen Top-down-Ansatz zu verfolgen. Dabei werden zunächst die Stellen unterhalb der obersten Führungsebene neu besetzt beziehungsweise die bisherigen Führungskräfte in ihren Positionen bestätigt. Anschließend wird die Stellenbesetzung für die restlichen Ebenen innerhalb des Unternehmens vorangetrieben.[2] Auf diese Weise wird Unsicherheit reduziert und Kontinuität gefördert sowie wichtigen Führungskräften und Know-how-Trägern frühzeitig das Vertrauen seitens des Unternehmens ausgesprochen.[3]

- Personalbeurteilung

Im Rahmen der Personalbeurteilung entsteht bei einem Unternehmenszusammenschluss oftmals die Problematik, dass in der Regel zwei unterschiedliche Beurteilungssysteme vorhanden sind. Ausfluss der bisherigen Systeme nach einer Fusion sind dabei zum Beispiel unterschiedliche Stellenbeschreibungen, verschieden definierte Anforderungsprofile oder divergierende Funktionsbezeichnungen und -titel für die gleichen Positionen innerhalb des Unternehmens. Diese Personalentwicklungssysteme gilt es zusammenzuführen, um ein transparentes Entwicklungs- und Beurteilungssystem zu schaffen, in dem einheitliche Leistungskriterien und Potenzialanforderungen definiert sind.[4]

- Personalbeschaffung und -entwicklung

Können bei einer Fusion aufgrund qualitativer oder quantitativer personaler Engpässe nicht alle Stellen unmittelbar besetzt werden, kommen Personalbeschaffungs- beziehungsweise Personalentwicklungsmaßnahmen zur Anwendung. Hier gilt es insbesondere zu beachten, dass im Rahmen des Zusammenschlusses neue beziehungsweise veränderte Anforderungen an zu besetzende Stellen und deren Inhaber gestellt werden. Da hochqualifizierte Arbeitnehmer am externen Beschaffungsmarkt in der Regel nur begrenzt verfügbar sind, sollte die Suche frühzeitig initiiert werden. Hier bietet sich die Inanspruchnahme von Personalberatungsgesellschaften an, die meist auf einen entsprechend großen Pool geeigneter Kandidaten zurückgreifen können.

Im Rahmen der internen Personalbeschaffung beziehungsweise Personalentwicklung sind in Hinblick auf die zukünftige Organisationsstruktur geeignete Mitarbeiter zu identifizieren und bezüglich ihrer zukünftigen Tätigkeitsbereiche aufzubauen.[5] Gerade im Rahmen des Integrationsprozesses sind darüber hinaus Mitarbeiter auszuwäh-

1 Matuschka (1990), S. 111.
2 Vgl. Schwarz/Cokbudak (2007), S. 41.
3 Vgl. Fischer/Wirtgen (2000), S. 98.
4 Vgl. Wächter (1990), S. 121.
5 Vgl. Thom/de Souza (2001), S. 43 f.

len, die aufgrund ihrer Eigenschaften eine führende Rolle auch in späteren Phasen der Integration übernehmen können. Als Methoden, den Mitarbeitern entsprechendes Wissen im Bereich der personalbezogenen Post-Merger-Integration zu vermitteln, kommen vor allem „On the Job"-Lernmethoden in Betracht. Der Personaleinsatz als Assistent oder Leiter bei internen Integrationsmaßnahmen, wie zum Beispiel der Fusion von Abteilungen oder die Übertragung von integrativen Sonderaufgaben, wie zum Beispiel der Neugründung von Unternehmensdivisionen, kann zum Aufbau von entsprechendem Wissen und Erfahrungen genutzt werden.

- Personalfreisetzungsmaßnahmen

In Abhängigkeit von den primären Zielen des Unternehmenszusammenschlusses sind regelmäßig auch Personalfreisetzungsmaßnahmen von Bedeutung. Diese stehen bei Fusionen mit dem vorrangigen Ziel der Realisierung von Produktions- und Vertriebssynergien in weitaus größerem Umfang an, als bei Fusionen, die hauptsächlich der Erzielung von Synergieeffekten im Forschungs- und Entwicklungsbereich dienen.[1]

Zunächst sind dabei die Möglichkeiten der Freisetzung durch die Änderung bestehender Arbeitsverhältnisse auszuschöpfen, beispielsweise durch Versetzungen. Finden diese Versetzungen zwischen den ursprünglich unabhängigen Unternehmen statt, kann neben der Personalintegration auch eine Integration der Unternehmenskulturen forciert werden.[2] Daneben können unter bestimmten Bedingungen auch Sozialpläne erstellt werden, die speziellen Mitarbeitergruppen das vorzeitige Ausscheiden aus dem Unternehmen durch finanzielle Anreize anbieten. In diesem Rahmen sind aber nur begrenzt personelle Kapazitäten abbaubar, da Sozialpläne regelmäßig mit hohen finanziellen Belastungen verbunden sind.

Bei der Aussprache von Kündigungen wird den betroffenen Mitarbeitern meist in Abhängigkeit von ihrer bisherigen Position eine unterschiedliche Behandlung zuteil. Während Tarifangestellte und Führungskräfte der unteren Ebenen bei Kündigungen keine weitere Betreuung erhalten, werden den Managern der mittleren und insbesondere der oberen Führungsebenen verstärkt Outplacement-Maßnahmen angeboten.[3] Diese Einzelberatungsmaßnahmen beinhalten die Betreuung des Mitarbeiters unter anderem in Hinblick auf die psychosoziale Verarbeitung der Trennung und die Suche nach einem neuen Arbeitsplatz.

Die Art der Personalfreistellungsmaßnahmen sollte den Mitarbeitern offen kommuniziert werden. Aus diesem Grund hat das Management individuelle Gespräche insbesondere mit den Mitarbeitern zu führen, die von einer Umgestaltung oder dem Wegfall ihres Arbeitsplatzes betroffen sind.[4] Dabei gestaltet sich die Durchführbarkeit dieser Gespräche umso schwieriger, je größer der Zusammenschluss ist beziehungs-

1 Vgl. Wächter (1990), S. 116.
2 Vgl. Fischer/Wirtgen (2000), S. 101.
3 Vgl. Fritz (2003), S. 1090.
4 Vgl. Rohloff (1994), S. 202 ff.

weise je mehr Mitarbeiter der beteiligten Unternehmen in ihrer Arbeitsplatzsituation direkt betroffen sind. Innerhalb dieser Gespräche empfiehlt sich die klassische Top-down Strategie, d. h. zuerst findet eine Gesprächsrunde mit den Führungskräften der beteiligten Unternehmen statt, die sich ihrerseits im Anschluss daran mit den ihnen unterstellten Abteilungen und den einzelnen Mitarbeitern auseinandersetzen. Diese Informationsgespräche dürfen aus Mangel an Zeit oder aufgrund der hohen Anzahl der Mitarbeiter nicht gekürzt werden, da dies direkten Einfluss auf die Motivation und damit auf die Leistungsfähigkeit hat. Eine Auswahl möglicher Inhalte dieser Gespräche gibt nachfolgende Themenübersicht:[1]

- Gründe für den Merger,
- mit dem Zusammenschluss angestrebte Ziele,
- Auswirkungen auf die beteiligten Unternehmen und deren Mitarbeiter,
- Änderungen der Unternehmens- beziehungsweise Konzernstruktur,
- Neuaufbau beziehungsweise Abbau von Funktionen innerhalb der neuen Organisation und
- Veränderungen in der Personalpolitik.

Zeigt sich, dass das Unternehmen zuerst die Möglichkeiten des sozialverträglichen Stellenabbaus ausschöpft, um die Aussprache von Kündigungen weitestgehend zu vermeiden, signalisiert dies den Mitarbeitern ein hohes personalpolitisches Verantwortungsbewusstsein. Zudem bewahren sozialverträgliche Freisetzungsmaßnahmen das Unternehmen vor einem negativen Image in der Presse und bei anderen Stakeholdern. „Gerade Trennungen, die eine Vielzahl von Arbeitnehmern betreffen, werden von Teilen dieser Umwelt wie zum Beispiel Kommunen oder Gewerkschaften aufmerksam verfolgt. Die Art des organisationalen Umgangs mit diesem Problem beeinflusst die zukünftige Haltung externer Akteure gegenüber der Organisation sowie die zur Verfügung gestellte Unterstützung."[2] Zudem wird das fusionierende Unternehmen trotz der Personalfreistellungen als sozial verantwortungsbewusst wahrgenommen und erleidet dadurch geringe Reputationsverluste mit Blick auf die Attraktivität als potenzieller Arbeitgeber.

- Anreizsysteme

Da im Zuge von Unternehmenszusammenschlüssen besondere Erwartungen an das Verhalten der Mitarbeiter gestellt werden, ist auch eine entsprechende Anpassung des Anreizsystems nötig.[3] Zusätzliche Anreize können einerseits temporär, zum Beispiel lediglich innerhalb der Integrationsphase oder permanent implementiert werden, sowie eher materiellen oder immateriellen Charakter aufweisen. So können Mitarbei-

---

1 Vgl. Jaeger (2001), S. 163 f.
2 Mayrhofer (1992), Sp. 1524.
3 Vgl. Clever (1993a), S. 129; Uder/Kramarsch (2001), S. 330.

tern monetäre Anreize geboten werden, aktive Beiträge zur Personalintegration zu leisten, indem für diejenigen, die integrative Aufgaben übernehmen, Lohn- oder Gehaltsbezüge prozessbegleitend erhöht werden.[1]

Eine weitere Alternative besteht darin, etwa in Abhängigkeit vom Erfolg der Integrationsmaßnahmen und dem entsprechenden Beitrag des Mitarbeiters, zum Ende der Post-Merger-Integration beziehungsweise des Geschäftsjahres Erfolgsbeteiligungen zu zahlen. Durch die erfolgsabhängige Komponente wirken dabei die letztgenannten Anreize grundsätzlich stimulierender auf den Integrationswillen der Mitarbeiter als die Anhebung laufender Bezüge. Monetäre Anreize können aber auch im Sinne von Abfindungen genutzt werden, um vor allem Manager zu einem freiwilligen Austritt aus dem Unternehmen zu bewegen. Die Abfindungshöhe richtet sich dabei vor allem nach der Position des Managers und nach der Dauer seiner Betriebszugehörigkeit, so dass die zu zahlenden Abfindungen das Mehrfache eines Jahresgehaltes des Managers betragen können.

Zudem werden nicht-monetäre Komponenten des Anreizsystems eingesetzt, um den Integrationserfolg zu unterstützen. Hier bieten sich Maßnahmen der Personalentwicklung an, wie sie oben bereits skizziert wurden. Dabei kann den Mitarbeitern, die sich im Integrationsprozess engagieren wollen, angeboten werden, insbesondere in Belangen der Sozial- und Integrationskompetenz Schulungen in Anspruch zu nehmen, um damit wichtige Eigenschaften zur weiteren Übernahme von Führungsverantwortung zu erwerben. Als Fortbildungsmaßnahmen können an dieser Stelle unter anderem Seminare zur Potenzialentwicklung und zur Konfliktbewältigung genannt werden. Mitarbeitern, die zur Personalintegration beitragen sollen und denen insbesondere zwischenmenschliche Aspekte von besonderer Wichtigkeit sind, können Möglichkeiten der sozialen und kommunikativen Interaktion als Anreiz angeboten werden.

- Personalführung

Der Personalführung kommt im Rahmen der Personalintegration bei Unternehmenszusammenschlüssen eine besonders hohe Relevanz zu.[2] Hier sind insbesondere die Führungskräfte beider Unternehmen aufgefordert, die Integration durch ein aktives Vorleben von entsprechenden Verhaltensweisen voranzutreiben. Aber gerade diese Aufgabe stellt sich als äußerst komplex und schwierig dar. Einerseits gilt es, die besonderen personalbezogenen Probleme, die mit einem Unternehmenszusammenschluss einhergehen, zu antizipieren und zu lösen. Andererseits sind die Tätigkeiten der aktuellen Tagespolitik nicht zu vernachlässigen und der Leistungserstellungsprozess nicht aus den Augen zu verlieren.

Vor diesem Hintergrund kristallisiert sich kein spezieller Führungsstil heraus, der eine besonders vorteilhafte Auswirkung auf die Personalintegration hätte. Es kann lediglich festgehalten werden, dass sich die Extremvarianten als nicht zielführend erweisen,

---

1 Vgl. Kay/Shelton (2000), S. 35 f.

2 Vgl. Picot (2008), S. 508.

die sich am äußeren Ende des Führungsstilkontinuums befinden. Bei einem äußerst autoritären Führungsstil besteht stets die Gefahr, dass die Mitarbeiter nicht entscheidend genug motiviert sind, selbst zum Gelingen der Integration beizutragen. Bei einem extrem kooperativen Führungsstil hingegen besteht das Risiko, dass Entscheidungsfindungsprozesse zu langwierig gestaltet werden und der Leistungserstellungsprozess dabei nahezu zum Erliegen kommt.

Somit können bezüglich der Aspekte des Führungsstils nur allgemeine Empfehlungen gegeben werden. Die Führungskraft ist aufgefordert, personalbezogene Integrationsprobleme wahrzunehmen und diese offen zu thematisieren. Zudem sollte eine Kommunikation dieser Probleme zwischen Führungskraft und Mitarbeitern stattfinden. Im Rahmen von geleiteten Gruppendiskussionen können Problemlösungs- beziehungsweise Integrationsmaßnahmen entwickelt werden.[1] Wie viel Zeit die Führungskraft dabei diesen Diskussionen einräumt und inwiefern eine Gruppenentscheidung angestrebt beziehungsweise toleriert wird, muss die Führungskraft situationsspezifisch entscheiden.

Die Ansprache von latenten Konflikten sowie die Erarbeitung gemeinsamer Problemlösungen verdeutlicht den Mitarbeitern das soziale und integrative Engagement des Vorgesetzten. Demokratische Entscheidungen werden gemeinsam getragen und Mitarbeiter aktiv in den Integrationsprozess eingebunden. Grundsätzlich kann davon ausgegangen werden, dass aufgrund der besonderen Umstände während der Post-Merger-Integrationsphase ein personenorientierter Führungsstil erfolgversprechend erscheint, da dieser in Zeiten der Unsicherheit für die Mitarbeiter das Bedürfnis nach einem besonderen Management sozialer Beziehungen abdeckt. Ein lediglich aufgabenorientierter Führungsstil würde den sozialen Aspekten der Mergersituation aufgrund der hohen Leistungsorientierung zu wenig Beachtung schenken und dysfunktionale Risiken bergen.

Zusammenfassend kann festgehalten werden, dass die wichtigste Aufgabe des Personalmanagement bei einem Unternehmenszusammenschluss darin zu sehen ist, die Integrationsfähigkeit und den Integrationswillen der Mitarbeiter zu berücksichtigen und entsprechende Maßnahmen zu deren Förderung zu initiieren. Es gilt, die personellen Voraussetzungen zu schaffen, dass die Mitarbeiter den Zusammenschluss mittragen, denn es „sind die Mitarbeiter, die letztlich über den Erfolg oder Misserfolg einer Fusion entscheiden."[2]

---

1 Vgl. Clever (1993a), S. 128.
2 Godoy Tenter/Müller (1998), S. 159.

3.2 Informationsorientierte Integration

Nach Betrachtung der organisationsorientierten Perspektive wird im folgenden Abschnitt der Schwerpunkt auf die informationsorientierte Integration bei Mergers & Acquisitions gelegt. Neben der Informations- und Kommunikationstechnologie umfasst die informationsorientierte Perspektive hier im Rahmen der Post-Merger-Integrationsdurchführung auch die Informations- und Kommunikationspolitik sowie das Wissensmanagement. Da heutzutage die meisten Geschäfte informationsgetrieben sind und eine höchst leistungsfähige Informationstechnologie voraussetzen, ist offensichtlich, dass der informations- und kommunikationstechnologischen Integration bei Mergers & Acquisitions eine herausragende Bedeutung zukommt. Dabei ist der Zielkonflikt zu lösen, möglichst schnell eine einheitliche Datenbasis als Grundlage gemeinsamer Entscheidungen zu schaffen, gleichzeitig aber die Komplexität beherrschbar zu halten und ein Höchstmaß an Verfügbarkeit und Zuverlässigkeit der Daten zu gewährleisten.

Zu den wesentlichen Erfolgsfaktoren bei Unternehmenszusammenschlüssen zählt darüber hinaus eine professionelle Informations- und Kommunikationspolitik, deren Aufgabe insbesondere darin liegt, die so genannten „Soft-facts" wie zum Beispiel Motivation, Vertrauen und Commitment der Mitarbeiter zu stärken. Dabei nimmt der Stellenwert der Informations- und Kommunikationspolitik im Verlauf des M&A-Prozesses in überdurchschnittlichem Maße zu und hat gerade in der Post-Merger-Integrationsphase entscheidenden Einfluss auf Erfolg oder Scheitern des Unternehmenszusammenschlusses.

Auch das Wissensmanagement nimmt in der Phase der Post-Merger-Integration eine zentrale Rolle ein, da der Wissenstransfer eines der Hauptmotive für Mergers & Acquisitions darstellt und der Verlust eines Großteils des vorhandenen Wissens und Know-hows die mit dem Merger verfolgten Zielsetzungen stark beeinträchtigen kann. Die Informations- und Kommunikationstechnologie und -politik sowie das Wissensmanagement werden nachfolgend einzeln detailliert erläutert.

3.2.1 Informations- und Kommunikationstechnologie

Im folgenden Abschnitt wird zunächst auf die Informations- und Kommunikationstechnologie im Rahmen der Post-Merger-Integration eingegangen. Es soll dargestellt werden, warum das Management der Informations- und Kommunikationstechnologie für den Integrationserfolg von besonderer Bedeutung ist. Daran anschließend werden die im vorliegenden Kontext relevanten informations- und kommunikationstechnologischen Grundlagen beschrieben, bevor abschließend auf Ansätze des Integrationsmanagement eingegangen wird.

3.2.1.1 Bedeutung der Informations- und Kommunikationstechnologie

Aufgrund der Tatsache, dass Informationen zu einem immer bedeutenderen Wettbewerbsfaktor in einer globalen und digitalen Ökonomie werden, darf die Wichtigkeit einer gelungenen informations- und kommunikationstechnologischen Integration für den Erfolg des gesamten Merger-Prozesses nicht unterschätzt werden.[1] Untermauert wird die hohe Bedeutung der Integration der Informations- und Kommunikationssysteme auch dadurch, dass das Scheitern zahlreicher Fusionen auf die fehlende Integration der Informationstechnologie zurückgeführt wird.[2] Nachvollziehbar wird die hohe Misserfolgsquote insbesondere dann, wenn man sich die zahlreichen Schwierigkeiten vor Augen hält, die im Rahmen der informations- und kommunikationstechnischen Integration der Post-Merger-Phase regelmäßig zu Tage treten.

Als problematisch erweist sich hier vor allem die Tatsache, dass die Informations- und Kommunikationssysteme der an der Fusion beteiligten Unternehmen meist sehr heterogen sind. So kommen bei den globalen Top 1.000 Unternehmen bis zu 100 Informations- und Kommunikationssysteme unterschiedlicher Hersteller zur Anwendung.[3] Die Heterogenität der Informations- und Kommunikationssysteme drückt sich dabei in technologischer Hinsicht beispielsweise in verschiedenen Betriebs- und Datenbanksystemen, Programmiersprachen, Datenformaten und -modellen sowie Schnittstellen oder Hardwarekomponenten aus. Zudem sind die bestehenden Systeme oft bereits mehrere Jahre alt und unterscheiden sich in konzeptioneller und inhaltlicher Hinsicht, wodurch eine Integration zusätzlich erschwert wird.

Aufgrund der unterschiedlichen Anforderungen an die Datensammlung, -aufarbeitung und -extrahierung sind die Informations- und Kommunikationssysteme in der Regel historisch gewachsen und durch diese evolutionäre Entwicklung, in die meist hohes Expertenwissen und eine Vielzahl von Mannjahren geflossen ist, äußerst komplex und vielschichtig. Darüber hinaus besteht gerade bei der Verwendung selbsterstellter Softwareprodukte häufig das Problem, dass sich keine Schnittstellen mit der Software der Fusionspartner definieren lassen.[4]

Weiterhin müssen nicht nur innerhalb der fusionierenden Unternehmen bestehende Geschäftsprozesse und damit auch bestehende Informations- und Kommunikationssysteme verknüpft werden, wie zum Beispiel Vertriebsunterstützungssysteme mit dem gesamtunternehmensbezogenen Enterprise Resource Planning (ERP)-System. Auch die informations- und kommunikationstechnologischen Schnittstellen zu externen Partnern sind zu berücksichtigen.

---

1 Vgl. Wirtz (2000), S. 102.
2 Vgl. Clever (1993a), S. 122; Schwarze/Röscheisen/Mengue (2007), S. 59; Guggenberger (2010), S. 22.
3 Vgl. Penzel (1999), S. 105; Fischer (2008), S. 27; Hansen/Mendling/Neumann (2015), S. 16.
4 Vgl. Koch/Menke (2013), S. 696.

Vielfach bestehen EDI-Anbindungen zu Schlüssellieferanten oder anderen Schnittstellen, beispielsweise zu Banken oder Handelsunternehmen. Findet im Zuge des Mergers eine Konsolidierung der Lieferantenbasis oder eine Zusammenführung des Rechnungswesens der fusionierenden Unternehmen statt, muss während und nach der Integration der externe Informations- und Finanzfluss gewährleistet sein, wodurch in den betroffenen Bereichen ebenfalls eine Integration der Systeme zu erfolgen hat. Bevor nun jedoch auf informations- und kommunikationstechnologische Ansätze im Rahmen der Integrationsdurchführung näher eingegangen wird, folgen zunächst die wesentlichen Grundlagen.

3.2.1.2 Grundlagen der Informations- und Kommunikationstechnologie

Die Bedeutung des Gutes Information als zentraler Faktor im Wettbewerb nimmt kontinuierlich zu. Dabei können Informationen grundsätzlich als entscheidungsbezogenes Wissen definiert werden, während Daten demgegenüber lediglich Sachverhalte durch Zeichen darstellen, die noch einer Interpretation bedürfen.[1] Der Umgang mit der Ressource Information ist durch deren spezifische Eigenschaften gekennzeichnet:[2]

- Informationen sind ein immaterielles Gut, das mehrfach genutzt werden kann,
- Informationen erweitern sich während ihrer Nutzung,
- Informationen sind aggregierbar,
- Informationen können andere Ressourcen substituieren,
- Informationen können in digitaler Form vorliegen,
- Informationen können durch digitale Medien transportiert werden,
- Informationen haben hohe Generierungskosten, aber meist geringe Vervielfältigungs- und Distributionskosten,
- Informationen haben einen Hang zur Diffusion und
- Informationen sind die Basis von Beziehungen und Interaktionen.

Kommunikation hingegen bezeichnet den Austausch von Informationen. Dieser Informationsaustausch kann uni- (zum Beispiel durch die Medien Radio, Fernsehen, Zeitung) oder bidirektional (zum Beispiel durch das Medium Telefon oder E-Mail) erfolgen. Kommunikation kann dabei zwischen Menschen, zwischen Menschen und Maschinen oder zwischen Maschinen erfolgen. Bezüglich der Form des Informationstransfers wird nach Sprach-, Daten-, Text- und Bildkommunikation unterschieden.[3]

---

1 Vgl. Stahlknecht (1995), S. 8.

2 Vgl. Picot/Reichwald/Wiegand (2009), S. 60.

3 Vgl. Stahlknecht (1995), S. 108.

Als Informations- und Kommunikationssystem wird die Gesamtheit aller Einrichtungen (Personal Computer, Großrechner, Netzinfrastruktur, Übertragungsverfahren, Protokolle etc.) bezeichnet, welche die Kommunikation durch die Übertragung von Informationen ermöglichen.[1] Als wesentliche Bestandteile eines Informations- und Kommunikationssystems gelten die grundlegenden Hardware-Komponenten und Kommunikationseinrichtungen sowie die darauf basierende Anwendungssoftware und die dazugehörigen Daten. Aus betriebswirtschaftlicher Perspektive kann zwischen Administrations-, Dispositions-, Kontroll-, Analyse- sowie Planungs- und Entscheidungssystemen differenziert werden. Abbildung 3-12 stellt diese unterschiedlichen Informations- und Kommunikationssysteme dar.

Abbildung 3-12: *Informations- und Kommunikationssysteme*[2]

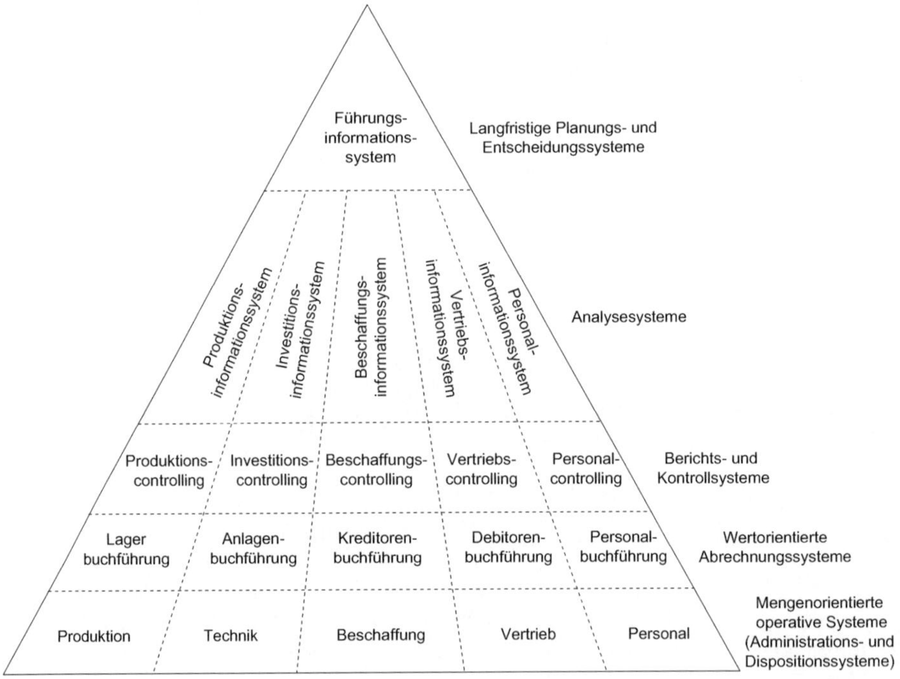

Der pyramidale Aufbau der Informations- und Kommunikationssysteme drückt den Umfang und die Art der zu verarbeitenden Daten und Informationen innerhalb eines

1 Vgl. Heinrich/Roithmayr (1998), S. 303.
2 In Anlehnung an Scheer (1997), S. 5.

jeden Informationssystems aus. Die mengenorientierten Systeme sind eng mit den operativen Leistungserstellungsprozessen zum Beispiel in Beschaffung, Produktion oder Vertrieb verknüpft. Wertorientierte Abrechnungssysteme greifen auf die Daten der mengenorientierten Systeme zurück, um daraus neue Informationen zu generieren. Basierend auf den Inhalten der wert- und mengenorientierten Informationssysteme erstellen die Berichts- und Kontrollsysteme erste Abweichungsanalysen.

Auf einer weiteren informationsbezogenen Aggregationsebene befinden sich die so genannten Analysesysteme, die detailliertere Einblicke in Produktions-, Investitions-, Beschaffungs-, Vertriebs- oder Personalentwicklungen gewähren. Dabei werden sowohl unternehmensinterne Informationen aus den Administrations-, Dispositions- und Abrechnungssystemen als auch Informationen verarbeitet, die aus unternehmensexternen Quellen stammen. Die höchste Aggregationsstufe bilden die Management- beziehungsweise Führungsinformationssysteme, welche die Unternehmung bei langfristigen Planungs- und Entscheidungstätigkeiten unterstützen.[1] Zusammenfassend lässt sich festhalten, dass die Systeme an der Basis der Pyramide in der Regel mit einer hohen Menge an quantitativen Daten operieren, während auf den höheren Stufen eine zunehmende Aggregation und Interpretation der Daten stattfindet, so dass hier vorwiegend qualitative Daten vorliegen.

Insgesamt bestehen Informations- und Kommunikationssysteme aus verschiedenen Komponenten, deren Zusammenarbeit und Koordination erforderlich ist, um eine adäquate Systemleistung zu erzielen. Bei diesen Bestandteilen eines Informations- und Kommunikationssystems handelt es sich um die Aufgaben-, Informations-, Personen-, Organisations-, Geräte- sowie Programmkomponente.[2] Die Aufgabenkomponente stellt auf den funktionalen Inhalt des Informations- und Kommunikationssystems ab. Die durch das System übernommenen beziehungsweise unterstützten Aufgaben führen dann zur Kennzeichnung des Systems. Als Beispiele können unter anderem Gehaltsabrechnungs- oder Lieferantenbeurteilungssysteme genannt werden.

Um die Aufgaben zu bewältigen, muss das Informations- und Kommunikationssystem auf Informationen und Daten zurückgreifen, welche die Beziehungen zwischen den zu erfüllenden Aufgaben und Funktionen herstellen. An dieser Stelle wird die Informationskomponente des Systems angesprochen. Sind beim Austausch der Daten nicht nur Computer, sondern auch Menschen involviert, wird von der Personenkomponente gesprochen. Diese Komponente manifestiert sich durch die an dem Informations- und Kommunikationssystem partizipierenden Personen und deren formalen Rollen und Funktionen innerhalb des Systems. Personenbezogene Aspekte stehen in einem engen Verhältnis zu organisatorischen Ausprägungen eines Informations- und Kommunikationssystems.

---

1 Vgl. Scheer (1997), S. 5 f.
2 Vgl. Wollnik (1986), S. 68 ff.

Bei der organisatorischen Komponente werden die Strukturen, Richtlinien und Verfahrensweisen zur Aufgabenerfüllung festgelegt. Es handelt sich um aufbau- und ablauforganisatorische Vorgaben, die insbesondere die Interaktion zwischen Menschen und Computern bestimmen. Die Gerätekomponente hingegen befasst sich mit den hardwarebezogenen Voraussetzungen eines Informations- und Kommunikationssystems. Werden die verarbeitungsmethodische und programmlogische Vorgehensweise, d. h. die Aktionen innerhalb eines einzelnen oder zwischen mehreren Informations- und Kommunikationssystemen, festgelegt, so handelt es sich um die Programmkomponente des Systems.

Einen bedeutenden Teilaspekt der Informations- und Kommunikationssysteme bilden die so genannten Führungsinformationssysteme (FIS). Hierbei handelt es sich um unternehmensweite, hoch aggregierte Systeme, welche insbesondere der Unterstützung von Planungs-, Entscheidungs- und Kontrollprozessen auf höheren Führungsebenen dienen.[1] Sie bilden zugleich die höchste Aggregationsebene beziehungsweise Verdichtungsstufe im Sinne der in Abbildung 3-12 dargestellten Systematik der Informations- und Kommunikationssysteme. Zu diesem Zweck setzen Führungsinformationssysteme bestehende Dispositionssysteme voraus, welche die Datenbasis erzeugen, auf die dann die entsprechenden Verdichtungsprozeduren zur Ermittlung von Führungsinformationen zugreifen.[2]

Die Anforderung an Führungsinformationssysteme, langfristige Planungen und Entscheidungen zu unterstützen, bedingt, dass die Führungsinformationssysteme neben einer reinen Aggregration von Daten über geeignete Forecast- und Frühwarnfunktionen verfügen.[3] Daneben bildet die Kontrolle ein wichtiges Einsatzgebiet von Führungsinformationssystemen.[4] Hierbei stehen insbesondere Plan-/Ist-Vergleiche beziehungsweise Abweichungsanalysen im Mittelpunkt. Die hohe Bedeutung von Führungsinformationssystemen ist insbesondere auch vor dem Hintergrund des Wandels der Markt- und Wettbewerbsbedingungen zu sehen.[5]

So verlangen die zunehmende Innovationsgeschwindigkeit verbunden mit kürzeren Produktlebenszyklen und reduzierten Time-to-Market-Zeiträumen oder verstärkte Globalisierungstendenzen schnelle Reaktionen der Führungskräfte. Dies ist jedoch nur möglich, wenn diesen die relevanten Informationen rechtzeitig und in einer geeigneten Form vorliegen. Gerade dies ist die Hauptaufgabe von Führungsinformationssystemen.[6]

---

1 Vgl. Stahlknecht (1995), S. 408.
2 Vgl. Scheer (1997), S. 4 ff.
3 Vgl. Hichert (2009), S. 721.
4 Vgl. Stahlknecht (1995), S. 411.
5 Vgl. Weck (2003), S. 168.
6 Vgl. Hichert (2009), S. 721.

3.2.1.3 Ansätze des Integrationsmanagement

Zielsetzung der Integration der Informations- und Kommunikationssysteme ist es, eine effiziente Informationstransformation und einen friktionslosen Informationstransport innerhalb des fusionierten Unternehmens als Grundlage für die Realisierung von Synergieeffekten sicherzustellen. Hatten die an der Fusion beteiligten Unternehmen bereits zuvor eine informationstechnische Überlegenheit gegenüber den Konkurrenten inne, sollte dieser Informationsvorsprung natürlich auch im Rahmen eines fusionierten Unternehmens erhalten bleiben. Allerdings besteht durch den informations- und kommunikationsbezogenen Integrationsprozess auch die Chance, die Modernisierung veralteter Informationssysteme voranzutreiben und eventuelle Wettbewerbsnachteile aufzuholen.

Die operative Integration der Informations- und Kommunikationssysteme gestaltet sich in der Praxis allerdings in der Regel als äußerst komplex. Dennoch müssen die Systeme detailliert und konsequent zusammengeführt werden, da Nachlässigkeiten bei der Integration die Instabilität des Systems erhöhen und somit Ineffizienzen in den Geschäftsabläufen zur Folge haben können. Daher lassen sich durch ein reduziertes Integrationsmanagement nur kurzfristig Zeit und Kosten einsparen. Dies geschieht jedoch zu Lasten eines aufwändigeren System- und Sicherheitsmanagement sowie höherer Wartungsaktivitäten in der Zukunft.

Dabei muss der Grundsatz gelten, dass zunächst über die generelle Integrationsstrategie entschieden wird und erst im Anschluss daran die Betrachtung von Architekturalternativen und die Beschäftigung mit operativen Umsetzungsmöglichkeiten auf der technischen Ebene erfolgt.[1] In dieses Integrationsmanagement sind sowohl aufbau- wie ablauforganisatorische Aspekte mit einzubeziehen. Als Ergebnis der Zusammenführung der Informations- und Kommunikationssysteme sollte schließlich eine einheitliche Software- und Rechnerinfrastruktur in einem gemeinsamen Kommunikationsnetzwerk bereitstehen. Notwendige Schritte hierzu, die nachfolgend detaillierter erläutert werden sollen, sind:[2]

- Systementscheidung für Zielsoftware und -hardware,
- Erarbeitung der Umsetzungsstrategie und des notwendigen IT-Projektportfolios,
- Bereitstellung von Übergangslösungen für gegenseitigen Rechnerzugriff und Integration der Daten- und Sprachnetze,
- Migration der Daten in das Zielsystem und Abschaltung der Altsysteme sowie
- Systementscheidung für Zielsoftware und -hardware.

Eine einheitliche IT-Infrastruktur lässt sich grundsätzlich durch eine komplette Neuentwicklung, die Einführung einer neuen Standardsoftware, den Einsatz von Misch-

---

1 Vgl. Schaaf (2016), S. 511.
2 Vgl. zum Folgenden Penzel/Pietig (2000), S. 114 ff.

systemen, die Übernahme der Systemwelt eines Unternehmens, ergänzt um wesentliche Funktionalitäten des anderen Unternehmens oder eine vollständige Übernahme der Informations- und Kommunikationssysteme eines Unternehmens erreichen. Hierzu erfolgt zunächst eine Bewertung der bestehenden IT-Plattformen hinsichtlich der zukünftigen Anforderungen, der Technologie sowie des IT-Management.[1]

Als Entscheidungskriterien können dabei die Abbildbarkeit der Strategie des fusionierten Unternehmens, die Integrationsfähigkeit (Migrationsgeschwindigkeit, notwendige Ressourcen zur Umsetzung und Risiko) sowie die Zahl der User (Mitarbeiter mit Systemzugang) und Mandanten (zum Beispiel Tochtergesellschaften) herangezogen werden. Der Aufbau einer neuen IT-Welt, in der endlich alle Wünsche verwirklicht werden können, erscheint zwar auf den ersten Blick äußerst verlockend, bindet aber meist zu viele IT-Kapazitäten und würde so die gesamte Integration zum Stillstand bringen. Bei Einführung einer neuen Standardsoftware kann zwar inzwischen bei einem Großteil der Industrien auf geeignete Anbieter zurückgegriffen werden, allerdings ist aufgrund der notwendigen unternehmensspezifischen Anpassungsprogrammierungen oft nur mit unwesentlich geringerem Entwicklungsaufwand gegenüber der ersten Variante zu rechnen.

Auch die Verwendung von Mischsystemen aus den jeweils attraktivsten Funktionalitäten der beiden Unternehmen ist zwar theoretisch sehr interessant, stößt aber in der Praxis aufgrund mangelnder Schnittstellen und hoher Inkompatibilität der Ursprungssysteme schnell an die Grenzen der Wirtschaftlichkeit. Zudem wird Mischsystemen in der Praxis häufig eine generelle Instabilität nachgesagt. Die vollständige Übernahme eines Informations- und Kommunikationssystems gilt zwar als der einfachste Weg, da man sich hierbei lediglich auf die Datenmigration konzentrieren muss. Allerdings ist dieser oftmals aus sachlichen (zu geringe Datenverarbeitungskapazität) oder psychologischen Gründen (Akzeptanzprobleme) nicht durchsetzbar. Daher erscheint die Option, sich zwar grundsätzlich für ein System zu entscheiden, dieses aber um die wichtigsten Anwendungen des zweiten Unternehmens zu ergänzen, insgesamt am sinnvollsten.

- Erarbeitung der Umsetzungsstrategie und des notwendigen IT-Projektportfolios

Die Integration der Informations- und Kommunikationssysteme sollte zeitnah zum Unternehmenszusammenschluss stattfinden und im Idealfall bei gleichbleibender Qualität und permanenter Bereitschaft der Systeme zügig durchgeführt werden. Während der gesamten Systemzusammenführung ist darauf zu achten, dass die laufenden Geschäftsaktivitäten durch die Umstellungen der Informations- und Kommunikationssysteme möglichst wenig in Mitleidenschaft gezogen werden. Diese Forderung gilt insbesondere auch vor dem Hintergrund, dass vom Beginn der Umstellung bis zu deren Abschluss die Stabilität der Informations- und Kommunikationssysteme deut-

1 Vgl. Steinbock (2000), S. 38.

lich geringer ist als während des „normalen" Geschäftsbetriebs.[1] Besonders kritisch ist es, wenn auch Bereiche mit Kundenkontakt von häufigeren Systemunterbrechungen betroffen sind.

Daher spricht vieles für eine schnelle, einmalige Integrationsleistung, bestenfalls beispielsweise über ein verlängertes Wochenende. Hierbei ist allerdings zu beachten, dass in dieser Zeit nicht nur die Verknüpfung der Systeme zu erfolgen hat, vielmehr müssen die Systeme zu diesem Zeitpunkt auch bereits ausgetestet und die Mitarbeiter mit deren Funktionen vertraut gemacht worden sein.[2] Eine derartige Umstellung stellt somit eine äußerst risikobehaftete Aufgabe dar, deren Komplexität in der Spitze nicht mehr beherrschbar ist, weshalb ein solch abruptes Vorgehen bei größeren Zusammenschlüssen nicht zu empfehlen ist.

Bei der Ableitung des notwendigen IT-Projektportfolios sollten die IT-Abteilungen die Prozessführerschaft übernehmen, während die Unternehmensbereiche primär inhalts- und anwendungsorientiert agieren sollten. Dabei lassen sich mit der Überführung der Datenbestände in das Zielsystem und die Nachentwicklung wichtiger Funktionalitäten grundsätzlich zwei Kategorien von Projekten identifizieren, die es entsprechend ihres Aufwand/Nutzen-Verhältnisses zu priorisieren gilt. Nur die am höchsten priorisierten Projekte werden dabei in das IT-Projekt-Portfolio aufgenommen, bis die zur Verfügung stehenden Kapazitäten ausgeschöpft sind.

- Bereitstellung von Übergangslösungen für gegenseitigen Rechnerzugriff und Integration der Daten- und Sprachnetze

Um insbesondere gegenüber den Kunden eine gleichbleibende Qualität anbieten zu können, sollten die Mitarbeiter möglichst schnell auf gemeinsame Datenbestände zurückgreifen können. Ein erster wichtiger Schritt ist die Vernetzung der Bürokommunikationssysteme, wie zum Beispiel Microsoft Outlook oder Lotus Notes, und der Telefonanlagen. Darüber hinaus ist die Nutzung zentral gespeicherter Datenbestände zeitnah zu regeln. Voraussetzung hierfür sind entsprechende Zugriffsprofile sowie Schulungsmaßnahmen, die sicherstellen, dass die Mitarbeiter jeweils die Systeme des anderen Unternehmens verwenden dürfen und können. Neben der Online-Datennutzung sind auch Offline-Daten in Form von Print-Informationen so zu steuern, dass sie die richtigen Adressaten rechtzeitig erreichen.

- Migration der Daten in das Zielsystem und Abschaltung der Altsysteme

Gemäß der Entscheidung für ein Zielsystem hat eine Planung, Durchführung und Kontrolle der Datenmigration und der anschließenden Abschaltung der Altsysteme zu erfolgen. Dabei hat es sich als zielführend erwiesen, dass die verantwortliche IT-Abteilung zusammen mit den jeweils betroffenen Unternehmensbereichen die Migration der einzelnen Datenbestände genau plant, die Kundendaten zuerst komplett

1 Vgl. Penzel (2000), S. 30.
2 Vgl. Staud (2006), S. 51.

migriert, bevor die Geschäftsdaten sukzessive überspielt werden sowie den durchgängigen Zugriff auf die relevanten historischen Datenbestände gewährleistet.

Sobald der Datentransfer vollzogen ist und alle Mitarbeiter ausschließlich die Anwendungen und Funktionalitäten des Zielsystems nutzen, sind die Alt-Systeme zusammen mit der zugrunde liegenden Rechnerinfrastruktur abzuschalten. Vor dem endgültigen Abschalten sind insbesondere die Anforderungen des Rechnungswesens zu berücksichtigen, das meist am längsten auf die Alt-Daten zugreifen muss. Darüber hinaus dürfen neben den Produktivsystemen die individuellen Datenbestandsanwendungen nicht in Vergessenheit geraten, um deren Erhalt es oft intensive Diskussionen mit den Fachbereichen gibt.

Hat man in einer ersten Stufe, wie eben skizziert, die Informations- und Kommunikationssysteme, die bereits in beiden Unternehmen existent waren, zusammengeführt, so findet erst in einer zweiten Stufe die Verknüpfung der vorhandenen Systeme mit neuen Anwendungen statt, wie zum Beispiel einem Customer-Relationship-Management-System. Grundsätzlich ist dabei eine enge Zusammenarbeit mit anderen von Integrationsmaßnahmen betroffenen Unternehmensbereichen anzustreben, da dort zu vollziehende Veränderungsmaßnahmen auch gleichzeitig zu neuen Anforderungen und Prozessabläufen der Informations- und Kommunikationssysteme führen. Im Rahmen einer dritten Stufe werden schließlich unternehmensinterne Systeme und Anwendungen mit den Systemen von externen Geschäftspartnern verbunden, um eine effektive Zusammenarbeit mit Zulieferern und Kunden zu ermöglichen.[1]

Bei der gesamten Integration ist besonders darauf zu achten, dass die einzelnen Integrationsschritte tatsächlich sequenziell durchlaufen werden und die Verknüpfung der vorhandenen Systeme nicht zeitgleich mit einer Funktionserweiterung einhergeht. Da im Rahmen der Zusammenführung der Systeme bereits das Anwendungswissen eines Teils der Mitarbeiter obsolet wird und sie sich auf ein neues System einstellen müssen, würde eine gleichzeitige Funktionserweiterung beziehungsweise weitergehende Umstellung den beherrschbaren Komplexitätsgrad des Unternehmens übersteigen.[2] Verfügt zumindest ein Teil der Mitarbeiter bereits über Kenntnisse und Erfahrungen mit dem System, wie dies bei der Übernahme eines der bestehenden Systeme der Fall ist, so liegt hierin ein nicht zu unterschätzendes Integrationspotenzial begründet, welches bei einer zeitgleichen Funktionserweiterung beziehungsweise Umstellung nicht nutzbar wäre.

Ein besonderes Augenmerk muss der Integration der Führungsinformationssysteme gelten, da gerade in der Post-Merger-Phase zahlreiche strategische Entscheidungen mit zum Teil weitreichenden Konsequenzen zu treffen sind. Da die Gefahr von Instabilitäten beziehungsweise Systemausfällen in der Zeit der Umstellung besonders hoch ist, sollte unter Sicherheitsaspekten zeitlich begrenzt die parallele Aufrechterhaltung

1 Vgl. Wecker (2006), S. 32 f.
2 Vgl. Penzel (2000), S. 30 f.

der bestehenden Systeme zusätzlich zu einem integrierten System in Erwägung gezogen werden.[1] Vielfach wird es bei der Integration der Führungsinformationssysteme als selbstverständlich angenommen, dass das System des dominanten Unternehmens beziehungsweise Erwerbers übernommen wird.[2]

Für den Fall der Übernahme eines kleinen Unternehmens durch ein größeres Unternehmen mag dies gerechtfertigt sein, da hier davon ausgegangen werden kann, dass lediglich der Erwerber über ein ausreichend leistungsfähiges Führungsinformationssystem verfügt. Haben hingegen beide Unternehmen leistungsfähige Führungsinformationssysteme in Anwendung, so sollte die Systementscheidung auf Basis einer detaillierten Bewertung hinsichtlich Informationsverarbeitungskapazität, Geschwindigkeit und Bedienbarkeit vor dem Hintergrund der zukünftigen Anforderungen erfolgen.

3.2.2 Informations- und Kommunikationspolitik

Auch bei der Darstellung von Aspekten der Informations- und Kommunikationspolitik im Rahmen der Post-Merger-Integration ist zunächst die Bedeutung der Informations- und Kommunikationspolitik für den Erfolg der Post-Merger-Integration darzustellen. Im Anschluss werden die Grundlagen der Informations- und Kommunikationspolitik beschrieben, bevor abschließend Ansätze eines Integrationsmanagement aufgezeigt werden.

3.2.2.1 Bedeutung der Informations- und Kommunikationspolitik

Trotz oder gerade aufgrund der weltweit steigenden Transaktionszahl kommt Mergers & Acquisitions in den Medien ein besonderer Stellenwert zu. Dies gilt umso stärker, je spektakulärer Volumen und äußere Umstände sind. Aber nicht nur die Bedeutung in den Medien, sondern die professionelle Begleitung über den gesamten Akquisitions- und Integrationsprozess macht die Relevanz der Informations- und Kommunikationspolitik aus.

Da Probleme des Informations- und Kommunikationsverhaltens, der Verständigung, der Medienwahl und ihrer Wirkung sowie der Vertrauensbildung den M&A-Erfolg stark beeinträchtigen können, sollten die Ressourcen Information und Kommunikation im Rahmen eines Unternehmenszusammenschlusses als zentrale Erfolgsfaktoren gemanagt werden.[3] Besonders deutlich wird dies innerhalb der Post-Merger-Integrationsphase. Von Beginn an sollte das fusionierende Unternehmen nach innen und außen einen einheitlichen Kommunikationsauftritt sicherstellen. Daneben gilt es, durch gezielte Veröffentlichungen zum einen schnelle Entscheidungen zu erzwingen,

---

1 Vgl. Penzel (2000), S. 30.
2 Vgl. Freund (1991), S. 496.
3 Vgl. Beuth (2001), S. 32 ff.; Vogel (2002), S. 191; Frenzel (2006), S. 749.

zum anderen komplizierte Sachverhalte verständlich zu machen und den einzelnen Interessengruppen den Nutzen der Integration zu vermitteln.[1]

Da ein Unternehmenszusammenschluss insbesondere für die Mitarbeiter der beteiligten Unternehmen Veränderungen und damit Unsicherheit mit sich bringt, ist eine offene und frühzeitige Informationspolitik notwendig, um Ungewissheit zu vermeiden beziehungsweise zu verringern. Dies ist besonders im Bereich des mittleren Management wichtig, da dort häufig Doppelbesetzungen auftreten, die Entlassungen zur Folge haben können.[2] Voraussetzung hierfür ist die Schaffung transparenter Kommunikationsstrukturen sowie die gezielte Vorbereitung auf mögliche Krisensituationen.

Vor dem Hintergrund der Notwendigkeit, die langfristig gewachsenen Informations- und Kommunikationskulturen der fusionierenden Unternehmen quasi über Nacht vereinheitlichen zu müssen, wird allerdings auch verständlich, dass kaum eine Informations- und Kommunikationsaufgabe für das Management so komplex und umfangreich ist wie der Zusammenschluss zweier oder mehrerer Unternehmen. So haben auch Untersuchungen in der Praxis ergeben, dass die Aspekte Information und Kommunikation vom Management bei Mergers & Acquisitions nicht in dem Maße umgesetzt werden, wie dies erwünscht und notwendig wäre.[3]

Diese Defizite können den Integrationsprozess gefährden, da Lücken im Informations- und Kommunikationsfluss die ideale Grundlage für Gerüchte und Widerstände gegen den Zusammenschluss darstellen. Als Folge können Behinderungen und fehlende Unterstützung durch das Management und die Mitarbeiter den M&A-Erfolg bedrohen. Ist dieser negative Prozess einmal in Gang gesetzt, so lassen sich die Gerüchte und Widerstände, wenn überhaupt, nur mit erhöhtem Zeit- und Kostenaufwand stoppen beziehungsweise widerlegen.[4] Eine professionelle Informations- und Kommunikationspolitik gegenüber den Mitarbeitern der beteiligten Unternehmen (interne Öffentlichkeitsarbeit) sowie allen wesentlichen Stakeholdern (externe Öffentlichkeitsarbeit) ist daher unabdingbare Voraussetzungen für den Erfolg von Unternehmenszusammenschlüssen.[5] Bevor nun jedoch auf informations- und kommunikationspolitische Ansätze im Rahmen der Integrationsdurchführung näher eingegangen wird, folgen zunächst die wesentlichen Grundlagen.

3.2.2.2 Grundlagen der Informations- und Kommunikationspolitik

Das Gut Information unterscheidet sich deutlich von anderen (materiellen) Gütern. Bei Informationen handelt es sich um ein immaterielles Gut, das aggregierbar ist, auch bei mehrfacher Nutzung nicht verbraucht und mittels Medien übertragen und konsumiert

1 Vgl. Penzel/Pietig (2000), S. 186 f.
2 Vgl. Sewing (1996a), S. 75.
3 Vgl. Strohmer (2001), S. 85.
4 Vgl. Jaeger (2001), S. 162 ff.
5 Vgl. Strohmer (2001), S. 90 f.

wird. Dabei ist eine Kodierung notwendig, d. h. der Inhalt wird durch Zeichen verschlüsselt und über einen Zeichenträger (Medium) gespeichert beziehungsweise übermittelt, wobei der Botschaftsempfänger die Information notwendigerweise wieder entschlüsseln können muss.

Hierbei bedarf es gemeinsamer Standards auf syntaktischer, semantischer und pragmatischer Ebene. Allgemein betrachtet helfen Informationen, Unsicherheiten zu reduzieren, sind jedoch in ihrer Produktion und Nutzung selbst mit Unsicherheiten behaftet. Im heutigen Informations- und Kommunikationszeitalter liegen Informationen meist in digitaler Form vor und werden durch digitale Medien transportiert. In ihrer Generierung weisen Informationen zum Teil sehr hohe Kosten auf, wohingegen die Vervielfältigungs- und Distributionskosten regelmäßig sehr gering ausfallen.

Mit zunehmender Verbreitung der Information werden die anfänglichen Kosten der Herstellung auf immer mehr Kopien verteilt, so dass sich die durchschnittlichen Stückkosten reduzieren. Dabei haben Informationen einen Hang zur Diffusion und bilden die Basis von Beziehungen und Interaktionen, d. h. mittels Kommunikation werden Informationen übertragen beziehungsweise ausgetauscht.[1]

Hierbei stellt Kommunikation mehr als die reine Informationsvermittlung dar, da sie als wechselseitiger Austausch (Interaktion) zwischen Kommunikationspartnern angesehen wird. Der Begriff der Kommunikation findet in Wissenschaft und Praxis jedoch keine einheitliche und konsistente Anwendung. Grund dafür ist, dass Kommunikation im Schrifttum bislang nicht eindeutig definiert wurde und die Frage, was Kommunikation eigentlich darstellt, noch nicht ausführlich genug beantwortet ist.[2]

Daher wird der Terminus Kommunikation an dieser Stelle mit Hilfe des Paradigmas der Kommunikation definiert (vgl. Abbildung 3-13). Ein Absender teilt eine Kommunikationsbotschaft unter bestimmten Umweltsituationen einem Empfänger mit. Dieser Kommunikationsprozess erfolgt mittels verschiedener Kommunikationskanäle und unter Anwendung von Abstimmungsmechanismen und Integrationsinstrumenten.[3]

Die effiziente Vermittlung von Informationen findet dabei in einem interaktiven Kommunikationsprozess statt, der dem Botschaftsempfänger die Möglichkeit einer direkten Rückmeldung einräumt, wodurch die sichere Übertragung und insbesondere das richtige Verstehen der Kommunikationsbotschaft am ehesten gewährleistet wird.[4] Die daraus resultierende Wirkung lässt sich als Kommunikationserfolg bezeichnen. Dieser spiegelt sich darin wider, inwiefern die Kommunikationsziele bei der intendierten Zielgruppe erreicht wurden.[5]

1 Vgl. Shapiro/Varian (1999), S. 3 ff.; Picot/Reichwald/Wiegand (2009), S. 60 ff.
2 Vgl. Piwinger/Porák (2005), S. 16.
3 Vgl. Meffert/Burmann/Kirchgeorg (2015), S. 361 ff.
4 Vgl. Jaeger (2001), S. 167.
5 Vgl. Morich (2007), S. 39.

Abbildung 3-13: Paradigma der Kommunikation[1]

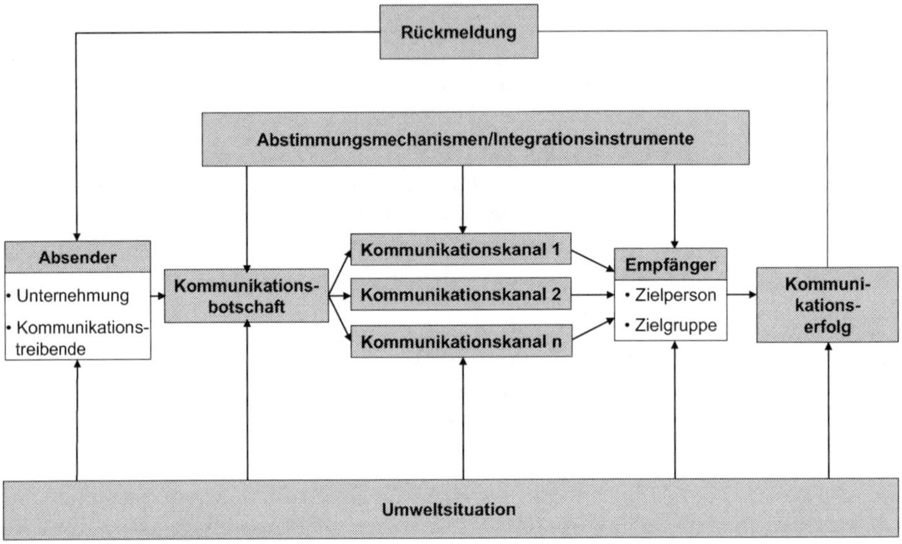

Kommunikation lässt sich in drei Grundarten aufteilen: One-to-one, One-to-few und One-to-many. Als vierte Grundart wird gelegentlich Many-to-many angeführt.[2] Unter One-to-one wird die individuelle Direktkommunikation, unter One-to-few die Kommunikation zwischen einem Sender und ausgewählten Empfängern, unter Onetomany die Kommunikation zwischen einem Sender und einer Vielzahl von Empfängern und unter Many-to-many die Kommunikation zwischen einer Vielzahl von Sendern und vielen Empfängern verstanden. Innerhalb dieser Unterteilung ist weiterhin zwischen einseitiger und zweiseitiger Kommunikation zu unterscheiden. Bei der einseitigen Kommunikation besteht für den Empfänger keine Möglichkeit des Feedbacks, wohingegen sich bei der zweiseitigen Kommunikation der Empfänger der Botschaft in einem interaktiven Dialog mit dem Sender befindet.[3]

Darüber hinaus kann man zwischen persönlicher und unpersönlicher Kommunikation unterscheiden. Während die persönliche Kommunikation im unmittelbaren zwischenmenschlichen Kontakt, d. h. Face-to-face und damit immer live stattfindet, lässt sich die unpersönliche Kommunikation durch eine raum-zeitliche Trennung von

1 In Anlehnung an Wirtz (2016a), S. 506.
2 Vgl. Thomaß (2007), S. 17.
3 Vgl. Engel (2008), S. 33.

Kommunikationssender und -empfänger charakterisieren, die live und zweiseitig erfolgen kann.[1]

Zudem existiert neben der unternehmensinternen die -externe Kommunikation als eine Spezialform der Kommunikation, die sich als wechselseitige Verbindung zwischen Unternehmen und Umwelt auffassen lässt. Unternehmen und Umwelt stehen dabei in einer Beziehung zueinander, die das Resultat gleichzeitiger aktiver Prägungen von beiden Seiten ist. Entscheidend sind hierbei die Begriffe „Verbindung" und „Beziehung", welche die zweiseitige Kommunikation zwischen Unternehmen und Kunden verdeutlichen sollen.

Daraus abgeleitet kann Unternehmenskommunikation als zielgerichteter und koordinierter Einsatz sämtlicher Kommunikationsaktivitäten einer Unternehmung verstanden werden, mit denen das Unternehmen sich und seine Leistung gegenüber der Umwelt darstellt.[2] Übergeordnete Zielsetzung der unternehmensexternen Kommunikation ist dabei, die Unternehmensziele wie zum Beispiel Absatz-, Umsatz-, Deckungsbeitrags- und Gewinnveränderungen durch Modifikation von Meinungen, Einstellungen, Erwartungen sowie Verhaltensweisen zu erreichen.[3] Zusammenfassend werden die verschiedenen Abgrenzungen der Kommunikationsformen anhand ihrer Bipolarisierungen in Abbildung 3-14 dargestellt.

Abbildung 3-14: *Abgrenzung der Kommunikationsformen*[4]

Bipolarisierungen der Kommunikationsformen		
One-to-one-Kommunikation	⟷	One-to-many-Kommunikation
Einseitige Kommunikation	⟷	Zweiseitige Kommunikation
Persönliche Kommunikation	⟷	Unpersönliche Kommunikation
Interne Kommunikation	⟷	Externe Kommunikation

Bei der Frage der strukturellen Kommunikationsform in einem Unternehmen kann darüber hinaus allgemein zwischen horizontaler, vertikaler und diagonaler Kommu-

1 Vgl. Steffenhagen (2008), S. 130.
2 Vgl. Bruhn (2004), S. 1532.
3 Vgl. Bruhn (2015), S. 5.
4 In Anlehnung an Bruhn (2015), S. 4.

nikation differenziert werden. Horizontale Kommunikation beschreibt hierbei Vorgänge innerhalb einer Abteilung sowie zwischen Abteilungen der gleichen Hierarchieebene. Unter vertikaler Kommunikation wird hingegen der Informationsaustausch zwischen den Hierarchieebenen verstanden, der sowohl Top-down als auch Bottom-up erfolgen kann. Die Kommunikation zwischen unterschiedlichen Abteilungen beziehungsweise Hierarchieebenen wird schließlich aufgrund ihrer strukturellen Form als diagonale Kommunikation bezeichnet.[1] Bei allen Kommunikationsformen erfolgt der Einsatz der Kommunikation in der Regel zweckgerichtet und erfüllt in diesem Zusammenhang verschiedene Funktionen, die in mikro- und makroökonomische Funktionen unterteilt werden können (vgl. Abbildung 3-15).

Die mikroökonomischen Funktionen umfassen die Informations-, Beeinflussungs- und Bestätigungsfunktion, wohingegen die makroökonomischen Funktionen die wettbewerbsgerichtete und sozial-gesellschaftliche Funktion beinhalten. Im Rahmen der Informationsfunktion wird die Kommunikation eingesetzt, um die verschiedenen Stakeholder des Unternehmens bezüglich bestimmter Ereignisse oder Tatbestände in Kenntnis zu setzen. Mit dieser Vermittlung von Informationen eng verbunden ist die Beeinflussungsfunktion. Sie wird benötigt, um über die Informationsvermittlung den Kenntnisstand der Kommunikationsadressaten zu verbessern sowie eine Vielzahl innerer und äußerer Verhaltensreaktionen im Sinne der Kommunikationsziele zu steuern. Die Bestätigungsfunktion schließlich wird genutzt, um den Kommunikationserfolg dauerhaft sicherzustellen, indem die Stakeholder in ihren Reaktionen bestätigt werden.

Abbildung 3-15: *Funktionen der Kommunikation*[2]

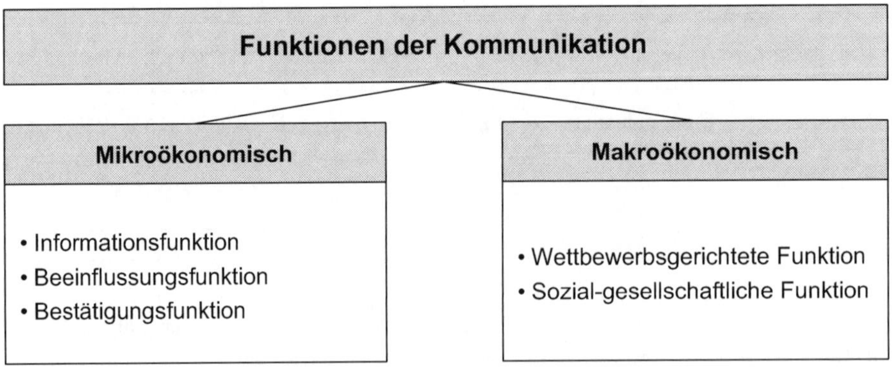

1 Vgl. Beck (2007), S. 53.
2 In Anlehnung an Bruhn (2015), S. 23.

Als eine der zentralen makroökonomischen Positionen wird die wettbewerbsgerichtete Funktion angewandt, um sich gegenüber dem Wettbewerb abzugrenzen. Als zweite wichtige makroökonomische Funktion nimmt die Kommunikation eine sozialgesellschaftliche Rolle wahr. Dabei übt sie Einfluss auf das gesellschaftliche Wertesystem aus, indem Normen und gesellschaftliche Wertvorstellungen vermittelt werden.[1]

3.2.2.3 Ansätze des Integrationsmanagement

Im Rahmen der Informations- und Kommunikationspolitik während der Post-Merger-Integration wird der Informationsfunktion eine besondere Bedeutung beigemessen, da durch die Kommunikation von Informationen die Mitarbeiter der am Unternehmenszusammenschluss beteiligten Unternehmen, sowie das gesamte Umfeld, über wesentliche Neuerungen benachrichtigt werden. Die Kommunikationsstrategie beinhaltet dabei zum einen, Probleme und Konflikte, die den Ablauf der einzelnen Teilprozesse beziehungsweise den Gesamterfolg der Fusion behindern oder verzögern, durch den gezielten Einsatz von Kommunikationsinstrumenten zu beseitigen beziehungsweise erst gar nicht entstehen zu lassen.

Zum anderen werden die spezifischen Vorteile des Unternehmenszusammenschlusses gegenüber allen Stakeholdern deutlich gemacht. Daher erscheint die Ausarbeitung einer Informations- und Kommunikationsstrategie sinnvoll, die sich an den übergeordneten Kommunikationszielen orientiert und deren Umsetzung über entsprechende Kommunikationsmaßnahmen sichergestellt wird. An diesem Gliederungsraster orientieren sich die nachfolgenden Ausführungen.

- Informations- und Kommunikationsziele

Übergeordnete Zielsetzung der Informations- und Kommunikationspolitik insbesondere im Rahmen der Integration ist es, die Sinnhaftigkeit des Zusammenschlusses und die Auswirkungen auf alle betroffenen Parteien offen zu legen und zu dokumentieren. Als Teilziele werden dabei oftmals die Vermeidung von Unsicherheit und Gerüchten, die Dämpfung unrealistischer Erwartungen, die einheitliche Positionierung des neuen Unternehmens in seinem sozioökonomischen Umfeld, die zielgerichtete Kommunikation mit den wesentlichen Stakeholdern im Spannungsfeld von Informationsdefizit und -überlastung, der souveräne Umgang mit Krisensituationen sowie die kulturelle Angleichung der fusionierenden Unternehmen genannt.[2]

In den Prozess der Festlegung der Informations- und Kommunikationsziele sind allerdings auch noch mögliche Risiken mit einzubeziehen. So kann eine zu frühzeitige Kommunikation zum einen Leistungsträger dazu bewegen, das Unternehmen zu verlassen, zum anderen schränkt das Management möglicherweise seinen eigenen

1 Vgl. Bruhn (2015), S. 23 ff.

2 Vgl. Gerpott (1993), S. 142; Salecker (1995), S. 10; Penzel/Pietig (2000), S. 167 f.; Vogel (2002), S. 192.

Handlungs- und Flexibilitätsspielraum ein. Darüber hinaus kann die Abstimmung der unterschiedlichen Interessenslagen bedeuten, dass Zugeständnisse zu Lasten bestimmter Stakeholder gemacht werden müssen.[1]

- Informations- und Kommunikationsstrategie

Die Informations- und Kommunikationsstrategie sollte Handlungsoptionen zur Erreichung der zuvor festgelegten Ziele aufzeigen. Sinnvoll erweist sich hier die Erarbeitung eines „Masterplan Kommunikation", der idealerweise auf einer eingehenden Analyse der Ausgangssituation basiert und einheitliche Kommunikationsrichtlinien, -inhalte und -abläufe sowie bevorzugte Kommunikationsmedien, -instrumente und -träger festlegt. Die einzelnen Punkte sollen nachfolgend kurz behandelt werden.

- Analyse der Ausgangssituation

Die Analyse der Ausgangssituation sollte sich auf grundsätzliche Problemstellungen sowie die Erwartungshaltung der unterschiedlichen Zielgruppen konzentrieren. So kann das Informationsverhalten von den beteiligten Akteuren aus zahlreichen Gründen als suboptimal empfunden werden, wenn zum Beispiel der subjektive vom objektiven Informationsbedarf abweicht oder die Nutzung von Information durch schlechte institutionelle Rahmenbedingungen ineffizient verläuft.[2]

Zudem ist der Erfolg der Kommunikation innerhalb und zwischen den fusionierenden Unternehmen in hohem Maße davon abhängig, wie bestimmte typische Verhaltensweisen in der Nutzung sowie der einheitlich standardisierten Gestaltung von Informations- und Kommunikationssystemen beachtet werden. Gerade bei unternehmensübergreifenden Informations- und Kommunikationsbeziehungen können zusätzliche Probleme durch syntaktische, semantische oder pragmatische Störungen, räumliche oder zeitliche Distanzen sowie technische Probleme auftreten. Mit zunehmender Entfernung erhöht sich darüber hinaus die Abhängigkeit von der Zuverlässigkeit der technischen Übertragungsmöglichkeiten.

Daher besteht eine der Kernaufgaben darin, die Informations- und Kommunikationssysteme auf einen einheitlichen Standard zu bringen. Neben einem gemeinsamen Kommunikationsstandard muss das Management zudem sicherstellen, dass die Informationen, die übermittelt werden sollen, auch tatsächlich beim Empfänger in der intendierten Weise ankommen.

Als Zielgruppen sind dabei verschiedene Adressaten auf unterschiedlichen Ebenen zu unterscheiden, wie Abbildung 3-16 darstellt.[3] Dabei beziehen sich die inneren Ebenen auf Adressaten, die direkt mit den betroffenen Unternehmen verbunden sind, während sich die Zielgruppen der äußeren Ebenen immer weiter von den beteiligten Unternehmen entfernen und damit auch immer anonymer werden. Ziele, Entscheidun-

---

1 Vgl. Vogel (2002), S. 192.
2 Vgl. Picot/Reichwald/Wiegand (2009), S. 136 ff.
3 Vgl. Mohr (1995), S. 362 f.

gen und Vorgehensweisen müssen klar und zeitnah über alle Ebenen kommuniziert werden. Die Inhalte der Aussagen sollten dabei wenig Interpretationsspielraum zulassen, sondern detailliert und, wenn möglich, quantitativ hinterlegt sein. Auf diese Weise kann Spekulationen schon zu Beginn jegliche Grundlage entzogen werden.[1]

Abbildung 3-16: *Zielgruppen der Kommunikation bei M&A*[2]

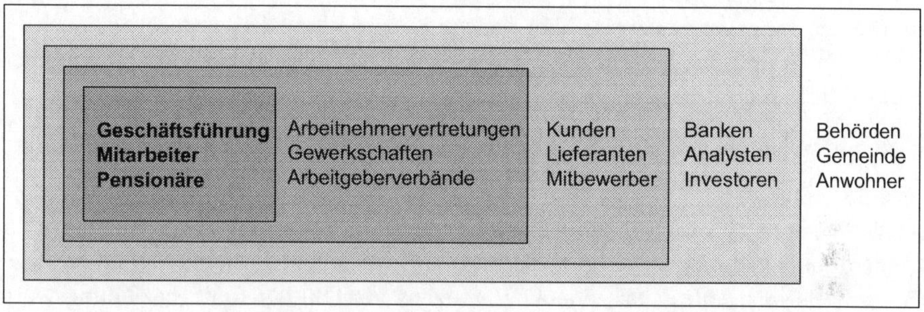

■ Kommunikationsrichtlinien, -inhalte und -abläufe

Die Informations- und Kommunikationspolitik hat zwar auf die jeweilige Unternehmenssituation beziehungsweise die Umfeldbedingungen einzugehen, sollte aber dennoch an einigen übergeordneten Kommunikationsrichtlinien ausgerichtet werden. Zu diesen zählen beispielsweise die innere Konsistenz zwischen unterschiedlichen Quellen beziehungsweise Kanälen, die Gültigkeit über den Zeitablauf, ein verständlicher und nachvollziehbarer Aufbau, die Kongruenz zwischen Information und tatsächlichem Handeln (Grundsatz der Wahrhaftigkeit) und der Zukunftsbezug.[3]

Auch die Kommunikationsinhalte sind zwar prinzipiell auf die Bedürfnisse der einzelnen Stakeholder zuzuschneiden und damit kaum generalisierbar, trotzdem lassen sich einige übergeordnete Themen identifizieren, die von allgemeinem Interesse sind. Hierunter fallen zum Beispiel Aussagen zur gemeinsamen Vision und Strategie, Besetzung von Führungspositionen, Arbeitsplatzsicherheit und Standortgarantie, erwartete Synergiepotenziale, Post-Merger-Integrationskonzept, konsolidierte Bilanzkennzahlen sowie Historie der beteiligten Unternehmen.[4]

Zur Sicherstellung effizienter und effektiver Informations- und Kommunikationsabläufe hat sich die Einrichtung einer eigenen Schaltzentrale beziehungsweise Koordina-

1 Vgl. Lucks/Meckl (2002), S. 203.
2 In Anlehnung an Mohr (1995), S. 362.
3 Vgl. Vogel (2002), S. 194.
4 Vgl. Salecker (1995), S. 191.

tionsstelle als hilfreich erwiesen, die sich aus den Kommunikationsabteilungen der fusionierenden Unternehmen und Vertretern der Markt- und Serviceeinheiten zusammensetzt. Ihre Aufgabe besteht primär darin, die interne und externe Kommunikation durch die Festlegung allgemeiner Kommunikationsregeln, die Ausbalancierung von Informationsüberlastung und -defizit sowie die regelmäßige Überprüfung der Zielerreichung zu optimieren.

Dabei sind unter anderem die Fragen zu beantworten, was wann an wen kommuniziert wird, welche Begriffe für das gemeinsame Unternehmen stehen, wie mit brisanten Themen umgegangen wird, über welche Kanäle Interessenten Informationen erhalten können und wie beziehungsweise wie oft der Erfolg der Kommunikation überprüft werden soll.[1]

- Kommunikationsmedien, -instrumente und -träger

Um eine umfassende und lückelose Information und Kommunikation zu gewährleisten, sind geeignete Kommunikationsmedien, -instrumente und -träger einzusetzen. Im Rahmen der zunehmenden Digitalisierung haben sich hier vermehrt Online-Medien wie zum Beispiel Intranets, Videokonferenzen oder Bildtelefonie beziehungsweise Hotlines durchgesetzt. Bei großen Unternehmen kann beispielsweise auch die Einführung eines Business-TV als einheitlicher Kommunikationskanal im Rahmen des Merger-Prozesses genutzt werden.[2] Darüber hinaus können natürlich nach wie vor eher traditionelle Medien beziehungsweise Instrumente wie Integrationszeitungen oder Integrations-Workshops eingesetzt werden.

Eine weitere Möglichkeit, die Mitarbeiter in den Integrationsprozess mit einzubeziehen, besteht in der Implementierung eines Vorschlagssystems, in welchem die Mitarbeiter Fragen stellen und Verbesserungsvorschläge an Vorgesetzte, den Personalrat oder den Vorstand unterbreiten können.[3] Auch hier ist es erforderlich, den Inhalt, die Zielsetzung sowie den Einsatz der Kommunikationsmedien und -instrumente individuell auf die Zielgruppen abzustimmen, so dass der Dialog zwischen den Kommunikationspartnern optimal unterstützt wird. Eine zusammenfassende Darstellung der Kommunikationsmedien, die zwischen schriftlichen und mündlichen Kommunikationsformen einerseits sowie zwischen direkter und indirekter Zielgruppenansprache andererseits unterscheidet, zeigt Abbildung 3-17.

Eine wichtige Rolle im Rahmen der Informations- und Kommunikationsstrategie kommt der Einbindung der relevanten Kommunikationsträger zu. Aus Gründen der Glaubwürdigkeit sollte sich das Top-Management aktiv an Pressekonferenzen oder Informationsveranstaltungen beteiligen. Darüber hinaus ist es bei bedeutenden Transaktionen durchaus üblich, dass der Vorsitzende des Vorstands beziehungsweise der Geschäftsführung als Sprecher und Koordinator der externen und internen Kommu-

1 Vgl. Penzel/Pietig (2000), S. 180 ff.

2 Vgl. Gaitanides/Sjurts (1999), S. 352.

3 Vgl. Gerpott (1993), S. 149; Busch (1999), S. 340.

nikation auftritt. Zudem muss insbesondere in der Kommunikation mit Mitarbeiten, Kunden und Lieferanten die mittlere und untere Führungsebene eingesetzt werden, um einen effektiven Informations- und Kommunikationsfluss sicherzustellen.[1]

Abbildung 3-17: *Unterteilung der Kommunikationsmedien*[2]

Zielgruppenansprache		Kommunikationsform: schriftlich	Kommunikationsform: mündlich
	direkt	• Privatpost an die Mitarbeiter • Individuelle E-Mails • Interne Hausmitteilungen • Flugblätter	• Betriebsversammlungen • Gruppengespräche • Workshops • Einzelgespräche/Interviews • M&A-Hotlines/Call Center • Präsentationen
	indirekt	• Informationsbroschüren • Intranet • CD-ROM • Berichte der Printmedien • Newsletter • Rundschreiben • Aushänge/Schwarze Bretter • Plakate	• Videos/Filme • Corporate TV • Öffentliche Medien z.B. Radio, TV, Internet • Vorträge/Ansprachen • Präsentationen • Seminare • Tag der offenen Tür bei den beteiligten Unternehmen

■ Informations- und Kommunikationsmaßnahmen

Die Einleitung einzelner Informations- und Kommunikationsmaßnahmen dient der Konkretisierung und Umsetzung der zuvor festgelegten Informations- und Kommunikationsstrategie. Da die Umsetzung der Strategie gerade im Rahmen größerer Unternehmenszusammenschlüsse oftmals von Improvisationen, Stress und Emotionen geprägt ist, kommt der strikten Einhaltung der definierten Richtlinien und frühzeitigen Planung der einzelnen Aktivitäten besondere Bedeutung zu. Ansonsten sind die

1 Vgl. Vogel (2002), S. 201.
2 In Anlehnung an Jaeger (2001), S. 170.

M&A-Spezifika während der Umsetzung nur unwesentlich, weshalb hier auf das Standardschrifttum verwiesen werden soll.[1]

3.2.3 Wissensmanagement

Auch im Rahmen des Wissensmanagement soll im Folgenden auf dessen Bedeutung bei der Post-Merger-Integration eingegangen, die Grundlagen des Wissensmanagement aufgezeigt sowie Ansätze des Integrationsmanagement dargestellt werden.

3.2.3.1 Bedeutung des Wissensmanagement

Betrachtet man die Dynamik der Märkte, die von Unvollkommenheit und Ungleichverteilung geprägt sind, so können sich langfristig nur solche Unternehmen durchsetzen und gegenüber der Konkurrenz behaupten, die über zentrale Informationen verfügen und diese Informationsvorsprünge auch konsequent ausnutzen.

In traditionellen Volkswirtschaften waren die Hauptproduktionsfaktoren Land, Arbeitskräfte und Kapital, wohingegen sich in der heutigen Gesellschaft Wissen als primärer und entscheidender Wettbewerbsfaktor herausgebildet hat.[2] In diesem Zusammenhang entstehen dauerhaft komparative Wettbewerbsvorteile hauptsächlich durch überlegene Wissenspotenziale.[3] Aus dieser Perspektive handelt es sich bei Wissen um die eigentliche Quelle der Wertschöpfung eines Unternehmens, so dass es erforderlich ist, Management zunehmend auch als Wissensmanagement zu verstehen.[4]

Laut einer kürzlichen Studie des Steinbeis-Beratungszentrums Wissensmanagement in Zusammenarbeit mit dem Wissensmanagement-Magazin bewerteten rund ein Viertel der 407 befragten Personen (Geschäftsführer, leitende Angestellte und Mitarbeiter) das Wissensmanagement in ihrem Unternehmen als gut bis sehr gut. Jedoch sieht rund ein Drittel massiven Handlungsbedarf im Hinblick auf das gegenwärtige Wissensmanagement.

Ein Vergleich mit den geplanten Wissensmanagement-Aktivitäten (4 von 10 Unternehmen planen keine Wissensmanagement-Maßnahmen und 2 von 10 erst in 12 bis 36 Monaten) verdeutlicht die Diskrepanz, die zwischen der tatsächlich beigemessenen Bedeutung von Wissensmanagement und dem tatsächlichem Wissenstransfer festzustellen ist. Abbildung 3-18 veranschaulicht die Zusammenhänge.[5]

---

1 Vgl. Bruhn (2015), S. 130 ff.

2 Vgl. Oelsnitz/Hahmann (2003), S. 16 ff.; Peters/Reinhardt/Seidel (2006), S. 101; Abschnitt 3.2.2.2 in Teil A.

3 Vgl. Alex/Becker/Stratmann (2002), S. 47 ff.; North (2016), S. 19.

4 Vgl. Schüppel (1996), S. 182 f.; Peters/Reinhardt/Seidel (2006), S. 101; North (2016), S. 62.

5 Vgl. Deutsche Bank/Fraunhofer Institut für Arbeitswirtschaft und Organisation (1999), S. 7 ff.; Pawlowsky (1999), S. 113.

Abbildung 3-18: Ausprägung von Wissensmanagement und geplante Wissensmanagement-Maßnahmen im Unternehmen[1]

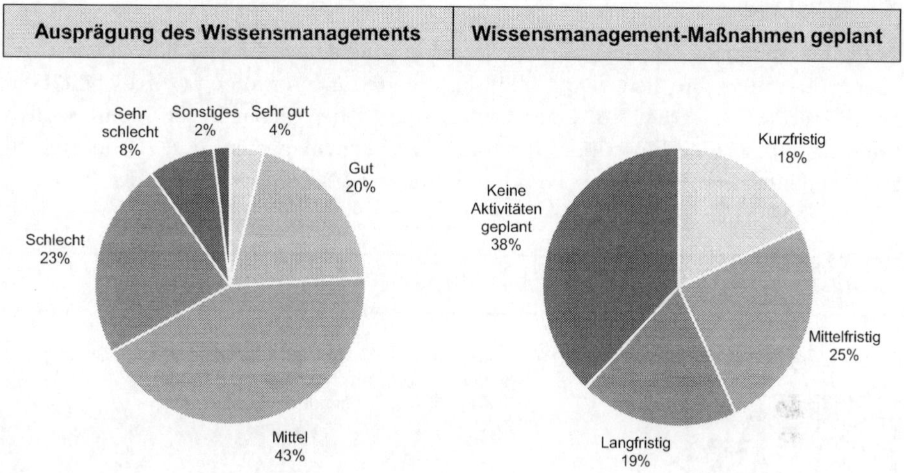

Die Bedeutung der Ressource Wissen für den Wert von Unternehmen kann folgendermaßen zusammengefasst werden: „The real value of companies like Compaq or Kodak, Hitachi or Siemens, depends more on the ideas, insights and information in the heads of their employees and in the data banks and patents these companies control than on the trucks, assembly lines, and other physical assets they may have. Thus capital itself is now increasingly based on intangibles."[2]

Allerdings besteht die Bedeutung von Wissensmanagement nicht nur für einzelne Unternehmen, sondern auch für ganze Volkswirtschaften. Gesellschaftssysteme differenzieren sich zunehmend durch die Art und Weise des Umgangs mit Wissen. Postmoderne Gesellschaften sind zentral durch effektive und effiziente Prozesse der Wissensentstehung und -vermittlung geprägt. So stellt Wissen nicht nur den wichtigsten Produktionsfaktor, sondern zugleich auch den zentralen Erfolgsfaktor dar.[3]

Folglich bildet Wissensmanagement die Basis zur Erzielung von Wettbewerbsvorteilen in Unternehmen, Bildungseinrichtungen und Volkswirtschaften. Konsequenter Weise ist auch bei M&A-Aktivitäten die Übernahme bereits vorhandenen beziehungsweise das Schaffen neuen Wissens regelmäßig ein wichtiges Motiv.[4] Besonders in technolo-

1 In Anlehnung an Steinbeis-Beratungszentrum Wissensmanagement/Wissensmanagement-Magazin (2015), S. 7 und 14..
2 Toffler (1993), S. 59.
3 Vgl. Döbler (2010), S. 389.
4 Vgl. Abschnitt 4.1.1.1 in Teil A.

giegetriebenen Unternehmen ist der schnelle Zugang zu Wissen ein Hauptgrund für Fusionen oder Unternehmenskäufe, da hier die Zielmärkte frühzeitig unter den verschiedenen Anbietern aufgeteilt werden und der Konkurrenzdruck besonders stark ausgeprägt ist.[1]

Wird der erwartete Nutzen des Wissensmanagement auf die einzelnen operativen Ebenen heruntergebrochen, zeigt sich insbesondere für Innovation und Flexibilität ein hoher Wert. So erwarten laut einer Umfrage 23% aller Manager vor allem positive Wirkungen bezüglich Innovation durch das Wissensmanagement und 16% bezüglich größerer Unternehmensflexibilität (vgl. Abbildung 3-19).

Abbildung 3-19: *Erwarteter Nutzen des Wissensmanagement*[2]

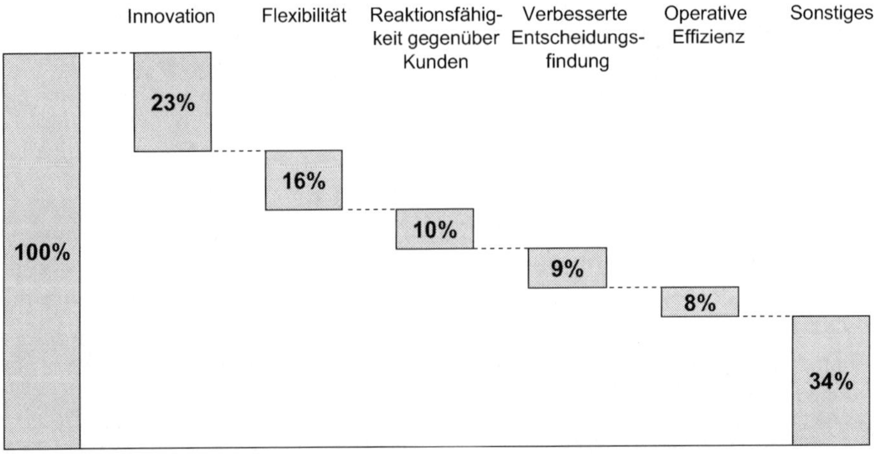

Auch wenn die Bedeutung und der erwartete Nutzen von Wissensmanagement bereits in der Screening-Phase sowie bei der Unternehmensbewertung und Kaufpreisermittlung eine wichtige Rolle spielen, muss gerade in der Post-Merger-Phase dem Umgang mit Wissen die besondere Aufmerksamkeit des Management geschenkt werden, um das vorhandene Wissen und Know-how im Integrationsprozess nicht zu verlieren. Da neben Unternehmens- beziehungsweise Produktmarken Wissen den größten Anteil des immateriellen Vermögens eines Unternehmens ausmacht, kann Wissensabfluss

1 Vgl. Wehner/Dimmeler/Sauer (2000), S. 324 f.; Petersen/Zesch (2001), S. 260.
2 In Anlehnung an Petersen/Zesch (2001), S. 265.

erheblichen Einfluss auf den Unternehmenswert haben und so den zukünftigen Unternehmenserfolg beeinträchtigen.[1]

Daher ist es die Aufgabe des Wissensmanagement im Rahmen der Integrationsphase, die erfolgsrelevanten Wissensquellen zu erkennen, zu bündeln, unter den veränderten Aspekten des Mergers beziehungsweise der Akquisition zu analysieren sowie den Mitarbeitern beziehungsweise Abteilungen zugänglich und nutzbar zu machen.[2] Bevor nun jedoch auf wissensorientierte Ansätze im Rahmen der Integrationsdurchführung näher eingegangen wird, sollen zunächst die wesentlichen Grundlagen dargestellt werden.

3.2.3.2 Grundlagen des Wissensmanagement

Der Begriff Wissen kann allgemein in zwei Arten von Wissen unterteilt werden, explizites und implizites Wissen.[3] Explizites Wissen liegt dem Unternehmen in verbalisierter Form durch Worte oder schriftliche Dokumentation auf elektronischen und nichtelektronischen Medien vor, wodurch es kommunizierbar und übertragbar/teilbar ist. Implizites Wissen hingegen ist unmittelbar an den einzelnen Mitarbeiter des Unternehmens gebunden und entsprechend schwierig zu erfassen, so dass auch von ruhendem oder stillem Wissen gesprochen wird.[4]

Explizites und implizites Wissen können mit der Form eines Eisberges verglichen werden. Den sichtbaren Teil bildet das explizite, institutionalisierte Wissen, wohingegen der größere, unsichtbare Teil des Unternehmenswissens auf dem impliziten Wissen der einzelnen Mitarbeiter beruht.[5] Das Unternehmenswissen selbst kann wiederum in die sechs Bereiche Wissensträger, Dokumentation, Struktur, Verfügbarkeit, Aggregation und Bedeutung unterteilt werden (vgl. Abbildung 3-20).

Von Wissensträgern spricht man in diesem Zusammenhang bei Mitarbeitern, Dokumenten und Hardware. Bei der Dokumentation von Wissen wird grob zwischen dokumentiert und nicht-dokumentiert, bei der Struktur zwischen strukturiert und nichtstrukturiert unterschieden. Bei dem Bereich Verfügbarkeit der Ressource Wissen innerhalb des Unternehmens wird eine Differenzierung in begrenzt und unbegrenzt verfügbar unternommen.

---

1 Vgl. Bouncken (2001), S. 209 ff.; North (2016), S. 232.

2 Vgl. Petersen/Zesch (2001), S. 262.

3 Vgl. Abschnitt 3.2.2.2 in Teil A.

4 Vgl. Schüppel (1996), S. 254 ff.; Wehner/Dimmeler/Sauer (2000), S. 328; North (2016), S. 235.

5 Vgl. Spender (1996), S. 50; Simonin (1999), S. 598 f.; North (2016), S. 235.

Darüber hinaus kann Wissen sowohl gebündelt als auch ungebündelt, d. h. nicht systematisch geordnet und analysiert aggregiert werden. Für den Bereich der Bedeutung von Wissen hat sich eine Dreiteilung in unternehmenskritisches, relevantes und unrelevantes Wissen als sinnvoll erwiesen.[1]

Abbildung 3-20: *Dimensionen von Unternehmenswissen*[2]

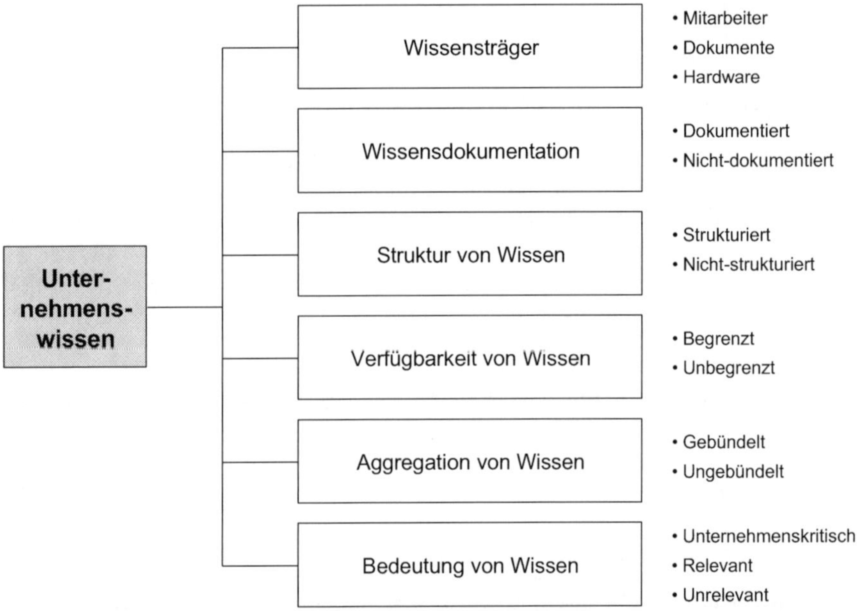

Das Wissen eines Unternehmens setzt sich dabei aus den Kenntnissen und Erfahrungen aller Abteilungen des Unternehmens zusammen und umfasst zum Beispiel Wissen um Bedürfnisse, Verhalten und Kaufgewohnheiten der Kunden, Marktdaten, Preisstrukturen, Einkaufsquellen, technisches Know-how, Produkttechnologie, Absatzpotenzial oder Mitarbeiterqualifikation und -leistungsfähigkeit.[3] Daher kann das Unternehmenswissen nicht unabhängig gekauft oder verkauft werden, sondern muss über die Personen oder Abteilungen erworben werden, die über dieses spezifische Wissen verfügen.

1 Vgl. Petersen/Zesch (2001), S. 262.
2 In Anlehnung an Petersen/Zesch (2001), S. 262.
3 Vgl Petersen/Zesch (2001), S. 260.

Organisatorisches Wissen oder Kompetenz hingegen ist in Prozessen und Strukturen verankert, die innerhalb eines Konzerns ebenfalls nur transferiert werden können, wenn dies in Kombination mit den zuständigen Personen erfolgt.[1] Dabei geht das Wissen durch Teilung und Nutzung innerhalb des Unternehmens nicht verloren, sondern gewinnt bei Nutzung sogar an Wert, da Wissen einen ständigen Lernprozess darstellt, der einer permanenten Aktualisierung und Weiterentwicklung bedarf.[2]

Bei der Schaffung neuen Wissens entstehen geringe variable Kosten, so dass Wissensprodukte fast ausschließlich fixe Kosten aufweisen. Dieser Tatbestand macht es möglich, Wissen im Unternehmen fast kostenfrei zugänglich zu machen sowie in mehrfacher Ausfertigung zu reproduzieren. Zudem hat die Tatsache, dass Wissensprodukte durch hohe First-copy-costs gekennzeichnet sind, eine weitere wichtige Implikation.[3] Wissensprodukte bergen ein erhebliches Potenzial, um Skaleneffekte zu realisieren, da sich die hohen Entwicklungskosten mit steigender Verteilung und Nutzung auf ein immer größeres Netzwerk von Einheiten verteilen.[4]

Das Wissensmanagement stellt aufgrund der angeführten Eigenschaften der Immaterialität sowie der schwierigen Quantifizierbarkeit beziehungsweise Nutzenmessung eine große Herausforderung für jedes Unternehmen dar, die nicht einfach sich selbst überlassen werden darf, sondern gezielt beeinflusst und gesteuert werden muss.[5] Die primäre Aufgabe besteht darin, die verborgenen impliziten Wissenspotenziale in explizite zu transferieren und den relevanten Unternehmensteilen zur Verfügung zu stellen.

Der gezielte Einsatz von Wissensmanagement ist damit Garant für das Erreichen der wissensbasierten Zielsetzungen im Rahmen des Integrationsprozesses, wodurch Unternehmen ihre Leistung steigern, ihre Kernkompetenzen verfeinern, die Marktposition stärken, die Abstimmung zwischen Abteilungen und Unternehmen ausbauen und das Fortbestehen des Unternehmens insgesamt sicherstellen können. Vor diesem Hintergrund werden im folgenden Abschnitt mögliche Ansätze des Wissensmanagement innerhalb der Integrationsphase von Mergers & Acquisitions vorgestellt und erläutert.

3.2.3.3 Ansätze des Integrationsmanagement

Da im Rahmen von M&A-Aktivitäten zum einen durch den Abgang von Wissensträgern die Gefahr des Verlustes von implizitem Wissen sehr hoch ist, zum anderen die Transparenz über das explizite Wissen im Fusionsprozess regelmäßig beeinträchtigt wird, muss der Schwerpunkt des Wissensmanagement im Rahmen der Post-Merger-

1 Vgl. Teece (2000), S. 36 f.
2 Vgl. Seufert/Krogh/Bach (1999), S. 183; Alex/Becker/Stratmann (2002), S. 50; North (2016), S. 170.
3 Vgl. Teece (2000), S. 46.
4 Vgl. Wirtz (2016c), S. 130 ff.
5 Vgl. Petersen/Zesch (2001), S. 261; Probst/Raub/Romhardt (2010), S. 24.

Integration verstärkt auf den Prozess der Wissensdokumentation und des -austausches gerichtet werden. Dies geht über die reine Wissenskumulation in Datenbanken weit hinaus.[1]

Einen möglichen Handlungsrahmen bildet der Wissensmanagement-Prozess, der sich allgemein in die fünf Schritte Wissensidentifikation, -sammlung und -bündelung, -analyse, -zugang und -teilung sowie Wissensnutzung unterteilen lässt (vgl. Abbildung 3-21).[2] Die konsequente Orientierung an diesem strukturierten Ablaufprozess ist notwendig, um innerhalb der Post-Merger-Integrationsphase bestehendes Wissen effizient zu nutzen sowie neues Wissen gezielt aufzubauen und somit den M&A-Erfolg nachhaltig zu sichern. Auf die einzelnen Schritte des Wissensmanagement-Prozesses soll nachfolgend kurz eingegangen werden.

Abbildung 3-21: *Fünfstufiger Wissensmanagement-Prozess*[3]

■ Wissensidentifikation

Den Anfang des fünfstufigen Wissensmanagement-Prozesses bildet die genaue Identifikation der Unternehmensressource Wissen. Während des Zusammenschlusses kann das Problem auftreten, dass Unternehmen eher zuviel als zu wenig Information und Daten besitzen, die zum Teil unstrukturiert, schlecht dokumentiert und kaum analysiert sind. Zum Aufbau einer unternehmensrelevanten Wissensbasis ist somit eine angemessene Transparenz der Wissensbestände notwendig, die es dem Unternehmen

1 Vgl. Seufert/Krogh/Bach (1999), S. 183; Teece (2000), S. 35 ff.
2 Vgl. Probst/Raub/Romhardt (2010), S. 28 ff.
3 In Anlehnung an Petersen/Zesch (2001), S. 261.

ermöglicht, Ansatzpunkte für die Erfüllung der Wissensziele zu identifizieren.[1] Hierbei ist von besonderer Bedeutung, möglichst alle Wissensquellen und -träger eines Unternehmens zu identifizieren und zu erfassen. In diesem Zusammenhang muss auch die Art der Wissenserfassung festgelegt werden.

- Wissenssammlung und -bündelung

Nach der Identifikation hat die Sammlung und Bündelung des Wissens zu erfolgen. Einen Großteil des gemeinsamen Unternehmenswissens stellt allerdings implizites Wissen dar, das innerhalb der Unternehmen verborgen ist, während ein weiterer Teil des (expliziten) Wissens oft unstrukturiert abgelegt und daher nur unzureichend dokumentiert ist.[2] Im Rahmen der Wissenssammlung und -bündelung kann ein bedeutender Mehrwert generiert werden, indem die bestehenden Informationen der fusionierenden Unternehmen über strukturierte Datenbankabfragen erhoben, verdichtet und gebündelt als Wissen abgelegt werden. Das Wissen für die Unternehmung erst nutzbar gemacht wird, wenn es gebündelt und gut zugänglich vorliegt, verdeutlicht die Aussage von Prusak, Chef des Knowledge-Management-Consulting bei IBM: „If I can find it, I can measure it, and if I can measure it, I can manage it."[3]

- Wissensanalyse

Nach Sammlung und Bündelung des vorhandenen Wissens erfolgt der Schritt der Wissensanalyse. Hier sollte das Wissen grundsätzlich strukturiert und bewertet werden, um auf dieser Basis schließlich eine Selektion und Dokumentation vorzunehmen. Hilfreich im Rahmen der Wissensanalyse ist dabei eine zielgerichtete Gegenüberstellung von intern bereits vorhandenem und im gegenwärtigen Wettbewerb notwendigem Wissen, um daraus Schlussfolgerungen über den Wissensstand und mögliche Wissenslücken abzuleiten. Innerhalb dieser Auseinandersetzung mit der Ressource Wissen ist auch systematisch das Nicht-Wissen zu analysieren, wie Abbildung 3-22 verdeutlicht.

Die vier Felder der Matrix beinhalten im fusionierenden Unternehmen verankertes Wissen, Wissenslücken, existentes, aber nicht genutztes Wissen sowie „weiße" Flecken", die sich außerhalb der Wahrnehmung des Unternehmens befinden. Im gemeinsamen Unternehmen verankertes Wissen gilt es zu bewerten und entsprechend strukturiert und dokumentiert abzulegen. Existentes Wissen, das jedoch nicht genutzt wird, ist zu erkennen und nach eingehender Analyse für das Unternehmen nutzbar zu machen, wohingegen „weiße Flecken" nicht identifiziert und analysiert werden können.

Ein wesentliches Motiv von Unternehmenszusammenschlüssen ist häufig die Schließung wettbewerbsrelevanter Wissenslücken, die nicht durch intern bereits vorhandenes Wissenspotenzial abgedeckt werden können. So kann sich zum Beispiel der Er-

1 Vgl. Probst/Raub/Romhardt (2010), S. 63 f.
2 Vgl. Huseman/Goodman (1999), S. 178.
3 Huseman/Goodman (1999), S. 181.

werb einer Handelsfirma mit gut ausgebautem Vertriebsnetz unter Umständen positiv auf die Vertriebsmöglichkeiten des Käuferunternehmens im betreffenden Zielmarkt auswirken. Aufgabe der Wissensanalyse im Rahmen der Post-Merger-Integration ist nun zu überprüfen, ob durch den Unternehmenszusammenschluss die vorher identifizierten Wissenslücken geschlossen werden konnten beziehungsweise welche Wissenslücken das gemeinsame Unternehmen nach dem Merger noch aufweist.

***Abbildung* 3-22:** *Reflexion von Wissen und Nicht-Wissen*[1]

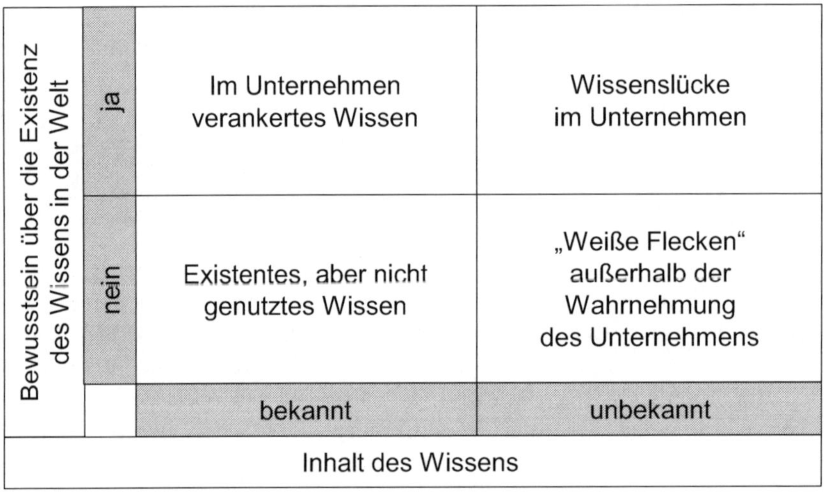

In der Praxis zeigt die Mehrheit der Mergers & Acquisitions nämlich, dass die Summe der Wissensvorräte zweier Unternehmen in der Addition kleiner ist als die der Einzelteile und damit Wissen und Kompetenzen zerstört werden.[2] Dies liegt häufig darin begründet, dass die externe Akquisition von Wissen auf individuell und kulturell verankerte Barrieren stößt, welche vor allem Macht- und Vertrauensfragen betreffen.

■ Wissenszugang und -teilung

Nach Abschluss der Wissensanalyse muss in einem nächsten Schritt das erschlossene, relevante Wissen innerhalb des Unternehmens auf die neuen Bereiche übertragen und denjenigen Mitarbeitern und Abteilungen zugänglich gemacht werden, die es für eine effiziente Durchführung ihrer Arbeit benötigen.[3] Dies ist eine zwingende Vorausset-

1 In Anlehnung an Schüppel (1996), S. 219.
2 Vgl. Probst/Raub/Romhardt (2010), S. 101.
3 Vgl. Tannenbaum/Alliger (2000), S. 17 ff.

zung, um isoliert vorhandene Informationen oder Erfahrungen für das Gesamtunternehmen nutzbar zu machen. Das zu transferierende Wissen kann dabei aus allen Unternehmensbereichen wie zum Beispiel Forschung & Entwicklung, Produktion, Marketing, Vertrieb, Personal oder Finanzierung stammen, wobei gewöhnlich nicht nur technologisches oder organisatorisches Wissen ausgetauscht wird, sondern auch Daten und Kenntnisse über Wettbewerber, Kunden oder Zulieferer.[1]

Dieser unternehmensweite Zugang zu beziehungsweise die Teilung des Wissens setzt neben dem Aufbau von Datenbanken auch die Festlegung der Zugriffsrechte und -pflichten voraus und sollte, abgesehen von persönlichen Kontakten, hauptsächlich über moderne Informations- und Kommunikationsmedien wie Inter- und Intranet, Datenbanken beziehungsweise E-Mail erfolgen.[2] Zwar ermöglicht die moderne Computertechnik sowie die neuen Informations- und Kommunikationsmedien eine zentralisierte Wissensverwaltung, diese steht jedoch erst in ihren Anfängen. Für die zielgerechte und effiziente Nutzung des Unternehmenswissens ist es dabei besonders wichtig, die wesentlichen Datenbanken auf dem aktuellsten Wissensstand zu halten.[3] Dies ist gerade in der Post-Merger-Phase schwierig, da es innerhalb kürzester Zeit zu einer erhöhten Datenmenge aus den beteiligten Unternehmen kommen kann.

- Wissensnutzung

Die Identifikation, Analyse und Verteilung der Ressource Wissen reicht bei Weitem nicht aus. Wissen muss darüber hinaus zugänglich und vor allem nutzbar gemacht werden. Daher zählt die effiziente Wissensnutzung zu den expliziten Zielen innerhalb der Post-Merger-Integrationsphase und bildet gleichzeitig den letzten Schritt im Rahmen des Wissensmanagement-Prozesses. Um die Nutzung und Anwendung von Wissen in dem neuen Unternehmen zu beschleunigen, muss das Management Anreizsysteme und Motivationshilfen einrichten, da eine Vielzahl der Mitarbeiter nicht freiwillig bereit ist, ihr Wissen und ihre Erfahrungen zu teilen und so dem ganzen Unternehmen zugänglich zu machen.[4] Darüber hinaus müssen auch Nutzungsbarrieren innerhalb des Unternehmens abgebaut werden, die zum Beispiel auf zu starker Betriebsroutine, auf der Angst der Bloßstellung eigener Schwächen oder auf grundsätzlichem Misstrauen gegenüber externem Wissen beruhen können.[5]

Eine weitere Hauptaufgabe des Wissensmanagement ist die Kontrolle und Sicherung des Unternehmenswissens: Diese Notwendigkeit folgt der Logik, dass einmal erworbenes Wissen nicht automatisch auch zukünftig zur Verfügung steht. Durch Kontrolle, Messung und Bewertung von Wissen ist es Unternehmen möglich, den Wert der organisationalen Wissensbasis im Vergleich zu anderen Vermögensgegenständen zu beurteilen, was als Voraussetzung für eine gezielte Bewahrung der Ressource Wissen dient.

---

1 Vgl. Krogh/Nonaka/Aben (2001), S. 427 ff.
2 Vgl. Probst/Raub/Romhardt (2010), S. 154 f.
3 Vgl. Helbling (2000), S. 351 ff.; Knoblauch (2005), S. 337.
4 Vgl. Tannenbaum/Alliger (2000), S. 16; Alex/Becker/Stratmann (2002), S. 50 ff.
5 Vgl. Probst/Raub/Romhardt (2010), S. 179 f.

Durch Sicherung von Daten und Informationen können Unternehmen gewährleisten, dass die Ressource Wissen im Unternehmen verbleibt und gegen Fremdeinwirkungen geschützt wird. Dabei kann die Entwertung von Wissen oder dessen Verlust durch mitarbeiterbezogene Maßnahmen, technische Systeme und rechtliche Absicherung verhindert werden.[1] Das Durchlaufen der einzelnen Schritte des fünfstufigen Prozesses des Wissensmanagement im Rahmen der Post-Merger-Integration dient dazu, die mit dem Zusammenschluss verbundenen wissensbasierten Zielsetzungen zu erreichen. Dabei spielt der Faktor Zeit besonders für die Schließung vorhandener Wissenslücken sowie den schnellen Aufbau zukünftig im Unternehmen benötigter Kompetenzen eine entscheidende Rolle.[2]

3.3 Marktorientierte Integration

Die marktorientierte Integration als primär externe Perspektive umfasst mit dem Marken- und Kundenmanagement Erfolgsfaktoren von M&A-Transaktionen, denen sowohl im Schrifttum als auch in der Praxis häufig nicht ausreichend Beachtung geschenkt wird. Laut einer Vielzahl von Studien ist jedoch gerade ein ungenügendes Management der Marke, die in wesentlichen Teilen den Auftritt des Unternehmens nach außen bestimmt, einer der Gründe, weshalb mehr als die Hälfte aller Unternehmen nach einem Merger beziehungsweise einer Akquisition weniger profitabel sind.[3] Daher sollte das Markenmanagement neben strategischen und finanziellen Gesichtspunkten mit zu den obersten Prioritäten im M&A-Prozess zählen.[4]

Neben dem Management der Marken nimmt aus externer Perspektive das Kundenmanagement eine wichtige Rolle insbesondere im Zuge der Post-Merger-Integration ein. Um die bestehende Kundenbasis der beteiligten Unternehmen zu erhalten, müssen die Bedürfnisse und Erwartungen aller Kunden sowie der Gruppe der sonstigen Marktpartner systematisch erhoben, bei den Integrationsmaßnahmen analysiert und berücksichtigt werden. Das Marken- und Kundenmanagement werden nachfolgend einzeln aufgegriffen und detailliert erläutert.

3.3.1 Markenmanagement

Im folgenden Abschnitt wird zunächst auf das Markenmanagement im Rahmen der Post-Merger-Integration eingegangen. Im Kern geht es um die Frage, warum das Markenmanagement für den Erfolg der Integrationsphase von besonderer Bedeutung ist. Daran anschließend werden die im vorliegenden Kontext relevanten Grundlagen des

1 Vgl. North (2016), S. 272.
2 Vgl. Deutsche Bank/Fraunhofer Institut für Arbeitswirtschaft und Organisation (1999), S. 46.
3 Vgl. Geiblinger (2001), S. 11.
4 Vgl. Senn (1994), S. 229.

Markenmanagement beschrieben, bevor mögliche Ansätze eines Integrationsmanagement aufgezeigt werden.

3.3.1.1 Bedeutung des Markenmanagement

Ein guter Indikator für die zunehmende Relevanz von Marken innerhalb der Unternehmenspraxis ist die Entwicklung der Markenneuanmeldungen. In Deutschland hatte die Anzahl der Markenneuanmeldungen mit fast 87.000 Stück ihren Höhepunkt im Jahr 2000 (vgl. Abbildung 3-23).

Abbildung 3-23: *Entwicklung der Markenneuanmeldungen in Deutschland*[1]

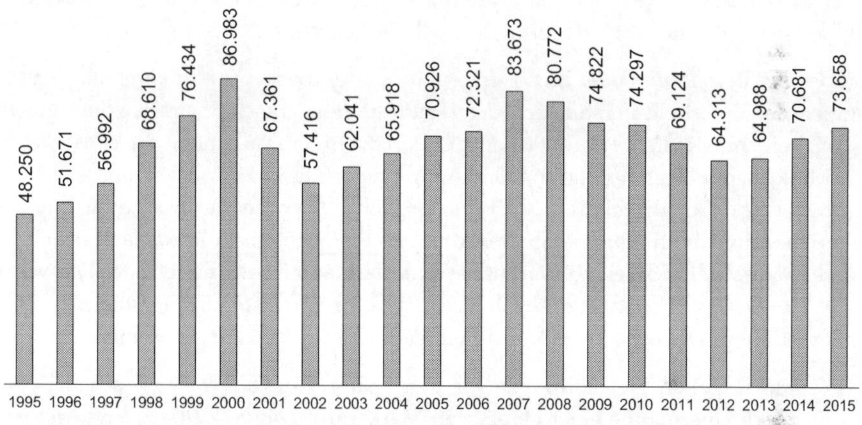

In einigen Märkten ist dies auf die Deregulierung und massive Investitionen in den Aufbau neuer Marken zurückzuführen, wie es insbesondere in der Telekommunikationsindustrie und der Energiewirtschaft der Fall war.[2] Nach dem Platzen der Internetblase sank die Zahl der Markenneuanmeldungen rapide ab. Danach erholte sie sich wieder, bis mit der Suprime-Krise eine neue Abschwächung einherging. Seit 2012 steigen die Markenanmeldungen wieder kontinuierlich an und erfüllen damit die Vermutung von Alexander, der einen erneuten Anstieg vermutete.[3] Im vergangenen

1 Datenquelle: Deutsches Patent- und Markenamt (2000); Deutsches Patent- und Markenamt (2002); Deutsches Patent- und Markenamt (2004); Deutsches Patent- und Markenamt (2006); Deutsches Patent- und Markenamt (2008); Deutsches Patent- und Markenamt (2010); Deutsches Patent- und Markenamt (2012); Deutsches Patent- und Markenamt (2014); Deutsches Patent- und Markenamt (2015).

2 Vgl. Fischer/Hieronimus/Kranz (2002), S. 4 ff.

3 Vgl. Alexander (2011), S. 433 f.

Jahr wurden insgesamt 73.658 Marken angemeldet. Damit liegt die Zahl in 2015 rund 7% über dem Durchschnitt der letzten 20 Jahre.

Während die eigentliche Integration der an einem Unternehmenszusammenschluss beteiligten Marken in der Post-Merger-Integrationsphase erfolgt, erlangt deren Management schon während der Akquisitionsphase eine besondere Bedeutung. Bei der Auswahl (Screening-Phase) der geeigneten Kandidaten sollten die beteiligten Marken bereits einer detaillierten Analyse unterzogen werden, welche die Messung der Markenstärke sowie die Ermittlung des monetären Markenwerts von potenziellen M&A-Kandidaten sowie von Kernwettbewerbern umfasst.

Die Messung der Markenstärke beinhaltet dabei die genaue Analyse von Markeneigenschaften (zum Beispiel Kundenvertrauen, Bekanntheit, Verbreitung), Markenimage (zum Beispiel Art und Ausprägung von Assoziationen), Markterfolg (zum Beispiel Kaufvolumenindex, Preisindex, Marktanteil, Marktdurchdringungsrate, Wiederkaufrate) sowie juristischem Schutz (zum Beispiel Markenschutz, Copyright).

Gerade bei Übernahmen oder Fusionen renommierter Markenunternehmen kommt im Rahmen der Entscheidungsfindung drei Faktoren eine entscheidende Bedeutung zu: Risiko, Zeit und Kosten.[1] So liegt beim Erwerb von Unternehmen, deren Marke auf dem Markt bereits etabliert ist, die Quote für eine erfolgreiche M&A Transaktion auf grund des eher kalkulierbaren Marktrisikos höher. Gerade in gesättigten Märkten kann daher die Übernahme namhafter Marken eine wichtige Rolle spielen, da sie mit höherer Wahrscheinlichkeit zu Wachstum und Marktanteilsgewinnen führt. Die Marke besitzt hier bereits die notwendige Bekanntheit und einen festen Käuferstamm, so dass ein Eigentümerwechsel von den Konsumenten oft gar nicht wahrgenommen wird.[2]

Diese Aspekte gelten gleichermaßen für den Faktor Zeit, bei dem zwischen Zeitersparnis durch Übernahme einer etablierten Marke und hohem Zeitaufwand (mit großem Floprisiko) bei der Neueinführung von Marken abgewogen werden muss. Der Kostenfaktor hingegen ist nicht eindeutig zu beantworten, da sowohl bei der Markeneinführung zum Teil sehr hohe Kosten anfallen, allerdings auch für die Übernahme etablierter Marken hohe Prämien bezahlt werden müssen.[3] So belaufen sich die Gesamtkosten für die Markenentwicklung, -einführung und -kommunikation, wie zum Beispiel bei den Neumarken Viterra und Aventis, schnell auf über 50 Millionen Euro.[4]

Allerdings übersteigt auch der gezahlte Preis für Unternehmenstransaktionen den Substanzwert der Unternehmen in der Regel bei Weitem. Grund hierfür ist die zunehmende Bedeutung von immateriellen Vermögensgegenständen, die regelmäßig nicht bilanziert oder aber nicht mit reellen Wertansätzen aktiviert werden. Ein Großteil

---

1 Vgl. Sattler (1994), S. 50 ff.
2 Vgl. Maucher (1990), S. 221 f.
3 Vgl. Sattler (1994), S. 50 ff.
4 Vgl. Demuth (2000), S. 20.

des Goodwill, der Differenz zwischen dem Kauf- oder Übernahmepreis und der Summe der bilanzierten Vermögensgegenstände, ist auf die Marke zurückzuführen.

So machen Marken- und Namensrechte heutzutage etwa die Hälfte der Kapitalwerte der Unternehmen weltweit aus, weshalb die Marke beziehungsweise der Markenwert häufig als das wichtigste Kapital des Unternehmens bezeichnet wird. Damit übernimmt die Marke die Rolle von Produktionskapazitäten und -technologien, die früher bei Unternehmensübernahmen im Vordergrund standen. Dies wird besonders in der Konsumgüterindustrie deutlich, in der Kurs-/Gewinn-Verhältnisse von 20 bis 25 durchaus üblich sind.

Als bekannte Beispiele lassen sich hier die Übernahme von Rowntree Macintosh durch Nestle anführen, bei der der Kaufpreis das Dreifache des Börsenwertes beziehungsweise das 26-fache des Erlöses betrug, die Übernahme von Kraft Foods durch Philip Morris, als angeblich sogar 90% des Kaufpreises für den Wert der Marke bezahlt wurden, oder die Übernahme der Brauerei Beck durch Interbrew, bei der ein Preispremium von 500 Millionen Euro für den Markenwert von Beck´s gezahlt wurde.[1]

Dies bestätigen auch eine Studie von Wirtz/Klein-Bölting (vgl. Abbildung 3-24), die zu dem Ergebnis kommen, dass als Hauptgründe für Markenbewertung aus Unternehmenssicht vor allem die Steuerung des Markenportfolios und die Kontrolle der Markeninvestitionen von Bedeutung sind. Weiterhin führen über die Hälfte der befragten Unternehmen eine Bewertung ihrer Marke zum Zweck der Markenwert-Bilanzierung durch.

Aufgrund des größeren Risikos und der hohen Investitionskosten gestaltet sich der Markenaufbau besonders in gesättigten und wettbewerbsintensiven Märkten zunehmend schwierig. Ein wichtiger strategischer Ansatz besteht daher darin, starke, imagegeladene Marken über M&A-Transaktionen zu erwerben.[2] So ist es auch nicht verwunderlich, dass in den letzten Jahren oft Unternehmen mit namhaften Marken Gegenstand von Übernahmen und Fusionen waren.

Diese meist finanzwirtschaftlich motivierten M&A-Aktivitäten haben dabei erhebliche Auswirkungen auf die Marken der beteiligten Unternehmen. So erhöhen sich im Rahmen der Zusammenschlüsse in der Regel die Anforderungen an das Markenmanagement, wenn die neue Unternehmensstrategie auf die Markenebene heruntergebrochen und Auswirkungen auf Positionierung, Architektur und Programme zum Aufbau und der Gestaltung der Marken angestoßen beziehungsweise Prozesse und Strukturen der Markenführung angepasst werden müssen.[3] Bevor nun jedoch auf markenorientierte Ansätze im Rahmen der Integrationsdurchführung näher eingegangen wird, werden zunächst die wesentlichen Grundlagen dargestellt.

---

1 Vgl. Zimmermann et al. (2001), S. 10; Esch (2003), S. 64.
2 Vgl. Becker (2005), S. 381 ff.
3 Vgl. Meffert/Giloth (2002), S. 125.

Abbildung 3-24: Gründe für die Markenbewertung[1]

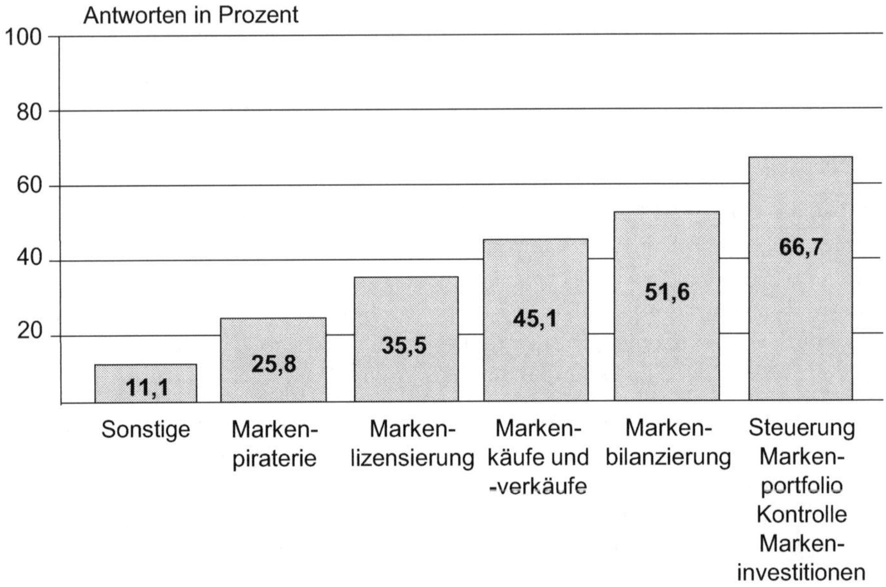

3.3.1.2 Grundlagen des Markenmanagement

In der heutigen komplexen und diskontinuierlichen Unternehmensumwelt schaffen Marken bei den Nachfragern ein besonderes Vertrauens-, Identifikations- und Orientierungspotenzial.[2] Dabei lässt sich die „Marke als ein in der Psyche des Konsumenten und sonstiger Bezugsgruppen der Marke fest verankertes, unverwechselbares Vorstellungsbild von einem Produkt oder einer Dienstleistung definieren", wobei „die zu Grunde liegende Leistung [...] in einem möglichst großen Absatzraum über einen längeren Zeitraum in gleichartigem Auftritt und in gleich bleibender oder verbesserter Qualität angeboten [wird]."[3]

Die Marke resultiert mithin aus in der Vergangenheit durchgeführten Marketingmaßnahmen und den entsprechenden Erfahrungen der Konsumenten. Der Prozess der Planung, Koordination und Kontrolle dieser Maßnahmen kann als Markenführung

1 In Anlehnung an Wirtz/Klein-Bölting (2007), S. 46.
2 Vgl. Meffert (2002), S. 162.
3 Meffert/Burmann/Koers (2002), S. 6.

bezeichnet werden und soll an dieser Stelle synonym zu Markenmanagement verwendet werden.[1]

Marken stiften sowohl aus Nachfrager- wie aus Anbietersicht großen Nutzen (vgl. Abbildung 3-25).[2] So dient die Marke dem Konsumenten als Orientierungshilfe, indem sie die Markttransparenz erhöht und eine schnellere Identifikation des gewünschten Produktes ermöglicht. Daneben erfüllt die Marke durch eine Beschleunigung und Vereinfachung des Kaufentscheidungsprozesses eine Entlastungsfunktion. Zusätzlich kommt der Marke aufgrund ihrer Bekanntheit, Kompetenz und Identität eine Vertrauensfunktion zu, und aus der Qualitätsvermutung von Markenartikeln ergibt sich eine Qualitätssicherungsfunktion.

Abbildung 3-25: *Nutzen der Marke aus Nachfrager- und Anbietersicht*[3]

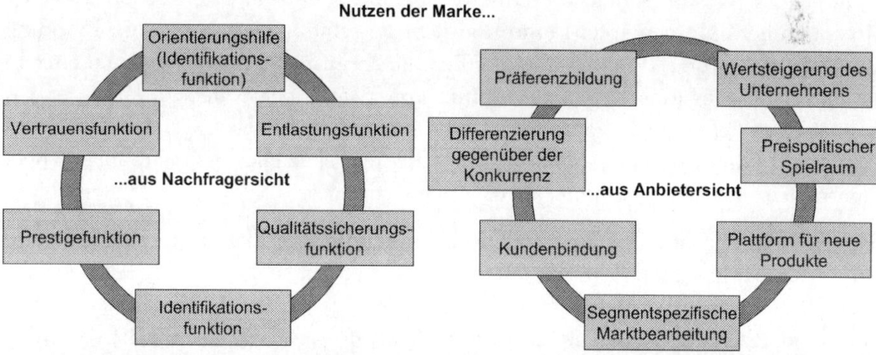

Neben der Identifikationsfunktion durch Übertragung identitätsstiftender Attribute der Marke auf den Nachfrager erfüllt sie schließlich eine Prestigefunktion, indem Konsumenten Güter jenseits der funktionalen Bedürfnisbefriedigung zum Ausdruck ihrer Persönlichkeit nutzen. Für die Unternehmen hingegen kann die Marke sowohl zur Präferenzbildung bei den Abnehmern als auch zur Differenzierung gegenüber dem Wettbewerb beitragen. Ferner soll durch die Markenpolitik die Kundenbindung erhöht und damit der Unternehmenswert gesteigert werden. Gleichzeitig wird eine segmentspezifische Marktbearbeitung ermöglicht sowie eine Plattform für neue Produkte geschaffen. Zudem kann der preispolitische Spielraum erweitert werden.

1 Vgl. Meffert/Burmann/Koers (2002), S. 8.
2 Vgl. im Folgenden Meffert/Burmann/Koers (2002), S. 9 ff.
3 In Anlehnung an Meffert/Burmann/Koers (2002), S. 10 f.

Um die genannten Nutzenpotenziale realisieren zu können, ist ein professionell durchgeführtes Markenmanagement notwendig, bei dem alle Maßnahmen darauf gerichtet sein müssen, das Markenversprechen und den Markennutzen gegenüber den Konsumenten einzuhalten, auszubauen und Markenloyalität zu erzeugen. Zentrale Voraussetzung hierfür ist die Entwicklung oder Konservierung der Markenidentität, die eindeutig bestimmt, wofür die Marke steht und wofür sie nicht stehen soll.

Dabei ist ein tiefes Verständnis der Konsumenten, der Wettbewerber und der Unternehmensstrategie notwendig.[1] Aufbauend auf der geplanten Markenpositionierung erfolgt die weitere Profilierung und Differenzierung der Unternehmensmarken durch die Wahl einer geeigneten Markenstrategie beziehungsweise Markenarchitektur sowie die Markenbewertung und das Markencontrolling. Auf diese Kernaufgaben des Markenmanagement soll nachfolgend kurz eingegangen werden.

- Markenstrategien

Als Strategien im horizontalen Wettbewerb können Einzelmarken-, Mehrmarken-, Markenfamilien-, Dachmarken- und Markentransferstrategien sowie Co-Branding unterschieden werden.[2] Während bei der Einzelmarkenstrategie jedes Produkt einzeln markiert, d. h. jedes Marktsegment von nur einer Marke bearbeitet wird, werden bei einer Mehrmarkenstrategie von einem Unternehmen mindestens zwei Marken innerhalb eines Produktbereichs parallel geführt, die kein spezielles Segment ansprechen, sondern meist auf den Gesamtmarkt ausgerichtet sind.

Die Markenfamilienstrategie führt mehrere verwandte Produkte unter einer gemeinsamen Marke, ohne hierbei direkt auf den Unternehmensnamen Bezug zu nehmen, während die Dachmarkenstrategie sämtliche Produkte eines Unternehmens unter einer Marke zusammenfasst. Die Markentransferstrategie versucht schließlich, positive Imagekomponenten von einer Hauptmarke eines bereits existieren Produktbereichs auf ein Transferprodukt einer neuen Warengruppe zu übertragen. Beim Co-Branding hingegen treten ansonsten selbstständige Marken im kooperativen Verbund gemeinsam auf.

- Markenarchitekturen

Die Festlegung der Markenarchitektur ist eine wesentliche Entscheidung für die Führung der Unternehmensmarken. Sie nimmt eine unternehmensweite Sichtweise ein und berücksichtigt sämtliche Marken des Unternehmens, wodurch eine systematische Steuerung des Markenportfolios ermöglicht wird.[3] Kernbestandteil der Gestaltung der Markenarchitektur ist dabei die Festlegung der auf den jeweiligen Unternehmensebenen einzusetzenden Marken sowie ihrer Rollen, Positionierungen sowie Beziehungen

---

1 Vgl. Aaker/Joachimsthaler (2000), S. 30 ff.

2 Vgl. im Folgenden Aaker/Joachimsthaler (2000), S. 856 ff.; Burmann/Meffert (2007), S. 171 ff.

3 Vgl. Meffert/Bierwirth/Burmann (2002), S. 168.

untereinander. Ausgangspunkt ist hierbei die Überlegung, dass sich die Unternehmenshierarchie in der Markenhierarchie widerspiegelt.

So entspricht, beispielhaft für ein Unternehmen mit drei Hierarchieebenen, die Unternehmensmarke beziehungsweise Corporate Brand der Top-Management-Ebene, die Unternehmensbereichsmarken beziehungsweise Company Brands der Unternehmensbereichsebene sowie die Produkt- und Leistungsmarken der Ebene der strategischen Geschäftseinheiten.[1] Dabei soll die Unternehmensmarke die Unternehmenskultur und -werte verkörpern und ein hohes Maß an Glaubwürdigkeit für die Produkt- und Leistungsmarken generieren, während diese schwerpunktmäßig produkt- und leistungsmäßige Assoziationen in der Psyche der Konsumenten hervorrufen. Voraussetzung hierfür ist eine Feinabstimmung des Integrationsgrades der jeweils höheren Markenebenen mit den darunter liegenden.

- Markenbewertung und -controlling

Als zentrale Erfolgsgröße des Markenmanagement gilt grundsätzlich die Steigerung des ökonomischen Wertes der vom Unternehmen geführten Marken.[2] Daher hat in den letzten Jahren die Operationalisierung und Messung des Markenwertes in der wissenschaftlichen und praktischen Diskussion zunehmend an Bedeutung gewonnen, wobei interessanterweise die ersten Ansätze zur Markenbewertung nicht aus Marketingfragestellungen heraus entwickelt wurden, sondern von Finanzexperten ausgingen, die den Markenwert im Rahmen von Mergers & Acquisitions bestimmen wollten.

Besonders in den letzten Jahren ist allerdings eine konsumentenorientierte Markenbewertung bei dem Versuch in den Vordergrund gerückt, aus dem Verständnis der Marktwerttreiber aus Konsumentensicht ein effizientes Markenmanagement abzuleiten.[3] Offenkundig ist zumindest, dass für den gezielten Einsatz von Unternehmensressourcen für diejenigen Marken, die das größte Erfolgspotenzial im Markt aufweisen, detaillierte Informationen über Entwicklung und Potenzial der geführten Marken vorliegen müssen.[4] Dabei findet sich im Schrifttum im Zusammenhang mit der Markenbewertung eine Vielzahl von Begriffen, so im deutschsprachigen Raum beispielsweise Markenstärke, Markenwert oder Markenkraft.

Die gemeinsame Klammer für die genannten Begriffe bildet jedoch die Markenbewertung, die insbesondere den Markenwert und die Markenstärke umfasst. Dabei verkörpert der klassische Markenwertbegriff eine monetäre Perspektive, während die Markenstärke an der konsumentenbezogenen Wirkung der Marke ansetzt und als vorgelagerte Stufe zu dem Kauf als ökonomisch messbarem Verhalten keine monetäre Quantifizierung vornimmt.

1 Vgl. Keller (2008), S. 448 ff.
2 Vgl. Caspar/Metzler (2002), S. 6.
3 Vgl. Zimmermann et al. (2001) S. 21.
4 Vgl. im Folgenden Kranz (2002), S. 433 ff.

Die Einsatzfelder der Markenbewertung lassen sich grob in externe und interne unterscheiden. Bei ersteren geht es primär um die ökonomische Evaluation von Markenrechten (zum Beispiel Lizenzierung, Kauf/Verkauf) beziehungsweise der Marke als Vermögensbestandteil (zum Beispiel Mergers & Acquisitions, Bestandteil des Jahresabschlusses), bei letzteren eher um die Diagnose und Steuerung des Markenmanagement (zum Beispiel Ressourcenallokation, Maßnahmentracking, Ergebniskontrolle) beziehungsweise der Personalführung (zum Beispiel Basis für Anreizsysteme). Zur eigentlichen Markenbewertung haben sich zahlreiche Verfahren etabliert, die sich grundsätzlich in finanz- und verhaltensorientierte Methoden untergliedern lassen. Auf diese soll hier jedoch nicht weiter eingegangen, sondern auf das einschlägige Schrifttum verwiesen werden.[1]

Um die Wirtschaftlichkeit der Markenführung sicherzustellen ist die primär profilierungs- und differenzierungsorientierte Markenführung um ein leistungsfähiges Controlling zu ergänzen. Dieses so genannte Markencontrolling hat primär die Aufgabe, durch eine fundierte und zielorientierte Entscheidungsunterstützung zur Beibehaltung beziehungsweise Verbesserung der Reaktions- und Anpassungsfähigkeit der Markenführung beizutragen sowie durch die Koordination aller markenpolitischen Aktivitäten die Wirksamkeit der verfolgten Markenpolitik zu verbessern.

Wesentlich ist hierbei die Unterstützung von Planung und Durchführung der marktorientierten Ziele, Strategien und Implementierungsmaßnahmen durch ein durchgängig vernetztes, aussagekräftiges Steuerungssystem. Dabei sollte das Markencontrolling die Markenführung zum einen ex-post hinsichtlich ökonomischer, psychografischer und verhaltensbezogener Erfolgskennzahlen überprüfen, zum anderen ex-ante mögliche Soll-/Ist-Abweichungen antizipieren und frühzeitig gegensteuern. Gängige Zielgrößen des Markencontrolling sind dabei Markenimage, Markenbekanntheit und Markenloyalität als vorökonomische, beziehungsweise Marktanteil, Mengen-und Preisprämien sowie Kosten als ökonomische Kennzahlen.[2]

3.3.1.3 Ansätze des Integrationsmanagement

Wird der Unternehmenszusammenschluss öffentlich bekannt gegeben, so muss das Markenintegrationskonzept bereits in groben Zügen ausgearbeitet sein. Dies beinhaltet auch die Wahl des Markentypus, damit der Öffentlichkeit bereits die neue Unternehmensmarkierung präsentiert werden kann. Auf diese Weise soll zum einen Aufmerksamkeit erzeugt und zum anderen aber auch die Shareholder und Konsumenten von dem neu entwickelten Konzept überzeugt werden. Voraussetzung ist allerdings die detaillierte Analyse der Erwartungen und Vorstellungen der unterschiedlichen Zielgruppen jeder einzelnen Marke, um ein Entfernen von der Kernfunktion der Marke und damit ein Abweichen vom Markenversprechen zu verhindern. Daher kann eine

1 Vgl. Zimmermann et al. (2001), S. 31 ff.; Kranz (2002), S. 439 ff.
2 Vgl. Meffert/Koers (2002), S. 404 ff.

starke und erfolgreiche Marke im Rahmen eines Unternehmenszusammenschlusses nicht einfach mit anderen Marken vermischt werden, ohne ihre Identität beziehungsweise ihr Markendehnungspotenzial vorher sorgfältig untersucht zu haben.[1]

Das Konsolidieren von zwei oder mehreren Unternehmen inklusive ihrer eingegliederten Marken birgt zweifelsohne erhebliche Chancen und Risiken. Die meist finanzwirtschaftlich motivierten Zusammenschlüsse bleiben größtenteils nicht ohne Auswirkungen auf die beteiligten Marken und erhöhen in der Regel zunächst die Komplexität des zu steuernden Markenportfolios und damit auch die Anforderungen an die Markenführung.

Ein Beispiel für eine unter anderem kostengetriebene Transaktion ist die Übernahme von Scania durch Volkswagen. Mit dem Ziel, die Zusammenarbeit zwischen Scania und MAN zu verbessern und damit Synergieffekte zu heben, übernahmen die Wolfsburger die schwedische LKW-Tochter komplett für rund 6,7 Millliarden Euro. Volkswagen war bereits zuvor Großaktionär bei Scania. Für einen entsprechenden Durchgriff, der die Erzielung der geplanten Synergien erlaubt, war eine Übernahme von mehr als 90% der Aktien jedoch erforderlich. Insgesamt rechnet das Volkswagen-Management bei diesem Deal mit jährlichen Einsparungen von bis zu 850 Millionen Euro, wenn die dafür erforderlichen Grundlagen umgesetzt sind.[2]

Ein weiteres Beispiel sind die Unternehmen Colgate und Palmolive, die ihre Kosten nach deren Fusion um rund 20 Millionen US-Dollar pro Jahr senken sowie gleichzeitig den kumulierten Marktanteil ausweiten konnten. Hierfür verringerte das neue Unternehmen im Zuge der Konsolidierung des Markenportfolios die Anzahl der Marken für Zahnpasten und Reinigungsmittel um rund 25%, so dass nur noch die starken Marken weitergeführt wurden. Auch wenn dies ein positives Beispiel ist, so ist in der Praxis zu bedenken, dass mehr als die Hälfte der Unternehmen nach einer Markenkonsolidierung Marktanteile und damit Markenwert verlieren.[3] Das erklärt auch die Misserfolgsrate bei Mergers & Acquisitions von bis zu 80%, bei denen Umsatz und Gewinn durch Unternehmenstransaktionen nicht gesteigert wurden.[4]

Die Hauptgründe für das Scheitern aus der Perspektive des Markenmanagement liegen meist in einer Fehleinschätzung der Risiken sowie in der Vielzahl und der Komplexität der zu bewältigenden Aufgaben, denen das Management oft nicht gewachsen ist. Die Folge ist, dass in der Post-Merger-Integration entweder aufgrund mangelnder Überschaubarkeit die notwendigen Veränderungen und Anpassungen der Markenführung nicht vorgenommen oder aber vorschnelle und nicht detaildurchdachte Entscheidungen getroffen werden.

1 Vgl. Keite (2001), S. 60.
2 Vgl. Manager Magazin Online (2014); Die Welt (2014b).
3 Vgl. Knudsen et al. (1997), S. 189 f.
4 Vgl. Geiblinger (2001), S. 11.

Ein weiteres Problem für das Markenmanagement bildet der Fall, dass sich die aus einem Zusammenschluss resultierenden Kosteneinsparungen negativ auf die Leistung der Marke gegenüber ihren Konsumenten auswirken können, da die einzelnen Marken nicht mehr individuell gepflegt werden. Entscheidend dabei ist, wie die Marken der konsolidierten Unternehmen miteinander kommunizieren, d. h. welche Auswirkungen die Unternehmenstransaktion auf das Markenimage hat.[1]

Markenerweiterungen durch Mergers & Acquisitions bieten dabei die einfache Möglichkeit, das Markenspektrum etablierter Unternehmen zu ergänzen und in neue Marktsegmente vorzustoßen. Dies führt jedoch oftmals zur Verwässerung ursprünglich klar profilierter, fokussierter Marken und resultiert in Verwirrung und Vertrauensverlust von Geschäftspartnern und Konsumenten.[2]

Für die Wahl des Markentypus auf Unternehmensebene stehen grundsätzlich drei Strategieansätze zur Verfügung, die innerhalb der markenstrategischen Optionen die größten Profilierungsmöglichkeiten bei Unternehmenszusammenschlüssen bieten. Dabei handelt es sich um die drei Optionen Mono-, Dach- sowie Neumarkenstrategie (vgl. Abbildung 3-26).

Die aufgeführten Optionen für das Markenmanagement unterscheiden sich dahingehend, ob die an der Unternehmenstransaktion beteiligten Marken jeweils fortgeführt oder aufgegeben werden. Dies hängt eng mit der strategischen Rolle, d. h. Mission, Inhalt und Ausrichtung der jeweiligen Marke im erweiterten Markenportfolio zusammen. Die Mission der Marke beinhaltet dabei den grundsätzlichen Markenauftrag im Unternehmens- beziehungsweise Markenportfolio, während der Markeninhalt der Charakterisierung der Marke hinsichtlich Markenidentität, Leistungskompetenz, Gestaltung und Verankerung sowie der technischen Rolle im Portfolio dient. Die strategische Ausrichtung hingegen bestimmt die grundsätzliche Richtung, die den Zielmarkt, die Zielkunden sowie die Hauptwettbewerber der Marke beinhaltet.[3]

Unter den verschiedenen Strategietypen der Unternehmensmarken (Unternehmensebene) sind weitere Untermarken, so genannte Produktmarken oder Sub-Brands, angesiedelt, welche die jeweiligen Produkte oder Dienstleistungen der Unternehmen markieren. Für die nachfolgend erläuterten Markentypenstrategieansätze wird jedoch auf die detaillierte Analyse der Untermarken beziehungsweise Produktmarken nicht weiter eingegangen. Damit wird unterstellt, dass Unternehmens- und Produktmarke übereinstimmen, da es ansonsten keinen Unterschied machen würde, die Produktmarke beizubehalten, auch wenn die Unternehmensmarke aufgegeben wird.[4]

1 Vgl. Huber/Hieronimus (2001), S. 12.
2 Vgl. Knudsen et al. (1997), S. 189 ff.
3 Vgl. Meffert/Perrey (2005), S. 811 ff.
4 Vgl. Becker (2005), S. 381 ff.

Abbildung 3-26: Markentypenstrategieansätze (Unternehmensebene) bei Mergers & Acquisitions[1]

	Marke B aufgeben	Marke B erhalten
Marke A erhalten	Monomarken-strategie	Dachmarken-strategie
Marke A aufgeben	Neumarken-strategie	Monomarken-strategie

- Monomarkenstrategie

Bei der Monomarkenstrategie wird nach dem Unternehmenszusammenschluss nur eine Unternehmensmarke fortgeführt, auf die alle Marketingmaßnahmen konzentriert werden. Allerdings muss auch die Auflösung der anderen Ursprungsmarke(n) kommuniziert werden, um eine Verunsicherung der Kunden zu vermeiden. Basis für die Entscheidung zur Monomarkenstrategie bilden Markenidentität, Markenpersönlichkeit sowie Markenbekanntheit, wobei der Vorteil dieses Typus darin besteht, dass positive Imagekomponenten der gewählten Marke auf das neu entstandene Unternehmen ausgeweitet werden können. Gleichzeitig birgt dies jedoch das Risiko, dass die Markenidentität durch die Fusion verwässert und als Folge Markenwert vernichtet wird und Stammkunden abwandern.[2]

Ein weiterer Grund für die Wahl der Monomarkenstrategie bei Unternehmenszusammenschlüssen bildet die Tatsache, dass es für Unternehmen immer schwieriger und kostspieliger wird, mehrere Marken parallel zu erhalten und erfolgreich zu führen. Die Reduzierung des Markenportfolios empfiehlt sich vor allem bei einem Merger

1 In Anlehnung an Huber/Hieronimus (2001), S. 14
2 Vgl. Meffert (2000), S. 856 ff.

zwischen Unternehmen, deren Marken ähnlich positioniert sind und auf dem gleichen Zielmarkt gegeneinander konkurrieren. Für die optimale Anzahl von Marken innerhalb des Portfolios eines Konzerns existiert jedoch keine Zielgröße, vielmehr ist diese Entscheidung situationsabhängig zu treffen und stark mit der strategischen Rolle der Marke sowie dem Status der Marke innerhalb des Konzerns verbunden.[1] Unter Kostengesichtspunkten ergeben sich aufgrund der zu erwartenden Synergien im Marketing-Mix für das neue Unternehmen Kostenersparnisse, zum Beispiel durch die Realisation von „Economies of Scale" in der Kommunikation, wodurch die Effizienz des Marketing-Programms gesteigert werden kann.[2]

Abbildung 3-27: *Monomarkenstrategie bei Mergers & Acquisitions*

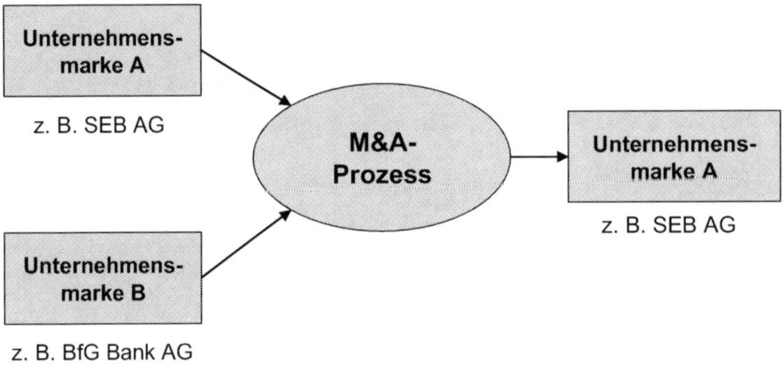

Abbildung 3-27 zeigt den Prozess der Monomarkenstrategie und veranschaulicht ihn anhand des Beispiels der SEB Bank. Bei der Fusion der SEB Bank mit der BfG Bank wurde die Unternehmensmarke BfG Bank aufgegeben und das neue Unternehmen unter dem einheitlich Markennamen SEB Bank weitergeführt. Die Fusion der beiden Mineralölunternehmen Aral und BP unter der Marke Aral bildet ein weiteres Beispiel für die Monomarkenstrategie. Da die Marke Aral laut Umfragen eine höhere Bekanntheit sowie ein besseres Image in Deutschland besaß, wurde die Marke BP in Deutschland kontinuierlich aus dem Tankstellengeschäft zurückgezogen.

- Dachmarkenstrategie

Bei der Dachmarkenstrategie werden die am Merger beteiligten Unternehmensmarken zu einer einzigen Dachmarke fusioniert, d. h. im Gegensatz zur Monomarkenstrategie, bei der mindestens eine ursprüngliche Unternehmensmarke aufgegeben wird, verwertet das erweiterte Unternehmen die Markenstärke und den Markenwert der etablierten

1 Vgl. Kapferer (2005), S. 797 ff.
2 Vgl. Esch et al. (2005), S. 905 ff.

Ursprungsmarken. Die neue Unternehmensmarke fungiert als Konzernname, während die ursprünglichen Unternehmensmarken als Untermarken (Sub-Brands) separat bestehen bleiben. Die Dachmarkenstrategie bei Unternehmenszusammenschlüssen verdeutlicht Abbildung 3-28 anhand der Fusion der französischen Fluggesellschaft Air France und der niederländischen Airline KLM zur neugenerierten Unternehmensdachmarke Air France-KLM.

Abbildung 3-28: *Dachmarkenstrategie bei Mergers & Acquisitions*

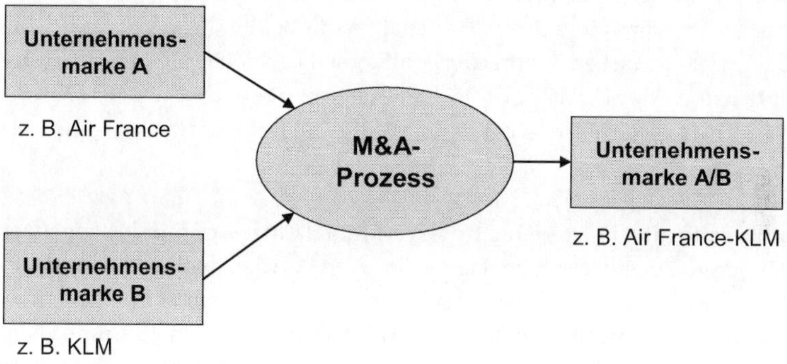

Ein wesentlicher Vorteil der Dachmarkenstrategie besteht in der Regel in einer verbesserten Marktabdeckung, da keine Marke für sich alleine den gesamten relevanten Markt bedienen kann. Folglich bietet diese Strategie jene taktische Flexibilität, die besonders bei den Mega-Mergern notwendig ist, wie zum Beispiel in der Automobilindustrie.[1] Weitere Vorteile der Dachmarkenstrategie liegen in der schnellen Akzeptanz der Marken bei den Konsumenten, der Ansprache neuer Zielgruppen durch Markterweiterung sowie der geringeren Marketingkosten. Dem steht das Risiko der Markenerosion gegenüber, falls die Konsumenten den Kompetenzanspruch der Unternehmensdachmarke nicht auf alle eingegliederten Marken akzeptieren. Dies ist insbesondere dann der Fall, wenn die verbundenen Unternehmensmarken zu stark voneinander divergieren.[2]

Ein weiteres Beispiel für eine Dachmarkenstrategie war die Fusion der Daimler-Benz AG mit der Chrysler Corporation zu DaimlerChrysler. In einer unabhängigen Studie zur deren Zusammenschluss wurden die Markenpersönlichkeiten beider Ursprungsmarken mit einer „Ideal-Markenpersönlichkeit" sowie der Persönlichkeit der neu generierten Dachmarke DaimlerChrysler verglichen. Im Ergebnis zeigte sich, dass die

1 Vgl. Kapferer (2005), S. 797 ff.
2 Vgl. Meffert (2000), S. 862 ff.

Markenpersönlichkeit in fast allen Wesenszügen zum Teil signifikant vom Ideal abwich. Dabei unterschied sich die Markenpersönlichkeit von Chrysler zur Idealmarkenpersönlichkeit stärker als die Markenpersönlichkeit von Daimler-Benz. Die ermittelten Werte der Dachmarke DaimlerChrysler lagen bei allen Persönlichkeitswesenszügen zwischen den Werten von Chrysler und Daimler-Benz. Im Ergebnis bedeutet dies, dass durch die Unternehmensfusion Markenwert vernichtet wird, da die neue generierte Dachmarke die Kundenwünschen und -bedürfnisse nicht mehr auf dem gleichen Qualitätsniveau wie die Marke Daimler-Benz befriedigt.[1]

Das Management hat sich dennoch entschieden, diese Strategie zu verfolgen, da durch die Ummarkierung der beteiligten Unternehmen zusätzliche Kosten und Schwierigkeiten entstanden wären und durch Beibehalten der beiden Produktmarken Mercedes-Benz und Chrysler Markenversprechen größtenteils erhalten bleiben. Nach neun Jahren erfolgte jedoch der Demerger (der Unternehmensbereich Chrysler wurde im Jahr 2007 verkauft), da die erhofften Synergien nicht realisiert werden konnten.

- Neumarkenstrategie

Die Neumarkenstrategie bezeichnet die Verschmelzung von mindestens zwei Unternehmensmarken zu einer neuen eigenständigen Marke, wobei die ursprünglichen Unternehmensmarken aufgegeben werden. Die Neumarkenstrategie ist immer dann sinnvoll, wenn der Zusammenschluss der vorhandenen Marken aufgrund mangelnder Übereinstimmung oder Relevanz der Markenidentität mit dem neuen Unternehmen nicht möglich ist. Für diese neue Marke muss eine eigenständige Identität aufgebaut werden, die auf den Einzelidentitäten der Ursprungsmarken basiert. Ein Vorteil besteht darin, dass mit dem Aufbau einer individuellen Markenpersönlichkeit die Bildung eines eigenständigen Markenimages verbunden ist, wodurch Verwässerungseffekte zwischen den ursprünglichen Unternehmensmarken vermieden werden. Nachteilig hingegen ist, dass die neu entwickelte Unternehmensmarke durch umfassende Marketingmaßnahmen erst noch aufwendig beworben und kommuniziert werden muss, was zu deutlich höheren Marketingkosten führt.[2]

Darüber hinaus müssen für die erfolgreiche Durchführung der Markenkonsolidierung die Produkte in einem ersten Schritt angeglichen und zusammengeführt werden, um dann in weiteren Schritten die Homogenisierung von Verpackungsdesign und Markenlogos sowie die Annäherung der Marktpositionierung der verschiedenen Marken durchzuführen.[3] Zudem erweist es sich als immer schwieriger, Marken in den Köpfen der Kunden zu platzieren, da die Konsumenten vermehrt wachsender Informationsüberflutung und hohem Kommunikationsdruck ausgesetzt sind.

So wurden beispielsweise nach der Fusion von VEBA und VIAG 700 Vorschläge für einen neuen Firmennamen von der Belegschaft eingereicht und zwei Agenturen mit

1 Vgl. Huber/Hieronimus (2001), S. 16 ff.
2 Vgl. Meffert (2000), S. 856 ff.
3 Vgl. Knudsen et al. (1997), S. 193.

der Namensfindung beauftragt. Acht verbleibende Namen wurden anschließend bei 2000 Personen verdeckt getestet, woraus E.ON als Sieger mit Assoziationen wie Energie, Internet, Aufbruch und Sympathie hervorging.[1]

Als weiterer Nachteil stellt sich heraus, dass negative Auswirkungen zu erwarten sind, falls sich die neue Marke mit ihrer eigenen Persönlichkeit zu sehr von den Markenpersönlichkeiten der Ursprungsmarken differenziert. Inwieweit sich die neue Markenpersönlichkeit von den alten entfernt, hängt dabei im Wesentlichen von der Divergenz der beteiligten Ursprungsmarken ab.[2] Als Beispiel für die Neumarkenstrategie wird in Abbildung 3-29 die der Hoechst AG mit dem französischen Unternehmen Rhone-Poulenc S.A. dargestellt, aus der die neuentwickelte Unternehmensmarke Aventis hervorging.

Abbildung 3-29: *Neumarkenstrategie bei Mergers & Acquisitions*

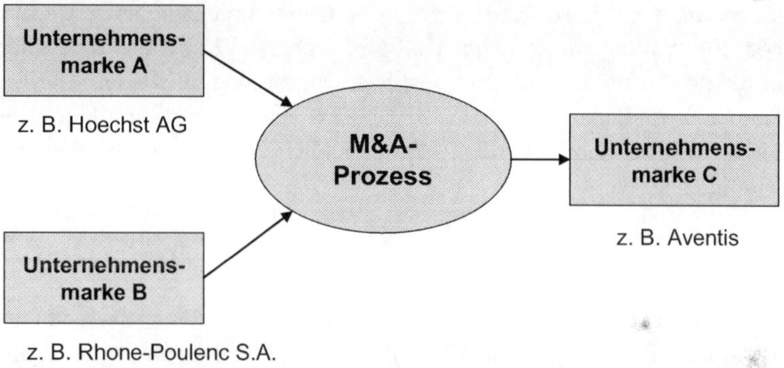

Ein weiteres Beispiel für die Neumarkenstrategie in der Praxis ist der Zusammenschluss der Unternehmen Raab Karcher und VEBA Immobilien zum Unternehmen Viterra. Die eigens dafür entworfene Corporate Identity sowie die Bezeichnung Viterra symbolisieren Eigenschaften und Charakteristika der beiden Ursprungsmarken. Die Unternehmensbezeichnung Viterra weist starke Affinität zum Immobiliengeschäft auf, da es sich aus den Worten Vita (Leben) und Terra (Erde) zusammensetzt. Folglich steckt in den Wortbestandteilen auf der einen Seite Vitalität und Dynamik sowie auf der anderen Seite Solidität und Erdverbundenheit des Immobiliengeschäftes.[3]

Die Vielzahl kritischer Fragestellungen, die beim Markenmanagement im Rahmen der Post-Merger-Integration auftreten können, verlangen genaues strategisches Vorgehen.

1 Vgl. Meffert/Bierwirth/Burmann (2002), S. 59 f.
2 Vgl. Huber/Hieronimus (2001), S. 16.
3 Vgl. Beuth (2001), S. 32 ff.

Als Grundlage dazu dienen detaillierte Analysen der gegenwärtigen und zukünftigen Situation. Unternehmenszusammenschlüsse, die allein darauf gerichtet sind, Synergien durch Kostenreduktion zu erzielen, verfehlen oft das Ziel, den Markenwert und das Prinzip der nachhaltigen Unternehmenswertsteigerung zu verfolgen. Dies lässt sich nur über das Einhalten des Markenversprechens und durch darauf ausgelegte Geschäftsmodelle verwirklichen.

Die richtige Wahl der Markentypenstrategie auf Unternehmensebene ist dabei nur ein Faktor für den M&A-Erfolg. Planung, Gestaltung und Umsetzung der Vorgaben aus der Markenstrategie spielen auf der Produktebene eine ebenso große Rolle. Dabei ist mit zunehmender Bedeutung des Markenmanagement in der Unternehmenspraxis auch davon auszugehen, dass das Markenmanagement bei Mergers & Acquisitions in Zukunft immer weiter in den Mittelpunkt rücken wird.[1]

3.3.2 Kundenmanagement

Im folgenden Abschnitt wird zunächst auf das Kundenmanagement im Rahmen der Post-Merger-Integration eingegangen. Es wird dargestellt, warum das Kundenmanagement für den Erfolg der Integrationsphase von besonderer Bedeutung ist. Daran anschließend sollen die im vorliegenden Kontext relevanten Grundlagen des Kundenmanagement beschrieben werden, bevor mögliche Ansätze eines Integrationsmanagement aufgezeigt werden.

3.3.2.1 Bedeutung des Kundenmanagement

Ein Unternehmenszusammenschluss ist nicht nur für Mitarbeiter der beteiligten Unternehmen, sondern für alle Stakeholder, insbesondere die Kunden, eine zumeist neue und ungewohnte Situation, die zahlreiche Neuerungen mit sich bringt und zugleich Unklarheiten in vielen Bereichen schafft.[2] Zum Teil werden die Kunden stark verunsichert, da sie die anstehenden beziehungsweise bereits durchgeführten Veränderungen nur schwer überblicken können. Diese Unsicherheit kann sich, wie in Abbildung 3-30 dargestellt, in Leistungs-, Preis- und Beziehungsunsicherheit ausdrücken.

Leistungsunsicherheit umfasst die Ungewissheit über den Fortbestand der Kernleistung und der angebotenen Services. Darüber hinaus spielt das Markenversprechen eine besondere Rolle, da die Bindung der Kunden nicht nur an das Unternehmen, sondern vor allem an die Marke vorhanden ist. Preisunsicherheit resultiert zum Großteil aus den Bedenken bezüglich des Preisniveaus sowie der Frage nach den Preiskonditionen, d. h. welche Konditionen (zum Beispiel Rabatte, Boni) in Zukunft zur Anwendung kommen.

1 Vgl. Sattler/Pricewaterhouse Coopers (1999), S. 12; Bauer/Valtin (2004), S. 163.
2 Vgl. Penzel (2000), S. 31; Borowicz/Förster (2008), S. 49 f.

Abbildung 3-30: Unsicherheiten der Kunden bei Mergers & Acquisitions[1]

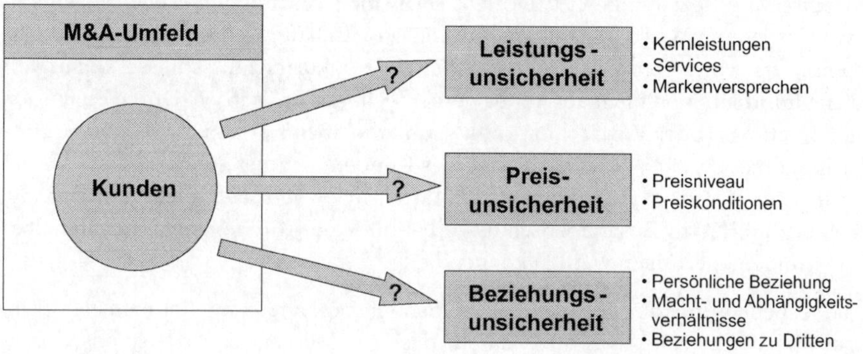

Das Hauptproblem ist jedoch in den meisten Fällen die Beziehungsunsicherheit zwischen Kunden und Unternehmen. Diese Beziehungen spielen sich regelmäßig auf einer persönlichen und emotionalen Ebene zu den Mitarbeitern des Unternehmens ab. Werden diese Beziehungen im Zusammenhang mit einer Fusion beziehungsweise Akquisition bedroht, kann dies zu nachhaltigen Irritationen bei den Kunden führen.[2]

Kundenvertrauen und -bindung werden dabei in großem Ausmaß von den für das Unternehmen handelnden Personen und Abteilungen bestimmt. Durch Umstrukturierungsmaßnahmen kann sich jedoch der persönliche Ansprechpartner im Unternehmen ändern, was sich bei langjährigen, persönlichen Beziehungen stark negativ auf die Geschäftsbeziehung auswirken dürfte.

In der Praxis sollte somit ein Wechsel des Kundenbetreuers als Schnittstelle in der für den Kunden neuartigen Situation eines Unternehmenszusammenschlusses vermieden werden, sofern dieses Verhältnis durch gegenseitiges Vertrauen charakterisiert ist.[3] Gerade bei M&A-induzierten Umstrukturierungsmaßnahmen erwarten die Kunden Transparenz und Sicherheit, wobei sich insbesondere der Wunsch nach Transparenz weniger auf allgemeine Informationen über den gesamten Unternehmenszusammenschluss als vielmehr auf die individuelle Situation bezieht. Informationen können in diesem Zusammenhang zum Beispiel die Kontinuität von Leistungen und Verträgen oder den Fortbestand von Netzwerken zwischen Unternehmen beinhalten.[4]

Darüber hinaus kann ein Unternehmenszusammenschluss Veränderungen der Macht- und Abhängigkeitsverhältnisse mit sich bringen, zum Beispiel wenn sich im Zusam-

1 In Anlehnung an Homburg (2000), S. 174.
2 Vgl. Steinbock (2000), S. 37; Körner (2001), S. 205; Mast (2010), S. 389.
3 Vgl. Penzel/Pietig (2000), S. 212; Mast (2010), S. 389.
4 Vgl. Körner (2001), S. 205; Mast (2010), S. 388.

menhang mit einer M&A-Transaktion ungewollt das Abhängigkeitsgefüge zwischen Lieferanten und Unternehmen verändert. Eine weitere Form der Beziehungsunsicherheit umfasst die Beziehungen zu Dritten. Dies spielt besonders bei Beratungsunternehmen beziehungsweise Wirtschaftsprüfungsgesellschaften eine bedeutende Rolle. Kunden dieser Unternehmen vereinbaren häufig Konkurrenzausschlüsse, damit vertrauliche Informationen nicht an Wettbewerber weitergeben werden. Durch die Fusion zweier Beratungs- oder Wirtschaftsprüfungsunternehmen mit konkurrierender Klientenbasis kann es zu einer Verunsicherung des Kunden kommen, die durch die Verunsicherung der eigenen Mitarbeiter oftmals noch weiter verstärkt wird, da deren Bedenken bezüglich des Zusammenschlusses bei direktem Kundenkontakt unmittelbar auf die Kunden übertragen werden können.[1]

Die hohe Bedeutung des Kundenmanagement insbesondere im Rahmen der Post-Merger-Integration zeigt sich auch daran, dass bei Mergers & Acquisitions durchschnittlich zwischen zehn und 15 Prozent der bestehenden Kundenbasis verloren geht.[2] Aus diesem Grund sowie in Anbetracht der Tatsache, dass es im Allgemeinen bis zu vier mal so teuer ist, einen neuen Kunden zu akquirieren als einen bestehenden zu halten, wird die Notwendigkeit deutlich, spezifische Aufklärungs- und Informationspflichten gegenüber Kunden und sonstigen Marktpartnern gewissenhaft zu wahren.[3] Diese Notwendigkeit wird weiter verschärft, wenn erste Kunden aus Gründen der Verunsicherung zum Wettbewerb wechseln.[4]

So hat Mannesmann nach der Fusion mit Vodafone neben einem starken Imageschaden in der deutschen Bevölkerung auch seine Marktführungsposition in Deutschland an T-Mobile verloren. Paradoxer Weise werden Kunden jedoch nach wie vor über bevorstehende M&A-Transaktionen in der Regel erst relativ spät informiert und verfügen in diesem Zusammenhang nur über sehr begrenzten Handlungsspielraum. Entscheidungen bezüglich eines Unternehmenszusammenschlusses werden oft aus Sicht der Aktionäre getroffen, wohingegen das Kundeninteresse nicht unmittelbar im Vordergrund steht.[5]

Aufgrund dieser ungleichen Rahmenbedingungen sieht sich ein Großteil der Kunden und sonstiger Marktpartner aus externer Perspektive heraus in die Rolle des passiven Zuschauers gedrängt, der kaum Einfluss- und Interaktionsmöglichkeiten auf den M&A-Prozess wahrnehmen kann. An dieser Stelle setzt das Kundenmanagement an, das den Fokus neben den Mitarbeitern und Anteilseignern auf die Kunden und sonstigen Marktpartner auszuweiten versucht. So bildet die Integration der Kunden in den M&A-Prozess ein wichtiges Ziel des Kundenmanagement (vgl. Abbildung 3-31).

---

1 Vgl. Homburg (2000), S. 174; Jansen (2004), S.24.
2 Vgl. Penzel/Pietig (2000), S. 26.
3 Vgl. Strohmer (2001), S. 99.
4 Vgl. Körner (2001), S. 206.
5 Vgl. Penzel/Pietig (2000), S. 195.

Abbildung 3-31: *Kundenmanagement als integraler Bestandteil des M&A-Prozesses*[1]

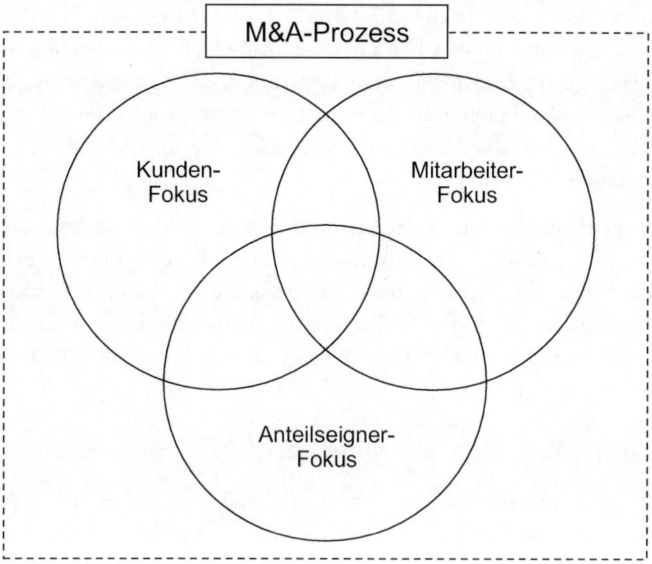

Darüber hinaus bietet ein Unternehmenszusammenschluss aber auch die Möglichkeit, mit Hilfe des Kundenmanagement bestehende Partnerschaften mit Kunden(gruppen) und Unternehmen neu zu definieren. Dafür müssen Kunden und sonstige Marktpartner jedoch eng in die unternehmensinternen Abläufe und Veränderungsprozesse integriert werden.

Insgesamt betrachtet hängt die organisatorische und unternehmensspezifische Bedeutung des Kundenmanagement in hohem Maße vom individuellen Aufgabenumfang sowie den zeitlichen und organisatorischen Bedingungen ab, die mit dem Merger beziehungsweise der Akquisition verbunden sind. Die Praxis zeigt jedoch, dass der Aspekt des Kundenmanagement bei zahlreichen Fusionen und Akquisitionen vernachlässigt wird.[2] Bevor nun jedoch auf kundenorientierte Ansätze im Rahmen der Integrationsdurchführung näher eingegangen wird, sollen zunächst die wesentlichen Grundlagen dargestellt werden.

1 In Anlehnung an Körner (2001), S. 209.
2 Vgl. Homburg (2000), S. 170; Schäfer (2008), S. 48.

3.3.2.2 Grundlagen des Kundenmanagement

Die Organisationsform des Kundenmanagement stammt ihrem Ursprung nach aus dem Investitionsgütersektor. In diesem Bereich wird zur individuellen Problemlösung eine besonders enge Zusammenarbeit zwischen Zulieferfirmen, Herstellern und Großabnehmern benötigt. Im Konsumgüterbereich hingegen ist weniger die enge Zusammenarbeit zwischen den beteiligten Unternehmen, als vielmehr der ständige Kooperationsprozess in den verschiedenen Absatzkanälen der Grund für den Einsatz des Kundenmanagement.[1]

Hinter dem Begriff des Kunden kann sich dabei eine Vielzahl verschiedener Akteure verbergen: Endverbraucher, Wertschöpfungspartner in Netzwerken, Vertriebspartner im Handel oder Teil der nachfolgenden Prozesskette.[2] Diese Kunden und Kundengruppen müssen zum Teil individuell betreut und bearbeitet werden, um den verschiedenen Problemfeldern beziehungsweise der besonderen Marktbedeutung einzelner Abnehmergruppen Rechnung zu tragen. Dafür eignet sich das Kundenmanagement als eigenständige Organisationsform, dessen Vorläufer das Key-Account-Management darstellt.

Klassisches Kundenmanagement beinhaltet „in einem funktionalen Verständnis die Planung, Durchführung und Kontrolle bei Selektion, Aufbau, Gestaltung und Erhaltung beziehungsweise Beendigung der Geschäftsbeziehungen zu bestimmten Kunden(gruppen) auf Basis von deren Wertbeitrag zu den Anbieterzellen."[3] Einen zentralen Bestandteil des Kundenmanagement bildet die Kundenanalyse, unter der die systematische Sammlung, Klassifizierung, Aggregation und Auswertung von Informationen über Kunden, Kundengruppen und sonstige Marktpartner verstanden wird und die dem Aufbau einer unternehmensweiten Kundendatenbasis dient.[4]

Zur besseren Einordnung und Klassifizierung der Kunden kann hier die Kunden-Portfolio-Matrix herangezogen werden, in der Kunden beziehungsweise Kundengruppen nach Lieferumfang des eigenen Unternehmens mit dem Kunden beziehungsweise potenziellem Gewinnbeitrag des Kunden bewertet werden (vgl. Abbildung 3-32). Dabei ist die Matrix durchaus dynamisch zu betrachten. So kann sich beispielsweise nach einem Merger oder einer Akquisition sowohl der Lieferumfang als auch der potenzielle Gewinnanteil zum Teil stark verschieben, so dass Kunden in ein anderes Cluster der Kunden-Portfolio-Matrix eingeteilt werden.[5]

---

1 Vgl. Meffert (1992), Sp. 1215; Wicher (2008), S. 315.
2 Vgl. Picot/Reichwald/Wiegand (2009), S. 461.
3 Helm/Günter (2001), S. 10.
4 Vgl. Plinke (1995), Sp. 1329; Dannenberg/Zupancic (2008), S. 75 ff.
5 Vgl. Diller (1992), S. 583 f.

Abbildung 3-32: Kunden-Portfolio-Matrix[1]

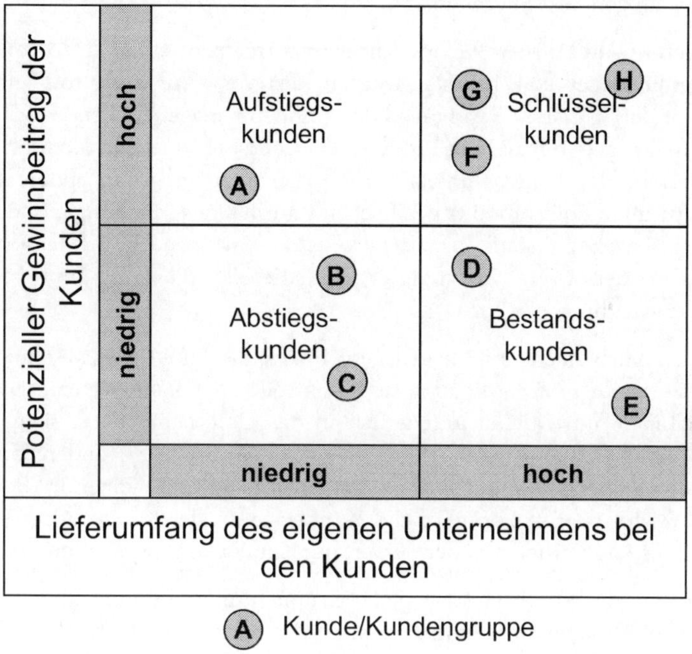

Anhand der Kunden-Portfolio-Analyse ist eine Beurteilung möglich, inwieweit es dem Unternehmen gelingt, seine wirtschaftlichen Aktivitäten auf die langfristig erfolgversprechenden Kunden (Aufstiegs- und Schlüsselkunden) zu konzentrieren. Die Gesamtübersicht stellt dabei eine notwendige Voraussetzung zur Verwirklichung nachfolgender kundenbezogener Ziele des Unternehmens dar:[2]

- Gewährleistung einer rationellen Aufgabenverteilung zwischen dem eigenen Unternehmen sowie den Kunden und sonstigen Marktpartnern,
- Verbesserung beziehungsweise Optimierung der Marktstellung bei den einzelnen Kundengruppen,
- einheitliche, unternehmensübergreifende Koordination aller kundenspezifischen Maßnahmen zur Zielereichung und

1 In Anlehnung an Diller (1992), S. 584.
2 Vgl. Meffert (1992), Sp. 1216; Plinke (1995), Sp. 1329; Homburg (2000), S. 171.

- Erhöhung der Kundenbindung, d. h. Steigerung des Wiederverkaufverhaltens, des Empfehlungsverhaltens und der Kaufbereitschaft zusätzlicher Produkte und Dienstleistungen des Unternehmens.

Die Realisierung und Kontrolle des Kundenmanagement sollte durch einen Kunden(gruppen)manager gewährleistet werden, der vom Aufgabenprofil einem Produktmanager ähnlich ist. Die Aufgaben des Kundenmanagers gehen jedoch über die des Produktmanagers hinaus. Der Produktmanager ist einerseits in die formale Organisationsstruktur des Unternehmens nur oberflächlich integriert, andererseits aber durch die Ausübung der produktspezifischen Informations-, Planungs- und Kontrollfunktion der Umsetzung stark ausgelastet. Aus diesem Grund findet das Kundenmanagement besonders in der Konsumgüterindustrie als Ergänzung zum Produktmanagement Verwendung.[1]

Dem Kundenmanagement unterliegen gewöhnlich die Funktionen der Information, Planung, (Umsetzungs-)Koordination und Kontrolle aller kundenspezifischen Daten und Maßnahmen, um Kunden erfolgreich in das Unternehmen zu integrieren. Im Rahmen der Informationsfunktion sammelt und analysiert der Kundenmanager alle vorliegenden Kundendaten und -informationen, wobei Kundendaten im Business-to-Business-Bereich Angaben bezüglich des Kundenstatus, der Kundenadresse, der Geschäftslage, des Kaufverhaltens oder der Art der Kundenkommunikation umfassen.

Die Aggregation der Kunden zu einzelnen Gruppen und die Entwicklung einer kundengruppenspezifischen Marketingkonzeption ist integraler Bestandteil der Planungsfunktion. Die Umsetzung dieser Konzeption erfordert die Koordination und permanente Kontrolle durch den Kundenmanager. Mit der ständigen Kontrolle des Kundenmanagement wird das Aufgabenprofil eines Kundenmanagers abgerundet. Die Kontrollfunktion umfasst dabei die permanente Ausführungs- und Ergebniskontrolle der Unternehmensmaßnahmen sowie der von den Kunden getätigten Aktivitäten.[2] Aufgabe ist es, negative Abweichungen frühzeitig zu erkennen und anschließend Maßnahmen zur Kommunikation oder Kompensation zu ergreifen beziehungsweise die dahinterstehenden Probleme direkt zu beseitigen.

Die organisatorische Verankerung des Kundenmanagement ist von der individuellen Struktur des Unternehmens abhängig, so dass verschiedene Alternativen existieren. Bei einer funktionalen Unternehmensstruktur kann das Kundenmanagement als Stab unterhalb der Unternehmensleitung angesiedelt werden, wohingegen es bei einer divisionalen Struktur in jede einzelne Division zu integrieren ist.

In einer Matrix-Organisation mit einer Strukturierung von mindestens zwei gleichberechtigten Gliederungskriterien kann das Kundenmanagement in drei verschiedenen Variationen im Unternehmen eingegliedert werden: Kunden-Funktions-Matrix, Kun-

1 Vgl. Meffert (2000), S. 1079; Wicher (2008), S. 315.
2 Vgl. Meffert (1992), Sp. 1217 f.; Wicher (2008), S. 316 f.

den-Produkt-Matrix oder Kunden-Produkt-Funktionen-Matrix.[1] Der Erfolg der alternativen Varianten in der strukturellen Eingliederung des Kundenmanagement ist in großem Maße von der Anzahl der Entscheidungsträger und dem sich daraus ergebenden Koordinationsumfang determiniert. In dieser Situation hat sich die Einführung koordinierender Instanzen als hilfreich erwiesen.[2]

3.3.2.3 Ansätze des Integrationsmanagement

Unabhängig von der strategischen Zielsetzung des Zusammenschlusses entstehen für den Kunden im Rahmen des Integrationsprozesses kurzfristig eher Nachteile als Vorteile mit der Folge, dass sich ein Nachlassen der Kundenloyalität und Abwanderungstendenzen zum Wettbewerb kaum vermeiden lassen. Daher ist es besonders erfolgskritisch, die Kundenbedürfnisse während des gesamten Integrationsprozesses ausreichend zu berücksichtigen und die Kundenansprache frühzeitig neu zu organisieren und umzusetzen.

Zu entscheiden ist in diesem Zusammenhang auch, welche Markteinheiten für welche Kundengruppen verantwortlich sind und mit welchen Systemen die Kunden zukünftig betreut werden sollen.[3] Voraussetzung hierfür ist eine detaillierte Kundenanalyse und die Festlegung der technischen Migration der Kundendaten, auf die nachfolgend näher eingegangen werden soll.

- Kundenanalyse

Da die Unsicherheit und Verunsicherung der Kunden während der Post-Merger-Integrationsphase am größten ist, müssen sie zu diesem Zeitpunkt intensiver als üblich betreut werden. Insbesondere die Grundbedürfnisse der Kunden nach Stabilität der Basisprozesse und -dienstleistungen, Kontinuität der Betreuung, des Produktangebotes und des Preis-Leistungsverhältnisses sowie Transparenz der Auswirkungen des Zusammenschlusses auf die individuelle Situation sind wichtige Aspekte, die es zu berücksichtigen gilt.

Darüber hinaus besteht natürlich Interesse von Seiten der Kunden, an möglichen materiellen Vorzügen der Fusion zu partizipieren, wie zum Beispiel erweiterter Produkt- und Servicepalette, dichterem Niederlassungsnetz, besseren Vertriebsstrukturen und Kostensenkungen.[4] Wichtig ist daher, dass das Unternehmen frühzeitig in einen konstruktiv-kritischen Dialog mit seinen Kunden und sonstigen Marktpartnern tritt, um negative Kundenreaktionen auf den Unternehmenszusammenschluss zu vermeiden,

---

1 Vgl. Meffert (1992), Sp. 1218 ff.; Frese (2000), S. 376 ff.; Wicher (2008), S. 317 ff.
2 Vgl. Meffert (2000), S. 1082 ff.
3 Vgl. Penzel/Pietig (2000), S. 195
4 Vgl. Penzel/Pietig (2000), S. 196 ff.

da zuversichtliche und positiv eingestellte Kunden einen wesentlichen Erfolgsfaktor für die M&A-Transaktion darstellen.[1]

Somit besteht ein wesentliches Ziel der Kundenanalyse innerhalb der Post-Merger-Integration darin, negative Entwicklungen in dem Kundenverhältnis frühzeitig zu erkennen. Aus diesem Grund empfiehlt es sich, unmittelbar nach Bekanntgabe des Mergers, die Meinung von Kunden in regelmäßigen Abständen (monatlich, quartalsweise) zu erfragen und zu analysieren.[2] Zur effizienten Durchführung der Kundenanalyse bietet sich dabei eine Unterteilung der Kunden nach der Gefahr ihrer Abwanderung verbunden mit ihrer Bedeutung für das Unternehmen an. Je bedeutender und wechselbereiter ein Kunde ist, desto intensiver und individueller muss die Kommunikation erfolgen.[3]

Einen integralen Bestandteil der Kundenanalyse bilden darüber hinaus die genaue Analyse der Beschwerden sowie die Ursachenforschung für den Verlust von Kunden. Die aktuelle Stimmung der Kunden findet ihren Niederschlag in Kundenbeschwerden, die sich während der Post-Merger-Integration deutlich erhöhen werden. Mit Hilfe einer Kunden-Verlust-Analyse werden Gründe analysiert, die zur Abwanderung der Kunden oder zum Auftragsverlust führten. In der Praxis unterbleibt jedoch in vielen Fällen eine systematische Kunden-Verlust-Analyse, da die Abwanderung oft unzureichend dokumentiert und damit der verlorene Kunde kaum zu identifizieren ist.

Da zudem das Verhältnis zwischen Unternehmen und Kunden durch einen Merger oftmals gestört ist, findet in vielen Fällen keine Kommunikation mit abgewanderten Kunden statt. Weiterer wichtiger Bestandteil der Kundenanalyse ist zudem die Klärung der Verantwortlichkeiten für die einzelnen Kundengruppen. Voraussetzung hierfür ist eine eindeutige Kundendefinition und -segmentierung sowie die Klärung der Art der Kundenansprache.[4]

Zusammenfassend lässt sich festhalten, dass eindeutige Zuordnung von Verantwortlichkeiten sowie schnelle und gezielte Kommunikation die Grundlage bilden, den Verlust von Kunden zu vermeiden beziehungsweise abgewanderte Kunden zurückzugewinnen.[5] Neben dem Marketing spielt dabei vor allem der Vertrieb eine entscheidende Rolle, zu dem hier alle kundennahen Bereiche wie After-Sales-Services, Kundendienst und CRM gezählt werden und dem in der Praxis meist nicht die notwendige Bedeutung innerhalb der Post-Merger-Integration beigemessen wird.[6] Neben den traditionellen Kommunikationsmaßnahmen wie Kunden- und Mitgliederzeitschriften, Messeauftritten, Veröffentlichungen oder PR-Maßnahmen empfiehlt es sich während des Integrationsprozesses zudem, zusätzliche Maßnahmen wie Kundentelefone (Hot-

1 Vgl. Homburg (2000), S. 178.
2 Vgl. Penzel/Pietig (2000), S. 35; Penzel/Pietig (2000), S. 204.
3 Vgl. Penzel/Pietig (2000), S. 258; Birker (2008), S. 190.
4 Vgl. Penzel (2000), S. 206; Hofbauer/Schöpfel (2010), S. 37 ff.
5 Vgl. Diller (1992), S. 592.
6 Vgl. Körner (2001), S. 206.

lines) oder spezielle Informationsveranstaltungen (Roadshows) beziehungsweise Gespräche anzubieten. Gerade der persönliche Kontakt zum neuentstandenen Unternehmen dient dazu, Berührungsängste zu überwinden und Kundenvertrauen aufzubauen.[1]

- Technische Migration der Kundendaten

Parallel zur intensiven Kommunikation mit Kunden muss die technische Migration der Kundendaten stattfinden, bei der die Kundendaten der am Zusammenschluss beteiligten Unternehmen zusammengeführt werden. Die Übertragung der Kundendaten auf ein einheitliches Datenbanksystem ist insbesondere im Falle von horizontalen Mergern von hoher Bedeutung, bei denen sich zwei oder mehrere Unternehmen zusammenschließen, die im selben Markt agieren. Dabei kommt es regelmäßig zu einer Marktanteils- beziehungsweise Konzentrationszunahme, so dass die Zusammenlegung und Vereinheitlichung der Kundendatensätze für alle beteiligten Unternehmen von Vorteil ist.

Als Zielsystem kann ein Altsystem eines der beteiligten Unternehmen oder ein neu entwickeltes System dienen. Der Datentransfer stellt sich in der Praxis oft als schwieriges und anspruchsvolles Unterfangen heraus und macht eine gewissenhafte Vorplanung notwendig.[2] Zunächst müssen alle zu übertragenden Daten der beteiligten Unternehmen identifiziert und erfasst werden. Im zweiten Schritt erfolgt die Bestimmung des genauen Vorgehens zur Übertragung der Daten. Daraufhin erfolgt die eigentliche Übertragung der Datensätze bei der die Kundendaten der beteiligten Unternehmen zeitlich aufeinander abgestimmt in das Gesamtsystem beziehungsweise in die Gesamtdatenbank übergeleitet werden müssen.

Nach Abschluss der Übertragung werden alle auf dem System befindlichen Kundendaten zu einer Gesamtdatenbank aggregiert. Aktueller Stand der Datenmigration, Zeitplan und Kosten müssen über alle Schritte hinweg permanent kontrolliert und detailliert dokumentiert werden. Die einzelnen Schritte im Prozess der Migration von Kundendaten im Rahmen der Post-Merger-Integration werden in Abbildung 3-33 dargestellt.[3]

In diesem Zusammenhang bietet sich der Aufbau eines Projektteams an, dessen Mitarbeiterzahl von dem zu übertragenden Datenvolumen, dem Schwierigkeitsgrad der Übertragung sowie den zeitlichen Restriktionen abhängig ist. Der reibungslose Ablauf muss oberste Priorität besitzen, da die Kunden nicht mit Problemen und Leistungseinbußen konfrontiert werden dürfen.

---

1 Vgl. Körner (2001), S. 209; Vollmer (2008), S. 429.
2 Vgl. Abschnitt 3.2.1 in Teil C.
3 Vgl. Penzel (2000), S. 135 ff.

Abbildung 3-33: Prozess der Migration von Kundendaten bei Mergers & Acquisitions

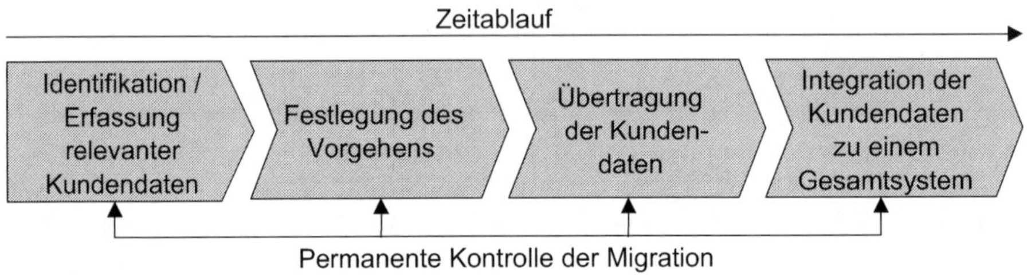

Insbesondere für die Hersteller-Kunden-Beziehung ist es von wesentlicher Bedeutung, dass Kern- und Serviceleistungen, die in der Vergangenheit zu hoher Kundenzufriedenheit führten, auch weiterhin angeboten werden. Diese können um Vorteile, wie zum Beispiel Synergien durch Cross-Selling, die aus dem Unternehmenszusammenschluss resultieren, erweitert werden. Erkennt der Kunde diese Vorteile nicht unmittelbar selbst, so muss der zusätzliche Kundennutzen beziehungsweise Vorteil explizit kommuniziert werden.[1] Allerdings eignen sich neue Produkte oder Serviceleistungen nicht, Defizite in Basisleistungen zu kompensieren, sondern bilden lediglich eine Ergänzung zu bestehenden Leistungen.

Der Prozess der Migration von Kundendaten lässt sich anhand des Mergers zwischen der Schweizerischen Bankgesellschaft und dem Schweizerischen Bankverein zur UBS AG im Jahre 1999 verdeutlichen, bei dem rund 2,5 Millionen Kundendaten transferiert und jeder einzelne Kunde schriftlich über die Neuerungen (zum Beispiel neue Karte, neuer Standort) informiert wurde. Zur Vorbereitung und reibungslosen Abwicklung der technischen Kundenmigration waren phasenweise bis zu 1.000 Mitarbeiter beider Unternehmen beschäftigt. Daneben wurden über acht Millionen Kunden-Mailings verschickt, rund eine Millionen Zeitungen zur Integration der beiden Großbanken gedruckt sowie allein auf den Intranet-Seiten des Integrationsteams über 5.000 Dokumente produziert.[2]

Mit den Ansätzen des Integrationsmanagement im Rahmen des Kundenmanagement schließt der Abschnitt der marktorientierten Integration und damit das Kapitel der Integrationsdurchführung. Die Frage nach der Effizienz der Integrationsdurchführung wurde jedoch bisher nur unzureichend beantwortet. An diesem Punkt anknüpfend wird im Rahmen des nachfolgenden Kapitels 4 Post-Merger-Integrationscontrolling die Überwachung der Post-Merger-Integration sowie die Kontrolle des M&A-Erfolges dargestellt und eingehend erläutert.

1 Vgl. Penzel (2000), S. 34 f.; Homburg (2000), S. 177 f.; Lucks/Meckl (2002), S. 39; Wagner/Patzek (2007), S. 62 f.

2 Vgl. Steinbock (2000), S. 39 ff.

4 Post-Merger-Integrationscontrolling

Das Post-Merger-Integrationscontrolling dient vornehmlich einer Analyse der wirtschaftlichen und strategischen Zielerreichungsgrade der M&A-Transaktion.[1] Zu unterscheiden ist hierbei zwischen dem M&A-Erfolg einerseits und dem Integrationserfolg andererseits, wobei der M&A-Erfolg als eine Folge des Integrationserfolgs beschrieben werden kann.[2] Dieser Interpretation des Integrationserfolgs als Voraussetzung des M&A-Erfolgs trägt auch die nachfolgende Darstellung Rechnung. In einem ersten Schritt werden Aufgaben und Ansätze des Integrationscontrolling dargestellt, die insbesondere Aufschluss über den Verlauf des Integrationsprozesses verschaffen. Hieran schließt sich eine Darstellung wesentlicher Ansätze der Erfolgskontrolle der gesamten M&A-Transaktion an.

4.1 Integrationscontrolling

Dem Integrationscontrolling kommt während der Integrationsphase die Aufgabe der fortlaufenden Kontrolle des Integrationsprozesses zu. Dabei wird ihm im Schrifttum eine hohe Bedeutung für den Integrationserfolg zugeschrieben, hier verdeutlicht am Beispiel einer vorausgegangenen Akquisition: „The third distinguishing characteristic of successful acquisitions is the approach of the buying companies to installing a system of control."[3] Im Folgenden werden zunächst die Aufgaben des Integrationscontrolling dargestellt, bevor auf wesentliche Ansatzpunkte und Instrumente eines prozessbegleitenden Integrationscontrolling eingegangen wird.

4.1.1 Aufgaben des Integrationscontrolling

Dem Integrationscontrolling werden verschiedene Aufgaben zugewiesen.[4] So soll es zunächst die Voraussetzung für eine prozessnahe Beobachtung der bereits durchgeführten Integrationsaktivitäten schaffen. Insbesondere geht es hierbei um die Durchführungs- beziehungsweise Fortschrittskontrolle und damit die Überprüfung, ob der Integrationsprozess die aus der Integrationskonzeption vorgegebenen Meilensteine und Zielsetzungen erfüllt und welche Mittel hierfür verwendet wurden. Hierzu wird

1 Vgl. Jansen (2016), S. 371.
2 Vgl. Hase (2002), S. 184.
3 Kitching (1967), S. 97; Penzel (2000), S. 31.
4 Vgl. Schäfer (2001), S. 13 f.; Rathjen (2006), S. 436 ff.

das Programm der Integrationskonzeption in einzelne Planabschnitte aufgelöst, wodurch die Überwachung der terminlichen Einhaltung von Etappenzielen ermöglicht wird.[1] Diese Kontrolle ist insbesondere deshalb bedeutend, da die einzelnen Maßnahmen häufig interdependent sind und Verzögerungen bei einer Aktivität somit auch zu Verspätungen bei nachfolgenden Aktivitäten führen, so dass sich Terminüberschreitungen häufen können.

Neben der Planfortschrittskontrolle bildet ein Soll-/Ist-Vergleich bezüglich der eingesetzten finanziellen und Humanressourcen einen weiteren wesentlichen Bestandteil des Integrationscontrolling. Die Ergebnisse dieser Vergleiche bedürfen einer sorgfältigen Interpretation. So muss eine positive Abweichung nicht zwingend als vorteilhaft eingestuft werden. Vielmehr kann sie auch auf Planungsfehler hinweisen, da beispielsweise für bestimmte Aktivitäten weniger Ressourcen zur Verfügung standen als ursprünglich geplant. Eine solche Unterausstattung mit Ressourcen wiederum kann negative Auswirkungen auf die Qualität der Aufgabenerledigung oder die Einhaltung der Terminvorgaben haben.

Zusätzlich zur Überprüfung der zeitlichen Vorgaben und einer Bewertung des Erfolgs der Integrationsmaßnahmen besteht eine weitere Aufgabe des Integrationscontrolling in der Entwicklung von Ansätzen zur Verbesserung des laufenden Integrationsprozesses. Dies gewinnt insbesondere an Bedeutung, falls, basierend auf Soll-/Ist-Abweichungsanalysen, Planabweichungen festgestellt werden konnten. Das Integrationscontrolling sollte daher sehr zeitnah erfolgen, um eine rasche Reaktion auf etwaige Abweichungen zu ermöglichen.

Schließlich dient das Integrationscontrolling auch einer kritischen Reflexion der Erfolgswirksamkeit bisher angewandter Integrationsmaßnahmen, um Kompetenz beziehungsweise Know-how im Unternehmen aufzubauen, das sich bei der Abwicklung zukünftiger M&A-Projekte gewinnbringend verwerten lässt. Dem Integrationscontrolling kommen somit sowohl informative Aufgaben als auch stark handlungsbezogene Aufgaben zu. Wobei erstere zugleich die Grundlage für letztere darstellen, indem die bereitgestellten Informationen zur Entwicklung von Optimierungsansätzen und zum Aufbau von Kompetenzen und Know-how herangezogen werden können. Abbildung 4-1 fasst die Hauptaufgaben und -ziele des Integrationscontrolling zusammen.

Die Relevanz eines prozessbegleitenden Integrationscontrolling ergibt sich insbesondere aus dessen Aufgabe, auf Schwachstellen im Integrationsprozess hinzuweisen und Verbesserungspotenziale aufzuzeigen. So können eventuell auftretende Planabweichungen schnell korrigiert werden, um so einen erfolgreichen Abschluss der Integration zu gewährleisten. Daneben ermöglicht die Lernfunktion des Integrationscontrolling, bei zukünftigen M&A-Projekten Fehler von vornherein zu vermeiden und damit deren Erfolgswahrscheinlichkeit zu erhöhen. Nach dieser kurzen Einführung zu dem Aufgabenspektrum des Integrationscontrolling wird im Folgenden auf wesentliche

1 Vgl. Refäuter (1990), S. 186.

Ansätze und Instrumente des Integrationscontrolling eingegangen, die sich an den genannten Aufgaben orientieren.

Abbildung 4-1: Aufgaben und Ziele des Integrationscontrolling[1]

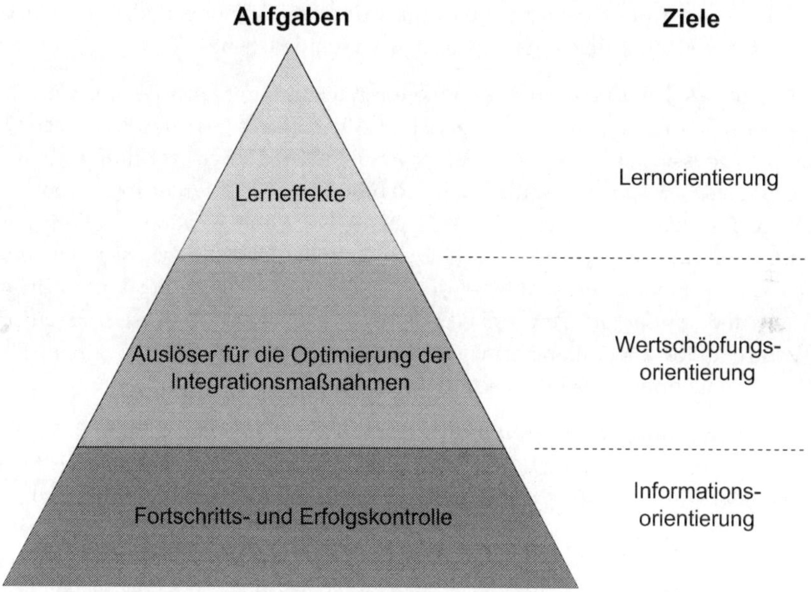

4.1.2 Ansätze und Instrumente des Integrationscontrolling

Im Gegensatz zur Erfolgskontrolle von M&A-Projekten, bei der zahlreiche quantitative Methoden vorliegen, ist das Repertoire im Rahmen des Integrationscontrolling eher eingeschränkt. Insofern konzentriert sich das Integrationscontrolling in der Praxis vorwiegend auf die quantitative Kontrolle von Budget- und Zeitplänen zur Steuerung des Integrationsprozesses, während der Abbau kultureller Barrieren eher qualitativ nachgehalten wird. Im Folgenden werden daher das Controlling des Integrationsteams und des Integrationsklimas näher beschrieben.

1 In Anlehnung an Schäfer (2001), S. 15.

4.1.2.1 Controlling des Integrationsteams

Auf die Bedeutung eines Projektteams für die Integrationsgestaltung wurde bereits im Rahmen der Diskussion der Integrationskonzeption hingewiesen. Ziel des Integrationscontrolling ist in diesem Zusammenhang eine Überprüfung, inwiefern das Integrationsteam Ziele und Verhaltensnormen einhält, welche aus seinen Aufgaben abgeleitet werden. Hierzu sind geeignete prozessorientierte Performance-Kennzahlen zu entwickeln, welche eine fortwährende Beobachtung der Teamleistung und, im Falle von Fehlentwicklungen, ein frühzeitiges Gegensteuern ermöglichen.[1]

Die Entwicklung solcher Performance-Indikatoren beginnt mit einer detaillierten Analyse der kritischen Aufgaben zur erfolgreichen Abwicklung der zugrunde liegenden Integrationsprozesse. An diesen beziehungsweise am Grad ihrer Erfüllung sollten die entsprechenden Kennzahlen anknüpfen. Im Rahmen der Post-Merger-Integration sind als wichtige Teilziele beziehungsweise Aufgaben etwa die Integration der IT-Systeme oder der Organisation zu nennen. Innerhalb dieser Teilaufgaben lassen sich wiederum Zwischenschritte identifizieren, anhand deren „Abarbeitung" sich der Fortschritt der Integration und mithin die Performance des Integrationsteams ablesen lassen. Die Erfolgskontrolle des Integrationsteams entspricht somit in weiten Teilen einem Planfortschritts- beziehungsweise Prozesscontrolling.

Neben dem Controlling des Integrationsteams sollte auch eine Beurteilung der einzelnen Teammitglieder erfolgen. Dies erlaubt Rückschlüsse darauf, wie die einzelnen Teammitglieder ihre Aufgaben im Rahmen der Integration bewältigen und wie die Personalallokation möglicherweise verbessert werden kann. Traditionell steht bei einer Personalbeurteilung eine Einschätzung der Mitarbeiter durch ihre direkten Vorgesetzten im Vordergrund.[2] Hieran wird jedoch vielfach die einseitige Berücksichtigung nur der Perspektive des Vorgesetzten kritisiert.

Aus dieser Kritik hat sich die Forderung nach einem ganzheitlichen Personalbeurteilungssystem entwickelt. Einen besonders weitreichenden Ansatz in diese Richtung stellt das 360°-Feedback dar, bei dem die Beurteilung des entsprechenden Mitarbeiters in einem mehrstufigen Prozess durch verschiedene relevante Bezugsgruppen des jeweiligen Mitarbeiters erfolgt. Hierdurch lässt sich ein Abgleich seines Selbstbildes mit der Wahrnehmung durch die Bezugsgruppen erreichen. Dabei erfolgt eine Beurteilung sowohl durch Vorgesetzte als auch durch Untergebene. Zudem wird der entsprechende Mitarbeiter durch Kollegen sowie gegebenenfalls durch interne und externe Kunden beurteilt.[3] Die Gesamtbeurteilung des Mitarbeiters bildet die Grundlage einer Kommunikation und Erörterung von Aufstiegschancen und möglicher Problemfelder.

Bei der Analyse unbefriedigender Performance sind grundsätzlich zwei Arten von Ursachen denkbar. So kann eine unbefriedigende Performance zunächst in der Person

1 Vgl. Meyer (1994), S. 96.
2 Vgl. Wunderer/Jaritz (2007), S. 132.
3 Vgl. Hilb (2011), S. 84 ff.

des entsprechenden Mitarbeiters begründet liegen, d. h. dieser ist den gestellten Aufgaben nicht gewachsen. Eine andere Ursache kann in einer mangelhaften Personalallokation für die entsprechenden Projektaufgaben bestehen. In diesem Fall wurden die Aufgaben innerhalb des Integrationsteams nicht klar genug nach den Kompetenzen der einzelnen Teammitglieder aufgeteilt beziehungsweise Mitarbeiter mit nicht passenden Kompetenzprofilen für das Team ausgewählt.

4.1.2.2 Controlling des Integrationsklimas

Eine wichtige Kontrollgröße im Rahmen des Integrationsprozesses, die eng mit den bestehenden Kulturen der fusionierenden Unternehmen zusammenhängt, ist das Integrationsklima. Hierbei geht es vor allem darum, Reibungspunkte und Widerstände möglichst frühzeitig aufzudecken und entsprechende Gegenmaßnahmen einzuleiten. Neben der grundsätzlichen kulturellen Übereinstimmung der Unternehmen bildet die Akzeptanz des Zusammenschlusses durch die Mitarbeiter eine wesentliche Determinante des Integrationsklimas. Diese wird wiederum in starkem Maße dadurch beeinflusst, wie die Mitarbeiter die Vor- und Nachteile der Fusion grundsätzlich beurteilen und wie kritisch sie deren Erfolgsaussichten sehen.

Daneben beeinflusst auch die Einschätzung der persönlichen Konsequenzen für die Mitarbeiter deren Akzeptanz der Integrationsmaßnahmen. Die Erfassung der Mitarbeiterakzeptanz kann dabei auf verschiedene Arten erfolgen. Eine direkte Methode bildet die Befragung der entsprechenden Mitarbeiter. Erfolgen solche Befragungen in regelmäßigen Abständen, so lassen sich hieraus die Reaktionen der Beteiligten auf Maßnahmen und Aktivitäten abschätzen.

Zudem lässt sich auf diese Weise im Sinne eines Mitarbeiter-Barometers beurteilen, wie sich das Integrationsklima im Verlauf des Integrationsprozesses verändert.[1] Werden diese Informationen differenziert nach Unternehmensbereichen ausgewertet, so ergeben sich zudem Hinweise darauf, in welchen Bereichen einer Verbesserung des Integrationsklimas besondere Aufmerksamkeit entgegenzubringen ist. Eine zweite Methode zur Erfassung der Mitarbeiterakzeptanz beziehungsweise des Integrationsklimas setzt an bestehenden Reibungspunkten oder Unstimmigkeiten an. Ziel ist es, bestehende Widerstände möglichst schnell durch gezielte Eingriffe abzubauen. Dabei muss eine möglichst vollständige Erfassung aller auftretenden Konflikte angestrebt werden.

Dies ermöglicht dem Integrationscontrolling anschließend eine effektive Koordination der zur Konfliktlösung erforderlichen Maßnahmen sowie eine entsprechende Aufteilung der notwendigen Ressourcen. Eine vollständige Erfassung aller Konflikte und Diskrepanzen im Integrationsprozess setzt eine offene Kommunikation im Unternehmen voraus. Nur wenn diese gewährleistet ist und die Mitarbeiter keine Sanktionen

1 Vgl. Penzel (2000), S. 34.

aus der Äußerung von Kritik befürchten müssen, lassen sich alle bestehenden Unstimmigkeiten identifizieren.

Schließlich können auch Zahlen über Absenzen und Fluktuation im Rahmen des Integrationscontrolling ausgewertet werden. So ist ein signifikantes Ansteigen sowohl der Absenzen als auch der freiwilligen Fluktuation von Arbeitnehmern ein Indiz für bestehende Unzufriedenheit. In einem solchen Fall ist weiter zu überprüfen, in welchen Unternehmensbereichen es zu einer signifikanten Erhöhung der entsprechenden Zahlen kommt.

Eine Analyse von Fluktuationszahlen lässt sich zudem auch gut durch die Führung von Austrittsinterviews ergänzen, in denen Mitarbeiter, die das Unternehmen freiwillig verlassen, gezielt nach den Motiven für ihren Austritt gefragt werden. Hieraus lassen sich weitere Hinweise auf die Gründe der Unzufriedenheit gewinnen, woraus konkrete Ansätze für Verbesserungen abgeleitet werden können.

Neben einer Analyse des Integrationsklimas der Mitarbeiter ist auch das Klima der übrigen Stakeholdergruppen einer Untersuchung zu unterziehen. Bezüglich der Kunden bietet sich auch hierbei in einer frühen Phase die Durchführung von Befragungen an. In späteren Phasen lassen sich Informationen insbesondere aus einer Analyse von Kundenbeschwerden sowie von Geschäftsabzügen und Kundenabgängen gewinnen. Erste Hinweise auf das Klima unter den Aktionären können in einer frühen Phase der Integration insbesondere auf Analystenkonferenzen und in Gesprächen mit Großaktionären gewonnen werden.

Weitere Indikatoren für das Klima in dieser Stakeholdergruppe liefern in späteren Phasen eine Analyse der Aktienkursentwicklung sowie Analystenempfehlungen beziehungsweise Reaktionen von Kleinaktionären. Indikatoren, welche einer Analyse des Klimas in der Öffentlichkeit dienen, bilden insbesondere Reaktionen der Presse sowie von Politikern und Verbänden beziehungsweise Interessensgruppen. Einen zusammenfassenden Überblick über die Ansatzpunkte beziehungsweise Indikatoren zur Beurteilung des Integrationsklimas gibt Tabelle 4-1.

Tabelle 4-1: *Ansätze beziehungsweise Indikatoren zur Analyse des Integrationsklimas*[1]

Mitarbeiter	Kunden	Aktionäre	Öffentlichkeit
Befragungen (Mitarbeiter-barometer)	Befragungen (Kunden-barometer)	Analystenkonferenzen; Gespräche mit Großaktio-nären	Pressereaktionen
Aufspüren von Konflikten und Diskrepanzen	Analyse von Kundenbe-schwerden	Aktienkursentwicklung, Analystenempfehlungen	Reaktionen von Politikern und Ver-bänden
Analyse von Absenzen und Fluktuation	Analyse von Geschäfts-abzügen und Kun-denabgängen	Reaktionen von Kleinaktio-nären	Bildung von Interes-sengruppen

4.2 Erfolgskontrolle

Die Post-Merger-Erfolgskontrolle geht der Frage nach, inwieweit der Zusammenschluss als Ganzes als erfolgreich anzusehen ist. Zur Beantwortung dieser Frage können verschiedene Methoden und Ansätze herangezogen werden. Unterschieden werden kann dabei zwischen Erfolgskonzepten, Erfolgsdimensionen, Zeitpunkt und -raum sowie weiteren Maßstäben. Die Erfolgskonzepte lassen sich wiederum in quantitativ-objektive Konzepte, welche insbesondere auf jahresabschluss- oder kapitalmarktorientierten Informationen oder auf bestimmten Ereignissen beruhen, und qualitativ-subjektive einteilen, welche in der Regel auf persönlichen oder schriftlichen Befragungen von Personengruppen mit einem hohen Informationsniveau bezüglich der M&A-Transaktion basieren.[2]

Im Rahmen der Erfolgsdimensionen lässt sich nach Anzahl und inhaltlicher Ausprägung differenzieren. Dabei können ein- und mehrdimensionale sowie finanzwirtschaftliche, marktstrategische und soziale Aspekte Berücksichtigung finden. Unter Zeitpunkt- und Zeitraumgesichtspunkten sind ex ante und ex post beziehungsweise kurz-, mittel- und langfristige Betrachtungen möglich.

Bei den Maßstäben bieten sich ebenfalls unterschiedliche Alternativen an, beispielsweise der Vergleich zu den internen Zielvorgaben, im Zeitverlauf, unternehmensübergreifend mit einer geeigneten Kontrollgruppe und gegenüber anderen Investitionsmöglichkeiten.[3] Im Folgenden wird lediglich auf die oben genannten Erfolgskonzepte detaillierter eingegangen, wobei die Erfolgsdimensionen, Zeitpunkt- und Zeitraumgesichtspunkte sowie die erwähnten Maßstäbe zur Beurteilung der jeweiligen Konzepte

1 In Anlehnung an Schäfer (2001), S. 212.
2 Vgl. Sewing (1996a), S. 84 ff.; Küpper (2010), S. 37 f.
3 Vgl. Gerpott (1993), S. 189 ff.

herangezogen werden sollen. In Abbildung 4-2 sind die eben beschriebenen Ansätze und Methoden nochmals grafisch dargestellt.

Abbildung 4-2: *Ansätze und Methoden der M&A-Erfolgskontrolle*[1]

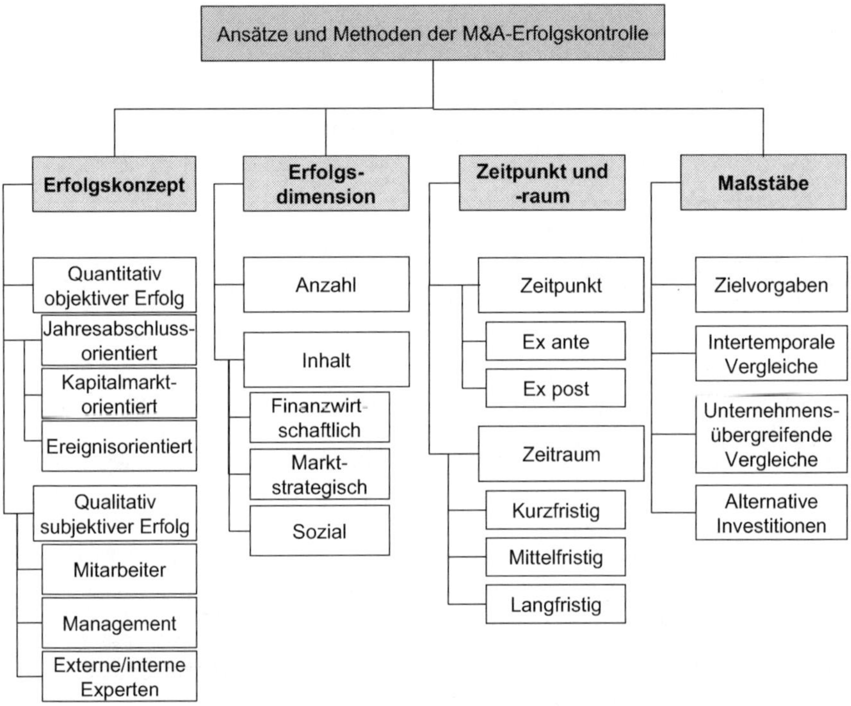

4.2.1 Jahresabschlussorientierte Erfolgskontrolle

Einen wesentlichen Ausgangspunkt der M&A-Erfolgskontrolle bildet der Jahresabschluss des Unternehmens. Er ermöglicht aufgrund seiner Doppelfunktion sowohl einen Einblick in die Vermögens- und Finanzlage als auch die Ertragslage des Unternehmens und damit eine finanzwirtschaftliche sowie erfolgswirtschaftliche Beurteilung des M&A-Erfolgs.[2]

1 In Anlehnung an Gerpott (1993), S. 190.

2 Vgl. Albrecht (1994), S. 57; Lutz-Ingold (2005), S. 49.

Gegenstand der finanzwirtschaftlichen Analyse bilden in der Regel die Vermögens- und Kapitalstruktur sowie die Liquiditätslage des Unternehmens.[1] Ein Zeitvergleich finanzwirtschaftlicher Kennzahlen vor Beginn des M&A-Projektes mit den entsprechenden Zahlen nach Abschluss des Projektes gibt Auskunft darüber, ob und wie sich Veränderungen in der finanziellen Stabilität des Unternehmens ergeben haben.

Typische Kennzahlen in diesem Bereich bilden die Anlageintensität, Umsatzrelationen, Umschlagskoeffizienten und die Investitionsquote beziehungsweise der Anlagenabnutzungsgrad als Kennzahl für die Analyse der Vermögensstruktur. Einer Analyse der Kapitalstruktur dienen beispielsweise die Eigenkapitalquote, der Verschuldungs- oder der Selbstfinanzierungsgrad. Die Bestimmung des Anlagedeckungsgrades sowie von unterschiedlichen Liquiditätsgraden ermöglicht eine Beurteilung der Liquiditätssituation des Unternehmens.[2]

Für die Feststellung des Erfolgs von Mergers & Acquisitions besitzt jedoch die erfolgswirtschaftliche Analyse des Jahresabschlusses eine weitaus größere Relevanz.[3] Als mögliche Erfolgsgrößen kommen insbesondere das ordentliche Betriebsergebnis, das Vorsteuerergebnis sowie der Jahresüberschuss in Betracht.[4] Daneben findet auch vermehrt der Cashflow Verwendung, der als Indikator der Ertragskraft im Schrifttum jedoch umstritten ist.[5]

Das ordentliche Ergebnis berücksichtigt nicht eventuell relevante Erträge aus Beteiligungen. Darüber hinaus stellt die Realisierung von Steuervorteilen ein denkbares Motiv für Fusionen und Akquisitionen dar, so dass auch das Vorsteuerergebnis nicht unbedingt für die Erfolgsanalyse geeignet scheint. Aus diesem Grund erweist sich eine jahresabschlussorientierte Analyse des M&A-Erfolges als Ausgangsgröße insbesondere der Jahresüberschuss als sinnvoll. Da sich der Jahresüberschuss als absolute Größe einem Vergleich sowohl mit früheren Perioden als auch mit anderen Unternehmen aufgrund der fehlenden Berücksichtigung verursachender Faktoren (Faktor- beziehungsweise Mitteleinsatz) entzieht, wird er in Form von Rentabilitätskennziffern zu diesen Faktoren in Beziehung gesetzt. Mit Blick auf den Jahresüberschuss werden dem Eigenkapital sowie dem Gesamtkapital hierbei eine besondere Bedeutung als bestimmende Einflussgrößen zugesprochen.[6] Somit ergeben sich als relevante jahresabschlussorientierte Erfolgsgrößen der M&A-Erfolgskontrolle insbesondere die Eigenkapital- sowie die Gesamtkapitalrentabilität.

Die Eigenkapitalrentabilität ergibt sich als der Quotient aus dem Jahresüberschuss und dem Eigenkapital. Sie bildet damit insbesondere für die Eigentümer des Unterneh-

---

1 Vgl. Coenenberg/Alvarez (2003), S. 910.
2 Vgl. ergänzend Baetge (1998), S. 161 ff.; Coenenberg/Jakoby (2000), S. 907 ff.
3 Vgl. Vogel (2002), S. 277.
4 Vgl. Baetge (1998), S. 350 ff.
5 Vgl. Baetge (1998), S: 417 ff.; Coenenberg/Jakoby (2000), S. 967 ff.; Wöhe/Döring (2012), S. 876 ff.
6 Vgl. Coenenberg/Alvarez (2003), S. 1009 ff.

mens eine relevante Zielgröße, da sie zeigt, wie sich die eingesetzten Eigenmittel in der entsprechenden Periode verzinst haben und wie rentabel die Geldanlage im Unternehmen ist.[1] Die Gesamtkapitalrentabilität setzt den Jahresüberschuss vor Fremdkapitalzinsen in Beziehung zum Gesamtkapital. Hierdurch ergibt sich eine von der Finanzierungsstruktur des Unternehmens unabhängige Erfolgsgröße, welche die Verzinsung von Eigen- und Fremdkapital abbildet und somit für alle Kapitalgeber des Unternehmens von Bedeutung ist.[2]

Um mit Hilfe von Rentabilitätskennziffern Aussagen über den Erfolg einer M&A-Transaktion treffen zu können, sind die Rentabilitätszahlen vor Beginn des Projektes den entsprechenden Kennziffern nach Abschluss der Transaktion gegenüberzustellen. Hierzu müssen die Rentabilitätskennziffern um gesamtwirtschaftliche und branchenbezogene Einflüsse bereinigt werden. Erst diese Bereinigung um externe Faktoren erlaubt eine hinreichend exakte Abschätzung des Einflusses der M&A-Transaktion auf die Rentabilität des Unternehmens.[3]

Eine Beurteilung des M&A-Erfolgs mit Hilfe jahresabschlussorientierter Kriterien ist mit einigen spezifischen Defiziten und Problemen verbunden. Ein wesentlicher Kritikpunkt knüpft an dem hohen Aggregationsgrad der verwendeten Kennziffern an, der eine eindeutige, kausale Zuordnung von Maßnahmen im Rahmen des M&A-Projektes zu den entsprechenden Erfolgswirkungen unmöglich macht.[4] Dieses Problem verschärft sich mit einer zunehmenden Dauer des Betrachtungszeitraumes, da dann zugleich auch die Erfolgswirkungen der M&A-Transaktion durch andere Faktoren, beispielsweise Veränderungen im Wettbewerbsumfeld der Unternehmen, zunehmend überlagert werden.[5]

Neben diesem grundsätzlichen Kausalitätsproblem ergeben sich weitere Probleme, welche insbesondere im Wesen der Rechnungslegung begründet liegen. Hier ist vor allem die Möglichkeit einer Manipulation des Erfolgsausweises zu nennen.[6] Eine solche Manipulation seitens des Management erfolgt insbesondere über eine zielgerichtete Ausübung von Ansatz- und Bewertungswahlrechten.[7] Problematisch erweist sich dies zwar vor allem bei Betriebsvergleichen, aber auch Zeitvergleiche werden deutlich erschwert. So besteht für die Rechnungslegung zwar grundsätzlich ein Stetigkeitsgebot, welches ein Abweichen von den angewandten Bewertungsmethoden nur in Ausnahmefällen zulässt, jedoch ist gerade eine M&A-Transaktion als ein singuläres Ereignis anzusehen, welches einen Wechsel der Methoden angemessen erscheinen lässt.[8] In

1 Vgl. Baetge (1998), S. 432.
2 Vgl. Wöhe/Döring (2012), S. 867 ff.
3 Vgl. Albrecht (1994), S. 61.
4 Vgl. Meyer (1994), S. 95.
5 Vgl. Schäfer (2001), S. 92.
6 Vgl. Ebert (1998), S. 114 f.; Eisele 2005., S. 467.
7 Vgl. Baetge (1998), S. 63 ff.; Coenenberg/Jakoby (2000), S. 878 f.; Bühner (2004), S. 157.
8 Vgl. § 252 Abs. 1 Nr. 6 HGB.

diesem Fall scheitert ein Zeitvergleich von Kennzahlen vor und nach dem M&A-Projekt bereits an den unterschiedlichen Wertansätzen.

Aber nicht nur durch die Ausnutzung von Ansatz- und Bewertungswahlrechten lässt sich der Erfolgsausweis des Jahresabschlusses manipulieren. Auch die Festlegung von Verrechnungspreisen zwischen den beteiligten Unternehmen beeinflusst den im Jahresabschluss ausgewiesenen Erfolg. Werden der Analyse unkonsolidierte Jahresabschlussdaten zugrunde gelegt, d. h. Daten der Einzelabschlüsse der beteiligten Unternehmen, so ergibt sich hieraus eine nicht unerhebliche Verzerrung der Ergebnisse. Die Verwendung konsolidierter Daten hingegen scheitert an der dann fehlenden intertemporalen Vergleichbarkeit der gebildeten Kennziffern im Sinne von Vorher-/Nachher-Vergleichen.

Neben den beschriebenen, im Wesen der Rechnungslegung begründeten Problemen ergibt sich ein generelles Problem von Erfolgsbeurteilungen aufgrund intertemporaler Vergleiche. Hierbei erweist sich zunächst die Festlegung der Dauer des Betrachtungszeitraumes als problematisch. So wächst einerseits mit einer Ausdehnung des Betrachtungszeitraums zugleich die Gefahr einer Überlagerung der Erfolgswirkungen der M&A-Transaktion durch andere Effekte, wie beispielsweise Veränderungen im Wettbewerbsumfeld der Unternehmen. Eine zuverlässige Beurteilung des M&A-Erfolgs aufgrund eines Vorher-/Nachher-Vergleichs ist somit bei einem langen Betrachtungszeitraum kaum möglich. Andererseits ist jedoch auch ein kurzer Betrachtungszeitraum mit nicht unerheblichen Problemen verbunden. Hierbei werden mit dem Zusammenschluss angestrebte Synergieeffekte, welche sich vielfach erst mittel- bis langfristig einstellen, nur unzureichend erfasst, so dass sich auch hieraus keine zuverlässigen Aussagen bezüglich des M&A-Erfolgs gewinnen lassen.[1]

Unabhängig von der Dauer des Betrachtungszeitraumes stoßen Zeitvergleiche zudem auf ein grundlegendes Problem bei der Beurteilung des Erfolgs. Um tatsächlich die Erfolgswirkung beurteilen zu können, dürfte korrekterweise nicht die Post-Merger-Performance herangezogen, sondern vielmehr müsste die Pre-Merger-Performance fortgeschrieben werden, um einen möglichst unverzerrten Vergleich zu erlauben. Als Vergleich sollte somit derjenige Erfolgsmaßstab Anwendung finden, der sich unter der Annahme, der Merger habe nicht stattgefunden, theoretisch nach dem Merger-Zeitpunkt ergibt.[2] Die Schätzung eines solchen hypothetischen Vergleichsmaßstabes ist jedoch mit nicht unerheblichen Problemen verbunden. Diese liegen nicht zuletzt in der Unsicherheit entsprechender Schätzungen und dem hiermit verbundenen hohen Aufwand begründet.[3]

Während die jahresabschlussorientierte Erfolgskontrolle früher häufig zum Einsatz kam, wird heute aufgrund der aufgezeigten Schwächen und der besseren Verfügbar-

1 Vgl. Neumann (1994), S. 242 f.; Strobel/Weingarz (2006), S. 190.
2 Vgl. Fairburn/Kay (1989), S. 23; Vogel (2002), S. 276.
3 Vgl. zu einem entsprechenden Performance-Maß Seth (1990), S. 109 f.

keit von Kapitalmarktdaten stärker auf kapitalmarktorientierte Konzepte zurückgegriffen. Diese stehen im Mittelpunkt der nachfolgenden Betrachtung.

4.2.2 Kapitalmarktorientierte Erfolgskontrolle

Kapitalmarktorientierte Ansätze beurteilen den Erfolg eines M&A-Projektes anhand der Reaktion von Aktienkursen auf den Zusammenschluss.[1] Somit kommt eine solche Form der Erfolgskontrolle nur bei börsennotierten Unternehmen in Frage. Analysiert werden hier insbesondere zwei Größen, die Übernahmeprämie sowie die Überrendite. Beide Kennzahlen zeigen die Auswirkungen der M&A-Transaktion für die Altaktionäre beziehungsweise Alteigentümer. Die Übernahmeprämie ergibt sich aus der Differenz zwischen dem gebotenen Kaufpreis je Aktie und dem Kurs vor der ersten Ankündigung der Übernahme. In der Übernahmeprämie kommt die Vermutung eines höheren Ertragswertes zum Ausdruck, welcher eine Zukunftsentwicklung des Unternehmens widerspiegelt, die deutlich positiver als bisher vom Kapitalmarkt prognostiziert verläuft. Gründe für einen solchen höheren Kaufpreis und die damit assoziierte Ertragswertsteigerung werden bei Akquisitionsprojekten in den möglichen Wertsteigerungspotenzialen insbesondere in Form von Economies of Scale and Scope gesehen.[2]

Die kumulierten abnormalen Renditen beziehungsweise Überrenditen messen ab dem Ankündigungszeitpunkt der M&A-Transaktion die Rendite, die ober- oder unterhalb der auf Basis einer durchschnittlichen Marktrendite berechneten „normalen" Rendite erzielt wurde. Die Berechnung der abnormalen Renditen erfolgt mit Hilfe kapitalmarktorientierter Modelle und soll im Folgenden exemplarisch anhand des Marktmodells dargestellt werden.

Die Grundannahme des Marktmodells besteht in einem linearen Zusammenhang zwischen der Rendite einer Aktie (r_i) und der Rendite des Aktienmarktes (r_m). Mit Hilfe einer Regressionsfunktion werden aus vergangenen Renditedaten Prognosen für die zukünftige Entwicklung der Renditen gewonnen. Dabei setzt sich die Rendite zusammen aus einem unsystematischen Teil α_i und einem systematischen Teil $\beta_i r_m$ sowie den Zufallsfehler u_i:[3]

$$r_i = \alpha_i + \beta_i r_m + u_i$$

Der Erwartungswert des Zufallsfehlers u_i beträgt Null. Eine Spezifikation des beschriebenen Regressionsmodells in einem ausreichenden zeitlichen Abstand zum Ankündigungstermin der M&A-Transaktion erlaubt eine nicht durch die Transaktion beeinflusste Schätzung der zukünftigen Rendite zu einem bestimmten Zeitpunkt t, ausgedrückt als $E(r_{it})$. Wird diese der tatsächlichen Rendite nach Beendigung der

1 Vgl. Vogel (2002), S. 282.
2 Vgl. Jung (1993), S. 51 ff.
3 Vgl. Fabozzi/Modigliani/Ferri (2010), S. 241 ff.

Transaktion gegenübergestellt, so ergibt sich die abnormale Rendite der Aktie zum entsprechenden Zeitpunkt *t* als:[1]

$$AR_{it} = r_{it} - E(r_{it}) = r_{it} - (\alpha_i + \beta_i r_{mt})$$

Eine Summation über die Zeit (t) ergibt schließlich die kumulierte Überrendite (CAR_{iT}) für einen längeren Zeitraum ($t = 1, \cdots, T$).

$$CAR_{iT} = \sum_{t=1}^{T} AR_{it}$$

Hohe Überrenditen weisen darauf hin, dass die M&A-Transaktion vom Kapitalmarkt beziehungsweise den Anlegern positiv aufgenommen wurde. Der Aktienkurs hat eine bessere Entwicklung genommen, als ursprünglich erwartet. Dies zeigt, dass die Anleger die Erreichung der mit dem Zusammenschluss verfolgten Zielsetzungen und Wertsteigerungspotenziale als realistisch einschätzen, d. h. sie trauen dem Unternehmen aufgrund der M&A-Transaktion eine nachhaltig bessere Entwicklung zu.

Kritik an der kapitalmarktorientierten Erfolgskontrolle knüpft insbesondere an der Aussagekraft der entsprechenden Beurteilungskriterien an. Diese ist in starkem Maße von der Dauer des Analysezeitraumes abhängig. Sowohl ein kurzer als auch ein langfristig angelegter Analysezeitraum ist jeweils mit spezifischen Problemen verbunden. So ist bei einem nur kurzen Analysezeitraum, welcher bereits kurz nach Abschluss des Kaufvertrages endet, in der Regel davon auszugehen, dass die angestrebten Wertsteigerungspotenziale noch nicht oder zumindest nicht in vollem Umfang realisiert werden konnten.

Die kumulierten Überrenditen können zu einem kurz nach Abschluss des Kaufvertrages liegenden Zeitpunkt somit allenfalls die Erwartungen der Anleger hinsichtlich der zukünftig zu erwartenden Wertsteigerungen widerspiegeln. Eine Aussage über den tatsächlichen Erfolg des M&A-Projektes ist so jedoch nicht möglich. Allerdings stößt auch der Versuch, durch die Zugrundelegung eines entsprechend langen Analysezeitraumes sämtliche Wirkungen des Zusammenschlusses zu erfassen, auf Probleme. Insbesondere kommt es mit einer steigenden Dauer des Analysezeitraumes vermehrt zu einer Überlagerung der durch die M&A-Transaktion bedingten Erfolgswirkungen durch andere strategische Entscheide und externe Einflüsse.[2]

Mithin lässt sich eine zuverlässige Beurteilung des M&A-Erfolgs auf Basis der langfristigen Aktienkursentwicklung nicht durchführen. Ein weiteres Problem tritt dadurch auf, dass eine kausale Verbindung zwischen den vorgenommenen M&A-Aktivitäten und den durch sie ausgelösten Erfolgswirkungen in der Regel nicht zweifelsfrei hergestellt werden kann.[3] Hiermit ist als generelles Problem kapitalmarktorientierter Analy-

1 Vgl. Brealey/Myers/Allen (2011), S. 330 ff.
2 Vgl. Schäfer (2001), S. 86 ff.
3 Vgl. Jakoby (2000), S. 62.

sen ebenfalls deren hoher Aggregationsgrad angesprochen, welcher dazu führt, dass sich der Einfluss einzelner Maßnahmen auf den Aktienkurs kaum quantifizieren lässt.

Eine Erfolgsbeurteilung der entsprechenden Maßnahmen aufgrund kapitalmarktorientierter Kriterien ist somit nur bedingt möglich.[1] Neben diesen – von der Dauer des Analysezeitraumes abhängigen – Problemen, tritt auch bei den kapitalmarktorientierten Erfolgskriterien das bereits bei den jahresabschlussorientierten Kriterien beschriebene grundsätzliche Problem intertemporaler Vergleiche zutage. Auch hier müssten als Vergleichsmaßstab korrekter Weise „als-ob"-Werte herangezogen werden, welche die hypothetische Entwicklung des Aktienkurses unter der Annahme wiedergeben, das M&A-Projekt hätte nicht stattgefunden.

Auch wenn die Verwendung kapitalmarktorientierter Performance-Indikatoren mit einigen grundlegenden Problemen behaftet ist, so kann ihr Einsatz im Rahmen eines umfassenden M&A-Controlling dennoch sinnvoll sein.[2] So lässt sich zunächst die Reaktion des Kapitalmarktes auf die Ankündigung der M&A-Transaktion als ein erster Indikator für die Plausibilität der mit dem Projekt verfolgten Strategie ansehen. Auch das längerfristige Marktverhalten erlaubt, trotz der oben beschriebenen Einschränkungen, eine erste Einschätzung darüber, wie realistisch die Strategieumsetzung gesehen wird. Mithin lassen sich hieraus Hinweise auf eine eventuell notwendige Revision der Strategie oder aber auch einen bestehenden Kommunikationsbedarf gegenüber dem Kapitalmarkt gewinnen.

4.2.3 Ereignisorientierte Erfolgskontrolle

Die ereignisorientierte Erfolgskontrolle beurteilt den Erfolg einer M&A-Transaktion anhand des Eintretens bestimmter, in räumlicher und zeitlicher Hinsicht präzise abgrenzbarer und objektiv zu beobachtender Vorkommnisse.[3] Dabei stehen insbesondere bei Akquisitionen zwei Ereignisse im Mittelpunkt der Betrachtung, deren Eintreten als Indiz für den Erfolg respektive Misserfolg eines M&A-Projektes gewertet werden kann. So lässt sich der Erfolg einer Akquisition einerseits danach beurteilen, ob die erworbene Einheit zu einem späteren Zeitpunkt wieder veräußert wird (Desinvestititon), andererseits dient der Verbleib beziehungsweise die Fluktuation von Führungskräften des Akquisitionsobjektes als Erfolgsindikator.[4]

Die Erfolgsbeurteilung anhand des Verbleibs des Akquisitionsobjektes im Unternehmensverbund geht dabei von der Grundannahme aus, dass eine Akquisition als erfolgreich zu bezeichnen ist, wenn das akquirierte Unternehmen langfristig im Unternehmensverbund verbleibt. Eine Wiederveräußerung des Unternehmens bereits nach

1 Vgl. Schäfer (2001), S. 88.
2 Vgl. Schäfer (2001), S. 89.
3 Vgl. Sewing (1996b), S. 86.
4 Vgl. Schäfer (2001), S. 95; Vogel (2002), S. 289 f.

kurzer Zeit lässt hingegen auf einen Misserfolg der Akquisition schließen.[1] Die Begründung für diesen Erfolgsindikator wird darin gesehen, dass sich ein Unternehmen nur in Ausnahmefällen von einer erfolgreichen Geschäftseinheit trennen wird. Eine Beurteilung des Akquisitionserfolgs anhand dieses Kriteriums stößt allerdings auf eine Reihe von Problemen. So ist zunächst die grundsätzliche Aussagekraft des Kriteriums zu hinterfragen. Eine Beurteilung der Vorteilhaftigkeit eines Akquisitionsprojektes ist anhand dieses Kriteriums erst im Falle des Demergers beziehungsweise nach Ablauf einer genügend großen Zeitspanne, während der das Akquisitionsobjekt im Unternehmensverbund verblieben ist, möglich.

Das Kriterium kann somit keinerlei Unterstützung für die Steuerung des Akquisitionsprozesses leisten, wodurch potenzielle Fehlentwicklungen nicht rechtzeitig erkannt werden können. Wenn das Kriterium auch nicht für die Steuerung eines einzelnen Akquisitionsobjektes geeignet ist, so kann es dennoch sinnvoll im Rahmen einer Evaluation der gesamten Akquisitionsstrategie des Unternehmens eingesetzt werden. Sieht man einmal von so genannten Raidern ab, so deuten die vielfach zu beobachtenden Demerger auf eine verfehlte Akquisitionsstrategie hin.

Allerdings muss eine nicht wiederveräußerte Akquisition nicht zwingend als erfolgreich eingestuft werden. Vielmehr verzichten Unternehmen, auch bei von ihnen grundsätzlich als weniger erfolgreich eingestuften Akquisitionen, vielfach auf einen Verkauf, um die Realisierung von Verlusten zu umgehen, beispielsweise beim ausschließlichen Vorliegen unbefriedigender Kaufangebote. Eine kausale Beziehung zwischen dem Wiederverkauf eines akquirierten Unternehmens und dem Erfolg der Akquisition kann nicht zwingend unterstellt werden.[2] Ein weiterer Kritikpunkt knüpft am dichotomen Charakter des Erfolgskriteriums an. Dieser erlaubt keine Aussage über den Grad des Erfolges beziehungsweise Misserfolges. Somit ist eine Erfolgsanalyse aufgrund dieses Kriteriums nur mit einem geringen Detaillierungsgrad möglich.[3]

Zweiter ereignisorientierter Erfolgsindikator ist die Fluktuation unter den Führungskräften des Akquisitionsobjektes. Mithin wird hierbei eine kausale Beziehung zwischen der Fluktuationsrate unter den Führungskräften des Akquisitionsobjektes und dem Akquisitionserfolg unterstellt:[4] Je geringer die Fluktuationsrate, desto erfolgreicher ist die Akquisition verlaufen.[5] Die Verwendung der Fluktuationsrate als Erfolgsindikator ist jedoch ebenfalls kritisch zu sehen. Die Fluktuationsrate bildet weniger einen Indikator als vielmehr eine wesentliche Determinante des Akquisitionserfolgs. So geht dem Unternehmen mit der Fluktuation von Mitarbeitern in der Regel wertvolles Wissen verloren.[6] Gerade dieses Wissen kann jedoch als eine wesentliche

1 Vgl. Porter (1987a), S. 31.
2 Vgl. Vogel (2002), S. 290.
3 Vgl. Schäfer (2001), S. 95 ff.
4 Vgl. Cannella/Hambrick (1993), S. 137 ff.
5 Vgl. Sewing (1996a), S. 87.
6 Vgl. Schäfer (2001), S. 99.

Grundlage der im Zuge der Integration des akquirierten Unternehmens angestrebten Wertgenerierung, welche zu einem Großteil auch durch den Transfer von Wissen erfolgt, angesehen werden.[1]

Wird ein insgesamt hoher Integrationsgrad angestrebt, so kann die Fluktuation einer gewissen Anzahl an Führungskräften durchaus auch positive Auswirkungen auf den Akquisitionserfolg haben. Beispielsweise kann auf diesem Wege eine Doppelbesetzung bestimmter Positionen vermieden werden. Zudem ermöglicht häufig erst der Abgang des Top-Management des erworbenen Unternehmens die Durchsetzung tiefgreifender Veränderungen, welche in bestimmten Fällen zur Realisierung der Wertsteigerungspotenziale erforderlich sein können.[2]

Insgesamt zeigt sich, dass die Fluktuationsrate unter den Führungskräften des erworbenen Unternehmens nicht als Indikator für den Akquisitionserfolg geeignet ist. Sie bildet vielmehr eine Determinante dieses Erfolgs. Dabei kann in Abhängigkeit von den situativen Bedingungen sowohl eine negative als auch eine positive Beziehung zwischen der Fluktuationsrate und dem Akquisitionserfolg angenommen werden. Da auch die Verwendung des Indikators „Verbleib des Akquisitionsobjekts beim Erwerberunternehmen" eher kritisch zu beurteilen war, ergibt sich als Fazit, dass die ereignisorientierten Erfolgsindikatoren insgesamt nur eine geringe Aussagekraft besitzen und allenfalls einer Ergänzung der übrigen Indikatoren im Rahmen eines umfassenden Kennzahlensystems dienen können.

4.2.4 Erfolgskontrolle mittels Befragung

Bei der Erfolgskontrolle mittels Befragung wird der Erfolg von M&A-Projekten über die Wahrnehmung qualifizierter Auskunftspersonen gemessen.[3] Hierzu werden Personen, die aufgrund ihrer Funktion im M&A-Prozess über ein hohes Wissen verfügen und somit in der Lage sind, deren Erfolg angemessen zu beurteilen, schriftlich oder persönlich befragt. Die in der Regel skalierten Daten werden statistisch aufbereitet und auf systematische Zusammenhänge mit anderen Größen untersucht.[4]

Dabei können auch Wirkungen, die nicht durch externe Daten abbildbar sind, in die Analyse einbezogen werden.[5] In Abhängigkeit von den befragten Auskunftspersonen lassen sich vier Varianten der befragungsbasierten Erfolgskontrolle unterscheiden: Erfolgswahrnehmung und -kontrolle aus Management- beziehungsweise Mitarbeitersicht sowie aus Sicht interner beziehungsweise externer M&A-Experten.[6]

---

1 Vgl. Gerpott (1991), S. 6.
2 Vgl. Sewing (1996a), S. 87.
3 Vgl. Sewing (1996b), S. 87; Vogel (2002), S. 288.
4 Vgl. Schäfer (2001), S. 102.
5 Vgl. Bühner (1990), S. 98.
6 Vgl. Gerpott (1993), S. 210 ff.

Zwar werden Befragungen hauptsächlich im Rahmen von breit angelegten empirischen Erfolgsstudien von Mergers & Acquisitions durchgeführt, allerdings können sie auch im Rahmen der hier zu beschreibenden Erfolgskontrolle in der Unternehmenspraxis ein sinnvolles und wertvolles Instrument darstellen. Hierbei sind sie insbesondere dazu geeignet, Zusammenhänge zwischen durchgeführten Maßnahmen im Rahmen des M&A-Prozesses und Aspekten des M&A-Erfolgs aufzudecken.[1] Ein besonderer Vorteil der Methode ist darin zu sehen, dass bereits während des Akquisitions- beziehungsweise Integrationsprozesses eine Beurteilung darüber möglich ist, wie sich spezifische Maßnahmen auf den Erfolg des Zusammenschlusses auswirken.

Mithin erlaubt die Erfolgskontrolle durch Befragung im Gegensatz zu den bisher beschriebenen Ansätzen, welche den M&A-Erfolg lediglich ex post beurteilen können, ein frühzeitiges Eingreifen im Falle einer unerwünschten Entwicklung. Darüber hinaus ist die Methode in der Lage, deutlich mehr Aspekte bei der Erfolgsbeurteilung zu berücksichtigen als rein quantitativ orientierte Ansätze. Neben der subjektiven Zufriedenheit mit quantitativen Größen können gleichzeitig auch qualitative Faktoren in die Analysen eingehen. Beispielhaft sind hier die Identifikation der Mitarbeiter mit dem neu entstandenen Unternehmen und dessen Kultur zu nennen.

Neben den beschriebenen Vorteilen einer Berücksichtigung auch qualitativer Faktoren und Erfolgsmaßstäbe ist jedoch auch die Erfolgskontrolle durch Befragung mit einigen grundlegenden Mängeln behaftet. So kann es zunächst zu einer Verzerrung der Ergebnisse kommen, da subjektive Erfolgseinschätzungen vielfach durch Erwartungen geprägt sind, welche die Befragten zu einer zu optimistischen Erfolgsbeurteilung veranlassen können. Umgekehrt kann auch die subjektiv empfundene Unzufriedenheit der Befragten mit ihrer Position im fusionierten Unternehmen zu einer aus Sicht des Gesamtunternehmens insgesamt zu negativen Einschätzung des M&A-Erfolgs führen.

Zudem verfügen zumeist weder Manager noch Mitarbeiter über eine umfassende Erfahrung mit M&A-Projekten. Aus diesem Grund mangelt es ihnen bei der Beurteilung des Akquisitionserfolgs vielfach an geeigneten Vergleichsmöglichkeiten beziehungsweise Vergleichsmaßstäben. Diese Probleme lassen sich am besten durch die Befragung externer, an der M&A-Transaktion beteiligter Experten umgehen.[2] Da diese in der Regel nicht persönlich für den M&A-Erfolg verantwortlich sind und ihre eigene Position auch durch die Veränderungen im Unternehmen nicht betroffen ist, unterliegt ihr Urteil generell weniger Verzerrungseffekten.

Zudem verfügen sie aufgrund ihrer Mitwirkung an zahlreichen M&A-Projekten im Allgemeinen über einen umfangreichen Erfahrungsschatz. Dieser ermöglicht es ihnen, den Erfolg der Transaktion mit einer hohen Zuverlässigkeit zu beurteilen, da ihnen geeignete Vergleichsmaßstäbe zur Verfügung stehen. Jedoch ist auch die Befragung von externen Experten nicht frei von Problemen. So sind externe Experten eher weni-

1 Vgl. Schäfer (2001), S. 105.
2 Vgl. Gerpott (1993), S. 227.

ger in der Lage, die tatsächliche Erreichung von mit dem M&A-Projekt verfolgten Zielen zu beurteilen, als dies Management und Mitarbeiter sind. Somit kann eine Erfolgsbewertung durch externe Experten deutlich weniger auf unternehmensspezifische Einflussgrößen und Erfolgsmaßstäbe eingehen als eine Bewertung durch Management beziehungsweise Mitarbeiter.

Insgesamt kann für die befragungsorientierte Erfolgskontrolle festgehalten werden, dass diese, insbesondere durch die Berücksichtigung qualitativer Faktoren, eine sinnvolle Ergänzung zu den zuvor dargestellten quantitativen beziehungsweise ereignisorientierten Ansätzen sind. Aufgrund der beschriebenen Schwächen ist jedoch auch die befragungsorientierte Erfolgskontrolle für sich genommen nicht in der Lage, den M&A-Erfolg umfassend zu beschreiben. Vielmehr bildet die befragungsorientierte Erfolgskontrolle einen wesentlichen Baustein im Rahmen eines umfassenden Kennzahlensystems zur M&A-Erfolgsbeurteilung.

Teil D:

Demerger-Management

1 Einführung

Angesichts einer zunehmenden Umweltdynamik und Wettbewerbsintensität werden grundlegende Anpassungen von Unternehmen zur Bewahrung oder Verbesserung ihrer Markt- und Wettbewerbsposition immer zwingender. Die damit einhergehenden unternehmerischen Maßnahmen beschränken sich nicht nur auf eine laufende Modifikation der Produktpalette, vielmehr erfordern sie regelmäßig sogar die Eliminierung einzelner Produktgruppen oder die Abstoßung ganzer Unternehmensbereiche.[1]

Tatsächlich zeigt die betriebswirtschaftliche Praxis, dass bei Fusionen und Übernahmen im Zeitablauf immer wieder bestimmte Unternehmensteile der Kaufmasse oder gar das gesamte M&A-Objekt durch den Käufer abgestoßen werden. Im Kontext einer vorausgegangenen Fusion oder Akquisition entspricht eine derartige quantitative Redimensionierung dem Vorgehen bei einem Demerger.

Dessen Ursachen sind unterschiedlicher Natur. So kommt es in der Praxis vor, dass die Käufergesellschaft nur an speziellen Teilbereichen eines Unternehmens Interesse zeigt, diese jedoch nicht einzeln erwerben kann. Nach vollzogenem Kauf werden dann nur bestimmte Teile des Zielunternehmens integriert und die Restlichen abgestoßen. In diesem Fall ist der Demerger ein Bestandteil der ursprünglichen Akquisitionsstrategie.

Daneben treten Fälle auf, in denen ein Demerger zunächst nicht vorgesehen ist, dann aber aufgrund bestimmter Entwicklungen, wie etwa unüberwindbaren Schwierigkeiten bei der Post-Merger-Integration, als einzig relevante Handlungsalternative identifiziert wird. Schließlich können auch gesetzliche Auflagen, etwa durch das Kartellamt, die Durchführung eines Demergers erzwingen. Daneben können auch einige klassische Verkaufsmotive einen Demerger notwendig machen, wie zum Beispiel Schuldenabbau, Senkung der Kapitalkosten oder die Ausnutzung steuerlicher Vorteile.[2]

Bei einem Demerger handelt es sich um einen komplexen Prozess, der einer durchdachten Planung, Steuerung und Kontrolle bedarf. Praxisbeispiele zeigen, dass die Durchführung einer solchen Transaktion regelmäßig von Herausforderungen und Problemen begleitet wird. Diese betreffen beispielsweise die Wahl eines geeigneten Demerger-Konzeptes oder die Suche nach potenziellen Investoren.

Werden derartige Aspekte innerhalb des Unternehmens nicht frühzeitig adressiert, resultieren daraus unter Umständen Problemlagen, die den Erfolg des Demerger negativ beeinflussen können. Im Folgenden wird der Demerger-Begriff zunächst definiert. Anschließend widmen wir uns dem Aufbau des Demerger-Management.

---

1 Vgl. Jansen (1986), S. 18; Ostrowski (2007), S. 1 f.

2 Vgl. Abschnitt 4.2 in Teil A.

1.1 Begriffsdefinition und -abgrenzung

Aus terminologischer Sicht liegt die Bezeichnung des Demergers als Gegenbegriff zum Merger nahe. Dieser Standpunkt ist auch auf den Ablauf bezogen einleuchtend, da dem Demerger im eigentlichen Sinne des Wortes eine Fusion beziehungsweise eine Akquisition vorausgegangen sein muss. Gleichwohl finden sich in der Literatur Ansätze von Begriffsdefinitionen zum Demerger, die keine vorangegangene Fusion oder Übernahme des betroffenen Objektes voraussetzen. Tabelle 1-1 stellt einige Definitionen des Demerger-Begriffes aus der deutschsprachigen Literatur im Überblick dar.

Tabelle 1-1: *Definitionen des Demerger-Begriffes*[1]

Autor	Definition
Blumers (2000)	„Von einem Demerger spricht man, wenn eine börsennotierte Publikumsgesellschaft gespalten werden soll."
Achleitner (2001)	„Ein so genannter Demerger, bei dem eine vorangegangene Fusion rückgängig gemacht wird, stellt eine Sonderform des Split-ups dar. Hierbei wird das fusionierte Unternehmen liquidiert und das Vermögen in der ursprünglichen Verteilung wieder auf die Ausgangsunternehmen übertragen."
Charifzadeh (2002)	„Unter dem Begriff Demerger werden Transaktionen subsumiert, bei denen eine vorangegangene Fusion wieder rückgängig gemacht und somit der ursprüngliche Zustand wiederhergestellt wird."
Rosenbach (2003)	„Ein Demerger bezeichnet Abspaltungen oder Ausgliederungen von Unternehmensbereichen."
Kirchmaier (2006)	„Abspaltung einer im Vollbesitz einer börsennotiertene Unternehmung befindlichen Tochtergesellschaft oder eines betrieblichen Bereichs in eine unabhängige Organisation. Damit ist ein Demerger die Übersetzung des amerikanischen Begriffs „Spin-off" beziehungsweise des deutschen Begriffs „Abspaltung" ins britische Englisch."
Müller (2006)	„Prozess der Entflechtung von Unternehmen", „auch organisch (intern) gewachsene Unternehmen können Objekt eines Demerger-Prozesses sein."
Wirtz/Wecker (2006a)	„Als Demerger-Management wird der Prozess einer primär strategisch motivierten Ausgliederung oder Abspaltung von Unternehmen(-steilen) nach vorausgegangener Fusion beziehungsweise Akquisition unter der Zielsetzung einer Verbesserung der Markt- und Wettbewerbsposition verstanden."

Bei einem Vergleich der aufgeführten Definitionsansätze fällt deren Übereinstimmung im Hinblick auf einige wenige, jedoch zentrale Charakteristika auf. Aus institutioneller Sicht differenzieren die Ansätze nicht explizit zwischen Demerger-Subjekt und -objekt.

1 In Anlehnung an Böllhoff (2009), S. 13.

So bezieht Blumers seine Definition ausschließlich auf das Demerger-Subjekt (Konzerngesellschaft), von der die Entscheidung zur Durchführung einer solchen Transaktion ausgeht. Dagegen geht Rosenbachin seiner Begriffskonzeption lediglich auf die von einem Demerger betroffenen Unternehmensbereiche (Demerger-Objekte) ein.

In instrumenteller Hinsicht lassen sich die Definitionsansätze nicht voneinander unterscheiden. Allen gemein ist das Begriffsverständnis eines Demerger als eine Spaltung eines Unternehmens beziehungsweise Abspaltung eines Unternehmensteils. Lediglich Rosenbach erweitet seine Begriffsfassung um das Instrument der Ausgliederung. Auch in teleologischer Perspektive sind die aufgeführten Definitionsansätze sehr homogen, da keine der Begriffsbestimmungen einen Zweck- oder Zielbezug aufweist.

Damit decken sich die aufgeführten Definitionen auch mit der im Schrifttum dominierenden Konzeption der Desinvestition als reaktive Maßnahme ohne expliziten Zielbezug.[1] Aus praktischer Perspektive lässt sich an den Definitionsansätzen die exakte Rückgängigmachung der Ausgangssituation als Charakteristikum des Demerger bemängeln. Bislang finden sich im Unternehmensalltag kaum Transaktionen, die dieses restriktive Kriterium gänzlich erfüllen konnten. Insofern steht dieses relativ eng gefasste Begriffsverständnis dem praktischen Untersuchungsobjekt Demerger entgegen.

Die Betrachtung der aufgeführten Definitionen zeigt, dass der Begriff Demerger bislang ohne expliziten Einbezug einer teleologischen Perspektive verwendet wird. Gleichzeitig sind die dargestellten Definitionen aus instrumenteller Sicht sehr eng gefasst, indem sie sich auf Abspaltungen und Ausgliederungen beschränken. Insofern weisen die aufgeführten Definitionen lediglich ein partielles Begriffsverständnis auf.

Vor diesem Hintergrund wird eine umfassende Definition des Demerger-Begriffs beziehungsweise des Demerger-Management entwickelt, in die institutionelle, instrumentelle und teleologische Aspekte Eingang finden. Die hier gewählte Definition grenzt sich deshalb von der Begriffsauffassung der eingangs erwähnten Autoren ab.

Definition Demerger-Management

Unter Demerger-Management wird im Rahmen des M&A-Management der Prozess einer strategisch oder finanziell motivierten Ausgliederung oder Abspaltung von Unternehmen(-steilen) nach vorausgegangener Fusion beziehungsweise Akquisition verstanden. Zielsetzung ist dabei eine Verbesserung der Markt- und Wettbewerbsposition, wobei die betroffenen Unternehmen(-steile) entweder erhalten oder aufgegeben werden.

1 Vgl. Thissen (2000), S. 7.

Bei Betrachtung der vorliegenden Definition fällt deren inhaltliche Nähe zum Desinvestitionsbegriff auf. Die wesentliche Abgrenzungsgrundlage zur Desinvestition besteht in dem für den Demerger konstituierenden Merkmal einer vorangegangenen Übernahme. Insofern kann der Demerger nach hiesigem Begriffsverständnis als eine spezielle Ausprägungsform der Desinvestition verstanden werden.

1.2 Aufbau des Demerger-Management

Vor dem Hintergrund der oben dargestellten Bedeutung von Demerger-Transaktionen einerseits und der Problemfelder andererseits erwächst die Notwendigkeit einer tieferen theoretischen Durchdringung des Themenfeldes. Gleichzeitig ist anzuführen, dass die bestehende M&A-Literatur dem Aspekt des Demergers bislang kaum oder nur in sehr geringem Maße Aufmerksamkeit geschenkt hat.[1]

Daher werden der Demerger-Prozess und dessen spezifische Charakteristika hier ausführlich dargestellt. Besonderes Augenmerk wird dabei auf die zur Verfügung stehenden Umsetzungskonzepte sowie den idealtypischen Ablauf des Demerger-Prozesses gelegt. Dabei erfolgt die Darstellung des Demerger-Management als integrierter Bestandteil des gesamten M&A-Prozesses (vgl. Abbildung ***1-1***).

Der Aufbau von Teil D gliedert sich in drei Kapitel. Nachdem im ersten Kapitel eine Definition und Abgrenzung des Demerger-Begriffes erfolgt, widmet sich Kapitel 2 den zur Durchführung eines Demerger zur Verfügung stehenden Konzepten. Dabei wird zwischen Erhalt und Aufgabe des Objektes unterschieden.

Kapitel 3 befasst sich anschließend mit dem Ablauf des Demerger-Prozesses. Dieser setzt sich idealtypisch aus einer Analyse- und Konzeptionsphase sowie der Durchführungsphase zusammen. Daneben gilt ein begleitendes Demerger-Controlling als wichtige Voraussetzung zur Prozesssteuerung und Erfolgsmessung. Teil D schließt mit einem Fallbeispiel ab, in dem viele der hier genannten Aspekte und Facetten des M&A-Management aufgegriffen und deren praktische Relevanz verdeutlicht wird.

1 Vgl. Wirtz (2006), S. 1 ff.

Abbildung 1-1: *Demerger-Management im Rahmen des M&A-Prozesses*

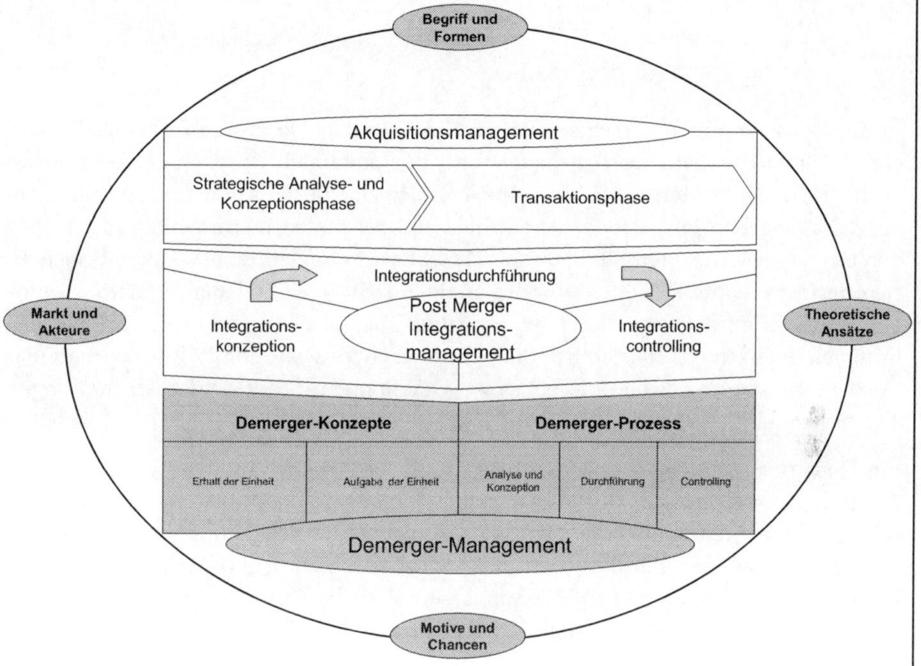

2 Demerger-Konzepte

In der Praxis kommen verschiedenartige Konzepte zur Durchführung eines Demergers in Betracht. Diese werden in der Literatur außerhalb des Demerger-Kontextes auch als Restrukturierungsinstrumente bezeichnet.[1] Im Zusammenhang mit einer vorausgegangenen Fusion oder Akquisition soll bei diesen Instrumenten hier jedoch von Demerger-Konzepten die Rede sein. Die Bezeichnungen der einzelnen Restrukturierungsinstrumente stammen aus der anglo-amerikanischen Finance-Literatur. Eine einheitliche Begriffsverwendung im Schrifttum liegt jedoch nicht vor. So bestehen mitunter Unterschiede hinsichtlich der begrifflichen Verwendung in Wissenschaft und Praxis; gleichzeitig weichen die einzelnen Definitionen in der deutschen und angelsächsischen Literatur häufig voneinander ab.

Ein Demerger ist nicht notwendigerweise mit der Aufgabe beziehungsweise einem endgültigen Marktaustritt der abgespaltenen Unternehmenseinheit verbunden. Zwar führt die Veräußerung einer Unternehmenseinheit in der Regel zum Marktaustritt aus Sicht des Verkäufers, allerdings wird die Einheit in diesem Fall durch eine neue Muttergesellschaft weiterbetrieben.[2] Somit lassen sich die Demerger-Konzepte danach differenzieren, ob mit der Abspaltung ein Erhalt oder die Aufgabe der betroffenen Unternehmenseinheit verbunden ist.[3][4]

Auch wenn Demerger-Aktivitäten in der Praxis weitgehend unabhängig von Unternehmensgröße und -struktur durchgeführt werden, stehen hier börsennotierte Konzerne beziehungsweise Aktiengesellschaften im Mittelpunkt der Betrachtung. Als Konzernunternehmung bezeichnet Theisen dabei „jede Mehrheit selbständiger wie unselbständiger Unternehmen und Betriebe [...], die als wirtschaftliche Einheit in personeller, institutioneller, funktioneller oder struktureller Hinsicht zeitlich befristet oder auf Dauer ein gemeinsames wirtschaftliches Ziel verfolgen, welches im Rahmen entsprechender Planungen Berücksichtigung findet."[5] Abbildung 2-1 stellt die gängigen Umsetzungskonzepte eines Demerger dar.

1 Vgl. Achleitner (2001), S. 358 f.; Charifzadeh (2002), S. 23 f.
2 Vgl. Böllhoff (2009), S. 14.
3 Vgl. Achleitner/Wecker/Wirtz (2005), S. 1033 ff.
4 Vgl. Wirtz/Defren/Ullrich (2012), S. 258.
5 Theisen (1991), S. 23.

Abbildung 2-1: *Demerger-Umsetzungskonzepte*[1]

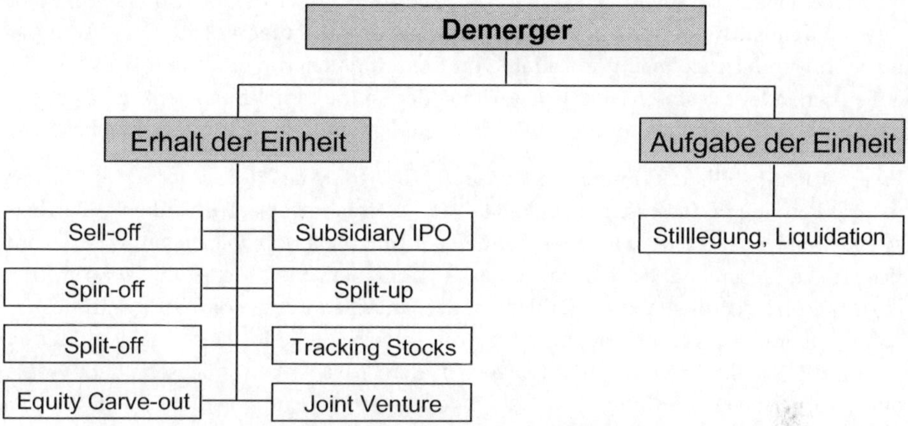

2.1 Erhalt der Einheit

Bei einem Großteil der in der Praxis beobachtbaren Demerger-Transaktionen wird die betroffene Unternehmenseinheit erhalten. Daher sollen diejenigen Umsetzungskonzepte vorgestellt werden, bei denen das Demerger-Objekt nach Durchführung der Transaktion weiter am Markt existiert. Zu den erhaltenden Konzepten zählen Sell-off, Spin-off, Split-off, Equity Carve-out, Subsidiary IPO, Split-up, Tracking Stocks sowie Joint Ventures. Auf die genannten Konzepte wird im Folgenden näher eingegangen.

2.1.1 Sell-off

Mit dem Begriff Sell-off oder Divestiture wird der Verkauf einer in der Regel selbstständigen Unternehmenseinheit, wie beispielsweise einer Tochtergesellschaft, an einen unternehmensexternen Käufer bezeichnet.[2] Damit stellt der Sell-off das Gegenteil einer Unternehmensakquisition dar. In Analogie zum Unternehmenskauf kann der Verkauf grundsätzlich im Wege des Asset Deal oder des Share Deal erfolgen.[3] Charakteristisch für den Sell-off ist die private Aushandlung des Verkaufs zwischen den beteiligten Parteien. Den Verkaufserlös erzielt dabei die veräußernde Muttergesellschaft. Der Erwerb erfolgt regelmäßig in Form von Barmitteln, Sicherheiten oder durch Anteile an der Käufergesellschaft.

1 In Anlehnung an Weiher (1996), S. 28; Burger/Ulbrich/Ahlemeyer (2010), S. 456.
2 Vgl. Hommel/Knecht/Wohlenberg (2006), S. 495.
3 Vgl. Abschnitt 3.5.2 in Teil B.

Als Käufergruppe kommen unter anderem industrielle und institutionelle Investoren in Frage (traditioneller Sell-off). Aus Käuferperspektive spricht man bei einem Sell-off auch von einem so genannten Buy-out.[1] Dabei bezeichnet der Begriff Management Buy-out den Fall, in dem das bisherige Management als Käufer auftritt. Diese Transaktionsform findet regelmäßig mit Hilfe von Fremdfinanzierungen durch Banken oder außenstehende Investoren statt. Das Ausmaß der Fremdkapitalfinanzierung hängt von der Höhe des Kaufpreises und den verfügbaren Eigenmitteln des Management ab.[2]

Eine Variante stellt der Employee Buy-out (EBO) dar, bei dem interne Mitarbeiter niedrigerer Hierarchiestufen Eigenkapital am Übernahmeobjekt erwerben.[3] Der entscheidende Unterschied zu anderen Formen der Mitarbeiterkapitalbeteiligung, wie zum Beispiel Vorzugsaktien, besteht darin, dass es bei einem EBO nicht um die Schaffung eines Anreizinstruments zum Verbleib in der Unternehmung, sondern um die Übernahme operativer Verantwortung durch die Mitarbeiter geht. Das Ziel des EBO ist häufig die Erhaltung von Arbeitsplätzen. In der Praxis haben Belegschafts-Buy-outs eine eher geringe Bedeutung.

Der Begriff Management Buy-in (MBI) bezeichnet den Fall, bei dem externe Manager im Anschluss an die Transaktion die Unternehmensleitung übernehmen.[4] Eine derartige Form der Transaktion kommt dann in Frage, wenn das bestehende Management nicht in ausreichendem Maße über die notwendige Qualifikation oder Bereitschaft zur Übernahme des Unternehmens verfügt. Greift der Käufer eigens zur Finanzierung der Transaktion überwiegend auf Fremdmittel zurück, so ist vom Leveraged Buy-out (LBO) die Rede. In der Praxis treten regelmäßig auch Kombinationen der erwähnten Buy-out-Formen auf (siehe Abbildung 2-2).

Die Veräußerung umfasst regelmäßig 100 Prozent der Unternehmensanteile, so dass nach der Transaktion keine rechtlichen und wirtschaftlichen Verbindungen zwischen der verkauften Einheit und der verbleibenden Konzerngesellschaft bestehen. Die Obergesellschaft gibt die Kontrolle über den abgespaltenen Unternehmensteil vollständig ab, ohne dass ein Börsengang erfolgt. Damit steht dem Konzernunternehmen durch den Verkauf kein betriebliches Kapital mehr an der abgespaltenen Unternehmenseinheit zur Verfügung.

1 Vgl. Bartsch (2005), S. 33 sowie Abschnitt 2.3.2 in Teil A.
2 Vgl. Burger/Ulbrich/Ahlemeyer (2010), S. 457.
3 Vgl. Geidner (2009), S. 20.
4 Vgl. Zipser (2008), S. 16.

Erfolgt der Unternehmensverkauf durch Auszahlung in Barmitteln, so kann der Veräußerer dafür jedoch anderen Verpflichtungen, wie beispielsweise der Schuldentilgung oder Dividendenzahlung, nachkommen.

Abbildung 2-2: *Arten des Unternehmensverkaufs*[1]

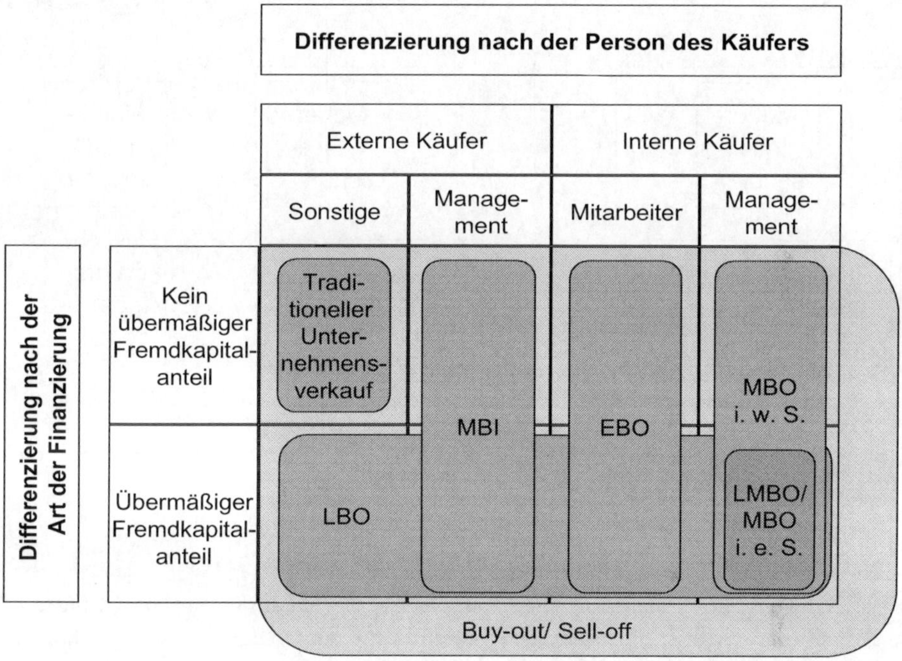

Abbildung 2-3 visualisiert die Veränderung der Eigentümerstruktur bei der Unternehmensabspaltung durch einen Sell-off. Als praktisches Beispiel für einen Demerger im Wege des Sell-off kann der im Jahr 2000 vollzogene Verkauf von Rover durch die BMW AG an das britische Phoenix-Konsortium genannt werden.[2] BMW hatte Rover im Jahr 1994 übernommen.

1 In Anlehnung an Achleitner (2001), S. 200.
2 Vgl. hierzu Köhn (2000a), S. 8.

Abbildung 2-3: *Sell-off eines Unternehmensteils*[1]

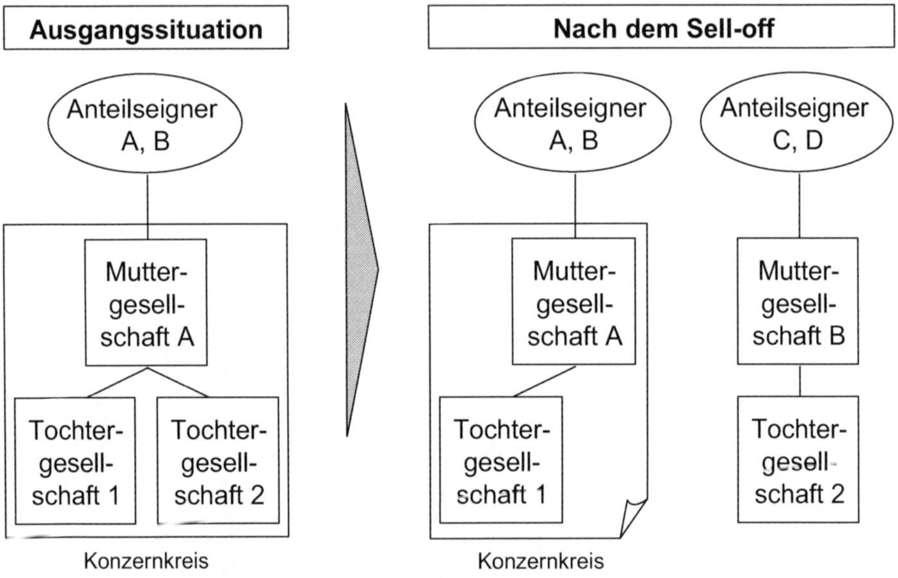

2.1.2 Spin-off

Das charakteristische Merkmal eines Spin-offs ist die Herauslösung eines Unternehmensteils und dessen eigenständige Weiterführung als rechtlich und wirtschaftlich selbstständige Einheit.[2] Dabei werden die Aktien des abzuspaltenden Unternehmens an die Aktionäre der Muttergesellschaft verhältniswahrend (pro rata), d. h. auf Basis ihrer Beteiligung ausgegeben.[3] Im Ergebnis entstehen zwei Unternehmen mit identischem Anteilseignerkreis, d. h. es findet kein Eigentümerwechsel statt. Es handelt sich also lediglich um eine Entflechtung des Konzerns, was vor allem bei hochgradig diversifizierten Konglomeraten ein geeignetes Mittel darstellt, um den Shareholder Value der Muttergesellschaft zu steigern.[4]

1 In Anlehnung an Schultze (1998), S. 29.
2 Vgl. Maselli (1996), S. 29; Mauroner (2009), S. 37.
3 Vgl. Löffler (1999), S. 3; Bartsch (2005), S. 37; Michalky/Schittler (2008), S. 980.
4 Vgl. Michalky/Schittler (2008), S. 980.

Somit halten die Konzernseigner nach Durchführung der Transaktion zwei unterschiedliche Beteiligungen in ihrem Portfolio: die Altanteile am Konzern sowie die neuen Aktien der abgespaltenen Tochtergesellschaft.[1] Abbildung 2-4 verdeutlicht diesen Zusammenhang.

Abbildung 2-4: *Spin-off eines Unternehmensteils*[2]

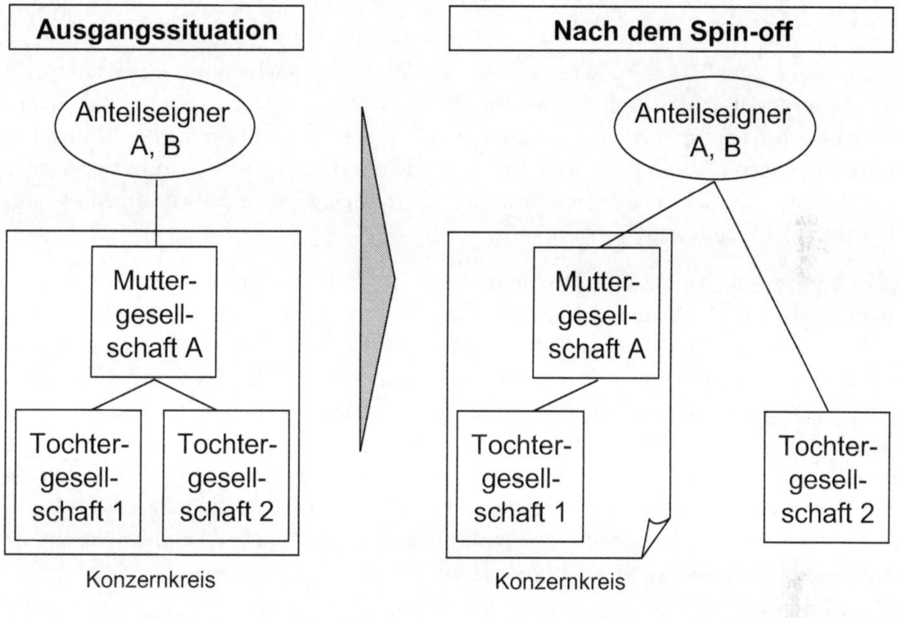

Der allgemeine Ablauf eines Spin-off lässt sich idealtypisch in zwei Schritten zusammenfassen:[3]

- Übertragung von Vermögensgegenständen: Die von der Konzerngesellschaft abzuspaltende Einheit wird in eine neugegründete oder bereits bestehende Tochtergesellschaft übertragen. Falls die abzuspaltende Einheit bereits in Form einer juristisch eigenständigen Tochtergesellschaft besteht, so entfällt die Übertragung.
- Herstellung einer verhältniswahrenden Beteiligung: Die Übertragung der Anteile erfolgt im Zuge der Ausschüttung einer Sachdividende. Deren jeweilige Höhe ver-

1 Vgl. Blanton/Perrett/Taino (2000), S. 8; bzgl. weiterer Gründe für Spin-offs siehe auch Blum (2006), S. 90 ff.

2 In Anlehnung an Bartsch (2005), S. 37.

3 Vgl. Bartsch (2005), S. 36 ff.

teilt sich derart auf die Anteilseigner, dass die ursprünglichen Kapitalverhältnisse gewahrt bleiben.

Bei der Übertragung der Gesellschaften kommt es nicht zu einem Austausch von Zahlungen zwischen den beteiligten Parteien. Damit nimmt der Wert der Konzerngesellschaft rein rechnerisch um den Wert der abgespaltenen Unternehmenseinheit ab. Im Anschluss an die Übertragung werden die Anteile des Spin-off-Objekts regelmäßig zum Handel auf organisierten Sekundärmärkten zugelassen.[1] Ein weiteres Merkmal des Spin-offs liegt in der Kapitalbeteiligung und sonstigen Unterstützungsleistungen seitens der Konzernobergesellschaft.[2]

Dabei ist die Beteiligungshöhe jedoch stets als Minderheitsbeteiligung einzustufen, da die Muttergesellschaft durch die mehrheitliche Auskehrung der Aktien stets die Kontrolle über die abgespaltene Unternehmenseinheit abgibt. Damit bildet das Tochterunternehmen nach dem Spin-off weder in personeller, institutioneller, struktureller oder funktioneller Hinsicht eine Einheit mit der Konzernobergesellschaft und gehört folglich auch nicht mehr zum Konzernkreis.[3]

Die abgespaltene Unternehmenseinheit agiert nach Durchführung der Transaktion unabhängig am Markt und verfügt über eigene Organe, eine autarke Administration und ist finanziell eigenständig. Neben der Steigerung des Unternehmenswertes durch Auflösung diversifizierter Konzernstrukturen können weitere Motive der Durchführung eines Spin-offs in der Stärkung der Wettbewerbsposition der Muttergesellschaft liegen, beispielsweise wenn diese für ihre Unterstützungsleistung einen späteren Know-how-Transfer sicherstellt.[4] Überdies setzen die beteiligten Parteien regelmäßig auf Effizienzvorteile, die aus einer besseren Arbeitsteilung resultieren. Dies gilt vor allem dann, wenn die Konzerngesellschaft der abgespaltenen Unternehmenseinheit Aufgabenbündel überträgt, die diese wirtschaftlicher erfüllen kann.

Die Möglichkeit der steuerneutralen Durchführung gehört zu den wesentlichen Merkmalen eines Spin-offs in den USA.[5] Kapitalgesellschaften sind dort grundsätzlich einkommenssteuerpflichtig. Allerdings können Ausschüttungen unter den Voraussetzungen des Sec. 355 Internal Revenue Code (IRC) auf Gesellschafts- und Gesellschafterebene steuerfrei ausgekehrt werden. Diese Voraussetzungen sind:[6]

- Kontrolle: Um die Steuerneutralität zu gewährleisten, ist es notwendig, dass das auskehrende Unternehmen die Anteile der abzuspaltenden Einheit vor Durchfüh-

1 Vgl. Bartsch (2005), S. 39.
2 Vgl. Gaida (2011), S. 24.
3 Vgl. Sievers (2006), S. 138 ff.; Kowalewski (2008), S. 129.
4 Vgl. Thissen (2000), S. 34; für zusätzliche Motive siehe Blum (2006), S. 90 ff.
5 Vgl. Wirtz/Becker (2001), S. 434.
6 Vgl. Schultze (1998), S. 684 ff.; Copeland/Weston/Shastri (2008), S. 684; bzgl. einer Einsicht in den amerikanischen Gesetzestext siehe auch Legal Information Institute (2015).

rung der Transaktion, im Sinne einer Mindestbeteiligungsquote von 80 Prozent, kontrolliert.

- Fortführung der aktiven Geschäftstätigkeit: Unmittelbar nach der Auskehrung müssen sowohl die Konzerngesellschaft als auch das abgespaltene Tochterunternehmen ihre aktive Geschäftstätigkeit fortführen. Dabei gilt das Halten von Aktien, Wertpapieren und Grundvermögen grundsätzlich nicht als aktive Geschäftstätigkeit im Sinne des Sec. 355 IRC.
- Fünf-Jahres-Frist: Das abgespaltene Unternehmen muss in einem Zeitraum von fünf Jahren vor dem Spin-off eine aktive Geschäftstätigkeit ausgeübt haben. Innerhalb dieses Zeitraums darf es nicht Gegenstand einer steuerpflichtigen Transaktion geworden und nicht von einer anderen Gesellschaft geführt worden sein, die in einer steuerpflichtigen Transaktion erworben wurde.
- Auskehrung von mindestens 80 Prozent der Anteile: Voraussetzung für eine steuerneutrale Durchführung der Transaktion ist, dass die Konzerngesellschaft ihre Kontrolle im Zuge des Spin-offs abgibt. Hierfür ist die Auskehrung von mindestens 80 Prozent aller Stimmrechtsanteile des Tochterunternehmens notwendig.
- Keine Umgehung der steuerpflichtigen Ertragsausschüttung: Der Spin-off darf nicht einer Umgehung der Besteuerung von Ertragsausschüttungen dienen.

Auch in Deutschland ist die steuerfreie Durchführung eines Spin-offs grundsätzlich möglich. Tatsächlich gibt es jedoch eine Reihe von restriktiven Gesetzeshürden, die eine steuerneutrale Ausgestaltung in der Praxis hierzulande bislang verhindert haben. Der Demerger des Versandhandelsunternehmens Takkt AG vom Gehe Konzern im Jahr 1999 war der erste in Deutschland praktisch durchgeführte Spin-off.[1] Der Gehe Konzern hatte das Vorgängerunternehmen der Takkt AG, die Kaiser + Kraft Gruppe, im Jahr 1985 erworben.

Im Laufe der 80er und 90er Jahre erfolgten weitere selektive Akquisitionen im Versandhandelgeschäft, die in der Tochtergesellschaft Takkt gebündelt wurden. Die Entscheidung für den Demerger wurde mit dem Ziel der Steigerung des Unternehmenswertes getroffen. Ein Sprecher des Gehe Konzerns teilte zur Begründung mit, der Wert der Takkt werde im Gesamtportfolio des Gehe Konzerns „nicht sichtbar".

2.1.3 Split-off

Der Split-off beschreibt ein Demerger-Konzept, bei dem das Konzernunternehmen Kapitalanteile an einer bestehenden Tochtergesellschaft gegen eigene Anteile tauscht.[2] Daher ist in diesem Zusammenhang auch häufig von einem Aktientausch die Rede. Vergleichbar mit dem Spin-off werden in einem ersten Schritt Teile einer Konzernge-

1 Vgl. Volk (1999), S. 380.
2 Vgl. Koller/Goedhart/Wessels (2010), S. 481.

sellschaft abgespalten und auf eine neugegründete oder bestehende Tochtergesellschaft übertragen. In einem zweiten Schritt erfolgt jedoch keine verhältniswahrende Auskehrung von Anteilen an die Konzernaktionäre.

Vielmehr erhalten diese nun das Angebot, Anteile der Konzerngesellschaft gegen Anteile des abgespaltenen Tochterunternehmens einzutauschen. Somit müssen, anders als beim Spin-off, die Anteile an der Konzerngesellschaft aufgegeben werden, um eine Beteiligung an der Tochtergesellschaft zu erwerben.[1] Die Konzerngesellschaft wird nach dem Aktientausch mit vermindertem Grundkapital und reduziertem Vermögen ohne Beteiligung an der Tochtergesellschaft fortgeführt. Die grundsätzliche Methodik des Split-off wird in Abbildung 2-5 dargestellt.

***Abbildung* 2-5:** *Split-off eines Unternehmensteils*[2]

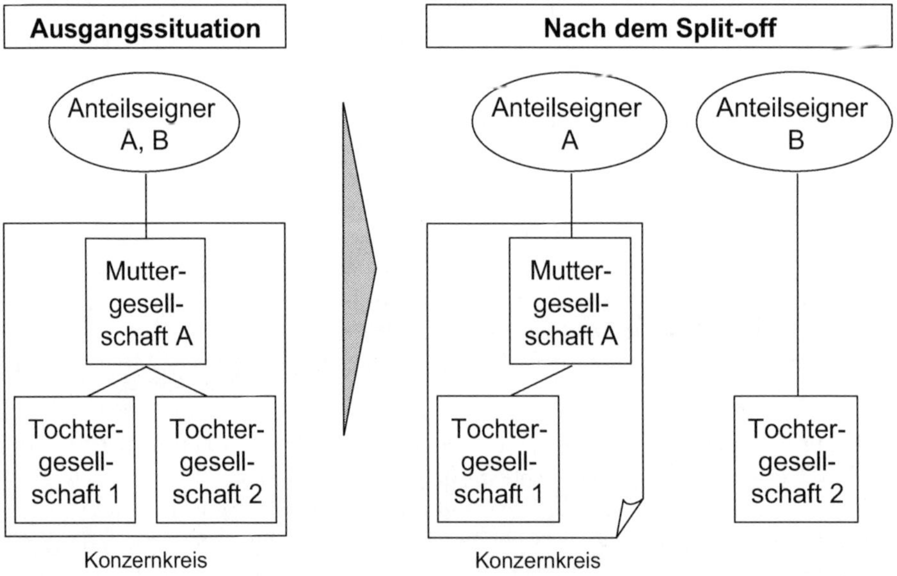

Erfolgt die Abspaltung eines Unternehmensteils im Wege des Split-off, wird dies regelmäßig über ein öffentliches Tauschangebot an die Aktionäre der Konzerngesellschaft durchgeführt.[3] Dabei wird den Aktionären häufig eine Prämie geboten, um

1 Vgl. Ostrowski (2007), S. 25.
2 In Anlehnung an Schultze (1998), S. 25.
3 Vgl. Charifzadeh (2002), S. 98; Ostrowski (2007), S. 25.

einen verstärkten Anreiz für den Aktientausch zu setzen.[1] Diese Prämie spiegelt sich im Umtauschverhältnis wider. Falls die Anteile der abzuspaltenden Unternehmenseinheit nicht bereits öffentlich gehandelt werden, so findet im Anschluss regelmäßig eine Börsennotierung der Tochtergesellschaft statt.[2]

Der Gesetzgeber hat die Durchführung von Split-offs in Deutschland nicht explizit geregelt.[3] Daher wird der Vorgang in der Praxis in zwei separate Transaktionen untergliedert. Zunächst werden dabei die Anteile an der Tochtergesellschaft unter Auflösung stiller Reserven veräußert. Anschließend kommt es zu einem Rückkauf eigener Aktien durch das Konzernunternehmen. Split-offs sind in der Demerger-Praxis bislang eher selten. Ein Beispiel für einen Demerger im Wege des Split-off ist Viacom, das 2004 sein Interesse an einem Split-off mit der Tochtergesellschaft Blockbuster bekanntgab und seinen Stakeholdern Aktien von Blockbuster im Gegenzug für eine entsprechende Anzahl Aktien von Viacom anbot.[4] Ein weiteres Beispiel ist der von McDonalds durchgeführte Split-off seiner Anteile an Chipotle Mexican Grill, dessen Wert mit 660 Millionen US-Dollar datiert war.[5]

2.1.4 Equity Carve-out

Unter einem Equity Carve-out (auch Split-off IPO) versteht man den öffentlichen Verkauf von Aktienanteilen eines selbstständigen, sachlich und personell abgegrenzten Unternehmensbereichs, beispielsweise einer Tochtergesellschaft.[6] Im Gegensatz zum Spin-off fließt der veräußernden Konzerngesellschaft bei dieser Demerger-Umsetzungsvariante frisches Kapital zu, falls der Verkaufserlös den Buchwert der Beteiligung übersteigt.[7]

Bei der Unternehmensveräußerung im Wege des Equity Carve-out werden die Anteile im Gegensatz zu einem Direktverkauf an einzelne Käufer über den institutionalisierten Kapitalmarkt bei einer breiten Masse von Investoren platziert. Die der Öffentlichkeit im Zuge des Verkaufs angebotenen Anteile können entweder durch eine Kapitalerhöhung neu geschaffen werden (Primärplatzierung oder auch „Primary Offering“) oder aus den Büchern der Konzerngesellschaft stammen (Sekundärplatzierung oder auch „Secondary Offering“).[8] Die überwiegende Mehrheit der praktisch durchgeführten Equity Carve-outs basiert auf Primärplatzierungen von Aktien der zu veräußern-

1 Die Höhe der Prämie liegt für den US-Markt zwischen 15 und 18 Prozent des Unternehmenswertes, vgl. Blanton/Perrett/Taino (2000), S. 29 f.
2 Vgl. Charifzadeh (2002), S. 98; Ostrowski (2007), S. 25 f.
3 Vgl. Achleitner (2001), S. 360.
4 Vgl. Investopedia (2016).
5 Vgl. Eckbo (2008), S. 455.
6 Vgl. Wirtz/Becker (2001), S. 434 f., Rudolph (2006), S. 270.
7 Vgl. Rudolph (2006), S. 270.
8 Vgl. Eckbo (2008), S. 455 f.

den Tochtergesellschaft. Dies geschieht hauptsächlich aus Steuergründen, da Primärplatzierungen im Gegensatz zu Sekundärplatzierungen steuerfrei sind. [1]

Der Carve-out ist dadurch gekennzeichnet, dass die Konzerngesellschaft auch nach der Transaktion weiterhin die Kontrolle, im Sinne eines beherrschenden Stimmrechtsanteils, über die Tochtergesellschaft ausübt. Denn im Gegensatz zum Subsidiary IPO werden bei einem Demerger im Wege des Equity Carve-out nur Minderheitsanteile, beschränkt auf 10-30% über den Markt verkauft.[2] Auf diese Weise kann die Konzerngesellschaft weiterhin Einfluss auf die Geschäftspolitik der Tochtergesellschaft ausüben.[3] Zudem bleibt auch die Möglichkeit, diese in den Konzernabschluss miteinzubeziehen. Abbildung 2-6 verdeutlicht den Zusammenhang.

Abbildung 2-6: *Equity Carve-out eines Unternehmensteils*[4]

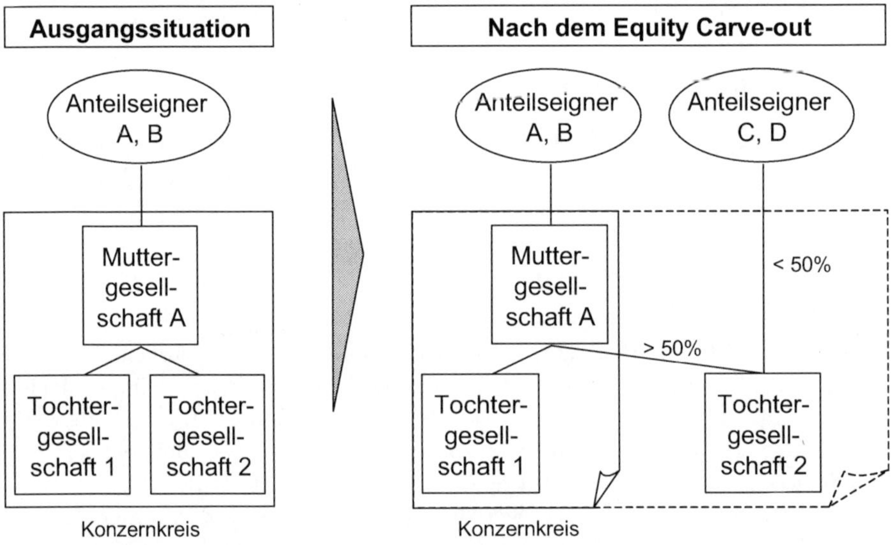

Die Verbindung zwischen Konzern- und Tochtergesellschaft beschränkt sich in der Regel nicht nur auf die Bilanz. So werden vom Konzernunternehmen mitunter zentrale Ressourcen zur Verfügung gestellt, wie beispielsweise Personal, Networking-Hilfen und administrative Unterstützungen. Auch auf Top-Manangement-Ebene bestehen

1 Vgl. Eckbo (2008), S. 456.
2 Vgl. Rudolph (2006), S. 270.
3 Vgl. Eckbo (2008), S. 455.
4 In Anlehnung an Schultze (1998), S. 28.

zwischen Konzern- und Tochterunternehmen nach einem Equity Carve-out häufig noch Verflechtungen. So ist in der Praxis zu beobachten, dass auf Unternehmensführungsebene der Tochtergesellschaft im Anschluss an deren Aktienemission häufig noch Manager des Mutterkonzerns vertreten sind.

Das vorrangige Ziel einer Neuemission besteht in der Verbesserung der Kapitalstruktur des Konzernunternehmens.[1] Zusätzlich bewirkt die Börsennotierung im Zuge eines Equity Carve-out ein verstärktes öffentliches Interesse an dem Tochterunternehmen, was häufig zu einer Steigerung des Bekanntheitsgrades führt. Mit der Abspaltung vom Mutterkonzern wird die Performancemessung vereinfacht und für den Markt transparenter.

Die Börsennotierung ermöglicht überdies eine Vergütung in Form von Aktienoptionen, oft ein wichtiger Anreiz zur Leistungssteigerung der Mitarbeiter. Zudem vereinfacht eine Sekundärmarktnotierung der Anteile an einer Tochtergesellschaft mögliche Kaufpreisverhandlungen, falls der Konzern sich zu einem späteren Zeitpunkt zu einer vollständigen Trennung entschließen sollte. Tatsächlich stellen Equity Carve-outs in der Praxis häufig nur einen ersten Schritt auf dem Weg zu einer vollständigen Desinvestition dar.[2] In einem zweiten Schritt kommen regelmäßig andere Demerger-Konzepte zur Anwendung, wie zum Beispiel Sell-offs, Spin-offs oder Split-offs.[3]

In Deutschland gibt es etliche Beispiele für Equity Carve-outs. Dazu zählen beispielsweise die Börsengänge der Tochtergesellschaften T-Online und Infineon im Jahr 2000. Während die Deutsche Telekom lediglich knapp 10 Prozent der Anteile an ihrer Internettochter über die Börse verkaufte, lag dieser Anteil im Fall der Siemens-Tochter Infineon bei 30 Prozent.[4] Die Aktientranche von T-Online stammte dabei vollständig aus einer Kapitalerhöhung, die von Infineon nur zu einem Zehntel.[5]

2.1.5 Subsidiary IPO

Wird im Zuge des Börsengangs der Tochtergesellschaft mehr als ein Minderheitsanteil über den Kapitalmarkt veräußert, so handelt es sich um ein Subsidiary IPO (auch Partial Public Offering).[6] Im Gegensatz zum Equity Carve-out verfügt die Konzerngesellschaft damit nach Durchführung der Transaktion nicht mehr über die Stimmrechtsmehrheit und kann folglich auch keinen direkten Einfluss auf die Geschäftspolitik der ehemaligen Tochtergesellschaft ausüben. Analog dem Equity Carve-out fließt der Emissionserlös aus den Altaktienbeständen („Secondary Shares") in die Kassen

1 Vgl. Schultze (1998), S. 27.
2 Vgl. Rudolph (2006), S. 271.
3 Vgl. Charifzadeh (2002), S. 94.
4 Vgl. Köhn (2000b), S.8.
5 Vgl. Grunow/Zimmermann (2000), S. 1.
6 Vgl. Blanton/Perrett/Taino (2000), S. 17; Burger/Ulbrich/Ahlemeyer (2010), S. 460.

der Konzerngesellschaft.[1] Wird die Transaktion mit einer Kapitalerhöhung kombiniert, so steht der Erlös aus dem Verkauf dieser jungen Aktien („Primary Shares") der Tochtergesellschaft zu.[2] Im Gegensatz zu einem Demerger im Wege des Sell-off wird die Tochtergesellschaft nach Durchführung des Subsidiary IPO selbstständig am Kapitalmarkt notiert und bewertet.

Abbildung 2-7 stellt die Veränderung der Eigentümerstruktur bei dieser Transaktionsform dar. Ein Beispiel für einen Subsidiary IPO ist der Verkauf der Mehrheitsanteile an World Duty Free durch Dufry. Die Mehrheitsanteile wurden vom Benetton-Konzern gehalten. Durch den Zusammenschluss des größten und zweitgrößten Duty-Free-Unternehmens entsteht der weltweit größte Flughafeneinzelhändler mit einem Marktanteil von 25 rund Prozent und Jahreserlösen von neun Milliarden Dollar.[3]

Abbildung 2-7: *Subsidiary IPO eines Unternehmensteils*[4]

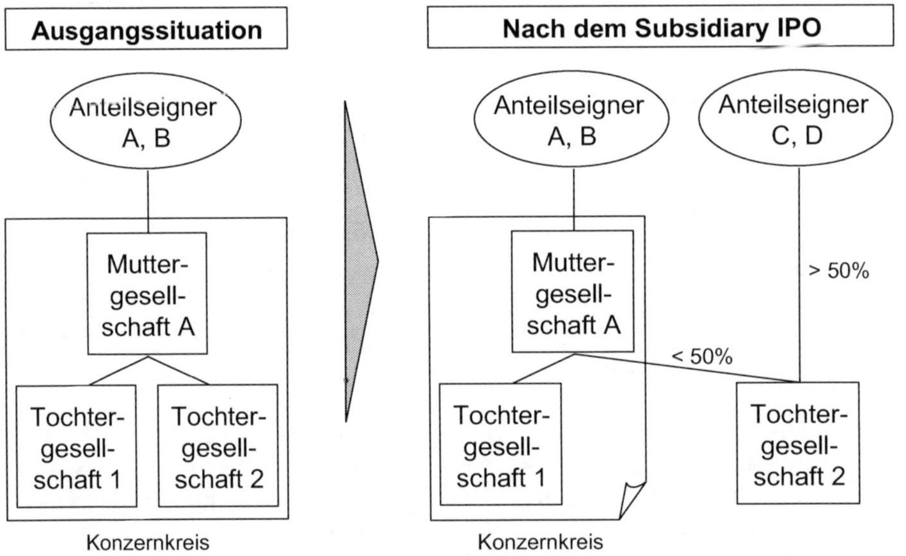

1 Vgl. Ostrowski (2007), S. 24.
2 Vgl. Ostrowski (2007), S. 24.
3 Vgl. n-tv (2015).
4 In Anlehnung an Achleitner (2001), S. 363.

2.1.6 Split-up und Demerger im engeren Sinne

Der Split-up beschreibt die Aufspaltung eines Unternehmens. Das charakteristische Merkmal dieser Demerger-Variante besteht im Transfer des Gesamtvermögens des Tochterunternehmens auf mindestens zwei bestehende oder neu zu gründende Gesellschaften.[1] Ein Split-up wird nach mit Hilfe mehrerer Spin-offs durchgeführt.[2] Die Anteile werden dabei regelmäßig verhältniswahrend ausgekehrt.

Im Gegensatz zu sämtlichen der bislang vorgestellten Demerger-Konzepte wird das übertragende (Konzern-)Unternehmen im Zuge eines Split-up liquidiert und ist damit nicht mehr am Markt präsent.[3] Der Geschäftsmantel der Konzerngesellschaft wird dabei entweder aufgelöst oder als leere Hülle weiterveräußert. Abbildung 2-8 stellt den Split-up auf bestehende Unternehmensteile dar.

Abbildung 2-8: *Split-up auf bestehende Unternehmensteile*[4]

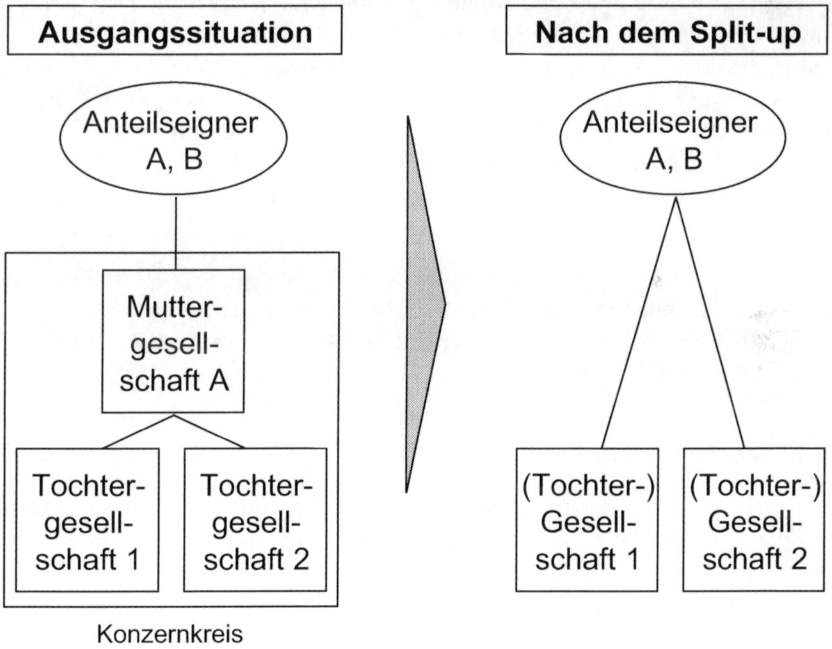

1 Vgl. Schipper/Smith (1983), S. 438; Pauser (2007), S. 12.
2 Vgl. Weston/Chung/Siu (1998), S. 231; Burger/Ulbrich/Ahlemeyer (2010), S. 463.
3 Vgl. Hommel/Knecht/Wohlenberg (2006), S. 502; Burger/Ulbrich/Ahlemeyer (2010), S. 464.
4 In Anlehnung an Schultze (1998), S. 26.

Eine Variante des Split-up stellt der Demerger im engeren Sinne dar. Unter diesem Begriff werden Transaktionen subsumiert, bei denen eine vorangegangene Fusion wieder rückgängig gemacht und somit der ursprüngliche Zustand exakt wiederhergestellt wird. Dabei wird das fusionierte Unternehmen in einem ersten Schritt liquidiert. Anschließend wird das Vermögen in seiner ursprünglichen Verteilung auf die Ausgangsunternehmen zurückübertragen.[1]

Praxisbeispiele für Split-ups sind eher selten. Als Grund hierfür können die relativ hohen Kosten der Liquidation und der Übertragung angeführt werden.[2] Ein Beispiel ist der Split-up der österreichischen Bank Kommunalkredit Austria AG im Jahr 2009.[3] Dabei wurden alle strategischen Assets der gemeinde- und infrastrukturbezogenen Segmente an das Tochterunternehmen Kommunalkredit Depotbank AG übertragen, das umbenannt wurde in Kommunalkredit Austria AG. Sämtliche anderen, nichtstrategischen Assets, die Schulden, das Sicherheitsportfolio und die Anteile an der Kommunalkredit International Bank Ltd (Cyprus) wurden der KA Finanz AG überschrieben, dem neu entstandenen Unternehmen aus der Kommunalkredit Austria AG.

Das Vermögen wurde unter beiden Banken aufgeteilt. Der Wert der Assets der KA Finanz AG betrug dabei 17,5 Billionen Euro, bei der Kommunalkredit Austria AG 16,2 Billionen. Praktische Beispiele für eine exakte Rückgängigmachung eines Zusammenschlusses sind nicht bekannt, allerdings kann die Abspaltung der Celanese AG vom Hoechst Konzern im Jahr 1999 durchaus als Demerger im engeren Sinne betrachtet werden, wenngleich das Unternehmen während seiner Zugehörigkeit zur Hoechst AG teilweise umstrukturiert wurde und mit der ursprünglichen Celanese Corporation nur noch in Teilen Übereinstimmungen aufwies.

Hoechst hatte die Celanese Corporation im Jahr 1987 zu einem Preis von 2,85 Milliarden US-Dollar übernommen. Nach der Genehmigung der amerikanischen Kartellbehörde wurde Celanese mit der American Hoechst Corporation zur Hoechst Celanese Corporation in den USA verschmolzen.[4]

2.1.7 Tracking Stocks

Tracking Stocks ermöglichen eine separate Abbildung von Vermögensgegenständen bestimmter Geschäftsbereiche („Tracked Units") eines Unternehmens am Kapitalmarkt.[5] Hierbei wird für jede Unternehmenseinheit, deren wirtschaftliche Entwicklung am Kapitalmarkt abgebildet („getracked") werden soll, eine separate Aktiengattung (Tracking Stock-Gattung) an der Börse eingeführt und gehandelt.[6] Somit werden

1 Vgl. Achleitner (2001), S. 362; Burger/Ulbrich/Ahlemeyer (2010), S. 464.
2 Vgl. Schultze (1998), S. 24; Cascorbi (2003), S. 20.
3 Vgl. EANS-Adhoc (2009).
4 Vgl. Celanese (2003).
5 Vgl. Sievers (2006), S. 142.
6 Vgl. Sievers (2006), S. 143.

einzelne Unternehmensbereiche mit Aktien ausgestattet, ohne dass ein neues Unternehmen durch Ausgliederung oder Abspaltung geschaffen wird.

In diesem Punkt unterscheiden sich Tracking Stocks von den in den vorangegangenen Abschnitten beschriebenen Demerger-Konzepten. Es können zwei unterschiedliche Generationen von Tracking Stocks unterschieden werden. Die erste Generation ist unter den Begriffen „Alphabet Stocks" (Alphabetaktien) oder „Letter Stocks" (Buchstabenaktien) bekannt.[1] Diese Bezeichnungen gehen auf die Namensgebung von Aktiengattungen durch die General Motors Corp. zurück, die Mitte der 80er Jahre im Zusammenhang mit den Unternehmensakquisitionen von Electronic Data Systems (EDS) und Hughes Aircraft Class E- und Class H-Stocks an den Markt brachte.[2] Die zweite Generation wird auch als „Tracking Stocks" oder „Targeted Stocks" bezeichnet.

Der Unterschied zwischen beiden Generationen liegt zum einen darin, dass Alphabet Stocks nur auf 100-prozentige Tochtergesellschaften emittiert wurden.[3] Zum anderen sind die Stimm- und Liquidationsrechte der Aktionäre bei der zweiten Generation enger an die einzelnen Geschäftseinheiten gebunden. Um den Kern dieses Demerger-Konzeptes zu verdeutlichen, werden im Folgenden trotz der unternehmensindividuellen Ausgestaltungsformen die wesentlichen gemeinsamen Charakteristika von Tracking Stock-Transaktionen dargelegt.

Tracking Stocks binden Aktiengewinne an die operative Leistungsfähigkeit jeder einzelnen Tracked Unit, um die mit dem Eigentum der Aktie verbundenen Vermögensrechte, insbesondere Gewinnbeteiligung und Liquidationserlös, auf einen Teilgeschäftsbereich zu beschränken.[4] Im Gegensatz zum Status Quo vor der Einführung der Tracking Stocks, bei dem eine einzelne Aktie einer Konzerngesellschaft sämtliche Geschäftsbereiche am Kapitalmarkt abbildete, werden bei Tracking Stocks die jeweiligen Tracked Units von einer eigenen Aktienklasse an der Börse repräsentiert.[5]

Die mit Hilfe der Tracking Stocks am Kapitalmarkt abgebildeten Unternehmensbereiche stellen keine rechtlich selbständigen Einheiten dar. Hieraus ergeben sich folgende Implikationen. Zum einen sind die Inhaber der Tracking Stocks immer noch Anteilseigner der Gesamtgesellschaft und nicht lediglich der Tracked Unit[6], so dass sich die Spaltung der Gesellschaft ausschließlich aus wirtschaftlicher, nicht aber juristischer Sicht ergibt.

Zum anderen verfügen die Inhaber der verschiedenen Tracking-Stock-Gattungen grundsätzlich weiterhin über Stimmrechte für die Hauptversammlung.[7] Darüber hin-

1 Vgl. Wirtz/Becker (2001), S. 429; Gilson (2010), S. 519; Gaughan (2015), S. 429.
2 Vgl. Gilson (2010), S. 519.
3 Vgl. Herz/Abahoonie (1986), S. 26.
4 Vgl. ALM (2006), S. 11 ff.
5 Vgl. Wirtz/Becker (2001), S. 430; Pölert (2007), S. 290.
6 Vgl. Baums (1996), S. 23; Gaughan (2015), S. 429.
7 Vgl. Gaughan (2015), S. 429.

aus wird der konsolidierte Gewinn des Unternehmens weiterhin gesamtsteuerlich veranlagt. Außerdem müssen die Manager der Tracking-Stock-Einheiten weiterhin an den Vorstand der Konzerngesellschaften berichten.[1] Der Vorstand hingegen muss zusätzliche Sorgfalts- und Treuepflichten übernehmen, um systematische Benachteiligungen der einzelnen Interessengruppen (Aktionäre der verschiedenen Tracking-Stock-Gattungen) zu vermeiden.

Darüber hinaus haften die einzelnen Tracking Units nicht nur gegenüber ihren eigenen, sondern weiterhin gesamtschuldnerisch für die Verbindlichkeiten aller Geschäftsbereiche. Entstehen Verluste innerhalb einer Geschäftseinheit, die nicht über deren Eigenkapital gedeckt werden, müssen daher andere Einheiten des Unternehmens diesen Verlust ausgleichen.[2]

Aus den genannten Merkmalen einer Tracking-Stock-Struktur sind im Wesentlichen zwei Voraussetzungen abzuleiten. Erstens muss es sich um ein Unternehmen handeln, das über mindestens zwei klar voneinander abgrenzbare Unternehmensbereiche verfügt. Hierbei ist es nicht entscheidend, ob diese Sparten rechtlich verselbstständigt oder als Geschäftsbereich betrieben werden. Zweitens bedarf es eines leistungsstarken und funktionsfähigen betrieblichen Rechnungswesens. Die entsprechende geschäftsbereichsbezogene Rechnungslegung hat elementare Bedeutung für die nachvollziehbare Ermittlung des auf die jeweiligen Tracking-Stock-Gesellschafter zu verteilenden Spartengewinns.

Je nachdem, für welche Tracking-Stock-Struktur sich das Management der Konzerngesellschaft entscheidet, entstehen mehrere Tracking-Stock-Klassen.[3] Theoretisch kann eine Gesellschaft dabei so viele Tracking-Stock-Gattungen emittieren, wie voneinander abgrenzbare Geschäftsfelder beziehungsweise Geschäftseinheiten vorhanden sind. Die Summe aller Tracking-Stock-Klassen ergibt dann das gesamte Aktienkapital der Konzerngesellschaft. Auf diese Weise erhalten Investoren die Möglichkeit, sich nicht an einem Gesamtunternehmen beteiligen zu müssen, sondern sich entsprechend ihrem Chancen-/Risiken-Profil nur an einer oder mehreren Geschäftseinheiten zu beteiligen, die auf Tracking Stocks emittiert wurden.[4]

Die Ermittlung eines fairen Wertes für die Tracking Stocks erfolgt nach den gleichen Methoden wie die Bewertung der herkömmlichen Stammaktien. Gleichwohl hängt die Bewertung nicht mehr von der wirtschaftlichen Leistungsfähigkeit und dem Wachstumspotenzial des Gesamtkonzerns ab, sondern lediglich von der des abgebildeten Unternehmensbereichs. Den Marktteilnehmern werden zur Steigerung der Transparenz der wirtschaftlichen Produktivität der einzelnen Geschäftseinheiten neben einem konsolidierten Konzernabschluss auch separate Einzelabschlüsse zur Verfügung ge-

1 Vgl. Michaelson (2003), S. 378 ff.
2 Vgl. Wirtz/Becker (2001), S. 432.
3 Vgl. Sievers (2006), S. 142.
4 Vgl. Wirtz/Becker (2001), S. 430.

stellt. Auf diese Weise kann der Markt die operative Leistungsfähigkeit der einzelnen in Form von Tracking Stocks abgebildeten Geschäftsbereiche bewerten. Abbildung 2-9 dient der Veranschaulichung der Tracking-Stock-Struktur.

Abbildung 2-9: *Tracking-Stock-Struktur*[1]

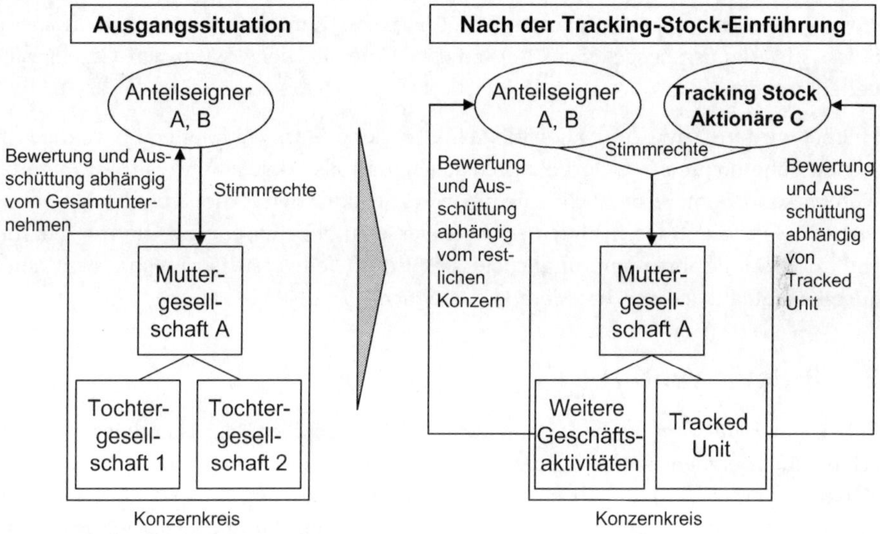

Bei der Emission werden in der Regel die umlaufenden Stammaktien in eine Tracking-Stock-Gattung umbenannt und gleichzeitig eine oder mehrere neue Gattungen geschaffen, deren Rechte sich auf die jeweiligen Geschäftseinheiten beziehen.[2] Dabei unterscheidet man grundsätzlich drei Distributionsmöglichkeiten.[3]

Bei der bisher am häufigsten verwendeten Methode werden die emittierten Tracking Stocks im Rahmen einer Sachdividende an die gegenwärtigen Unternehmensaktionäre verteilt. Die Aktionäre erhalten also für jede Aktie, die sie vom Unternehmen halten, eine bestimmte Anzahl von neuen Tracking Stocks für jede neu emittierte Gattung. Zum Zeitpunkt nach der Verteilung der Aktien ist die Aktionärsstruktur somit identisch mit jener vor der Transaktion.

1 In Anlehnung an Sievers (2006), S. 144.

2 Vgl. Steiner/Natusch (1996), S. 581; Sievers (2006), S. 142.

3 Zu den drei Emissionsmethoden vgl. Kennedy (1993), S. 24; Lehman Brothers/Price Waterhouse LLP/Simpson Thacher & Bartlett (1994), S. 7; Sievers (2006), S. 142 f.

Schließt man wertsteigernde Effekte durch die Tracking-Stock-Transaktion aus, bleibt die Vermögensposition des Aktionärs somit gleich, da der Wert der ursprünglichen Konzernaktie (jetzt umbenannt in eine Tracking-Stock-Gattung) um den Wert der Sachdividende gesunken ist. Dabei fließt dem Unternehmen kein zusätzliches Kapital zu, da die Aktionäre die neuen Tracking Stocks ohne Gegenleistung erhalten.

Die zweite Möglichkeit ist die Emission im Rahmen einer regulären Börsenplatzierung. Hier fließt dem Unternehmen neues Kapital zu. Die dritte Methode kann bei einer geplanten Akquisition angewendet werden. Zum Beispiel können Tracking Stocks als Akquisitionsgegenleistung an die Aktionäre der erworbenen Gesellschaft verteilt werden.

Hierbei wird im Zuge der Akquisition eine Tracking-Stock-Gattung emittiert, die sich auf das übernommene Unternehmen bezieht und als Akquisitionswährung benutzt werden kann. Somit ermöglicht eine derartige Struktur den Aktionären der übernommenen Gesellschaft, weiterhin eine Aktienklasse zu besitzen, die auf die wirtschaftliche Entwicklung ihrer ursprünglichen Gesellschaft fokussiert ist. Entsprechend sind auch Kombinationen der drei Methoden möglich.

2.1.8 Joint Venture

Bei einem Joint Venture handelt es sich um ein rechtlich selbstständiges Gemeinschaftsunternehmen zweier oder mehrerer Unternehmen (den so genannten Gesellschafterunternehmen), die voneinander unabhängig sind und es, abgesehen vom Kooperationsbereich, auch bleiben.[1] In der Praxis ist die Bildung eines Joint Venture regelmäßig mit einer Ausgliederung von Geschäftsaktivitäten durch die Gesellschafterunternehmen verbunden, so dass diese Kooperationsform hier als Demerger-Konzept dargestellt werden soll.

Im Allgemeinen werden die Eigentumsrechte der Gesellschafterunternehmen an einem Joint Venture so verteilt, dass keiner der beteiligten Partner gegenüber dem anderen eine dominante Stellung innehat.[2] Regelmäßig werden die Führungsgremien des Joint Venture daher auch paritätisch besetzt. Gewöhnlich schließen die Gesellschafterunternehmen noch einen zusätzlichen Vertrag ab, in dem die beiderseitigen Rechte und Verpflichtungen im Gemeinschaftsunternehmen spezifiziert werden.[3] Joint Ventures sind in der Regel von unbestimmter Dauer, sofern im Gesellschaftervertrag nichts Gegenteiliges festgelegt wurde. Abbildung 2-10 verdeutlicht das Beziehungsgefüge eines typischen Joint Ventures.

1 Vgl. Jansen (2016), S. 223.
2 Vgl. Herzfeld (1989), S. 3; Frost (2005), S. 40; Burger/Ulbrich/Ahlemeyer (2010), S. 466.
3 Vgl. Balakrishnan/Koza (1993), S. 100; Fett/Spiering (2010), S.84; Fett/Spiering (2010), S. 207 ff.

Abbildung 2-10: Joint-Venture-Struktur

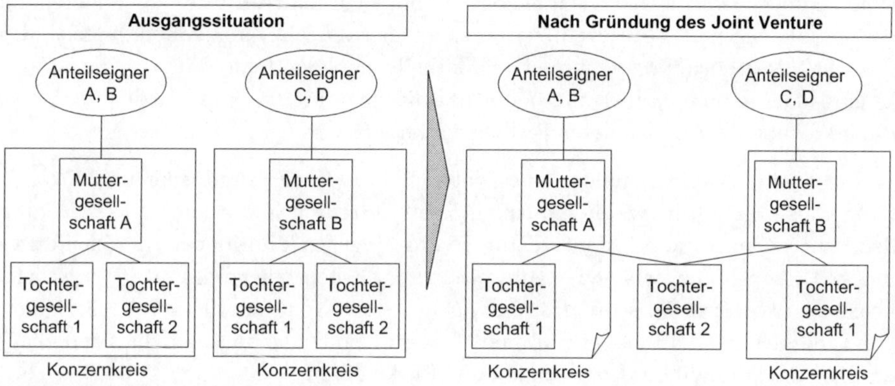

Es gibt viele denkbare Motive, die Anlass zur Gründung eines Joint Venture geben können. Letztlich spiegeln die Motive und unternehmerischen Zielsetzungen, die in der Praxis zur Bildung eines Joint Venture führen, die ganze Breite unternehmerischer Problemstellungen wider. Hauptziel der Gesellschafterunternehmen ist es jedoch stets, durch Kooperation ihre langfristigen Erfolgschancen zu verbessern. Bei den Motiven zur Gründung eines Joint Ventures lassen sich interne Beweggründe, wettbewerbsbezogene sowie strategische Zielsetzungen unterscheiden:[1]

Als interne Beweggründe gelten die Streuung von Kosten und Risiken, die Sicherung von Ressourcen, die nicht über den Markt bezogen werden können, die Nutzung von Skaleneffekten und Größenvorteilen und der Zugang zu neuen Technologien und Kundengruppen. Des Weiteren zählen zu den internen Beweggründen der Zugang zu Wissen und finanziellen Ressourcen, die Förderung unternehmerisch denkender Mitarbeiter und der Zugang zu innovativen Managementtechniken.

Als wettbewerbsbezogene Ziele gelten Geschwindigkeitsvorteile gegenüber Konkurrenten, die Beeinflussung der Entwicklung der jeweiligen Branchenstruktur und die Schaffung stärkerer Einheiten im internationalen Wettbewerb. Als strategische Ziele gelten wiederum die Schaffung und Nutzung von Synergieeffekten, die Erzielung eines Technologie- und Fähigkeitentransfers und die Nutzung von Diversifikationsvorteilen.

In der Praxis existiert eine Vielzahl unterschiedlicher Joint-Venture-Typen.[2] Deren Unterscheidung spiegelt in erster Linie das Verhältnis der Partner und die strategische

1 Vgl. Harrigan (1986), S. 16 f.; Jansen (2016), S. 224 f.
2 Vgl. Jansen (2016), S. 223 f.; Burger/Ulbrich/Ahlemeyer (2010), S. 466.

Zielrichtung des jeweiligen Joint Ventures wider.[1] Je nachdem, welches Ziel mit der Gründung verfolgt wird, beziehen sich die Kooperationen auf einen oder mehrere Unternehmensbereiche. Bei Komplementärtechnologie-Joint-Ventures kombinieren die Partnerunternehmen ihre jeweiligen Technologien zur Diversifikation bestehender Produkt/Markt-Portfolios, während in Markt-Technologie-Joint-Ventures die Marktkenntnis des einen Partnerunternehmens mit dem Produktions- beziehungsweise Produkt-Know-how des anderen Partners verknüpft wird.

Vertriebs-Joint-Ventures stellen eine Kooperation zwischen Produzent und lokalem Partner als Mischform zwischen unabhängiger Vertretung und eigener Niederlassung dar. Unter Konzentrations-Joint-Ventures wird hingegen die Kooperation konkurrierender Unternehmen verstanden, um größere Einheiten mit verbesserter Wirtschaftlichkeit zu schaffen. Forschung & Entwicklung-Joint-Ventures dienen der Erzielung von Synergieffekten durch gemeinsame Nutzung von Forschungseinrichtungen, Standardisierung, Know-how-Kombination und Risikoteilung.

Versorgungssicherungs-Joint-Ventures sind Kooperationen zwischen Wettbewerbern mit gleichartigem Bedarf an Vorleistungen zum Zweck der Versorgungssicherung, Beschaffungspreissenkung oder Verhinderung des Eintritts neuer Wettbewerber. Schließlich lassen sich in der Praxis mitunter Prestige-Joint-Ventures beobachten, wenn eine bestimmte Zahl von Joint Ventures ohne erkennbare wirtschaftliche Basis gegründet wird.[2]

1 Vgl. Büchel (1997), S. 19.
2 Vgl. Burger/Ulbrich/Ahlemeyer (2010), S. 466.

2.2 Aufgabe der Einheit

Die Daseinsberechtigung einer Unternehmenseinheit wird spätestens hinterfragt, wenn die Profitabilität, oder Zahlungsfähigkeit eines Unternehmensteils langfristig nicht sichergestellt werden kann und zukünftig keine positiven Cashflows zu erwarten sind. In diesem Fall bietet sich gegebenenfalls ein Marktaustritt an, bei dem es in Abhängigkeit vom Einzelfall zu einer Stillegung und einer anschließenden Liquidation des Betriebs kommt.

2.2.1 Stilllegung

Unter dem Begriff Stilllegung versteht man die Beendigung der wirtschaftlichen Zielsetzung eines Unternehmensbereichs.[1] Dabei handelt es sich um eine bewusst getroffene Entscheidung, die zeitlich gesehen vor der Liquidation steht. Eine Stilllegung kann entweder temporärer oder endgültiger Natur sein.

Bei einer temporären Stilllegung wird der Geschäftsbetrieb nur vorübergehend eingestellt, während Anlagen und Arbeitskräfte dem Unternehmen weiterhin zur Verfügung stehen. Eine endgültige Stilllegung ist durch die Veräußerung des Anlage- und Umlaufvermögens und die Entlassung oder Umbesetzung von Mitarbeitern gekennzeichnet. Eine Wiederherstellung der Leistungsbereitschaft ist folglich bei der endgültigen Stilllegung nicht vorgesehen.[2] Sie kommt der Liquidation damit sehr nahe.

2.2.2 Liquidation

Die Teilliquidation beschreibt die Auflösung eines Unternehmensteils durch Veräußerung einzelner zu dessen Betriebsvermögen gehöriger Vermögensgegenstände.[3] Sie stellt damit das Gegenstück zur Unternehmensgründung dar. Die Einzelveräußerung des Betriebsvermögens kommt regelmäßig dann zur Anwendung, wenn sich bei Aufgabe eines Unternehmensbereiches kein Käufer findet, der bereit ist, diesen vollständig zu übernehmen.

Daneben bietet sich eine Teilliquidation an, falls durch eine Käufersegmentierung im Sinne einer individuellen Abschöpfung der vorhandenen Zahlungsbereitschaften in Summe ein höherer Preis zu erzielen ist, als bei einem Verkauf der gesamten Einheit.[4] Die im Rahmen einer Liquidation generierten Erlöse stehen im Falle einer Insolvenz verschiedenen Anspruchsgruppen zu, wobei die Eigenkapitalgeber lediglich nachrangig bedient werden.

---

1 Vgl. Hasenack (1974), S. 637; Burger/Ulbrich/Ahlemeyer (2010), S. 467 f.

2 Vgl. Napp (1990), S. 13; Burger/Ulbrich/Ahlemeyer (2010), S. 468.

3 Vgl. Brüggerhoff (1992), S. 11; Becker (2016), S. 137.

4 Vgl. Weiher (1996), S. 32 f.

2.3 Vergleich und Bewertung der Demerger-Konzepte

Die Konzepte weisen Gemeinsamkeiten und Unterschiede auf. Als wichtigste Unterscheidungsmerkmale werden hier Unternehmensleitung, Rechtsform, Rechnungslegung, Kreditaufnahme/Haftung, Liquiditätszufluss, Anteilseignerkreis und Kapitalmarktplatzierung herangezogen. Für den Vergleich sollen nur diejenigen Konzepte betrachtet werden, die mit einer Fortführung der Unternehmenseinheit verbunden sind, da mit Ausnahme des durch die Veräußerung von Betriebsvermögen entstehenden Liquiditätszuflusses sämtliche Kriterien im Falle einer Liquidation beziehungsweise Stilllegung nicht aussagekräftig sind (vgl. Tabelle 2-1).

Aus Tabelle 2-1 wird deutlich, dass nicht sämtliche der dargestellten Demerger-Konzepte mit einem Kontrollverlust über das ausgegliederte Unternehmen verbunden sind. So bleibt beispielsweise beim Equity Carve-out der Konzernkreis erhalten. Dagegen zeigt sich bei der Rechtsform, dass mit Ausnahme der Tracking Stocks im Zuge des Demerger jeweils separate Geschäftseinheiten entstehen.

Eine Konsolidierung der Tochtergesellschaften in die Konzernbilanz erfolgt lediglich bei Unternehmenseinheiten, die im Wege eines Equity Carve-outs oder durch Einführung einer Tracking-Stock-Struktur von der Konzerngesellschaft separiert wurden, wobei in letzterem Fall zusätzlich eine eigene Berichterstattung für jede Tracked Unit erforderlich ist.

Die gesamtschuldnerische Haftung für die Verbindlichkeiten aller Geschäftsbereiche ist gegenüber den anderen Konzepten ein weiteres typisches Merkmal der Tracking Stocks. Die Kreditaufnahme bei dieser Demerger-Variante erfolgt durch die Konzerngesellschaft. Ein weiteres Unterscheidungskriterium stellt der Liquiditätszufluss für die Konzerngesellschaft dar. Während bei einem Sell-off liquide Mittel zufließen, so hängt der Zufluss bei einem Equity Carve-out und Subsidiary IPO davon ab, ob die Emission aus einer Primär- oder Sekundärplatzierung stammt.

Bei der Einführung von Tracking Stocks ist der Liquiditätszufluss für das Konzernunternehmen abhängig von der Distributionsmethode.[1] Während es bei einer Verteilung der Tracking Stocks an die gegenwärtigen Aktionäre nicht zu einem Austausch von Zahlungsströmen kommt, generiert die Konzerngesellschaft bei einer Emission im Rahmen einer öffentlichen Platzierung einen Erlös in Form von liquiden Mitteln.

1 Vgl. Sievers (2006), S. 146.

Tabelle 2-1: *Vergleich und Bewertung der Demerger-Konzepte*

Unterscheidungskriterien / Demerger-Konzepte	Sell-off	Spin-off	Split-off	Equity Carve-out	Subsidiary IPO	Split-up	Tracking Stocks	Joint-Venture
Unternehmensleitung	Verlust der Kontrolle über das verkaufte Unternehmen	Verlust der Kontrolle über das ausgegliederte Unternehmen	Verlust der Kontrolle über das ausgegliederte Unternehmen	Direkte Einflussnahme durch Stimmrechtsmehrheit	Verlust der direkten Kontrolle über das ausgegliederte Unternehmen, ggf. Sperrminorität	Eigene Unternehmensleitung für jede der ehemaligen Tochtergesellschaften	Einheitliche Unternehmensleitung	Grad der Einflussnahme abhängig vom Kapitalanteil der Konzerngesellschaft
Rechtsform	Separate, rechtlich selbständige Einheit, neuer Vorstand	Separate, rechtlich selbständige Einheit, neuer Vorstand	Separate, rechtlich selbständige Einheit, neuer Vorstand	Separate, rechtlich selbständige Einheit, ggf. neuer Vorstand	Separate, rechtlich selbständige Einheit, neuer Vorstand	Separate, rechtlich selbständige Gesellschaften	Kein Einfluss auf die Rechtsform; ein Vorstand	Separate, rechtlich selbständige Einheit, ggf. neuer Vorstand
Rechnungslegung	Nicht konsolidierter Jahresabschluss	Nicht konsolidierter Jahresabschluss	Nicht konsolidierter Jahresabschluss	Konsolidierter Jahresabschluss	Nicht konsolidierter Jahresabschluss	Separate Jahresabschlüsse der ehemaligen Tochtergesellschaften	Konsolidierter Jahresabschluss sowie separate Berichterstattung für jede Tracked Unit	Abhängig von der Höhe der Beteiligung
Kreditaufnahme/ Haftung	Selbständige Kreditaufnahme; keine gesamtschuldnerische Haftung	Selbständige Kreditaufnahme; keine gesamtschuldnerische Haftung	Selbständige Kreditaufnahme; keine gesamtschuldnerische Haftung	Kreditunterstützung durch Konzerngesellschaft; keine gesamtschuldnerische Haftung	Selbständige Kreditaufnahme; keine gesamtschuldnerische Haftung	Selbständige Kreditaufnahme; keine gesamtschuldnerische Haftung	Kreditaufnahme durch Konzerngesellschaft; gesamtschuldnerische Haftung	Ggf. Kreditunterstützung durch Konzerngesellschaft; keine gesamtschuldnerische Haftung
Liquiditätszufluss	Liquiditätszufluss für die Konzerngesellschaft falls Barzahlung	Kein Liquiditätszufluss für die Konzerngesellschaft	Kein Liquiditätszufluss für die Konzerngesellschaft	Liquiditätszufluss für die Konzerngesellschaft abhängig von der Emissionsform	Liquiditätszufluss für die Konzerngesellschaft abhängig von der Emissionsform	Kein Liquiditätszufluss für die Konzerngesellschaft aus der Transaktion, ggf. aus Liquidierung des Geschäftsmantels	Liquiditätszufluss für die Konzerngesellschaft abhängig von der Emissionsform	Kein Liquiditätszufluss für die Konzerngesellschaft
Anteilseignerkreis	Abgabe der Anteile an einzelnen Käufer, bzw. Investorengruppe	Verhältniswahrende Auskehrung der Anteile an bisherige Anteilseigner	Nicht verhältniswahrende Auskehrung der Anteile an bisherige Anteilseigner	Abgabe der Anteile an eine Vielzahl anonymer Investoren	Abgabe der Anteile an eine Vielzahl anonymer Investoren	Verhältniswahrende Auskehrung der Anteile an bisherige Anteilseigner	Abgabe der Anteile an eine Vielzahl anonymer Investoren	Anteile stehen weiterhin im Besitz der bis-herigen Anteilseigner
Kapitalmarktplatzierung	Keine Abgabe der Anteile über den Kapitalmarkt	Keine Abgabe der Anteile über den Kapitalmarkt	Keine Abgabe der Anteile über den Kapitalmarkt	Abgabe der Anteile über den Kapitalmarkt	Abgabe der Anteile über den Kapitalmarkt	Keine Abgabe der Anteile über den Kapitalmarkt	Abgabe der Anteile über den Kapitalmarkt	Keine Abgabe der Anteile über den Kapitalmarkt

Ein weiteres Unterscheidungskriterium bezieht sich auf den Anteilseignerkreis nach Durchführung der Demerger-Transaktion. Während die Abgabe der Anteile bei einem Sell-off an einen einzelnen Käufer beziehungsweise eine Investorengruppe erfolgt, so werden die Kapitalanteile bei einer Neuemission (Equity Carve-out, Subsidiray IPO) einer Vielzahl von Investoren zugeteilt. Bei dem Kriterium der Kapitalmarktplatzierung hingegen erfolgt eine Abgabe der Anteile über die Börse nur im Fall eines Equity Carve-out, Subsidiary IPO und bei Tracking Stocks.

3 Demerger-Prozess

Der Demerger-Prozess ist in der Regel komplex, unstrukturiert und von Diskontinuität geprägt.[1] Der Ablauf ist dabei nicht-linear und iterativ. Die bestehenden Phasenschemata in der Literatur sind teilweise sehr abstrakt und können der praktischen Durchführung nur bedingt Rechnung tragen. Eine allgemeingültige Struktur des Demerger-Prozesses ist somit nicht existent. Zur Ableitung systematischer Handlungsempfehlungen ist es allerdings notwendig, den Prozess im Sinne einer Typologisierung zu strukturieren und ihn somit auf ein greifbares Maß zu reduzieren.[2] Abbildung 3-1 versucht, dieser Forderung zu entsprechen und stellt idealtypisch die Teilphasen des Demerger-Prozesses dar.

Abbildung 3-1: *Idealtypischer Ablauf des Demerger-Prozesses*

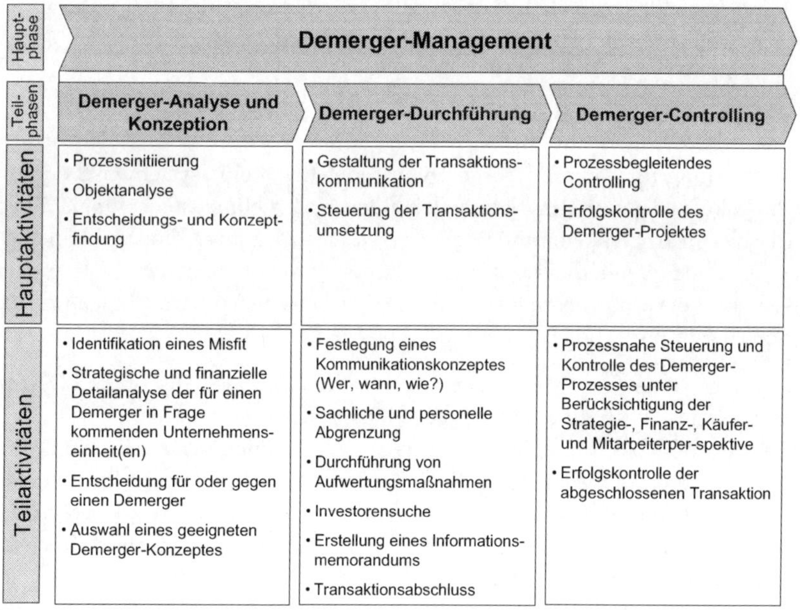

1 Vgl. Taylor (1988), S. 31; Böllhoff (2009), S. 59.
2 Vgl. Dohm (1988), S. 72; Böllhoff (2009), S. 60.

Zur Darstellung des Ablaufs eines Demerger werden hier drei abgrenzbare Teilphasen unterschieden. Analog der Vorgehensweise bei der Post-Merger-Integration lässt sich der Ablauf eines Demerger in eine primär konzeptionelle (Analyse- und Konzeptionsphase), eine eher umsetzungsorientierte (Durchführungsphase) sowie eine Phase der Steuerung und Erfolgskontrolle (Controllingphase) untergliedern. An dieser Stelle sei explizit darauf hingewiesen, dass sich die einzelnen Phasen durchaus überschneiden können und eine Abgrenzung in der Praxis nicht derart trennscharf vorgenommen werden kann, wie es die folgende Darstellung suggerieren mag. Auf die einzelnen Phasen wird im Folgenden näher eingegangen.

3.1 Demerger-Analyse und Konzeption

In der Analyse- und Konzeptionsphase wird der Grundstein für einen bevorstehenden Demerger gelegt. Sie wird häufig durch ein konkretes Ereignis beziehungsweise das Erkennen eines kritischen Zustandes bei einem oder mehreren Unternehmensbereichen ausgelöst (Prozessinitiierung). Daraufhin werden die betroffenen Teilbereiche in der Regel einer detaillierten Analyse unterzogen (Objektanalyse). Auf Basis dieser Detailanalysen wird die Entscheidung für oder gegen den Demerger getroffen und ein Umsetzungskonzept ausgewählt (Entscheidungs- und Konzeptfindung). Die einzelnen Unterphasen sollen nachfolgend näher erläutert werden.

3.1.1 Prozessinitiierung

Der Entscheidung für einen Demerger geht in der Regel eine systematische und umfassende Analyse des zur Disposition stehenden Unternehmensteils voraus. Bevor es zu einer solchen Analyse kommt, bedarf es jedoch eines initiierenden Moments. Ein solches liegt vor, wenn die Konzerngesellschaft erkennt, dass ein bestimmter Geschäftsbereich oder Unternehmensteil einen kritischen Zustand erreicht hat und seinen Zweck im Gesamtportfolio nicht mehr erfüllt („Misfit").

Im Falle eines derartigen Misfit liegt die Ursache für den Anstoß des Demerger-Prozesses bei einer bestimmten Geschäftseinheit der Konzerngesellschaft. Dabei ist es jedoch ebenso denkbar, dass eigentümerspezifische Gründe das auslösende Moment für einen Demerger darstellen. Grundlage für die Aufdeckung eines Misfit ist ein Vergleich der operativen und strategischen Vorgaben beziehungsweise Zielsetzungen der Konzerngesellschaft mit der Zielerreichung des entsprechenden Unternehmensbereiches. Eine Abweichung kann entstehen, wenn der Geschäftsbereich die festgelegten Zielsetzungen nicht erreicht oder falls die Konzerngesellschaft ihre Zielvorgaben oder gar ihr Zielsystem ändert.

Die Unternehmensführung legt neben den generellen Unternehmenszielen auch das zukünftig erforderliche Leistungspotenzial und die zu bearbeitenden Märkte fest. Entsprechend ist kontinuierlich zu prüfen, ob Geschäftsfelder mit Erfolgspotenzialen aufgebaut und erhalten werden sollen.[1] Die aufgedeckten Misfits können dabei sowohl strategischer als auch finanzieller oder rechtlicher Natur sein. Als auslösende Faktoren identifiziert Dohm sechs unterschiedliche Idealtypen:[2] Dazu zählen Verluste eines Teilbereichs, Kaufangebote für einen Unternehmensteil, hohe Investitionserfordernisse in der Zukunft, strategische Neuausrichtung des Unternehmens, strategischer Außenseiter und fehlende strategische Übereinstimmung nach Akquisition.

Auch wenn die Situation als Problemlage im Konzernunternehmen erkannt wurde, so führt dies nicht zwangsläufig zur Einleitung eines Demerger-Prozesses. Denn häufig wird der Misfit durch eine Einzelperson festgestellt, was eine Weiterverfolgung bereits in dieser frühen Phase gefährden kann. Dies ist beispielsweise der Fall, wenn Probleme mangels Zuständigkeit nicht weiter kommuniziert werden, um Vorwürfe oder Konflikte zu vermeiden. Somit ist der persönliche Impetus eines Initiators ausschlaggebend für den Prozessbeginn.[3]

Dieser Notwendigkeit der aktiven persönlichen Einflussnahme verleiht der Begriff Initiierung Ausdruck. Wurden die erwähnten informatorischen Barrieren überwunden, so muss eine Problemdefinition durch einen Entscheidungsträger stattfinden und geprüft werden, ob ein Demerger ein grundsätzlich problemadäquates Lösungsmittel ist oder ob andere Maßnahmen als geeigneter einzustufen sind.

3.1.2 Objektanalyse

Im Rahmen der Objektanalyse werden laut Dohm Informationen zu dem potenziell zu desinvestierenden Unternehmensteil gesammelt, aufbereitet und analysiert.[4] Umfang und Inhalt der für den in Betracht kommenden Teilbereich durchzuführenden Analysen hängen von mehreren situationsbedingten Faktoren ab. An erster Stelle sind dabei die Menge und der Detaillierungsgrad an bereits vorhandenen, systematisch aufbereiteten und für die Demerger-Entscheidung relevanten Daten zu nennen. Verfügt die Konzerngesellschaft beispielsweise über ein leistungsfähiges Monitoring-System, ist davon auszugehen, dass viele der notwendigen Entscheidungsparameter bereits erhoben sind und die Unternehmensanalyse sich bewusst auf Bereiche oder Prozesse konzentrieren kann, bei denen noch wesentliche Informationslücken bestehen.

Ein weiterer Aspekt, der Einfluss auf die Analyse nimmt, ist die auslösende Ursache für eine Demerger-Überlegung. Je nachdem, welcher Natur der aufgedeckte Misfit ist, kommt die Objektanalyse mit unterschiedlichen Schwerpunkten zum Einsatz. Dabei werden regelmäßig sowohl strategische als auch finanzielle Aspekte im Rahmen einer Detailanalyse umfassend beleuchtet. Auf die genannten Detailanalysen wird im Folgenden näher eingegangen.

---

1 Vgl. Weiher (1996), S. 24; Böllhoff (2009), S. 62.
2 Vgl. Dohm (1988), S. 74 f.
3 Vgl. Dohm (1988), S. 80.
4 Vgl. Brüggerhoff (1992), S. 29.

■ Strategic-Fit-Detailanalyse

Die Strategic-Fit-Detailanalyse dient dem Abgleich der marktseitigen Chancen und Risiken der betrachteten Unternehmenseinheit mit deren spezifischem Stärken-/Schwächen-Profil. Je besser die vorhandenen Chancen und Risiken mit den identifizierten Stärken und Schwächen übereinstimmen, desto größer fällt der strategische Fit aus. Dieser gibt der Gesellschaft letztendlich den Hinweis, ob eine Weiterführung innerhalb des Konzerns wirtschaftlich und strategisch sinnvoll ist und legt so den Grundstein für deren weiteres Engagement.

Die Bewertung des strategischen Fits vollzieht sich zumeist im Rahmen einer globalen Situationsanalyse. Diese erfolgt grundsätzlich in zwei Dimensionen: extern orientiert und intern ausgerichtet.[1] Die externe Analyse beinhaltet dabei eine Umfeld-, Branchen- und Markt- sowie eine Wettbewerbsanalyse und generiert ein Chancen-/Risiken-Profil des betrachteten Teilbereichs. Die interne Analyse stellt auf die Bewertung der teilbereichsinternen Kompetenzen und Ressourcen ab und gibt Aufschluss über dessen Stärken und Schwächen.[2] Durch die Verknüpfung von externer und interner Perspektive im Sinne einer SWOT-Analyse lassen sich anschließend Aussagen über den strategischen Fit ableiten.

Das Ziel der Analyse im Zusammenhang mit einem möglichen Demerger besteht jedoch nicht ausschließlich in der Bestimmung des strategischen Fits. Bereits im Zuge der Umwelt- und Unternehmensanalyse ergeben sich häufig Hinweise auf mögliche Ursachen für den ursprünglich festgestellten Misfit. Auf diese Weise erlangt die Konzerngesellschaft ein vertieftes Problemverständnis hinsichtlich der betrachteten Geschäftseinheit. Je nachdem, wie schwerwiegend die Ursachen eines Misfits sind, lassen sich bereits Ansatzpunkte für eine Lösung erkennen. Diese muss nicht unbedingt in einem Demerger bestehen. Eine endgültige Entscheidung wird erst im Anschluss an die Untersuchungsphase getroffen.

Zur Durchführung der strategischen Detailanalyse wird in der Praxis häufig eine Task Force aus Top-Management, Spezialisten der zentralen Stabsabteilungen und externen Beratern gegründet.[3] Dabei übernehmen die Unternehmensberater häufig die Aufgabe, die gesamte Detailanalyse durchzuführen, da eine hohe Unsicherheit hinsichtlich des strategischen Potenzials der Geschäftseinheit besteht – verglichen mit anderen Aktivitäten der Unternehmung.[4] Bei ihrer Arbeit werden die Berater gegebenenfalls durch das Management der betrachteten Geschäftseinheit unterstützt, das im Wesentlichen als Informationsvermittler fungiert.

Die Datenbeschaffung erfolgt durch Mitarbeiter des zentralen Rechnungswesens. Die Präsenz eines Top-Managers aus der Konzernunternehmung kann sinnvoll sein, da in

1 Vgl. Fueglistaller/Müller/Volery (2016), S. 302.
2 Vgl. hierzu Abschnitt 2.1.2.2 in Teil B.
3 Vgl. Bertheau (2005), S. 129 f.
4 Vgl. Dohm (1988), S. 83; Steven (2006), S. 276.

der Analysephase wichtige Detailinformationen generiert werden, die für die spätere Durchführung des Demerger relevant sind, insbesondere bei Verhandlungen mit potenziellen Investoren.

- Finanzwirtschaftliche Detailanalyse[1]

Das Ziel der finanzwirtschaftlichen Detailanalyse besteht darin, auf Basis quantitativer Bewertungen eine Aussage über die Vorteilhaftigkeit der Fortführung des entsprechenden Unternehmensteilbereichs zu machen. Die Ableitung der Handlungsempfehlung zur Fortführung oder Desinvestition der Unternehmenseinheit erfolgt durch einen Vergleich des inneren Wertes bei Weiterführung mit dem Barwert der besten Verkaufs- oder Stilllegungsalternative des Teilbereichs. Je größer diese Differenz, desto höher gestaltet sich für die Konzerngesellschaft der Anreiz, den Unternehmensbereich fortzuführen und von einem Demerger abzusehen. Darüber hinaus bildet die finanzielle Detailanalyse mit der Bestimmung des inneren Wertes eine wichtige Grundlage für die Ermittlung des Zielpreises im Falle eines späteren Verkaufs des entsprechenden Teilbereichs.[2]

Die Bewertung des Unternehmensteilbereichs erfolgt mittels unterschiedlicher finanzmathematischer Investitionsrechenverfahren.[3] Dabei ist zunächst zu prüfen, inwiefern die einzelnen Bewertungsmethoden den konkreten Ausgestaltungsformen der betrachteten Unternehmenseinheit Rechnung tragen. Handelt es sich bei der für einen Demerger in Frage kommenden Einheit beispielsweise um ein Cost Center, so stellt die auf freie, zukünftige Cashflows gerichtete DCF-Analyse keine sinnvolle Bewertungsmethode dar.

Vielmehr bietet sich in einem solchen Fall eine Bewertung mittels eines Substanzwertverfahrens an. Die korrekte Ermittlung des fairen inneren Wertes einer Geschäftseinheit gestaltet sich sowohl unter theoretischen als auch praktischen Gesichtspunkten als schwierig.

Die theoretischen Schwierigkeiten resultieren aus vielerlei Prämissen, die den einzelnen Verfahren zugrunde liegen. So setzen die Diskontierungsmethoden, bei denen zukünftige Zahlungsströme auf einen Gegenwartswert abgezinst werden, eine Isolierbarkeit der Zahlungen voraus.[4] Im Zusammenhang mit der Bewertung eines Unternehmensteils bedeutet dies, dass die vollständige Zahlungsreihe identifizierbar und zurechenbar sein muss. Bei der Einschätzung von Handlungsalternativen hinsichtlich einer Weiterführung oder Desinvestition von Unternehmensteilen ist dies solange unkritisch, wie nur ein direkter Zahlungsstrom zwischen Konzerngesellschaft und Geschäftsbereich fließt.

---

1 Vgl. Schmidt (2003), S. 28 ff.
2 Vgl. Dohm (1988), S. 148.
3 Vgl. Abschnitt 3.3 in Teil B.
4 Vgl. Hutzschenreuter (2009), S. 127.

Treten dagegen indirekte Verbundeffekte über Wechselwirkungen mit anderen Geschäftsbereichen auf, die nicht direkt einem Geschäftsbereich zugeordnet werden können, ist eine Isolierbarkeit und damit eine kausale Zurechnung von Zahlungsströmen nicht mehr ohne Weiteres möglich. Dabei verursachen vor allem Gemeinkosten, Transferpreise und im Verbund genutzte Ressourcen enorme Probleme in der Bewertung und stellen so informatorische Barrieren dar.[1]

Praktische Probleme bei der Ermittlung des inneren Wertes für einen Geschäftsbereich erwachsen beispielsweise aus der korrekten Bestimmung und Ermittlung von teilbereichsrelevanten Kosten und Erträgen, die sich mit zunehmender Komplexität und steigender Integration der entsprechenden Einheit mitunter schwierig gestaltet. Ganz allgemein stellt die Beschaffung entscheidungsrelevanter Daten ein Problem bei der Wertermittlung eines Teilbereichs dar. Dies trifft insbesondere dann zu, wenn die betrachtete Einheit nicht über ein eigenes Controllingystem verfügt.

Entsprechend der Strategic-Fit-Analyse wird auch zur Durchführung der finanziellen Detailanalyse in der Praxis regelmäßig eine Task Force eingesetzt. Der Kreis der Beteiligten wird dabei gegenüber der strategischen Detailanalyse häufig um Experten aus dem Investmentbanking erweitert, die aufgrund ihrer Kapitalmarktexpertise bereits in dieser Phase des Demerger-Prozesses eine nützliche Hilfestellung für das Projektteam darstellen können.

Analog zur Initiierung ist es auch während der gesamten Untersuchungsphase wichtig, die Geschwindigkeit im Prozess aufrechtzuerhalten. Auf Basis der finanziellen und strategischen Detailanalyse sollen die Alternativen auf möglichst wenige reduziert werden. Im Idealfall beschränken sich die Lösungsmöglichkeiten auf eine Weiterführungs- und Demerger-Alternative.

Abbildung 3-2 integriert die finanzielle und strategische Dimension in einer zweidimensionalen Darstellung und spannt eine Fläche auf, innerhalb derer die Geschäftsbereiche nach Durchführung der Detailanalysen eingeordnet werden können. Die Diagonale stellt für die Demerger-Entscheidung eine kritische Linie dar. Während für Geschäftsbereiche, die rechts unterhalb dieser Linie einzuordnen sind (Geschäftseinheit B), aus strategischer und finanzieller Sicht eine Weiterführung opportun scheint, steigt links oberhalb die Wahrscheinlichkeit für einen Demerger (Geschäftseinheit A). Die beispielhaft skizzierten Geschäftseinheiten A und B in Abbildung 3-2 zeichnen sich beide durch eine strategisch indifferente Situation aus.

1 Vgl. Dohm (1988), S. 147.

Abbildung 3-2: *Alternativenbildung zwischen Demerger und Weiterführung in Abhängigkeit von strategischem Fit und finanziellem Anreiz*[1]

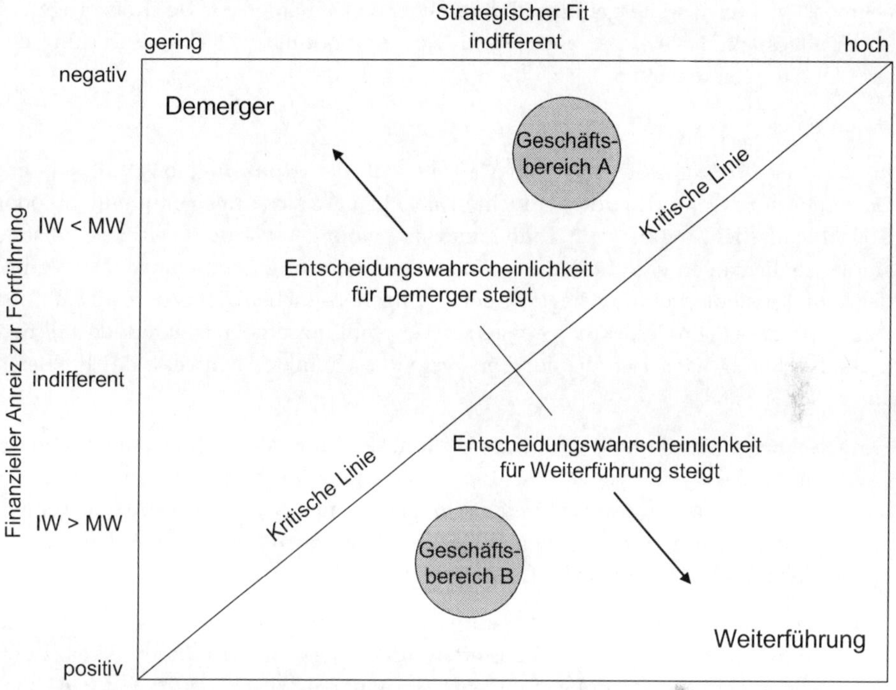

Die Handlungsempfehlung zur Fortführung der Einheit B und zur Durchführung eines Demerger im Falle von Einheit A basiert hier somit allein auf den Ergebnissen der finanziellen Detailanalyse. Diese hat ergeben, dass der innere Wert (IW) der Einheit B (A) oberhalb (unterhalb) ihres Marktwerts (MW) liegt und löst somit die Fortführungs-(Demerger-)Empfehlung aus.

Nachdem die Konzerngesellschaft das betroffene Objekt einer intensiven Analyse unterzogen hat, gilt es im Rahmen einer systematischen Entscheidungsfindung über das weitere Vorgehen zu bestimmen. Die Entscheidung, ob sich die Konzerngesellschaft von einem Geschäftsbereich trennt sowie die Wahl des entsprechenden Konzeptes zur Durchführung des Demerger, ist Gegenstand der nachfolgenden Entscheidungs- und Konzeptfindungsphase.

1 In Anlehnung an Dohm (1988), S. 64.

3.1.3 Entscheidungs- und Konzeptfindung

Basierend auf den Ergebnissen der vorangegangenen Detailanalysen wird im Rahmen der Entscheidungs- und Konzeptfindungsphase festgelegt, ob der betroffene Unternehmensteilbereich weitergeführt oder durch einen Demerger von der Konzerngesellschaft abgespalten wird. Der endgültigen Konzeptfindung geht eine Bewertung der einzelnen Konzepte voraus.

- Entscheidung

In der Regel entscheidet das Top-Management der Konzerngesellschaft, ob ein Demerger durchgeführt wird oder nicht.[1] Dabei kann es sich um eine Individual- oder Kollektiventscheidung handeln. Individualentscheidungen werden meistens von starken Persönlichkeiten getroffen, die alleinige Verantwortung übernehmen. Der Vorteil der Individualentscheidung liegt in der geringen zeitlichen Belastung, die daraus resultiert, dass kein kollektiv getragenes Verhandlungsergebnis gefunden werden muss. Nachteilig kann sich die auf eine Person beschränkte Sichtweise des Problems auswirken.[2]

Kennzeichnend für die kollektive Entscheidungsfindung ist die Teilnahme mehrerer Personen an der Meinungsbildung. Der finalen Entschlussfassung gehen mitunter langandauernde Beratungen und Verhandlungen voraus. Um zeitliche Verzögerungen zu verhindern, kann es ratsam sein, eine Deadline festzulegen, bis zu deren Erreichung eine Entscheidung getroffen sein muss.

Findet sich bis dahin keine Grundlage für eine kollektive Entscheidung, so sollte die Entscheidungskompetenz individualisiert werden, beispielsweise indem sie auf den Vorsitzenden der Geschäftsführung übertragen wird. Auf diese Weise wird bereits im Vorfeld der Druck auf die Beteiligten erhöht, eine Lösung zu finden, die ein möglichst breites Interessensspektrum widerspiegelt. Der Vorteil kollektiver Entscheidungen wird in der erweiterten Sichtweise und der größeren Akzeptanz der beteiligten Personen gesehen.[3]

- Konzeptfindung

Nachdem die grundlegende Entscheidung für einen Demerger getroffen wurde, gilt es in einem nächsten Schritt, das optimale Demerger-Konzept unter Berücksichtigung der mit der Abstoßung des Unternehmensbereichs verfolgten Zielsetzung, Nebenbedingungen und Bewertungskriterien zu bestimmen. Sofern noch nicht erfolgt, ist es daher spätestens in dieser Phase des Gesamtprozesses notwendig, die mit dem Demerger primär verfolgte Zielsetzung unter Berücksichtigung von Nebenbedingungen zu formulieren und darauf aufbauend Kriterien zur Konzeptbewertung zu entwickeln. Die Zielsetzung leitet sich aus den Motiven für den Demerger ab. Geschäftsspe-

---

1 Vgl. Achleitner (2001), S. 385 f.; Cascorbi (2003), S. 158; Böllhoff (2009), S. 95 f.

2 Vgl. Cascorbi (2003) S. 156 ff.

3 Vgl. Rechsteiner (1994), S. 72; Cascorbi (2003), S. 157 ff.

zifische Demerger-Motive können grundsätzlich finanzieller, strategischer oder struktureller Natur sein.[1]

Bei der Zielformulierung ist gleichzeitig auf Nebenbedingungen zu achten, den späteren Handlungsspielraum einschränken. Diese sind als Prämissen zu verstehen, die von der Konzerngesellschaft an das mit dem Demerger verbundene Resultat gestellt werden. Mögliche Nebenbedingungen betreffen die steuerliche Effizienz, die öffentliche beziehungsweise unternehmensinterne Akzeptanz oder das Transaktionsrisiko.[2] Sind Ziele und Nebenbedingungen formuliert, so lassen sich daraus einzelne Kriterien ableiten, die zur Bewertung der in Frage kommenden Demerger-Konzepte herangezogen werden können.

Dieses Vorgehen vereinfacht die Konzeptfindung zur Durchführung des Demerger erheblich, da die Alternativenmenge, verstanden als die Anzahl in Frage kommender Konzepte, sukzessive eingeschränkt werden kann. Mit der Zielformulierung ist zunächst die Menge an Demerger-Konzepten festgelegt, die zur Zielerreichung in Frage kommen, also zielkonsistent sind.

Durch die Aufstellung von Nebenbedingungen werden gewisse Konzepte eliminiert, die den formulierten Prämissen inhaltlich entgegenstehen. Die verbleibenden Konzepte werden anschließend mit Hilfe der aus der Zielformulierung abgeleiteten Kriterien bewertet.[3] Auf diese Weise wird das erfolgversprechendste Demerger-Konzept bestimmt. Abbildung 3-3 stellt den Zusammenhang dar.

Abbildung 3-3: *Selektion eines Demerger-Konzeptes*

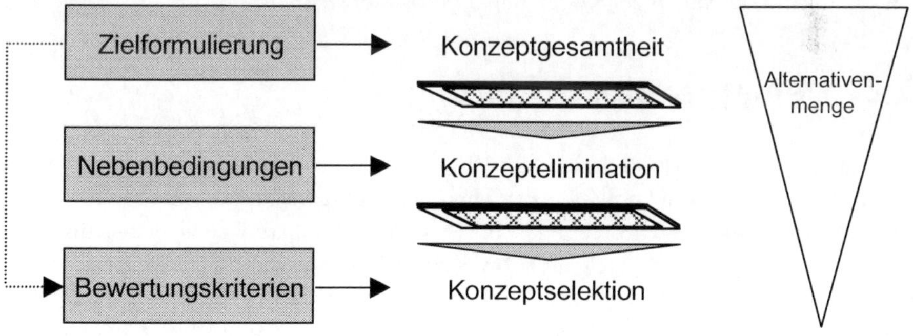

1 Vgl. Abschnitt 4.2 in Teil A.

2 Vgl. Achleitner (2001), S. 403 f.; Ahnefeld (2007), S. 39.

3 Mögliche Bewertungs- beziehungsweise Unterscheidungskriterien finden sich in Tabelle 2-1 des Kapitels 2 in Teil D.

Folgendes Beispiel verdeutlicht den Zusammenhang. Eine Konzerngesellschaft hat entschieden, einen Demerger eines Unternehmensbereichs durchzuführen. Der Entscheidung liegt ein finanzielles Motiv zugrunde, nämlich der Umstand, dass die Rendite des Teilbereichs in der Vergangenheit stets hinter den Konzernerwartungen zurück geblieben ist. Die finanzielle Detailanalyse hat ergeben, dass der innere Wert des wirtschaftlich soliden Teilbereichs unter dessen Marktwert liegt.

Als Ziel der Maßnahme hat die Konzerngesellschaft die Steigerung des Shareholder Value formuliert. Dabei sind zwei Nebenbedingungen aufgestellt worden. Zum einen soll mit der Transaktion ein Liquiditätszufluss erfolgen, zum anderen will sich die Konzerngesellschaft vollständig von ihrem Tochterunternehmen trennen. Als Bewertungskriterium hat man sich bei der Konzerngesellschaft im Sinne des Zieles der Unternehmenswertsteigerung auf eine Maximierung des Netto-Transaktionserlöses verständigt.

Bereits die Zielformulierung schränkt in diesem Beispiel die zu betrachtenden Alternativen auf solche Demerger-Konzepte ein, bei denen die Unternehmenseinheit erhalten wird. Eine Stilllegung oder Liquidation würde angesichts der Tatsache, dass es sich um ein soliden Unternehmensteil handelt, Wert vernichten. Alleine die Demerger-Konzepte Sell-off und Subsidiary IPO erfüllen die Nebenbedingungen, bei vollständiger Abgabe der Anteile einen Liquiditätszufluss auszulösen.

Bestehen zwischen den beiden verbliebenen Konzepten keine signifikanten Unterschiede hinsichtlich der Höhe des erzielbaren Verkaufserlöses, so entscheidet sich die Konzerngesellschaft für den Sell-off, da diese Alternative geringere Kosten verursacht und somit der maximale Netto-Transaktionserlös realisiert wird. Die Wahl des Demerger-Konzeptes hat großen Einfluss auf die weitere Vorgehensweise im Rahmen der Umsetzungsphase, die im Folgenden näher betrachtet wird.

3.2 Demerger-Durchführung

Die Durchführungsphase stellt den eigentlichen Kern des Demerger-Prozesses dar. In dieser Phase werden die konkreten Einzelmaßnahmen zur Durchführung des Demerger umgesetzt. Bei der Umsetzung sollte von Anfang an die hohe Bedeutung der Kommunikation für den Erfolg der Transaktion nicht unterschätzt werden. Daher beginnt die Durchführung regelmäßig mit der Festlegung eines Kommunikationskonzeptes. Anschließend wird die Transaktion umgesetzt. Die wesentlichen Punkte dieser beiden Unterphasen werden nachfolgend dargestellt.

3.2.1 Kommunikation

Die Kommunikation eines bevorstehenden Demergers ist ein erfolgskritischer Faktor für den weiteren Prozess. Daher ist es für die Konzerngesellschaft ratsam, ein spezifisches Kommunikationskonzept zu erarbeiten, in dem geregelt wird, welcher Adressatenkreis wann und wie über die bevorstehenden Änderungen zu informieren ist. Dabei gilt es, das Spannungsfeld zwischen Inhalt und Detaillierungsgrad der Informationen zu beherrschen, die man den verschiedenen Interessensgruppen zukommen lassen will.[1] Die Kommunikationsphase ist zeitlich nicht exakt abgrenzbar, da sie sich in vielen Fällen ab dem Zeitpunkt der Entscheidung regelmäßig durch den gesamten Demerger-Prozess zieht.

Bei den Adressaten können externe und interne Personenkreise unterschieden werden.[2] Interne Adressaten sind im Wesentlichen die Mitarbeiter und das Management des von dem Demerger betroffenen Unternehmensbereiches. Die interne Kommunikation dient der Mobilisierung der Organisation des Unternehmens.[3] Sollten sich im Vorfeld bereits Akzeptanzprobleme innerhalb der Belegschaft oder des Management abzeichnen, so ist dies im Kommunikationskonzept zu berücksichtigen, um möglichen Barrieren durch eine vertrauensschaffende Informationsversorgung entgegenzutreten.

Auf diese Weise sollen auch bestehende Unsicherheiten abgebaut werden. Zu den externen Adressaten zählen in erster Linie der Kapitalmarkt, die Öffentlichkeit sowie die Stakeholder der Konzerngesellschaft.[4] Deren Überzeugung von der Vorteilhaftigkeit des geplanten Demergers ist für eine erfolgreiche Durchführung der Transaktion essenziell. Daher ist der Nutzen so an die externen Adressaten zu kommunizieren, dass dieser von den einzelnen Interessensgruppen nachvollzogen werden kann.

Nicht minder erfolgskritisch als die Überzeugung der externen und internen Adressaten ist das Timing ihrer Unterrichtung. In der Praxis hat es sich als hinderlich erwiesen, zu früh einen großen Kreis von Personen oder gar die Öffentlichkeit zu informieren.[5] Dennoch muss der bevorstehende Demerger den betroffenen Interessensgruppen rechtzeitig kommuniziert werden. Was als rechtzeitig erachtet werden kann, ist dabei für jede Situation individuell zu entscheiden.

Insbesondere in sensiblen Fällen, bei denen eine vorzeitige Informationsverbreitung den Demerger gefährden kann, mag als Faustregel gelten, dass keine der Interessensgruppen eher informiert werden darf, als es für die Erfüllung der ihr obliegenden Aufgaben notwendig ist. Grundsätzlich sollten die internen vor den externen Adressaten informiert werden, da die Akzeptanz unter den Mitarbeitern des betroffenen Un-

1 Vgl. Morawietz/Kreuz (2001), S. 125.
2 Vgl. Burger/Ulbrich/Ahlemeyer (2010), S. 482 f.
3 Vgl. Achleitner (2002), S. 387; Kreutzer (2014), S. 445 ff.
4 Vgl. Burger/Ulbrich/Ahlemeyer (2010), S. 482.
5 Vgl. Holzapfel/Polläth (2000), S. 9.

ternehmensbereichs zweifelsohne größer ist, wenn die Unterrichtung über die künftigen Absichten durch die Konzernleitung und nicht durch die Presse erfolgt.[1]

Die interne Kommunikation ist zeitlich betrachtet in der Regel hierarchisch angelegt. Somit wird das Management der betroffenen Unternehmenseinheit vor den Mitarbeitern informiert. Der Zeitpunkt der Unterrichtung der Geschäftsführung muss strategisch gut gewählt werden. Das Management ist von einer möglichen Abspaltung am stärksten betroffen und aufgrund seiner Stellung in der Lage, eigene Pläne für den Teilbereich zu entwickeln, die für das verkaufende Konzernunternehmen nicht unbedingt optimal sein müssen.

In der Regel erfolgt die Unterrichtung des Management bereits im Rahmen der Analyse- und Konzeptionsphase. Auf diese Weise kann das vorhandene Expertenwissen in die Detailanalysen eingebracht werden. Die Kommunikation des geplanten Demergers an die Geschäftsführung hat spätestens dann zu erfolgen, wenn mögliche Käuferinteressenten das Management kennenlernen möchten. Dies ist vor dem Hintergrund zu betrachten, dass die Geschäftsführung eines abzuspaltenden Unternehmensbereiches eine zentrale Rolle bei der Durchführung der Transaktion spielt.

So obliegt dem Management die Aufgabe, das Unternehmen gegenüber Kaufinteressenten zu präsentieren und es fungiert darüber hinaus als Ansprechpartner. Daher sollte sich die Konzerngesellschaft der Mitarbeit der Geschäftsführung des Teilbereichs frühzeitig versichern und diese so motivieren, dass eine loyale Zusammenarbeit während der Transaktion gewährleistet ist und eine Kündigung bei Eigentümerwechsel vermieden wird.[2]

Die Geschäftsführung sollte dann auch die Aufgabe übernehmen, die Führungskräfte über den bevorstehenden Demerger zu unterrichten. Dabei ist es eine Frage der Zweckmäßigkeit, ob die Führungspersonen gleichzeitig oder schrittweise in dem Maße, wie sie zur Präsentation des Unternehmens beitragen können, informiert werden.

Der Zeitpunkt der Unterrichtung der Öffentlichkeit hängt stark von dem im Rahmen der Entscheidungs- und Konzeptfindungsphase gewählten Demerger-Konzept ab. Entscheidet sich die Konzerngesellschaft beispielsweise, den betroffenen Unternehmensteil über den Kapitalmarkt zu veräußern, so ergeben sich andere Aufgaben und Prioritäten für die Öffentlichkeitsarbeit, als wenn ein Verkauf an ein Käuferkonsortium geplant ist. Grundsätzlich sollte die Öffentlichkeit von der Demerger-Absicht nicht erfahren, bis alle relevanten Verträge unterzeichnet wurden.[3]

Die Frage, auf welche Weise die Adressaten von dem bevorstehenden Demerger zu unterrichten sind, lässt sich im Falle der internen Kommunikation relativ leicht beantworten. So finden zumeist direkte Gespräche zwischen der Konzernleitung und dem

1 Vgl. Rechsteiner (1994), S. 77; Herrmann/Homburg/Klarmann (2008), S. 878.
2 Vgl. Opitz (1995), S. 332; Gehrke (1999), S. 201; Hohnhaus (2004), S. 27.
3 Vgl. Defren (2009), S. 23.

Management des betroffenen Unternehmensteils statt, in denen die zugrunde liegenden Motive sowie die geplante Vorgehensweise dargelegt und begründet werden.

Die Kommunikation des Demergers an die Öffentlichkeit und insbesondere den Kapitalmarkt sollte dagegen Teil der im Kommunikationskonzept berücksichtigten PR-Strategie sein. Je nachdem, für welches Demerger-Konzept sich die Konzernleitung im Rahmen der Entscheidungs- und Konzeptfindungsphase ausgesprochen hat, kommen unterschiedliche Kommunikationsinstrumente in Frage, angefangen bei einfachen Pressemeldungen über Pressekonferenzen bis hin zu aufwändigen internationalen Roadshows.

3.2.2 Umsetzung

Wesentliche Maßnahmen im Rahmen der Umsetzung des Demergers betreffen die Abgrenzung des betroffenen Unternehmensbereiches, dessen Aufwertung, die Suche nach potenziellen Investoren, die Erstellung eines Informationsmemorandums sowie die abschließenden Verhandlungen. Die einzelnen Maßnahmen werden nachfolgend genauer erläutert.

- Abgrenzung

Sofern es sich bei dem für den Demerger bestimmten Unternehmensbereich nicht bereits um eine eigenständige Unternehmenseinheit handelt, muss dieser zunächst aus dem Konzernverbund herausgelöst werden. Hierfür ist eine personelle und sachliche Abgrenzung erforderlich. Diese wird regelmäßig auch dann vorgenommen, wenn der Unternehmensbereich bereits als selbstständige Tochtergesellschaft am Markt auftritt, da im Zuge eines Demergers oftmals eine Neudefinition des Objektes vorgenommen wird.[1]

Sinn dieser Strukturierung ist es, den Teilbereich zum übrigen Unternehmen derart zu gestalten oder anzupassen, dass die organisatorischen und rechtlichen Voraussetzungen für einen Demerger erfüllt werden. Auch ohne das Bestehen konkreter Demerger-Absichten gestalten und grenzen zahlreiche Unternehmen ihre Strukturen so ab, dass sie im Falle der Notwendigkeit flexibler und schneller auf Markt- und Unternehmensentwicklungen reagieren können.[2]

Die personelle Abgrenzung bezieht sich auf die Allokation der Humankapazität auf die Konzerngesellschaft und den abzuspaltenden Unternehmensteil. Damit verbunden sind Entscheidungen hinsichtlich Verbleib, Wechsel und Ausscheiden von Mitarbeitern und Management. Mitarbeiter, die über Schlüsselqualifikationen verfügen, können im Rahmen einer solchen personellen Abgrenzung in die Konzerngesellschaft wechseln.

---

1 Vgl. Achleitner (2002), S. 388.

2 Vgl. Picot (2004), S. 19; Stern (2007), S. 61 ff.

Allerdings ist bei derartigen Umbesetzungen stets darauf zu achten, dass die Personalsubstanz der betroffenen Unternehmenseinheit nicht zu sehr geschwächt wird, insbesondere wenn das Humankapital einen strategischen Erfolgsfaktor darstellt. Ein zu starker personeller Aderlass würde sich in diesem Falle mit hoher Wahrscheinlichkeit negativ auf den Erfolg des Demergers auswirken.[1]

Im Zuge der sachlichen Abgrenzung werden die einzelnen Vermögensgegenstände zugeordnet und die Rechtsform des vom Demerger betroffenen Unternehmensbereiches bestimmt. Indem der Teilbereich aus dem Konzernverbund herausgelöst wird, soll dessen Stand-Alone-Fähigkeit gewährleistet werden.[2] Dieser Aspekt ist mit Ausnahme von Tracking Stocks für sämtliche der beschriebenen Demerger-Konzepte relevant. Die Loslösung des Teilbereichs umfasst in der Regel neben der Separierung der bestehenden Organisation die Neuordnung der Geschäftsbeziehung zur Konzerngesellschaft.[3]

Diese bezieht sich unter anderem auf die Festlegung von marktkonformen Verrechnungspreisen für den künftigen Leistungsaustausch. Hierfür müssen bestehende Verträge mit externen oder (noch) internen Abteilungen sorgfältig geprüft und gegebenenfalls angepasst werden.[4] Für die Konzerngesellschaft erwächst im Zuge der sachlichen Abgrenzung die Möglichkeit, relativ günstig Eigentum an gewissen Einzelobjekten zu erwerben, beispielsweise beim Kauf beweglicher Vermögensgegenstände. Gleichwohl gilt analog der personellen Abgrenzung auch hier, die Werthaltigkeit des Objekts nicht übermäßig zu mindern.

Eine besondere Rolle spielt insbesondere bei kleineren bis mittleren Unternehmen die sachliche Abgrenzung zum Privatbereich. Dies liegt daran, dass hier sehr häufig wesentliche Unternehmensgrundlagen, wie zum Beispiel Betriebsgrundstücke oder Patente, außerhalb des rechtlichen Unternehmensrahmens liegen.[5] Aufgabe der sachlichen Abgrenzung ist es in diesem Falle, genau zu definieren, welche dieser Unternehmensgrundlagen dem betroffenen Teilbereich zugeordnet werden sollen. Besonders aufwändig gestaltet sich dieses Anliegen bei Personengesellschaften, die regelmäßig ihre wahren Eigentumsverhältnisse unter Nutzung des Sonderbetriebsvermögens in der Steuerbilanz verdecken.

Allgemein ist die Aufgabe der Abgrenzung umso komplexer, je zahlreicher die organisatorischen und strategischen Verbindungen zwischen der Konzerngesellschaft und dem entsprechenden Unternehmensbereich sind.[6] Wird beispielsweise lediglich eine Produktgruppe abgespalten, so sind sämtliche Überschneidungen mit den verbleibenden Produktlinien aufzuspüren und zu beseitigen. Derartige Überschneidungen exis-

---

1 Vgl. Sievers (2006), S. 84.
2 Vgl. Neubert (2008), S. 296.
3 Vgl. Morawietz/Kreuz (2001), S. 128.
4 Vgl. Neubert (2008), S. 296.
5 Vgl. Holzapfel/Polläth (2000), S. 438.
6 Vgl. Achleitner (2002), S. 388.

tieren zum Beispiel in der gemeinsamen Nutzung von Forschungs- und Entwicklungskapazitäten aber auch im Produktions- und Absatzbereich.

Ebenfalls Bestandteil der sachlichen Abgrenzung ist die Neugründung einer Gesellschaft beziehungsweise die Veränderung der bestehenden Rechtsform. Sofern es sich bei dem abzuspaltenden Unternehmensbereich nicht bereits um ein eigenes, rechtlich selbstständiges Unternehmen handelt, so ist ein neues Unternehmen zu gründen, in welchem die vom Demerger betroffenen Unternehmensaktivitäten gebündelt werden.

Dieser Schritt ist nicht erforderlich, wenn der betroffene Unternehmensbereich bereits als eigene Gesellschaft geführt wird. Dennoch findet in vielen Fällen der Demerger-Praxis ein Wechsel der Rechtsform statt. Ist der geplante Demerger mit einem Gang an den Kapitalmarkt verbunden, so wird gegebenenfalls ein Wechsel zu einer börsenfähigen Rechtsform notwendig, wie zum Beispiel zu einer Kommanditgesellschaft auf Aktien, die in diesem Fall häufig eingesetzt wird.

- Aufwertungsmaßnahmen

Bei sämtlichen Demerger-Transaktionen, die mit einer Erhaltung der Einheit verbunden sind, bietet es sich in Hinblick auf die spätere Bewertung durch die Investoren beziehungsweise den Kapitalmarkt an, die Attraktivität des betroffenen Objekts durch gezielte Aufwertungsmaßnahmen zu steigern.[1] Mit der Wertsteigerung des Demerger-Objekts verfolgt die Konzerngesellschaft stets ihre eigenen Interessen, beispielsweise die Verbesserung der Verhandlungsposition und gegebenenfalls die Maximierung des Veräußerungserlöses. Ausgangspunkt objektwertsteigernder Maßnahmen können Veränderungen auf der Aktiv- oder der Passivseite der Bilanz sein.[2]

Vermögenswirksame Aufwertungsmaßnahmen liegen etwa in der Ein- beziehungsweise Ausgliederungen von Assets, wie sie im Rahmen der Abgrenzung vorgenommen werden, wobei das Ziel hier nicht in der Entflechtung, sondern vielmehr in der Steigerung der Attraktivität des Demerger-Objektes liegt. Denkbar ist beispielsweise eine Ausgliederung einer nicht-strategischen Beteiligung der betroffenen Unternehmenseinheit und Übertragung auf die Konzerngesellschaft. Regelmäßig bestehen Aufwertungsmaßnahmen auch in der Ausstattung mit immateriellen Vermögensgegenständen, beispielsweise Rechten und Patenten, durch deren Nutzung sich das Demerger-Objekt einen Marktvorteil erschaffen kann. Ebenfalls in Betracht kommt im Bedarfsfall eine Versorgung des abzuspaltenden Unternehmensteils mit frischen liquiden Mitteln, welche die Konzerngesellschaft aus überschüssigen Reserven bereitstellt oder fremdfinanziert.[3]

Ein weiterer unternehmerischer Aufwertungsstellhebel liegt in solchen Maßnahmen, aus denen Veränderungen auf der Passivseite der Bilanz resultieren. Damit ist stets

1 Vgl. Neubert (2008), S. 296.
2 Vgl. Achleitner (2002), S. 389; Bartsch (2005), S. 44.
3 Vgl. Achleitner (2002), S. 390; Burger/Ulbrich/Ahlemeyer (2010), S. 474.

auch eine Anpassung der Eigen- beziehungsweise Fremdkapitalquote verbunden. Die Fremdkapitalquote kann somit als Anhaltspunkt für die geplante Aufwertung herangezogen werden. Diese kann durch eine Veränderung der Schulden- oder Eigenkapitalposition des Unternehmens angepasst werden, beispielsweise indem frisches Eigenkapital durch eine Kapitalerhöhung zugeführt oder bestehende Verbindlichkeiten zurückgeführt werden.

Eine weitere Möglichkeit zur Aufwertung des Demerger-Objektes besteht in der Optimierung des Verschuldungsgrades. Denn Positionen wie Fremdkapitalzinsen, Schulden und Verlustvorträge können für den Käufer Steuervorteile bedeuten, falls er diese steuermindernd ansetzen kann. Hierbei spricht man vom Tax Shield (Steuerschild) des Demerger-Objektes. Eine solche Transaktion bietet entsprechende Gestaltungsspielräume, um den Gegenwartswert der zukünftigen Cashflows zu verbessern und somit den Wert des Demerger-Objektes zu steigern.[1]

Daneben lassen sich durch bestimmte Maßnahmen auch nicht-bilanzwirksame Aufwertungen des Objektes erzielen. Hierunter fallen zum Beispiel Entscheidungen bezüglich der Zuordnung von Management und Mitarbeitern zu der betroffenen Unternehmenseinheit. Gelingt es beispielsweise, qualifizierte Mitarbeiter und ein erfahrenes Management-Team für das Demerger-Objekt zu finden, so ist damit eine Aufwertung verbunden.

Da sich diese jedoch im Gegensatz zu den bilanzwirksamen Aufwertungen nicht ohne Weiteres quantifizieren und nachvollziehen lassen, sind sie potenziellen Investoren in besonderem Maße zu kommunizieren. Abbildung 3-4 stellt die möglichen Ansatzpunkte für Aufwertungsmaßnahmen des Demerger-Objektes dar.

- Investorensuche

Falls die Anteile des Demerger-Objektes teilweise oder vollständig verkauft werden sollen und noch kein konkretes Angebot vorliegt, so stellt die Suche nach potenziellen Investoren eine Herausforderung dar, der die Geschäftsführung des Konzernunternehmens hohe Relevanz beizumessen hat. Die Vorgehensweise bei der Suche hängt stark davon ab, ob der Demerger unter Inanspruchnahme des Kapitalmarktes oder durch einen Direktverkauf durchgeführt werden soll. Plant die Konzerngesellschaft einen Verkauf durch ein öffentliches Angebot über den Kapitalmarkt, so ist eine Auswahl der Investorenzielgruppe erforderlich, bei der die Emission platziert werden soll.

Bei den möglichen Investorengruppen lassen sich institutionelle Investoren, Privatanleger sowie Mitarbeiter beziehungsweise Management des Unternehmens unterscheiden. Als Kriterien zur Auswahl des potenziellen Investorenkreises kommen die Übereinstimmung der Emission mit dem Rendite-/Risiko-Profil der Investoren, deren Verbundenheit mit dem Unternehmen sowie die beabsichtigte Streuung der Aktien in

1 Vgl. Harris/Raviv (1991); Kudla (2005), S. 38 ff.

Frage.[1] Stimmt die Emission nicht mit der Risikoneigung und Renditeerwartung der Investoren überein, so ergeben sich mitunter kurzfristig schwer kontrollierbare Kursschwankungen, die potenzielle Neuinvestoren abschrecken und überdies möglicherweise negative Auswirkungen auf das Image des abgespaltenen Unternehmensteils oder der Konzerngesellschaft haben könnten.

Abbildung 3-4: *Aufwertungsmaßnahmen des Demerger-Objektes*

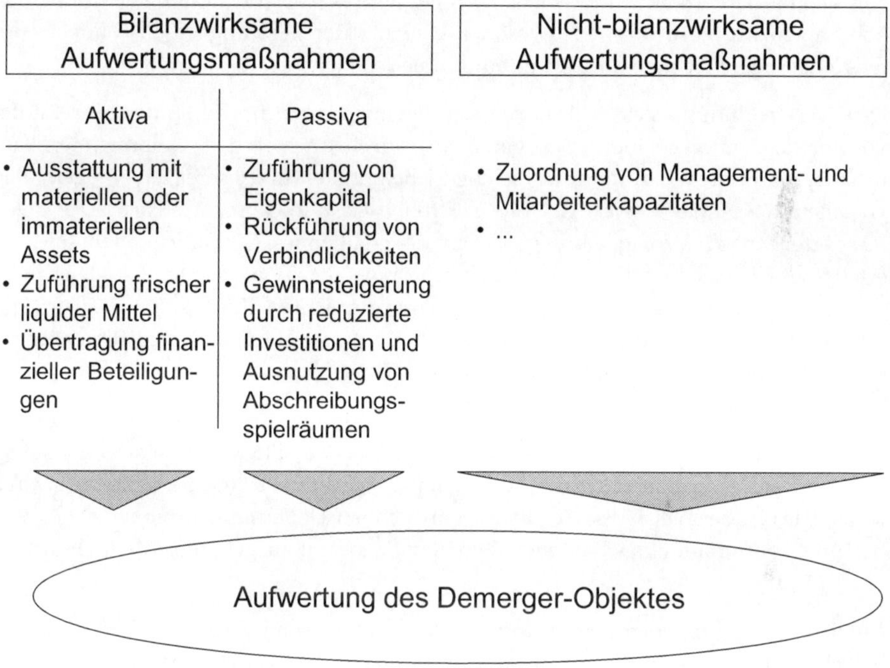

Die Verbundenheit mit dem Unternehmen spielt für die Konzerngesellschaft insofern eine Rolle, als sie oftmals mit der Bereitschaft zu einer dauerhaften Aktienanlage verbunden ist. Die Konzerngesellschaft sollte deshalb ein vitales Interesse daran haben, zumindest einen Teil der emittierten Aktien an stark mit dem Unternehmen verbundene Aktionäre zu geben, um in kritischen Phasen einem zu starken Verkaufsdruck entgegenzuwirken, der sich nachteilig auf die Performance auswirken könnte.

1 Vgl. Achleitner (2002), S. 393; Burger/Ulbrich/Ahlemeyer (2010), S. 503.

Eine ausreichende Streuung der Aktie verhindert eine zu hohe Einflussnahme bestimmter Anteilseigner und reduziert überdies auch die Gefahr einer feindlichen Übernahme.[1] Plant das Verkäuferunternehmen, den betroffenen Unternehmensteil direkt an einen einzelnen Käufer beziehungsweise eine Gruppe von Investoren zu veräußern, so gilt es, eine Liste mit potenziellen Interessenten zu erstellen. Dabei sollte von Beginn an eine Fokussierung auf die zahlungsfähigen und -willigen Kandidaten erfolgen. Die Suche nach passenden Käufern kann entweder als aktiver oder passiver Prozess gestaltet werden. Bei der aktiven Vorgehensweise sucht die Konzerngesellschaft selbst nach potenziellen Käufern und benachrichtigt interessierte Stellen. Verhält sich das Unternehmen passiv, so werden die Aufgaben der Käufersuche an Dritte übertragen, wie zum Beispiel Investmentbanken oder Beratungsgesellschaften, oder die Konzerngesellschaft wartet auf fremdinitiierte Angebote.

Dem Verwendungszweck nach lassen sich Finanzinvestoren und strategische Käufer voneinander unterscheiden. Der Finanzinvestor betrachtet den Unternehmenskauf überwiegend unter Rendite- und Risikogesichtspunkten und achtet dabei regelmäßig vor allem auf Aspekte wie die Höhe der freien Cashflows, nicht ausgenutzte Beleihungsgrenzen des Anlagevermögens, ein überzeugendes Geschäftsmodell und ein erfahrenes Management-Team. Nachhaltig positive Gewinnaussichten bei gleichzeitig niedrigem Investitionsbedarf geben ihm Anlass zum Unternehmenskauf. Der strategische Käufer legt das Augenmerk dagegen eher auf die mit einer Akquisition verbundene Stärkung seiner eigenen Marktposition.

Dabei ist er besonders bestrebt, durch die Eingliederung des erworbenen Unternehmens Effektivitäts- und Effizienzvorteile zu realisieren.[2] Effektivitätsvorteile resultieren dabei aus einer betriebswirtschaftlich sinnvollen Erweiterung des Leistungsspektrums. Dies ist beispielsweise der Fall, wenn sich ein Unternehmen ohne eigenes Vertriebsnetz zum Kauf eines Wettbewerbers mit einem gut ausgebauten Vertriebssystem entschließt.

Effizienzvorteile ergeben sich, wenn durch die Unternehmensakquisition Kostendegressionseffekte realisiert werden können, beispielsweise durch eine bessere Auslastung der Produktionskapazitäten oder eine gemeinsame Nutzung vorhandener Ressourcen im Forschungs- und Entwicklungsbereich. Als strategischer Käufer kommt häufig ein Unternehmen derselben Branche in Frage, das durch den Kauf eines Konkurrenten seine Stellung im Markt verbessern möchte.

Der Grenzpreis, den ein strategischer Investor für ein Unternehmen zu entrichten bereit ist, liegt aufgrund der in der Kalkulation berücksichtigten Synergie- und Skaleneffekte in der Regel über der Zahlungsbereitschaft eines Finanzinvestors. Die Analyse des möglichen Verwendungszwecks der potenziellen Käufer liefert Aufschluss über deren Zahlungsbereitschaft. Vor diesem Hintergrund ist die Information zur

1 Vgl. Achleitner (2002), S. 264; Berger (2006), S. 572.
2 Vgl. Brasic (2010), S. 29.

künftigen Verwendung des betreffenden Unternehmensteils wichtig für die Verhandlungen und sollte daher von der veräußernden Gesellschaft nicht unterschätzt werden.

Als Vorgehensweise zur systematischen Eingrenzung potenzieller strategischer Käuferunternehmen bietet sich eine Branchensegmentanalyse an, bei welcher der Gesamtmarkt nach bestimmten Kriterien in Untereinheiten segmentiert wird. Als Branchensegment gilt eine Kombination von Produktvarianten und Endabnehmergruppen.[1] Als weitere Segmentierungsvariable kommen die genutzten Vertriebskanäle und der geografische Standort der Abnehmer in Frage. Auf diese Weise lassen sich die Aktionsfelder der Wettbewerber und des Demerger-Objektes miteinander abgleichen und es kann eine Liste von Interessenten erstellt werden. Das Suchfeld lässt sich anschließend entsprechend der Unternehmensgröße, der Unternehmensstruktur, der Finanzkraft und der Mitarbeiterzahl weiter eingrenzen.[2]

Nach Abschluss dieses Screening-Prozesses nehmen ein für das Demerger-Projekt gebildetes Spezialistenteam oder die externen Berater des Verkäuferunternehmens den ersten Kontakt zu den potenziellen Käufern auf. Im Rahmen dieses Schrittes wird versucht, ein mögliches Kaufinteresse bei den relevanten Investoren zu identifizieren. Wird ein tatsächliches Interesse bekundet, so führt das Verkäuferunternehmen eine vorläufige Bonitätsprüfung bei den von ihm favorisierten Investoren durch. Anschließend werden Vertraulichkeits- und Geheimhaltungsvereinbarungen für das bevorstehende Informationsverfahren unterzeichnet.[3]

- Informationsmemorandum

Bei einem Informationsmemorandum (auch: Confidential Memorandum, Offering Memorandum, Unternehmensdossier, Verkaufsprospekt) handelt es sich im Wesentlichen um eine Werbebroschüre für den Verkaufsgegenstand, mit dessen Hilfe ein möglichst großes Interesse der potenziellen Investoren geweckt werden soll. Gleichzeitig sind die in dem Memorandum bereitgestellten Informationen streng vertraulich, weshalb der Verkäufer den Kreis der Adressaten bereits stark eingegrenzt und sich durch deren Geheimhaltungsverpflichtungen abgesichert haben sollte.

Formal ist die Broschüre als detaillierter Bericht ausgestaltet, dessen Aufgabe darin liegt, ein möglichst akkurates Bild über den angebotenen Unternehmensbereich und insbesondere dessen Profil und Markt sowie Geschäftsplanung und Geschäftsmöglichkeiten zu zeichnen.[4] Neben der bereits angesprochenen Marketingaufgabe erfüllt das Informationsmemorandum noch die Informations-, Analyse-, Offenlegungs- sowie die Vertrauensfunktion und soll den potentiellen Käufern als Entscheidungsgrundlage dienen.[5]

---

1 Vgl. Porter (1989), S. 309; Joppich (2010), S. 61.
2 Vgl. Gehrke (1999), S. 201; Jansen (2016), S. 303 f.
3 Vgl. Picot (2004), S. 20; Colhausz et al. (2011), S. 81.
4 Vgl. Picot (2004), S. 19; Hoffmann (2011), S. 103 f.
5 Vgl. Holzapfel/Polläth (2000), S. 439 f.

Die Informationsfunktion beinhaltet die Versorgung der Kaufinteressenten mit relevanten Informationen über das Verkaufsobjekt. Dabei sollten die benötigten Informationen den potenziellen Investoren in geeigneter Weise präsentiert werden. Es geht somit darum, sowohl die Adressaten ausreichend zu informieren als auch die Qualität und Aktualität der gelieferten Daten und Auskünfte zu gewährleisten. Mit der Analysefunktion ist die durch das Informationsmemorandum geschaffene Möglichkeit gemeint, das Verkaufsobjekt sowohl als Ganzes als auch all dessen Teilbereiche umfassend analysieren zu können.

Die Verfasser des Memorandums sollten die Informationen auch über die Zeitachse aufbereiten. So ist es üblich, die wesentlichen Unternehmensdaten über die letzten drei bis fünf Jahre im Informationsmemorandum darzustellen. Darüber hinaus sollte ein Ausblick für die kommenden zwei bis drei Jahre gegeben werden, der auch Angaben zur Planung macht. Im Rahmen der Offenlegungsfunktion werden unternehmensinterne Daten bereitgestellt und offengelegt. Dieser Punkt ist unter Vertraulichkeitsaspekten als besonders kritisch zu erachten. Inhaltlich gleicht die Ausarbeitung des Memorandums einer Gratwanderung, da das Demerger-Objekt einerseits möglichst interessant darzustellen ist, andererseits aber möglichst wenig Detailinformationen bis zu den relevanten Wettbewerbern dringen sollten.

Die Vertrauensfunktion wird dadurch realisiert, dass die vermittelten Informationen seriös und glaubwürdig erscheinen. Über diese Funktionen soll das Informationsmemorandums potentiellen Käufern eine umfangreiche Grundlage für die Akquisitionsentscheidung liefern. Darüber hinaus lassen sich aus den bereitgestellten Informationen Rückschlüsse auf eine Preiskalkulation ziehen, die Grundlage für ein erstes, meist unverbindliches Angebot ist. Das Informationsmemorandum gliedert sich regelmäßig in drei Teile, die vorausgehende Erklärung, den Hauptteil und den Anhang. In der einleitenden Erklärung werden die Leser des Dokuments auf die Vertraulichkeit sowie ihre Rechte und Pflichten hingewiesen. Darüber hinaus werden häufig Angaben zur Herkunft der Informationen und zum Ziel des Berichts gemacht. Schließlich findet sich in der Einleitung regelmäßig ein Haftungsausschluss hinsichtlich der Vollständigkeit und Genauigkeit der bereitgestellten Informationen.

Im Hauptteil der Broschüre folgt auf das Inhaltsverzeichnis üblicherweise eine Zusammenfassung des Memorandums. Wesentliche Angaben im Hauptteil sind allgemeine Informationen zu dem angebotenen Unternehmen, hergestellte Produkte und bediente Märkte, Einkauf und Produktion, Marketing und Vertrieb, Entwicklung der Gewinn- und Verlustrechnung sowie der Bilanz, der Geschäftsplan, Beteiligungen, Organisation und EDV sowie das Personal.[1]

Die allgemeinen Unternehmensinformationen beziehen sich beispielsweise auf Angaben zum Sitz der Gesellschaft, deren Satzung und Unternehmensgeschichte oder der verfolgten strategischen Stoßrichtung. Unter dem Punkt Produkte und Märkte lassen

1 Vgl. Sinnecker (1995), S. 442 f.; Gondring/Zoller/Dinauer (2003), S. 213.

sich unter anderem Lebenszyklusanalysen oder die Entwicklung von relativen Marktanteilen subsumieren. In Bezug auf den Einkaufs- und Produktionsbereich sollten Angaben zu technischer Ausstattung, deren Kapazität und Auslastung sowie Patenten und Lizenzen gemacht werden. Informationen zu Vertriebs- und Kundenstruktur, Marketingaufwand sowie Kundenloyalität sind wichtig, da diese Aussagen über die Leistungsfähigkeit des Marketing- und Vertriebsbereichs erlauben.

Die Entwicklung der Gewinn- und Verlustrechnung sowie der Bilanz lässt sich unter anderem anhand von historischen Erfolgsrechnungen und Bilanzanalysen, Cashflow-, Deckungsbeitrags- und Kostenstrukturanalysen sowie Kennzahlenvergleichen auswerten und mit Branchen- und Wettbewerbsdaten abgleichen. Die Geschäftsplanung sollte Angaben zum aktuellen Budget, geplanten Investitionsvorhaben sowie dem Business-Plan enthalten.

In Bezug auf die Beteiligungen bietet sich ein Überblick über sämtliche Investments, deren Entwicklung und strategische Ausrichtung sowie den jeweiligen vertraglichen Beziehungen zum Demerger-Objekt an. Unter dem Punkt Organisation und EDV finden sich regelmäßig Angaben zur Organisationsstruktur, gegebenenfalls zu durchgeführten Umstrukturierungen sowie zu den verwendeten informationstechnologischen Systemen, Einrichtungen und Standards. Dem Gliederungspunkt Personal können schließlich Informationen bezüglich der Zusammensetzung und Vergütung des Management, Personalstruktur, Sozialplänen und Tarifbindung zugeordnet werden. Die Angaben zu den aufgeführten Bereichen können mittels allgemeiner Checklisten auf Vollständigkeit geprüft werden[1]

Das Informationsmemorandum wird durch den Anhang abgeschlossen. Hier finden sich größere Datensammlungen sowie ergänzendes Material, das mitunter dazu dient, die im Hauptteil gemachten Angaben zu belegen beziehungsweise zu verdeutlichen. Umfang und Inhalt sind dabei stark abhängig von der Branche, der das Demerger-Objekt zugehörig ist. Abbildung 3-5 verdeutlicht die Vorgehensweise beim Entwurf eines Informationsmemorandums.

Das Informationsmemorandum bildet die Grundlage zur Abgabe eines ersten unverbindlichen Angebots („Non-binding offer") seitens der Kaufinteressenten.[2] Darin machen die potenziellen Investoren Angaben zur eigenen unternehmerischen Situation und zukünftigen Strategie.

Auf Basis der unverbindlichen Angebote muss das Verkäuferunternehmen entscheiden, welche der Kaufinteressenten an den finalen Bieterverfahren beziehungsweise Einzelverhandlungen teilnehmen sollen.

---

1 Vgl. Sinnecker (1995), S. 442 f.
2 Vgl. Schertzinger (2009), S. 11 f.; Brück/Sinewe (2010), S. 28.

Abbildung 3-5: Modell zum Entwurf eines Informationsmemorandums[1]

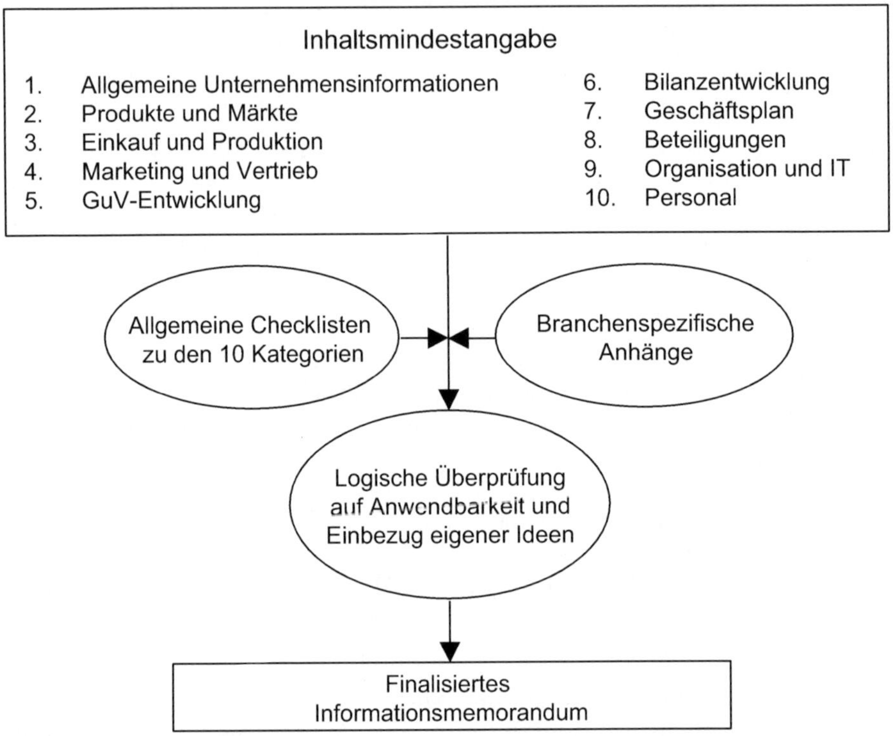

■ Transaktionsabschluss

Ist der Käufer beziehungsweise das Käuferkonsortium des betroffenen Unternehmensteils noch nicht bestimmt, so muss das veräußernde Konzernunternehmen entscheiden, ob für die Auswahl ein abschließendes Bieterverfahren zur Anwendung kommt oder gleich Einzelverhandlungen mit allen Kaufinteressenten geführt werden sollen. Insbesondere bei größeren Transaktionen haben sich Bieterverfahren in der Praxis bewährt. Zur Vorbereitung des abschließenden Bieterverfahrens erstellt das Verkäuferunternehmen gemeinsam mit seinen Beratern erste Entwürfe eines Letter of Intent und des Unternehmenskaufvertrages, dem so genannten Sale and Purchase Agreement.

Weiterhin bereitet der Verkäufer den Datenraum vor, in dem auf Grundlage des Aktions- und Dokumentationsplanes und der Due-Diligence-Checkliste sämtliche Unterla-

1 In Anlehnung an Sinnecker (1995), S. 440.

gen bereitgestellt werden, die der potenzielle Käufer für eine wirtschaftliche und rechtliche Bewertung des Kaufobjektes benötigt.[1] Vor Beginn des finalen Bietungsverfahrens legt das Verkäuferunternehmen den ausgewählten Kaufinteressenten im Wege einer schriftlichen und mündlichen Management-Präsentation detaillierte Unternehmensinformationen und Controlling-Daten offen.

Auf Basis dieser Informationen werden die verbliebenen Kaufinteressenten aufgefordert, binnen einer vorgegebenen Frist ein verbindliches Angebot vorzulegen. Danach entscheidet das veräußernde Unternehmen, mit welchen Interessenten die abschließenden Vertragsverhandlungen aufgenommen werden sollen.[2] Diese werden im Anschluss aufgefordert, ihre Vertraulichkeits- und Geheimhaltungsverpflichtungen zu erneuern, bevor ihnen der Zutritt zum Datenraum und die Durchführung einer Due Diligence gewährt wird. [3]

Zu Beginn der abschließenden Vertragsverhandlungen entscheidet das Verkäuferunternehmen, ob mit den verbliebenen Kaufinteressenten parallel oder exklusiv nach einer bestimmten Reihenfolge verhandelt werden soll. Entscheidet sich der Verkäufer für einen sequentiellen Verhandlungsprozess, beginnen die Gespräche in der Regel mit dem Wunschkandidaten. Diesem wird zur Prüfung und Klärung offener Punkte häufig eine zeitlich beschränkte Exklusivität eingeräumt.

Die in den ersten Gesprächen vertretenen Standpunkte der Verhandlungsführer werden in ihren Kernpunkten in einer Absichtserklärung, einer Option oder einem Vorvertrag festgehalten. Im Anschluss verhandeln die Gesprächspartner beider Parteien über die Einzelheiten des Unternehmensverkaufs, wobei sie zu diesem Zweck auf den vom Verkäufer und seinen Beratern vorbereiteten Entwurf des Sale and Purchase Agreement zurückgreifen. Die Technik der Verhandlungsführung gilt als erfolgskritische und gleichsam komplexe Aufgabe. Als allgemeingültige und erfolgskritische Faktoren für eine erfolgreiche Verhandlungsführung aus Sicht des Verkäufers: sieht Dohm eine klare Zielvorstellung, gute Vorbereitung, einen qualifizierten Verhandlungsführer und ausreichend Verhandlungsspielraum.[4]

Können sich die beiden Parteien am Ende des Verhandlungsprozesses auf ein gemeinsames Ergebnis einigen, so kommt die Transaktion in rechtlich bindender Weise zustande, indem das Sale and Purchase Agreement unterzeichnet wird. Das Closing bezeichnet den nach dem Vertragsabschluss liegenden Zeitpunkt, mit dem die Unternehmensübertragung faktisch vollzogen wird. Dabei geht die Leistungsgewalt auf die neuen Eigentümer über.[5]

---

1 Vgl. Picot (2004), S. 21; Keuper (2006), S. 165.
2 Vgl. Picot (2004), S. 24 f.
3 Vgl. Jansen (2016), S. 314 ff.
4 Vgl. Dohm (1988), S. 169 f.
5 Vgl. Holzapfel/Polläth (2000), S. 36; Haasis/Fischer/Simmert (2007), S. 599.

3.3 Demerger-Controlling

Das Demerger-Controlling dient der prozessnahen Steuerung und Kontrolle des Transaktionsprozesses sowie der Bewertung des wirtschaftlichen und strategischen Zielerreichungsgrades. Aufgabe des prozessbegleitenden Controlling ist es, die einzelnen Aktivitäten des Demerger-Prozesses zu überwachen und bei möglichen Planabweichungen einzugreifen. Die Erfolgskontrolle im Rahmen des Demerger-Controlling stellt auf die Gesamtzielerreichung des Projekts ab. Auf beide Aspekte wird nachfolgend näher eingegangen.

3.3.1 Prozessbegleitendes Controlling

In der bisherigen Beschreibung des Demerger-Prozesses wurde die Komplexität eines solchen Projektes deutlich. Eben diese Komplexität macht ein leistungsfähiges Controlling unabdingbar, um den Fortschritt des Projektes zu überwachen und bei möglichen Abweichungen von geplanten Ergebnissen möglichst frühzeitig korrigierend eingreifen zu können. Darüber hinaus stellt das Controlling auch den wesentlichen Baustein zur Beurteilung des wirtschaftlichen und strategischen Zielerreichungsgrades der Einzelmaßnahmen des Prozesses dar. Das Demerger-Controlling lässt sich anhand der Dimensionen Ziele und Aufgaben, Inhalt und Instrumente charakterisieren. Im Folgenden werden zunächst die Ziele und Aufgaben eines prozessbegleitenden Demerger-Controlling skizziert. Hieran schließt sich eine Darstellung des Inhaltes sowie der wesentlichen Instrumente des Demerger-Controlling an.

Die Kernaufgabe des Demerger-Controlling leitet sich aus den mit dem Projekt verbundenen übergeordneten Unternehmenszielen ab.[1] Liegt das mit einem Demerger verbundene Unternehmensziel beispielsweise in der Steigerung des Shareholder Value, so muss das Controlling sicherstellen, dass alle Aktivitäten auf ihr Wertsteigerungspotenzial überprüft werden. In der tatsächlichen Umsetzung bedeutet dies, dass sämtliche im Zusammenhang mit der Planung des Demerger festgelegten Maßnahmen sowie das Gesamtprojekt fortlaufend auf ihre Zielkonformität hin analysiert und gegebenenfalls bereits vor (Teil-)Projektbeendigung neue Schritte zur Sicherstellung der Zielerreichung eingeleitet werden. Zur Erfüllung dieser Aufgabe muss das Controlling die Voraussetzung für eine prozessbegleitende Betrachtung der bereits angelaufenen Maßnahmen schaffen. Dabei sollte das System zeitnah über den Fortschritt der einzelnen Teilprojekte und den Stand des Gesamtprojektes informieren.

Der Inhalt eines Demerger-Controlling geht über eine rein finanzielle Perspektive hinaus, aus der sich Rückschlüsse über die mit der Transaktion verbundene Wertschaffung ableiten lassen. Vielmehr umfasst das System zusätzlich eine Strategie-, Investoren- und Personalebene. Um den Demerger im Sinne eines prozessnahen Controlling

1 Vgl. Reichmann (2001), S. 3.

zu steuern, müssen daher Kennzahlen systematisch entwickelt, erfasst, aufbereitet und ausgewertet werden, welche die Entwicklungen in den vier genannten Bereichen beschreiben. Ein modernes Kennzahlensystem, das in seiner Perspektive explizit über die Betrachtung von monetären Kennzahlen hinausgeht und auch nicht-finanzielle Größen berücksichtigt, ist die Balanced Scorecard.[1]

Diese umfasst nach Kaplan und Norton als strategische Controllingfelder eine finanzwirtschaftliche, eine Markt- und Kunden-, eine interne Prozess- sowie eine Lern- und Entwicklungsperspektive. Ziel der Scorecard ist es, neben strategischen auch operative, vergangenheits- sowie zukunftsbezogene Aspekte der Projektrealisierung im Sinne einer umfassenden Analyse einzubeziehen. Für die Anwendung im Rahmen des Demerger-Controlling müssen die ursprünglichen Perspektiven der Balanced Scorecard an die speziellen Erfordernisse des Demerger-Prozesses angepasst werden. Abbildung 3-6 stellt die Balanced Scorecard als Demerger-Controllingkonzept dar.

Es lassen sich folgende Komponenten der Balanced Scorecard im Zusammenhang mit dem Demerger-Controlling unterscheiden: die Strategie-, Investoren-, Mitarbeiter- und Finanzperspektive. Die Strategieperspektive überprüft und beurteilt die mit dem Demerger verbundenen Ziele, die Investorenperspektive die Attraktivität des Demerger-Objektes aus Käufersicht, die Mitarbeiterperspektive die personalwirtschaftlichen Maßnahmen zur erfolgreichen Durchführung des Demergers und die Finanzperspektive überprüft und beurteilt die mit dem Demerger verbundene Wertschaffung.

Nachdem die Konzeption des Demerger-Controlling festgelegt wurde, gilt es, Instrumente zu identifizieren, mit denen der gesamte Prozess aus Controlling-Sicht begleitet werden kann. Als grundsätzliches Controllinginstrument bietet sich im Kontext des Demerger ein fortlaufender Vergleich zwischen den geplanten und angestrebten Soll-Größen mit den bislang realisierten Ist-Größen an.[2] Die Erhebung von Soll- und Ist-Größen und deren Vergleich wird als Kontrolle, die Einleitung von Korrekturmaßnahmen als Steuerung bezeichnet.[3]

Bei den Kontrollaktivitäten lassen sich verschiedene Typen unterscheiden, welche für den Demerger-Prozess relevant sind: die Prämissen-, Durchführungs-, Fortschritts- und Ergebniskontrolle.[4] Die Prämissenkontrolle bezieht sich dabei auf die Prüfung der Plausibilität und Konsistenz der zugrunde liegenden Annahmen der Strategien. Die Durchführungskontrolle umfasst die Prüfung sämtlicher Aktivitäten im Rahmen des Demerger-Prozesses hinsichtlich ihrer korrekten Durchführung und Zielkonsistenz. Die Fortschrittskontrolle beinhaltet eine Betrachtung sämtlicher Aktivitäten auf einer Zeitachse und die Überprüfung des bisherigen Fortschritts. Unter Ergebniskontrolle

1 Vgl. Kaplan/Norton (1997), Friedag/Schmidt (2011).
2 Vgl. Cascorbi (2003), S. 180.
3 Vgl. Lucks/Meckl (2002), S. 210 f.
4 Vgl. zu Instrumenten von Struktur und Kontrolle Brühl (1992), S. 138 f.; Weber (1995), S. 150 ff.; Schulte (2009), S. 59 f.

werden die Überprüfung jeder abgeschlossenen Aktivität und ihr Beitrag im Hinblick auf die Zielerreichung zusammengefasst.

Ebenso wie sämtliche Einzelmaßnahmen des Demerger-Projektes sollte auch das Gesamtprojekt einer Ergebnis- beziehungsweise Erfolgskontrolle unterzogen werden. Im Gegensatz zum prozessbegleitenden Controlling, das die einzelnen Aktivitäten des Demerger-Prozesses zeitlich und inhaltlich im Hinblick auf ihre Ergebnisse überwacht, stellt die Erfolgskontrolle des Demerger-Projekts, die Gegenstand des folgenden Abschnitts ist, auf die Gesamtzielerreichung ab.

Abbildung 3-6: *Die Demerger-Balanced-Scorecard*[1]

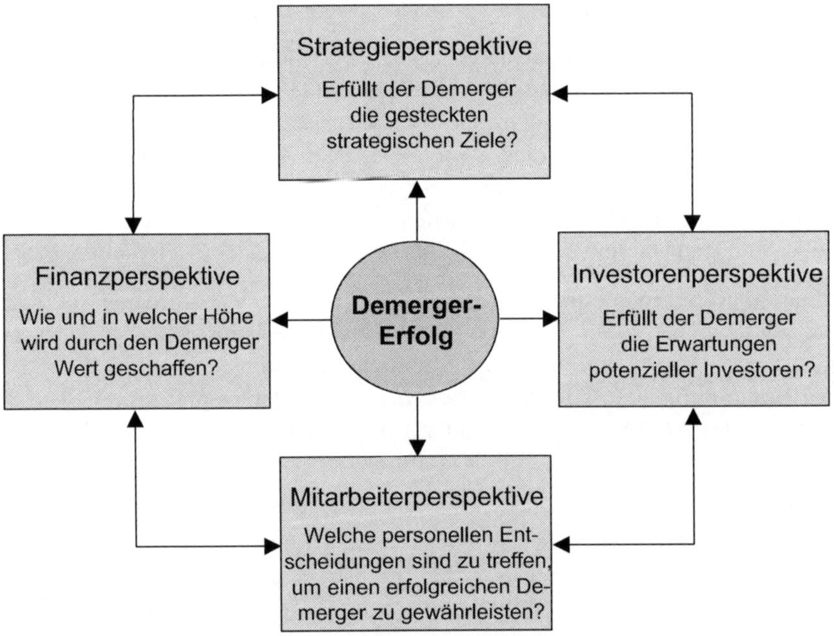

1 In Anlehnung an Kaplan/Norton (1997), S. 9; Horzella (2010), S. 147.

3.3.2 Erfolgskontrolle des Demerger-Projektes

Nachdem die Demerger-Transaktion vollzogen ist, wird in der Regel eine Erfolgskontrolle durchgeführt. Diese setzt allerdings voraus, dass Klarheit hinsichtlich der Definition des Begriffs „Demerger-Erfolg“ vorliegt. Aus diesem Grund muss eine weiterführende Erfolgsanalyse die Entwicklung von Kriterien zum Ziel haben, die den Erfolg des Demerger aus Sicht der Konzerngesellschaft determinieren.[1]

Auch bei der Messung des Demerger-Erfolgs hat sich die Unterscheidung der Kriterien nach Erfolgsdimension, Erfolgskonzept, Zeitpunkt und Zeitraum sowie zugrunde liegende Maßstäbe bewährt.[2] Die genannten Aspekte werden auch als Problemfelder des Demerger-Erfolgs bezeichnet. Obwohl in der Praxis Interdependenzen zwischen diesen Problemfeldern bestehen, bietet sich eine getrennte Betrachtung vor dem Hintergrund der Erlangung eines besseren Verständnisses an. Abbildung 3-7 stellt die Problemfelder der Demerger-Erfolgsmessung dar.

Die Dimensionalität des Demerger-Erfolgs bezieht sich sowohl auf die Anzahl als auch den Inhalt der für die Erfolgsbestimmung der Transaktion berücksichtigten Aspekte. Die Anzahl erscheint insofern relevant, als in der Demerger-Praxis regelmäßig mehrere Aspekte als Erfolgskriterien festgelegt werden. Inhaltlich lassen sich folgende Erfolgsdimensionen unterscheiden: die finanzwirtschaftlichen, die marktstrategischen und die sozialen Erfolgsdimension.[3]

Die finanzwirtschaftlichen Erfolgsdimensionen umfassen dabei monetäre Größen, wie zum Beispiel den Shareholder Value oder die Eigenkapitalrentabilität. Die marktstrategischen Erfolgsdimensionen, die als Indikatoren nachhaltiger Wettbewerbsfähigkeit aufgefasst werden können, beziehen sich auf Kennzahlen, das Marktwachstum oder das Marktprofitabilitätsniveau. Die sozialen Erfolgsdimensionen betrachten hingegen individuelle und arbeitsbezogene Einstellungen und Verhaltensweisen.

Die Erfolgskonzepte lehnen sich stark an die Erfolgsdimensionen an. Je nach Anzahl und Inhalt relevanter Dimensionen ergeben sich unterschiedliche Erfolgskonzepte, die zur Beurteilung des Demerger herangezogen werden können. Allen gemein ist dabei die Annahme, dass sich der Erfolg über eine Wertänderung der Konzerngesellschaft quantifizieren lässt. Ansatzpunkte dieser Wertänderung lassen sich dann je nach Inhalt der Messung über die Bildung quantitativ-objektiver Kenngrößen oder quantifizierter Erfolgswahrnehmungen ableiten. Als Grundlage zur Bildung objektiv-quantitativer Kenngrößen können beispielsweise Jahresabschlüsse oder Kapitalmarktdaten herangezogen werden. Dagegen beruht die Quantifizierung der Erfolgswahrnehmung auf

1 Vgl. Vogel (2002), S. 273; Böllhoff (2009), S. 108.
2 Vgl. Böllhoff (2009), S. 108.
3 Vgl. Vogel (2002), S. 275; Böllhoff (2009), S. 108.

einer Befragung unterschiedlicher Personenkreise, beispielsweise den Mitarbeitern, dem Management sowie internen und externen Experten.[1]

Zur Beurteilung des Demerger-Erfolgs kann sowohl ein bestimmter Zeitpunkt als auch ein Zeitraum maßgeblich sein. Hinsichtlich eines bestimmten Zeitpunkts können Untersuchungen des Demerger-Erfolgs nach deren Zeitpunkt unterschieden werden. Während Untersuchungen ex-ante den erwarteten Erfolg einer Demerger-Transaktion zumeist aus einer kapitalmarktorientierten Perspektive antizipieren, beurteilen Untersuchungen ex-post den erzielten Erfolg etwa zum Zeitpunkt des Closing. Soll der Erfolg hingegen über einen gewissen Zeitraum gemessen werden, so lassen sich kurz-, mittel- und langfristige Zeitfenster unterscheiden.

Abbildung 3-7: *Problemfelder der Demerger-Erfolgsmessung*[2]

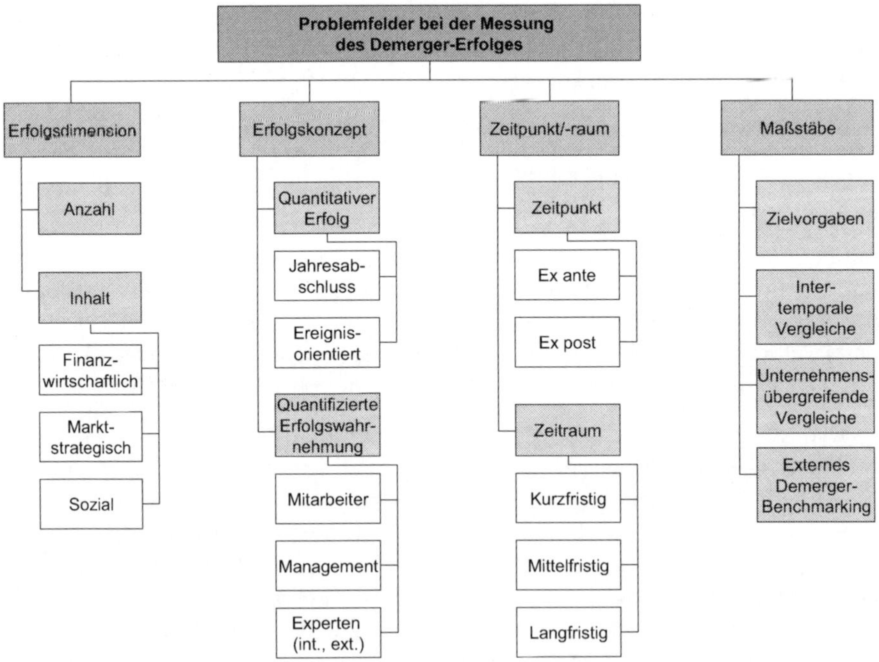

Die Wahl des geeigneten Zeitraums hängt dabei vor allem von der mit dem Demerger verfolgten Zielsetzung ab. Besteht das primäre Ziel in der Mehrung des Shareholder Value, so ist das relevante Zeitfenster häufig kürzer, da nicht auf Dauer engagierte

1 Vgl. Vogel (2002), S. 275; Becker (2005), S. 325.

2 In Anlehnung an Gerpott (1993), S. 190; vgl. Abschnitt 4.2 in Teil C.

Minderheitsaktionäre regelmäßig finanzielle Interessen verfolgen, die kurz- bis mittelfristige Unternehmenswertsteigerungen oder Gewinnausschüttungen zum Ziel haben. Dagegen berücksichtigen strategische Entscheidungen tendenziell eher die langfristige Markt- und Wettbewerbspositionierung des Unternehmens, so dass eine Beurteilung des Demerger-Erfolgs erst über einen längeren Zeitraum möglich wird.

Die Verwendung von Maßstäben verleiht der Beurteilung des Demerger-Erfolgs mehr Aussagekraft, da das Ergebnis auf diese Weise mit Hilfe eines Bezugspunktes vergleichbar gemacht werden kann. Als sinnvolle Maßstäbe bieten sich Zielvorgaben, intertemporale Vergleiche, unternehmensübergreifende Vergleiche und externes Demerger-Benchmarking an.[1] Unter Zielvorgaben wird dabei der Ist-Soll-Vergleich der bisherigen Entwicklung im Vergleich zur Zielvorstellung der Unternehmensleitung verstanden. Intertemporale Vergleiche nutzen als Basis der Erfolgsbestimmung hingegen Werte der relevanten Erfolgskriterien zu einem bestimmten Zeitpunkt oder deren Entwicklung über einen gewissen Zeitraum.

Als vereinfachende Annahme wird davon ausgegangen, dass sich die Werte der Kriterien ohne Durchführung des Demerger nicht verändert hätten. Unternehmensübergreifende Vergleiche stellen die realisierten Werte der Erfolgskriterien im eigenen Unternehmen denen einer Kontrollgruppe gegenüber. Als Kontrollgruppe dienen dabei Unternehmen, die einen vergleichbaren Demerger nicht vornahmen. Mit diesem Ansatz können gezielt jahresabschluss- sowie kapitalmarktorientierte Untersuchungen durchgeführt werden. Die Methode des externen Benchmarking nutzt wiederum vergleichbare Demerger-Transaktionen anderer Unternehmen, die nach den aufgestellten Erfolgskriterien analysiert und bewertet werden. Die hohe Komplexität des Demerger-Prozesses verhindert den Einsatz eines standardisierten Verfahrens zur Erfolgsbestimmung. In der Praxis muss ein solches Verfahren daher den spezifischen Anforderungen und Merkmalen der Transaktion gerecht werden. Grundsätzlich lassen sich die Ansätze zur Erfolgsbestimmung von Unternehmenszusammenschlüssen und -käufen auch auf einen Demerger übertragen. Diese beziehen sich regelmäßig auf die Reaktionen der Kapitalmärkte, auf die Auswertung von Jahresabschlüssen, auf die Analyse bestimmter Ereignisse in Folge der Transaktion sowie auf die Befragung von Betroffenen.

Dieser Logik folgend lassen sich kapitalmarktorientierte, jahresabschlussorientierte, ereignisorientierte sowie befragungsorientierte Verfahren zur Bestimmung des Demerger-Erfolgs unterscheiden. Die einzelnen Verfahren werden ausführlich im Rahmen des Integrationscontrolling behandelt und sollen daher an dieser Stelle nicht weiter betrachtet werden.[2] Vielmehr sollen anhand des Beispiels der Übernahme der Mannesmann AG durch Vodafone AirTouch nochmals die wesentlichen Facetten des gesamten M&A-Prozesses praktisch veranschaulicht werden.

---

1 Vgl. Vogel (2002), S. 276.

2 Vgl. Abschnitt 4.2 in Teil C; bei der Erfolgsmessung eines Demerger ist dabei die Sichtweise des Verkäufers einzunehmen.

4 Fallstudie: Übernahme der Mannesmann AG durch Vodafone AirTouch

Die Telekommunikationsbranche war in der zweiten Hälfte der 90er Jahre durch ein regelrechtes Fusionsfieber gekennzeichnet. Die sowohl in Bezug auf das Transaktionsvolumen als auch hinsichtlich des öffentlichen Interesses bislang bedeutendste Übernahme im Telekommunikationsmarkt war die von Mannesmann durch Vodafone im Jahr 2000. Im Folgenden werden der chronologische Ablauf der Übernahme, die Firmengeschichten der Beteiligten, die Akquisitions- und Abwehrstrategien, die öffentlichen Reaktionen, die Demerger-Aktivitäten sowie der Status Quo vorgestellt.

■ Die Chronologie der Übernahme[1]

22. Oktober 1999: Einen Tag, nachdem der Mannesmann Vorstandsvorsitzende Klaus Esser den Kauf des britischen Mobilfunkanbieters Orange angekündigt hat, berichtet die London Times, dass Vodafone Airtouch die Übernahme von Mannesmann plant. Der Kaufpreis soll umgerechnet circa 61,4 Milliarden Euro betragen. Eine Mannesmann-Aktie ist mit 144 Euro notiert.

14. November 1999: Vodafone tritt an das Mannesmann-Management heran und bietet 43,7 Vodafone-Aktien im Tausch für jede Mannesmann-Aktie, was einem Kaufwert von umgerechnet circa 102,3 Milliarden Euro entspricht. Der Düsseldorfer Vorstand lehnt dieses Angebot als „völlig unangemessen" ab.

19. November 1999: Vodafone tritt direkt an die Mannesmann-Aktionäre heran und bietet ihnen 53,7 eigene Aktien gegen eine Mannesmann-Aktie. Der Mannesmannvorstand rät seinen Investoren, dieses feindliche Übernahmeangebot abzulehnen. Zu diesem Zeitpunkt wird das Mannesmann-Unternehmen mit umgerechnet circa 123,7 Milliarden Euro bewertet, eine Mannesmann-Aktie mit 240 Euro.

24. November 1999: Chris Gent, Vorstandsvorsitzender von Vodafone, leitet eine bundesweite Anzeigenkampagne ein und versichert der Düsseldorfer Belegschaft, dass im Falle einer Übernahme die Arbeitsplätze weiterhin sicher seien.

28. November 1999: Das Mannesmann-Management lehnt eine Übernahme durch Vodafone strikt ab und startet ebenfalls eine bundesweite Werbekampagne, um den Meinungsbildungsprozess der Analysten und Investoren zu beeinflussen.

1 Vgl. Die Welt (2000a).

21. Dezember 1999: Die EU-Kommission erteilt die Erlaubnis für die Übernahme von Orange durch Mannesmann.

23. Dezember 1999: Vodafone bietet den Mannesmann-Aktionären weiterhin 53,7 Vodafone-Aktien pro Stück. Durch den gestiegenen Wert der Vodafone-Aktien erhöht sich damit dennoch der Kaufpreis von Mannesmann trotz der gleich gebliebenen Anzahl gebotener Aktien. Damit wird Mannesmann mit knapp 138 Milliarden Euro bewertet, eine Mannesmann-Aktie mit 266,4 Euro. Den Aktionären wird eine Tauschfrist bis zum 7. Februar 2000 gesetzt.

11. Januar 2000: Berichten zu Folge wollen Mannesmann und der französische Vivendi-Konzern partnerschaftlich zusammenarbeiten. Es wird vermutet, dass Vivendi als „weißer Ritter" fungieren soll.

30. Januar 2000: Vodafone und Vivendi geben bekannt, gemeinsam ein neues Internet-Unternehmen zu gründen, falls Vodafone mehr als 50% der Mannesmann-Anteile erwirbt. Damit hat Mannesmann seinen „weißen Ritter" verloren.

1. Februar 2001: Vodafone kündigt an, sein Kaufangebot weiter aufzustocken, wenn Mannesmann seinen Widerstand aufgibt.

3. Februar 2001: Der Mannesmann-Vorstand stimmt der Übernahme zu und erklärt, dass auf friedlichem Wege eine „Fusion unter Gleichen" stattfinden werde. Klaus Esser akzeptiert damit das Angebot, demzufolge Vodafone 50,5% und Mannesmann 49,5% an der neuen Gesellschaft halten werden. Den Aktionären werden letztendlich 58,98 Vodafone Aktien für eine Mannesmann-Aktie geboten. Damit ist das Mannesmann-Unternehmen beim Verkauf umgerechnet circa 190,2 Milliarden Euro wert.[1]

■ Die Firmengeschichten und Unternehmensstrategien

Obwohl Mannesmann auf dem neuen Mobilfunkmarkt agierte, war Mannesmann kein Newcomer in Deutschland, sondern ein alteingesessener Konzern mit 110-jähriger Geschichte. Mit dem Aufbau der Telekommunikationssparte begann Mannesmann erst in den 90er Jahren. Finanziert wurden diese Aktivitäten durch Quersubventionierung aus anderen Unternehmensbereichen. Das berühmte Industrie- und Fertigungsunternehmen begann 1890 zunächst als reiner Stahlverarbeiter und entwickelte sich dann schnell zum vertikal integrierten Montankonzern.[2]

Bereits von der Gründung an war Mannesmann international ausgerichtet und vertrieb seine Produkte weltweit. Als erstes Unternehmen der Montanindustrie begann Mannesmann in den 60er Jahren mit der konsequenten Diversifizierung seiner Struktur und vollzog Anfang der 70er Jahre den Wandel vom Montan- zum Maschinenbauunternehmen. In den 80er Jahren wurde der Bereich Automobilzubehör in den Konzern integriert. 1990, im 100sten Jahr der Firmengeschichte, war Mannesmann ein breit

1 Vgl. Die Welt (2000a).
2 Vgl. Salzgitter AG (2016).

diversifizierter Technologiekonzern, der international erfolgreich in den Geschäftsbereichen Maschinen- und Anlagenbau, Antriebs- und Steuerungstechnik, Elektronik, Fahrzeugtechnik sowie in der Produktion und im Handel mit Stahlrohr tätig war.

In demselben Jahr erwarb Mannesmann die Lizenz zum Aufbau und Betrieb des ersten privaten Mobilfunknetzes in Deutschland. Im Zuge dessen wurde die neue Konzernsparte Telekommunikation gegründet. Mannesmann war damit der erste private Mobilfunkanbieter auf dem deutschen Markt. In den 90er Jahren gewann der Bereich Telekommunikation zunehmend an Priorität im Konzern. Fast zwei Drittel aller Investitionen entfielen hierauf. Mannesmann baute das Mobilfunknetz D2 weiter aus und erwarb darüber hinaus Mehrheitsbeteiligungen an in- und ausländischen Telekommunikationsunternehmen.[1] Damit wurde Mannesmann Marktführer in Deutschland und einer der stärksten europäischen Anbieter.

Die Eigentümerstruktur Mannesmanns war dadurch gekennzeichnet, dass Mitte 1999 etwa 60% der Anteile von institutionellen Anlegern gehalten wurden, wovon 40% auf ausländische Anleger fielen. Damit war Mannesmann eines der wenigen deutschen Unternehmen ohne Großaktionäre. Stattdessen verfügte die Gesellschaft über einen hohen Streubesitzanteil. Diese Eigentumsverhältnisse haben das Risiko feindlicher Übernahmen für Mannesmann erheblich erhöht.

Der Mannesmann-Aktienkurs hatte sich im Zeitraum von 1996 bis Februar 2000 fast verzehnfacht, und das, obwohl sich das Management in den späten 90er Jahren wenig kapitalmarktorientiert verhielt.[2] Dies änderte sich mit dem Wechsel der Vorstandsvorsitzenden im Jahre 1999. Im Mai 1999 löst Klaus Esser, zuvor Finanzvorstand der Mannesmann AG, den bisherigen Vorstandsvorsitzenden Joachim Funk ab. Dieser Wechsel war insbesondere durch eine Shareholder Value orientierte Unternehmenspolitik und die Fokussierung auf eine integrierte Mobilfunkstrategie gekennzeichnet.

Im September 1999 kündigte Esser an, die klassischen Bereiche des Konzerns auszugliedern und die künftigen Aktivitäten auf die Bereiche Mobilfunk, Festnetz und Internet zu beschränken. 1999, ein Jahr vor der Übernahme der Aktienmehrheit durch die britische Vodafone Group, hatte Mannesmann umfangreiche Restrukturierungsmaßnahmen umgesetzt beziehungsweise für das Folgejahr beschlossen. Mannesmann hatte die Mehrheiten an den italienischen Telekommunikationsunternehmen Omnitel (Mobilfunk) und Infostrada (Festnetz) übernommen, die deutsche Festnetzgesellschaft o.tel.o und die britische Mobilfunkgesellschaft Orange erworben, die Kraus-Maffei AG und Mannesmann Demag AG zur Mannesmann Demag Kraus-Maffei AG verschmolzen sowie den Geschäftsbereich Wehrtechnik, Metallurgie, Energie- und Umwelttechnik, Petrochemie und Raffinerietechnik ausgegliedert.

Darüber hinaus hatte Mannesmann den Beschluss gefasst, im Jahr 2000 den Konzern in die beiden rechtlich selbstständigen Bereiche Engineering & Automotive sowie

---

1 Vgl. Höpner/Jackson (2001b).
2 Vgl. Höpner/Jackson (2001b).

Telecommunications aufzuteilen und den Bereich Engineering & Automotive als Atecs Mannesmann AG an der Börse einzuführen.[1] Die Abbildung 4-1 zeigt die Konzernstruktur und die Umsatzzahlen der einzelnen Sparten vor der Fusion im Jahre 1999. Alle Segmente stellten sich 1999 als gesunde, überlebensfähige Unternehmen dar.

Die Unternehmensgeschichte von Vodafone begann im Jahr 1982, als der Vorsitzende der Racal Radio Group, Gerald Whent sich durchgesetzt hatte und bei der Versteigerung der britischen Mobilfunklizenzen für den privaten Sektor mitbot. Als Kopf der Initiative führte er die Lizenzbewerbung zum Erfolg und baute die Racal Telecomms Division auf. Dem neuen Mobilfunknetz wurde der Name Vodafone gegeben. Das Vodafone Analognetz nahm am 1. Januar 1985 als erstes Mobilfunknetz Großbritanniens seinen Dienst auf.[2]

Nach dem Start erfolgte ein rascher Ausbau des Netzes. Gerald Whent forcierte aggressiv den Ausbau der Mobilfunkaktivitäten von Vodafone mit dem Ziel, langfristig internationaler Marktführer auf dem Mobilfunkmarkt zu werden. Unterstützt wurde diese Initiative durch Beteiligungen an unterschiedlichen Konsortien zum Lizenzerwerb und durch die gezielte Suche nach Akquisitionsobjekten.

Das Wachstum des Unternehmens übertraf regelmäßig die Prognosen des ursprünglichen Business-Plans. Bereits 1987 verfügte Vodafone offiziell über das weltweit größte Mobilfunknetz. Im Gegensatz zu Mannesmann fokussierte sich Vodafone auf den Mobilfunk-Markt und verfügte über keine Aktivitäten im Festnetz oder Internet.

1991 wurde die endgültige Trennung von Racal vollzogen. Als unabhängiges Unternehmen wurde die Vodafone Group an den Börsen in London und New York notiert. 1997 wurde Chris Gent, der im Jahre 1985 als Geschäftsleiter seine Karriere bei Vodafone begonnen hatte, zum Vorstandsvorsitzenden ernannt. Er führte die aggressive Akquisitionsstrategie weiter.

Den vorläufigen Höhepunkt dieser Wachstumsstrategie markierte das Jahr 1999. Am 25. Mai 1999 stimmte die EU-Komission der Fusion der Mobilfunkunternehmen Vodafone Group Plc. und AirTouch Communications Inc. zu. Damit entstand die größte Mobilfunkgesellschaft der Welt, die Vodafone AirTouch Plc.

---

1 Vgl. Salzgitter AG (2016); Höpner/Jackson (2001b), S. 23 f.

2 Vgl. Vodafone (2016c).

Abbildung 4-1: *Mannesmann im Jahr 1999*[1]

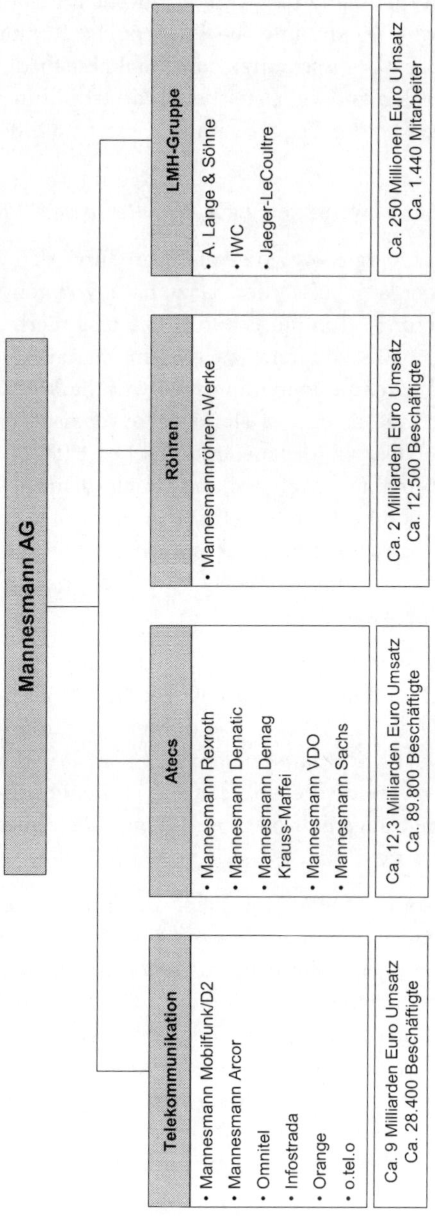

1 In Anlehnung an Höpner/Jackson (2001a), S. 41.

Im Jahr 1999 begann Vodafone mit den Gesprächen zur Übernahme der Mannesmann AG. Am 4. Februar 2000 wurden die Modalitäten mit dem Mannesmann-Aufsichtsrat abgestimmt, welche die Eingliederung von Mannesmann in den Vodafone-Konzern festlegten. Am 12. April 2000 stimmte die Europäische Kommission der Fusion zu, allerdings nur unter der Voraussetzung, dass im Rahmen der Transaktion Orange veräußert würde. So sollte monopolistischen Marktstrukturen auf dem britischen Telekommunikationsmarkt vorgebeugt werden. Orange wurde im Mai 2000 an die France Télécom verkauft.

■ Die Akquisitions- und Abwehrstrategien

Vodafones Akquisitionsstrategie war von Anfang an durch den Wunsch geprägt, größter Mobilfunkanbieter der Welt zu werden. Dazu hatte Vodafone im Jahre 1999 mit der US-amerikanischen AirTouch Communications Inc. fusioniert. Trotz der dominierenden Weltmarktstellung hatte Vodafone zu diesem Zeitpunkt aber noch keine Vormachtstellung in Europa. Mannesmann hingegen war Marktführer im deutschen Telekommunikationsmarkt und einer der stärksten europäischen Wettbewerber neben British Telekom, France Télécom, der niederländischen KPN und der Deutschen Telekom. Das feindliche Übernahmeangebot an die Mannesmann-Aktionäre erfolgte damit nicht, weil ein schlecht geführtes Unternehmen an der Börse niedrig bewertet wurde und damit eine hohe Übernahmeprämie versprach, sondern vielmehr, weil Vodafone durch die Akquisition seine Unternehmensgröße verdoppeln und so die europäische Marktführerschaft erlangen konnte.

Vodafone und Mannesmann hatten bereits seit Jahren in den Mobilfunkmärkten in Deutschland, Frankreich und Italien zusammengearbeitet. Noch im Herbst 1999 galten sie als Verbündete. Doch die starke Wettbewerbsposition von Mannesmann in Deutschland und Europa haben Mannesmann zu einem attraktiven Akquisitionsobjekt gemacht. Darüber hinaus wurde die Übernahme von dem britischen Telekommunikationsunternehmen Orange allgemein als Angriff von Mannesmann auf den heimischen Markt Vodafones interpretiert.[1]

Chris Gent reagierte sofort. Mitte November unterbreitete er dem Mannesmann-Management das freundliche Übernahmeangebot, Anfang Dezember das direkt an die Aktionäre gerichtete feindliche Übernahmeangebot. In der schriftlichen Begründung der Übernahmeintention nannte Gent primär die Größenvorteile eines gemeinsamen Konzerns. Er bot den Tausch von 53,7 Vodafone-Anteilen pro Mannesmann-Aktie ohne Barkomponente. Mannesmann hingegen wollte seine Eigenständigkeit nicht verlieren. Im Falle einer Fusion strebte Mannesmann zumindest die Mehrheit an der neuen Gruppe an. Dies kam für Chris Gent aber nicht in Frage, so dass sich das Mannesmann-Management massiv gegen die Übernahme wehrte.

---

1 Vgl. Höpner/Jackson (2001b).

Hinsichtlich der öffentlichen Argumentation von Mannesmann sind zwei Strategien zu unterscheiden.[1] Zum einen wurden unterschiedliche Entwicklungsperspektiven einer selbstständig oder mit Vodafone operierenden Mannesmann AG aufgezeigt und zum anderen immer wieder auf mögliche verfahrens- und kartellrechtliche Schwierigkeiten hingewiesen. Im Rahmen der gesamten öffentlichen Diskussion seitens Mannesmanns wurde aber nie die Frage der Legitimität einer feindlichen Übernahme diskutiert, wie es zuvor etwa bei den feindlichen Übernahmeversuchen von Continental und Thyssen der Fall war.

Essers Verteidigungsstrategie hatte sich immer auf die Gunst der Aktionäre gerichtet und damit implizit zum Ausdruck gebracht, dass die Aktionärsinteressen über anderen im Unternehmen vertretenen Interessen stehen. Ein weiteres mögliches Abwehrinstrument, Stimmrechtsbeschränkungen, sah die Mannesmann-Satzung zwar vor (es galt, dass keinem Aktionär auf der Hauptversammlung mehr als 5% der Stimmen zukommen konnte), doch wurde diese Beschränkung mit dem im Jahre 1998 verabschiedeten Gesetz zur Kontrolle und Transparenz (KonTraG) unwirksam.

Damit fokussierte sich die Argumentation zwischen Klaus Esser und Chris Gent in der Übernahmeschlacht vornehmlich auf die Diskussion, wer die für die Shareholder attraktivere Strategie verfolgte. Esser, der den Bonus hatte, eine der dynamischsten Telekom-Gruppen Europas geschaffen zu haben, führte eine Kampagne gegen Gent, in der er argumentierte, dass seine Strategie der Fokussierung auf Europa und der Integration von Festnetz, Mobilfunk und Internet den größeren Shareholder Value erzeugen würde. Nur durch eine integrierte Telekommunikationsstrategie könne die Kundenloyalität erhöht und der Umsatz pro Kunde gesteigert werden.

Gent hingegen fokussierte sich rein auf den Mobilfunk und vertrat die Meinung, dass das Festnetz keine Zukunft hätte. Im Rahmen dieser Auseinandersetzung aber versicherte er den Aktionären, dass er ebenfalls nach der Fusion eine integrierte Mobil funk-, Festnetz- und Internet-Strategie verfolgen würde. Darüber hinaus appellierte er an die Aktionäre, dass die global ausgerichtete Vodafone-Strategie zusätzlichen Mehrwert erzeugen werde. Chris Gents Strategie zielte darauf ab, das Vertrauen der Mannesmann-Aktionäre in den Vorstandsvorsitzenden Esser zu brechen.[2]

Ab Mitte Januar verdichteten sich die Anzeichen, dass die Mehrheit der Mannesmann-Aktionäre ihre Aktien gegen Vodafone-Aktien tauschen würde, weil sich an der Börse langsam die Überzeugung durchsetzte, dass der britische Konzern in der Auseinandersetzung die Überhand gewinnen würde. Maßgeblich dafür war nicht zuletzt das Scheitern der letzten Abwehrstrategie Essers. Esser hatte versucht, den französischen Mischkonzern Vivendi als „weißen Ritter" zu gewinnen. Kurze Zeit später wurde jedoch bekannt, dass Vodafone ebenfalls in Verhandlungen mit Vivendi getreten und aus diesem Wettstreit als Sieger hervorgegangen war: Vodafone konnte Vivendi als

1 Vgl. Höpner/Jackson (2001b).
2 Vgl. Höpner/Jackson (2001a), S. 28 f.

Joint Venture Partner für das gemeinsame Internetunternehmen Vizzavi gewinnen. Damit hatte Esser zum einen seinen Wunschpartner verloren und zum anderen wurde eines seiner wichtigsten Argumente gegenüber den Aktionären, Vodafone vernachlässige das Internet, wertlos.

Am 3. Februar 2000 schließlich stimmte das Mannesmann-Management nach dreimonatigem Widerstand und harten Verhandlungen der Übernahme durch Vodafone Airtouch zu. Konfliktpunkte, bei denen Vodafone letztendlich eingelenkt hatte, waren die Verfolgung einer integrierten Telekommunikationsstrategie, die Durchführung des Börsengangs der Atecs-Gruppe, die Weiterverfolgung einer bereits eingeleiteten Entwicklungsstrategie für die Mannesmannröhren-Werke und der Kündigungsschutz für alle Mannesmann-Mitarbeiter bis Ende 2003. Vodafone war bereits vor der Übernahme das weltgrößte Mobilfunk-Unternehmen. Durch den Merger mit Mannesmann sind zum Übernahmezeitpunkt weitere 18,5 Millionen Kunden hinzugekommen, so dass ein Konzern mit einem Kundenstamm von 54 Millionen Kunden in 25 Ländern und auf 5 Kontinenten entstand.[1]

■ Die Reaktion der übrigen Interessensgruppen

Deutsche Politiker verurteilten die feindliche Übernahme auf das massivste. Jürgen Rüttgers, Landesvorsitzender der CDU-NRW, äußerte beispielsweise, dass feindliche Übernahmen einen Rückschritt zum Manchester-Kapitalismus darstellen und nicht in das Konzept der sozialen Marktwirtschaft passen würden. Der amtierende Bundeskanzler Gerhard Schröder hingegen formulierte seine Kritik moderater und warnte, dass feindliche Übernahmen Unternehmenskulturen zerstören würden und im Laufe der Zeit bedenklich zugenommen hätten.[2] Zu einem späteren Zeitpunkt gestaltete sich die Argumentation der deutschen Politiker rationaler; die Mehrheit hatte erkannt, dass eine Übernahme nicht mehr abzuwenden und eine friedliche Einigung somit die beste Lösung war.

Betriebsräte und Gewerkschaften wiesen den feindlichen Übernahmeversuch zwar zurück und sprachen sich für eine eigenständige Entwicklung aller Segmente der Mannesmann AG aus, der Protest fiel aber insgesamt, im Gegensatz zu den Vorgängen um Thyssen im Jahr 1997, moderat aus. Dies begründet sich zum einen daraus, dass bereits vor der Übernahmediskussion eine Abspaltung der Nicht-Telekommunikations-Sparten beschlossen worden war. Zum anderen drohte kein massiver Arbeitsplatzabbau im Zuge der Übernahme.[3] Darüber hinaus akzeptierten auch Betriebsräte und Gewerkschaften die grundsätzliche Betonung der Aktionärsperspektive. Von Seiten der Angestellten wurde Mitte November ein Warnstreik als Protest-Demonstration gegen die Übernahme organisiert. Dabei protestierten sowohl die Ar-

1 Vgl. Carrel (2000).
2 Vgl. Höpner/Jackson (2001a), S. 36.
3 Vgl. Höpner/Jackson (2001b).

beitnehmer aus der Telekommunikationssparte als auch die Arbeitnehmer der klassischen Sparten in einer gemeinsamen Aktion.

Die Hausbank der Mannesmann AG, die Deutsche Bank, hatte sich während der Auseinandersetzungen zwischen Mannesmann und Vodafone bewusst zurückgehalten, jedwede Stellungnahme wurde vermieden und die Abwehrmaßnahmen nicht aktiv unterstützt. Der Grund dafür kann in der zunehmenden Fokussierung der deutschen Banken auf das Investmentbanking gesehen werden. Im Rahmen dieser neuen Ausrichtung wollten viele deutsche Großbanken demonstrieren, dass sie durch ihre Hausbank-Funktion für deutsche Unternehmen nicht beeinträchtigt werden. Die Banken haben erkannt, dass es nahezu unmöglich ist, einerseits wie eine Investmentbank nach den Regeln des internationalen Marktplatzes zu handeln und andererseits die Funktion einer Hausbank im alten Stil zu erfüllen. Deshalb verzichten sie zunehmend auf das Monitoring und die Beschützerfunktion ihres Klientel.

Die beratenden Investmentbanken der beiden Verhandlungspartner waren an der Seite Mannesmanns Morgan Stanley und Merrill Lynch, Vodafone arbeitete mit Goldman Sachs und Warburg Dillon Read. In diesem Zusammenhang stellte sich des Öfteren die Problematik des Insiderwissens. Klaus Esser forderte, dass Goldman Sachs Vodafone nicht weiter beraten solle, weil Goldman Sachs bereits Orange bei der freundlichen Übernahme von Mannesmann beraten hatte. Esser argumentierte, dass Goldman Sachs damit über Insiderinformationen von Mannesmann verfüge und diese nun für Vodafone nutzen würde.

Das Ergebnis war, dass Goldman Sachs seine Beratungstätigkeit für Vodafone temporär stoppte und Mannesmann in dieser Zeit einen Antrag am Londoner Gerichtshof stellte, in dem die Einstellung der Beratungsfunktion von Goldman Sachs für Vodafone gefordert wurde. Dieser Antrag wurde allerdings abgewiesen mit der Begründung, dass die in diesem Falle relevanten Informationen einen nicht so hohen Vertraulichkeitsgrad hätten. Darüber hinaus wurde kurze Zeit später bekannt, dass Morgan Stanley ebenfalls bereits Airtouch bei der Fusion mit Vodafone beraten hatte und nun für Mannesmann arbeitete.[1]

- Die Demerger-Aktivitäten

Vor der Übernahme durch Vodafone hatte Mannesmann vier Haupt-Geschäftssparten in den Bereichen Maschinenbau/Automotive (Atecs-Gruppe), Telekommunikation, Röhren und Luxus-Uhren (LMH-Gruppe). Alle vier Segmente stellten sich kurz vor der Übernahme noch als umsatzstarke Unternehmensbereiche dar und sollten in Zukunft in ihrer Entwicklung und Eigenständigkeit weiter gefördert werden.[2] Vodafone war allerdings nur an der Sparte Telekommunikation und insbesondere am Mobilfunkbereich Mannesmann Mobilfunk/D2 und dem italienischen Omnitel interessiert.

1 Vgl. Höpner/Jackson (2001a), S. 30 ff.
2 Vgl. Salzgitter AG (2016).

Bereits zwei Monate nach der Übernahme hatte Vodafone die Atecs-Sparte an die Siemens AG und die Robert Bosch GmbH veräußert. Kurze Zeit später, im Mai 2000, wurde auch das tendenziell defizitäre Röhrengeschäft verkauft; die Mannesmannröhren-Werke AG wurde zum symbolischen Preis von 1 DM der Salzgitter AG übertragen. Die Luxusuhren-Sparte LMH veräußerte Vodafone im Juli 2000 für zwei Milliarden Euro an die Schweizer Luxusartikelfirma Compagnie Financière Richemont-Gruppe.[1] Die Atecs-Gruppe, für die sich zunächst der Thyssen-Krupp-Chef Gerhard Cromme, und später das Gespann Heinrich von Pierer von Siemens und Hermann Scholl von Bosch interessierten, wurde für 9,6 Milliarden Euro an Siemens und Bosch verkauft. Viele beschuldigten Chris Gent danach, dass er sein Versprechen, Atecs unabhängig zu machen und an die Börse zu führen, gebrochen habe. Die ursprünglich für einen Börsengang vorbereitete Gruppe wurde nach dem Verkauf von Siemens weiter zerlegt. Der Hydraulikhersteller Rexroth kam als einziges Atecs-Unternehmen zu Bosch und stieg dort zur Führungsgesellschaft für die gesamte Sparte auf.

Siemens hingegen verkaufte den Getriebespezialisten Sachs eineinhalb Jahre später an die Firma ZF Friedrichshafen und splittete Demag Krauss-Maffei weiter auf. Lediglich die Atecs-Sparten Dematic und VDO wurden vollständig von Siemens integriert.[2] Aus kartellrechtlichen Gründen musste sich Vodafone von der Mobilfunkfirma Orange trennen, die von France Télécom für 48 Milliarden Euro (Mannesmann hatte wenige Monate zuvor einen Kaufpreis von 39 Milliarden Euro für Orange gezahlt) übernommen wurde. Danach wurde France Télécom zum zweitgrößten Mobilfunkunternehmen nach Vodafone in Europa. Verkauft wurde ebenfalls die italienische Festnetzgesellschaft Infostrada; sie ging für 11 Milliarden Euro an den Energiekonzern Enel.[3]

Abbildung 4-2 zeigt, dass der Traditionskonzern Mannesmann nach der Übernahme systematisch in seine Einzelteile zerlegt wurde. Aus den Verkäufen erlöste Vodafone mehr als 70 Milliarden Euro bei einem Übernahmepreis für Mannesmann von 350 Milliarden Euro (Aktientausch). Bei Vodafone blieben hauptsächlich die Mannesmann Mobilfunk-Aktivitäten (D2 und Omnitel) und das Festnetzgeschäft mit Arcor. Die Klausel des Übernahmevertrages, die besagte, dass betriebsbedingte Kündigungen für alle ehemaligen Mannesmann-Mitarbeiter bis zum Ende 2003 ausgeschlossen sind, galt dabei sowohl für die bei Vodafone integrierten Geschäftsbereiche als auch für alle weiter veräußerten Bereiche.[4]

1 Vgl. Manager Magazin Online (2002).
2 Vgl. Manager Magazin (2002), S. 66 ff.
3 Vgl. Manager Magazin Online (2002).
4 Vgl. Holland-Letz (2001).

Abbildung 4-2: *Zersplitterung der Mannesmann AG nach der Übernahme durch Vodafone*

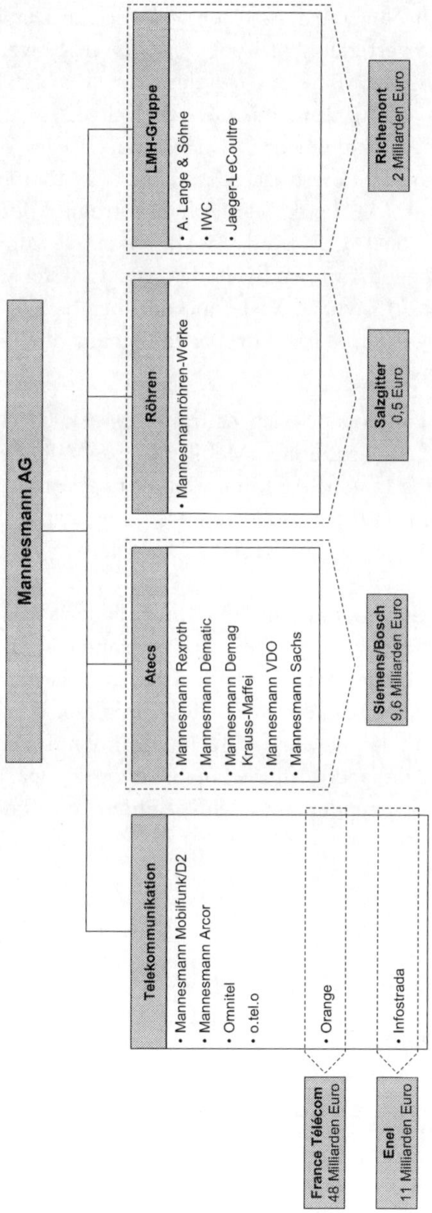

Der Status Quo

Vodafone hat sein Ziel erreicht und ist seit dem Jahr 2003 der größte Mobilfunkanbieter in Europa sowie seit November 2010 offiziell auch in Deutschland.[1] Weltweit ist Vodafone in 30 Ländern vertreten, hat Kooperationen in 40 weiteren Ländern und ist an Mobilfunkbetreibern in 27 Ländern beteiligt. Im Geschäftsjahr 2015/2016 erwirtschaftete die Vodafone Group zum Stichtag 31. März 2016 umgerechnet circa 51,8 Milliarden EUR. Dies entspricht einem Zuwachs von 2,3% im Vergleich zum Vorjahr.[2] Der Konzern beschäftigte im Jahresdurchschnitt 108.000 Mitarbeiter und 26.000 selbstständige Auftragsnehmer. Mit dieser Mannschaft betreute Vodafone rund 462 Millionen Mobilfunk-, 13 Millionen DSL- und 9,5 Millionen TV-Kunden.[3] Bezogen auf die Kundenzahl ist Vodafone damit weltweit das zweitgrößte Mobilfunkunternehmen nach China Mobile. In 2015 wurde Vodafone darüber hinaus vom European Brand Institute zur sechswertvollsten Marke Europas mit einem geschätzten Markenwert von 23,2 Milliarden Euro gewählt.[4]

Vodafone Deutschland konnte in diesem Zeitraum mit 14.000 Mitarbeiter, die 44 Millionen Kunden betreuten (30,4 Millionen Mobilfunk, 5,8 Millionen DSL und 7,8 Millionen TV), einen Jahresumsatz von 10,6 Milliarden Euro erwirtschaften.[5] Diese Entwicklung war unter anderem dadurch möglich, dass Chris Gent seinen Akquisitionskurs weiterführte. So kaufte Vodafone am 27.11.2002 beispielsweise von der France Télécom 10,8% der griechischen Panafon für 311 Millionen EUR. Außerdem übernahm Vodafone am selben Tag von der ING Group 7.56% der niederländischen Libertel. Im Juni 2003 gab jedoch Chris Gent seine Stellung als Vorstandsvorsitzender auf, um in den Ruhestand zu gehen.[6] Direkter Nachfolger wurde Arun Sarin, zu der Zeit Vorstandsvorsitzender der Accel-KKR Telekom in San Francisco, der den Erfolgskurs von Chris Gent beziehungsweise Vodafone aber nicht halten konnte. Daraufhin übernahm im Juli 2008 der jetzige Amtsinhaber Vittorio Colao, zuvor Europachef von Vodafone, den Posten des Vorstandsvorsitzenden und leitet seitdem erfolgreich das Geschäft der Vodafone Group.[7]

1 Vgl. n-tv (2002).
2 Vgl. Vodafone (2016a).
3 Vgl. Vodafone (2016a).
4 Vgl. European Brand Institute (2015).
5 Vgl. Vodafone (2016a).
6 Vgl. Zitselsberger (2010).
7 Vgl. Handelsblatt (2008).

Literaturverzeichnis

Aaker, D./Joachimsthaler, E. (2000), Top Strategien: Markenwert schaffen und absichern, In: Absatzwirtschaft, 6. Jg., Nr. 1, 2000, S. 30–38.

Achleitner, A.-K. (2001), Handbuch Investment Banking, Wiesbaden 2001.

Achleitner, A.-K. (2002), Handbuch Investment Banking, Wiesbaden 2002.

Achleitner, A.-K./Einem, C. von/Kaserer, C./Schiereck, D. (2007), Private Equity in Deutschland, Norderstedt 2007.

Achleitner, A.-K./Wecker, R./Wirtz, B.W. (2005), Demerger-Konzepte, In: Wirtschaftsstudium, 34. Jg., Nr. 11, 2005, S. 1033–1037.

Achleitner, A.-K./Wirtz, B.W./Wecker, R. (2004a), Akteure und Phasen des M&A-Management (II), In: Das Wirtschaftsstudium, 33. Jg., Nr. 12, 2004, S. 1504–1509.

Achleitner, A.-K./Wirtz, B.W./Wecker, R. (2004b), Akteure und Phasen des M&A-Management, In: Das Wirtschaftsstudium, 33. Jg., Nr. 11, 2004, S. 1381–1384.

Achleitner, A.-K./Wirtz, B.W./Wecker, R.M. (2004c), M&A-Management, In: Das Wirtschaftsstudium, 33. Jg., Nr. 4, 2004, S. 476–486.

Adolphs, K. (2004), Wettbewerbsvorteile im Electronic Retailing - Theoretische Grundlagen und empirische Ergebnisse auf der Basis der Resource-Advantage-Theorie, Wiesbaden 2004.

AeroTelegraph (2015), Fusion mit American Airlines: US-Airways plant historischen letzten Flug, http://www.aerotelegraph.com/us-airways-macht-historischen-letzten-flug, Abruf: 14.07.2016.

Ahnefeld, M.A. (2007), Die Perfomance von Privatisierungen am Kapitalmarkt - Langfristige Aktienkursentwicklung, Risiko- und Ertragserwartung ehemals staatlicher Unternehmen in Westeuropa, Wiesbaden 2007.

Albrecht, S. (1994), Erfolgreiche Zusammenschlußstrategien - eine empirische Untersuchung deutscher Unternehmen, Wiesbaden 1994.

Aldering, C./Hutten, C.F.v. (2008), Due Diligence und Human Resources, In: Berens, W./Brauner, H. (Hrsg.): Due diligence bei Unternehmensakquisitionen, Bd. 5, Stuttgart 2008, S. 313–329.

Alex, B./Becker, D./Stratmann, J. (2002), Ganzheitliches Wissensmanagement und wertorientierte Unternehmensführung, In: Götz, K. (Hrsg.): Wissensmanagement. Zwischen Wissen und Nichtwissen, Bd. 4, München 2002, S. 47–69.

Alexander, D. (2011), Markenrechtliche Aspekte beim eBranding, In: Theobald, E./Haisch, P. (Hrsg.): Brand Evolution, Wiesbaden 2011, S. 431–444.

ALM (2006), Business Separation Transactions: Spin-Offs, Subsidiary IPOs and Tracking-Stocks, New York 2006.

Amit, R./Shoemaker, P.J. (1993), Strategic assets and organizational rent, In: Strategic Management Journal, 14. Jg., Nr. 1, 1993, S. 33–46.

Andler, N. (2009), Tools für Projektmanagement, Workshops und Consulting - Kompendium der wichtigsten Techniken und Methoden, Erlangen 2009.

Ansoff, H.I. (1991), Critique of Henry Mintzberg's The Design School: Reconsidering the Basic Premises of Strategic Management, In: Strategic Management Journal, 12. Jg., Nr. 6, 1991, S. 449–461.

Bach, N./Buchholz, W./Eichler, B. (2003), Geschäftsmodelle für Wertschöpfungsnetzwerke, Wiesbaden 2003.

Baetge, J. (1998), Bilanzanalyse, Düsseldorf 1998.

BaFin (2016), Aufsicht über Wertpapiererwerbs-, Übernahme- und Pflichtangebote nach dem WpÜG, http://www.bafin.de/SharedDocs/Standardartikel/DE/bieterpflichten_wpueg.html, Abruf: 20.07.2016.

Balakrishnan, S./Koza, M. (1993), Information asymmetry, adverse selection and joint-ventures - Theory and Evidence, In: Journal of Economic Behavior and Organization, 20. Jg., Nr. 1, 1993, S. 99–117.

Ballwieser, W. (1993), Methoden der Unternehmensbewertung, In: Gebhardt, G./Gerke, W./Steiner, M. (Hrsg.): Handbuch des Finanzmanagement, München 1993, S. 151–176.

Ballwieser, W. (1998), Unternehmensbewertung mit Discounted Cash-flow-Verfahren, In: Die Wirtschaftsprüfung (WPg), 51. Jg., Nr. 3, 1998, S. 81–92.

Barney, J.B. (1991), Firm Resources and Sustained Competitive Advantage, In: Journal of Management, 17. Jg., Nr. 1, 1991, S. 99–120.

Barney, J.B. (2002), Gaining and sustaining competitive advantage, New York 2002.

Barnikel, K. (2007), Post-Merger Integration, Paderborn 2007.

Bartels, E./Cosack, S. (2008), Integrationsmanagement, In: Picot, A. (Hrsg.): Handbuch Mergers & Acquisitions, Bd. 4, Stuttgart 2008, S. 450–470.

Bartoszewski, P. (2006), Erfolgreiches Integrationsmanagement bei Fusionen und Akquisitionen, Wiesbaden 2006.

Bartsch, D. (2005), Unternehmenswertsteigerung durch strategische Desinvestitionen - eine Ereignisstudie am deutschen Kapitalmarkt, Wiesbaden 2005.

Bauer, H.H./Valtin, A. (2004), Einsatz der Brand Scorecard im strategischen Markenmanagement, In: Wirtz, B./Göttgens, O. (Hrsg.): Integriertes Marken- und Kundenwertmanagement, Wiesbaden 2004, S. 161–190.

Bauer, J./Hayessen, E. (2006), Controlling für Industrieunternehmen, Wiesbaden 2006.

Baum, J.A.C. (1999), Organizational Ecology, London 1999.

Baums, T. (1996), Spartenorganisation, "Tracking Stock" und deutsches Aktienrecht, München 1996.

Bea, F.X./Haas, J. (2015), Strategisches Management, Stuttgart 2015.

Beck, K. (2007), Kommunikationswissenschaft, Konstanz 2007.

Becker, D.R. (2005), Ressourcen-Fit bei M&A-Transaktionen, Wiesbaden 2005.

Becker, H.P. (2016), Investition und Finanzierung - Grundlagen der betrieblichen Finanzwirtschaft, Wiesbaden 2016.

Becker, U. (2010), Planung und Vorbereitung als Erfolgsfaktoren für M & A, In: Müller-Stewens, G./Kunisch, S./Binder, A. (Hrsg.): Mergers & Acquisitions. Analysen, Trends und Best Practices, Stuttgart 2010, S. 231–242.

Behrens, R. (1993), Das Beteiligungsgeschäft - Qualifikationsanforderungen an den erfolgreichen M&A-Berater, In: Frank, G.-M./Stein, I. (Hrsg.): Management von Unternehmensakquisitionen, Stuttgart 1993, S. 163–177.

Beier, A. (2009), Die Nachfrage nach M&A-Dienstleistungen, Wiesbaden 2009.

Beisel, W./Klumpp, H.-H./Beisel, D. (2016), Der Unternehmenskauf. Gesamtdarstellung der zivil- und steuerrechtlichen Vorgänge einschließlich gesellschafts-, arbeits- und kartellrechtlicher Fragen bei der Übertragung eines Unternehmens, München 2016.

Benjamin, R./Wigand, R. (1995), Electronic markets and virtual value chains on the information superhighway, In: Sloan Management Review, 36. Jg., Nr. 2, 1995, S. 62–72.

Berens, W./ Brauner, H. (Hrsg.) (2011), Due diligence bei Unternehmensakquisitionen, Stuttgart.

Berens, W./Brauner, H./Strauch, J. (2005), Due Diligence bei Unternehmensakquisitionen, Stuttgart 2005.

Berens, W./Mertes, M./Strauch, J. (2011), Unternehmensakquisitionen, In: Berens, W./Brauner, H. (Hrsg.): Due diligence bei Unternehmensakquisitionen, Bd. 6, Stuttgart 2011, S. 21–67.

Berens, W./Strauch, J. (2011), Herkunft und Inhalt des Begriffes Due Diligence, In: Berens, W./Brauner, H. (Hrsg.): Due diligence bei Unternehmensakquisitionen, Bd. 6, Stuttgart 2011, S. 5–17.

Berger, K.P. (2006), Zivil- und Wirtschaftsrecht im europäischen und globalen Kontext, Berlin 2006.

Bergmann, H. (2008), Zusammenschlusskontrolle, In: Picot, A. (Hrsg.): Handbuch Mergers & Acquisitions, Bd. 4, Stuttgart 2008, S. 389–432.

Bertheau, N. (2005), Die besten Checklisten für Manager, Frankfurt a.M 2005.

Berthel, J./Becker, F.G. (2010), Personal-Management, Stuttgart 2010.

Beuth, G. (2001), Der Stellenwert der Kommunikation bei der Neuorganisation und Fusion von Raab Kärcher und VEBA Immobilien, In: Mertens, K./Zimmermann, R. (Hrsg.): Das Handbuch der Unternehmenskommunikation 2000/2001, Neuwied, Kriftel 2001, S. 32–44.

Bieg, H./Kußmaul, H. (2006), Externes Rechnungswesen, Oldenburg 2006.

Birker, B. (2008), CRM-Prozess einer Dialogmarketingaktion in einem Handelsunternehmen, In: Helmke, S./Uebel, M./Dangelmaier, W. (Hrsg.): Effektives Customer Relationship Management, Bd. 4, Wiesbaden 2008, S. 187–204.

Black, F./Scholes, M. (1973), The Pricing of Options and Corporate Liabilities, In: Journal of Political Economy, 81. Jg., Nr. 3, 1973, S. 637–659.

Blaha, T. (2008), Das institutionalle Mergers- and Acquisitionsgeschäft in Deutschland - eine Analyse aus Perspektive expansionsorientierter Unternehmen, Paderborn 2008.

Blanton, P.B./Perrett, A.N./Taino, E.A. (2000), Unlocking Hidden Value - Realizing Value through Spin-Offs, Carve-Outs, Split-Offs and Tracking Stock, Boston 2000.

Blaschke, T. (2009), Cash-Flow im Jahresabschluss als Basis der Unternehmensbewertung, In: Schacht, U./Fackler, M. (Hrsg.): Praxishandbuch Unternehmensbewertung, Bd. 2, Wiesbaden 2009, S. 81–106.

Bleicher, K. (1986), Strukturen und Kulturen der Organisation im Umbruch: Herausforderung für den Organisator, In: Zeitschrift für Führung & Organisation, 55. Jg., Nr. 2, 1986, S. 97–108.

Bleicher, K. (1991), Organisation: Strategien - Strukturen - Kulturen, Wiesbaden 1991.

Blum, N. (2006), Spin-offs in strategischen Unternehmensnetzwerken - ein alternativer Weg zur Existenzgründung, Wiesbaden 2006.

Blum, U./Dudley, L./Leibrand, F./Weiske, A. (2005), Angewandte Institutionenökonomik - Theorien, Modelle, Evidenz, Wiesbaden 2005.

Böllhoff, D. (2009), Demerger Management - eine empirische Analyse, Wiesbaden 2009.

Bolton, S.E. (1990), Discounts for Stocks of closely held Corporations, In: Trust & Estates, 1990. Jg., Nr. 12, 1990, S. 47–48.

Borowicz, F./Förster, K. (2008), M&A-Kommunikation im Spannungsfeld von Mitarbeitern und Financial Community, In: Keuper, F./Neumann, F. (Hrsg.): Finance Transformation, Wiesbaden 2008, S. 48–70.

Bouncken, R.B. (2001), Transfer, Speicherung und Nutzung von Wissen bei Dienstleistungen, In: Bruhn, M./Stauss, B. (Hrsg.): Dienstleistungsmanagement Jahrbuch 2001, Wiesbaden 2001, S. 203–233.

Brasic, H. (2010), Analyse der Gründe und Ziele zur Einleitung von M&A Prozessen in mittelständischen Unternehmen Ost-Österreichs 2009 und 2010, Norderstedt 2010.

Brauner, H./Scholz, S. (1999), Due Diligence aus finanzwirtschaftlicher Sicht, In: Berens, W./Brauner, H. (Hrsg.): Due diligence bei Unternehmensakquisitionen, Bd. 2, Stuttgart 1999, S. 251–266.

Brealey, R.A./Myers, S.C. (2000), Principles of Corporate Finance, Boston 2000.

Brealey, R.A./Myers, S.C./Allen, F. (2011), Principles of Corporate Finance, Boston 2011.

Brebeck, F./Bredy, J. (2005), Due Diligence aus bilanzieller und steuerlicher Sicht, In: Berens, W./Brauner, H. (Hrsg.): Due diligence bei Unternehmensakquisitionen, Bd. 4, Stuttgart 2005, S. 351–395.

Brück, M.J.J./Sinewe, P. (2010), Steueroptimierter Unternehmenskauf, Wiesbaden 2010.

Brüggerhoff, J. (1992), Management von Desinvestitionen, Wiesbaden 1992.

Brühl, R. (1992), Controlling als Aufgabe der Unternehmensführung, Gießen 1992.

Bruhn, M. (2004), Unternehmenskommunikation, In: Schreyögg, G./Werder, A. (Hrsg.): Handwörterbuch Unternehmensführung und Organisation, Stuttgart 2004, S. 1531–1539.

Bruhn, M. (2015), Kommunikationspolitik, München 2015.

Bruppacher, P.R. (1990), Unternehmenskauf als strategischer Erfolgsfaktor, In: Siegwart, A.a. (Hrsg.): Mergers & Acquisitions, Stuttgart 1990, S. 267–282.

Büchel, B. (1997), Joint Venture-Management - aus Kooperationen lernen, Bern 1997.

Buchner, R. (1995), Marktorientierte Unternehmensbewertung, In: Seicht, G. (Hrsg.): Jahrbuch für Controlling und Rechnungswesen, Wien 1995, S. 401–427.

Buchner, R./Englert, J. (1994), Die Bewertung von Unternehmen auf der Basis des Unternehmensvergleichs, In: Betriebsberater (BB), 49. Jg., Nr. 23, 1994, S. 15–73.

Bühner, R. (1990), Erfolg von Unternehmenszusammenschlüssen in der Bundesrepublik Deutschland, Stuttgart 1990.

Bühner, R. (2004), Betriebswirtschaftliche Organisationslehre, München 2004.

Bühner, R. (2005), Personalmanagement, München 2005.

Bullinger, H.-J./Spath, D./Warnecke, H./ Westkämper, E. (Hrsg.) (2009), Handbuch Unternehmensorganisation, Berlin.

Bundeskartellamt (2004), Merkblatt zum Anwendungsbereich der EU-Fusionskontrolle, http://www.bundeskartellamt.de/SharedDocs/Publikation/DE/Merkbl%C3%A4tter/Merkblatt%20-%20Europ%C3%A4ische%20Fusionskontrolle.pdf?__blob=publicationFile&v=3, Abruf: 11.07.2016.

Bundesministerium der Finanzen (2000), Gesetzesmaterialien: Entwurf eines Gesetzes zur Regelung von Unternehmensübernahmen, Stand: 29.06.2000, Berlin 2000.

Buono, A.F./Bowditch, J.L. (1989), The Human Side of Mergers and Acquisitions, Managing Collisions between People, Cultures and Organizations, San Francisco 1989.

Burger, A./Ulbrich, P./Ahlemeyer, N. (2010), Beteiligungscontrolling, Oldenbourg 2010.

Burmann, C./Meffert, H. (2007), Markenbildung und Markenstrategien, In: Albers, S./Herrmann, A. (Hrsg.): Handbuch Produktmanagement, Bd. 3, Wiesbaden 2007, S. 161–183.

Busch, D. (1999), Erfahrungen im Vorfeld einer landesübergreifenden Kooperation, In: Zeitschrift Führung und Organisation, 68. Jg., Nr. 6, 1999, S. 338–341.

BusinessWire (2010), Vodafone Essar verpflichtet Wipro für Aufbau und Verwaltung seines Geschäftsbereichs Festnetz-Telekommunikationsdienstleistungen, http://www.businesswire.com/news/home/20101208005692/de/, Abruf: 11.07.2016.

Buss, C. (2010), Identifizierung übernahmegeeigneter Unternehmen, Frankfurt a.M 2010.

Buxmann, C./Diefenbach, H./Hess, T. (2015), Die Softwareindustrie, Ökonomische Prinzipien, Strategien, Perspektiven, Berlin 2015.

Camphausen, B. (2007), Strategisches Management - Planung, Entscheidung, Controlling, Oldenburg 2007.

Cannella, A.A./Hambrick, D.C. (1993), Effects of Executive Departures on the Performance of Acquired Firms, In: Strategic Management Journal, 14. Jg., Nr. 3, 1993, S. 137–152.

Carleton, J. (1997), Cultural Due Diligence, In: Training, Nr. 11, 1997, S. 67–75.

Carrel, P. (2000), Mannesmann, Vodafone, Internetseite, Abruf: 12.03.2002.

Cascorbi, A. (2003), Demerger-Management: Wertorientierte Desintegration von Unternehmen, Wiesbaden 2003.

Caspar, M./Metzler, P. (2002), Entscheidungsorientierte Markenführung. Aufbau und Führung starker Marken, Münster 2002.

Celanese (2016), Our History, http://www.celanese.com/About-Us/History.aspx, Abruf: 11.07.2016.

Cisco (2016), Acquisitions - Acquisition Summary, http://www.cisco.com/c/en/us/about/corporate-strategy-office/acquisitions/acquisitions-list-years.html, Abruf: 18.07.2016.

Charifzadeh, M. (2002), Corporate Restructuring - ein wertorientiertes Entscheidungsmodell, Köln 2002.

Chromy, B./Strok, A. (1998), Die Veränderung von Unternehmenskultur als Grundlage einer erfolgreichen Fusion, In: Henckel von Donnersmarck, M.-E./Schatz, R. (Hrsg.): Fusionen: Gestalten und Kommunizieren, Bonn 1998, S. 121–136.

Clarke, C.J. (1987), Acquisitions: Techniques for Measuring Strategic Fit, In: Long Range Planning, 20. Jg., Nr. 3, 1987, S. 12–18.

Clever, H. (1993a), Fusionen erfolgreich gestalten - Prozess eines erfolgreichen Post-Merger-Management, In: Frank, G.-M./Stein, I. (Hrsg.): Management von Unternehmensakquisitionen, Stuttgart 1993, S. 121–132.

Clever, H. (1993b), Post-Merger-Management, Stuttgart 1993.

CMBC (2016), The biggest mergers and acquisitions of 2015, http://www.cnbc.com/2015/12/23/the-biggest-merger-deals-of-2015.html, Abruf: 18.07.2016.

Coase, R.H. (1937), The Nature of the Firm, In: Economica, 4. Jg., Nr. 16, 1937, S. 386–405.

Coenenberg, A.G./Alvarez, M. (2003), Jahresabschluß und Jahresabschlußanalyse. Betriebswirtschaftliche, handelsrechtliche, steuerliche und internationale Grundsätze, Stuttgart 2003.

Coenenberg, A.G./Jakoby, S. (2000), Akquisition und Unternehmensbewertung, In: Colbe, W./Coenenberg, A./Kajüter, P. (Hrsg.): Betriebswirtschaft für Führungskräfte, Stuttgart 2000, S. 895–681.

Coenenberg, A.G./Sautter, I.S. (1992), Strategische und finanzielle Bewertung von Unternehmensakquisitionen, In: Busse von Colbe, W./Coenenberg, A. (Hrsg.): Unternehmensakquisition und Unternehmensbewertung, Stuttgart 1992, S. 189–217.

Coenenberg, A.G./Schultze, W. (1998), Unternehmensbewertung anhand von Entnahme- oder Einzahlungsüberschüssen: Die Discounted Cash Flow-Methode, In: Matschke, M./Schildbach, T. (Hrsg.): Unternehmensberatung und Wirtschaftsprüfung - Festschrift für Prof. Dr. G. Sieben zum 65. Geburtstag, Stuttgart 1998, S. 269–299.

Cohausz, H.-B./Elsing, S.-H./Feldmann-Gerber, K./Fisseler, M. (2011), Unternehmenskauf bei der GmbH, Heidelberg 2011.

Copeland, T.E./Koller, T./Murrin, J. (1998), Unternehmenswert, Methoden und Strategien für eine wertorientierte Unternehmensführung, Frankfurt am Main 1998.

Copeland, T.E./Weston, J.F./Shastri, K. (2008), Finanzierungstheorie und Unternehmenspolitik - Konzepte der kapitalmarktorientierten Unternehmensführung, München 2008.

Corsten, H. (1998), Grundlagen der Wettbewerbsstrategie, Leipzig 1998.

Cox, J.C./Ross, S.A./Rubinstein, M. (1979), Option Pricing: A Simplified Approach, In: Journal of Financial Economics, 7. Jg., Nr. 3, 1979, S. 229–263.

Dahlhaus, C. (2008), Investitions-Controlling im dezentralen Unternehmen - Anreizsysteme als Instrument zur Verhaltenssteuerung im Investitionsprozess, Wiesbaden 2008.

Dannenberg, H./Zupancic, D. (2008), Spitzenleistungen im Vertrieb, Wiesbaden 2008.

David, F.R. (1989), How Companies Define their Mission, In: Long Range Planning, 22. Jg., Nr. 1, 1989, S. 90–97.

Deal, T.E./Kennedy, A.A. (1982), Corporate cultures, München 1982.

Defren, T. (2009), Desinvestitionsmanagement -Erfolgsfaktoren in der Verhandlungsphase eines Sell-Offs, Wiesbaden 2009.

Deloitte (2011), Deloitte ortet mehr M&A-Tätigkeit in Europa, doch Österreich noch schwach, https://extrajournal.net/2011/07/05/deloitte-ortet-mehr-ma-tatigkeit-in-europa-doch-osterreich-noch-schwach/, Abruf: 11.07.2016.

Demuth, A. (2000), Das strategische Management der Unternehmensmarke, In: Markenartikel, 1. Jg., Nr. 1, 2000, S. 14–22.

DePamphilis, D.M. (2015), Mergers, Acquisitions, and other Restructuring Activities, London 2015.

Deutsche Bank/Fraunhofer Institut für Arbeitswirtschaft und Organisation (1999), Wettbewerbsfaktor Wissen - Leitfaden zum Wissensmanagement, Frankfurt a.M 1999.

Deutsches Patent- und Markenamt (2000), Jahresbericht des Deutschen Patent- und Markenamts, München 2006.

Deutsches Patent- und Markenamt (2002), Jahresbericht des Deutschen Patent- und Markenamts, München 2006.

Deutsches Patent- und Markenamt (2004), Jahresbericht des Deutschen Patent- und Markenamts, München 2006.

Deutsches Patent- und Markenamt (2006), Jahresbericht des Deutschen Patent- und Markenamts, München 2006.

Deutsches Patent- und Markenamt (2008), Jahresbericht des Deutschen Patent- und Markenamts, München 2006.

Deutsches Patent- und Markenamt (2010), Jahresbericht des Deutschen Patent- und Markenamts, München 2010.

Deutsches Patent- und Markenamt (2012), Jahresbericht des Deutschen Patent- und Markenamts, München 2012.

Deutsches Patent- und Markenamt (2014), Jahresbericht des Deutschen Patent- und Markenamts, München 2012.

Deutsches Patent- und Markenamt (2015), Jahresbericht des Deutschen Patent- und Markenamts, München 2012.

Die Welt (2000a), Chronologie, http://www.welt.de/print-welt/article517332/Chronologie.html, Abruf: 14.07.2016.

Die Welt (2000b), Positive Bilanz nach fünf Jahren Übernahmekodex, http://www.welt.de/print-welt/article518629/Positive-Bilanz-nach-fuenf-Jahren-Uebernahmekodex.html, Abruf: 25.07.2016.

Die Welt (2013), Wirtschaft: American Airlines und US Airways – Die größte Fluggesellschaft der Welt, http://www.welt.de/wirtschaft/article144853290/Die-groesste-Fluggesellschaft-der-Welt.html, Abruf: 14.07.2016.

Die Welt (2014a), VW vollendet Scania-Deal: Die Wolfsburger übernehmen die schwedische Lkw-Tochter komplett, http://www.welt.de/print/welt_kompakt/print_wirtschaft/article127973640/VW-vollendet-Scania-Deal.html, Abruf: 18.07.2016.

Die Welt (2014b), Wirtschaft: Know-how – Chinesen kaufen in großem Stil deutsche Firmen auf, http://www.welt.de/wirtschaft/article124411801/Chinesen-kaufen-in-grossem-Stil-deutsche-Firmen-auf.html, Abruf: 18.07.2016.

Diehm, A./Moser, U. (2001), Untersuchungen der wirtschaftlichen Betätigung - Commercial und Financial Due Diligence, In: Lange, G. (Hrsg.): Mergers&Acquisitions in der Praxis, Frankfurt a.M 2001, S. 47–66.

Dielmann, K. (1997), Unternehmenskauf und Human Ressourcen - Due Diligence Prüfung, In: Personal, Nr. 9, 1997, S. 470–473.

Diller, H. (1992), Vahlens großes Marketing Lexikon, München 1992.

Döbler, T. (2010), Wissensmanagement: Open Access, Social Networks, E-Collaboration, In: Schweiger, W./Beck, B. (Hrsg.): Handbuch Online-Kommunikation, Wiesbaden 2010, S. 385–408.

Dohm, L. (1988), Die Desinvestition als strategische Handlungsalternative - Eine Studie des Desinvestitionsverhaltens U.S.-amerikanischer Großunternehmungen, Frankfurt am Main 1988.

Dombret, A.R. (2006), Übernahmeprämien im Rahmen von M&A-Transaktionen, Wiesbaden 2006.

Dörner, W. (1992), Die Unternehmensbewertung, In: Institut der Wirtschaftsprüfer in Deutschland (IDW) (Hrsg.): Wirtschaftsprüfer-Handbuch 1992. Handbuch für Rechnungslegung, Prüfung und Beratung, Band II, Düsseldorf 1992, S. 11–36.

Dornis, P. (1982), Akquisitionspolitik, In: Rädler, A./Pöllath, R. (Hrsg.): Handbuch der Unternehmensakquisition, Frankfurt a.M 1982, S. 39–94.

Dowling, M./Drumm, H.J. (2003), Gründungsmanagement, Berlin 2003.

Drucker, P. (1974), Management: tasks, responsibilities, practices, London 1974.

Duden (2016), Transaktion, http://www.duden.de/rechtschreibung/Transaktion, Abruf: 20.07.2016.

Düsterhoff, H. (2015), Wende ja, Welle nein – Jahresrückblick auf das deutsche M&A-Geschehen 2014, In: M&A Review, 26. Jg., Nr. 2, 2015, S. 73–81.

Düsterhoff, H. (2016), M&A-Welt der zwei Geschwindigkeiten – Jahres rück blick auf das deutsche M&A-Geschehen 2015, In: M&A Review, 27. Jg., Nr. 1-2, 2016, S. 21–29.

EANS-Adhoc (2009), EANS-Adhoc: Kommunalkredit Austria AG / Split-up, http://www.bankkaufmann.com/a-237293-EANS-Adhoc-Kommunalkredit-Austria-AG---Split-up.html, Abruf: 11.07.2016.

Ebert, M. (1998), Evaluation von Synergien bei Unternehmenszusammenschlüssen, Hamburg 1998.

Eckbo, E.B. (2008), Handbook of Corporate Finance, München 2008.

EG-Fusionskontrollverordnung (2004), Verordnung EG Nr. 139/2004 des Rates vom 20. Januar 2004 über die Kontrolle von Unternehmenszusammenschlüssen.

Eiffe, F.F./Mölzer, W. (1993), Mergers & Acquisitions: Leitfaden zum Kauf und Verkauf von Unternehmen, Wien 1993.

Eilers, S. (2008), Steuerliche Strukturierung der Transaktionen, In: Picot, A. (Hrsg.): Handbuch Mergers & Acquisitions, Stuttgart 2008, S. 132–178.

Eimke, H./Jung, K.-P. (2002), Trend-Analyse: Chancen und Risiken der Vorwärtsintegration des Getränkefachgroßhandels in der Brau- beziehungsweise Getränkeindustrie unter logistischen Aspekten, http://www.competence-site.de/1679/brancenlogistik.nsf/6bd1da%201744b63533c1256c7100287c66/$file/miebach_trendstudie.pdf, Abruf: 03.07.2003, Abruf: 07.03.2003.

Eisele, W. (2005), Bilanzen. Hg. v. F.X Bea, B. Friedl und M. Schweitzer, Stuttgart (9).

Engel, D. (2008), Adoptions- und Risikoverhalten von Konsumenten im Internet, Frankfurt a.M 2008.

Esch, F.-R. (2003), Strategie und Technik der Markenführung, München 2003.

Esch, F.-R./Fuchs, M./Bräutigm, S./Redler, J. (2005), Konzeption und Umsetzung von Markenerweiterungen, In: Esch, F.-R. (Hrsg.): Moderne Markenführung, Bd. 4, Wiesbaden 2005, S. 905–946.

European Brand Institute (2015), Eurobrand Global Top 100, http://www.eurobrand.cc/studien-rankings/eurobrand-2015/, Abruf: 26.07.2016.

Fabozzi, F.J./Modigliani, F./Ferri, M.G. (2010), Foundations of Financial Markets and Institutions, Upper Saddle River 2010.

Fairburn, J./Kay, J. (1989), Introduction, In: Fairburn, J./Kay, J. (Hrsg.): Mergers and Merger Policy, Oxford 1989, S. 1–29.

Faust-Beyer, T. (2000), Cartel Issues, In: Tischendorf, S. (Hrsg.): Strategies for Successful Acquisitions in Germany, London 2000, S. 91–124.

Fett, T./Spiering, C. (2010), Handbuch Joint Venture, Heidelberg 2010.

Fiedler, J./Sponheuer, B. (2004), Public Merger erfolgreich managen, In: Huber, A./Jansen, A./Plamper, H. (Hrsg.): Public Merger, Wiesbaden 2004, S. 91–118.

Financial Times, D. (2002), Fusionsfieber weltweit gesunken, http://www.ftd.de/ub/fi/1039964401475.html?nv=rs, Abruf: 03.07.2003, Abruf: 03.07.2003.

Financial Yearbook for your Business (2011), M&A nimmt deutlich Fahrt auf Transaktionsvolumen steigt deutlich - Aktuelle Studie zum M&A-Geschehen mit deutscher

Beteiligung, http://www.fyb.de/de/110817_PE_ma%20monitor%201%20HJ2011%20dt.pdf, Abruf: 17.08.2011, Abruf: 17.08.2011.

Finanzen.net (2016), Schätzungen, http://www.finanzen.net, Abruf: 24.06.2016.

Fischer, D. (2008), Unternehmensübergreifende Integration von Informationssystemen, Wiesbaden 2008.

Fischer, J./Wirtgen, J. (2000), Post-Merger Integration Management, Berlin 2000.

Fließ, S. (2011), Beiträge zur Dienstleistungsmarketing-Forschung: Aktuelle Forschungsfragen und Forschungsergebnisse, Wiesbaden 2011.

Frank, G.-M. (1993), Probleme und Erfolgsfaktoren bei der Übernahme von Unternehmen, In: Frank, G.-M./Stein, I. (Hrsg.): Management von Unternehmensakquisitionen, Stuttgart 1993, S. 133–146.

Franke, G./Hax, H. (2009), Finanzwirtschaft des Unternehmens und Kapitalmarkt, Berlin 2009.

Franken, S. (2010), Verhaltensorientierte Führung, Wiesbaden 2010.

Freiling, J. (2001), Resource-based View und ökonomische Theorie: Grundlagen und Positionierung des Resourcenansatzes, Wiesbaden 2001.

Frenzel, M. (2006), Herausforderung Post-Merger-Integration (PMI), In: Wirtz, B. (Hrsg.): Handbuch Mergers & Acquisitions Management, Wiesbaden 2006, S. 733–754.

Frese, E. (2000), Grundlagen der Organisation: Konzept - Prinzipien - Strukturen, Wiesbaden 2000.

Frese, E. (2012), Grundlagen der Organisation, Entscheidungsorientiertes Konzept der Organisationsgestaltung, Wiesbaden 2005.

Freund, W. (1991), Die Integration übernommener Unternehmen - Fragen, Probleme, Folgen, In: Die Betriebswirtschaft, 51. Jg., Nr. 4, 1991, S. 491–498.

Friedag, H.R./Schmidt, W. (2011), Balanced Scorecard, Freiburg 2011.

Fritz, W. (2003), Outplacement, In: Bullinger, H.-J./Warnecke, H./Westkämper, E. (Hrsg.): Neue Organisationsformen in Unternehmen, Bd. 2, Berlin 2003, S. 1090–1114.

Frost, J. (2005), Märkte in Unternehmen - Organisatorische Steuerung und Theorien der Firma, Wiesbaden 2005.

Fuchs, W./Unger, F. (2007), Management der Marketing-Kommunikation, Berlin 2007.

Fueglistaller, U./Müller, C./Volery, T. (2016), Entrepreneurship, Modelle - Umsetzung - Perspektiven, Wiesbaden 2016.

Funke, A. (2006), Konglomeratsabschlag und Transaktionskostentheorie - theoretische Erklärung und empirische Befunde in Europa, Wiesbaden 2006.

Gabler Wirtschaftslexikon (2016), Transaktion, http://wirtschaftslexikon.gabler.de/Definition/transaktion.html, Abruf: 20.07.2016.

Gaida, K. (2011), Gründen 2.0 - Erfolgreiche Businessinkubation mit neuen Internet-Tools, Wiesbaden 2011.

Gaitanides, M. (1992), Ablauforganisation, In: Frese, E. (Hrsg.): Handwörterbuch der Organisation, Bd. 3, Stuttgart 1992, S. 1–18.

Gaitanides, M./Sjurts, I. (1999), Der Merger of Equals muß letztlich ein Merger der Rationalen sein, In: Zeitschrift Führung und Organisation, 68. Jg., Nr. 6, 1999, S. 349–354.

Gaughan, A. (2015), Mergers, acquisitions, and corporate restructurings, New York 2015.

Gehrke, I. (1999), Desinvestitionen erfolgreich planen und steuern, München 1999.

Geiblinger, E.-M. (2001), Integrierte Kommunikation - wichtiger Faktor für den Erfolg von Unternehmens-Fusionen, In: Mertens, K./Zimmermann, R. (Hrsg.): Das Handbuch der Unternehmenskommunikation 2000 / 2001, Neuwied/Kriftel 2001, S. 11–22.

Geidner, A. (2009), Der Wandel der Unternehmensführung in Buyouts - eine Untersuchung Private-Equity-finanzierter Desinvestitionen, Wiesbaden 2009.

Gelbmann, U./Hasler, A./Perl, E./Posch, A./Steiner, G./Strebel, H./Vorbach, S./Zotter, K.A. (2007), Innovations- und Technologiemanagement, Wien 2007.

Gerds, J./Schewe, G. (2014), Post-Merger Integration. Unternehmenserfolg durch Integration Excellence, Berlin 2014.

Gerpott, T.J. (1991), Bleiben oder Gehen? - Zur Erklärung der Verbleibensquote von Top-Managern nach Unternehmensakquisitionen, In: Zeitschrift für Betriebswirtschaft, 61. Jg., Nr. 1, 1991, S. 5–32.

Gerpott, T.J. (1992), Strategieadäquates Personalmanagement bei der Integration von internationalen Akquisitionen, In: Busse von Colbe, W./Coenenberg, A. (Hrsg.): Unternehmensakquisition und Unternehmensbewertung, Stuttgart 1992, S. 313–330.

Gerpott, T.J. (1993), Integrationsgestaltung und Erfolg von Unternehmensakquisitionen, Stuttgart 1993.

Gerpott, T.J./Schreiber, K. (1994), Integrationsgestaltungsgeschwindigkeit nach Unternehmensakquisitionen: Revolutionäre Veränderung oder evolutionäre Anpassung?, In: Die Unternehmung, Nr. 2, 1994, S. 99–116.

Gevestor Financial Publishing Group (2016), Die Top 10 der größten Investmentbanken, http://www.gevestor.de/details/die-top-10-der-groessten-investmentbanken-720749.html, Abruf: 19.07.2016.

Gildemeister, A. (2008), Synergiebewertung: Identifikation und Quantifizierung von Synergien im M&A-Kontext, Norderstedt 2008.

Gilson, S.C. (2010), Creating Value through Corporated Restructuring, Hoboken 2010.

Glaum, M./Hutzschenreuter, T. (2010), Mergers & Acquisitions. Management des externen Unternehmenswachstums, Stuttgart 2010.

Göbel, E. (2002), Neue Institutionenökonomik - Konzeption und betriebswirtschaftliche Anwendungen, Stuttgart 2002.

Godoy Tenter, C./Müller, S. (1998), Unternehmenskultur - Problem- oder Erfolgsfaktor bei Fusionen, In: Henckel von Donnersmarck, M.-E./Schatz, R. (Hrsg.): Fusionen: Gestalten und Kommunizieren, Bonn 1998, S. 137–159.

Gomez, P./Weber, B. (1989), Akquisitionsstrategie - Wertsteigerung durch Übernahme von Unternehmungen, Stuttgart 1989.

Gomez, P./Weber, B. (1990), Akquisitionsstrategien zur Steigerung des Unternehmungswertes, In: Siegwart, A.a. (Hrsg.): Mergers & Acquisitions, Stuttgart 1990, S. 181–202.

Gondring, H./Zoller, E./Dinauer, J. (2003), Real Estate Investment Banking - Neue Finanzierungsformen bei Immobilieninvestitionen, Wiesbaden 2003.

Görtz, B. (2006), Due Diligence als Schlüssel zum Erfolg von Mergers & Acquisitions, In: Wirtz, B. (Hrsg.): Handbuch Mergers & Acquisitions Management, Wiesbaden 2006, S. 519–531.

Gösche, A. (1993), Unternehmensbewertung und Preisbestimmung, In: Frank, G.-M./Stein, I. (Hrsg.): Management von Unternehmensakquisitionen, Stuttgart 1993, S. 179–185.

Grant, R.M. (1996), Towards a Knowledge-based Theory of the Firm, In: Strategic Management Journal, 17. Jg., Nr. 13, 1996, S. 109–122.

Grant, R.M. (2016), Contemporary Strategy Analyses, Oxford 2016.

Grechenig, T./Bernhart, M./Breiteneder, R./Kappel, K. (2009), Softwaretechnik - mit Fallbeispielen aus realen Entwicklungsprojekten, München 2009.

Greiling, M./Muszynski, T. (2008), Management im Krankenhaus, Stuttgart 2008.

Grimpe, C. (2005), Post-Merger Integration der Forschung und Entwicklung, Wiesbaden 2005.

Grote, Rainer (2014), Financial Due Diligence, In: Balz, U./Arlinghaus, O. (Hrsg.): Praxishandbuch Mergers & Acquisitions - Von der strategischen Überlegung zur erfolgreichen Integration, Wien 2014, S. 91-124.

Grunow, H.-W./Zimmermann, R. (2000), Nur jeder sechste Anleger bekommt Infineon-Aktien, In: Financial Times Deutschland, 2000.

Grüter, H. (1993), Integrationsstrategien akquirierter Unternehmungen, In: Die Unternehmung, Nr. 1, 1993, S. 45–54.

Guggenberger, J.M. (2010), Aufbau und Ablauf einer IT-Integration, Wiesbaden 2010.

Gurusamy, S. (2009), Merchant Banking an Financial Services, Noida 2009.

Gut-Villa, C. (1997), Human Resource Management bei Mergers & Acquisitions, Bern 1997.

Haasis, H./Fischer, T.R./Simmert, D.B. (2007), Mittelstand hat Zukunft - Praxishandbuch für eine erfolgreiche Unternehmenspolitik, Wiesbaden 2007.

Habeck, M.M./Kröger, F./Träm, M. (2002), Wi(e)der das Fusionsfieber. Die sieben Schlüsselfaktoren erfolgreicher Fusionen, Wiesbaden 2002.

Hackmann, S. (2011), Organisatorische Gestaltung in der Post-Merger Integration, Wiesbaden 2011.

Hagemann, S. (1996), Strategische Unternehmensentwicklung durch Mergers&Acquisitions, Frankfurt am Main 1996.

Halperin, M./Bell, S.J. (1992), Research Guide to Corporate Acquisitions, Mergers, and Other Restructurings, Homewood 1992.

Hammer, R. (2008), Planung und Führung, München 2008.

Handelsblatt (2008), Vittorio Colao: Ein Italiener führt Vodafone, http://www.handelsblatt.com/unternehmen/management/vittorio-colao-ein-italiener-fuehrt-vodafone/2996376.html, Abruf: 26.07.2016.

Handelsblatt (2014), WhatsApp gehört jetzt zu Facebook, http://www.handelsblatt.com/unternehmen/it-medien/kauf-abgeschlossen-whatsapp-gehoert-jetzt-zu-facebook/10800722.html, Abruf: 22.07.2016.

Hansen, H. R./Mendling, J./Neumann, G. (2015), Wirtschaftsinformatik, Berlin 2015.

Harrigan, K.R. (1986), Managing for Joint Ventures Success, New York 1986.

Harris, M./Raviv, A. (1991), The Theory of Capital Structure, In: Journal of Finance, 46. Jg., Nr. 1, 1991, S. 297–355.

Hartweg, H.-R. (2007), Die Entwicklung der integrierten Versorgung in Deutschland, Berlin 2007.

Hase, S. (1996), Integration akquirierter Unternehmen, Frankfurt a.M 1996.

Hase, S. (2002), Integration akquirierter Unternehmen, Frankfurt a.M 2002.

Hasenack, W. (1974), Betriebsstillegung, In: Grochla, E. (Hrsg.): Handwörterbuch der BWL, Bd. 4, Stuttgart 1974, S. 56–75.

Haspeslagh, P.C./Jemison, D.B. (1991), Managing Acquisitions: Creating Value through corporate Renewal, New York 1991.

Haspeslagh, P.C./Jemison, D.B. (1992), Akquisitionsmanagement: Wertschöpfung durch strategische Neuausrichtung des Unternehmens, Frankfurt a.M 1992.

Haufe.de (2016), Squeeze-out: Gründe, Gestaltungsformen, Barabfindung / 2.2 Der übernahmerechtliche Squeeze-out, https://www.haufe.de/finance/finance-office-professional/squeeze-out-gruende-gestaltungsformen-barabfindung-22-der-uebernahmerechtliche-squeeze-out_idesk_PI11525_HI2921213.html, Abruf: 20.07.2016.

Haussmann, H. (2002), Kulturelle Integrationsprobleme bei internationalen Mergers & Acquisitions, In: Macharzina, K./Oesterle, M.-J. (Hrsg.): Handbuch Internationales Management, Wiesbaden 2002, S. 909–922.

Heini, C. (2003), Eine Megafusion - Erleben aus der Sicht von Managern und Mitarbeitern, Münster 2003.

Heinrich, L.-J./Roithmayr, F. (1998), Wirtschaftsinformatik-Lexikon, München 1998.

Helbling, C. (2000), Management des Wissens im Dienstleistungsbetrieb: Knowledge Management bei Coopers & Lybrand in der Schweiz, In: Hinterhuber et al (Hrsg.): Das Neue Strategische Management, Bd. 2, Wiesbaden 2000, S. 339–360.

Helbling, C. (2001), Unternehmensbewertung im Wandel, In: Der Schweizer Treuhänder, 2001. Jg., 6-7, 2001, S. 607–614.

Helm, S./Günter, B. (2001), Kundenwert - eine Einführung in die theoretischen und praktischen Herausforderungen der Bewertung von Kundenbeziehungen, In: Günter, B./Helm, S. (Hrsg.): Kundenwert, Wiesbaden 2001, S. 3–35.

Hennerkes, B.-H. (2005), Die Familie und ihr Unternehmen, Frankfurt a.M 2005.

Hentze, J./Graf, A. (2005), Personalwirtschaftslehre 2, Bern 2005.

Hentze, J./Kammel, A. (2001), Personalwirtschaftslehre 1, Bern 2001.

Herden, R.W./Mbonimana, D. (2002), M&A Markt - Nachhaltiger Rückgang im Jahr 2001, In: M & A Review, 4. Jg., Nr. 3, 2002, S. 144–148.

Herrmann, A./Homburg, C./Klarmann, M. (2008), Handbuch Marktforschung, Wiesbaden 2008.

Herz, R.H./Abahoonie, E.J. (1986), Alphabet Stocks and CPUs: Innovative but Complex, In: Mergers & Acquisitions, 21. Jg., Nr. 3, 1986, S. 26–29.

Herzfeld, E. (1989), Joint Ventures, Bristol 1989.

Hichert, R. (2009), Führungsinformationssysteme zur Unterstützung von Managemententscheidungen in komplexen Organisationen, In: Bullinger, H.-J./Spath, D./Warnecke, H./Westkämper, E. (Hrsg.): Handbuch Unternehmensorganisation, Bd. 3, Berlin 2009, S. 718–722.

Hickman, K./Petry, G.H. (1990), A Comparison of Stock Price Predictions Using Count Accepted Formulars, Dividend Discount, and P/E Models, In: Finanzmanager (FM), 19. Jg., Nr. 2, 1990, S. 77.

Hilb, M. (2011), Integriertes Personal-Management, Berlin 2011.

Hill, W./Fehlbaum, R./Ulrich, P. (1974), Organisationslehre, Band 1, Bern 1974.

Hinne, C. (2008), Mergers and Acquisitions Management - Bedeutung und Erfolgsbeitrag unternehmensinterner M&A-Dienstleister, Wiesbaden 2008.

Hinterhuber, H.H./Friedrich, S.A./Al-Ani, A./Handlbauer, G. (2000), Das Neue Strategische Management, Wiesbaden 2000.

Högemann, B. (2013), Cultural Due Diligence, In: Berens, W./Brauner, H./Strauch, J./Knauer, T. (Hrsg.): Due Diligence bei Unternehmensakquisitionen, Bd. 7, Stuttgart 2013, S. 599–623.

Hofbauer, G./Körner, E.R./Nikolaus, U./Poost, U. (2008), Marketing von Innovationen - Strategien und Mechanismen zur Durchsetzung von Innovationen, Stuttgart 2008.

Hofbauer, G./Schöpfel, B. (2010), Professionelles Kundenmanagement, Erlangen 2010.

Hoffmann, F. (1980), Führungsorganisation, Band 1: Stand der Forschung und Konzeption, Tübingen 1980.

Hoffmann, W. (2011), Turnaround Equity - Erfolgsfaktoren im Transaktionsprozess bei Turnaround-Investitionen in Deutschland, Wiesbaden 2011.

Hohnhaus, M. (2004), Erfolg der M&A-Beratung bei Unternehmenstransaktionen - strukturelle Voraussetzungen und funktionale Beiträge aus Kundensicht.

Holland-Letz, M. (2001), Mannesmann/Vodafone, Ein Jahr danach, www.wdr.de/tv/markt/archiv/01/0205_2.html, Abruf: 04.12.2002, Abruf: 04.12.2002.

Hölters, W. (1989), Der Unternehmens- und Beteiligungskauf – Bedeutung, Grundfragen und Abwicklung, In: Hölters, W. (Hrsg.): Handbuch des Unternehmens- und Beteiligungskaufs, Köln, 1989, S. 2–50.

Hölters, W. (Hrsg.) (1992), Handbuch des Unternehmens- und Beteiligungskaufs, Köln: Hölters, W. (Hrsg.).

Holzapfel, H.-J./Polläth, R. (1992), Recht und Praxis des Unternehmenskaufs, Köln 1992.

Holzapfel, H.-J./Polläth, R. (2000), Unternehmenskauf in Recht und Praxis - rechtliche und steuerliche Aspekte, Köln 2000.

Holzapfel, H.-J./Polläth, R. (2010), Unternehmenskauf in Recht und Praxis - rechtliche und steuerliche Aspekte, Köln 2010.

Homburg, C. (2000), Kundenbindung im Umfeld von Fusionen und Akquisitionen, In: Picot, A./Nordmeyer, A./Pribilla, P. (Hrsg.): Management von Akquisitionen, Stuttgart 2000, S. 169–180.

Hommel, U./Grass, S. (2008), Unternehmensbewertung, In: Picot, A. (Hrsg.): Handbuch Mergers & Acquisitions, Bd. 4, Stuttgart 2008, S. 358–395.

Hommel, U./Knecht, T.-C./Wohlenberg, H. (2006), Handbuch Unternehmensrestrukturierung, Wiesbaden 2006.

Hommel, U./Müller, J. (1999), Realoptionsbasierte Investitionsbewertung, In: Finanz Betrieb, 1. Jg., Nr. 8, 1999, S. 177–188.

Höpner, M./Jackson, G. (2001a), An Emerging Market for Corporate Control? The Mannesmann Takeover and German Corporate Governance, In: MPIfG Discussion Paper, 1. Jg., Nr. 4, 2001, S. 1–53.

Höpner, M./Jackson, G. (2001b), Entsteht ein Markt für Unternehmenskontrolle? Der Fall Mannesmann, In: Leviathan, 29. Jg., Nr. 4, 2001, S. 544–563.

Horzella, A. (2010), Wertsteigerung im M&A-Prozess: Erfolgsfaktoren - Instrumente - Kennzahlen.

Hoyningen-Huene, J.v. (2004), Integration nach Unternehmensakquisitionen, Wiesbaden 2004.

Hubbard, N. (1999), Acquisition Strategy and Implementation, London 1999.

Huber, F./Hieronimus, F. (2001), Hai sucht Hose - Markenwertorientiertes Mergers&Acqisitions-Management, In: Markenartikel, 1. Jg., Nr. 1, 2001, S. 12–18.

Humpert, F.W. (1985), Unternehmensakquisition - Erfahrungen beim Kauf von Unternehmen, In: Die Betriebswirtschaft, 45. Jg., Nr. 1, 1985, S. 30–41.

Humpert, F.W. (1992), Unternehmensakquisitionen - Erfahrungen beim Kauf von Unternehmen, In: Busse von Colbe, W./Coenenberg, A. (Hrsg.): Unternehmensakquisitionen und Unternehmensbewertung, Stuttgart 1992, S. 357–376.

Hungenberg, H./Wulf, T. (2015), Grundlagen der Unternehmensführung, Einführung für Bachelorstudierende, Heidelberg 2015.

Huseman, R.C./Goodman, J.P. (1999), Leading with Knowledge, Thousand Oaks 1999.

Hutzschenreuter, T. (2015), Allgemeine Betriebswirtschaftslehre - Grundlagen mit zahlreichen Praxisbeispielen, 6. Auflage, Wiesbaden 2015.

IMAA (2016), M&A Statistics, https://imaa-institute.org/statistics-mergers-acquisitions/, Abruf: 19.07.2016.

Imping, A./Knoche, S. (2014), Arbeitsrecht, In: Balz, U./Arlinghaus, O. (Hrsg.): Das Praxishandbuch Mergers & Acquisitions. Von der strategischen Überlegung zur erfolgreichen Integration, München 2014, S. 217–243.

Investopedia (2016), Split-Off, http://www.investopedia.com/terms/s/split-off.asp, Abruf: 20.07.2016.

Jacobson, N. (2015), WhatsApp macht kaum Umsatz, verbrennt aber $232,5 Mio., https://curved.de/news/whatsapp-macht-kaum-umsatz-verbrennt-aber-2325-mio-161499, Abruf: 22.07.2016.

Jaeger, M. (2001), Personalmanagement bei Mergers & Acquisitions, Neuwied 2001.

Jäger, A./Rödl, C./Campos Nave, J.A. (2009), Praxishandbuch Corporate Compliance, Weinheim 2009.

Jakoby, S. (2000), Erfolgsfaktoren von Management Buyouts in Deutschland, Lohmar 2000.

Jansen, A. (1986), Desinvestitionen - Ursachen, Probleme und Gestaltungsmöglichkeiten, Frankfurt am Main 1986.

Jansen, A. (2006), 3D-Diversifikation und Unternehmenserfolg - Die Erfolgswirkung der horizontalen, geografischen und vertikalen Diversifikationen deutscher Aktiengesellschaften, Wiesbaden 2006.

Jansen, S.A. (2004), Public Merger Management, In: Huber, A./Jansen, A./Plamper, H. (Hrsg.): Public Merger, Wiesbaden 2004, S. 18–36.

Jansen, S.A. (2016), Mergers & Acquisitions. Unternehmensakquisitionen und -kooperationen. Eine strategische, organisatorische und kapitalmarkttheoretische Einführung, Wiesbaden 2016.

Jemison, D.B./Sitkin, S.B. (1986), Corporate Acquisitions: A Process Perspective, In: Academy of Management Review, 11. Jg., Nr. 1, 1986, S. 145–163.

Jensen, M.C. (1986), Agency Costs of Free Cash Flow, Corporate Finance, and Takeovers, In: American Economic Review, 76. Jg., Nr. 2, 1986, S. 323–329.

Jensen, M.C./Meckling, W. (1976), Theory of the Firm: Managerial Behavior, Agency Costs and Capital Structure, In: Journal of Financial Economics, 4. Jg., Nr. 1, 1976, S. 305–360.

Johnson, G./Scholes, K. (2008), Exploring corporate strategy, New York 2008.

Jones, G.R./Bouncken, R.G. (2008), Organisation: Theorie, Design und Wandel, München 2008.

Joppich, M. (2010), Wettbewerbsstrategien für neue Märkte und Produkte, Stuttgart 2010.

Jung, H. (2006), Allgemeine Betriebswirtschaftslehre, Oldenburg 2006.

Jung, W. (1993), Praxis des Unternehmenskaufs - Eine systematische Darstellung der Planung und Durchführung einer Akquisition, Stuttgart 1993.

Kaczmarek, J. (2011), 50 Millionen an Alando von Ebay, http://www.gruenderszene.de/exits/alando-ebay, Abruf: 18.07.2016.

Kaib, B. (2008), Outsourcing in Banken, Wiesbaden 2008.

Kapferer, J.-N. (2005), Führung von Markenportfolios, In: Esch, F.-R. (Hrsg.): Moderne Markenführung, Bd. 4, Wiesbaden 2005, S. 789–825.

Kaplan, R.S./Norton, D.P. (1997), Balanced Scorecard - Strategien erfolgreich umsetzen, Stuttgart 1997.

Kaplan, S.N./Ruback, R.S. (1995), The Valuation of Cash Flow Forecasts: An Empirical Analysis, In: Journal of Finance, 50. Jg., Nr. 4, 1995, S. 1059–1093.

Kay, I./Shelton, M. (2000), The people problem in mergers, In: The McKinsey Quarterly, 2000. Jg., Nr. 4, 2000, S. 27–37.

Keite, L. (2001), Fusionen - Einen Schritt vor, zwei zurück, In: Absatzwirtschaft, 9. Jg., Nr. 1, 2001, S. 58–64.

Keller, K.L. (2008), Strategic Brand Management: Building, measuring and managing brand equity, Prentice Hall 2008.

Kennedy, T.H. (1993), The Lure of Targeted Stock, In: International Financial Law Review, Bd. 12 1993, S. 24–26.

Keuper, F. (2006), Der M&A-Prozess - Konzepte, Ansätze und Strategien für die Pre- und Post-Phase, Wiesbaden 2006.

Keuper, F./Kindervater, J./Dertinger, J./Heim, A. (2009), Das Diktat der Markenführung, Wiesbaden 2009.

Keuper, F./Oecking, C. (2008), Corporated Shared Services: Bereitstellung von Dienstleistungen im Konzern, Wiesbaden 2008.

Kieser, A./Walgenbach, P. (2010), Organisation, Stuttgart 2010.

Kirchner, M. (1991), Strategisches Akquisitionsmanagement im Konzern, Wiesbaden 1991.

Kirsch, W./Esser, W.-M./Gabele, E. (1979), Das Management des geplanten Wandels von Organisationen, Stuttgart 1979.

Kitching, J. (1967), Why do mergers miscarry?, In: Harvard Business Review, 45. Jg., Nr. 6, 1967, S. 84–101.

Klaus, S. (2009), Deregulierung der netzbasierten Infrastruktur - Identifikation und Analyse von Lenkungsinstrumenten im Rahmen von De-/Regulierungsvorgängen in Primärinfrasturktursektoren, Wiesbaden 2009.

Klein, T. (2010), Dynamisches Ressourcen-Konfigurations-Management, Wiesbaden 2010.

Knaese, B. (1996), Kernkompetenzen von Banken, München 1996.

Knoblauch, H. (2005), Wissenssoziologie, Konstanz 2005.

Knudsen, T.R./Finskud, L./Törnblom, R./Hogna, E. (1997), Brand consolidation makes a lot of economic sense, In: The McKinsey Quarterly, 4. Jg., Nr. 1, 1997, S. 189–193.

Koch, T. (2000), Post-Merger Management, In: Picot, G. (Hrsg.): Handbuch Mergers & Acquisitions - Planung, Durchführung, Integration, Stuttgart 2000, S. 335–358.

Koch, W. (2002), Praktiker-Handbuch Due Diligence - Analyse mittelständischer Unternehmen, Stuttgart 2002.

Koch, A./Menke, J.-P. (2013), IT Due Diligence, In: Berens, W./Brauner, H./Strauch, J./Knauer, T. (Hrsg.): Due diligence bei Unternehmensakquisitionen, Bd. 7, Stuttgart 2013, S. 673–705.

Köhler, P./Landgraf, R. (2016), Fusionen und Übernahmen: Das Karussell dreht sich 2016 weiter, http://www.handelsblatt.com/unternehmen/banken-versicherungen/fusionen-und-uebernahmen-das-karussell-dreht-sich-2016-weiter-/12761572.html, Abruf: 14.07.2016.

Köhn, R. (2000a), BMW überlässt Rover einer ungewissen Zukunft, In: Financial Times Deutschland vom 10.5.2000, Nr. 90, 2000, S. 8.

Köhn, R. (2000b), Siemens will sich bei Infineon bis 2001 auf Minderheits-Position zurückziehen, In: Financial Times Deutschland vom 21.2.2000, Nr. 36, 2000, S. 8.

Kolks, U. (1990), Strategieimplementierung, Wiesbaden 1990.

Koller, T./Goedhart, M./Wessels, D. (2010), Valuation: Measuring and Managing the Value of Companies, Hoboken 2010.

Kollmann, R. (2008), Private Equite als Kapitalanlage deutscher Lebensversicherungsunternehmen, Karlsruhe 2008.

Kollmann, T. (2009), Gabler Kompaktlexikon - Unternehmensgründung, Wiesbaden 2009.

Körber, H.-J. (2000), Akquisitions- und Fusionsmanagement als unternehmerische Herausforderung: Der Fall Metro AG, In: Picot, A./Nordmeyer, A./Pribilla, P. (Hrsg.): Management von Akquisitionen, Stuttgart 2000, S. 3–20.

Körner, K. (2001), Der Kunde im Post-Merger-Integration-Prozess - Stellenwert und Konsequenzen, In: Mergers & Acquisitions Review, 5. Jg., Nr. 3, 2001, S. 205–209.

Kowalewski, J. (2008), Das Vorerwerbsrecht der Mutteraktionäre beim Börsengang einer Tochtergesellschaft, Tübingen 2008.

Kräkel, M. (2007), Organisation und Management, Tübingen 2007.

Krallinger, J.-C. (1997), Mergers & Acquisitions, New York 1997.

Kranz, M. (2002), Markenbewertung - Bestandsaufnahme und kritische Würdigung, In: Meffert, H./Burmann, C./Koers, M. (Hrsg.): Markenmanagement. Grundfragen der identitätsorientierten Markenführung, Wiesbaden 2002, S. 430–458.

Kreikebaum, H. (1997), Strategische Unternehmensplanung, Stuttgart 1997.

Kreitel, W.A. (2008), Ressource Wissen: wissensbasiertes Projektmanagement erfolgreich im Unternehmen einführen und nutzen, Wiesbaden 2008.

Kreutzer, R.T. (2014), Praxisorientiertes Online-Marketing: Konzepte - Instrumente - Checklisten, Wiesbaden 2014.

Krogh, G.v./Nonaka, I./Aben, A. (2001), Making the most of your company`s knowledge: A strategic framework, In: Long Range Planning, 34. Jg., Nr. 4, 2001, S. 421–439.

Kruse, P. (2008), Internationalisierung der Absatzmärkte für kleine und mittelständische Unternehmen, Wiesbaden 2008.

Krystek, U. (1992), Unternehmungskultur und Akquisition, In: Zeitschrift für Betriebswirtschaft, 62. Jg., Nr. 5, 1992, S. 539–565.

Kübler, R. (1996), Management strategisch motivierter Akquisitionsprojekte. Ein prozessorientierter Ansatz zur Durchführung von Unternehmenskäufen, Bergisch Gladbach 1996.

Kudla, R. (2005), Fianzierung in der Sanierung - innovative Lösungen für Krisenunternehmen, Wiesbaden 2005.

Kunisch, S. (2008), M&A-Markt 2007 in Deutschland – Zwei unterschiedliche Jahreshälften, In: M&A Review, 18. Jg., Nr. 2, 2008, S. 57–65.

Kunisch, S. (2010), Von Sonderkonjunktur bis Notverkäufe. Ein Due Diligence-Bericht zur Entwicklung des deutschen M & A-Marktes, In: Müller-Stewens, G./Kunisch, S./Binder, A. (Hrsg.): Mergers & Acquisitions. Analysen, Trends und Best Practices, Stuttgart 2010, S. 47–81.

Kupke, S. (2009), Allianzfähigkeit von Unternehmen - Konzept und Fallstudie.

Küpper, D. (2010), Die Erfolgswirkung von Effectuation im Kontext von F&E-Projekten, Wiesbaden 2010.

Kußmaul, H. (2008), Betriebswirtschaftslehre für Existenzgründer, München 2008.

Kuster, J./Huber, E./Lippmann, R./Schmid, A./Schneider, E./Witschi, U./Wüst, R. (2011), Handbuch Projektmanagement, Heidelberg 2011.

Lange, G.F. (2001), Grundsätzliche Überlegungen zu Projektmanagement und Strukturierung von Unternehmenstransaktionen, In: Lange, G. (Hrsg.): Mergers & Acquisitions in der Praxis, Frankfurt a.M 2001, S. 11–20.

Langenstein, K. (2007), Post-Merger Integration Management, Köln 2007.

Laux, H./Liermann, F. (1997), Grundlagen der Organisation, Berlin 1997.

Laux, H./Liermann, F. (2005), Grundlagen der Organisation, Berlin 2005.

Lechler, T. (1997), Erfolgsfaktoren des Projektmanagement, Frankfurt a.M 1997.

Legal Information Institute (2015), 26 Internal Revenue Code, Section 355, https://www.law.cornell.edu/uscode/text/26/355, Abruf: 20.07.2016.

Lehman Brothers/Price Waterhouse LLP/Simpson Thacher & Bartlett (1994), Targeted Stock, New York 1994.

Lehmann, H. (1980), Integration, In: Grochla, E. (Hrsg.): Handwörterbuch für Organisation, Bd. 2, Stuttgart 1980, S. 976–982.

Lehner, C. (2010), Erfolgreiches Portfolio- und Assetmanagement für Immobilienunternehmen, Wiesbaden 2010.

Leitner, R./Trinkl, A. (2001), Finanzierung und steuerrechtliche Probleme bei M&A, In: Girkinger, W./Stiegler, H. (Hrsg.): Mergers & Acquisitions - Konzeption, Instrumentarium, Fallstudien, Linz 2001, S. 295–338.

Levin, I.M. (2000), Vision Revisited - Telling the Story of the Future, In: The Journal of Applied Behavioral Science, 36. Jg., Nr. 1, 2000, S. 91–107.

Lewellen, W.G./Huntsman, B. (1970), Managerial Pay and Corporate Performance, In: American Economic Review, 60. Jg., Nr. 18, 1970, S. 710–720.

Lichtner, K. (2009), Private Equity muss sich den veränderten Gegebenheiten anpassen, In: M & A Review, 20. Jg., Nr. 1, 2009, S. 14–18.

Lienhard, P. (2008), Kompetenzbasierte Entwicklung junger Unternehmen unter Ausnutzung dienstleistungsbezogener Wachstumpotenziale, Wiesbaden 2008.

Lindner, R. (2014), Zur Übernahme von WhatsApp: Facebook kauft Relevanz, http://www.faz.net/aktuell/wirtschaft/netzwirtschaft/der-facebook-boersengang/zur-uebernahme-von-whatsapp-facebook-kauft-relevanz-12812721.html, Abruf: 22.07.2016.

Lindstädt, H./Wolff, M. (2014), Organisatorische Neuausrichtung im Post-Merger-Management, In: Balz, U./Arlinghaus, O. (Hrsg.): Praxisbuch Mergers & Acquisitions, Von der strategischen Überlegung zur erfolgreichen Integration, München 2014, S. 307–332.

Löbler, H. (1988), Diversifikation und Unternehmenserfolg, Wiesbaden 1988.

Loehr, H. (2000), Der Übernahmekodex - Aktuelle Situation und Ausblick, Pressekonferenz am 13. Juni 2000, http://www.kodex.de, Abruf: 05.02.2002, Abruf: 05.02.2002.

Löffler, Y. (1999), Desinvestitionen durch Verkäufe und Börseneinführungen von Tochterunternehmen - Wertsteigerung für Aktionäre oder Realisierung privater Vorteile für Manager? Eine empirische Untersuchung der Reaktionen am Kapitalmarkt, Humbold-Universität zu Berlin 1999.

Loistl, O. (1992), Computergestütztes Wertpapiermanagement, München, Wien 1992.

Lorenz, J.-T. (2006), European Banking M&A - Die Kapitalmarktperspektive, Wiesbaden 2006.

Lorenz-Meyer, D. (2004), Management industrieller Dienstleistungen, Wiesbaden 2004.

Lück, W. (2009), Anforderungen an die interne Revision: Grundsätze, Methoden, Perspektiven, Berlin 2009.

Lucks, K./Meckl, R. (2002), Internationale Mergers & Acquisitions. Der prozessorientierte Ansatz, Berlin 2002.

Lünendonk (2016a), Lünendonk-Liste 2016: Führende Managementberatungs-Unternehmen in Deutschland, Stand: 13.05.2016, Lünendonk GmbH – Gesellschaft für Information und Kommunikation, Mindelheim.

Lünendonk (2016b), Lünendonk-Liste 2016: Führende Wirtschaftsprüfungs- und Steuerberatungs-Gesellschaften in Deutschland, Stand: 12.07.2016, Lünendonk GmbH – Gesellschaft für Information und Kommunikation, Mindelheim.

Lutz-Ingold, M. (2005), Immaterielle Güter in der externen Rechnungslegung, Wiesbaden 2005.

Maass, W. (2009), Elektronische Wissensmärkte - Handel von Information und Wissen über digitale Netze, Wiesbaden 2009.

Mace, M.L./Montgomery, G.G. (1962), Management problems of corporate acquisitions, Boston 1962.

Macharzina, K./Oesterle, M.-J. (2002), Handbuch Internationales Management, Wiesbaden 2002.

Macharzina, K./Wolf, J. (2010), Unternehmensführung - das internationale Managementwissen, Wiesbaden 2010.

Mahoney, J./Pandian, J.R. (1992), The Resource-based View within the Conversation of Strategy Management, In: Strategic Management Journal, 13. Jg., Nr. 6, 1992, S. 363–380.

Maier, G./Tödtling, F./Trippl, M. (2005), Regional und Stadtökonomik 2, Wien, New York 2005.

Manager Magazin (2002), Teile und herrsche, In: Managermagazin, Nr. 3, 2002, S. 64–73.

Manager Magazin Online (2002), Vodafone, Das Ende einer Ära, www.manager-magazin.de/geld/artikel/0,2828,200399,00.html, Abruf: 05.11.2002, Abruf: 11.07.2016.

Manager Magazin Online (2013), Lincare treibt Linde-Gewinn abermals, http://www.manager-magazin.de/unternehmen/industrie/a-898247.html, Abruf: 11.07.2016.

Manager Magazin Online (2013), VW ist bei Scania am Ziel: VWs Kampfansage an die LKW-Welt, http://www.manager-magazin.de/unternehmen/autoindustrie/volkswagen-sichert-sich-mehr-als-90-prozent-an-scania-a-969088.html, Abruf: 26.07.2016.

Mandl, G./Rabel, K. (1997), Unternehmensbewertung, Wien 1997.

Mandl, G./Rabel, K. (1999), Unternehmensbewertung, Wien 1999.

March, J.G. (1991), Exploration and exploitation in organizational leraning, In: Organization Science, 2. Jg., Nr. 1, S. 71-87

Marquardt, H. (1998), Internationale Akquisitionen mittelständischer Unternehmen, Stuttgart 1998.

Marr, R. (2008), Die Professionalisierungsdebatte über das Personalmanagement, In: DGFP e.V (Hrsg.): Personalmanagement und verantwortliche Unternehmensführung, Bielefeld 2008, S. 13–44.

Maselli, A. (1996), Spin-offs zur Durchführung von Innovationeen - eine Analyse aus institutionenökonomischer Sicht, Wiesbaden 1996.

Mast, C. (2010), Unternehmenskommunikation, Stuttgart 2010.

Mathissen, M. (2009), Die Principal-Agent-Theorie: positive und normative Aspekte für die Praxis, Hamburg 2009.

Matuschka, A. (1990), Risiken von Unternehmensakquisitionen, In: Betriebswirtschaftliche Forschung und Praxis, 42. Jg., Nr. 2, 1990, S. 104–113.

Matzler, K./Hinterhuber, H.H./Renzel, B./Rothenberger, S. (2006), Immaterielle Vermögenswerte, Berlin 2006.

Maucher, H. (1990), Akquisition als Bestandteil einer globalen Marketing-Strategie eines multinationalen Unternehmens, In: Siegwart, A.a. (Hrsg.): Mergers & Acquisitions, Stuttgart 1990, S. 215–224.

Maul, S./Muffat-Jeandet, D. (2004), Die EU-Übernahmerichtlinie - Inhalt und Umsetzung in nationales Recht (Teil I), Augsburg 2004.

Mauroner, O. (2009), Vermarktung von Innovationen durch Spin-Offs, Lohmar 2009.

Mayrhofer, W. (1992), Outplacement, In: Gaugler, E./Weber, W. (Hrsg.): Handwörterbuch des Personalwesens, Bd. 2, Stuttgart 1992, S. 1523–1534.

McCann, J./Gilkey, R. (1988), Joining Forces: Creating and Managing Successful Mergers & Acquisitions, Englewood Cliffs 1988.

Meckl, R. (2001), Der Merger & Acquisitionsprozeß, Sternenfels 2001.

Meek, S./Chu, W. (2000), International Joint Ventures, Mergers and Acquisitions, Ardsley 2000.

Meffert, H. (1992), Kundenmanagement(s), Organisation des, In: Frese, E. (Hrsg.): Handwörterbuch der Organisation, Bd. 3, Stuttgart 1992, S. 1215–1228.

Meffert, H. (2000), Marketing: Grundlagen marktorientierter Unternehmensführung, Konzepte - Instrumente - Praxisbeispiele, Wiesbaden 2000.

Meffert, H. (2002), Strategische Optionen der Markenführung, In: Meffert, H./Burmann, C./Koers, M. (Hrsg.): Markenmanagement. Grundfragen der identitätsorientierten Markenführung, Wiesbaden 2002, S. 136–165.

Meffert, H./Bierwirth, A./Burmann, C. (2002), Gestaltung der Markenarchitektur als markenstrategische Basisentscheidung, In: Meffert, H./Burmann, C./Koers, M. (Hrsg.): Markenmanagement. Grundfragen der identitätsorientierten Markenführung, Wiesbaden 2002, S. 168–179.

Meffert, H./Bruhn, M. (2006), Dienstleistungsmarketing: Grundlagen-Konzepte-Methoden-mit Fallstudien, Wiesbaden 2006.

Meffert, H./Burmann, C./Kirchgeorg, M. (2015), Marketing. Grundlagen marktorientierter Unternehmensführung. Konzepte - Instrumente - Praxisbeispiele, Wiesbaden 2015.

Meffert, H./Burmann, C./Koers, M. (2002), Stellenwert und Gegenstand des Markenmanagement, In: Meffert, H./Burmann, C./Koers, M. (Hrsg.): Markenmanagement. Grundfragen der identitätsorientierten Markenführung, Wiesbaden 2002, S. 4–15.

Meffert, H./Giloth, M. (2002), Aktuelle markt- und unternehmensbezogene Herausforderungen an die Markenführung, In: Meffert, H. (Hrsg.): Markenmanagement : Grundfragen der identitätsorientierten Markenführung, Wiesbaden 2002, S. 99–132.

Meffert, H./Koers, M. (2002), Identitätsorientiertes Markencontrolling - Grundlagen und konzeptionelle Ausgestaltung, In: Meffert, H./Burmann, C./Koers, M. (Hrsg.): Markenmanagement. Grundfragen der identitätsorientierten Markenführung, Wiesbaden 2002, S. 404–428.

Meffert, H./Perrey, J. (2005), Mehrmarkenstrategien - Ansatzpunkte für das Management von Markenportfolios, In: Esch, F.-R. (Hrsg.): Moderne Markenführung, Bd. 4, Wiesbaden 2005, S. 619–646.

Mergermarket.com (2013), Mergermarket H1 2013 M&A Report: July 2013, http://www.mergermarket.com/info/2013/07/17/global-h1-2013-mid-market-ma-trend-report/, Abruf: 11.07.2016.

Meyer, C. (1994), How the Right Measures Help Teams Excel, In: Harvard Business Review, 72. Jg., Nr. 3, 1994, S. 95–103.

Meyer, J.A. (2010), Strategien von kleineren und mittleren Unternehmen, Lohmar-Köln 2010.

Michaelson, J.C. (2003), Restructuring for Growth - Alternative Financial Strategies to Increase Shareholder Value, Columbus 2003.

Michalky, M./Schittler, R. (2008), Das große Buch der Börse, München 2008.

Miller, M.H./Modigliani, F. (1961), Dividend Policy, Growth, and the Valuation of Shares, In: Journal of Business, 34. Jg., Nr. 3, 1961, S. 411–433.

Mintzberg, H. (1978), Patterns in Strategy Formulation, In: Management Science, 24. Jg., Nr. 6, 1978, S. 934–948.

Mintzberg, H. (1985), Of Strategies: Deliberate and Emergent, In: Strategic Management Journal, 6. Jg., Nr. 3, 1985, S. 257–272.

Mintzberg, H. (1988), Mintzberg on Management: Inside Our Strange World of Organizations, New York 1988.

Mintzberg, H. (1990), The Design School: Reconsidering the Basic Premises of Strategic Management, In: Strategic Management Journal, 11. Jg., Nr. 3, 1990, S. 171–195.

Mittendorfer, R. (2007), Praxishandbuch Akquisionsfinanzierung, Wiesbaden 2007.

Mohr, N. (1995), Kommunikation als Interaktionsvariable im Kooperationsmanagement, In: Schertel, W. (Hrsg.): Management von Unternehmenskooperationen, Wien 1995, S. 317–385.

Möller, W.P. (1983), Der Erfolg von Unternehmenszusammenschlüssen, München 1983.

Montag, F. (2001), Grundzüge der Europäischen Fusionskontrolle, In: Mergers & Acquisitions Review, 21. Jg., Nr. 6, 2001, S. 242–246.

Morawietz, M./Kreuz, W. (2001), Desinvestitionen - Zeichen von Managementchwäche oder unterschätztes Mittel zur Wertsteigerung?, In: Lange, G. (Hrsg.): Mergers&Acquisitions in der Praxis, Frankfurt a.M 2001, S. 115–130.

Morich, S. (2007), Steuerung der Effektivität kapitalmarktorientierter Unternehmenspublizität, Wiesbaden 2007.

Morosini, P. (2001), Managing cross-cultural M&As: Today`s organizational imperative is how to win in execution (1.Teil), In: M&A Review, Nr. 10, 2001, S. 456–462.

Moser, R. (2009), Internationale Unternehmensführung - Entscheidungsfelder und politische Aspekte, Wiesbaden 2009.

Mueller, D.C. (1969), A Theory of Conglomerate Mergers, In: Quarterly Journal of Economics, 83. Jg., Nr. 4, 1969, S. 643–659.

Mülbert, P.O. (2004), Umsetzungsfragen der Übernahmerichtlinie, Stuttgart 2004.

Müller, M. (2007), Die Identifikation kultureller Erfolgsfaktoren bei grenzüberschreitenden Fusionen, Wiesbaden 2007.

Müller-Stewens, G. (1988), Entwicklung von Strategien für den Eintritt in neue Geschäfte, In: Henzler, H. (Hrsg.): Handbuch Strategische Führung, Wiesbaden 1988, S. 219–242.

Müller-Stewens, G. (2010a), M & A als Wellen-Phänomen. Analyse und Erklärungsansatz, In: Müller-Stewens, G./Kunisch, S./Binder, A. (Hrsg.): Mergers & Acquisitions. Analysen, Trends und Best Practices, Stuttgart 2010, S. 14–44.

Müller-Stewens, G. (2010b), Mergers & Acquisitions. Eine Einführung, In: Müller-Stewens, G./Kunisch, S./Binder, A. (Hrsg.): Mergers & Acquisitions. Analysen, Trends und Best Practices, Stuttgart 2010, S. 3–13.

Müller-Stewens, G. (2015), Botox für die Bilanz, http://www.ma-review.de/magazin/inhalt-aktuelle-ausgabe/jahrgang-2016/janfeb/standpunkt.html, Abruf: 18.07.2016.

Müller-Stewens, G. (2016), Einleitung zum M&A-Markt, In: Müller-Stewens, G./Kunisch, S./Binder, A. (Hrsg.): Mergers & Acquisitions: Handbuch für Strategen, Analysten, Berater und Juristen, Stuttgart 2016, S. 1–8.

Müller-Stewens, G./Kunisch, S./Binder, A. (2016), Mergers & Acquisitions: Drei Perspektiven auf ein komplexes Phänomen, In: Müller-Stewens, G./Kunisch, S./Binder, A.

(Hrsg.): Mergers & Acquisitions: Handbuch für Strategen, Analysten, Berater und Juristen, Stuttgart 2016, S. 9–20.

Müller-Stewens, G./Lechner, C. (2005), Strategisches Management: Wie strategische Initiativen zum Wandel führen, Stuttgart 2005.

Müller-Stewens, G./Salecker, J. (1991), Kommunikation - Schlüsselkompetenz im Akquisitionsprozeß, In: Absatzwirtschaft, 34. Jg., Nr. 10, 1991, S. 104–113.

Müller-Stewens, G./Schreiber, K. (1993), Zur organisatorischen Anbindung des Akquisitionsprozesses im Käuferunternehmen, In: Die Unternehmung, 47. Jg., Nr. 4, 1993, S. 277–281.

Müller-Stewens, G./Spickers, J./Deiss, C. (1999), Mergers & Acquisitions: Markttendenzen und Beraterprofile, Stuttgart 1999.

Mumm, M. (2015), Kosten- und Leistungsrechnung – Internes Rechnungswesen für Industrie- und Handelsbetriebe, Heidelberg 2015.

Musil, A. (2005), Wettbewerb in der staatlichen Verwaltung, Tübingen 2005.

Nahavandi, A./Malekzadeh, A. (1988), Acculturation in Mergers and Acquisitions, In: Academy of Management Review, 13. Jg., Nr. 1, 1988, S. 79–90.

Napp, H. (1990), Stillegungen - notwendige Optionen in der Unternehmensplanung, Stuttgart 1990.

Nefiodow, L.A. (1999), Der sechste Kondratieff: Wege zur Produktivität und Vollbeschäftigung im Zeitalter der Information, St. Augustin 1999.

Neubert, M. (2008), Internationale Markterschließung - Vier Schritte zum Aufbau neuer Auslandsmärkte, München 2008.

Neumann, A. (1994), Fusionen und Übernahmen nach dem US-amerikanischen Kartellrecht, Bern 1994.

Niemann, J. (1995), Informationsasymmetrien beim Unternehmenskauf - gesellschaftliche und auktionstheoretische Analyse unter besonderer Berücksichtigung des Management Buy-Outs, Wiesbaden 1995.

Nonaka, I. (1994), A Dynamic Theory of Organizational Knowledge Creation, In: Organization Science, 1994, S. 14–37.

Nonaka, I./Takeuchi, H. (1995)- The Knowledge-Creating Company: How Japanese Companies Create the Dynamics of Innovation, New York 1995.

Nonaka, I./Takeuchi, H. (1997), "Die" Organisation des Wissens: wie japanische Unternehmen eine brachliegende Ressource nutzbar machen, New York 1997.

North, K. (2016), Wissensorientierte Unternehmensführung, Wissensmanagement gestalten, Wiesbaden 2016.

Nowak, K. (2003), Marktorientierte Unternehmensbewertung - Discounted Cash Flow, Realoption, Economic Value Added und der Direct Comparison Approach, Wiesbaden 2003.

n-tv (2002), Vodafone nicht zu bremsen: Europa behauptet, http://www.n-tv.de/wirtschaft/marktberichte/Europa-behauptet-article119067.html, Abruf: 20.07.2016.

n-tv (2015), Benetton verkauft Mehrheitsanteil - Duty-Free-Branche erlebt Mega-Deal, http://www.n-tv.de/wirtschaft/Duty-Free-Branche-erlebt-Mega-Deal-article14799761.html, Abruf: 20.07.2016.

Oelsnitz, D.v.d. (2009), Die innovative Organisation: Eine gestaltungsorientierte Einführung, Stuttgart 2009.

Oelsnitz, D.v.d./Hahmann, M. (2003), Wissensmanagement in Organisationen: Ein strategischer Ansatz, Stuttgart 2003.

Opitz, M. (1995), Desinvestitionen - Organisation und Durchführung, In: Betriebswirtschaftliche Forschung und Praxis, 45. Jg., Nr. 3, 1995, S. 325–342.

Ostrowski, O. (2007), Erfolg durch Desinvestitionen - eine theoretische und empirische Analyse, Wiesbaden 2007.

Ott, J. (1990), Akquisition und Integration mittelständischer Unternehmungen, Bamberg 1990.

Ottersbach, D./Kolbe, C. (1990), Integrationsrisiken bei Unternehmensakquisitionen, In: Betriebswirtschaftliche Forschung und Praxis, 42. Jg., Nr. 2, 1990, S. 140–150.

Outokumpu (2013), Stainless steel – 100 years of leadership, http://www.outokumpu.com/sitecollectiondocuments/outokumpu_annual%20report%202013.pdf, Abruf: 11.07.2013.

Pack, H. (2000), Due Diligence, In: Picot, G. (Hrsg.): Handbuch Mergers & Acquisitions, Stuttgart 2000, S. 221–254.

Pauser, S.H. (2007), M&A in der Bauindustrie - Werteffekte und Erfolgsdeterminanten, Wiesbaden 2007.

Pawlowsky, P. (1999), Wozu Wissensmanagement?, In: Götz, K. (Hrsg.): Wissensmanagement, Managementkonzepte, Band 9, München 1999, S. 113–129.

Penrose, E.T. (1959), The Theory of the Growth of the Firm, Oxford 1959.

Penzel, H.-G. (1999), Post-Merger Management in Banken - und die Konsequenzen für das IT-Management, In: Wirtschaftsinformatik, 41. Jg., Nr. 2, 1999, S. 105–115.

Penzel, H.-G. (2000), Klare Strategie und Zielausrichtung: Erfolgsfaktoren für das Post-Merger-Management in Banken, In: Führung und Organisation (zfo), 69. Jg., Nr. 1, 2000, S. 25–36.

Penzel, H.-G./Pietig, C. (2000), MergerGuide - Handbuch für die Integration von Banken, Wiesbaden 2000.

Perridon, L./Steiner, M./Ratgeber, K. (2009), Finanzwirtschaft der Unternehmung, München 2009.

Peters, R. (2010), Internetökonomie, Heidelberg 2010.

Peters, S./Reinhardt, K./Seidel, H. (2006), Wissen verlagern: Risiken und Potenziale von Standortverlagerungen, Wiesbaden 2006.

Petersen, J./Zesch, W. (2001), Knowledge Management im Integrationsprozess, In: M&A Review, 8. Jg., Nr. 6, 2001, S. 230–266.

Petri, M. (1992), Strategisches Akquisitionsmanagement. Neuere Perspektiven des strategisch motivierten Unternehmenserwerbs, Berlin 1992.

Pfeffer, J. (2003), Curbing the Urge to Merge, In: Business 2.0, 4. Jg., Nr. 6, 2003, S. 58.

Pfirsching, F. (2007), Portfoliotransaktionen von Selbstnutzern - eine immobilienwirtschaftliche Analyse, Wiesbaden 2007.

Picot, A./Reichwald, R./Wiegand, R.T. (2009), Die grenzenlose Unternehmung - Information, Organisation und Management, Wiesbaden 2009.

Picot, G. (2000), Due Diligence, In: Frankfurter Allgemeine Zeitung, 242. Jg., Nr. 18.10.2000, 2000, S. 49.

Picot, G. (2004), Vertragsrecht, In: Picot, G. (Hrsg.): Unternehmenskauf und Restrukturierung, Bd. 3, München 2004, S. 10–117.

Picot, G. (2008), Handbuch Mergers & Acquisitions. Planung - Durchführung - Integration, Stuttgart 2008.

Piwinger, M./Porák, V. (2005), Kommunikations-Controlling, Wiesbaden 2005.

Plinke, W. (1995), Kundenanalyse, In: Tietz, B. (Hrsg.): Handwörterbuch des Marketing, Bd. 2, Stuttgart 1995, S. 1327–1340.

Poeche, J. (1972), Allgemeine unternehmenspolitische und betriebswirtschaftliche Zielsetzungen, In: Sölter, A./Zimmerer, C. (Hrsg.): Handbuch der Unternehmenszusammenschlüsse, München 1972, S. 13–48.

Pölert, A. (2007), Aktionärsorientierte Unternehmensführung - Optionen zur strategischen Positionierung börsennotierter Konzerne im Wettbewerb um Eigenkapital, Wiesbaden 2007.

Polinsky, A.M./Shavell, S. (2007), Handbook of Law and Economics, London 2007.

Popp, B. (2011), Markenerfolg durch Brandcommunities, Wiesbaden 2011.

Porter, M.E. (1980), Competetive Strategy: Techniques for Analyzing Industries and Competitors, New York 1980.

Porter, M.E. (1987a), Diversifikation - Konzerne ohne Konzept, In: Harvard Manager, 9. Jg., Nr. 4, 1987, S. 30–49.

Porter, M.E. (1987b), From Competitive Advantage to Corporate Strategy, In: Harvard Business Review, 65. Jg., Nr. 3, 1987, S. 43–59.

Porter, M.E. (1989), Wettbewerbsvorteile. Spitzenleistungen erreichen und behaupten, Frankfurt am Main 1999.

Prahalad, C.K./Hamel, G. (1990), The Core Competence of the Corporation, In: Harvard Business Review, 68. Jg., 5-6, 1990, S. 79–91.

Prahalad, C.K./Hamel, G. (1994), Competing for the Future, Boston 1994.

Pratt, S.P./Reilly, R.F./Schweihs, R.P. (1996), Valuing a business: the analysis and appraisal of closely held companies, Chicago 1996.

Pribilla, P. (2000a), Personalmanagement bei Mergers & Acquisitions: Therapeut oder Notarzt?, In: Picot, A./Nordmeyer, A./Pribilla, P. (Hrsg.): Management von Akquisitionen: Akquisitionsplanung und Integrationsmanagement, Stuttgart 2000, S. 63–76.

Pribilla, P. (2000b), Personelle und kulturelle Integration, In: Picot, G. (Hrsg.): Handbuch Mergers & Acquisitions, Stuttgart 2000, S. 377–418.

PricewaterhouseCoopers (2013), Erstanwendungszeitpunkt IFRS 9 verschoben, http://blogs.pwc.de/accounting-fs/aktuelles/erstanwendungszeitpunkt-ifrs-9-verschoben/351/, Abruf: 11.07.2016.

PricewaterhouseCoopers (2016), Künftige Regelungen zur Klassifizierung und Bewertung von Finanzinstrumenten liegen vor, http://www.pwc.de/de/accounting-of-the-future/kuenftige-regelungen-zur-klassifizierung-und-bewertung-von-finanzinstrumenten-liegen-vor.html, Abruf: 20.07.2016.

Probst, G./Raub, S./Romhardt, K. (2010), Wissen managen: Wie Unternehmen ihre wertvollste Ressource optimal nutzen, Wiesbaden 2010.

Pümpin, C. (1980), Strategische Führung in der Unternehmungspraxis - Entwicklung, Einführung und Anpassung der Unternehmungsstrategie, Bern 1980.

Pümpin, C./Geilinger, U.W. (1988), Strategische Führung - Aufbau strategischer Erfolgspositionen in der Unternehmenspraxis, Bern 1988.

Pursche, W.R. (1989), Building better bids, In: McKinsey Quartely, 1989, S. 92–96.

Purwins, H. (1992), Steuerrechtliche Fragen, In: Hölters, W. (Hrsg.): Handbuch des Unternehmens- und Beteiligungskaufs, Bd. 3, Köln 1992, S. 259–319.

Rappaport, A. (1998), Creating Shareholder Value, New York 1998.

Rappaport, A. (1999), Shareholder Value: Ein Handbuch für Manager und Investoren, New York 1999.

Rasche, C./Wolfrum, B. (1994), Ressourcenorientierte Unternehmensführung, In: Die Betriebswirtschaft, 54. Jg., Nr. 4, 1994, S. 501–517.

Rathjen, P. (2006), Unternehmensinterne Mergers, In: Keuper, F./Hafner, M./Glahn, C. (Hrsg.): Der M&A-Prozess, Wiesbaden 2006, S. 414–441.

Raupach/Weiss (2005), Handbuch des Unternehmens- und Beteiligungskaufs, Berlin 2005.

Rayport, J.F./Jaworski, B. (2003), E-Commerce, Boston 2003.

Rechsteiner, U. (1994), Desinvestitionen zur Unternehmenswertsteigerung, Bamberg 1994.

Reed, F.S./Lajoux, A./Nesvold, H.P. (2007), The Art of M&A. A Merger Acquisition Buyout Guide, New York 2007.

Reed, F.S./Reed Layoux, A. (1999), The Art of M&A - A Merger Acquisition Buyout Guide, New York 1999.

Refäuter, D. (1990), Strategisches Controlling auf der Basis des Cash Flow, Wiesbaden 1990.

Reichel, R. (2016), Häuserkampf um Deutsche Wohnen: Vonovia verliert Übernahmeschlacht, http://www.handelsblatt.com/finanzen/immobilien/haeuserkampf-um-deutsche-wohnen-vonovia-verliert-uebernahmeschlacht/12944034.html, Abruf: 19.07.2016.

Reichmann, T. (2001), Controlling mit Kennzahlen und Managementberichten - Grundlagen einer systemgestützten Controlling-Konzeption, München 2001.

Reineke, B. (2001), Vertriebsintegration im Rahmen von Unternehmenszusammenschlüssen, Frensdorf 2001.

Reineke, R.-D. (1989), Akkulturation von Auslandsakquisitionen: Eine Untersuchung zur unternehmenskulturellen Anpassung, Wiesbaden 1989.

Reineke, R.-D./Bock, F. (2007), Gabler Lexikon Unternehmensberatung, Wiesbaden 2007.

Reuters (2015), http://www.reuters.com/article/us-douglas-loans-idUSKBN0OI1HC20150602, Abruf: 14.07.2016.

Richter, F. (2005), Unternehmensbewertung, In: Picot, G. (Hrsg.): Handbuch Mergers & Acquisitions: Planung, Durchführung, Integration, Bd. 3, Stuttgart 2005, S. 303–358.

Rockholtz, C. (1999), Marktwertorientiertes Akquisitionsmanagement: Due Diligence-Konzeption zur Identifikation, Beurteilung und Realisation akquisitionsbedingter Synergiepotentiale, Frankfurt a.M 1999.

Rockholtz, C. (2013), Due Diligence-Konzeption zum synergie-orientierten Akquisitionsmanagement, In: Berens, W./Brauner, H./Strauch, J./Knauer, T. (Hrsg.): Due Diligence bei Unternehmensakquisitionen, Bd. 7, Stuttgart 2011, S. 205–227.

Rodin, A. (1993), Der Einsatz von Buchwertaufstockungsmodellen beim Unternehmenskauf, In: Frank, G.-M./Stein, I. (Hrsg.): Management von Unternehmensakquisitionen, Stuttgart 1993, S. 201–234.

Rohloff, S. (1994), Die Unternehmenskultur im Rahmen von Unternehmenszusammenschlüssen, Bergisch Gladbach 1994.

Roland Berger & Partner (2000), How to extract real value from M&As, München 2000.

Rudolph, B. (2006), Unternehmensfinanzierung und Kapitalmarkt, Tübingen 2006.

Rühli, E. (1994), Die Ressource-based View of Strategy - Ein Impuls für einen Wandel im unternehmenspolitischen Denken und Handeln, In: Gomez, P.a. (Hrsg.): Unternehmerischer Wandel, Wiesbaden 1994, S. 31–57.

Ruhnke, K. (1995), Ansätze zur Unternehmensbewertung und -preisfindung in Theorie und Praxis, In: M&A Review, Nr. 1, 1995, S. 6–15.

Rumelt, R.P. (1995), Evaluating business strategy, In: Mintzberg, H./Quinn, J./Goshal, S. (Hrsg.): The strategy process - European Edition, London 1995, S. 92–102.

Runia, P./Wahl, F./Geyer, O./Thewißen, C. (2007), Marketing. Ein prozess- und praxisorientierte Einführung, München 2007.

Salecker, J. (1995), Der Kommunikationsauftrag von Unternehmen bei Mergers & Acquisitions - Problemdimensionen und Gestaltungsoptionen der Kommunikation bei Unternehmensübernahmen, Bern 1995.

Salzgitter AG (2016), Daten zur Mannesmann-Geschichte, http://geschichte.salzgitter-ag.com/de/geschichte-geschaeftsbereiche/geschaeftsbereich-energie/mannesmann-geschichte.html, Abruf: 26.07.2016.

Sandler, G.G.R. (1991), Synergie - Konzept, Messung und Realisation - verdeutlicht am Beispiel der horizontalen Diversifikation durch Akquisition, St. Gallen 1991.

Sattler, H. (1994), Die Bestimmung und Steuerung des Wertes von Marken, Heidelberg 1994.

Sattler, H./Pricewaterhouse Coopers (1999), Praxis von Markenbewertung und Markenmanagement in deutschen Unternehmen, Frankfurt a.M 1999.

Sauermann, S. (2000), Unternehmensinternes M&A Management: Organisatorische Gestaltungsalternativen, Wiesbaden 2000.

Sautter, M.T. (1989), Strategische Analyse von Unternehmensakquisitionen - Entwurf und Bewertung von Akquisitionsstrategien, Frankfurt am Main 1989.

Schaaf, S. (2016), IT als kritischer Erfolgsfaktor im Rahmen einer M&A-Integration, In: Müller-Stewens, G./Kunisch, S./Binder, A. (Hrsg.): Mergers & Acquisitions, 2. Aufl., Stuttgart 2016, S. 509–516.

Schäfer, M. (2001), Integrationscontrolling - Bausteine zur Beobachtung der Integration von Akquisitionen, St. Gallen 2001.

Schäfer, T.F. (2008), Stakeholderorientiertes Integrationsmanagement bei Fusionen und Akquisitionen, Wiesbaden 2008.

Schallenberg, D. (1995), Akquisitionen und Kooperationen, Köln 1995.

Schaltegger, S. (2004), Wann ersetzen Stakeholder Marktprozesse durch Macht?, In: Brink, O./Karitzki, O. (Hrsg.): Unternehmensethik in turbulenten Zeiten, Bern 2004, S. 169–184.

Schartau, H. (2000), Risiko und Chancen von Fusionen aus Arbeitnehmersicht, In: Picot, A./Nordmeyer, A./Pribilla, P. (Hrsg.): Management von Akquisitionen: Akquisitionsplanung und Integrationsmanagement, Stuttgart 2000, S. 205–211.

Scheer, A.-W. (1997), Wirtschaftsinformatik - Referenzmodelle für industrielle Geschäftsprozesse, Berlin 1997.

Schein, E. (1995), Unternehmenskultur, Frankfurt a.M 1995.

Scherm, E./Pietsch, G. (2007), Organisation: Theorie, Gestaltung, Wandel, München 2007.

Schertzinger, A. (2009), Creating Value in Insurance Mergers and Acquisitions, Wiesbaden 2009.

Schewe, G./Gerds, J. (2001), Erfolgsfaktoren von Post-Merger Integrationen: Ergebnisse einer pfadanalytischen Untersuchung, In: Zeitschrift für Betriebswirtschaft (ZFB), 12. Jg., Nr. 4, 2001, S. 75–103.

Schipper, K./Smith, A. (1983), Effects of recontracting on shareholder wealth - The case of voluntary spin-offs, In: Journal of Financial Economics, 12. Jg., Nr. 4, 1983, S. 437–467.

Schlienkamp, C./Christoffers, T. (2006), Betriebswirtschaftliche Funktionen aus Kapitalmarktsicht, In: Schlienkamp, C./Müller, M./Gumbart, R. (Hrsg.): Kapitalmarktstrategie, Wiesbaden 2006, S. 51–72.

Schmidt, A. (2003), Der Vergleich der Kapitalflussrechnungen nach IAS 7, SFAS 95 und DRS 2 als Instrument zur externen Analyse der Finanzlage, Leipzig 2003.

Schmidt, H./Prigge, S. (2003), Offene Fragen zum Wertpapiererwerbs- und Übernahmegesetz, In: Jahnke, H./Brüggemann, W. (Hrsg.): Betriebswirtschaftslehre und betriebliche Praxis, Wiesbaden 2003, S. 192–211.

Schmitz, R. (1993), Mergers & Acquisitions-Beratung als Bankdienstleistung, Wiesbaden 1993.

Schoenberg, R. (2006), Measuring the Performance of Corporate Acquisitions. An Empirical Comparison of Alternative Metrics, In: British Journal of Management, 17. Jg., Nr. 4, 2006, S. 361–370.

Scholz, C. (1988), Organisationskultur: Zwischen Schein und Wirklichkeit, In: Zeitschrift für betriebwirtschaftliche Forschung, 40. Jg., Nr. 3, 1988, S. 243–272.

Schreyögg, G. (1992), Organisationskultur, In: Frese, E. (Hrsg.): Handwörterbuch der Organisation, Bd. 3, Stuttgart 1992, S. 1525–1537.

Schreyögg, G. (1999), Organisation, Grundlagen moderner Organisationsgestaltung, Wiesbaden 1999.

Schreyögg, G./Conrad, P. (2006), Management von Kompetenz, Wiesbaden 2006.

Schreyögg, G./Koch, J. (2007), Grundlagen des Management, Wiesbaden 2007.

Schreyögg, G./Steinmann, H. (1985), Strategische Kontrolle, In: Zeitschrift für betriebswirtschaftliche Forschung, 37. Jg., Nr. 3, 1985, S. 391–410.

Schulte, K. (2009), Teaminvestitionen im Profifußball, Norderstedt 2009.

Schultze, G. (1998), Der spin-off als Konzern als Konzernspaltungsform, Frankfurt am Main 1998.

Schumm, H. (2002), Übernommen! - Wertpapiere und Unternehmensübernahme neu geregelt, http://www.legamedia.net/legapractice/roedl/2002/02-03/0203_schumm _harald_uebernahmegesetz.php, Abruf: 18.11.2002.

Schüppel, J. (1996), Wissensmanagement, Wiesbaden 1996.

Schuster, S./Zschocke, C.O. (1996), Übernahmerecht, Berlin 1996.

Schwarz, P. (2008), Der Post-Merger-Integration-Prozess, In: Hirzel, M./Kühn, F./Gaida, I. (Hrsg.): Prozessmanagement in der Praxis, Bd. 2, Wiesbaden 2008, S. 233–246.

Schwarz, S./Cokbudak, E. (2007), Führung als kritischer Erfolgsfaktor im Change Management, In: Keuper, F./Groten, H. (Hrsg.): Nachhaltiges Change Management. Interdisziplinäre Fallbeispiele und Perspektiven, Wiesbaden 2007, S. 31–57.

Schwarze, L./Röscheisen, F./Mengue, C. (2007), T-Integration im Kontext von Unternehmensfusionen, In: HMD: Praxis der Wirtschaftsinformatik, 44. Jg., Nr. 257, 2007, S. 55–66.

Scupin, Y. (2006), Call-Center-Management und Mitarbeiterzufriedenheit, Wiesbaden 2006.

Sebastian, K.-H./Niederdrenk, R./Tesch, A. (2008), Market Due Diligence - Die Sorgfältigkeitsprüfung aus der Sicht des Marktes, In: Berens, W./Brauner, H. (Hrsg.): Due diligence bei Unternehmensakquisitionen, Bd. 5, Stuttgart 2008, S. 291–310.

Sedemund, J. (2005), Kartellrechtliche Probleme, In: Hölters, W. (Hrsg.): Handbuch des Unternehmens- und Beteiligungskaufs: Grundfragen - Bewertung - Finanzierung - Steuerrecht - Arbeitsrecht - Vertragsrecht - Kartellrecht - Vertragsbeispiele, Bd. 6, Köln 2005, S. 719–799.

Senn, L. (1994), Culture, In: Ernst & Young (Hrsg.): Mergers & Acquisitions, Bd. 2, New York 1994, S. 229–246.

Seth, A. (1990), Value Creation in Acquisitions: A Re-Examination of Performance Issues, In: Strategic Management Journal, 11. Jg., Nr. 3, 1990, S. 99–115.

Settnik, U. (2006), Mergers & Acquisitions auf dem deutschen Versicherungsmarkt. Eine empirische Analyse, Wiesbaden 2006.

Seufert, A./Krogh, G.v./Bach, A. (1999), Towards knowledge networking, In: Journal of Knowledge Management, 3. Jg., Nr. 3, 1999, S. 180–190.

Sewing, N. (1996a), Akquisitionserfolg durch Integration der Mitarbeiter, Wiesbaden 1996.

Sewing, N. (1996b), Steigerung des Erfolges von grenzüberschreitenden Akquisitionen durch gezielte Integration der Mitarbeiter differierender Landeskulturen, Wiesbaden 1996.

Shapiro, C./Varian, H.R. (1999), Information Rules, Boston 1999.

Sieben, G./Sielaff, M. (1989), Unternehmensakquisition. Bericht des Arbeitskreises "Unternehmensakquisition", Stuttgart 1989.

Siebert, J. (2006), Führungssysteme zwischen Stabilität und Wandel, Wiesbaden 2006.

Sievers, G. (2006), Desinvestition von Unternehmensbeteiligungen in Krisensituationen - Untersuchung der Auswirkungen auf die Selektion von Desinvestitionsobjekten, Wiesbaden 2006.

Simonin, B.L. (1999), Ambiguity and the process of knowledge transfer in strategic alliances, In: Strategic Management Journal, 20. Jg., Nr. 11, 1999, S. 595–623.

Sinnecker, M. (1995), Die Gestaltung von Informationsmemoranden für Unternehmensverkäufe, In: M & A Review, Nr. 10, 1995, S. 438–445.

Sodeik, N. (2009), Projektmanagement wertorientierter Mergers and Acquisitions, Lohmar 2009.

Sommerlatte, T./Mirow, M./Niedereichholz, C./Windau, P.G. von (2008), Handbuch der Mittelstandsberatung: Auswahl und Nutzen von Beratungsleistungen, Berlin 2008.

Sommerrock, F. (2009), Erfolgreiche Post-Merger-Integration bei öffentlichen Institutionen, Wiesbaden 2009.

Songpanya, V.T. (2003), Das Netlexikon zu den Themen Internet, Computer und Telekommunikation, http://netlexikon.akademie.de/queryq=das+netlexikon, Abruf: 07.07.2003.

Spender, J.C. (1996), Making Knowledge the basis of a dynamic theory of the firm, In: Strategic Management Journal, 17. Jg., Nr. 13, 1996, S. 45–62.

Staehle, W.H. (1999), Management, eine verhaltenswissenschaftliche Perspektive, München 1999.

Stahlknecht, P. (1995), Einführung in die Wirtschaftsinformatik, Berlin 1995.

Statista (2013), Top 10 Investmentbanken weltweit nach dem Wert der betreuten M&A Deals im 1. Halbjahr 2013 (in Millionen US-Dollar), http://de.statista.com/statistik/daten/studie/77578/umfrage/top-10-investmentbanken-nach-wert-der-betreuten-m-a-deals/, Abruf: 04.11.2013.

Staud, J. (2006), Geschäftsprozessanalyse, Berlin 2006.

Steffenhagen, H. (2008), Marketing: Eine Einführung, Stuttgart 2008.

Steinbeis-Beratungszentrum Wissensmanagement/Wissensmanagement-Magazin (2015), Wissensmanagement-Studie 2015, http://www.wissensmanagement.net/services/news/einzelansicht/studie_wissensmanagement_unternehmen_haben_erheblichen_nachholbedarf.html, Abruf: 26.07.2016.

Steinbock, H.-J. (2000), Management in Zeiten der Diskontinuität - Postmerger-Management der UBS AG, In: Zeitschrift Führung und Organisation, 69. Jg., Nr. 1, 2000, S. 37–40.

Steiner, M./Bruns, C. (2000), Wertpapiermanagement, Stuttgart 2000.

Steiner, M./Natusch, I. (1996), Tracking Stocks - Innovatives Instrument der Beteiligungsfinanzierung, In: Die Bank, Nr. 10, 1996, S. 580–585.

Steiner, M./Tebroke, H.-J. (1998), Shareholder-Value-Konzepte für das Management von Unternehmen im dynamischen Umfeld, In: Berndt, R. (Hrsg.): Unternehmen im Wandel, Berlin 1998, S. 319–332.

Steiner, M./Wallmeier, M. (1999), Unternehmensbewertung mit Discounted Cashflow-Methoden und dem Economic Value Added-Konzept, In: Finanz Betrieb, 1. Jg., Nr. 5, 1999, S. 1–10.

Steinmann, H./Schreyögg, G. (2000), Management - Grundlagen der Unternehmensführung, Wiesbaden 2000.

Steinmann, H./Schreyögg, G. (2005), Management - Grundlagen der Unternehmensführung, Wiesbaden 2005.

Steinöcker, R. (1993), Akquisitionscontrolling - strategische Planung von Firmenübernahmen: Konzeption - Transaktion - Integration, Berlin 1993.

Steinöcker, R. (1998), Mergers and Acquisitions: Strategische Planung von Firmenübernahmen, Düsseldorf 1998.

Stern, T. (2007), Erfolgreiches Innovationsmanagement - Erfolgsfaktoren, Grundmuster, Fallbeispiele, Wiesbaden 2007.

Steven, M. (2006), BWL für Ingenieure, Oldenbourg 2006.

Stock-Homburg, R. (2008), Personalmanagement - Theorien, Konzepte, Instrumente, Wiesbaden 2008.

Stolper, M. (2008), Market Driving-Konzept- Modellierung und empirische Prüfung von Erfolg und Erfolgsfaktoren.

Storck, J. (1993), Mergers and Acquisitions: Martkentwicklung und bankpolitische Konsequenzen, Wiesbaden 1993.

Strobel/Weingarz (2006), Fusionen in dezentralen Gruppen, In: Keuper, F./Hafner, M./Glahn, C. (Hrsg.): Der M&A-Prozess, Wiesbaden 2006, S. 150–211.

Strohmer, M.F. (2001), Integration nach Merger and Acquisition: Erfolgskonzeption für das Post-Deal-Management, Wiesbaden 2001.

Strüven, P./Kratz, C. (2000), Post-Merger Integration, In: Tischendorf, S. (Hrsg.): Strategies for Successful Acquisitions in Germany, London 2000, S. 143–150.

Süddeutsche Zeitung (2016a), Medien: Vivendi und Mediaset bilden strategische Allianz, http://www.sueddeutsche.de/news/wirtschaft/medien-vivendi-und-mediaset-bilden-strategische-allianz-dpa.urn-newsml-dpa-com-20090101-160408-99-513596, Abruf: 14.07.2016.

Süddeutsche Zeitung (2016b), Messenger: Whatsapp hat mehr als eine Milliarde Nutzer, http://www.sueddeutsche.de/digital/messenger-whatsapp-hat-mehr-als-eine-milliarde-nutzer-1.2845262, Abruf: 22.07.2016.

Tannenbaum, R./Schmidt, W. (1958), How to choose a leadership pattern, In: Havard Business Review, 36. Jg., Nr. 2, 1958, S. 95–101.

Tannenbaum, S.I./Alliger, G.M. (2000), Knowledge Management: Clarifying the Key Issues, Austin 2000.

Taylor, M.L. (1988), Divesting Business Units - Making the Decision and Making it work, Lexington 1988.

Teece, D.J. (2000), Strategies for Managing Knowledge Assets: the Role of Firm Structure and Industrial Context, In: Loge Range Planning, 33. Jg., Nr. 1, 2000, S. 35–54.

The Boston Consulting Group (2003), In Krisenzeiten lohnen sich Fusionen, http://www.bcg.de/attachements/media/pressemitteilungen/studien/pm-studie_ma_in_lean_times_10.07.2003.pdf, Abruf: 21.07.2003.

The Korea Herald (2011), Showdown between Naver, eBay begins, http://www.koreaherald.com/view.php?ud=20110104000910, Abruf: 18.07.2016.

Theisen, M.R. (1991), Der Konzern - betriebswirtschaftliche und rechtliche Grundlagen der Konzernunternehmung, Stuttgart 1991.

Thissen, S. (2000), Strategisches Desinvestitionsmanagement - Entwicklung eines Instrumentariums zur Bewertung ausgewählter Desinvestitionsformen, Frankfurt am Main 2000.

Thom, N./Souza, D. de (2001), Ansätze zur Personalintegration bei Fusionen und Akquisitionen mittelständischer Unternehmen, In: io management, Nr. 3, 2001, S. 40–44.

Thoma, W. (1998), Management von M&A-Projekten, Vortragspapier anlässlich der Konferenz "Praxisfragen des Unternehmenskaufs" des Institute for International Research in Offenbach, 16.6.1998, S. 1-35, Offenbach 1998.

Thomaß, B. (2007), Mediensysteme im internationalen Vergleich, Konstanz 2007.

Thommen, J.-P./Achleitner, A.-K./Bassen, A. (2006), Allgemeine Betriebswirtschaftslehre, Band 1, Wiesbaden 2006.

Thommen, J.P./Sauermann, S. (1999), Organisatorische Lösungskonzepte des M&A-Management - Neuere Entwicklungen des ganzheitlichen Management von M&A-Prozessen, In: Zeitschrift Führung und Organisation, 68. Jg., Nr. 6, 1999, S. 318–322.

Thompson, A.A./Strickland, A.J. (1998), Strategic Management: Concepts & Cases, Boston 1998.

Tietz, D. (2007), Der Einfluss des Internets auf Intermediäre im Tourismus, Wiesbaden 2007.

Tischendorf, S. (2000a), Strategies for Successful Acquisitions in Germany, Euromoney Institutional Investor, Hampshire 2000.

Tischendorf, S. (Hrsg.) (2000b), Strategies for Successful Acquisitions in Germany, London.

Toffler, A. (1993), War and Anti-War, Survival at the Dawn of the 21st Century, London 1993.

Tröger, N.H. (2003), Mergers & Acquisitions im deutschen Bankensektor - eine Analyse der Bestimmungsfaktoren, Wiesbaden 2003.

Trumpfheller, M. (2006), Strategisches Flughafenmanagement - Positionierung und Wertschöpfung von Flughafentypen, Wiesbaden 2006.

Tschöke, K./Mailänder, M. (2016), Das weltweite M&A-Geschehen: Rückblick und Ausblick, In: In: Müller-Stewens, G./Kunisch, S./Binder, A. (Hrsg.): Mergers & Acquisitions: Handbuch für Strategen, Analysten, Berater und Juristen, Stuttgart 2016, S. 52–63.

Trzicky, N. (1998), Stakeholder einer Fusion und deren Feindbilder, Bonn 1998.

TUI AG (2002), TUI AG - Der Weg zum Touristikkonzern, www.tui.com/de/ir/konzern/preussag_im_wandel/index.html, Abruf: 14.07.2003.

TUI AG (2016), TUI AG - Der Weg zum Touristikkonzern, http://www.tuigroup.com/de-de/investoren/die-tui-group-im-ueberblick/wer-wir-sind, Abruf: 11.07.2016.

Uder, H./Kramarsch, M. (2001), Buying is fun, Merging is Hell - Mergers & Acquisitions managen durch erfolgreiche Integration der human Resources, In: M&A Review, Nr. 7, 2001, S. 324–331.

Ulrich, P. (1993), Unternehmenskultur, In: Wittmann, W. (Hrsg.): Handwörterbuch der Betriebswirtschaft, Teilbd. 3 R-Z, Bd. 5, Stuttgart 1993, S. 4351–4366.

Unctad (2000), 10. World Investment Report, http://www.mergers-and-acquisitions.de, Abruf: 08.01.2003, Abruf: 08.01.2003.

Unctad (2015), World Investment Report 2015, http://unctad.org/en/PublicationsLibrary/wir2015_en.pdf, Abruf: 11.07.2016.

Vodafone (2016a), Annual Report 2016, http://www.vodafone.com/content/annualreport/annual_report16/downloads/vodafone-full-annual-report-2016.pdf, Abruf: 11.07.2016.

Vodafone (2016b), Daten & Fakten zu Vodafone Deutschland, http://www.vodafone.de/unternehmen/umsatz.html, Abruf: 11.07.2016.

Vodafone (2016c), Our company history, http://www.vodafone.co.uk/about-us/company-history/, Abruf: 11.07.2016.

Vodafone.de (2016d), Wer wir sind, https://www.vodafone.de/unternehmen/wer-wir-sind.html, Abruf: 20.07.2016.

Vogel, D.H. (2002), M & A - Ideal und Wirklichkeit. Eine umfassende Darstellung, Wiesbaden 2002.

Voigt, K.I. (2008), Industrielles Management - Industriebetriebslehre aus prozessorientierter Sicht, Berlin 2008.

Volk, G. (1999), Going Public von Konzerngesellschaften, In: Der Finanzbetrieb, 1. Jg., Nr. 11, 1999, S. 379–382.

Vollmer, M. (2008), Post-Merger-Integration im Vertrieb - Praxisbeispiel einer europaweiten Vertriebsorganisation im Konzern, In: Keuper, F./Hogenschurz, B. (Hrsg.): Sales & Services, Wiesbaden 2008, S. 404–431.

Wächter, H. (1990), Personalwirtschaftliche Voraussetzungen und Folgen von Unternehmenszusammenschlüssen, In: Betriebwirtschaftliche Forschung und Praxis, 42. Jg., Nr. 2, 1990, S. 114–128.

Wagner, F. (1994), Unternehmensbewertung und vertragliche Abfindungsabmessung, In: Betriebswirtschaftliche Forschung und Praxis (BfuP), 46. Jg., Nr. 5, 1994, S. 477–498.

Wagner, K.W./Patzek, G. (2007), Performance Excellence, München 2007.

Wall, F. (1999), Planungs- und Kontrollsysteme, Wiesbaden 1999.

Weber, E. (1991), Berücksichtigung von Synergieeffekten bei der Unternehmensbewertung, In: Baetge, J. (Hrsg.): Akquisition und Unternehmensbewertung, Schriften des Instituts für Revisionswesen der Westfälischen Wilhelms-Universität Münster, Düsseldorf 1991, S. 97–116.

Weber, J. (1994), Strategisches Controlling: Koordinationsaufgaben innerhalb der strategischen Führung, In: Riekhof, H.-C. (Hrsg.): Praxis der Strategieentwicklung: Konzepte - Erfahrungen - Fallstudien, Bd. 2, Stuttgart 1994, S. 323–336.

Weber, J. (1995), Einführung in das Controlling, Stuttgart 1995.

Weck, R.J. (2003), Informationsmanagement im globalen Wettbewerb, München 2003.

Wecker, R. (2006), Internetbasiertes Supply Chain Management, Wiesbaden 2006.

Wehner, T./Dimmeler, D./Sauer, D. (2000), Strategisches Wissensmanagement unter Einbezug und Erweiterung der Balanced Scorecard, In: Hinterhuber et al (Hrsg.): Das Neue Strategische Management, Bd. 2, Wiesbaden 2000, S. 323–338.

Weihe, R. (2003), Interessenkonflikte zwischen Unternehmensverkäufer und Management - Eine Analyse im Kontext der Mergers & Acquisitions-Beratung, Wiesbaden 2003.

Weiher, G.C. (1996), Das situative Desinvestitionsmodell - Entwicklung eines Instrumentariums zur Entflechtung diversifizierter Unternehmen, Hallstadt 1996.

Weismüller, S. (2000), Controlling von Synergieeffekten, In: Picot, A./Nordmeyer, A./Pribilla, P. (Hrsg.): Management von Akquisitionen, Stuttgart 2000, S. 195–204.

Weiss, M. (2009), Aufbau eines Konzeptes zur ressourcenorientierten Messung des Diversifikationsgrades, Gießen 2009.

Welge, M.K./Al-Laham, A. (2003), Strategisches Management: Grundlagen - Prozess - Implementierung, Wiesbaden 2003.

Welge, M.K./Al-Laham, A. (2008), Strategisches Management: Grundlagen- Prozess-Implementierung, Wiesbaden 2008.

Welge, M.K./Al-Laham, A. (2012), Strategisches Management, Grundlagen – Prozess - Implementierung, Wiesbaden 2012.

Welt der BWL (2016), Squeeze-out, http://www.welt-der-bwl.de/Squeeze-out, Abruf: 20.07.2016.

Werner, M. (1999), Post-Merger-Integration - Problemfelder und Lösungsansätze, In: Zeitschrift Führung und Organisation, 68. Jg., Nr. 6, 1999, S. 332–337.

Weston, J.C./Chung, K.S./Siu, J.A. (1998), Takeovers, Restructuring, and Corporate Governance, New Jersey 1998.

Wicher, H. (2008), Kundenorientierte Organisationsformen, In: Helmke, S./Uebel, M./Dangelmaier, W. (Hrsg.): Effektives Customer Relationship Management, Bd. 4, Wiesbaden 2008, S. 313–324.

Wigand, R./Crowston, K. (1999), Real Estate War in Cyberspace: An Emerging Electronic Market?, In: International Journal of Electronic Markets, 9. Jg., Nr. 1, 1999, S. 37–44.

Wilplinger, C. (2007), Unternehmenskauf und -verkauf steueroptimal gestalten, Wien 2007.

Winter, R. (2009), Management von Integrationsprojekten, Berlin 2009.

Winterhalter, A. (1981), Strategisches Controlling - Konzept zur Ergänzung der strategischen Führung, St. Gallen 1981.

Wipprich, M. (2008), Größe und Struktur von Unternehmensnetzwerken, Tübingen 2008.

Wirtz, B.W. (1996), Business Process Reengineering - Erfolgsdeterminanten, Probleme und Auswirkungen eines neuen Reorganisationsansatzes, In: Schmalenbachs Zeitschrift für betriebswirtschaftliche Forschung (ZfbF), 48. Jg., Nr. 11, 1996, S. 1023–1036.

Wirtz, B.W. (2000), Wissensmanagement und kooperativer Transfer immaterieller Ressourcen in virtuellen Organsationsnetzwerken, In: Zeitschrift für Betriebswirtschaft (ZFB), ZFB-Ergänzungsheft Virtuelle Unternehmen, 70. Jg., Nr. 2, 2000, S. 97–115.

Wirtz, B.W. (2006), Grundlagen des Demerger-Managements, In: Wirtz, B.W. (Hrsg.): Handbuch Integriertes Mergers & Acquisitions Management, Stuttgart 2006, S. 1-10.

Wirtz, B.W. (2013a), Multi-Channel-Marketing, Grundlagen – Instrumente - Prozesse, 2. Auflage, Wiesbaden 2013.

Wirtz, B.W. (2013b), Business Model Management, 3. Auflage, Wiesbaden 2013.

Wirtz, B.W. (2016a), Electronic Business, 5. Auflage, Wiesbaden 2016.

Wirtz, B.W. (2016b), Medien- und Internetmanagement, 9. Auflage, Wiesbaden 2016.

Wirtz, B.W. (2016c), Direktmarketing-Management, Grundlagen - Instrumente - Prozesse, 4. Auflage, Wiesbaden 2016.

Wirtz, B.W./Becker, D. (2001), Tracking Stocks als zukünftige IPO-Form, in: Wirtz B.W./Salzer, E. (Hrsg.): IPO-Management – Strukturen und Erfolgsfaktoren, Wiesbaden 2001, S. 427-458.

Wirtz, B.W./Becker, D. (2006), Der strategische Ressourcenfit bei M&A - eine empirische Analyse, In: Die Betriebswirtschaft (DBW), 66. Jg., Nr. 1, 2006, S. 26-53.

Wirtz, B.W./Defren, T./Ullrich, S. (2012), Divestment-Management: Success factors in the negotiation process of a sell-off, In: Long Range Planning – International Journal of Strategic Management, 45. Jg., Nr. 4, 2012, S. 258-276.

Wirtz, B.W./Elsäßer, M. (2016), Die "Go Global M&A"-Strategie der chinesischen Unternehmen, In: Müller-Stewens, G., Kunisch, S., Binder, A. (Hrsg.): Mergers & Acquisitions: Analysen, Trends und Best Practices, Stuttgart 2016, S. 299-301.

Wirtz, B.W./Klein-Bölting, U. (2007), Vernachlässigte Funktion, In: Absatzwirtschaft, 50. Jg., Nr. 4, 2007, S. 46–49.

Wirtz, B.W./Salzer, E. (2004), IPO-Management, In: Wirtschaftswissenschaftliches Studium (WiSt), 33. Jg., Nr. 4, 2004, S. 102-108.

Wirtz, B.W./Mathieu, A./Schilke, O. (2007), Strategy in High-Velocity Environments, In: Long Range Planning – International Journal of Strategic Management, 40. Jg., Nr. 3, 2007, S. 295-313.

Wirtz, B.W./Schilke, O. (2008), Allianzfähigkeit - Eine Analyse zur Operationalisierung und Erfolgswirkung im Kontext von F&E-Allianzen, In: zfbf, 60. Jg., Nr. 10, 2008, S. 479–516.

Wirtz, B.W./Wecker, R.M. (2006a), Struktur und Ablauf des Demerger-Management, In: Wirtz, B. (Hrsg.): Handbuch Mergers & Acquisitions Management, Wiesbaden 2006, S. 1167–1185.

Wirtz, B.W./Wecker, R.M. (2006b), Struktur und Ablauf des Post-Merger Integrationsmanagement, In: Wirtz, B. (Hrsg.): Handbuch Mergers & Acquisitions, Wiesbaden 2006, S. 707–732.

Wittig, U. (2008), Mergers & Acquisitions. Voraussetzungen, Ablauf und Folgen von Fusionen und Übernahmen bei Kraft Foods in Deutschland von 1978 bis 1998, Hamburg 2008.

Wöginger, H. (2004), Das Synergy-Value-Konzept, Wiesbaden 2004.

Wöhe, G./Döring, U. (2013), Einführung in die Allgemeine Betriebswirtschaftslehre, München 2013.

Wollnik, M. (1986), Implementierung computergestützter Informationssysteme: Perspektive und Politik informationstechnologischer Gestaltung, Berlin 1986.

Wrase, I. (2009), Mitarbeitermotivation im Outsourcing unter besonderer Berücksichtigung des Facility Management, Wiesbaden 2009.

Wunderer, R./Jaritz, A. (2007), Unternehmerisches Personalcontrolling, Neuwied 2007.

Zäch, R. (1994), Wettbewerbsrecht der Europäischen Union - Praxis von Kommission und Gerichtshof, Bern 1994.

Zentes, J./Swoboda, B./Morschett, D. (2005), Kooperationen, Allianzen und Netzwerke, Wiesbaden 2005.

Zimmerer, C. (1991), Zur Entwicklung des Marktes für den Handel mit Unternehmen in der Bundesrepublik, In: Rudolph, B. (Hrsg.): Unternehmerische Finanzierung, Stuttgart 1991, S. 11–26.

Zimmermann, R. (2008), Interne und externe Kommunikation, In: Picot, G. (Hrsg.): Handbuch Mergers&Acquisitions: Planung, Durchführung, Integration, Bd. 4, Stuttgart 2008, S. 419–452.

Zimmermann, R./Klein-Bölting, U./Sander, B./Murad-Aga, T. (2001), Brand Equity Review, Düsseldorf 2001.

ZIPonline (1995), Der neue Übernahmekodex der Börsensachverständigenkommission, http://www.zip-online.de/heft-17-1995/zip-1995-1464-der-neue-uebernahmekodex-der-boersensachverstaendigenkommission/, Abruf: 25.07.2016.

Zipser, D. (2008), Wertgenerierung von Buyouts - der Einfluss von des Investitionsverhaltens von Fondsmanagern auf die Rendite von Buyouts, Wiesbaden 2008.

Zitselsberger, G. (2010), Chris Gent legt Ehrenamt nieder, http://www.sueddeutsche.de/wirtschaft/vodafone-chris-gent-legt-ehrenamt-nieder-1.845848, Abruf: 11.07.2016.

Zwahlen, B. (1994), Motive und Gefahrenpotentiale bei einer Unternehmensakquisition: Eine erfolgreiche Akquisitions- und Integrationsstrategie einer multifunktionalen Unternehmung am Fallbeispiel "Nestlé-Rowntree", Zürich 1994.

Stichwortverzeichnis

U

V

W

Autor

Bernd W. Wirtz studierte Betriebswirtschaftslehre in Köln, London und Dortmund. Die Promotion erfolgte im Bereich Strategisches Management im Medienmarkt (TU Dortmund) und die Habilitation erfolgte mit einem Thema zu den Erfolgsfaktoren des Geschäftsbeziehungsmanagement an der Universität Zürich. Seit 1999 ist Bernd Wirtz Universitätsprofessor für Betriebswirtschaftslehre (Deutsche Bank-Lehrstuhl für Unternehmensführung an der Universität Witten/Herdecke) sowie Privat-Dozent für Betriebswirtschaftslehre an der Universität Zürich.

Vor seiner wissenschaftlichen Laufbahn war Bernd Wirtz als Unternehmensberater für Roland Berger & Partners, München, und als Manager für Andersen Consulting (Accenture), Strategic Competency Group, Frankfurt tätig. Bernd W. Wirtz verfügt über langjährige Erfahrungen in Strategieprojekten für international führende Unternehmen und die Europäische Kommission. Univ.-Prof. Dr. Bernd W. Wirtz ist seit 2004 Inhaber des Lehrstuhls für Informations- und Kommunikationsmanagement an der Deutschen Universität für Verwaltungswissenschaften Speyer. Bernd W. Wirtz hat bisher circa 270 Publikationen veröffentlicht, darunter mehr als 20 Bücher, und ist Editorial Board Member bei Long Range Planning, The International Journal on Media Management, dem Journal of Media Business Studies, dem International Journal of Business Environment und dem International Journal of Public Administration, dem Public Organization Review und dem International Review on Public and Nonprofit Marketing.

Univ.-Prof. Dr. Bernd W. Wirtz bietet besonders qualifizierten Interessenten eine Promotion am Lehrstuhl an (ls-wirtz@uni-speyer.de).

Zeitfracht Medien GmbH
Ferdinand-Jühlke-Straße 7,
99095 - DE, Erfurt
produktsicherheit@zeitfracht.de